普通高等教育“十二五”规划教材

建筑供配电系统与照明技术

主编　陆地

内 容 提 要

本书是普通高等教育“十二五”规划教材。

全书共分八章，主要包括供配电基础知识、民用建筑供配电、高层建筑供配电、建筑电气安全技术、电气照明基本知识、动力与照明设计、建筑电气工程设计实例、课程设计指导及应用。部分章节附有复习思考题，以配合教学的需要，体现“因材施教”的原则。附录内容丰富，以便于广大读者查阅。本书注重理论与实际工程的结合，特别强调对学生实践能力、工程素质和创新能力的培养，突出实践性，简明扼要，深入浅出。通过建筑电气工程设计实例，为学生的课程设计创造了条件。

本书既可以作为高等工科院校电气工程及其自动化专业本科生教材，也可供建筑电气设计从业人员、施工及运行管理人员参考。

图书在版编目（CIP）数据

建筑供配电系统与照明技术/陆地主编．—北京：中国水利水电出版社，2011.8（2018.8重印）
普通高等教育“十二五”规划教材
ISBN 978-7-5084-8955-1

Ⅰ.①建… Ⅱ.①陆… Ⅲ.①房屋建筑设备-供电系统-高等学校-教材②房屋建筑设备-配电系统-高等学校-教材③房屋建筑设备-电气照明-高等学校-教材 Ⅳ.①TU852②TU113.8

中国版本图书馆CIP数据核字（2011）第177230号

书　　名	普通高等教育“十二五”规划教材 **建筑供配电系统与照明技术**
作　　者	主编　陆地
出版发行	中国水利水电出版社 （北京市海淀区玉渊潭南路1号D座　100038） 网址：www.waterpub.com.cn E-mail：sales@waterpub.com.cn 电话：（010）68367658（营销中心）
经　　售	北京科水图书销售中心（零售） 电话：（010）88383994、63202643、68545874 全国各地新华书店和相关出版物销售网点
排　　版	中国水利水电出版社微机排版中心
印　　刷	北京瑞斯通印务发展有限公司
规　　格	184mm×260mm　16开本　25印张　592千字
版　　次	2011年8月第1版　2018年8月第4次印刷
印　　数	7001—9000册
定　　价	**55.00**元

凡购买我社图书，如有缺页、倒页、脱页的，本社营销中心负责调换

版权所有·侵权必究

本书编写人员名单

主　编　陆　地

副主编　魏　勇　冯增喜　孟庆龙

参　编　于　瑛　滕维淑　孙　伟　许　岩
　　　　陆　路　王建信　李甲锋

主　审　陈守良

前言

本书是普通高等教育“十二五”规划教材。它既可以作为高等工科院校电气工程及其自动化专业本科生教材，也可供建筑电气设计从业人员、施工及运行管理人员参考。

全书共分八章，主要介绍了供配电基础知识、民用建筑供配电、高层建筑供配电、建筑电气安全技术、电气照明基本知识、动力与照明设计、建筑电气工程设计实例、课程设计指导及应用。部分章节附有复习思考题，以配合教学的需要。附录内容丰富，以便于广大读者查阅。本书注重理论与实际工程的结合，特别强调对学生实践能力、工程素质和创新能力的培养，突出实践性，简明扼要，深入浅出。通过建筑电气工程设计实例，为学生的课程设计创造了条件，体现“因材施教”的原则，具有科学性、实践性和启发性。

参与本书编写的单位和人员有：西安建筑科技大学陆地、魏勇、冯增喜、于瑛、滕维淑、孙伟、许岩、王建信、李甲锋；长安大学孟庆龙；西安科技大学陆路。其中前言、第一章、附录一～附录九、附录十四、复习思考题由陆地编写；第二章第一～三节、第三章第一～二节、第四章、第八章第一～三、六节由魏勇编写；第二章第四节由冯增喜编写；第三章第三～四节由孟庆龙编写；第六章第五节、第七章、附录十～附录十三由于瑛编写；第六章第三节、第八章第四～五节由滕维淑编写；第六章第四节由孙伟编写；第五章第三节由许岩编写；第五章第四节由陆路编写；第五章第一～二节、第六章第一节由王建信编写；第六章第二节由李甲锋编写。全书由陆地担任主编，负责全书的总纂、定稿。

本书由中国电工技术学会电力电子学会教授级高级工程师陈守良主审并提出了宝贵的意见和建议，谨在此表示衷心的感谢！

在本书的编写、出版过程中，得到了中国水利水电出版社的大力支持和热心帮助，在此表示衷心感谢。

本书由西安建筑科技大学教育教学改革项目（JG090112、JG100210）支助。

由于作者水平有限，书中错漏和不妥之处在所难免，敬请广大读者提出宝贵的批评意见。

编　者

2011年6月18日

目录

第一章　供配电基础知识

本章扼要介绍了建筑供配电的电力系统构成、建筑施工现场供电特点以及高低压开关设备、变压器和变、配电所。

第一节　电力系统简介

民用建筑通常都从市电高压10kV或低压380/220V取得电源，称其为供电，然后将电能分配到各个用电负荷，称其为配电。采用各种电气设备（如配电箱、变配电装置、开关等）和导线将电源与负荷连接起来，即组成了供配电系统。本节将对电力系统进行简单介绍。

一、电力系统

电力系统是由发电厂、电力网和用电设备组成的统一整体。电力网是电力系统的一部分，它包括变电所、配电所及各种电压等级的电力线路。

1. 发电厂

发电厂是将自然界蕴藏的诸种一次能源转换成电能（二次能源）的工厂，它的产品就是电能。根据所利用的一次能源的不同，发电厂分为火力发电厂、水力发电厂、原子能发电厂、风力发电厂、地热发电厂以及太阳能发电厂等类型。目前，我国接入电力系统的发电厂主要是火力发电厂和水力发电厂。原子能发电厂虽是今后发展的方向，但现在数量还很少。现以火力发电厂为例，简述电能生产的过程。

火力发电厂是利用燃料（煤、石油、天然气）的化学能生产电能的工厂。其主要设备有锅炉、汽轮机、发电机等，见图1-1。

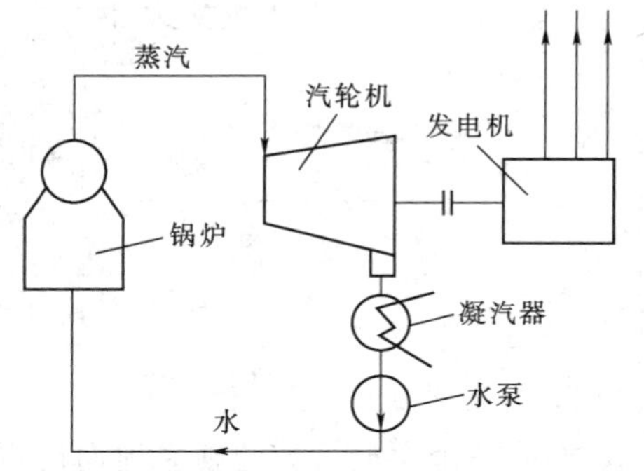

图1-1　火电厂生产过程示意图

2. 变电所和配电所

为了实现电能的经济输送和满足用电设备对供电质量的要求，需要对发电机输出端的电压进行多次的变换并对电能进行分配。变电所是接受电能并变换电压的场所。升压变电所是将低电压变换为高电压，一般建立在发电厂厂区内；降压变电所是将高电压变换成适合用户需要的电压等级，一般建立在靠近电能用户的中心地点。配电所是用来接受和分配电能，而不改变电压，一般建在建筑物的内部。

3. 电力线路

电力线路是输送电能的通道。火力发电厂多建于燃料产地，水力发电厂则建在水力资源丰富的地方。一般这些大型发电厂距离电能用户都比较远，需要用各种不同电压等级的电力线路作为发电厂、变电所和电能用户之间的联系，使发电厂生产的电能源源不断地输送给电能用户。

通常把电压在35kV及其以上的高压电力线路称为送电线路，而把由发电厂生产的电能直接分配给用户，或由降压变电所分配给用户的10kV及其以下的电力线路称为配电线路。

4. 电能用户（又称电力负荷）

在电力系统中，一切消耗电能的用电设备均称为电能用户。用电设备按其用途可分为动力用电设备（如电动机等）、工艺用电设备（如电解、冶炼和电焊等）、电热用电设备（如电炉、干燥箱和空调等）、照明用电设备和试验用电设备等，可将电能转换为机械能、热能和光能等不同形式，以适应生产和生活需求。

目前，我国各类电能用户的用电量占总电量的百分比为：工业占72.9%，农业占13.7%，生活占7.8%，市政及商业占4.4%。可见，工业是电力系统中最大的电能用户。

从发电厂经变电所通过电力线路至电能用户的送电过程示意图，见图1-2。

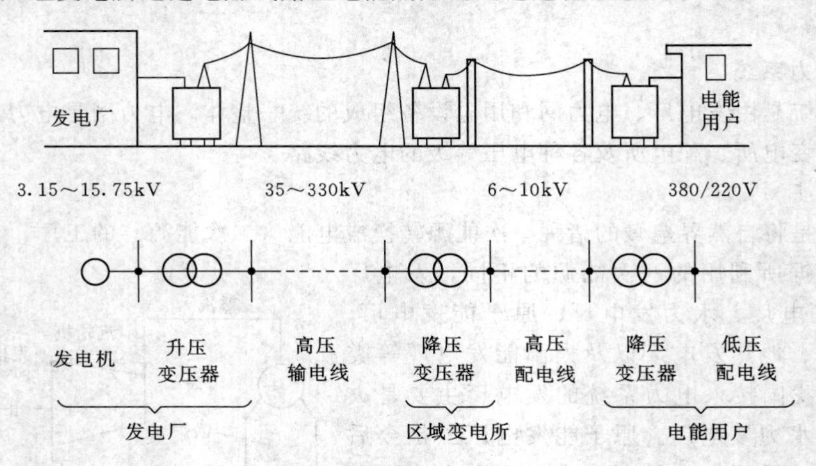

图1-2 从发电厂到用户的送电过程示意图

5. 电力系统

如果各个发电厂彼此独立地向用户供电，当某个发电厂发生故障或停机检修时，该厂供电的那片区域将被迫停电。为了确保对用户供电不中断，每个发电厂都必须配备一套备用发电机组，但这就增加了投资，而且设备的利用率较低。因此，有必要将各种类型的发电厂的发电机、变电所的变压器、输电线路、配电设备以及电能用户等联系起来，组成一个电力系统，如图1-3所示。

建立电力系统具有如下优越性：

(1) 提高供电可靠性：不会因个别发电机故障或检修而导致停电，并能实现有计划地安排设备轮流检修，确保设备经常安全运行。

(2) 实现经济运行：在丰水季节，尽量让水电厂多发电，以节省火电厂的燃料，降低电力系统内的发电成本，同时安排火电厂检修；合理调度各发电厂的负荷，尽可能减少近

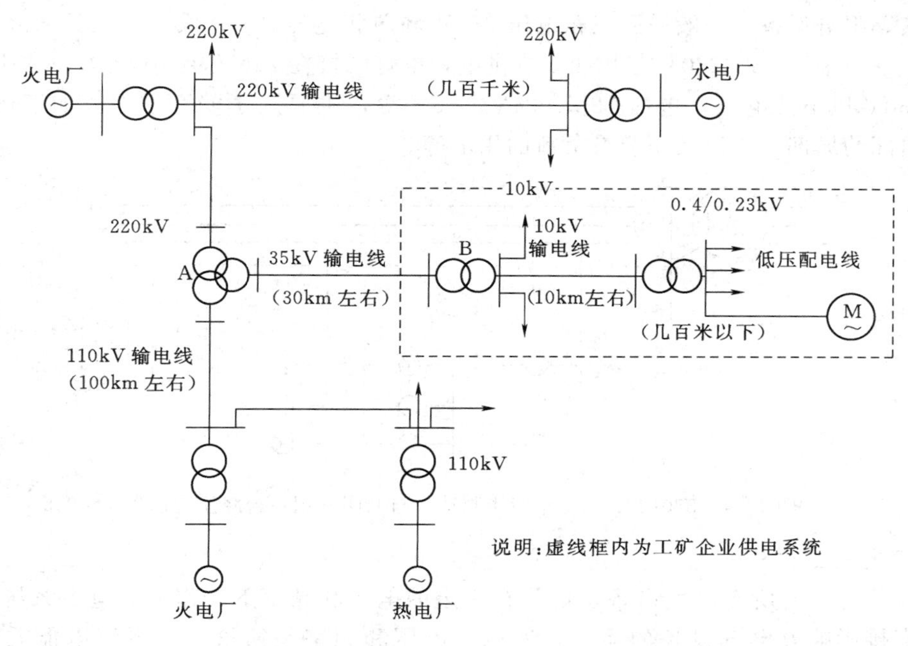

图 1-3　电力系统示意图

电远送，以降低线路上的电能损失；使各发电厂承担相对稳定的负荷，减少负荷波动，有利于提高发电设备的效率和供电质量。所谓供电质量，除了供电的可靠性外，主要是指电压和频率要保持额定值。

（3）提高设备利用率：因为将发电、供电设备联成一个系统，使在同系统内的设备可以互为备用，大大减少备用设备的容量，可节省大量设备投资，提高现有设备的利用率。

二、电力系统的电压和频率

1. 电压等级及适用范围

电力系统通常也称电力网，其电压等级有很多种，不同的电压等级有不同的用途。根据我国规定，交流电力系统的额定电压等级有：110V，220V，380V；3kV，6kV，10kV，35kV，110kV，220kV，330kV，500kV 等。目前，电压等级为 750kV，1000kV 的正在建设之中。

习惯上把 lkV 以下的电压称为低压，把低于 330kV 以下；1kV 及以上的电压称为高压，把 330kV 的电压及以上的电压称为超高压。所谓低压是相对于高压而言的，决不意味对人身没有危险。一般来讲，50V 以上对人身就有致命危险，潮湿的场合，36V 也有危险。

各种电压等级有不同的适用范围。在我国电力系统中，220kV 及其以上的电压等级都用于大电力系统的主干线，输电距离达几百千米至上千千米。110kV 电压用于中、小型电力系统的主干线，输电距离为 100km 左右。35kV 电压用于电力系统的二次网络或大型工厂的内部供电，输电距离为 30km 左右。6～10kV 电压用于送电距离为 10km 左右的城镇和工业与民用建筑施工供电，发电机的出口电压一般也为 6～10kV。小功率的电动机、电热等用电设备，一般采用三相电压380V和单相电压220V供电。几百米之内的照明用电，一般采用380/220V三相四线制供电，电灯则接在220V单相电压上，如图1-4所示。100V以下的电压，包括12V、24V、36V等，主要用于安全照明。如潮湿工地、建筑物内部的局部照明以及小容量负荷的用电等。

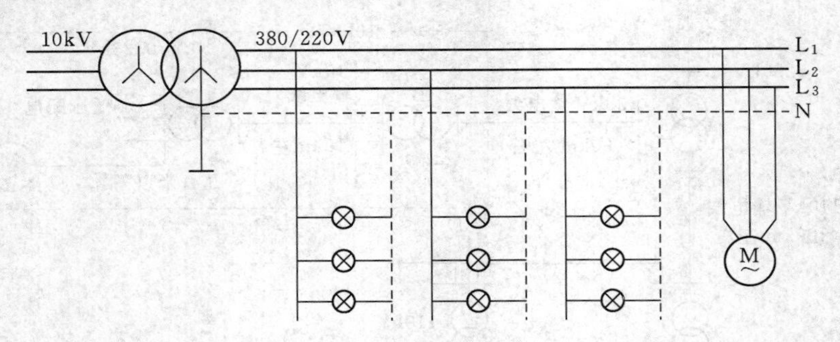

图1-4　380/220 V三相四线制动力与照明共用一台降压变压器

2. 额定电压和频率

电力系统中的所有电气设备，都是在一定的电压和频率下工作的。电力系统的电压和频率直接影响着电气设备的运行，所以，电压和频率是衡量电力系统电能质量的两个基本参数。规范规定：一般交流电力设备的额定频率（俗称工频）为50Hz，允许偏差为±0.5Hz。频率的稳定主要取决于系统中有功功率的平衡，频率偏低表示电力系统中发出的有功功率未能满足负荷的需要，应设法增加发电机的有功出力。电力系统的电压主要取决于系统中无功功率的平衡，无功功率不足，电压偏低，应设法提高发电机的无功出力。

所有电气设备都是按照运行在额定电压下，能获得最佳的经济效果而设计的。因此，电气设备的额定电压应与所接电力线路的额定电压相同。如果设备在使用时的端电压（电源的供电电压）与该设备的额定电压有出入，则设备的运行性能和使用寿命都将受到影响，总的经济效果会下降。

用电设备的端电压变化范围应当是有限度的，一般只允许偏离其额定值的±5%。为此，要求供电线路首端（靠电源端）的电压应高于电网额定电压的5%，而其末端电压可低于电网额定电压的5%。与此相应，发电机的额定端电压规定高于同级电网额定电压5%，如电网的额定电压应为10kV，则接在该电网上的发电机的额定电压应为105kV。对于电力变压器，其副边的额定电压，即副边开路时的端电压，则应考虑两方面因素：一是变压器本身在额定负载时副绕组上约有5%的内阻抗压降；二是当变压器副边引出的供电线路较长时，应考虑线路上约有5%的电压损失。

一般情况下，规定变压器副边的额定电压高于电网额定电压的10%。倘若副边的供电线路不太长（如低压电网，或直接供电给高压设备的高压电网），则只需考虑变压器副绕组上5%的阻抗压降，所以副边的额定电压只需高于电网额定电压5%即可。如果低压电网的额定电压为：380/220V，则配电变压器副边的额定电压应为400/230V。

三、电力系统运行的特点

(1) 电力系统发电与用电之间的动态平衡。由于电能目前还不能大容量储存，导致电能的生产和使用时同步进行的。因此，为避免造成系统运行的不稳定，电力系统必须保持电能的生产、输送、分配和使用处于一种动态平衡的状态。

(2) 电力系统的暂态过程十分迅速。由于电能的传输具有极高的速度，电力系统中开关的切换、电网的短路等暂态过渡过程的持续时间十分短暂，以 10^{-6}～10^{-3}s 计。因而，在设计电力系统的自动化控制、测量和保护装置时，应充分考虑其灵敏性。

(3) 电力系统的地区性特色明显。前已提到，电能可由不同形式的能量转化而来。不同地区的能源结构具有一定差异。因此，需要因地制宜，充分利用地方资源，尽量减少能源的运输工作量，降低电能成本。

(4) 电力系统的影响重要。随着社会的进步和电气化程度的提高，电能对国民经济和人民生活具有重要影响，任何原因引起的供电中断或供电不足都有可能造成重大损失。

四、对电力系统运行的要求

1. 安全

在电能的生产、输送、分配和使用中，应确保不发生人身和设备事故。

2. 可靠

在电力系统的运行过程中，应避免发生供电中断，满足用户对供电可靠性的要求。

3. 优质

优质就是要满足用户对电压和频率等质量的要求。

4. 经济

降低电力系统的投资和运行费用，尽可能节约有色金属的消耗量，通过合理规划和调度，减少电能损耗，实现电力系统的经济运行。

第二节　民用建筑及建筑施工现场供电

一、民用建筑供电

民用建筑供电系统，因建筑设施的规模不同，可分为 4 类：

(1) 对于用电负荷在 100 kW 以下的民用建筑，一般不必单独设置变压器，只需要设立一个低压配电室，采用 380/220V 低压供电即可。

(2) 对于用电负荷在 100kW 以上的小型民用建筑设施，一般只需要设立一个简单的降压变电所，把电源进线的 6～10 kV 电压，经过降压变压器变为 380/220V 低压，见图 1－5。

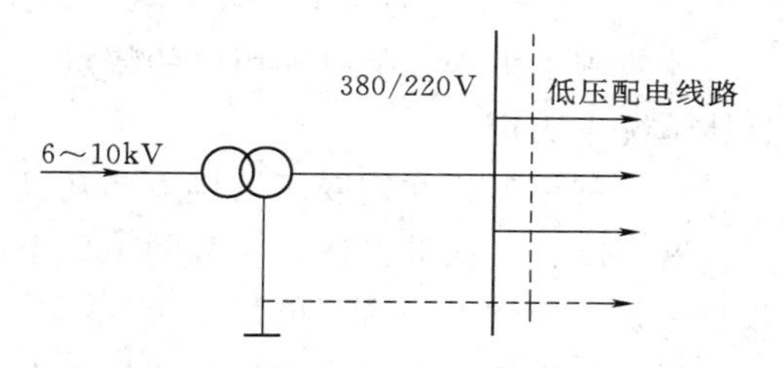

图 1－5　小型民用建筑设施供电系统

(3) 中型民用建筑设施的供电，电源进线一般为 6～10kV，经过高压配电所，用几路高压配电线，将电能分别送到各建筑物的变电所，经过降压变压器，使高压变为 380/220V 低压，见图 1－6。

(4) 大型民用建筑设施的供电，电源进线一般为 35kV，需要经过 2 次降压，第一次

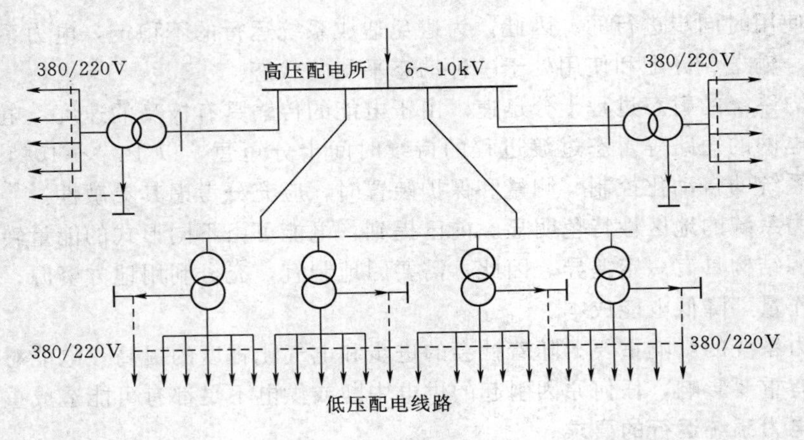

图 1-6 有高压配电所的中型民用建筑设施供电系统

先将 35kV 的电压降为 6～10kV，然后用高压配电线路送到各建筑物的变电所，再降为 380/220V 低压，如图 1-7 所示。

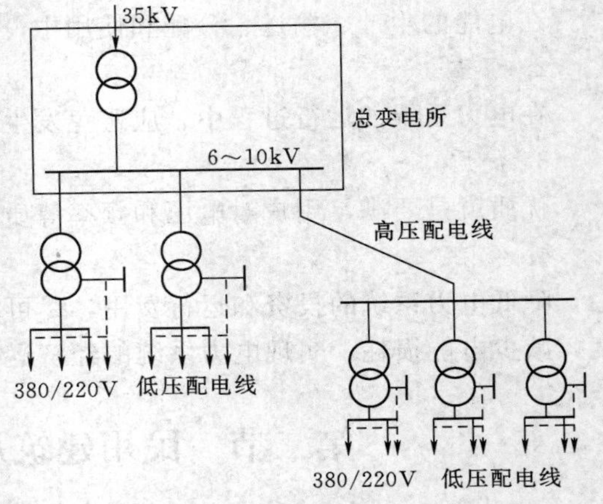

图 1-7 有总变电所的大型民用建筑设施供电系统

为了保证低压侧的供电质量，目前已有人提出采用变压器原边高压侧为三相绕组，副边低压侧为单相绕组的单相变压器供电方式。

二、建筑施工现场供电

（一）特殊性和供电设计的内容

建筑施工供电具有它的特殊性主要表现在：负荷变化大，供电的临时性，现场环境差，以及用电设备移动频繁等。所以，在进行施工组织设计时，对施工现场的供电，应计算建筑工地的总用电量，选择工地配电变压器，确定电源最佳供给位置，合理布置配电线路，计算导线截面，选择导线型号，最后绘制施工现场电气平面布置图。

（二）建筑工地的供电方式

建筑施工由于其临时性用电的特点，不是非要设置单独的变压器供电不可，而要根据具体情况来决定。

（1）利用就近在用变压器供电：凡是就近已有在用变压器的，应该充分利用已有变压器，这是既省又快的办法。一般的工厂企业变压器，都留有一定的备用容量，因此利用它来对建筑工地供电是有可能的。

（2）利用建设单位设立的变压器供电：按照基本建设的一般规律，建设单位都将设立自己的配电变压器。因此，施工单位可先期安排这种变压器的施工，以便利用建设单位的变压器为建筑施工现场供电，以节省开支。

（3）利用附近的高压电网，建筑临时变电所供电：如果没有其他变压器可利用，则应向供电部门提出用电申请，要求设置建筑施工临时变电所。这种变电所一般都是比较简单的降压变电所。由此组成的供电系统如图1-8所示，它把电源进线的6～10kV高压，经过变压器降为380/220V低压，供工地各用电点使用。建筑工地的用电负荷一般为100kW左右，通常都采用这种低压供电。

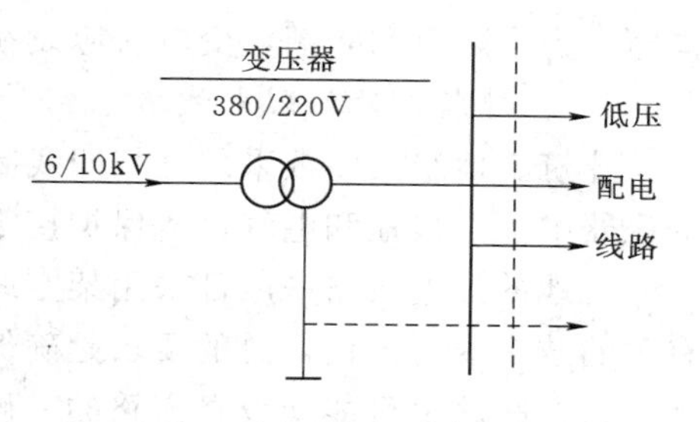

图1-8　建筑工地供电系统

（三）建筑工地自建配电变压器的选择及位置选定

关于变压器容量和台数选择的一般原则，详见有关专著。这里仅讨论与建筑工地配电变压器选择有关的几个问题。

1. 变压器容量的估算

变压器的容量是由施工现场总的用电量来确定的。工地的用电设备和其他场合的用电设备有类似的情况，一般也不是同时工作的，即使同时工作的设备，也不会都处在满负荷运行状态。所以在估算工地变压器容量时，应当考虑合适的需要系数。

通常动力设备所需的总容量 S_d 为

$$S_d=K_n\frac{\sum P_N}{\eta\cos\varphi} \tag{1-1}$$

式中　P_N——电动机铭牌上的额定功率，kW；

$\sum P_N$——所有动力设备的电动机的额定功率之和，kW；

η——所有电动机的平均效率，电动机一般在0.75～0.92，计算时可采用0.86；

$\cos\varphi$——各台电动机的平均功率因数，电动机一般在0.75～0.93；

K_n——需要系数，粗略估算 K_n 可取0.5～0.75。

由于施工现场的照明用电量比动力用电量要小得多，所以在估算工地总用电量时，可以不单独估算照明用电量。简单的方法是把照明用电量算为动力用电量的10%。

这样，估算出的施工现场总容量，也就是总视在计算负荷的容量为

$$S_j=1.10S_d \tag{1-2}$$

所选变压器的额定容量 S_N，应按照 $S_N\geqslant S_j$ 来确定。

根据 S_j 的数值和附近高压电网的电压值，就可在变压器产品目录中选择合适型号的配电变压器。它的高压绕组的额定电压应等于高压电网的电压，低压绕组只要是接成Yn的，就可得到380/220V的低压。当 S_j 的数值介于产品目录中2个标准容量等级之间时，如果考虑到工地负荷可能增加，则应选大一级容量的变压器，如果施工期内负荷不会增加，则选用小一级容量的变压器。由于建筑工地用电的临时性，以及负荷的重要性不高，一般只选用1台变压器即可。

2. 工地变压器的安装位置

工地变压器应尽量靠近高压电网和接近用电负荷中心，但也不宜将高压电源线引至施工中心区域，以防发生高压触电事故。从用电的临时性出发，同时考虑到进、出线方便，可以将变压器安装在露天，以节省投资。工地变电所应尽量远离交通要道和人畜活动的中心。为了减少因环境污染引起的供电事故，变压器周围不应是潮湿和多尘的，不应有腐蚀性气体。由于施工现场条件比较恶劣，应对变电所采取特别的防火、防雨雪、防小动物等

措施。为了防汛和防潮，变电所应设在地势较高的地方。

（四）建筑工地的配电线路

建筑工地绝大多数采用三相四线制供电，可以提供380/220V两种电压，同时也便于变压器中性点接地和电气设备保护接零及重复接地。

工地的配电线路一般都采用架空线路，极少数用地下电缆。工地的架空线路应当按照有关的技术规范敷设，总的要求是确保安全用电，确保供电质量。具体要求如下：

（1）线路尽可能架设在道路的一侧，不得妨碍工地的作业和交通。

（2）选择最经济合理的架线路径，尽量取直线并保持水平架设，使线路长度为最短，转角和跨越最少，减少电杆倾倒的可能。

（3）架空线路一律禁止跨越工地上堆积的易燃材料，不得已必须跨越时，一定要保持足够的安全高度。

（4）架空线路与建筑物、地面和水面的垂直距离应符合规范；线路与建筑物（含脚手架）的水平距离：高压线路不应小于1.5m，低压线路不应小于1m。

（5）低压线路与6～10kV高压线路同杆架设时，高压线路在上并且高、低压导线之间的最小垂直距离为1.2m；低压线路与有线广播、电话等弱电线路同杆架设时，低压线路在上，并且低压导线在最大弧垂处与弱电线路间的最小垂直距离为1.5m。

（6）电线杆的根部与各种地下管道间的距离不应小于1m，与储水池、消火栓的距离不应小于2m。

（7）从低压线路引出的分支线和进户线，必须由电杆处接出，不得从两杆间的导线上接出。分支杆和终点杆的零线应采取重复接地，减少零线的接地电阻。

（8）在施工现场，严禁把电线摆在地面上。

（9）施工用电设备的配电箱应就近设置在便于操作的地方。一定要做到单机单闸（刀）控制，绝对不许一闸（刀）多用。

施工现场确保供电质量最主要的因素是电压质量和三相电压的对称性。需要强调的是离电源越远的地方，电压降落越大，有可能使用电设备启动不了，即使启动起来，也是处于欠电压运行，长期会烧坏电机，因此要采取措施。还需要强调的另一点是施工现场电焊机较多，它是单相负载，会引起三相电压不对称，应注意均衡接至三相电路上，否则会对现场的其他用电设备产生不利影响。一般临时性单相负荷不应超过50A，当超过50A时应采用三相四线供电。

（五）建筑工地配电导线的选择

选择配电导线，就是选择导线的截面与型号。导线截面选得过大，使有色金属的消耗增大，同时加大了线路建设的投资。反之，电压降和电能损失增大，并使导线接头的温度升高，容易酿成断线事故。因此，配电导线的截面必须选得恰当。

由于建筑工地主要是低压动力配电线路，负荷电流较大，所以导线截面的选择首先应按发热条件来计算，所选导线必须能承受电流的发热，然后验算其电压损失和机械强度能否满足要求。

（六）绘制施工现场供电的电气平面布置图

绘制平面布置图是施工供电设计的最后一步。它是在施工现场平面布置图上绘制施工供电的电气线路和电气设备的布置，采用一系列的图形、符号，将电气设备及线路设施明确地表示出来，主要标出电源引入点、变压器的位置、配电线路的走向、各配电箱的位置、照明灯具的位置等，具体见图1-9。

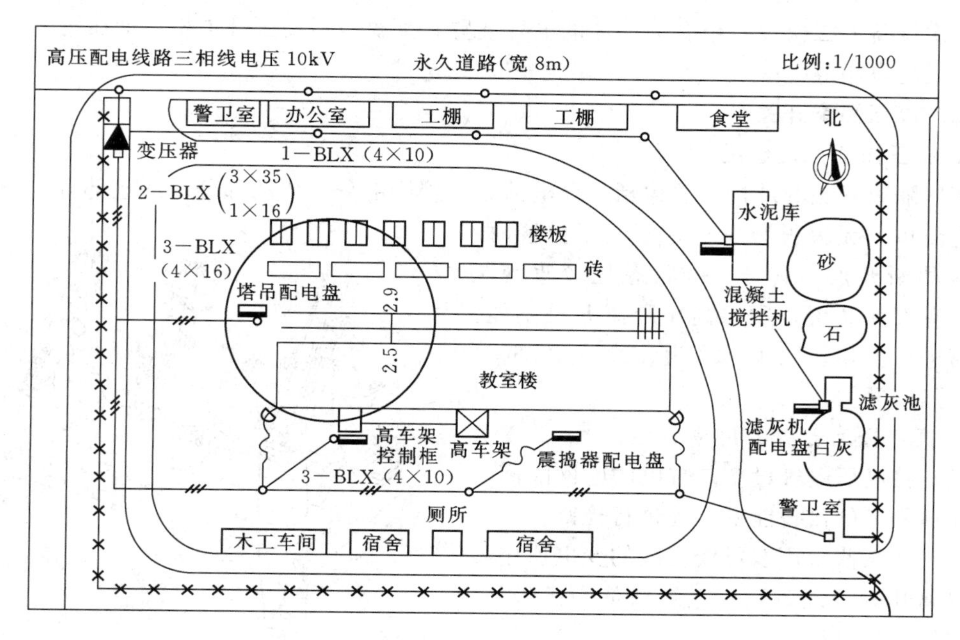

图1-9　某学校施工现场的供电平面布置图

第三节　高压开关设备

一、概述

变配电所中承担运输和分配电能任务的电路，称为一次电路，也被称为主电路、主接线。一次电路中的电气设备称为一次设备或一次元件。

一次设备按照其功能可分为以下几类。

1. 变换设备

变换设备是指按照电力系统运行要求来改变电压、电流或频率等的设备，主要包括变压器、电压互感器、电流互感器、变频器等。

2. 控制设备

控制设备是指按照电力系统运行要求来控制一次电路的通、断的设备，主要包括接触器、负荷开关等。

3. 保护设备

保护设备是指用来对电力系统进行过电流和过电压保护的设备，主要包括熔断器、避雷器、断路器等。

4. 补偿设备

补偿设备是指用来补偿电力系统中的无功功率，提高系统功率因数的设备，主要包括并联电容器等。

5. 成套设备

成套设备是指按照一次电路接线方案的要求，将有关一次设备及控制、指示、监测和保护一次设备的二次设备组合为一体的电气装置，主要包括高压开关柜、低压配电屏、动力与照明配电箱等。

二、高压隔离开关

1. 高压隔离开关组成

高压隔离开关的结构主要包括：导电部分、绝缘部分、传动部分及底座部分。隔离开关结构简单，无灭弧装置，处于断开位置时有明显的断开点，其分、合状态比较直观，因其没有灭弧装置，所以高压隔离开关不能带负荷进行操作。图 1 - 10 为 GN8—10/600 型高压隔离开关。

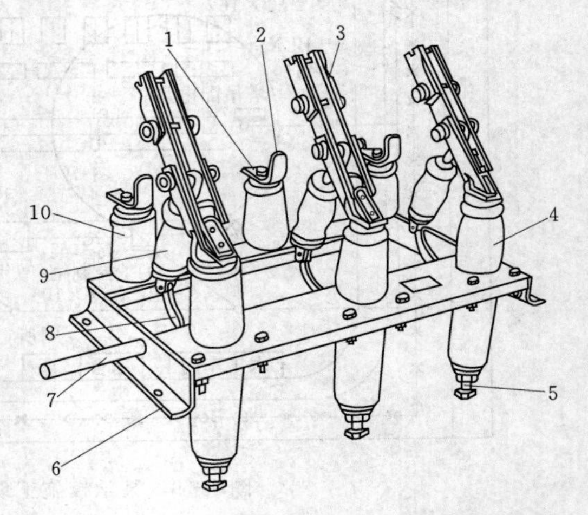

图 1 - 10　GN8—10/600 型高压隔离开关

1—上接线端子；2—静触头；3—闸刀；4—绝缘套管；5—下接线端子；6—框架；7—转轴；8—拐臂；9—升降瓷瓶；10—支柱瓷瓶

2. 高压隔离开关的用途

（1）将高压电气设备与带电的电网隔离，以保证被隔离的设备能安全地进行检修。

（2）在某些采用双母线接线的变电所中，可用隔离开关将设备和供电线路从一条母线换接到另一条母线。

（3）用于开闭下列电路：

1）电压互感器和避雷器。

2）母线和直接连在母线上的设备的电容电流，此电容电流不应超过 5A。

3）激磁电流不超过 2A 的空载变压器。

3. 高压隔离开关的常规检查项目和技术要求

（1）型号、规格应符合图纸要求。

（2）使用时动触头应在受电侧，以保证刀闸打开时刀片不带电。

（3）垂直放置时，要求断口朝上，易熄灭电弧。

（4）动、静触头间拉开距离应不小于 150mm（10kV）。

（5）不同期的偏差小于 3ms。

（6）合闸后要求动触头距静触头底座有 3～5mm 的空隙。

（7）检查其辅助接点的开闭并调整合适，符合图纸要求。

（8）可动刀片与固定触头的表面应清洁、无锈蚀（一般采用涂抹凡士林油），合闸后应接触自如、紧密。

（9）带有接地刀片的隔离开关，检查其主刀片闭合时，接地刀片应打开，反之则相反。

（10）隔离开关的止动装置、定位器或电磁锁应安装牢固，且动作准确好用。

（11）绝缘电阻和工频耐压试验符合产品技术要求的规定，额定电压为 3～15kV 时，绝缘电阻值不大于1200MΩ，额定电压为20～35kV时不大于3000MΩ。

（12）机械或电气闭锁装置应准确可靠。

三、高压负荷开关

高压负荷开关具有简单灭弧装置，因而能够通断一定的负荷电流和过负荷电流。但是它不能断开短路电流，所以通常与高压熔断器串联使用，借助熔断器来进行短路保护。

（一）负荷开关的组成

负荷开关的结构包括导电部分、灭弧装置、绝缘部分、传动部分及底座。负荷开关的结构比较简单，且断开时有明显的断开点，由于它具有简易的灭弧装置，因而有一定的断流能力。图1-11为FLN43—12D/T630—25户内交流高压负荷开关简图。

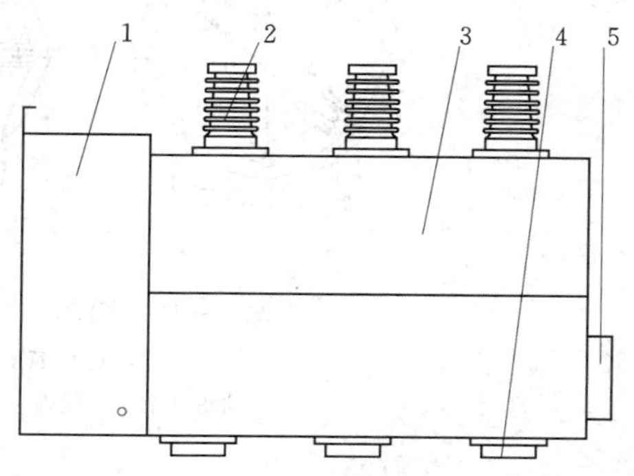

图1-11　FLN43—12D/T630—25户内交流高压负荷开关简图
1—机构箱；2—上出线；3—气室；4—下出线；5—爆破片

（二）负荷开关的用途

（1）用来操作一般负荷电流、变压器空载电流、长距离架空线路的空载电流、电缆线路及电容器组的电容电流。

（2）配有熔断器的负荷开关可以断开短路电流，对中小型用户可当做断流能力有限的断路器使用。

（3）当做隔离开关使用。

（三）高压负荷开关检查项目和技术要求

（1）型号、规格应符合图纸要求。

（2）装配工艺符合性检查。

（3）绝缘电阻和工频耐压试验符合产品技术要求的规定，额定电压为3～15kV时，绝缘电阻值为不大于1200MΩ，额定电压为20～35kV时为不大于3000MΩ。

（4）测量高压限流熔丝管熔丝的直流电阻。

（5）测量负荷开关导电回路的电阻。

（6）交流耐压试验。

（7）操作机构的实验。

（8）机械或电气闭锁装置应准确可靠。

（四）FLN43—12D/T630—25户内交流高压负荷开关

1. FLN43—12D/T630—25负荷开关的特点

FLN43—12D/T630—25户内交流高压负荷开关如图1-11所示，主要部件均在密闭气室内，绝缘设计裕度较大；当用作负荷开关及防闭合接地开关时至少可以关合额定短路闭合电流4次而不被损坏；当用作隔离开关时，可开断额定电流100次；气室在零表压下仍具有50次的开断能力。该负荷开关安装在柜体轨道上，容易安装和扩展，无须进行现场的SF_6充气工作。负荷开关外壳由不锈钢板采用专门的焊接工艺焊接而成，避免橡胶密封因长期使用老化、磨损造成的漏气情况，具有良好的气密性和可靠性，年泄漏率不大于0.5%。

2. FLN43—12D/T630—25 负荷开关的工作原理

FLN43—12D/T630—25 负荷开关是一种多室旋转开关，体积小而兼备隔离开关与防闭合接地开关的功能。三个位置是："接通"、"隔离"和"接地"，采用同一操作轴操动，使其不可能同时处于两个位置，因此无须设置联锁。开关的三个位置如图 1－12 所示。

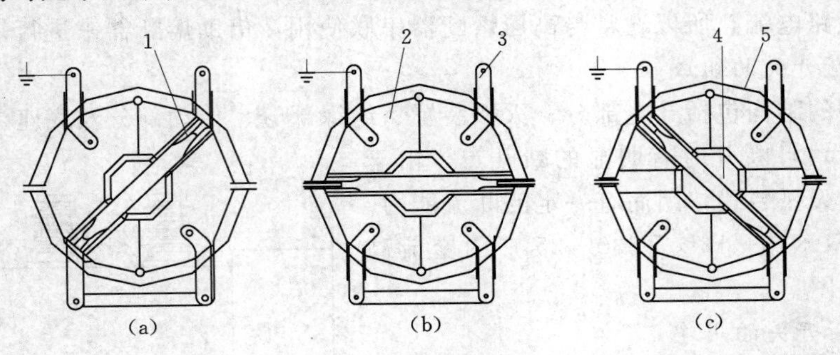

图 1－12 FLN43—12D/T630—25 的三种开关位置

(a) 接通位置；(b) 隔离位置；(c) 接地位置

1—动触头；2—灭弧室；3—静触头；4—开关轴；5—触头盒

3. 负荷开关的灭弧原理

灭弧原理是在开关动作时产生压力差，使 SF_6 绝缘气体通过喷嘴喷到拉开的电弧上，实现在很短的时间内使电弧冷却并熄灭。接通操作时，开关轴转动，触头从"隔离"位置移至"接通"位置，SF_6 气体的优异绝缘性能可使电弧延迟打到固定触头的起弧端上；断开时，开关室内的 SF_6 气体受到压缩并经过动触头叶片的喷嘴喷出以冷却触头之间的断开电弧，在短时间内安全地将电弧熄灭。

4. 负荷开关的操动原理

FLN43—12D/T630—25 负荷开关是三工位开关，由弹簧操动机构带动焊于气室面板上的一个气密贯穿件（波纹管密封）的上下摆动，带动密闭于气室内的操作机构，通过操作机构换向使上下摆动为旋转运动而操作三工位开关。三工位开关每处于一个位置，都有开关位置指示器显示其相应位置。弹簧操动机构无需调整、润滑和维护。弹簧操动机构的操作可采用手动、电动两种操作方式供用户选择，并可实现远程控制。通过弹簧操动机构和机械传动可保证开关主轴的转角，且机械特性满足要求。机构使用可卸出手柄沿垂直方向上下操作，机构箱面板上设有负荷开关和接地开关两个单独操作孔，可防止手柄从"接通"位置直接转到"接地"位置，在同一操作过程中开关只能用作负荷开关或接地开关。

四、高压断路器

高压断路器不仅能够通断正常负荷电流，并且能够在线路中出现短路故障时关闭与开断短路电流，而且能够承受一定时间的短路电流，并在保护装置的作用下自动跳闸，同时它还能实现自动重合闸的功能，是开关电器中功能最全面的一种电器。

高压断路器按其采用的灭弧介质可分为有油断路器、六氟化硫（SF_6）断路器、真空断路器、压缩空气断路器以及磁吹断路器等。

（一）高压断路器的组成

高压断路器包括开断元件、支撑绝缘件、传动元件、操动机构以及底座部分。

（二）高压断路器的用途

高压交流断路器主要用于3kV以上交流电力系统，用作开断额定电流和短路电流，在输配电线路中起到线路控制和保护的功能。

（三）高压隔离开关检查项目和技术要求

（1）测量断路器触头开距，应满足相应产品的技术要求。

（2）测量A、B、C三相触头超程，应满足相应产品的技术要求。

（3）测量三相分闸不同期性、三相合闸不同期性及触头合闸弹跳时间，均应不大于2ms（或满足相应产品的技术要求）。

（4）测量平均合闸速度、平均分闸速度。

（5）测量分闸、合闸时间。

（四）ZN90—40.5/2000—31.5户内交流高压真空断路器

图1-13和图1-14为ZN90高压真空断路器本体结构图，ZN90—40.5/2000—31.5户内交流高压真空断路器是额定电压40.5kV，额定频率50Hz三相交流系统中的户内配电装置，其配有与断路器一体的新型弹簧操动机构，可供工矿企业、发电厂及变电站交流配电系统作保护及控制之用，并可用于电弧炉、变压器等频繁操作的场所。

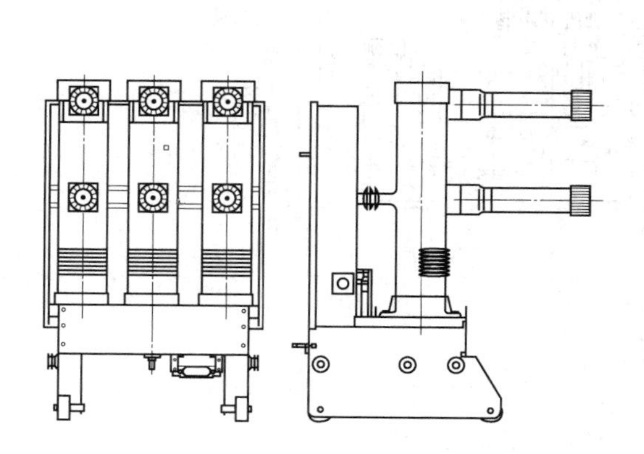

图1-13　ZN90高压真空断路器本体结构正视图及侧视图

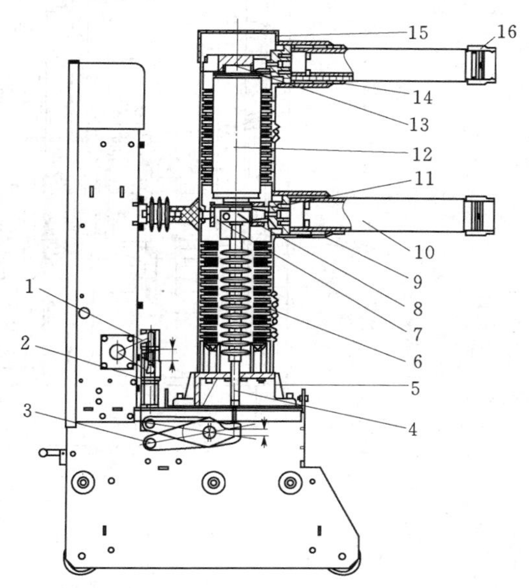

图1-14　ZN90高压真空断路器本体结构

1—主轴输出拐臂；2—触头簧；3—杠杆；4—绝缘拉杆；5—绝缘筒支座；6—绝缘筒；7—动支架；8—软连接；9—袖套；10—动触臂；11—下出线座；12—真空灭弧室；13—静支架；14—上出线座；15—绝缘罩；16—一次隔离触头

1. 传动机构

断路器传动系统由主轴输出拐臂、触头簧、杠杆、绝缘拉杆组合而成。断路器合闸时机构储能保持打开，合闸储能弹簧释能带动凸轮顺时针转动，凸轮推动合闸连杆使主轴输出拐臂顺时针转动，通过触头簧、杠杆变为灭弧室动触头的直线运动。分闸时，操动机构的半轴、扇形板解开，断路器在分闸弹簧及触头簧的共同作用下，使运动系统反向运动在最后阶段依靠缓冲器进行缓冲并至分闸位置，完成分闸动作。

2. 灭弧系统

断路器灭弧系统采用真空陶瓷灭弧室，真空灭弧室是依靠 1.33×10^{-3}Pa 以上的高真空熄灭电弧和绝缘的灭弧结构。与其他灭弧介质比较，真空具有较高的绝缘强度和较快的介质恢复速度。因此，真空断路器具有寿命长、体积小、维修简单，无爆炸危险等优点，特别适合于频繁操作场所等苛刻工作条件。

3. 操动机构

图 1－15 为 ZN90 高压真空断路器弹簧操动机构图。

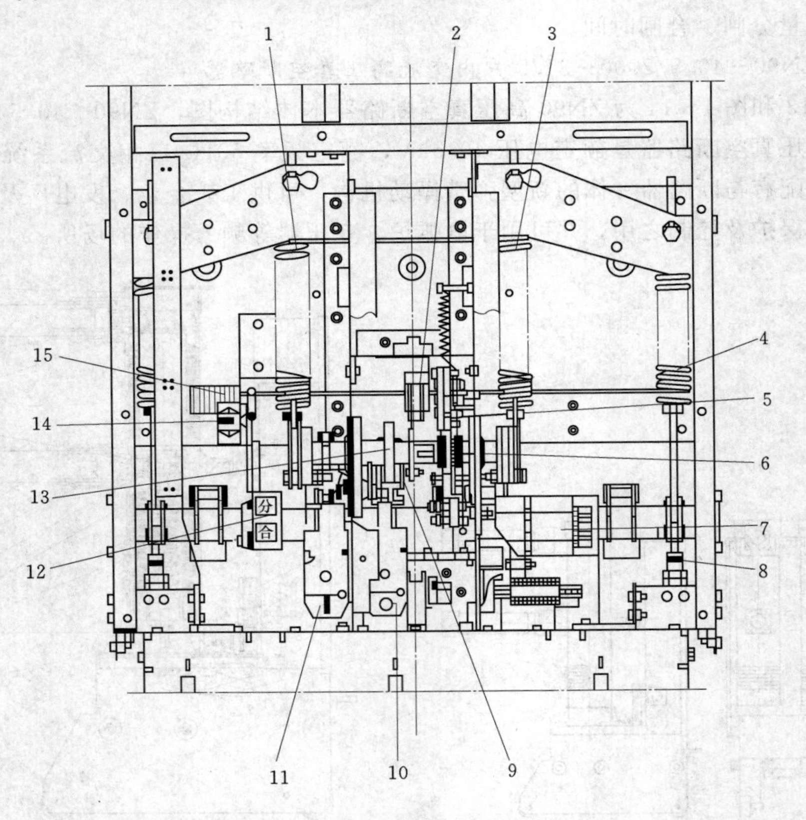

图 1－15　ZN90 真空断路器弹簧操动机构

1—左合闸弹簧；2—电机切断开关；3—右合闸弹簧；4—分闸弹簧；5—手动储能插座；6—棘轮；7—储能电机；8—缓冲器；9—主拉杆；10—手动分闸按钮；11—手动合闸按钮；12—合/分闸指示器；13—凸轮；14—计数器；15—辅助开关

其主要结构特点为：

(1) 储能输出轴与凸轮之间采用了超越式离合器的原理。

(2) 手动储能操作与电动储能操作之间的离合通过电机内置离合器来实现。

(3) 合闸保持与储能保持共用同一支撑轴。

(4) 机械联锁结构简单、可靠。

(5) 功能单元分布整齐、集中。

(6) 机构零部件数量少，结构的简单，动作可靠性高。

4. 储能机构

ZN90 真空断路器储能机构结构图如图 1-16 所示。

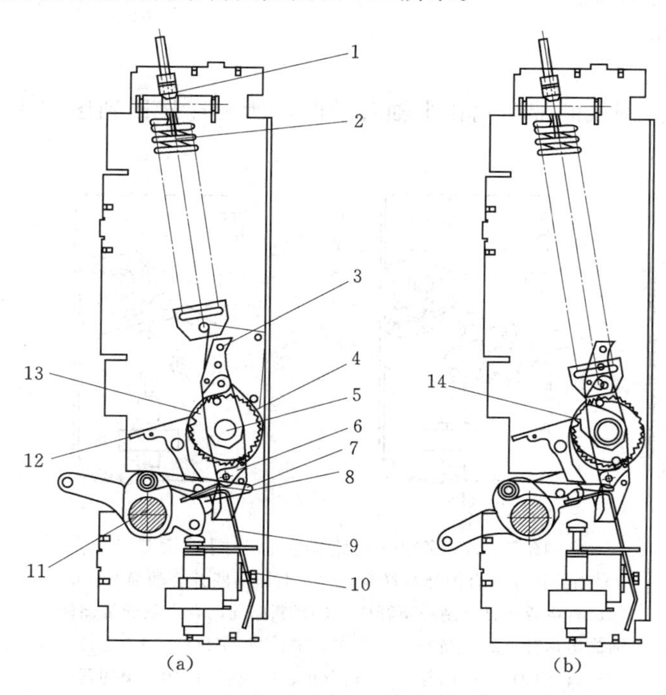

图 1-16　ZN90 真空断路器储能机构结构图

(a) 断路器断开，弹簧未储能；(b) 断路器闭合，弹簧已储能

1—合闸弹簧固定端；2—合闸弹簧；3—保持块；4—合闸弹簧挂簧片；5—合闸轴；6—驱动块；7—防闭合联锁；8—电机驱动轴承；9—合闸板；10—合闸线圈；11—主轴；12—合闸弹簧释能扣板；13—棘轮；14—合闸弹簧释能滚子

储能机构的储能单元主要由合闸弹簧曲柄（每端一个）、合闸轴、凸轮、驱动板、棘轮、驱动块（包括驱动棘爪）、保持块（包括保持棘爪）组成。棘轮通过由电机偏心轮驱动的驱动块带动。当棘轮转动，它推动驱动板，从而带动合闸轴上的合闸弹簧曲柄及凸轮转动。合闸弹簧曲柄两头有弹簧，当曲柄转动，合闸弹簧储能。当合闸弹簧完成储能，弹簧曲柄到位，合闸释能滚子碰到弹簧释能扣板，合闸弹簧处于储能状态。

合闸弹簧同样可以手动储能，把手动储能杆插入手动储能插座。把它上下移动约 38 次，直到听到一声“喀嚓”声，合闸弹簧指示器显示“已储能”。

5. 合闸部分

图 1-17 为 ZN90 断路器合、分闸示意图，其表示合闸凸轮和脱扣联动装置的位置。在图 1-17 (a) 中，当断路器断开、合闸弹簧释能，脱扣半轴和扇形板不在闭合位置。

储能后 [如图 1-17 (b) 所示]，合闸弹簧可通过弹簧释能扣板来释能，从而闭合断路器。合闸弹簧的力通过弹簧曲柄转动合闸轴。与合闸轴连在一起的合闸凸轮通过主拉杆带动主轴转动，闭合断路器。

图 1－17（c）表示联动装置，此时断路器处在合闸弹簧重新储能前的闭合状态。脱扣半轴和扇形板防止联动装置松开，保证断路器闭合。

图 1－17（d）表示合闸弹簧重新储能后处于闭合状态的断路器。弹簧储能把合闸凸轮转动了一半。由于在这一区域，与主拉杆连接的凸轮表面是等圆面，弹簧储能操作不影响断路器合闸位置。

6. 分闸部分

当分闸按钮或分闸线圈带动脱扣半轴转动时，所有连接回到图图 1－17（a）的原始“断开”位置。

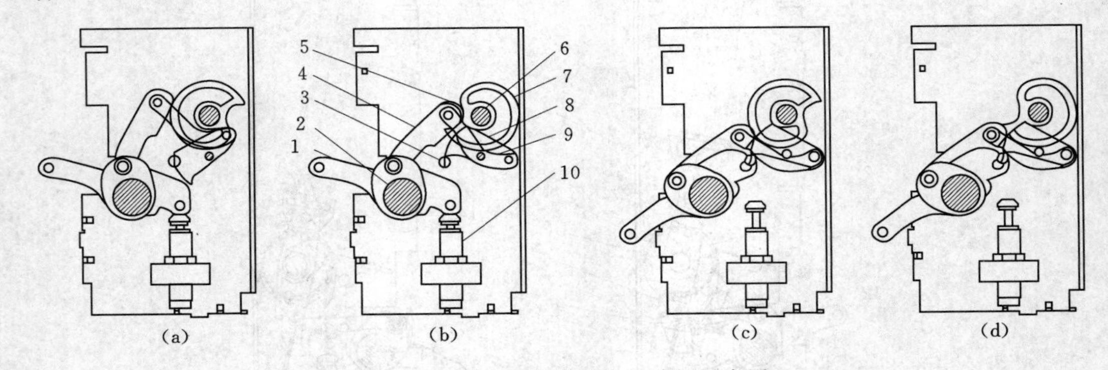

图 1－17　ZN90 断路器合、分闸示意图

（a）断路器断开合闸弹簧释能；（b）断路器断开合闸弹簧储能；

（c）断路器闭合合闸弹簧释能；（d）断路器闭合合闸弹簧储能

1—主轴输出拐臂；2—主轴；3—脱扣半轴；4—主拉杆；5—主拉杆轴承；

6—合闸轴；7—凸轮；8—扇形板；9—连杆；10—缓冲器

五、高压真空接触器

高压真空接触器广泛应用于工业、服务业、海运业等领域电器设备的控制。适合控制和保护电动机、变压器、电容器组等。

（一）高压真空接触器的组成

高压真空接触器主要由真空灭弧室、操动机构、控制电磁铁及辅助部件构成，在与高压熔断器配合时，辅助部件还起着支撑熔断器作为熔断器支座的作用。

（二）高压真空接触器的用途

高压真空接触器主要用于电压 3.6～12kV，频率 50Hz 的三相电力系统中需要大量分、合闸循环操作的场合，供发电厂及其他工矿企业控制高压电动机、变压器或电容器等负载，特别适用于频繁操作的场所。

（三）高压真空接触器检查项目和技术要求

（1）型号、规格应符合图样要求。

（2）装配工艺符合性检查。

（3）绝缘电阻和工频耐压试验符合产品技术要求的规定。

（4）测量高压限流熔丝管熔丝的直流电阻。

(5) 测量负导电回路的电阻。

(6) 交流耐压试验。

(7) 操作机构的实验。

(8) 机械或者电气闭锁装置准确可靠。

(四) JCZ16—12J (D) /D400—4.5 交流高压真空接触器

1. JCZ16—12J (D) /D400—4.5 交流高压真空接触器结构

图 1-18 为 JCZ16—12 型交流高压真空接触器的结构图。JCZ16—12 型高压真空接触器主要由三大部件组成:高压件、驱动板、低压件。高低压回路按前后布局,真空管处于封闭的绝缘筒内,绝缘筒由环氧树脂采用 APEG 工艺注射而成,其结构为三相一体,驱动架由 DMC 模压而成,传动为等臂杠杆传动。控制部分安装在钢板结构的低压仓内,仓内有合闸电磁铁、分闸弹簧、合闸接触器、辅助开关、接线端子等元件。具有机械防合闸装置,保证接触器不会出现误动作。J 型机构配有手动分闸操动,D 型机构有双绕组线圈使保持电流很小。结构紧凑,辅助设备的安装合理,使部件更换变得简易可行。

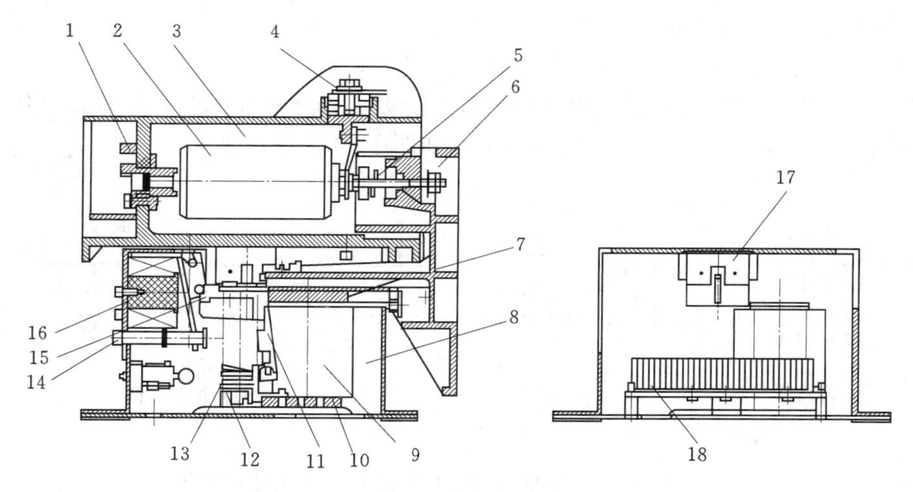

图 1-18 JCZ16—12 型交流高压真空接触器结构图

1—下出线;2—灭弧室;3—高压仓;4—上出线;5—触头簧;6—驱动板;7—衔铁;8—低压仓;9—合闸电磁铁;10—静铁芯;11—机械防合闸装置;12—弹簧座;13—分闸弹簧;14—手动分闸杆;15—锁块;16—脱扣线圈;17—辅助开关;18—接线端子

2. 工作原理

对于 D 型电磁式接触器,当合闸电磁铁通电时,电磁铁吸引衔铁使衔铁带动驱动板转动而拍合,此时,合闸电磁铁中的保持线圈串入合闸回路,接触器保持在合闸状态。初始合闸力是电磁力与三个真空管的自闭力之和。分闸时给合闸回路断电,分闸弹簧克服真空灭弧室自闭力做功,使灭弧室动静触头断开,使其距离保持为开距。

对于 J 型机械式接触器,合闸到位后是靠机械锁扣来锁定,使其保持在合闸位置,分闸时,给分闸电磁铁通电,衔铁的运动使锁扣解锁,然后靠分闸弹簧的弹力分闸。J 型机械式接触器还具有手动分闸装置。

另外接触器还带有机械防合闸装置,使其分闸时保证不出现误动作。

第四节　低压开关设备

一、概述

低压开关设备是指供电系统中1000V及以下的电气设备，主要包括低压熔断器、低压断路器、低压开关等。

二、低压熔断器

低压熔断器主要是实现低压配电系统的短路保护，有的熔断器也能实现过负荷保护。低压熔断器的类型主要有插入式（RC型）、螺旋式（RL型）、无填料密闭管式（RM型）、有填料密闭管式（RT型）、有填料管式（GF、AM）、高分断能力（NT型）和自复式熔断器（RZ1型）。

下面主要介绍低压配电系统中应用较多的密闭管式（RM10）、有填料密闭管式（RT0）和自复式（RZ1）熔断器。

（一）RM10型低压密闭管式熔断器

1. RM10型低压密闭管式熔断器结构

RM10型低压密闭管式熔断器由纤维熔管、变截面锌熔片和触头底座等部分组成，其熔管结构如图1－19（a）所示，变截面锌熔片如图1－19（b）所示。

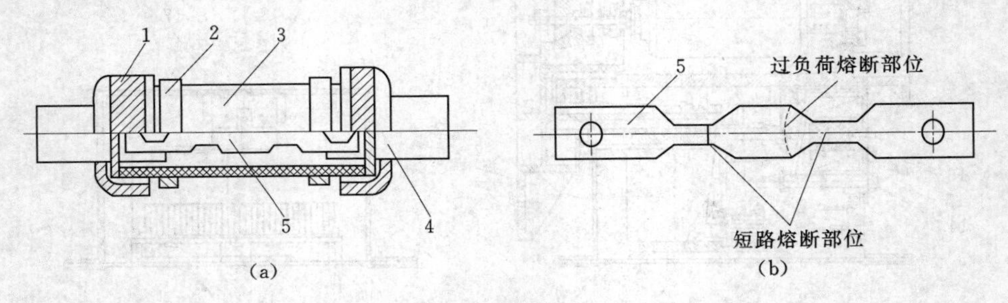

图1－19　RM10型低压密闭管式熔断器

（a）RM10型低压密闭管式熔断器熔管结构图；（b）RM10型低压密闭管式熔断器变截面熔片图

1—铜管帽；2—管夹；3—纤维熔管；4—刀形触头（触刀）；5—变截面锌熔片

2. RM10型低压密闭管式熔断器特点

RM10型低压密闭管式熔断器中的锌熔片做成变截面是为了改善熔断器的保护性能。短路时，短路电流首先使熔片窄部（电阻较大）加热熔断，使熔管内形成几段串联短弧，在中段熔片熔断后跌落，迅速拉长电弧，从而使电弧迅速熄灭。在过负荷电流通过时，由于电流加热时间较长，熔片窄部散热较好，往往不在窄部熔断，而在宽窄之间的斜部熔断。因此，根据熔片熔断的部位可以大致判断出熔断器熔断的故障电流性质。

3. RM10型低压密闭管式熔断器的优缺点

RM10型低压密闭管式熔断器结构简单、价格低廉、更换熔片方便，但这种熔断器的灭弧断流能力仍不强，不能在短路电流达到冲击值之前完全熄弧，属于非限流断路器。

（二）RT0 型低压有填料封闭管式熔断器

1. RT0 型低压有填料封闭管式熔断器结构

RT0 型低压有填料封闭管式熔断器主要由瓷熔管、栅状铜熔体和触头底座等几部分组成。图 1-20 为 RT0 型低压有填料封闭管式熔断器结构图。

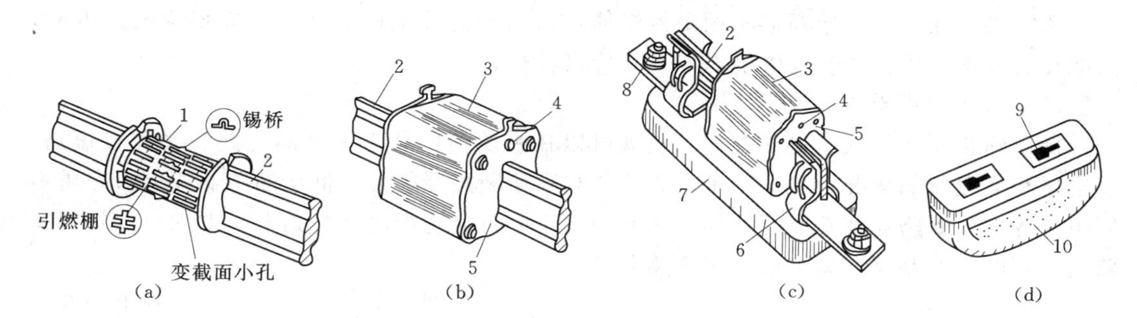

图 1-20　RT0 型低压有填料封闭管式熔断器结构图

(a) RT0 型熔断器熔体；(b) RT0 型熔断器熔管；(c) RT0 型熔断器；(d) RT0 型熔断器绝缘操作手柄

1—栅状铜熔体；2—刀形触头（触刀）；3—瓷熔管；4—熔断指示器；5—盖板；6—弹性触座；7—瓷质底座；8—接线端子；9—扣眼；10—绝缘拉手手柄

2. RT0 型低压有填料封闭管式熔断器特点

RT0 型低压有填料封闭管式熔断器中的栅状铜熔体由薄铜片冲压弯制而成，具有引燃栅。由于引燃栅的等电位作用，可使熔体在短路电流通过时形成多跟并列电弧。同时，熔体具有变截面小孔，可使熔体在短路电流通过时将长弧分割为多段短弧。由于所有电弧均在石英砂内燃烧，可使电弧中的正负离子强烈复合，因此这种熔断器的灭弧断流能力很强，属于限流熔断器。

RT0 型低压有填料封闭管式熔断器的熔体中端弯曲处具有“锡桥”，利用其“冶金效应”来实现对较小短路电流和过负荷的保护。

3. RT0 型低压有填料封闭管式熔断器的优缺点

RT0 型低压有填料封闭管式熔断器具有较好的保护性能和较大的断流能力，因此广泛应用于低压配电装置中，但是其熔体为不可拆式，熔断后需要更换整个熔管，经济性较差。

（三）RZ1 型低压自复式熔断器

1. RZ1 型低压自复式熔断器结构

RZ1 型低压自复式熔断器主要由接线端子、氧化铍瓷管、钠熔体和云母玻璃等组成。其结构如图 1-21 所示。

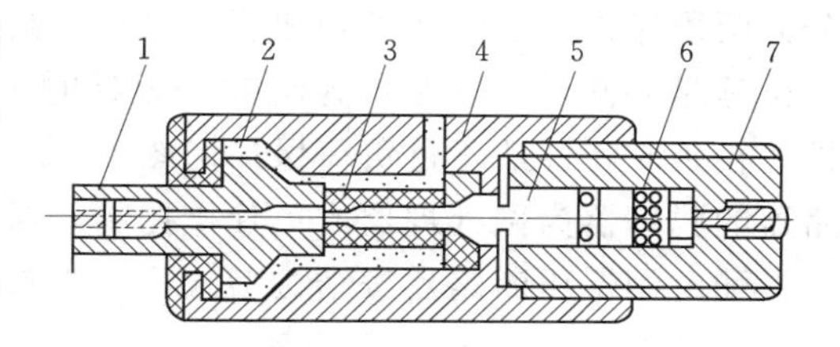

图 1-21　RZ1 型低压自复式熔断器

1—接线端子；2—云母玻璃；3—氧化铍瓷管；4—不锈钢外壳；5—钠熔体；6—氩气；7—接线端子

2. RZ1 型低压自复式熔断器特点

RZ1 型低压自复式熔断器采用金属钠作为熔体，在常温下，钠的电阻率很小，可以顺畅地通过正常负荷电流；在短路时，钠受热迅速气化，其电阻率变得很大，从而可限制短路电流。在金属钠气化限流的过程中，装在熔断器一端的活塞将压缩氩气而迅速后退，降低由于钠气化产生的压力，以防止熔管爆裂。在限流动作结束后，钠蒸汽冷却，又恢复为固态钠；活塞在被压缩的氩气作用下，迅速将金属钠推回原位，使之恢复正常工作状态，以实现反复使用。

3. RZ1 型低压自复式熔断器的优缺点

RZ1 型低压自复式熔断器不用更换熔体，可以降低停电的时间，既能切除短路电流，又能在故障消除后自动恢复供电，但是其价格较高。

三、低压断路器

低压断路器又称低压自动开关，它既可以在带负荷的状态下通断电路，又能在短路、过电压和低电压的情况下自动跳闸，其功能与高压断路器类似。低压断路器按灭弧介质不同可分为空气断路器和真空断路器；按照用途不同可分为配电用断路器、电动机保护用断路器、照明用断路器和漏电保护用断路器等。

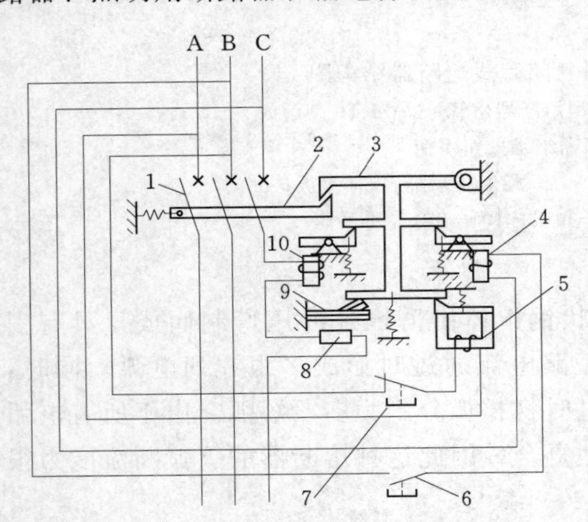

图 1-22　低压断路器原理图

1—主触头；2—跳钩；3—锁扣；4—分励脱扣器；5—失压脱扣器；6—脱扣按钮；7—脱扣按钮；8—加热电阻丝；9—热脱扣器；10—过流脱扣器

从原理图（见图 1-22）可以看出，低压断路器的主要功能器件是脱扣器，当线路上出现短路故障时，其过流脱扣器动作，使开关跳闸；如果线路出现过负荷时，与其串联在一次线路的加热电阻丝加热，使双金属片弯曲，从而使开关跳闸；当线路严重失压或者电压下降时，其失压脱扣器动作，使开关跳闸；另外，若按下图 1-22 中的按钮 6 或 7，则可以远距离使脱扣器动作。

低压断路器的操作机构一般采用四连杆机构，可自由脱扣，操作方式可以是手动也可以是电动。手动操作是利用操作手柄或杠杆操作，电动操作是利用专门的电磁线圈或控制电机操作。

下面以配电用断路器为例，介绍断路器的结构和使用。

配电用低压断路器按保护性能可分为非选择型和选择型两类。非选择型断路器一般为瞬时动作，只有短路保护的功能，也有长延时动作的，但只作过负荷保护。选择型断路器分为两段保护、三段保护和智能化保护。其中，两段保护为瞬时—长延时特性或者短延时—长延时特性。三段保护为瞬时—短延时—长延时特性。瞬时和短延时特性适于短路保护，长延时特性适于过负荷保护。图 1-23 为上述三种保护特性曲线。智能化保护是指断路器的脱口器为微处理器或单片机控制，保护功能更多，选择性和效果也更好。

配电用低压断路器按结构型式可分为塑料外壳式和万能式两大类。

1. 塑料外壳式低压断路器

塑料外壳式低压断路器的全部机构和导电部分都装设在一个塑料外壳内，仅在壳盖中央露出操作手柄，供手动操作用，其通常装设在低压配电装置中。

图 1-24 是 DZ 型塑料外壳式低压断路器的剖面图。

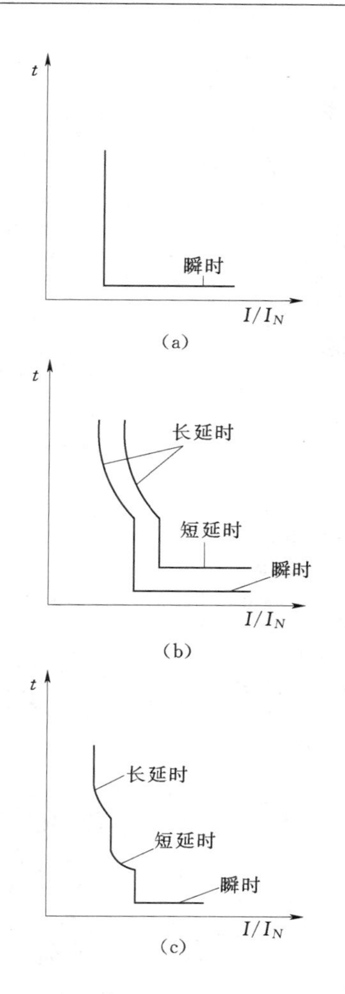

图 1-23 低压断路器保护特性曲线
(a) 瞬时动作型；(b) 两段保护型；(c) 三段保护型

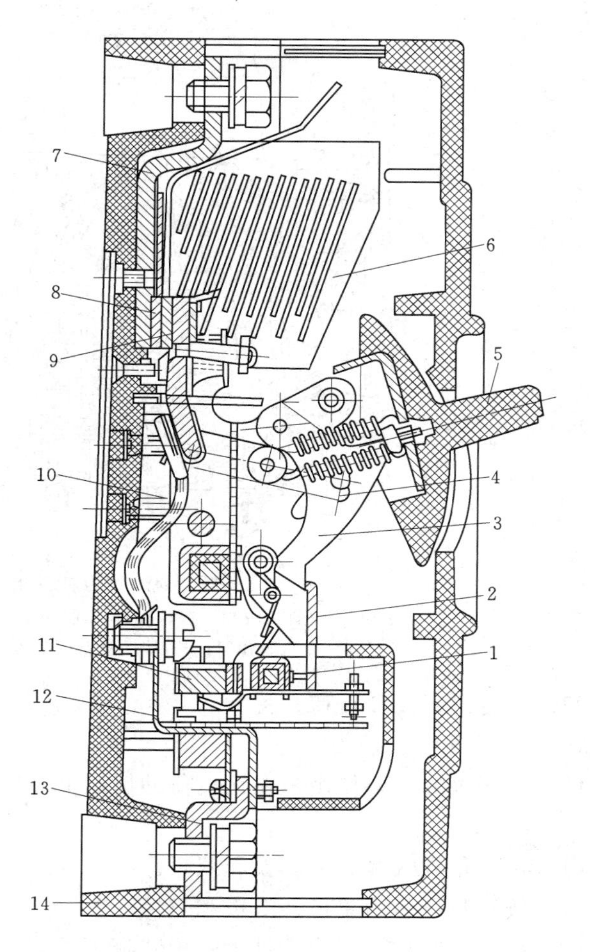

图 1-24 DZ 型塑料外壳式低压断路器的剖面图
1—牵引杆；2—锁扣；3—跳钩；4—连杆；5—操作手柄；6—灭弧室；7—引入线和接线端子；8—静触头；9—动触头；10—可挠连接条；11—电磁脱扣器；12—热脱扣器；13—引出线和接线端子；14—塑料底座

DZ 型塑料外壳式低压断路器可以根据使用需求装设复合式脱扣器（可同时实现过负荷和短路保护）、电磁脱扣器（只作短路保护）以及热脱扣器（只作过负荷保护）。

2. 万能式低压断路器

万能式低压断路器又称为框架式自动开关，它是敞开地装设在金属框架上，其保护方案和操作方式较多，装设地点也比较灵活，所以被称为万能式断路器。

图 1-25 为 DW 型万能式低压断路器的外形结构图，DW 型万能式低压断路器的操作方式较多，可以采用手动操作、杠杆操作、电磁操作和电动机操作等。

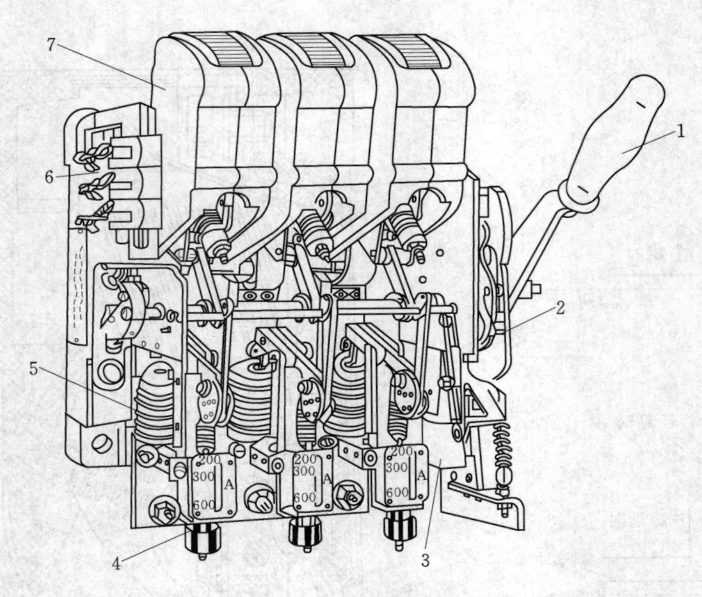

图 1-25 DW 型万能式低压断路器

1—操作手柄；2—自由脱扣机构；3—失压脱扣器；4—过流脱扣器电流调节螺母；5—过流脱扣器；6—辅助触点（联锁触点）；7—灭弧罩

四、低压刀开关和负荷开关

1. 低压刀开关

低压刀开关的主要作用是在无负荷的情况下对线路进行开、关操作，其种类很多，主要有：

(1) 按操作方式可分为单投和双投。

(2) 按级数可分为单极、双极和三极。

(3) 按灭弧结构可分为不带灭弧罩和带灭弧罩。

图 1-26 为 HD13 型低压刀开关的结构图，它是应用较为广泛的一种低压刀开关，通常装设在配电系统的进线处。

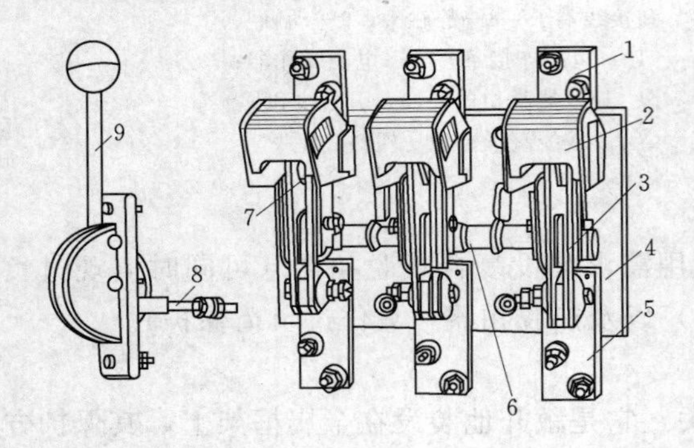

图 1-26 HD13 型低压刀开关结构图

1—上接线端子；2—钢片灭弧罩；3—闸刀；4—底座；5—下接线端子；6—主轴；7—静触头；8—传动连杆；9—操作手柄

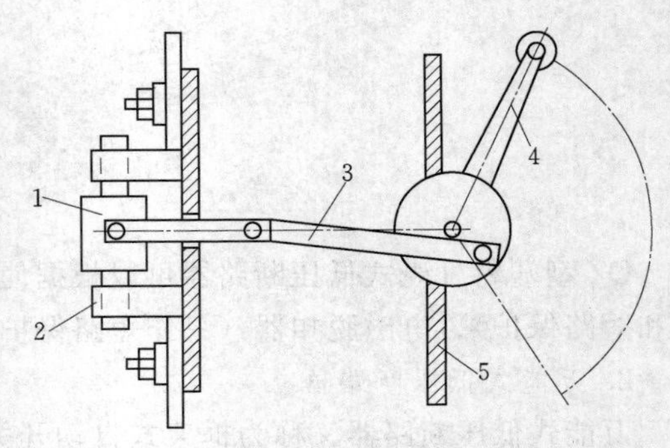

图 1-27 HR3 型刀熔开关结构示意图

1—RT0 型熔断器的熔断体；2—弹性触座；3—传动连杆；4—操作手柄；5—配电屏面板

低压刀开关中还有一种低压熔断器式刀开关又称刀熔开关，它是由低压刀开关与低压熔断器组合的开关电器，最常见的HR3型刀熔开关，就是将HD型刀开关的闸刀换以RT0型熔断器的具有刀形触头的熔管，如图1-27所示，其具有刀开关和熔断器的双重功能，采用这种组合开关电器，可以简化配电装置结构，经济实用。

2. 低压负荷开关

低压负荷开关是由低压刀开关和低压熔断器串联组合而成、外装封闭式铁壳或开启式胶盒的开关电器，其具有带灭弧罩刀开关和熔断器的双重功能，既可带负荷操作，又能进行短路保护。

第五节 高压开关柜与低压配电屏

一、高压开关柜

高压开关柜是按一定的线路方案将有关一、二次设备，如：高压开关设备、保护电器、监测仪表等，组装在一起的高压成套配电设备，可在发电厂和变电所中作为控制和保护发电机、变压器和高压线路用，也可作为大型高压交流电动机起动和保护之用，其中安装有高压开关设备、保护电器、监测仪表和母线、绝缘子等。

高压开关柜分为固定式和手车式（移开式）两大类，固定式高压柜一般应用于中小型工厂、变电所等场所，手车式一般应用较大的变电所、工厂等场所。

（一）KYN79系列铠装型手车式高压开关柜

KYN79系列开关柜为三相交流50Hz的户内成套配电装置，用于接受和分配3～12kV的电能并对电路实行控制保护及监测，可在各类发电厂、变电所、工矿企业、民用和商用建筑等电力系统中使用。

1. KYN79系列开关柜结构

KYN79系列开关柜由固定的柜体和可移开部件（手车）两大部分组成，柜体由铝合金型材框架和钣金零部件组装而成。铝型材刚度高，所有开孔均由型材厂家一次性加工成形，定位准确；钣金零部件采用数控机床加工及柜体装配，工艺性良好，装配好的开关柜体能保证关键尺寸上的一致性和手车互换性。柜体具有很强的抗腐蚀与抗变形能力，柜体内部结构用金属隔板分为四个独立隔室：母线室、手车室、电缆室和仪表室。开关柜结构示意图如图1-28所示。

（1）手车室。图1-28中B部分为手车室。打开柜体下门（或者中门）即可看到手车室。在手车室内两侧安装了特定的导轨，供手车在隔室内电动或手动滑行。紧贴手车轨道下面有一层隔板（俗称中插板）将手车室与其他空间隔开，中插板上设有供手车接地用的接地装置。本室与上、下隔离触头室之间用接地的金属材料制成的触头盒安装板分隔，并在正面安装有触头盒与活门帘板机构，通过它实现手车的动、静触头的咬合与隔离。该室的侧壁上设有加热器安装位置，可视需要装设。

（2）主母线室。图1-28中A部分为主母线室。主母线在柜后上部，呈一字布置，主母线贯穿处均装设金属隔板及穿墙套管以实现柜间完全隔离。

根据开关柜载流量大小，主母线材料可选用TMY类铜母线、LMY类铝母线。

（3）电缆室。图1-28中C部分为电缆室。KYN79系列开关柜具有较大的电缆室空间。电流互感器、接地开关，避雷器等电器元件布置在电缆室内。在电缆隔室内设有特定的电缆连接导体，每相可并接1～3根甚至更多的单芯电缆。电缆室底部装有可拆卸的封板，以方便电缆进柜的施工。

（4）继电器仪表室。图1-28中D部分为继电器仪表室。其中设有安装辅助回路设备的仪表门和摇门结构。仪表室顶部为小母线室，其中设有小母线端子组。仪表室内及仪表板上可安装继电保护元件、仪表、带电监测指示器及各种二次设备，电动操作执行单元的一部分和智能控制集成保护装置也可安装于此。控制线路敷设在行线槽内，并有金属盖板使其与高压隔离。继电器仪表室的顶板上留有小母线穿越孔，接线时，小母线室顶盖可拆下，以方便装配。

仪表门和继电器室与高压间隔有金属隔板相隔，可以在主回路带电的情况下更换、检查仪表和继电器等辅助元件及接线。

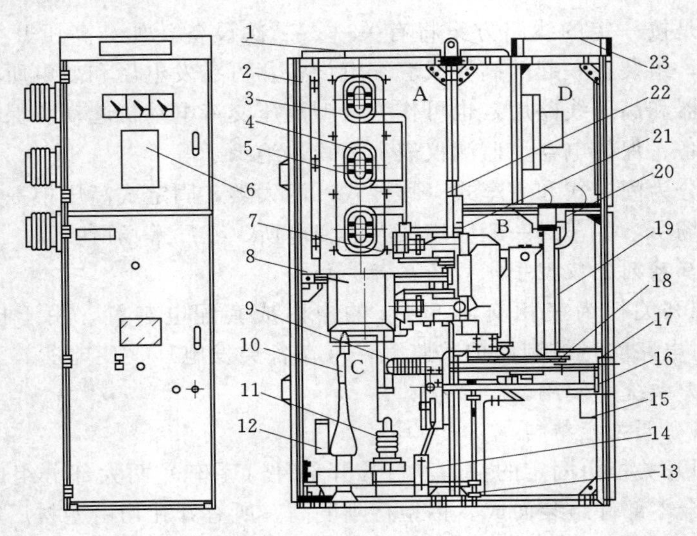

图1-28　KYN79系列开关柜结构图

A—母线室；B—手车室；C—电缆室；D—继电器仪表室

1—压力释放板；2—外壳；3—分支母线；4—母线套管；5—主母线；6—智能控制集成保护装置；7—触头盒；8—电流互感器；9—接地开关；10—电缆；11—避雷器；12—加热器；13—电缆封板；14—接地母线；15—电动操作执行单元；16—接地开关操作机构；17—可抽出隔板；18—接地盒；19—手车；20—二次插头插座；21—动、静触头；22—活门帘板机构；23—小母线室

（5）接地导体。沿开关柜排列的宽度方向的铜质接地导体在电缆室下底边处。在电缆室内单独设有$8\times40mm^2$的接地铜排，贯穿整个排列，并与柜体良好接触，此接地排供直接接地之元器件使用。由于整个柜体为铝合金型材框架，使整个柜体都处在良好接地状态之中，能保证运行操作人员的安全。两柜体接地铜排之间的连接用制造厂预制的连接母线装上即可，连接导体两端备有$\phi13$孔，供与变电站内接地线连接使用。

（6）泄压装置。在断路器手车室、母线室和电缆室的上方均设有各自独立的压力释放通道，当断路器或母线发生内部故障电弧时，伴随电弧的出现，开关柜内部气压升高，安装在顶部的压力释放装置将被自动打开，释放压力和排泄气体，以确保操作人员和开关柜的安全。

（7）辅助回路控制电缆通道。开关柜辅助回路控制电缆通道在柜左侧，由左上、左下护线板、左侧壁和柜顶小母线室组成。控制电缆从排列开关柜左端或右端的电缆沟，经开关柜下方沿柜内侧壁引入该通道。该通道贯穿每台开关柜，故控制电缆只要从任意一台柜引入，即可通至其他各柜。检查或检修控制电缆时，可将通道的活封板打开进行操作。

2. KYN79 系列开关柜的特点

（1）KYN79 系列开关柜为手车式开关柜，高压断路器等主要电气设备装在可以推出和推入的开关柜的手车上，当高压断路器等设备出现故障需要检修时，可随时将其手车拉出，然后推入备用手车，即可恢复供电，具有检修方便，供电可靠性高的优点。

（2）KYN79 系列开关柜具有可靠的“五防”功能，即：

1）防止误分、误合断路器。

2）防止带负荷误拉、误合隔离开关或隔离插头。

3）防止带电误挂接地线或接地开关。

4）防止带接地线误合隔离开关。

5）防止人员误入带电间隔。

3. KYN79 系列开关柜的操作

（1）手车的推进及移出。手车的推进及移出是通过图 1－29 所示意的底盘车上进车摇把的顺（逆）时针旋转带动丝杠螺母进退运动来实现的。靠连锁装置实现手车在试验位置和工作位置的锁车。

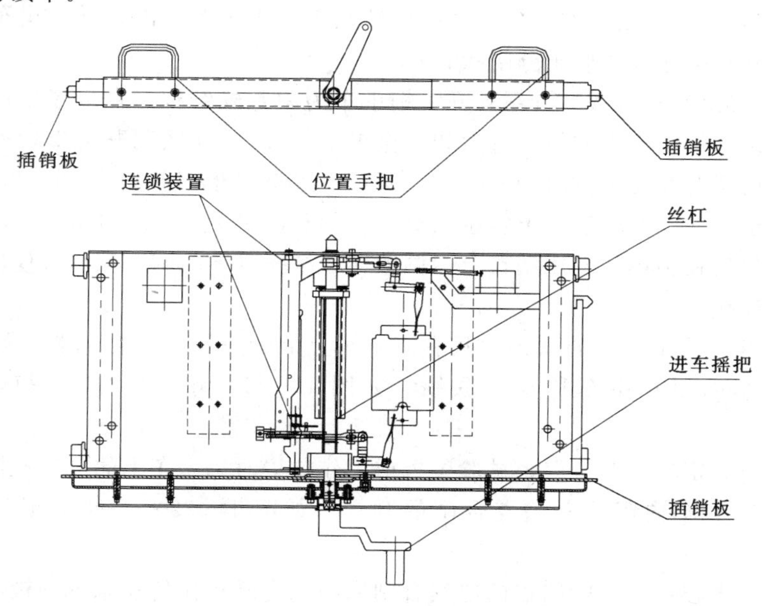

图 1－29　手车的推进及移出操作

在智能化开关柜中，通过智能控制集成保护装置和电动操作执行单元可以实现手车的推进及移出操作。

操作手车前，应戴好绝缘手套，穿好绝缘鞋，并按规定在柜前铺上绝缘块。

各类手车推入柜内的顺序为：隔离手车推入；电压互感器车推入；避雷器车推入；断路器手车推入。

1）手车由柜外推入“试验位置”的步骤。进车前必须确认断路器已分闸、接地开关已处于分闸状态。进柜时需先用人力将手车推到试验位置。利用转运车和柜体搭建的通道将手车由柜外推入柜内，同时将底盘车前手把向内拉动，使两边的插销板准确插入左右轨道垫块的槽内，松开手把后能够自动复位；插入二次插头，使二次回路投入工作。

2）手车由“试验位置”推入“工作位置”的步骤。从试验位置向工作位置推进手车前，必须确认断路器已处于分闸状态，确认接地开关已分闸。如果断路器、接地开关尚未分闸，推进手车之前必须先将其分闸。

将进车摇把插进底盘车的进（出）车操作孔内，按面板上指示的旋转方向（顺时针）旋转，推动手车前进，此时活门随手车的前进而自动打开。

当手摇进车摇把感觉到阻力突然增大时，说明手车动静触头开始咬合，继续转动摇把直到听到“当”的一声响时停止摇车，拔出摇把，将手车锁定于“工作位置”。

3）手车由“工作位置”退至“试验位置”或柜外的步骤。从工作位置抽出手车前，对于断路器手车，应先确定其已分闸；如果它尚未分闸，抽出手车之前必需先将其分闸。

将进车摇把插进底盘车的进（出）车操作孔内，按面板上指示的旋转方向（逆时针）旋转，操作手车后退，此时活门随手车的退出而自动关闭。

继续转动摇把直到听到“当”的一声响时停止摇车，拔出摇把，将手车锁定于“试验位置”。如果需要，可拔出二次插头，准备好转用车，将手车拉出柜外（出车前应确认活门已完全关闭并且接地开关处于分闸状态）。

(2) 转运车的操作。KYN79 系列开关柜手车为中置式结构，在现场不便于直接进行手车的进、出柜操作。出于方便、省力和安全考虑，KYN79 系列开关柜均配备规定数量的转运车。转运车及其使用方法如图 1-30 所示。进车时柜门开启应大于 90°，将装有手车的转运车推至柜前，使转运车上定位销对准开关柜上的定位孔，推动转运车靠近柜体，使转运车上勾板勾在柜体的专用销钉上，调节转运车托盘下的调节螺母，使转运车的轨道与柜体轨道相连接。

(3) 断路器与手车位置的联锁。只有当手车上的断路器（组合电器）处于分闸状态时，手车底盘车内阻止手车移动的联锁（如图 1-29）才能解锁，手车才能在柜内移动。

只有当手车锁定在断开位置、试验位置或工作位置时，手车上的电气控制回路才能接通，同时手车底盘车内阻止断路器合闸的联锁（如图 1-29）才能解锁，断路器才能合闸。

当手车在柜内移动时，断路器的电气合闸回路和合闸机械传动系统均被闭锁，断路器不能合闸。

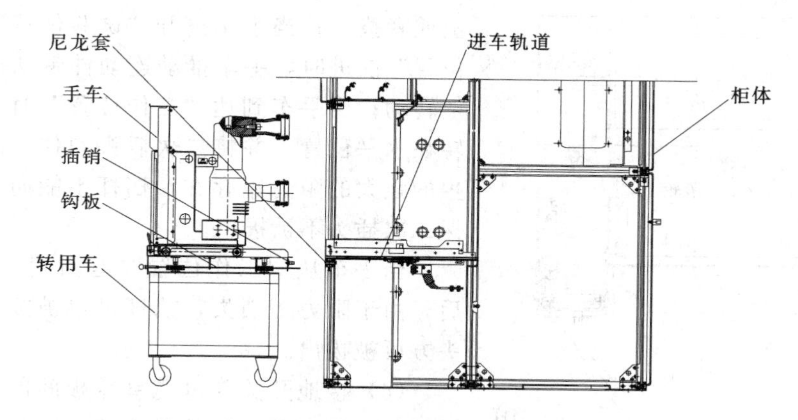

图 1-30　转运车及其使用方法示意图

(4) 断路器手车与接地开关的机械联锁装置。断路器手车与接地开关的机械联锁装置结构示意图如图 1-31 所示。只有当手车处于断开位置、试验位置或移出柜外时，联锁装置中连锁板在右轨道的外侧，同时挡板才能被上下拨动，露出接地开关操作轴，进车道路畅通，这时接地开关才能合闸操作。当接地开关合闸后，联锁装置将带动连锁板向柜内翘出，横插在右轨道上阻挡手车移动，使手车不能向工作位置推进。当手车处于工作位置时，手车压动联锁装置中机构使挡板处于翘起状态并且不能被上下拨动，遮挡住接地开关操作轴，因此接地开关无法被操作。

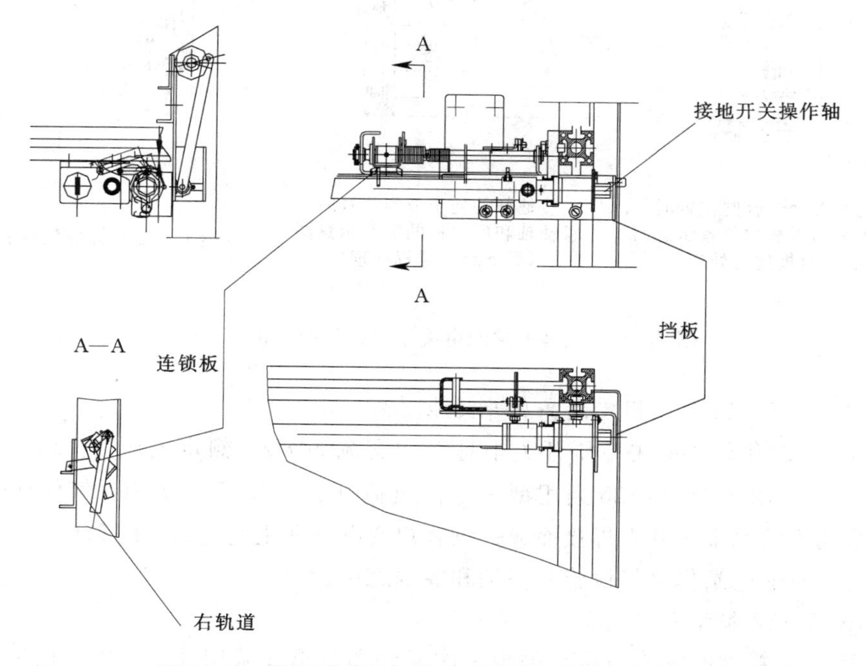

图 1-31　断路器手车与接地开关的机械联锁结构图

(5) 手车定位与二次插头联锁。手车定位与二次插头联锁结构示意图如图 1-32 所示。当手车在“试验位置”时，压挡杆的连锁件松开，挡杆可以被扳下，二次插头可以插

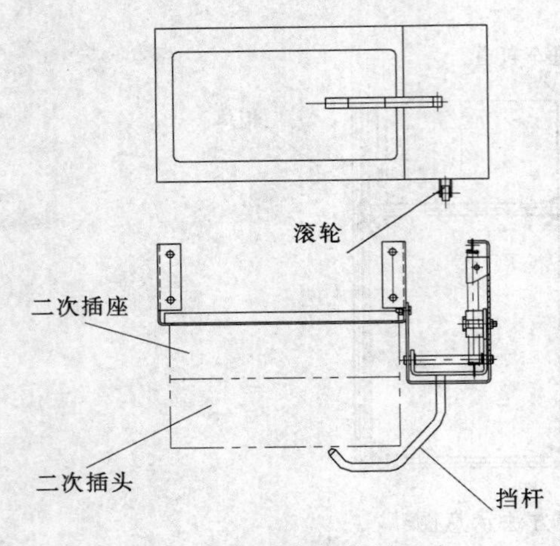

图 1-32 手车定位与二次插头联锁结构图

上或者拔下；当手车离开“试验位置”向“工作位置”前进时，手车推动连动件带动挡杆逐渐向上转动；当手车到达“工作位置”时，挡杆正好转在水平位置，并将二次插头勾住，由于手车产生的强大的阻力矩存在，挡杆不能向下转动，确保二次插头不被拔出。

当手车从“工作位置”退回到“试验位置”后，由于阻力矩消失，挡杆可以被扳下，二次插头方可被拔出。

(6) 接地开关与电缆室盖板间的联锁。接地开关与电缆室盖板间的联锁示意图如图 1-33 所示。只有当接地开关处于合闸状态时，电缆室的后封板才能打开。也只有在电缆室的后封板封闭时接地开关方可以打开。

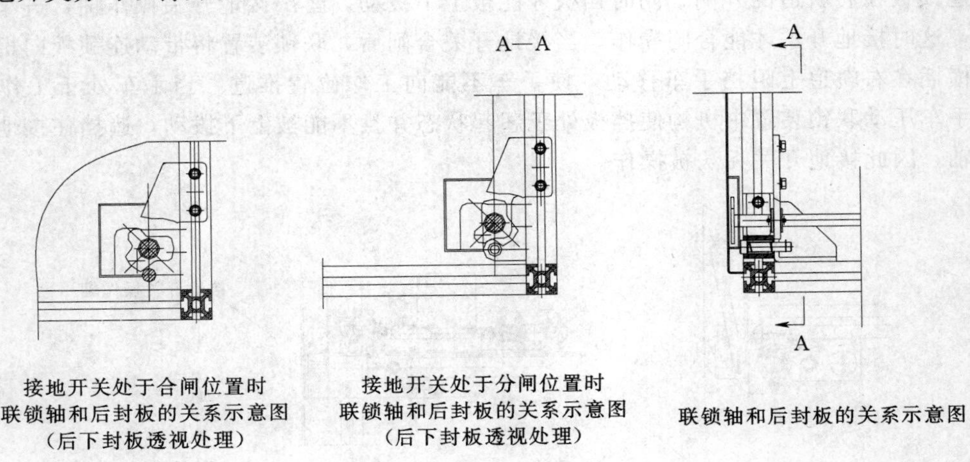

图 1-33 接地开关与电缆室盖板间的联锁示意图

(二) XGN35—12 箱型固定式高压开关柜

XGN35—12 箱型固定式高压开关柜是三相交流 50Hz、额定电压为 12kV 的户内装置，配 FLN43—12D/T630—25 通用型三工位负荷开关，改开关以 SF_6 气体作为绝缘介质，气室采用不锈钢金属外壳焊接而成；供客户变电站和主变电站分配和接受电能、供工矿企业发电厂及变电站作电气设施的保护和控制之用。

1. XGN35—12 箱型固定式高压开关柜结构

XGN35—12 箱型固定式高压开关柜一次元件和主母线采用“后、中、前”布置，柜体选用耐腐蚀材料敷铝锌板加工组装而成。盖板和门也由金属材料制成，且关闭时具有与外壳相同的防护等级，柜内主要元器件为熔断器和负荷开关。图 1-34 为 XGN35—12 箱型固定式高压开关柜的结构图。

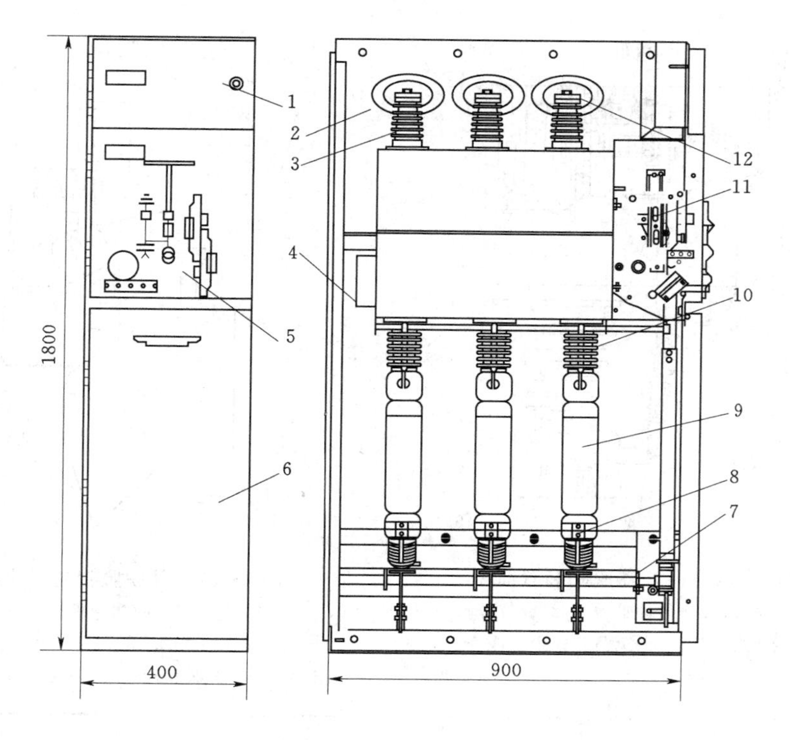

图 1-34　XGN35—12 箱型固定式高压开关柜结构图

1—上门板；2—穿墙；3—上出线；4—爆破片；5—机构箱面板；6—下门板；7—接地开关；8—馈线；9—熔断器；10—下出线；11—弹簧操作机构；12—主母线

（1）负荷开关。负荷开关安装在柜体的左右轨道上，如图 1-35 所示。采用插入式结构，轨道上装有压板以固定负荷开关，限制负荷开关上下跳动，六个 M6 螺栓用以联接柜体与负荷开关机构箱，限制负荷开关在柜体内前后窜动。

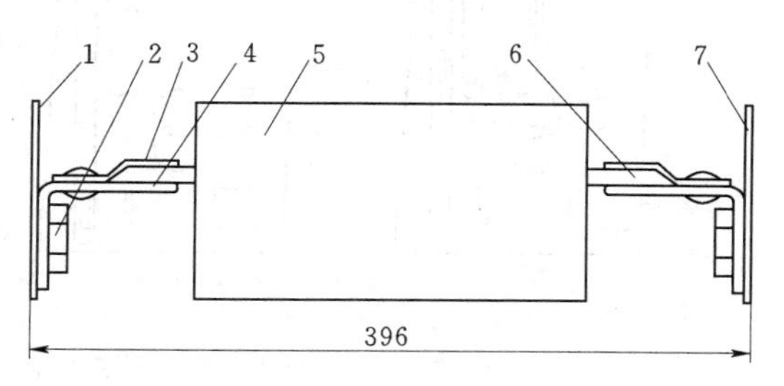

图 1-35　FLN43—12D/T630—25 户内交流高压负荷开关的安装

1—左侧板；2—紧固螺钉及螺母；3—压板；4—轨道；5—气室；6—气室轨道；7—左侧板

（2）熔断器。柜体右侧板接地开关安装板上装设有三个绝缘子，绝缘子上固定有安装熔断器的下支座和接地静刀及出线电缆搭接母线，上、下支座内装有弹簧卡子，用以固定熔断器。

在上支座内装有熔断器脱扣动作机构撞击脱扣连板，并与弹簧操动机构的脱扣装置相连，供熔断器熔断时脱扣装置使负荷开关分闸（见图 1-36）。在弹簧操动机构的右侧板上可按需要选装并联分励脱扣器，与熔断器配合使用（见图 1-37）。

开关操作与弹簧操动机构一样，并装有熔断器脱扣储能装置，可以在熔断器熔断或并联释放装置动作时使负荷开关跳闸。跳闸后，开关位置指示器上会出现红色指示条（如图 1-38 中 2—接通位置显示）。

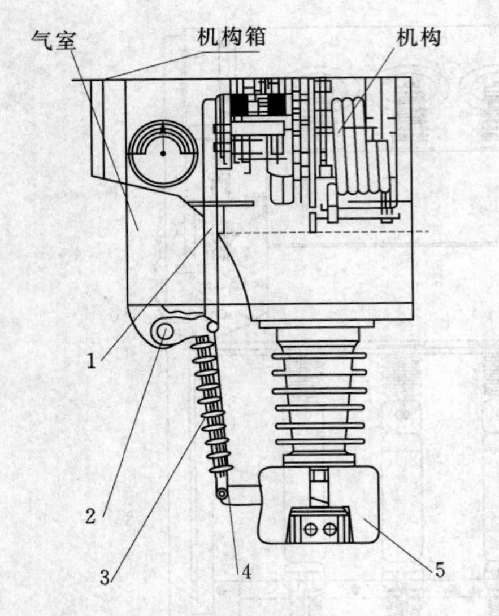

图 1-36 熔断器脱扣装置简图

1—拉杆；2—传动轴；3—绝缘拉杆；4—连接杆；5—负荷开关上支座

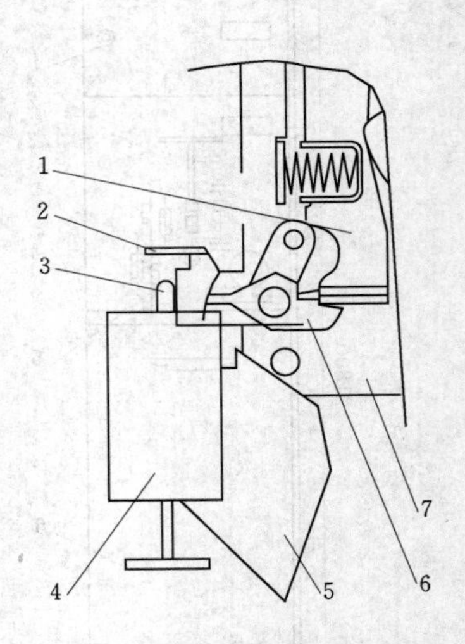

图 1-37 并联脱扣装置简图

1—锁扣板；2—脱扣弯板；3—铁芯；4—脱扣线圈；5—机构右侧板；6—右脱扣；7—机构左侧板

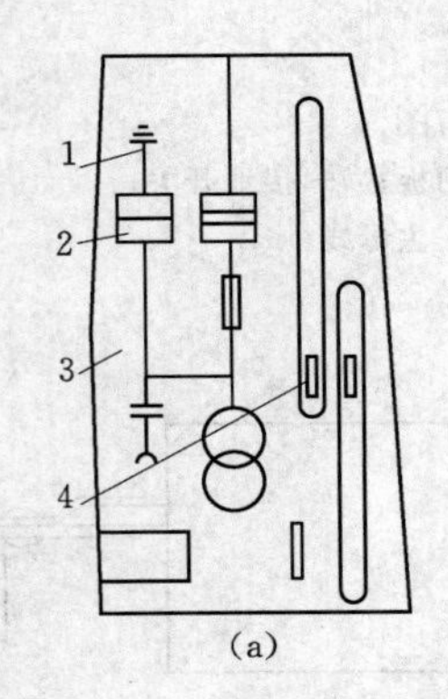

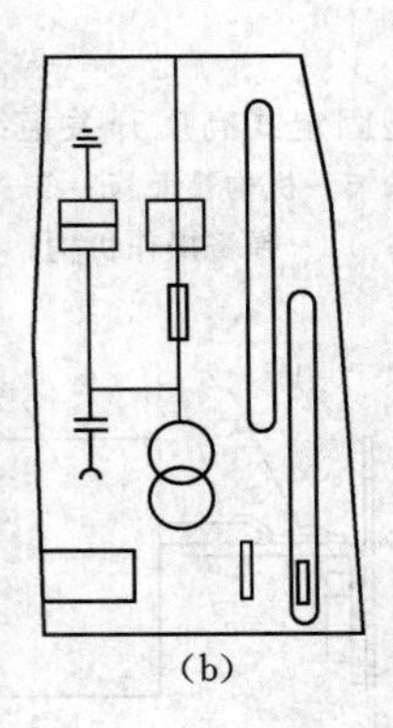

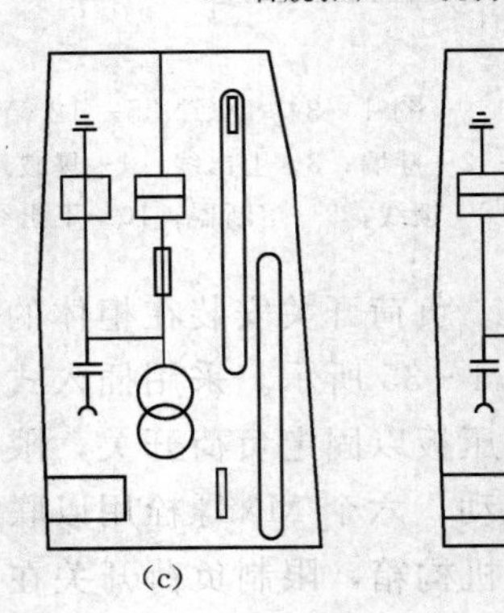

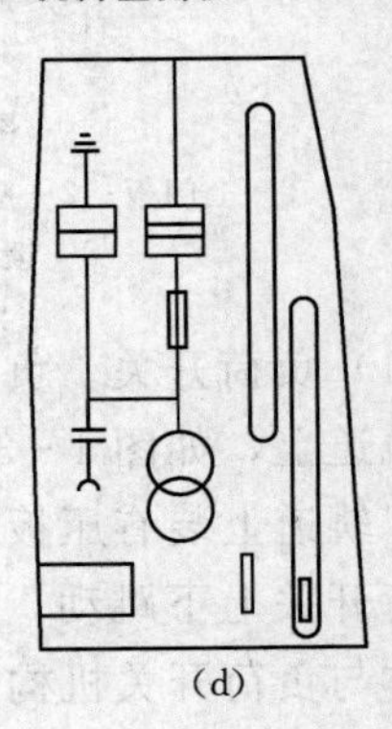

图 1-38 开关状态显示与操作手柄位置

(a) 隔离位置（手动、电动操作）；(b) 接通位置；(c) 接地位置；(d) 隔离位置（脱扣器操作）

1—模拟母线；2—接通位置显示；3—机构箱面板；4—机构操作面板

2. XGN35—12 箱型固定式高压开关柜的特点

XGN35—12 箱型固定式高压开关柜为全封闭式结构，可根据用户要求在厂内组合或现场组合安装。同时可防潮、污染、腐蚀性气体与蒸气、尘土以及小动物的进入。负荷开关是一种金属封闭的 SF_6 气体绝缘的开关设备，在充气气室内装有的三工位开关，负荷开关出线套管焊接于不锈钢气室上，主母线采用硫化（热缩管）绝缘。主母线、负荷开关、电缆分别置于独立的金属隔室内，柜门上有观察窗可随时观测气室内部气体压力。压力释放装置设置在气室的后下部，使释放出的气体流向电缆沟及释放通道，将对操作者的危险降至最小。

XGN35－12箱型固定式高压开关柜与以往产品相比更加安全、可靠，并具有体积小、重量轻、操作简便、安装维护方便、便于扩展、具有接地良好的金属外壳、终生无须保养并且适用于较频繁操作的场所等比较苛刻的工作条件。

3. XGN35－12箱型固定式高压开关柜的操作

XGN35－12箱型固定式高压开关柜的柜体面板如图1－39所示。

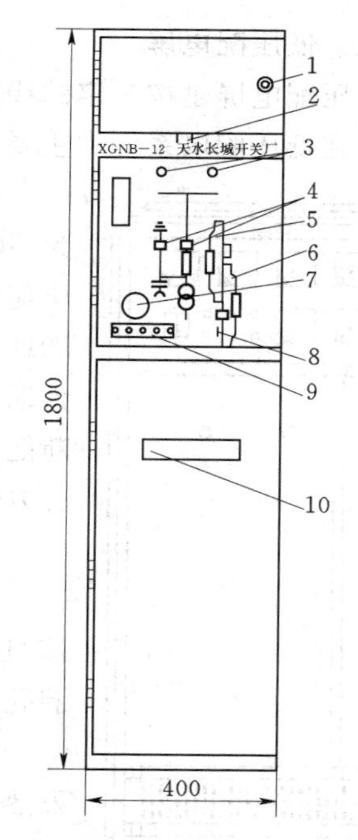

图1－39　柜体门板布置图

1—上门门锁；2—机构箱面板限位块；3—负荷开关合分按钮；4—开关位置显示孔；5—接地开关联锁板；6—负荷开关联锁板；7—气压观察孔；8—下门板联锁；9—带电显示；10—下门板把手

(1) 当三工位开关处于“隔离”位置时，既可合负荷开关，又可合接地开关，其操作程序如下。

1) 合负荷开关（可电动）：打开负荷开关联锁板，插入操作把，向下操作弹簧机构（合负荷开关）。

2) 合接地开关：打开接地开关联锁板，插入操作把，向上操作弹簧机构（合接地开关）。

(2) 当三工位开关处于“接通”位置时，只能分负荷开关（可电动），其操作程序为：打开负荷开关联锁板，插入操作把，向上操作弹簧机构（分负荷开关）。

(3) 当三工位开关处于“接地”位置时，只能分接地开关，其操作程序为：打开接地开关联锁板，插入操作把，向下操作弹簧机构（分接地开关）。

(4) 当熔断器撞击脱扣分闸后储能和复位操作：熔断器撞击脱扣装置弹簧能量被释放，因此首先要对其进行储能和复位操作，此时状态是负荷开关为“隔离”位置，但弹簧机构手动操作手柄仍在合闸位置，在此位置插入操作手柄向上操作时三工位开关并不动作，只是使熔断器撞击脱扣装置弹簧再次储能，然后就恢复正常操作次序，这一过程只能由手动操作完成。

(5) 熔断器熔断撞击脱扣分闸后更换熔断器具体操作步骤为：打开负荷开关联锁板，插入操作把，向上操作弹簧机构使之储能，拔出操作把，打开接地开关联锁板，插入操作把，向上操作弹簧机构（合接地开关），拔出操作把，向下按中门板上联锁板，向上提下门板并打开，更换熔断器，关闭下门板，打开接地开关联锁板，插入操作把，向下操作弹簧机构（分接地开关），拔出操作把，打开负荷开关联锁板，插入操作把，向下操作弹簧机构（合负荷开关）；拔出操作把。

(6) 联锁关系。在机构箱面板上设有操作孔，上孔插入操作把操作接地开关，下孔插入操作把操作负荷开关；三工位开关通过操作孔上的挂锁锁定在任一位置，以保证运行的可靠性，并能有效防止开关的误操作。三工位开关只有在接地位置时，才可打开或关闭下门板。

下门与接地开关之间反闭锁，当下门板打开时，接地开关操作孔上联锁板被锁死，不能插入操作把操作接地开关，只有在下门板关闭合到位时，才允许操作接地开关。

二、低压配电屏

低压配电屏是按一定的线路方案将有关一次、二次设备组装而成的一种低压成套配电设备，在低压配电系统中主要作为动力和照明配电使用。

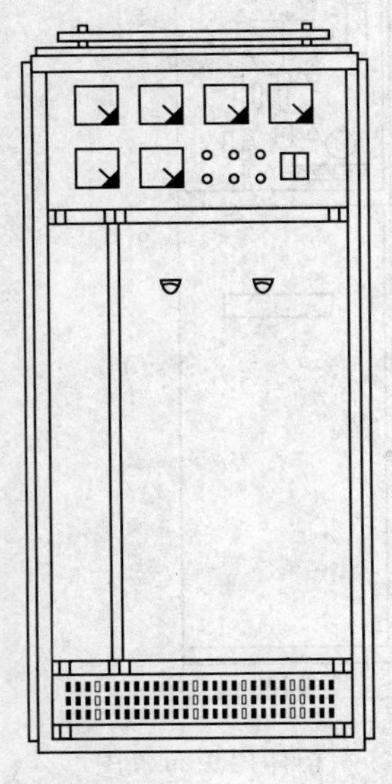

图 1-40　GGD 型低压配电屏

低压配电屏分为固定式和抽屉式两大类，我国目前最常用的为 GGD 系列封闭式低压配电屏（如图 1-40）。GGD 型交流低压配电屏适用于发电厂、变电所、工业企业等电力用户作为交流 50Hz，额定工作电压 380V，额定电流至 3150A 的配电系统中作为动力、照明及配电设备的电能转换、分配与控制之用。产品分断能力高，额定短时耐受电流达 50kA。线路方案具有灵活、组合方便、实用性强、结构新颖等特点。

1. GGD 系列封闭式低压配电屏结构特点

（1）柜体采用组合柜的形式，构架用 8MF 冷弯型钢局部焊接组装而成，其型材的两侧面分别有模数为 20mm 和 100mm 安装孔，使得框架组装灵活方便。

（2）柜体上下两端均有不同数量的散热孔，当柜内电器元件发热后，热量上升，通过上端槽孔排出，而冷风不断地由下端槽孔补充进柜，使密封的柜体自下而上形成一个自然通风道，达到散热的目的。

（3）柜门用转轴式活动铰链与构架相连，安装、拆卸方便。门的折边处均有一根山型橡塑条，关门时门与构架之间的嵌条有一定的压缩行程，能防止门与柜体直接碰撞，也提高了门的防护等级。

（4）柜体的顶盖在需要时可拆卸，便于现场主母线的装配和调整，柜顶的四角装有吊环，用于起吊和装运。

（5）柜体的防护等级为 IP30，用户也可根据使用环境的要求在 IP20～IP40 之间选择。

2. GGD 系列封闭式低压配电屏主要技术性能

（1）额定绝缘电压：交流 660V（1000V）。

（2）额定工作电压：主电路：交流 380V（660V）；辅助电路：交流 380V（220V）；直流 220V（110V）。

（3）额定频率：50Hz。

（4）额定电流：≤4000A；水平母线系统 1600～3150A；垂直母线系统 400～800A。

（5）额定峰值电流：水平母线 175kA；垂直母线 110kA。

（6）功能单元分断能力：50kA。

（7）外设防护等级：IP40。

（8）控制电动机容量：0.4～155kW。

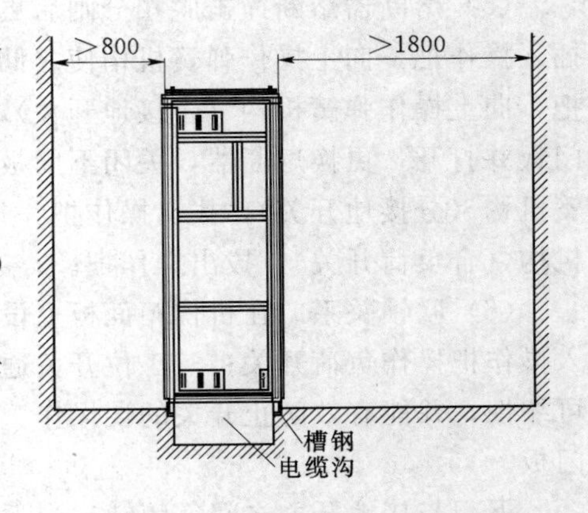

图 1-41　GGD 系列封闭式低压配电屏安装示意图

3. GGD 系列封闭式低压配电屏的安装

GGD 系列封闭式低压配电屏落地式安装时，底部应抬高，室内宜高出地面 50mm 以上，室外应高出地面 200mm 以上。底座周围应采取封闭措施，并应能防止鼠、蛇类等小动物进入箱内（如图 1-41）。

第六节 变 压 器

一、变压器的种类和原理

变压器是根据电磁感应原理制成的一种静止的电能转换设备，用来将交流电由一种等级的电压与电流转换为同频的另一种等级的电压与电流。

1. 变压器的种类

变压器按相数分有单相、三相或多相变压器；按作用分，有升压变压器、降压变压器、接地变压器；按用途分，有用于电力系统的电力变压器、用于局部动力和照明的小容量变压器以及用于传递信号的耦合和控制变压器；根据绕组数量分，有自耦变压器、两绕组变压器、三绕组变压器；根据冷却方式分，有自冷干式变压器、风冷干式变压器（为防止过温烧坏，干式变压器还设有线圈温度巡测及轴流风扇通风装置等）、自冷油浸式变压器、风冷油浸式变压器、水冷油浸式变压器。另外，还有一些专门用途的特种变压器。

变压器的基本结构如图 1-42 所示，用硅钢片叠成的铁芯形成闭合磁路，用绝缘导线绕制的低压绕组和高压绕组则套装在铁芯上。

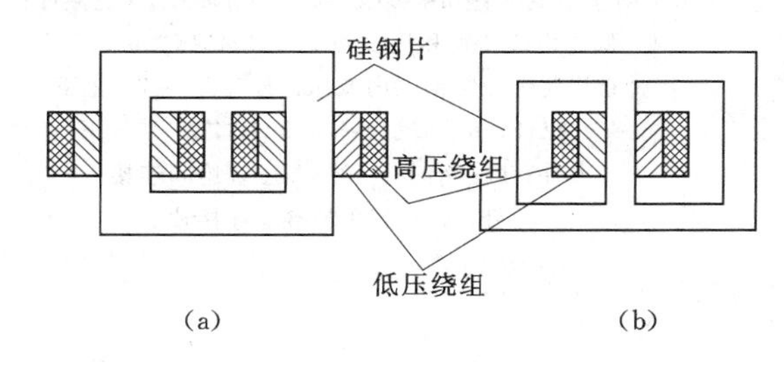

图 1-42 变压器的原理图

(a) 心式变压器；(b) 壳式变压器

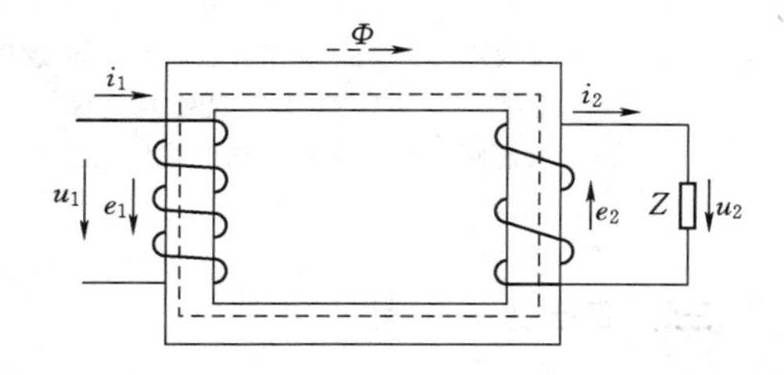

图 1-43 变压器的构造

2. 变压器的原理

图 1-43 为变压器的原理图，与电源相连的绕组称为原绕组或一次绕组，与负载相连的绕组称为副绕组或二次绕组。原、副绕组的匝数分别为 N_1 和 N_2。

当原绕组接上交流电源 u_1 后，绕组中便产生电流 i_1，在闭合的铁芯中感生交变的磁通 Φ，该变化的磁通在副绕组中感生交变的电动势 e_2。如果副绕组接有负载 Z，那么副绕组中就有电流 i_2 流过。铁芯中的磁通 Φ 为主磁通。

二、电力变压器的结构

电力变压器的基本结构，包括铁芯和绕组两大部分。绕组又分高压和低压或一次和二次绕组等。

图 1-44 是普通三相油浸式电力变压器的结构图。图 1-45 是环氧树脂浇注绝缘的三

相干式电力变压器的结构图。

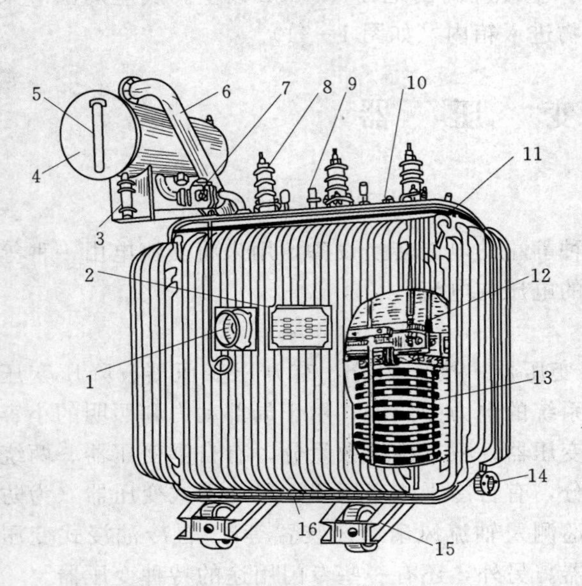

图 1-44 三相油浸式电力变压器

1—温度计；2—铭牌；3—吸湿器；4—油枕（储油柜）；5—油位指示器（油标）；6—防爆管；7—瓦斯（气体）继电器；8—高压出线套管和接线端子；9—低压出线套管和接线端子；10—分接开关；11—油箱及散热油管；12—铁芯；13—绕组及绝缘；14—放油阀；15—小车；16—接地端子

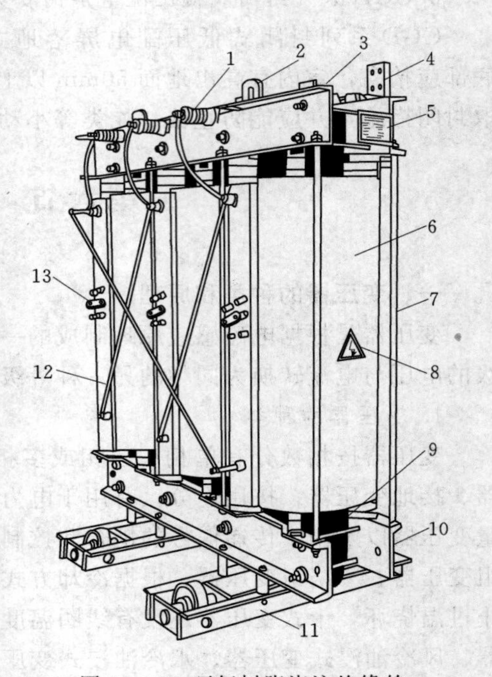

图 1-45 环氧树脂浇注绝缘的三相干式电力变压器

1—高压出线套管和接线端子；2—吊环；3—上夹件；4—低压出线套管和接线端子；5—铭牌；6—环氧树脂浇注绝缘绕组（内低压，外高压）；7—上下夹件拉杆；8—警示标牌；9—铁芯；10—下夹件；11—小车；12—高压绕组间连接导杆；13—高压分接头连接片

三、变压器的作用

1. 电压变换

$$\frac{U_1}{U_2}=\frac{N_1}{N_2}=k \tag{1-3}$$

式中 k——变压器的变比，即原、副绕组的匝数之比，当电源电压一定时，只要改变 k，就可得到不同等级的输出电压。

2. 电流变换

$$\frac{I_1}{I_2}=\frac{N_2}{N_1}=\frac{1}{k} \tag{1-4}$$

原、副绕组的电流之比为变比的倒数。当二次侧负载增多，电流增大时，一次侧的电流也会相应增大，这样就增加了原绕组的磁动势，以补偿副绕组磁动势的去磁作用，从而维持主磁通的最大值近于不变。

3. 阻抗匹配

在信号源内阻较大而负载电阻较小时，为了使负载能获得最大功率，可利用变压器来

改变阻抗，达到匹配的目的。当副绕组接入的负载阻抗的大小为 Z_L 时

$$Z_L=\frac{U_2}{I_2}$$

而在原绕组上，所带的负载大小为

$$\frac{U_1}{I_1}=\frac{kU_2}{\frac{I_2}{k}}=k^2Z_L \quad (1-5)$$

可以看出，负载阻抗反映到原边时其阻抗值为原来的后 k^2 倍，通过调整变比，可得到不同的等效阻抗。

四、三相变压器

在进行三相电压变换时，可采用三相变压器，其原理结构见图 1-46，它的铁芯有 3 个芯柱，1 个芯柱上套装一相原绕组及其对应的副绕组，其中高压绕组为 A-X，B-Y，C-Z，低压绕组为 a-x，b-y，c-z。

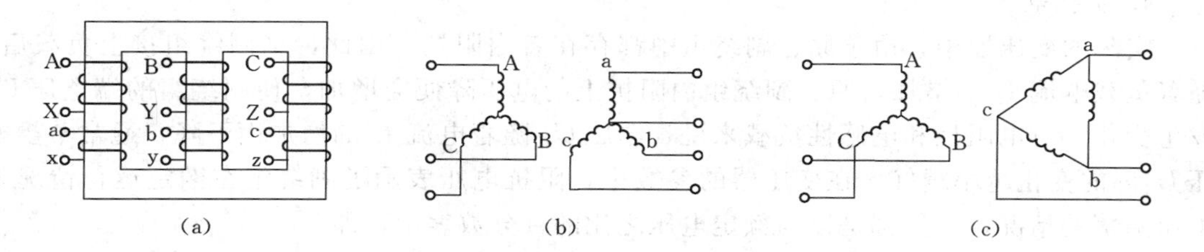

图 1-46　三相变压器及联接法举例

(a) 三相变压器；(b) Y/Y_0 连接；(c) Y/Δ 连接

Y/Y_0 连接常用于供给动力和照明混合的负载，高压绕组的线电压不超过 35kV，低压侧中线引出，这样可得到 2 种低压，即 380V 的动力用电和 220V 的照明用电。

Y/Δ 连接方式既可用于升压，也可用以降压，高压不超过 60kV 而低压多为 10kV。高压侧由于接成 Y 形，相电压只有线电压的 $1/\sqrt{3}$，可以降低每相绕组的绝缘要求；而低压侧连接成 Δ 形，则相电流只有线电流的 $1/\sqrt{3}$，可以减小每相绕组的导线截面。

五、变压器型号及参数

使用变压器时，必须遵循其铭牌上所规定的性能参数。

1. 额定电压

额定电压是变压器在其绝缘强度和温度的规定值下端子间线电压的保证值。原边所规定的线电压值为原边额定电压，变压器空载时副边线电压的保证值称为副边额定电压。配电变压器较多采用 10/0.4kV，即原边额定电压为 10kV，副边额定电压为 400V。

2. 额定电流

额定电流指变压器原边和副边的线电流，即各绕组允许长期通过的最大工作电流。由于负载的增多会使变压器的原、副绕组中的电流同时增大，从而引起变压器有功功率的增加，使变压器发热。因此，变压器在使用时不能超过该限额。

3. 额定容量

在变压器中

$$\frac{U_1}{U_2}=\frac{I_2}{I_1}=k \quad (1-6)$$

所以

$$S=U_1I_1=U_2I_2 \quad (1-7)$$

式中　S——变压器的容量，即视在功率，kV·A。

理想的变压器既不能产生能量，也不会损耗能量，而仅进行能量的传递。在额定工作状态下变压器的视在功率，称为变压器的额定容量。

在单相变压器中：

$$S_N=U_{2N}I_{2N} \quad (1-8)$$

在三相变压器中：

$$S_N=\sqrt{3}U_{2N}I_{2N} \quad (1-9)$$

4. 阻抗电压

实际的变压器中，由于原、副绕组中都存在着内阻抗，因此，当副绕组接上负载后，随着负载电流 I_2 的增加，原、副绕组内阻抗上的电压降便会增加，使副绕组的端电压 U_2 发生变化，对电阻性和电感性负载来说，电压 U_2 随着电流 I_2 的增加而下降，通常希望电压 $U_2\%$的变化越小越好。在变压器的参数中，阻抗电压表示了副绕组在额定运行情况下电压降落的情况，一般都是以与额定电压之比的百分数表示，即

$$\Delta U=\frac{U_{2N}-U_2}{U_{2N}}\times 100\% \quad (1-10)$$

5. 变压器的效率

理想的变压器应该是传递能量的设备，不损耗能量，但实际的变压器中能量的损耗是避免不了的。变压器的功率损耗包括铁芯中的铁损 ΔP_{Fe}和绕组上的铜损 ΔP_{Cu}，则变压器的效率为

$$\eta=\frac{P_2}{P_1}=\frac{P_2}{P_2+\Delta P_{Fe}+\Delta P_{Cu}} \quad (1-11)$$

式中　P_1——输入功率；

P_2——变压器的输出功率。

变压器的功率损耗一般都很小，效率通常在95%以上。在电力变压器中，当负载为额定负载的50%～75%时，效率达到最大值。

六、变压器容量选择

$$S=\frac{P_j}{\beta\cos\varphi_2} \quad (1-12)$$

式中　S——变压器容量，kV·A；

P_j——建筑物的计算有功负荷，kW；

$\cos\varphi_2$——补偿后的平均功率因数，高压供电用户必须大于0.9，其他用户不得低于0.85；

β——变压器的负载率。

$$\beta=\sqrt{\frac{P_0}{P_k}} \tag{1-13}$$

式中　P_0——变压器的空载损耗，kW，$P_0 \approx P_{Fe}$（变压器的铁芯损失）；

P_k——变压器的负载损耗，kW，随负载变化而变化，一般按额定电流时的短路损耗考虑，即额定电流时的变压器铜损。

负载率是时间的函数。选择变压器时，应选最佳负载率接近运行平均负载率的变压器，不同种类和厂家的变压器最佳负载率 β 值不同（详见各类手册和生产厂家资料）。当变压器负载日变化较大时，负载率的确定应高于其最佳负载率，以使平均效率接近最佳效率。单台变压器时，建议 β 取 70%～80%。

七、变压器的损失比

$$\alpha=\frac{P_k}{P_0}=\frac{1}{\beta^2} \tag{1-14}$$

可以利用 α 值选择变压器。

八、变压器在额定电流时的效率

$$\eta=\frac{P_2}{P_2+P_0+\beta^2 P_k}\times 100\% \tag{1-15}$$

式中　P_2——额定电流时的变压器次级输出功率，kW。

九、变压器选用时的注意事项

当采用多台变压器且容量考虑备用时，不要选取过高的备用率，以免降低平均效率，加大电损。同时，这样也有利于降低基建投资和运行费用。

十、变压器的安装数量

当符合下列条件之一时，宜装设 2 台及其以上变压器。

（1）有大量的一级或虽为二级负荷但从保安角度需设置时（如消防等）。

（2）季节性负荷变化较大。

（3）集中负荷较大。

十一、专用变压器的设置

一般情况下，动力和照明宜共用变压器。当属下列情况之一时，可设专用变压器。

（1）当照明负荷较大或动力和照明采用共用变压器严重影响照明质量及灯泡寿命时，可设照明专用变压器。

（2）单台单相负荷较大时，宜设单相变压器。

（3）冲击性负荷较大，严重影响电能质量时，可设冲击负荷专用变压器。

（4）在电源系统不接地或经阻抗接地（IT 系统）的低压电网中，照明负荷应设专用变压器。

十二、变压器容量的确定

变压器容量应满足设计规范的要求，且与运行方式有关。

（1）装有 2 台及其以上变压器的变电所，当其中任意一台变压器断开时，其余变压器的容量应满足一级负荷及二级负荷的用电。

（2）变电所中单台变压器（低压为 0.4kV）的容量不宜大于 1000kV·A。当用电设备容量较大、负荷集中且运行合理时，可选用较大容量的变压器。

(3) 设置在2层以上的三相变压器，应考虑垂直与水平运输时对通道及楼板荷载的影响。如采用干式变压器时，其容量不宜大于630kV·A。

(4) 居住小区变电所内单台变压器容量不宜大于630kV·A。

(5) 车间一般尽量选择一台变压器，其容量不大于1000kV·A，最大不允许超过1800kV·A。

选择变压器的容量应以计算负荷为基础，要求变压器额定容量 S_N 不小于计算负荷 S_j。

十三、变压器的运行方式

1. 明备用运行方式

正常运行时，有1台或数台变压器作为备用，工作变压器发生故障或检修时，备用变压器投入运行，并要求满足全部负荷。每台变压器的容量按100%的计算负荷确定，即

$$S_N = S_j \times 100\% \tag{1-16}$$

2. 暗备用运行方式

正常运行时，所有变压器均工作，但每台变压器的负荷率均小于100%。例如：2台变压器同时工作，每台变压器各承担负荷量的1/2，每台变压器的负荷率均小于80%。当变压器发生故障或检修时，由另一台变压器尽量承担全部负荷，此时变压器会暂时出现过负荷现象。国产变压器的短时过载运行数据，见表1-1。

表1-1　变压器短时过载运行数据

油浸式变压器（自冷）		干式变压器（空气自冷）	
过电流（%）	允许运行时间（min）	过电流（%）	允许运行时间（min）
30	120	20	60
45	80	30	45
60	45	40	32
75	20	50	18
100	10	60	5

暗备用运行方式的变压器每台容量按70%的总计算负荷选择，即

$$S_N = S_j \times 70\% \tag{1-17}$$

目前，国内较为先进的供电变压器一般采用H级绝缘的风冷干式变压器（SCL型），户外组合式变电所可采用油浸式变压器，额定容量一般为30～630kV·A，高压侧电压可以是11kV，10.5kV，10kV，6.6kV，6.3kV，6kV，低压侧电压均为0.4kV。

我国某电气有限公司生产的环氧树脂浇铸干式配电变压器参数，见表1-2。

十四、变压器的接线方式

变压器的接线方式称为连接组，三相变压器常用的有Dyn11或Yyn0。其中，D表示变压器原边为三角形接法，y表示副边为星形接法，n表示副边中性点接地，11表示原边与副边的线电压相位互差11×30°。Yyn0表示变压器原副边均为星接法，副边中性点接地，原副边的线电压相位互差为0°。

表 1-2　　SC10系列干式变压器参数表

型　号	损耗（W）		阻抗电压（%）	空载电流（%）	连接组	质量（kg）
	空载	负载				
SC10－30/10	170	620	4	2.4	Dyn11 或 Yyn0	320
SC10－50/10	240	860		2.0		415
SC10－80/10	320	1140		1.6		550
SC10－100/10	350	1370		1.2		665
SC10－125/10	410	1580		1.2		755
SC10－160/10	480	1860		1.2		845
SC10－200/10	550	2200		1.2		1005
SC10－250/10	630	2400		1.2		1140
SC10－315/10	770	3030		1.0		1315
SC10－400/10	850	3480		1.0		1800
SC10－500/10	1020	4260		1.0		2060
SC10－630/10	1180	5130		0.8		2670

在 TN 及 TT 系统接地型的低压电网中，宜选用 Dyn11 接线组别的三相变压器作为配电变压器。这主要基于 Dyn11 接线比 Yyn0 接线的变压器具有以下优点：

（1）有利于抑制高次谐波电流。三次及其以上高次谐波激磁电流在原边接成△形条件下，可在原边形成环流，有利于抑制高次谐波电流，保证供电波形的质量。

（2）有利于单相接地短路故障的切除。因 Dyn11 接线比 Yyn0 接线的零序阻抗小得多，使变压器配电系统的单相短路电流扩大 3 倍以上，故有利于单相接地短路故障的切除。

（3）能充分利用变压器的设备能力。Yyn0 接线变压器要求中性线电流不超过低压绕组额定电流的 25%，严重限制了接用单相负荷的容量，影响了变压器设备能力的充分利用。而 Dyn11 接线变压器的中性线电流允许达到相电流的 75%以上，甚至可达到相电流的 100%，使变压器的容量得到充分的利用，这对单相负荷容量大的系统是十分必要的。因此，在 TN 及 TT 系统接地型式的低压电网中，推荐采用 Dyn11 接线组别的配电变压器。

十五、变压器画法

变压器应按照《电器应用文件的编制》（GB/T 6988—1997），包括 GB/T 6988.1，GB/T 6988.2，GB/T 6988.3 要求绘制，其单线图及功能性简图见图 1-47。

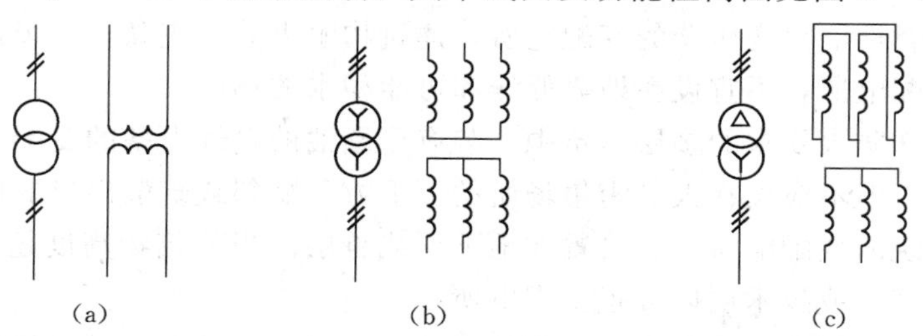

图 1-47　变压器画法

（a）单相变压器；（b）Yy 接法的三相变压器；（c）Dy 接法的三相变压器

第七节 变 配 电 所

一、变配电所的形式和位置

变配电所具体可以分为变电所和配电所，也可以是二者的结合。其中，变电所内设有变压器、高压进电设备和配电设备，起接受电能、变换电压等级及分配电能的作用；配电所设有变压器，只有配电设备，起接受及分配电能的作用。

根据变压器的功能，变配电所分为升压变配电所和降压变配电所。根据变配电所在系统中所处的地位，分为枢纽变配电所、中间变配电所、终端变配电所。根据变配电所所在电力网的位置，分为区域变配电所和地方变配电所。

（一）变配电所的形式

（1）根据变配电所与其供电建筑的位置关系，变配电所可分为独立式、附设式（内附式及外附式）、露天式、户内式、地下式、杆上式或高台式等。

变配电所的形式应根据用电负荷的状况和周围环境情况综合确定。高层或大型民用建筑内，宜设室内变配电所或户内成套变配电所。大中城市的居民区，宜设独立变配电所或附设变配电所，有条件时也可设户外成套变配电所。环境允许的中小城镇居民区和工厂的生活区，其变压器容量在315kV·A以下时，宜设杆上式或高台式变压器。

大、中城市除居住小区的杆上变电所外，民用建筑中不宜采用露天或半露天的变配电所，如确需要设置时，宜选用带防护外壳的户外成套变配电所。

（2）根据变配电所的安装不同，分为需要现场分别安装变压器、电柜的装配式变配电所和工厂整体出厂不需现场分别安装的组装式成套变配电所。

（二）变配电所的位置

1. 变配电所选址考虑的因素

变配电所应尽可能靠近负荷中心，不应设在污染源的下风处及剧烈振动、多尘、水雾（如大型冷却塔旁）、有腐蚀性气体或有燃烧爆炸危险的场所，更不应设在厕所、浴室或其他经常积水场所的正下方或邻近。在有爆炸危险或有火灾危险的场所内及其垂直上方或下方也不应设置，如确需布置在有爆炸危险场所范围以内，或布置在与有火灾危险的建筑物相毗连时，应符合GB 50058—92的规定。变配电所应尽量靠近电源，保证进出线方便，同时应考虑设备吊装和运输方便。

2. 具体要求

（1）装有可燃性油浸变压器的变配电所，建筑物耐火等级应高于三级。

（2）独立变配电所，不宜设在地势低洼和可能积水的场所。

（3）在无特殊防火要求的多层建筑中，装有可燃油的电气设备的变配电所，可设置在底层靠外墙部位，但不应设在人员密集场所的上下方、贴邻或疏散出口的两旁。

（4）高层建筑的变配电所，宜设置在地下层或首层。当建筑物高度超过100m时，也可在高层区的避难层或技术层内设置变配电所。

（5）一类高、低层主体建筑内，严禁设置装有可燃性油的电气设备的变配电所。二类高、低层主体建筑内不宜设置装有可燃性油的电气设备的变配电所。如受条件限制，可采用难燃性油的变压器，并应设在首层靠外墙部位或地下室，且不应设置在人员密集场所的上下方、贴邻或出口的两旁。

(6) 高层建筑地下层变配电所的位置，宜选择在通风、散热条件较好的场所。变配电所位于高层建筑（或其他地下建筑）的地下室时，不宜设在最底层。当地下仅有1层时，应适当抬高该所地面、并采取排水和防水措施，应防止洪水或积水从其他渠道灌人变配电所的可能性。

(7) 露天或半露天变配电所，不应设置在下列场所：

1) 有腐蚀性气体的场所。

2) 挑檐为易燃体或耐火等级为四级及其以下的建筑物旁。

3) 附近有棉、粮及其他易燃、易爆物品集中的露天堆场。

4) 容易沉积可燃粉尘、可燃纤维、灰尘或导电尘埃，严重影响变压器安全运行的场所。

二、变配电所的布置

变配电所主要由高压配电室、变压器室、低压配电室、电容器室、值班室等组成。具体布置应结合建筑物或建筑群的条件和需要，灵活安排。

高压配电室中设置高压进电柜或进电开关，变压器室设置变压器，低压配电室设置低压配电柜，电容器室设置补偿电容器柜，值班室供人员值班及设置变配电室监控仪表和监控台。其余可根据条件和需要加设卫生间、修理间等辅助房间。

(一) 变配电所中维修空间、通道及遮栏

变配电所各室中除设备外，必须留出上部、前后左右的维修空间和通道，具体如下。

1. 变压器室

(1) 露天或半露天变电所的变压器四周应设不低于1.7m高的固定围栏（墙）。变压器外廓与围栏（埔）的净距不应小于0.8m，变压器底部距地面的高度不应小于0.3m，相邻变压器外廓之间的净距不应小于1.5m。

(2) 当露天或半露天变压器供给一级负荷用电时，相邻的可燃油油浸变压器的防火净距不应小于5m，若小于5m时，应设置防火墙。防火墙应高出油枕顶部，且两端均应超出挡油设施0.5m。

(3) 变压器室的最小尺寸应根据变压器的外廓与变压器室墙壁和门的最小允许净距来决定。对于设置于屋内的干式变压器，其外廓与四周墙壁的净距不应小于0.6m，干式变压器之间的距离不应小于1.0m，并应满足巡视维修的要求。

(4) 设置于变电所内的非封闭式干式变压器，应装设高度不低于1.7m的固定金属网状遮栏。遮栏网孔不应大于40mm×40mm。变压器的外廓与遮栏的净距不宜小于0.6m，变压器之间的净距不应小于1.0m。

(5) 当采用油浸式变压器时，变压器下方应设放油池。

(6) 变配电所外墙通风口应设防鼠、防虫铁丝网。

变压器外廓与变压器室墙壁和门的最小净距应符合表1-3的规定。

2. 电容器室

电容器室内维护通道最小宽度，见表1-4。

表 1-3　　可燃油油浸变压器外廓与变压器室墙壁和门的最小净距　　单位：mm

项　　目	变压器容量（kV・A）	
	100～1000	1250 以上
可燃油油浸变压器外廓与后壁、侧壁净距	600	800
可燃油油浸变压器外廓与门净距	800	1000
干式变压器带有 IP2X 及其以上防护等级金属外壳与后壁、侧壁净距	600	800
干式变压器有金属网状遮栏与后壁、侧壁净距	600	800
干式变压器带有 IP2X 及其以上防护等级金属外壳与门净距	800	1000
干式变压器有金属网状遮栏与门净距	800	1000

表 1-4　　电容器室内维护通道最小宽度　　单位：mm

电容器布置方式	单列布置	双列布置
装配式电容器组	1300	1500
成套高压电容器柜	1500	2000

（二）变配电室的建筑类型

根据与建筑物的结构关系，变配电室的建筑分为独立式和附设式，分别见图 1-48 和图 1-49。

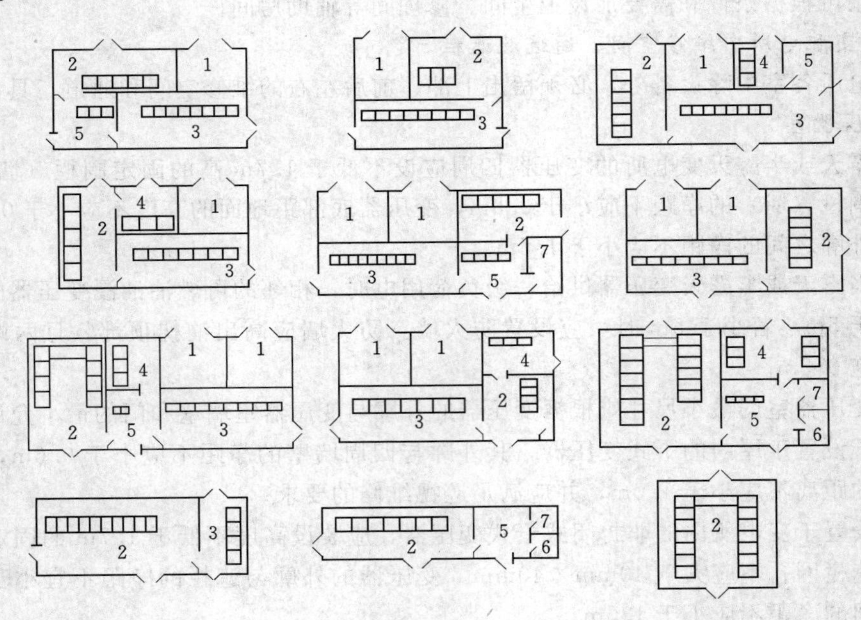

图 1-48　独立变配电所

1—变压器室；2—高压配电室；3—低压配电室；4—电容器室；5—控制室或值班室；6—辅助房间；7—厕所

（三）变配电所的线路布置

1. 电源进线

电源进线可分为地下进线和地上进线。其中，地下进线一般采用铠装铜芯电缆埋地穿

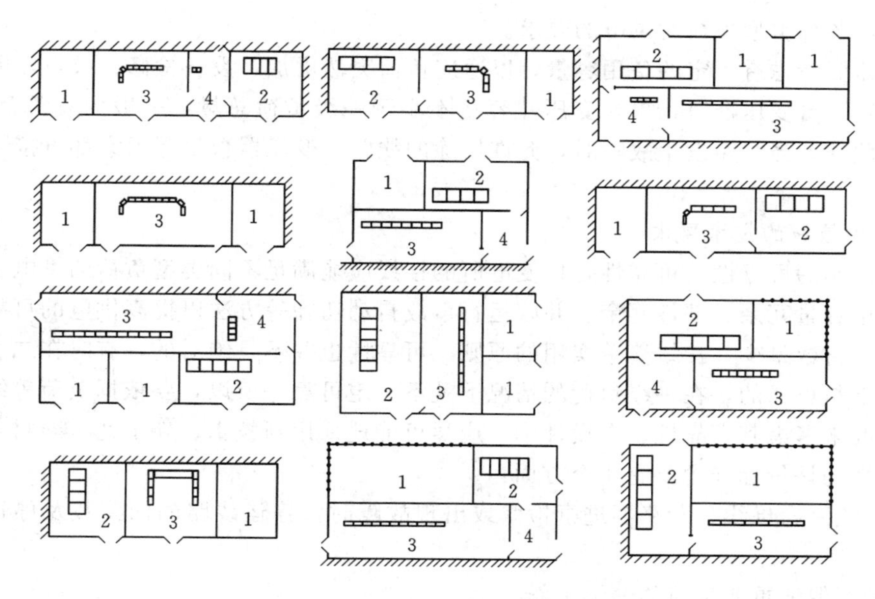

图 1-49 附设式变配电所

1—变压器室；2—高压配电室；3—低压配电室；4—电容器室

钢管敷设，电缆的金属铠装保护层接避雷器接地保护；地上进线采用单芯电缆在靠近变压器处离地 2300mm 及其以上位置穿墙进入，进线处设担杆瓷瓶承受拉力。电源进线开关宜采用断路器或负荷开关。

2. 电缆沟

变配电所中各高压开关柜、变压器、低压柜、补偿电容器柜等设备间的连接线，一般都设置在变配电所的室内电缆沟中。电缆沟应直接通往开关控制柜的下方，尽可能避免在地面以上敷设线路。

三、变配电所的主接线和设备配置

（一）变配电所的主接线

1. 主接线的设计原则

变配电所分为总变配电所和分区变配电所。根据负荷的重要性分级：一级负荷，必须有 2 个独立的电源供电，当一个电源发生故障时，可迅速切换到另一电源，保证全部一级负荷不间断供电，如只能有一个独立的电源供电，应设置不小于一级负荷容量的发电机组；二级负荷，一般要求有 2 个电源或 1 路架空电源供电，当发生故障时，能迅速恢复供电；三级负荷一般只需 1 个电源供电。

总变配电所从市政接入电压一般为 6～10kV，输出电压为三相 0.4kV 或单相 0.24kV。根据负荷重要性类型，电源进线一般采用一回路或二回路。民用建筑中高压侧供电线路主要有无母线的线路、单母线制和单母线分段制线路。

单母线制供电系统，可靠度最小，只适用对三级负荷的供电。当有重要的用电负荷时，必须考虑在变压器二次侧引进备用电源，同时系统中必须有用来迅速更换的变压器。当变压器设有来自 2 个不同的独立电源进线，且二次侧设有备用电源及自动投入装置时，才可以满足各种类型负荷对供电的要求。

变压器要考虑有一定的备用容量，以适应负荷突然增加、设备检修、故障停电等应急要求。设置2台变压器时，单台变压器容量不小于一级负荷总量，一般为总负荷的60%～70%。此外，当线路发生故障时，允许切除的线路、变压器数量等因素都直接影响主接线的形式。

2. 对主接线的技术要求

(1) 工作的可靠性。可靠性是指变电所的接线应能满足不同类型负荷的供电要求。为此，可采用容量冗余、部件冗余、并联运行事故自动切除等方法以提高供电的可靠性。应尽量遵循设备数量少，接线简单实用的原则。可靠性也并不是绝对的，有时在二、三级负荷的情况下是可靠的，在一级负荷的情况下就不一定可靠。所以，要依据负荷等级和电源的具体情况来考虑其可靠性。在设计中，应尽可能地采用新技术、新工艺、新材料。

可靠性的评价标准主要有4个方面：

1) 在线路、母线、断路器进行检修或出现故障时，停运线路的回路数及停运时间的长短。

2) 能否保证重要负荷的继续工作。

3) 变电所全面停电的可能性。

4) 每年用户不停电天数的百分比表示供电的可靠性。先进的指标是在99.9%以上。

(2) 运行的安全性。安全性表现在各种正常操作、运行过程及维护工作中，能保障电气设备的安全及人身的安全，不能有任何隐患，以防电气事故。为此，必须按规范规定选用电气设备，采用运行时的监视系统和用电保护系统，以及各种保障人身安全的技术措施。

(3) 使用的灵活性。灵活性是指利用设备联接切换，组成多种运行方案以适应负荷变化对供电的要求。表现在设计的主接线应便于运行管理，设备数量力求精简，切换灵活方便，能防止误动作，处理故障的能力强、迅速，并能适当考虑增加发展负荷的需要。

评价灵活性的标准主要有以下几个方面的要求：

1) 调度要求：变压器及供电线路应能灵活地投入或切除，以保证系统在事故运行、检修、特殊运行等情况下仍能满足调度要求。

2) 检修要求：能方便地对断路器、母线及其继电保护设备进行安全检修，且不影响用户供电。

3) 扩建要求：能满足整个建筑物的供电需要，并为可能的发展提供备用容量和接线余地，使一、二次设备的改动量最小。

4) 投资的经济性：在满足上述技术要求下，占地少、能耗低，尽量减小投资。一次性投资应定位在合理的标准水平上，标准过高则积压资金，标准过低则二次改建或扩建会造成更大的浪费。一次投资少，则运行管理费相对要高，安全性和可靠性也下降。

此外，技术越复杂不一定就越可靠，关键部位和操作一定要有手动优先的配置。实践表明：主接线出现故障的概率是各组成元件出现故障概率的总和。

3. 变配电所母线的主接线方式

母线也称为汇流排，是各条馈电线路的集中点，起接受电能和分配电能的作用。母线的接线方式直接关系着各路负荷运行的可靠、安全与灵活性。其材料通常采用扁铜或扁铝。

6～10kV 高压配电装置的接线方式分为有汇流排的接线和无汇流排的接线，而有汇流排的接线又分有单母线不分段接线、单母线分段接线、双母线接线等多种方式。

(1) 单母线不分段接线。在主接线中，单母线不分段接线是最简单的接线方式，使用元件少，便于扩建和使用成套设备。它的每条引入线和引出线路中都安装有隔离开关及断路器，如图 1-50 所示。

图 1-50 中负荷开关的作用是切断负荷电流或故障电流，母线隔离开关的作用是隔离电源与母线，检修负荷开关时使用。线路隔离开关的作用是在检修线路负荷开关时与用户侧隔离，或防止雷电过电压侵入，以保证设备和人员的安全。按有关设计规范规定，对 6～10kV 的有电压反馈可能的出线回路及架空出线回路都应安装隔离开关。

单母线不分段接线线路可靠性和灵活性较差。当母线或母线隔离开关发生故障时，会造成全部负荷断电。适用于出线回路不超过 5 个，用电量也不太大的三类负荷场合。

(2) 单母线分段接线。图 1-51 是单母线分段接线示意图，它在每一段母线上接 1 个或 2 个电源，并在母线中间用隔离开关和负荷开关分段。负荷回路分接到各段母线上。

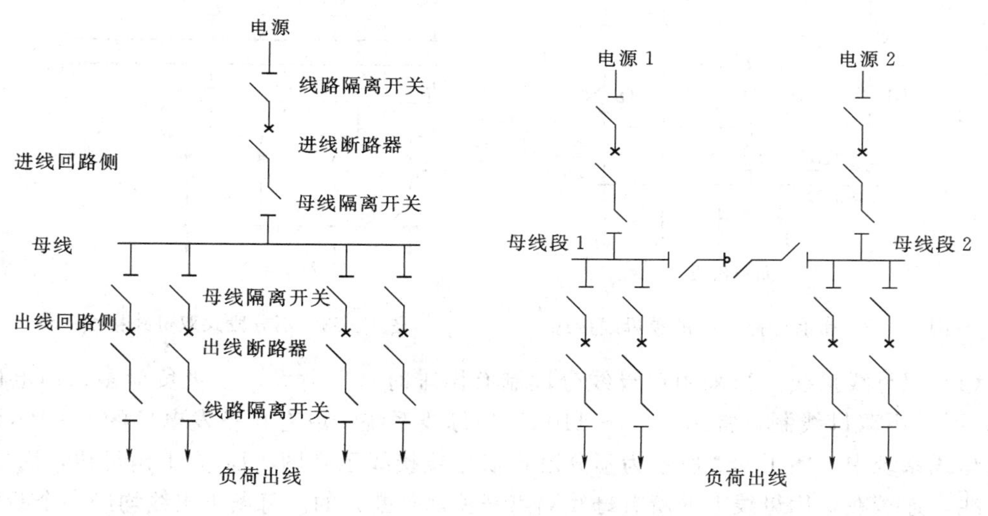

图 1-50　单母线不分段接线　　图 1-51　单母线分段接线

单母线分段接线可靠性较高，当某一段母线发生故障时，可以分段检修。经过倒闸操作，可以先切除故障段，其他无故障段继续运行。用负荷开关分段后对重要用户可从不同段引出 2 个回路，有 2 个电源供电。当一段母线发生故障时，分段断路器自动将故障段切除，保证正常段母线不间断供电。对于检修来说，采用 2 个隔离开关并联分段接线，其中 1 个隔离开关发生故障，可断开从容检修故障。

有关文件规定：6～10kV 母线的分段处，一般装设隔离开关，但是在事故时需要切换电源、需要带负荷操作、有继电保护要求、出线回路较多等情况时，母线之间应采用负荷开关作为联络开关使用。

用负荷开关有继电保护功能，除能切断负荷电流和故障电流以外，可自动分、合闸。

运行可靠性高，能自动切除故障段母线。

(3) 带有旁路母线的单母线。检修单母线接线引出线的负荷开关时，该路用户必须停电。

为此，可采用单母线加旁路母线代替引出线的负荷开关继续给用户供电。图 1-52 中第三路负荷开关 QF_3 需要检修时，为了让该路负荷的工作不受到影响，而设置一旁路母线，在旁路母线与主母线上再安装一个隔离开关 Q_5，Q_{10}，Q_{15} 和负荷开关 QF_5。在检修 QF_3，时，首先切断负荷开关 QF_3，再切断开关 Q_3 和 Q_8，然后合上开关 Q_5，Q_{15}，Q_{13} 及负荷开关 QF_5，就可以继续给第三路 L_3 供电。

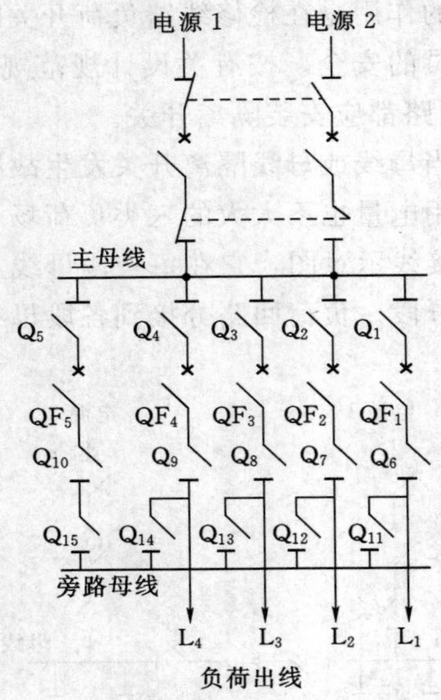

图 1-52 带有旁路母线的单母线接线

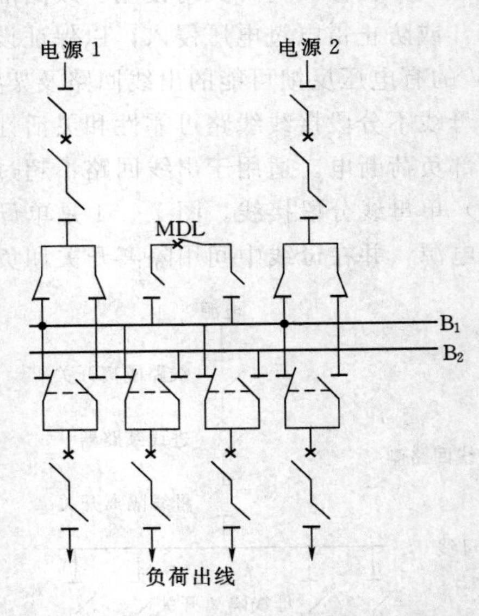

图 1-53 不分段式双母线接线

(4) 双母线接线。当采用单母线分段制有困难时（负荷大、一级负荷多、馈电回路多），可采用双母线制，常用于 35～110kV 的母线系统，或有自备发电厂的 6～10kV 的重要母线系统中。图 1-53 所示为不分段式双母线接线示意图。B_1 为工作母线，B_2 为备用母线，连接在备用母线上的所有母线隔离开关都是断开的。每条进出线均经一个断路器和两个隔离开关分别接到双母线上。

双母线的两组母线可同时工作，并通过母线联络断路器（母联开关）并联运行，电源与负荷平均分配在两组母线上。对母线继电保护时，要求将某一回路固定与某一组母线联结，以固定方式运行。双母线接线的运行方式有两种。

1) 一组母线工作，如母线 B_1：连接在工作母线上的所有隔离开关都是闭合的，而另一组备用母线上的隔离开关均是断开的。这两组母线之间安装有母线联络断路器 MDL，简称母联开关。在双母线接线中，两组母线均可互为工作或备用状态。

如果工作母线发生故障，则变电所将全部用户暂时停电，通过倒闸操作，再将备用母线投入工作而很快恢复供电。它的停电范围比单母线分段大，但停电时间很短，供电连续性大大提高。

2）两组母线同时工作，互为备用：双电源进线相互连锁，即任何时刻只会有一路电源供电，引出线通过相互连锁的隔离开关分别接到2组母线上的，母联开关在正常时是断开的。一旦某母线发生故障，可通过倒闸改变引出线的联接母线，实现回路转移；或当某一路电源故障时，合上MDL母联开关，由一路电源向两条母线供电。

这种运行方式相当于单母线分段运行，所不同的是它提供了回路转移。当任意一组母线发生故障时，仅影响该母线上的电源功率及该母线上的负荷停电。与单母线分段运行相比较，故障停电的范围相同，但供电的连续性提高。

双母线接线的优点是供电可靠。通过两组母线隔离开关的倒换操作，可以轮流检修一组母线而不会使供电中断。检修任何回路的母线隔离开关，只停该回路，调度灵活。各个电源和回路负荷可以任意分配到不同母线组，能灵活地适应系统中各种运行方式变化的需要，扩建方便。便于实验，当个别回路需要单独进行实验时，可将该回路分开，单独接到一组母线上。

双母线接线增加1组母线或回路后，需要增加1组母线隔离开关。当母线段故障或检修时，隔离开关倒换操作，容易误操作。为此，需要在隔离开关之间装设联锁装置。

（5）变压器—线路单元接线。如图1-54所示，这种接线方式的优点是接线最简单，设备最少，不需要高压配电设备。其缺点是：在线路发生故障或检修时，需要使变压器停运；变压器发生故障或检修时，需使线路停用。这种接线适用于只有1台变压器和单回路供电。

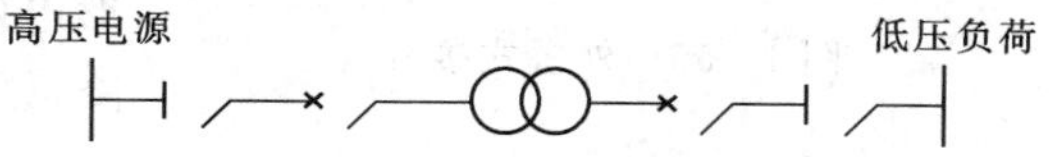

高压电源　低压负荷

图1-54　变压器—线路单元接线

（6）桥式接线。高压用户如果采用双回路高压电源进线，有两台电力变压器母线的连接时要采用桥式接线。它是连接两台变压器组的高压侧，呈桥状连接，故称为桥式接线。根据连接位置的不同，可分为内桥和外桥两种连接方式。

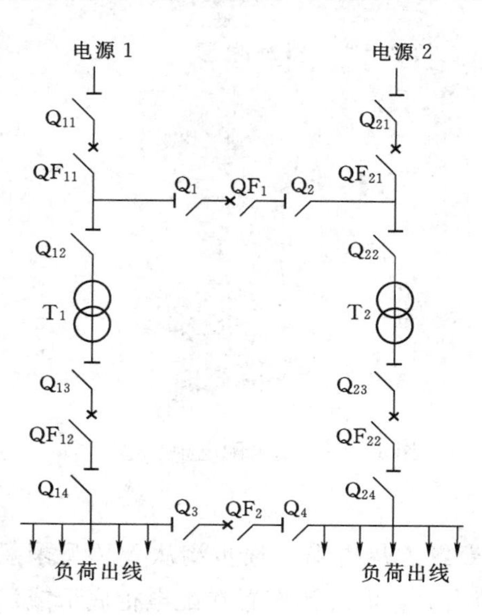

图1-55　内桥式接线

1）内桥式接线：如图1-55所示，这种接线方式可以提高电源线路运行方式的灵活性。当电源线路1检修时，断开负荷开关QF_{11}和隔离开关Q_{11}，再闭合Q_1、Q_2和QF_1，此时变压器T_1可以由电源两进线经过高压侧连接桥继续供电。同理，当检修线路开关QF_{11}或QF_{21}时，利用连接桥的作用，使两台电力变压器能一直保持正常运行。如果变压器T_1回路发生故障或检修T_1时，可以用倒闸操作，即拉开QF_{11}和Q_{12}，再闭合Q_1、Q_2、QF_{11}和QF_1，就可以恢复供电。

内桥式接线中内桥开关QF_1安装在线路开关QF_{11}和QF_{21}之内。内桥式接线供电的持续性较好，适用于一、二级负荷用电系统。用电负荷曲线比较平滑，表明变压器运行平稳，主变压器不必经常退出运行。该接线适用于终端型的工业企业总降压站。一般高压侧电压35kV或以上，低压侧电压6～10kV。

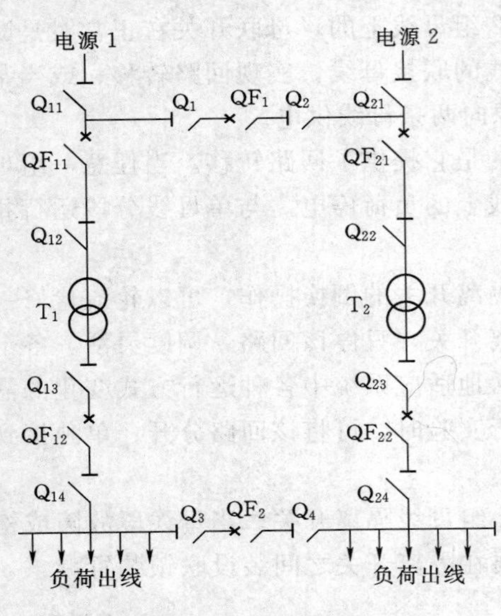

图1-56　外桥式接线

2）外桥式接线：如图1-56所示，桥开关QF_1安装在线路开关QF_{11}和QF_{21}之外，称为外桥式。在进线回路也只安装隔离开关，不必安装熔断器。外桥式接线对变压器回路的操作方便，但是对电源进线一侧的操作不便。当电源线路2发生故障时，必须断开QF_{21}和QF_1，并经过倒闸操作，拉开Q_{21}，再闭合QF_1和QF_{21}才能恢复供电。外桥接线负荷曲线的变化较陡，主变压器必须经过倒闸操作。

这种接线供电线路比较短，供电线路故障率较低，适用于一、二级用电负荷或中型的工业企业总降压站，并允许变电所有比较稳定的穿越功率。其外桥接线系统的总降压变电所适于构成环形电网，可使环网内的电源不通过受电断路器，降低了断路器的故障率，有利于变压器继电保护装置的整定。

（二）变配电所的设备配置

1．变配电所的主要设备

变配电所的设备主要有高压隔离开关、变压器、高压配电柜、低压配电柜、动力配电柜。大型配电柜采用小车拉出式组件，中型采用抽屉式组件，小型采用整体框架固定式组件，参见图1-57～图1-59。

图1-57　抽出式低压配电柜

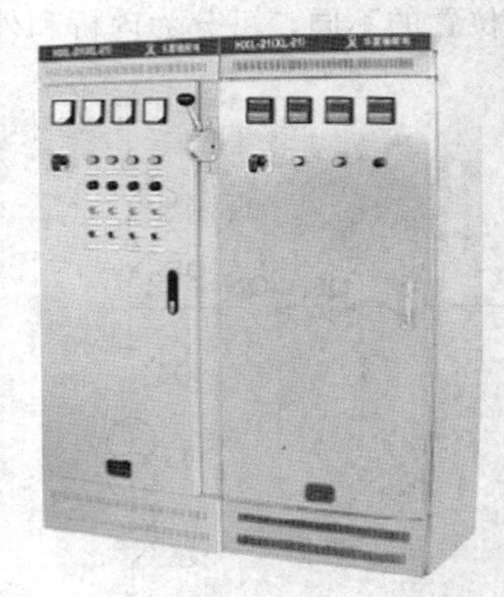

图1-58　动力配电柜

2．变配电所内导线选用和布置

变配电所内设备间导线应尽量选用YJV型交联聚氯乙烯电缆，逐步淘汰VV型聚氯乙烯电缆。设备间连接电缆和控制电缆应设置在电缆沟内，电缆沟布置在配电柜底下或后侧，且相互连通。

图 1-59　框架式动力配电柜

10kV 用户必须设置电缆分界室作为电源总进线室。电缆分界室的位置应接近电源进线方向，并靠近建筑物的外墙。其面积一般为 $20m^2$ 左右，净高应不小于 2.7m，下设净高不小于 1.8m 的电缆夹层，并设 600mm×600mm 的人孔和爬梯。电缆分界室在无地下室的建筑物中一般设在一层，而在有地下室的建筑物中应设在地下一层。电缆分界室归供电局管理，故电缆分界室的门应向外开向公共走道。

3. 配电柜布置

低压配电室内成排布置配电柜，其柜后通道，固定式和抽屉式均为 1000mm。其柜前通道，固定式单排布置为 1500mm，抽屉式单排布置为 1800mm，固定式双排面对面布置为 2000mm，抽屉式双排面对面布置为 2300mm。只有当建筑物墙面遇有柱类局部凸出时，凸出部分的通道宽度可减少 200mm。

配电装置长度大于 6m 时，其后通道应设两个出口，低压配电装置 2 个出口间的距离超过 15m 时，尚应增加出口。

4. 配电室灯具布置

在配电室内裸导体的正上方，不应布置灯具和明敷线路。当在配电室内裸导体上方布置灯具时，灯具与裸导体的水平净距不应小于 1.0m，灯具不得采用吊链和软线吊装，可采用吸顶安装或线槽型荧光灯吊杆安装。

5. 变配电所内接地设置

变配电所内设有接地扁钢并沿墙敷设，应适当设置临时接地的接线柱。

四、组合式变电所

组合式变电所又称成套变电所或箱式变电所。它是将高压开关柜、电力变压器、低压开关柜等组合为一个整体的接线方式。

组合式变电所可以直接建在建筑的负荷中心，也可以独立设置于室外。它具有配置灵活，运行安全可靠，占地面积比较小，便于维修，安装速度快，缩短配电线路的供电半径，减小供电电压损失，提高供电电压质量，便于形成环网式供电等优点。

组合式变电所一般适用于电源为 6～10kV 的单母线接线、双回路接线或环网式的供电系统。变压器容量可以在 30～2000kVA。低压侧可以采用放射式、树干式供电。

1. 结构型式

ZB 系列组合式变电所按安装地点分户内型和户外型两种。

户内型组合式变电所的变压器为柜式。高、低压开关柜均为封闭式结构，适用于高层建筑、民用楼房建筑群、地下建筑设施、宾馆及一些公共娱乐场所的供电。

户外型组合式变电所适用于工矿企业、油田、道路交通、公共建筑、机场、港口、车站、集中住宅小区等场所的供电。

ZB 系列组合式变电所的箱体设备按实际需要和运输方便又分为整体式和分体组合式。

2. 组成

组合式变电所可以由高压开关柜、变压器柜、低压配电屏组成，置于由金属构件及钢板焊接的壳体内。

3. 技术参数

ZB 组合式变电所的技术参数，见表 1－5。

表 1－5　　ZB 组合式变电站的技术参数

参数名称		单位	数据		
高压侧	额定频率	Hz	50	50	50
	额定频率	kV	6	10	35
	最高工作电压	kV	6.9	11.5	40.5
	工频耐受电压，对地和相间/隔离断口	kV	32/36	42/48	95/118
	蓄电冲击电压，对地和相间/隔离断口	kV	60/70	75/85	185/215
	额定电流	A	400　600		
	额定短时耐受电流	kV	12.5（2s）	16（2s）	20（2s）
	额定峰值耐受电流	kV	31.5，40，50		
低压侧	额定电压	V	380，220		
	主回路额定电流	A	100～3200		
	额定短时耐受电流	kA	15，30，50		
	额定峰值耐受电流	kA	30，63，110		
	支路电流	A	10～800		
	分支回路数	路	1～12		
	补偿容量	kvar	0～360		
变压器	额定容量	kV·A	50～2000		
	阻抗电压		4.6%		
	分接范围		±2×2.5%，±5%		
	连接组别		Yyn0；Dyn11		

五、变配电所对有关专业的要求

（一）变配电所对建筑的要求

1. 总体要求

（1）高压配电室宜设不能开启的自然采光窗，窗台距离室外地平面不宜低于 1.8m；

低压配电室可设能开启的自然采光窗，配电室临街的一面不宜开窗。

（2）变压器室、配电室、电容器室的门应向外开启。相邻配电室之间有门时，此门应能双向开启或向低压方向开启。

（3）配电所各房间经常开启的门、窗，不宜直通相邻的酸、碱、蒸汽、粉尘和噪声严重的场所。

（4）变压器室、配电室、电容器室等应设置防止雨、雪和蛇、鼠类小动物从采光窗、通风窗、门、电缆沟等进入室内的设施。

（5）配电室、电容器室和各辅助房间的内墙表面应抹灰刷白。地（楼）面宜采用高标号水泥抹面压光。配电室、变压器室、电容器室的顶棚以及变压器室内墙面应刷白。

（6）长度大于 7m 的配电室应设 2 个出口，并宜布置在配电室的两端。

（7）当变电所采用双层布置时，位于楼上的配电室应至少设一个通向室外的平台或通道的出口。

（8）配电所，变电所的电缆夹层、电缆沟和电缆室，应采取防水、排水措施。当配变电所设在地下室时，其进出地下室的电缆口必须采取有效的防水措施。

（9）配电室及变压器室门的宽度宜按最大不可拆卸部件的宽度加 0.3m，高度宜按不可拆卸部件的最大高度加 0.5m。

（10）当配电室设在楼上时，应设吊装设备的吊装孔或吊装平台。吊装平台、门或吊装孔的尺寸，应能满足吊装最大设备的需要，吊钩与吊装孔的垂直距离应满足吊装最高设备的需要。

2. 变配电所各房间对建筑的要求

变配电所各房间对建筑的要求，见表 1-6。

表 1-6　变配电所各房间对建筑的要求

房间名称	高压配电室（有充油设备）	高压电容器室	油浸变压器室	低压配电室	控制室	值班室
建筑物耐火等级	二级	二级（油浸式）	一级（非燃或难燃介质时为二级）	三级	二级	
屋面	应有保温、隔热屋及良好的防水和排水措施					
顶棚	刷白					
屋檐	防止屋面的雨水沿墙面流下					
内墙面	邻近带电部分的内墙面只刷白，其他部分抹灰		勾缝并刷白，墙基应防止油侵蚀。与着爆炸危险场所相邻的墙壁内侧应抹灰并刷白	抹灰并刷白		
地坪	高标号水泥抹面压光	高标号水泥抹面压光；采用抬高地坪方案通风效果较好	敞开式及封闭低式布置采用卵石或碎石铺设，厚度为 250mm 变压器四周沿墙 600mm 需用混凝土抹平；高式布置采用水泥地坪，应向中间通风及排油孔作 2% 的坡度	高标号水泥抹面压光	水磨石或水泥压光	水泥压光

续表

房间名称	高压配电室（有充油设备）	高压电容器室	油浸变压器室	低压配电室	控制室	值班室
建筑物耐火等级	二级	二级（油浸式）	一级（非燃或难燃介质时为二级）	三级	二级	
采光和采光窗	宜设固定的自然采光窗，窗外应加铁丝网或采用夹丝玻墩，防止雨、雪和小动物进入，其窗台距室外地坪宜不小于1.8m。在寒冷或风沙大的地区，宜设双屋玻璃窗，临街一面不宜开窗	可设采光窗，其要求与高压配电室相同	不设采光窗	可设能开启的自然采光窗，并应设置纱窗。临街的一面不宜开窗	能开启的窗应设置纱窗，在寒冷或风沙大的地区采用双层玻璃窗	
通风窗	如果需要，应采用百叶窗内加网孔不大于10mm×10mm的铁丝网，防止雨、雪和小动物进入	采用百叶窗并设有网孔不大于10mm×10mm的铁丝网，防止雨、雪和小动物进入	通风窗应采用非燃烧材料制作，应有预止雨、雪和小动物进入的措施；进出风窗都采用百叶窗，进风百叶窗内设网孔不大于10mm×10mm的铁丝网，当进风有效面积不能满足要求时，可只装设网孔不大于10mm×10mm的铁丝网			
	门应向外开，相邻配电室有门时，该门应能双向开启或向低压方向开启					
门	应为向外开的防火门，应装弹簧锁，严禁用门闩	与高压配电室相同	采用铁门或木门内侧包铁皮；单扇门宽不小于1.5m时，应在大门上加开小门。小门上应装弹簧锁，锁的高度应考虑室外开启方便。大门及大门上的小门应向外开启，其开启角度不小于120°，同时要尽量降低小门的门槛高度，使在室内外地坪标高不同时出入方便	允许用木制	允许用木制；在南方炎热地区，经常开启的通向屋外的门内还宜设置纱门	
电缆沟电缆室	水泥抹光并采取防水、排水措施；宜采用花纹钢盖板。若采用钢筋混凝土盖板，要求平整光洁，质量不大于50kg			水泥抹光并采取防水、排水措施；宜采用花纹钢盖板		

3. 变电所楼（地）板的计算荷载

变电所楼（地）板的计算荷载见表1-7。

表 1-7　　变电所楼（地）板的计算荷载

序号	项　目	活荷载标准值（kN·m^{-2}）	备　注
1	主控制室、继电器室及通信室的楼面	4	如果电缆层的电缆吊在主控制室或继电器室的楼板上，则应按实际发生的最大荷载考试
2	主控制楼电缆层的楼面	3	活荷载标准值$=\frac{每只电容器质量\times 9.8}{每只电容器底面积}$
3	电容器楼面	4～9	限用于每织开关荷载不大于 8kN，否则应按实际值
4	3～10kV 配电室楼面	4～7	限用于每织开关荷载不大于 12kN，否则应按实际值
5	35kV 配电室楼面	4～8	
6	室内沟盖板	4	

注　1. 表中各项楼面计算荷载也适用于与楼面连通的走道及楼梯，以及运输设备必须经过的平台。
2. 序号 4、5 的计算荷载未包括操作荷载。
3. 序号 4、5 均适用于采用成套柜或采用空气断路器的情况。对于 3～35kV 配电装置的开关不布置在楼面的情况，该楼面的计算荷载均可采用 4kN/m^2。

（二）变配电所对采暖、通风、给排水、电气的要求

1. 总体要求

（1）变压器室宜采用自然通风（其通风方式分为高式及低式两种）。夏季的排风温度不宜高于 45℃，进风和排风的温差不宜大于 15℃。

（2）电容器室应有良好的自然通风，通风量应根据电容器允许温度确定，即按夏季排风温度不超过电容器所允许的最高环境温度计算。当自然通风不能满足排热要求时，可增设机械排风。另外，电容器室应设温度指示装置。

（3）变压器室、电容器室当采用机械通风。变配电所位于地下室时，其通风管道应采用非燃烧材料制作。当周围环境污秽时，宜加空气过滤器（进风口处）。

（4）配电室宜采用自然通风。高压配电室装有较多油断路器时，应装设事故排烟装置。

（5）在寒冷地区，控制室应设采暖装置，采暖温度为 18℃。在特别严寒地区，当配电室内温度影响电气设备元件和仪表正常运行时，应设采暖装置，采暖温度为 5℃。

控制室和配电室内的采暖装置，宜采用钢管焊接，且不应有法兰、螺纹接头和阀门等。

（6）高、低压配电室，变压器室，电容器室，控制室内，不应有与其无关的管道和线路通过。

（7）有人值班的变配电所，宜设有厕所和给排水设施。

（8）位于炎热地区的变配电所，屋面应有隔热措施，控制室宜考虑通风或接入空调系统。

（9）位于地下室的变配电所，其控制室应保证运行和卫生条件。当不能满足要求时，宜装设通风系统或空调装置。

（10）装有六氟化硫的配电装置、变压器的房间其排风系统要考虑有底部排风口。

(11) 高、低压配电室，干式变压器室，控制室当设置在地下层时，在高潮湿场所，宜设吸湿机或在装置内加装去湿电加热器。在地下室内并应有排水设施。

(12) 在配电室内裸导体正上方，不应布置灯具和明敷线路。当在配电室内裸导体上方布置灯具时，灯具与裸导体的水平净距不应小于1.0m，灯具不得采用吊链和软线吊装。

2. 变配电所各房间的采暖、通风、给排水要求

变配电所各房间的采暖、通风、给排水要求，见表1-8。

表1-8　变配电所各房间的采暖、通风、给排水要求

<table>
<tr><th rowspan="2">项目</th><th colspan="5">房间名称</th></tr>
<tr><th>高压配电室
(有充油电气设备)</th><th>电容器室</th><th>油浸变压器室</th><th>低压配电室</th><th>控制室
值班室</th></tr>
<tr><td rowspan="2">通风</td><td rowspan="2">宜采用自然通风，当安装有装多油断路器时，应装设事故排烟装置，其控制开关宜安装在便于开启处</td><td>应有良好的自然通风，按夏季排风温度不高于40℃计算；
室内应有反映室内温度的指示装置</td><td>宜采用自然通风，按夏季排风温度不高于45℃计算，进风和排风的温差宜不高于45℃</td><td colspan="2" rowspan="2">一般靠自然通风</td></tr>
<tr><td colspan="2">当自然通风不能满足要求时，应设机械通风。当采用机械通风时，其通风管道应采用非燃性材料制作。如周围环境污移时，宜加空气过滤器</td></tr>
<tr><td rowspan="2">采暖</td><td>一般不采暖，但严寒地区，室内温度影响电气设备元件和仪表正常运行时，应有采暖措施</td><td colspan="2">一般不采暖，当温度低于制造厂规定值以下时，应采暖</td><td>一般不采暖，当兼作控制室或值班室时，在采暖地区应采暖</td><td>在规定的采暖地区应采暖</td></tr>
<tr><td colspan="5">控制室和配电室内的采暖装置，宜采用钢管焊接，且不应有法兰、螺纹接头和阀门等</td></tr>
<tr><td>给排水</td><td colspan="5">有人值班的独立变配电所宜设厕所和给排水设施</td></tr>
</table>

(三) 变配电所对消防的要求

1. 总体要求

(1) 可燃油油浸电力变压器室的耐火等级应为一级。高压配电室、高压电容器室和非燃（或难燃）介质的电力变压器室的耐火等级不应低于二级。低压配电室和低压电容器室的耐火等级不应低于三级，屋顶承重构件应为二级。

(2) 有下列情况之一时，可燃油油浸变压器室的门应为甲级防火门：

1) 变压器室位于车间内。

2) 变压器室位于容易沉积可燃粉尘、可燃纤维的场所。

3) 变压器室附近有粮、棉及其他易燃物大量集中的露天堆场。

4) 变压器室位于建筑物内。

5）变压器室下面有地下室。

（3）变压器室的通风窗，应采用非燃烧材料。

（4）当露天或半露天变电所采用可燃油油浸变压器时，其变压器外廓与建筑物外墙的距离应大于或等于5m；当小于5m时，建筑物外墙在下列范围内不应有门、窗或通风孔：

1）油量大于1000kg时，变压器总高度加3m及外廓两侧各加3m。

2）油量在1000kg及其以下时，变压器总高度加3m，及外廓两侧各加1.5m。

（5）民用主体建筑内的附设变电所和车间内变电所的可燃油油浸变压器室，应设置容量为100%变压器油量的储油池。

（6）有下列情况之一时，可燃油油浸变压器室应设置容量为100%变压器油量的挡油设施，或设置容量为20%变压器油量挡油池及能将油排到安全处所的设施：

1）变压器室位于容易沉积可燃粉尘，可燃纤维的场所。

2）变压器室附近有粮、棉及其他易燃物大量集中的露天场所。

3）变压器室下面有地下室。

4）变压器室位于民用主体建筑物内。

（7）附设变电所、露天或半露天变电所中，油量为1000kg及其以上的变压器，应设置容量为100%油量的挡油设施。

（8）在多层和高层主体建筑物的底层布置装有可燃性油的电气设备时，其底层外墙开口部位的上方应设置宽度不小于1.0m的防火挑檐。多油开关室和高压电容器室均应设有防止油品流散的设施。

（9）一类建筑的配变电所宜设火灾自动报警及固定式灭火装置；二类建筑的变配电所可设火灾自动报警及手提式灭火装置。

2. 最低耐火等级、最小防火间距

变电所建筑物、构筑物的最低耐火等级，见表1-9。变电所与所外的建筑物、构筑物及设备间的最小防火净距，见表1-10。

表1-9　　变电所建筑物、构筑物的最低耐火等级

建筑物、构筑物名称		火灾危险性类型	最低耐火等级
主控制室、继电器室（包括蓄电池室）		戊	二级
配电装置室	每台设备油量60kg以上	丙	二级
	每台设备油量60kg及其以下	丁	
油浸变压器室		丙	一级
有可燃介质的电容器室		丙	二级
材料库、工具间（仅储藏非燃烧器材）		戊	三级
电缆沟及电隧道	用阻燃电缆	戊	二级
	用一般电缆	丙	

注　主控制室、继电器室的戊类应具备防止电缆着火延燃的安全措施。

表 1-10　　建筑物、构筑物及设备间的最小防火净距　　单位：m

<table>
<tr><th colspan="3" rowspan="3">建、构筑物及设备名称</th><th colspan="2">丙、丁、戊类生产建筑</th><th colspan="3">变压器（油浸）</th><th rowspan="3">屋外可燃介质电容器</th><th rowspan="3">总事故油池</th><th colspan="2">所内生活建筑</th></tr>
<tr><th colspan="2">耐火等级</th><th colspan="3">电压等级</th><th colspan="2">耐火等级</th></tr>
<tr><th>一、二级</th><th>三级</th><th>35kV</th><th>63kV</th><th>110kV</th><th>一、二级</th><th>三级</th></tr>
<tr><td rowspan="2">丙、丁、戊类生产建筑</td><td rowspan="2">耐火等级</td><td>一、二级</td><td>10</td><td>12</td><td rowspan="2">—</td><td rowspan="2">—</td><td rowspan="2">—</td><td>10</td><td>5</td><td>10</td><td>12</td></tr>
<tr><td>三级</td><td>12</td><td>14</td><td>10</td><td>5</td><td>12</td><td>14</td></tr>
<tr><td rowspan="3">变压器（油浸）</td><td rowspan="3">电压等级</td><td>35kV</td><td>10</td><td>10</td><td>5</td><td>—</td><td>—</td><td>10</td><td>5</td><td>—</td><td>—</td></tr>
<tr><td>63kV</td><td>10</td><td>10</td><td>—</td><td>6</td><td>—</td><td>10</td><td>5</td><td>—</td><td>—</td></tr>
<tr><td>110kV</td><td>10</td><td>10</td><td>—</td><td>—</td><td>8</td><td>10</td><td>5</td><td>—</td><td>—</td></tr>
<tr><td colspan="3">屋外可燃介质电容器</td><td>10</td><td>10</td><td>10</td><td>10</td><td>10</td><td>5</td><td>5</td><td>15</td><td>20</td></tr>
<tr><td colspan="3">总事故油池</td><td>5</td><td>5</td><td>5</td><td>5</td><td>5</td><td>—</td><td>—</td><td>10</td><td>12</td></tr>
<tr><td rowspan="2">所内生活建筑</td><td rowspan="2">耐火等级</td><td>一、二级</td><td>10</td><td>12</td><td>—</td><td>—</td><td>—</td><td>10</td><td>10</td><td>6</td><td>7</td></tr>
<tr><td>三级</td><td>12</td><td>14</td><td>—</td><td>—</td><td>—</td><td>12</td><td>12</td><td>7</td><td>8</td></tr>
</table>

注　1. 如相邻两建筑物的面对面外墙其较高一边为防火墙时，其防火净距可不限，但两座建筑物侧面门窗之间的最小净距应不小于 5m。

2. 耐火等级为一、二级建筑物，其面对变压器、可燃介质电容器等电器设备的外墙的材料及厚度符合防火墙的要求，且该墙在设备总高加 3m 及两侧各 3m 的范围内不设门窗不开孔洞时，则该墙与设备之间的防火净距可不受限制。如在上述范围内虽不开一般门窗但设有防火门时，则该墙与设备之间的防火净距应等于或大于 5m。

3. 所内生活建筑与油浸变压器之间的最小防火净距，应根据最大单台设备的油量及建筑物的耐火等级确定。当油量为 5～10t 时为 15m（对一、二级）或 20m（对三级），当油量大于 10t 时为 20m（对一、二级）或 25m（对三级）。

3. 有关规定

（1）总额定容量不超过 1250kV·A、单台额定容量不超过 630kV·A 的可燃油油浸电力变压器，以及充有可燃油的高压电容器或多油开关等，可贴邻民用建筑（除观众厅、教室等人员密集的房间和病房外）布置，但必须采用防火墙隔开。

（2）上述变压器室、高压电容器室等房间不宜布置在主体建筑内。如受条件限制，必须布置时，应采取下列防火措施：

1）不应布置在人员密集场所的上面、下面或贴邻，并应采用无门窗洞口的耐火极限不低于 3h 的隔墙（包括变压器之间的隔墙）和 1.5h 的楼板与其他部位隔开。当必须开门时，应为甲级门。

2）变压器室与配电室之间的隔墙应设防火墙。

3）变压器室应设置在首层靠外墙的部位，并应在外墙上开门。首层外墙开口部位的上方应设置宽度不小于 1m 的防火挑檐或高度不小于 1.2m 的窗间墙。

4）变压器下面应有储存变压器全部油量的事故储油设施。多油开关、高压电容器室均应设有防止油液流散的设施。

（3）在建筑物地下室或楼层内设置的变压器，应采用干式变压器。若与低压屏并列布置时，应选用箱型干式变压器。

（4）民用建筑中主要变配电室、值班室、自备柴油发电机房及工厂总变配电站、车间变配电所等部位，应设置消防电话分机。

（5）电缆隧道、电缆竖井、电缆沟、电缆夹层等，配电装置、开关设备、变压器等，地板下、控制室等处宜选用缆式线型定温火灾探测器。

复 习 思 考 题

1-1　电力系统与供电配电系统二者的关系和区别是什么？

1-2　民用建筑供电系统因建筑设施的规模不同可分为几类？

1-3　建筑工地的供电方式有几种？

1-4　一次设备按照其功能可分为哪几类？

1-5　高压隔离开关的用途？

1-6　高压负荷开关由哪些部分构成？

1-7　高压负荷开关的用途？

1-8　高压断路器由哪些部分构成？

1-9　高压断路器的用途？

1-10　高压断路器或隔离开关的拉合操作术语？

1-11　高压接触器的用途？

1-12　一个高压接触器由哪些部分构成？

1-13　电磁式接触器的分合闸原理是什么？

1-14　低压熔断器有哪些种类？

1-15　RM10 型低压密闭管式熔断器中变截面锌熔片的作用？

1-16　RM10 型低压密闭管式熔断器、RT0 型低压有填料封闭管式熔断器和 RZ1 型低压自复式熔断器的各自优缺点？

1-17　低压断路器的分类？

1-18　低压断路器的主要功能器件是什么？

1-19　高压开关设备主要有几种？

1-20　低压开关设备主要有几种？

1-21　高压开关柜分为哪几类，各自应用于什么场合？

1-22　KYN79 系列开关柜具有哪四个独立隔室？

1-23　开关柜“五防”联锁功能是指哪五防？

1-24　GGD 系列封闭式低压配电屏结构特点是什么？

1-25　什么是电力变压器？电力变压器分类？电力变压器结构？

1-26　什么是互感器、电流互感器、电压互感器？电流/电压互感器使用时应注意的事项？

1-27　变配电所如何划分？它们主要有哪些形式？

1-28　高压变配电所主要由哪几部分组成？

1-29　变配电所的位置选择应考虑哪些因素？

1－30 变配电所的安全要考虑哪些方面，应采取哪些安全措施？

1－31 变配电所主接线形式有哪些？常用的有哪些接线方式？又有何优缺点？

1－32 变压器效率计算中要考虑哪些损失？如何计算？

1－33 什么是变压器的明备用？什么是暗备用？如何确定变压器容量？

第二章　民用建筑供配电

本章介绍照明供配电系统，电力负荷分级与供电要求，电力负荷计算，常用的控制与保护电器配电导线的选择。

第一节　照明供配电系统

建筑电气照明的电气系统分为供电系统和配电系统两部分。供电系统包括供电电源和主接线，配电系统一般由配电装置及配电线路组成。电气照明的电气系统应满足用电设备对供电可靠性和对供电质量的要求，接线方式应力求简单可靠、操作安全、运行灵活和检修方便，并能适应用电系统的改建与扩展。

一、照明供电系统

1. 工业厂房的照明供电系统

工业企业中，一般都有变压器作低动力设备供电，照明设备用电一般也取自该变压器。但是，由于动力用电会产生较大的浪涌电流，在线路末端产生较大电压降。因此，照明线路与动力线路一般是分开的，这样可以减少动力设备启动时对照明质量的影响，如果照明负荷很大时，也可考虑单独设置照明变压器，这样会使照明质量更高。

图 2-1 是由一台变压器向动力设备和照明设备供电，但线路是分开的。照明供电回路可以是一条，也可以是多条。应急照明设备线路一定要与其他线路分开，单独控制，在其他设备与线路发生故障或检修时，不至于影响到应急照明设备的工作。为了提高应急照明供电的可靠性，可从其他电源处引来一个回路，给应急照明设备供电，形成双电源供电。

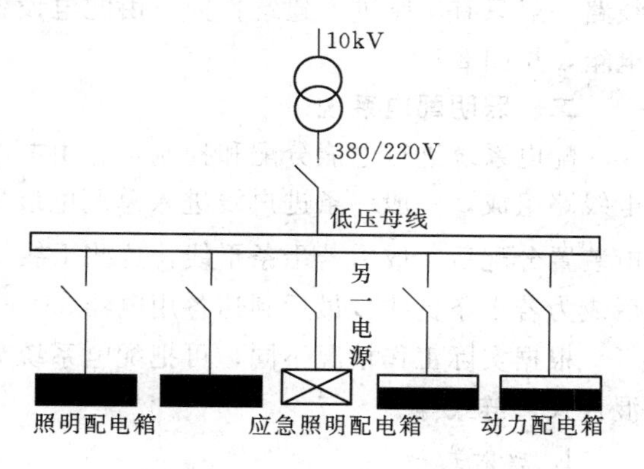

图 2-1　由一台变压器供电

2. 大型民用建筑照明供电系统

大型民用建筑的用电等级多为一、二级负荷，并设有变（配）电所，如高层办公大楼、大型商场、体育场馆、旅游宾馆等，它们都有很大的用电负荷，其中多数是动力，但是，照明负荷比例要比工业厂房中的比例大得多。

一般大型民用建筑都由两路电源或由一条 6kV 高压专用架空线路，作为正常工作电源，同时还应有应急发电机组等第二电源，作为工作电源的补充。当工作电源发生故障时，由第二电源向一、二级负荷供电，以维持继续工作，以便处理事故。

图 2-2 是由两路高压电源供电的方式，可把其中的一路作为工作电源，在正常工作时，变压器和电源都满负荷工作，在正常工作电源停电时，备用电源手动或自动投入运行。

图 2-3 是一路高压电源供电，另配应急发电机的方式。两路高压供电投资大，在建筑物中当一、二级负荷不是很大时，可用一路高压进线作为工作电源，而用应急发电机满足一、二级负荷不间断供电的要求。

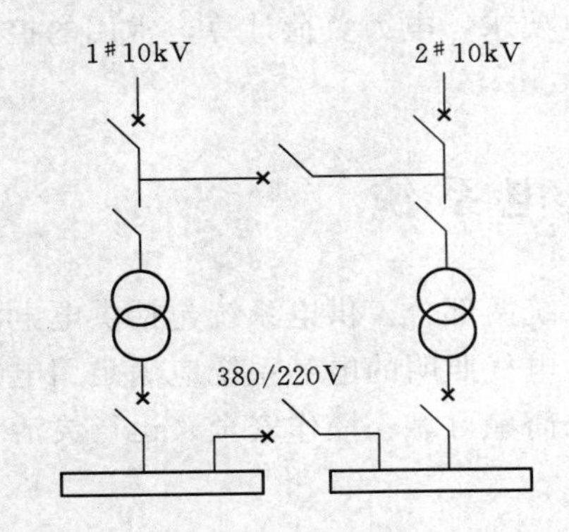

图 2-2　由两路 10 kV 电源供电

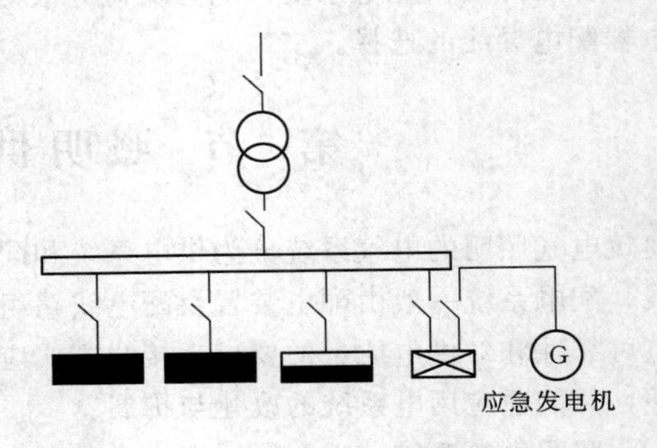

图 2-3　由 1 路高压电源配应急发电机供电

3. 普通民用建筑照明供电系统

普通民用建筑的用电设备容量较小，不专设变压器和配电所，由 380/220 V 低压电源供电，可以由本单位的变压器引来，也可由小区的变（配）电所引来，电源线路一般只有 1 路进入建筑物内，由配电设备引入分配电箱，见图 2-4。

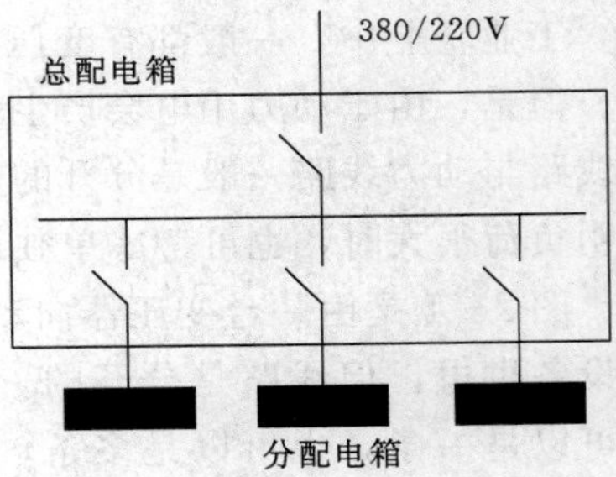

380/220V
总配电箱
分配电箱

图 2-4　低压供电

二、照明配电系统

配电系统进行电能分配和控制，它由配电装置及配电线路组成，一般一条进户线进入总配电装置，经总配电装置分配后，成为若干条干线，这些干线又把电能送至各分配电箱，经各分配电箱分配后成为若干条支线，最后到达各用电器。

根据实际工作情况不同，可把配电系统分成多种形式，最常用的有放射式、树干式、混合式、链式等。

1. 放射式

图 2-5 是放射式配电系统，即从配电箱引出多条线路，每个线路都接一个用电设备或分配电箱，其优点是线路发生故障时影响范围小，供电可靠性高，控制灵活，易于实现集中控制。其缺点是线路多，有色金属消耗量大。这种方式多用于大容量设备，或要求集中控制的设备，或要求供电可靠性高的重要设备。

2. 树干式

图 2-6 是树干式配电系统，即一条供电干线上带多个用电设备或分配电箱，其优点是线路较少，有色金属消耗量少，投资少，易于发展。其缺点是干线发生故障时，影响范

围大，供电可靠性较差。这种方式适用于明敷设线路，容量较小的设备，或对供电可靠性要求不高的设备。

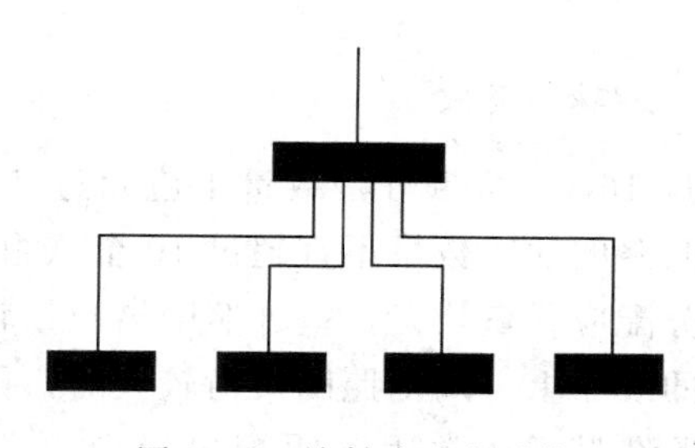

图 2-5　放射式配电系统

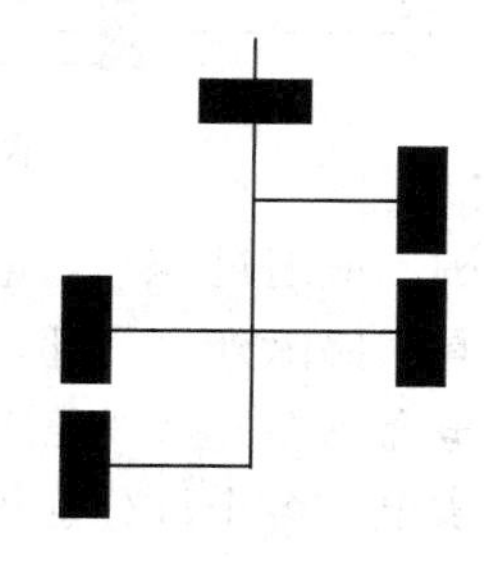

图 2-6　树干式配电系统

3. 链式

图 2-7 是链式配电系统，与树干式不同的是其线路的分支点在用电设备上或分配电箱内，即后面设备的电源引自前面设备的端子。其优点是线路上无分支点，适合穿管敷设或电缆线路，节省有色金属。其缺点是线路或设备检修以及线路发生故障时，相连设备全部停电，供电的可靠性差。它适用于暗敷设线路，供电可靠性要求不高的小容量设备。一般链接的设备不宜超过 3～4 台，总容量不宜超过 10kW。

在实际工作中，照明配电系统不是单独某一种形式，多数是综合形式。一般民用住宅中所采用的配电形式多数为放射式与链式的结合，见图 2-8。总配电箱向每个楼梯间送电为放射式，楼梯间内不同楼层的配电箱为链式配电。

在高层建筑或大型建筑中，可能是放射式、树干式、链式的多种组合形式，在图2-9中，电源干线向各分支送电为树干式，在其支干线中有的用放射式，有的用链式。

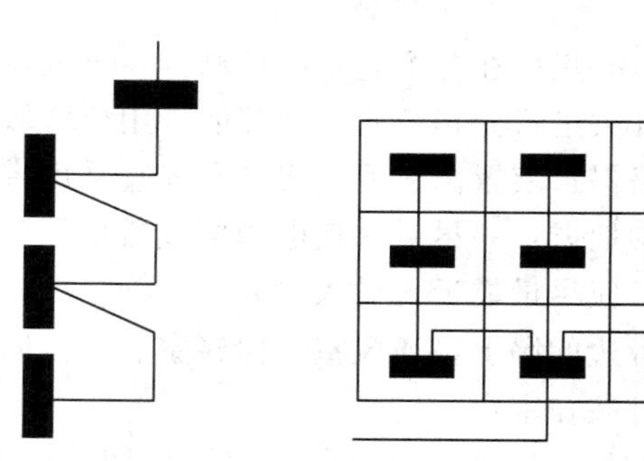

图 2-7　链式配电系统　　图 2-8　一般住宅配电形式

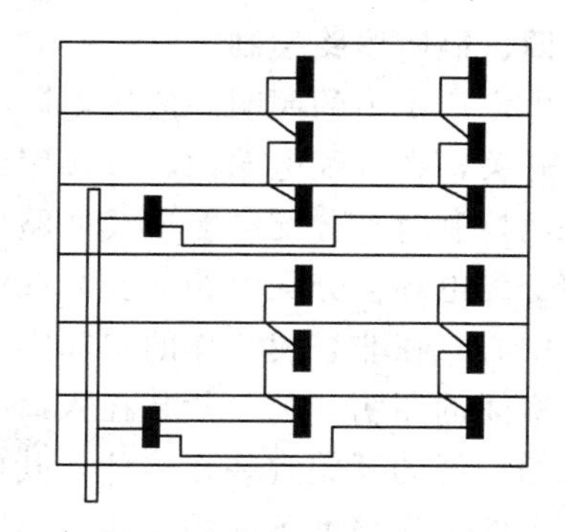

图 2-9　大型建筑配电形式

三、照明线路

照明线路一般由进户线、干线及支线组成，见图 2-10。进户线是由建筑物外引到总配电箱的这一段线路，干线是从总配电箱到各分配电箱的线路，支线则是由分配电箱引到各用电器的线路。

照明线路根据建筑物结构不同而不同，一般总配电箱内设总开关，总开关后面还可设若干个分总开关，保护控制干线。分配电箱引出的电气支路数最好为 3、6、9、12 个支路，即是 3 的倍数，以便三相电力负荷平衡。每个支路都要有开关控制和保护，每一单相

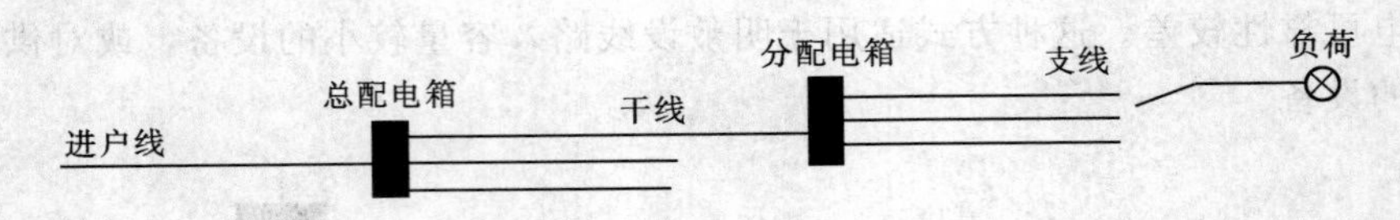

图 2-10　照明线路构成形式

支路的供电范围不应超过 25m，电流不应超过 16A，所带灯具数量不应超过 25 个，但大型建筑组合灯具回路除外。另外，每一单独回路的插座数量不宜超过 10 个（组）。

每个分配电盘（箱）和线路上各相负荷分配应尽量均衡，室外照明器数量较多时，可用三相四线制供电，各个灯分别接到不同相的线路上。局部照明负荷较大时，可设置局部照明配电箱；当无局部照明配电箱时，局部照明可从常用照明配电箱引出单独的支线供电。

在照明线路中，有时是 2 根线在一起，有时是 3～8 根线在一起，若在电气施工图中都把它们画出来是很麻烦的，而且也不易读图。所以，在电气施工图中，一般只要是同一回路的线路，不论有多少根，都用一条图线表示，叫做单线图。导线根数可以在单线图中进行标注，如图中的数字 3 表示 3 根导线，若只有 2 根导线就不用标注了，因一个电气回路至少有 2 根导线。单线图表示法，见图 2-11。

图 2-11　照明单线图

四、照明线路控制

生产厂房内的照明一般按生产组织分组，并集中在分配电箱内控制，在出入口应安装部分开关，在分配电箱内可直接用分路单极开关进行分相控制。当照明采用分区域或按房间就地控制时，分配电箱出线回路可只设分路保护装置。大型厂房或车间宜采用带自动开关的分配电箱，分配电箱应安装在便于维修的地方，并尽量靠近电源侧或所供照明场地的负荷中心。在非昼夜工作的房间中，分配电箱应尽量靠近人员入口处。

房间的照明开关一般装在入口处门把手旁边的墙上，通风室、储藏室、卫生间等偶尔出入的房间的开关宜装在室外，其他房间均宜装在室内。

天然采光照度不同的场所，照明宜分区控制。工业企业室外的警卫照明、道路照明、户外生产场所照明及高大建筑物的户外灯光装置均应单独控制。

照明灯具常用平板开关控制，其额定电流一般有 6A 和 10A 两级别。在线路功率因数为 0.8 时，其额定操作次数应为 15000 次以上。为了安全可靠，对于白炽灯类的负荷，宜按开关的额定电流降低 10%～20%使用；对于气体放电灯类的负荷，则视其功率因数情况，降低得更多一些。平板开关的一块面板可装 1 个或多个开关，可控制 1 组或多组灯具。其安装高度一般为中心距地面 1.3m。在潮湿的场所安装时，开关应选用防水型开关；在公共走廊和楼梯间，可采用带有定时器的开关或双控开关；在黑暗的场所，可选用带指示灯的开关；在需要变换亮度的场所，可选用带调光功能的开关。

五、照明线路的敷设

照明线路可以明敷，也可以暗敷。配线方式有线夹配线、瓷瓶配线、槽板配线、钢管配线、塑料管配线等。线夹、槽板、瓷瓶配线方式用于线路的明敷设，这些方式主要用于原有建筑物的照明设备改装或因土建无条件采用暗敷设线路的建筑物。室内暗配线是民用建筑工程广泛采用的配线方式，尤其是装修要求较高的场所，更要采用暗线敷设，暗敷设可采用钢管配线或塑料管配线。

1. 进户线的敷设

照明进户线的引入方式有 2 种：一种是架空引入，另一种是电缆进线。架空引入是将室外电杆上的电线引至建筑物外墙横担的绝缘子上，这段线称为接户线；横担固定在外墙上，绝缘子固定在横担上，接户线从绝缘子上引出，经防水弯头穿入钢管内，再引至总配电箱内，这段线路称为进户线。它一般采用带有保护层的橡胶绝缘线。架空引入方式投资少，施工方便，便于检修，但不美观，有时妨碍交通。其结构见图 2－12。

电缆进线方式多是由室外埋地穿过基础进入室内总配电箱，电缆进入建筑物时要穿钢管保护。电缆进线方式比较美观，不妨碍交通，但造价高，施工麻烦。其结构见图2－13。

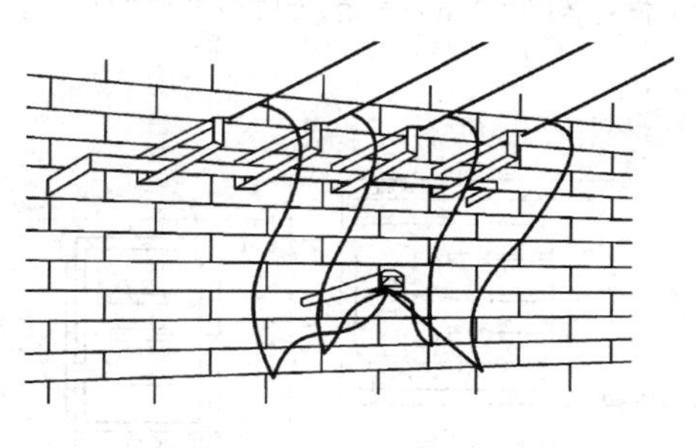

图 2－12　架空进户线

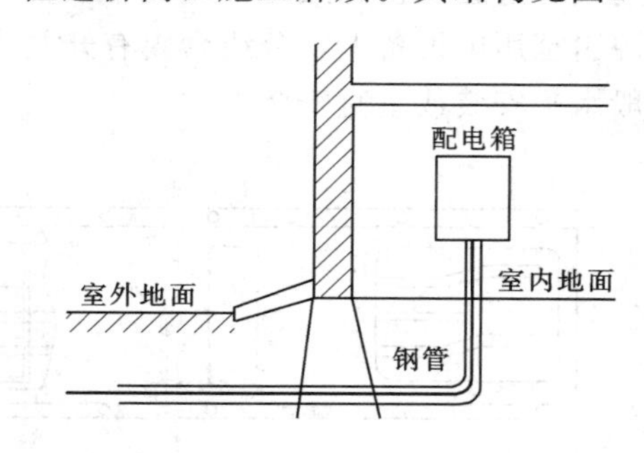

图 2－13　电缆进户线

2. 钢管配线

把电线穿在钢管内称为钢管配线。若钢管在建筑结构外表敷设叫明敷设，埋设在建筑结构内部叫做暗敷设。如果是明敷设可用卡子或支架把钢管固定住，若是暗敷设可将钢管随土建施工敷设于墙壁、楼板内。钢管的规格有 15mm，20mm，25mm，32mm，40mm，50mm，70mm，80mm，100mm 等，敷设时要焊接成整体，并统一接地。跨接线的规格及焊接应符合规范要求，见图 2－14。

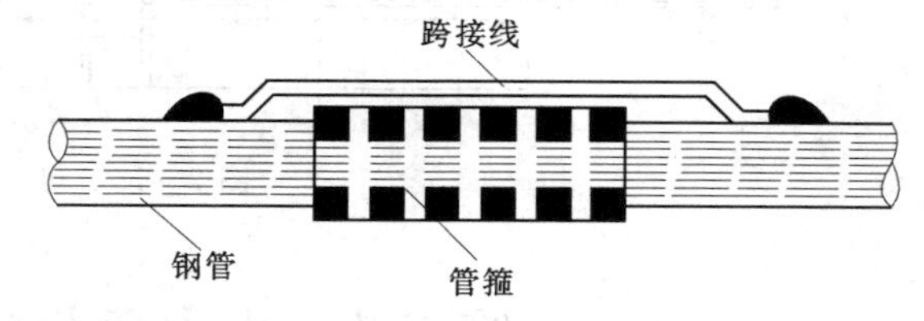

图 2－14　钢管配线

电线穿钢管时，不同电源、不同电压、不同回路的导线不得穿入同一管内，工作照明与事故照明导线不得穿入同一管内，互为备用的导线不得穿入同一管内，每根管中所穿导线不得超过 8 根。

电线穿管前应将管中积水及杂物清除干净，然后在管中穿一根钢线作引线，将导线绑扎在引线的一端，一人在一端送线，另一人在另一端拉线。

钢管配线的优点是可保护导线不受机械损伤，不受潮湿尘埃的影响，常用于多尘、易燃、易爆的场所。因钢管是良好的导体，若接地及跨接线做得好，还可作为保护接地，以减少触电危险。钢管暗敷时美观，接线方便。其缺点是造价较高，施工困难。

3. 塑料管配线

将电线穿在塑料管中即为塑料管配线，也有明敷设和暗敷设 2 种，但暗敷设较多。塑料管的种类有半硬塑料管和非自燃塑料管，其施工方法与钢管类似，但不需焊接，造价也较低，在电气照明工程中广泛采用。

4. 母线槽配线

在低压配电系统中，母线槽广泛用于高层建筑的配电干线中，它适用于大电流的配电干线，一般安装于干燥、无腐蚀性气体的室内。用于电压在 500V 以下、电流在 1000A 以下、用电设备较密集的场所。

母线槽一般由金属外壳、绝缘瓷插座及金属母线组成。金属外壳用 1mm 厚的钢板压成槽后，对合成封闭型，每段母线长 3m，内装 8 个瓷插座，见图 2－15。母线槽与电源线的连接通过进线盒完成，母线槽与设备的连接通过分线盒完成，分线盒装在母线槽上，把电源引至用电设备上，分线盒内有开关或熔断器，对分出的线路进行控制和保护。母线槽一般水平安装或垂直安装。

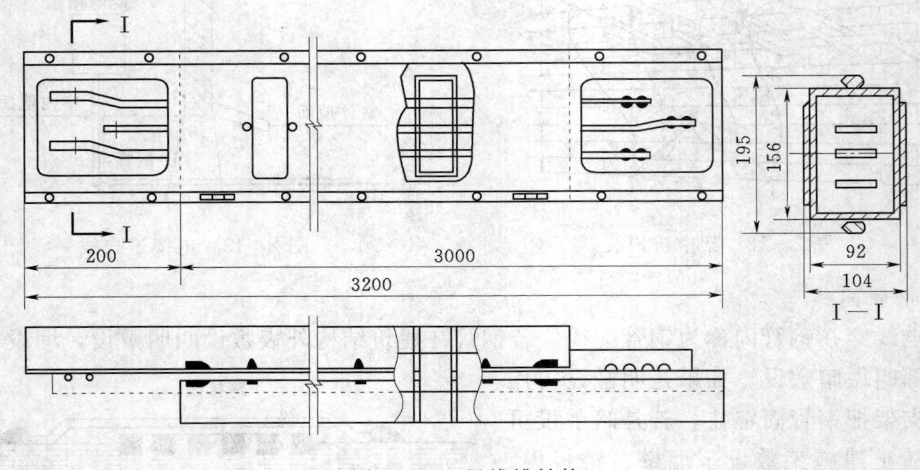

图 2－15　母线槽结构

第二节　电力负荷分级与供电要求

一、负荷分级

按照用电负荷对供电可靠性要求的不同，以及中断供电在政治上、经济上所造成的影响和损失的程度，把电力负荷分为三级。

1. 一级负荷

凡中断供电将造成人身伤亡，或在政治上、经济上将造成重大影响和损失，以及将造成公共场所秩序严重混乱的这类负荷称为一级负荷。例如：国宾馆、国家政治活动会堂及办公大楼、国民经济中重点企业、重要交通枢纽、通讯枢纽、大型体育馆、展览馆等的用电负荷均为一级负荷。另外，还将常用于重要国际事务活动和大量人员集中的公共场所，以及中断供电后将发生爆炸、火灾及严重中毒的一级负荷，列为特别重要负荷。

2. 二级负荷

凡中断供电将造成政治上、经济上的较大影响和损失，以及将造成公共场所秩序混乱如造成主要生产设备损坏，大量产品报废，影响交通枢纽、通讯设施和重要单位正常工作，引起公共场所（如大型体育馆、影剧院等）的秩序混乱等的这类负荷称为二级负荷。对工期紧迫的建筑工程项目，也可按二级负荷考虑。

3. 三级负荷

凡不属于一级和二级的其他电力负荷，都属于三级负荷。

二、供电要求

1. 一级负荷供电要求

一级负荷应由2个彼此独立、互不影响的电源供电，当一个电源发生故障时，另一个电源应不致同时受到损坏。另外，一级负荷容量较大或有高压用电设备时，应采用两路高压电源。若一级负荷容量不大，应优先采用从电力系统或临近单位取得第二低压电源，亦可采用应急发电机组。若一级负荷仅为照明或电话站负荷，可采用蓄电池组作为备用电源。对于一级负荷中特别重要的用电负荷，除有上述两个电源供电外，还必须增设备用发电机组等应急电源。为保证对特别重要负荷的供电，严禁将其他负荷接入应急供电系统。

2. 二级负荷供电要求

二级负荷应采用双回路（即两条彼此独立的线路，一备一用）供电。当负荷较小或地区供电条件困难时（条件不允许双回路供电），二级负荷可由一路6kV及其以上的专用架空线供电。

3. 三级负荷供电要求

三级负荷对供电无特殊要求，一般都为单回路供电，但在可能的情况下也应尽可能提高供电可靠性。

在民用建筑中，一般把重要的医院、大型商场、体育馆、影剧院、重要的宾馆，以及电信、电视中心、计算中心列为一级负荷，其他的大多数民用建筑都属于三级负荷。

民用建筑中常用重要电力负荷的分级，见表2-1。

表2-1 常用重要电力负荷级别

序号	建筑物名称	电力负荷名称	负荷级别	备注
1	高层普通住宅	客梯、生活水泵电力，楼梯照明	二级	
2	高层宿舍	客梯、生活水泵电力，主要通道照明	二级	
3	重要办公建筑	客梯电力，主要办公室、会议室、总值班室、档案室及主要通道照明	一级	
4	部、省级办公建筑	客梯电力，主要办公室、会议室、总值班室、档案室及主要通道照明	二级	
5	高等学校教学楼	客梯电力，主要通道照明	二级①	

续表

序号	建筑物名称	电力负荷名称	负荷级别	备注
6	一、二级旅馆	经营管理用及设备管理用电子计算机系统	一级④	
		宴会厅电声、新闻摄影、录像电源，宴会厅、餐厅、娱乐厅、高级客房、康乐设施、厨房及主要通道照明，地下室污水泵、雨水泵电力，厨房部分电力，部分客梯电力	一级	
		其余客梯电力，一般客房照明	二级	
7	科研院所重要实验室		一级②	
8	市（地区）级及以上气象台	主要业务用电子计算机系统	一级④	
		气象雷达、电报及传真收发设备、卫星云图接收机及语言广播电源，天气绘图及预报照明	一级	
		客梯电力	二级	
9	高等学校重要实验室		一级②	
10	计算中心	主要业务用电子计算机系统/其他用电	一级/二级	
		客梯电力	二级	
11	大型博物馆、展览馆	防盗信号电源，珍贵展品展室的照明	一级④	
		展览用电	二级	
12	甲等剧场	调光用电子计算机系统	一级④	
		舞台、贵宾室、演员化妆室照明，舞台机械电力，电声、广播及电视转播、新闻摄影	一级	
13	甲等电影院		二级	
14	重要图书馆	检索用电子计算机系统	一级④	
15	省自治区、直辖市及以上体育馆、体育馆	计时记分用电子计算机系统	一级④	
		比赛厅（场）、主席台、贵宾室、接待室及广场照明，电声、广播及电视转播、新闻摄影	一级	
16	县（区）级及以上医院	急诊部用房、监护病房、手术部、分娩室、婴儿室、血液病房的净化室、血液透析室、病理切片分析、CT 扫描室、区域用中心血库、高压氧仓、加速器机房和治疗室及配血室的电力和照明，培养箱、冰箱、恒温箱	一级	
		电子显微镜电源，客梯电力	二级	
17	银行	主要业务用电子计算机系统电源，防盗信号	一级④	
		客梯电力，营业厅、门厅照明	二级③	
18	大型百货商店	经营管理用电子计算机系统	一级④	
		营业厅、门厅照明	一级	
		自动扶梯、客梯电力	二级	
19	中型百货商店	营业厅、门厅照明、客梯电力	二级④	
20	广播电台	电子计算机系统	一级	
		直接播出语言播音室、控制室、微波设备及发射机房的电力和照明	一级	
		主要客梯电力，楼梯照明	二级	

续表

序号	建筑物名称	电力负荷名称	负荷级别	备注
21	电视台	电子计算机系统	一级④	
		直接播出的电视演播厅、中心机房、录像室、微波机房及发射机房的电力和照明	一级	
		洗印室、电视电影室、主要客梯电力，楼梯照明	二级	
22	火车站	特大型站和国境站的旅客站房、站台、天桥、地道的用电设备	一级	
23	民用机场	航行管制、导航、通信、气象、助航灯光系统的设施和台站；边防、海关、安全检查设备；航班预报设备；三级以上油库；为飞行及旅客服务的办公用房；旅客活动场所的应急照明	一级④	
		候机楼、外航驻机场办事处、机场宾馆及旅客过夜用房、站坪照明、站坪机务用电	一级	
		其他用电	二级	
24	水运客运站	通信枢纽，导航设备、收发讯台	一级	
		港口重要作业区，一等客运站用电	二级	
25	汽车客运站	一、二级站	二级	
26	市话局、电信枢纽、卫星地面站	载波机、微波机、长途电话交换机、市内电话交换机、文件传真机、会议电话、移动通信及卫星通信等通讯设备的电源；载波机室、微波机室、交换机室、测量室、转接台室、传输室、电力室、电池室、文件传真机室、会议电话室、移动通信室、调度机室及卫星地站的应急照明，营业厅照明，用户电传机	一级⑤	
		主要客梯电力，楼梯照明	二级	
27	冷库	大型冷库、有特殊要求的冷库的一台氨压缩机及其附属设备的电力，电梯电力，库内照明	二级	
28	监狱	警卫照明	一级	

① 仅当建筑物为高层建筑时，其客梯电力、楼梯照明为二级负荷。

② 此处系指高等学校、科研院所中一旦中断供电将造成人身伤亡或重大政治影响、经济损失的实验室。

③ 在面积较大的银行营业厅中，供暂时工作用的应急照明为一级负荷。

④ 该一级负荷为特别重要负荷。

⑤ 重要通信枢纽的一级负荷为特别重要负荷。

第三节 电力负荷计算

在电力系统中，负荷是指用电设备所用的电功率（或线路中通过的电流），而供电部门对用户分配的负荷指标是指每小时平均的有功功率，但对变、配电所限定的负荷指标，又常指视在功率。在进行供配电设计时，首先要进行负荷计算，这是设计方案经济合理的基础。若负荷计算过大，将引起投资过大；若负荷计算过小，则因设备承受不了实际的负荷电流而发热，加速绝缘老化，甚至损坏设备，影响安全供电。所以，负荷计算是供配电设计时首先要解决的问题，并应力求负荷计算正确合理。

一、负荷计算的内容

负荷计算的内容主要有以下三项：

（1）计算负荷（也称需用负荷）。用于合理地选择各级电压供电网络、变压器的容量和电气设备的型号等。

（2）尖峰电流。用于计算电压波动、电压损失，选择熔断器和保护元件等。

（3）平均负荷。用于计算一个大型建筑项目的电能需要量、电能损耗和选择无功补偿装置等。

在民用建筑供电系统中，广泛应用各种电气设备，这些设备按照用电特征来分，可分为连续运行、短时运行和重复短时运行三种情况。连续运行的用电设备，又分为恒定负荷下连续运行和在变动负荷下连续运行两种情况。照明设备、水泵、通风机等，都属于在恒定负荷下连续运行的设备；电梯、起重机等，其工作时间和停止时间周期地重复着，属于重复短时运行用电设备。

二、负荷曲线与计算负荷

1. 负荷曲线

负荷曲线是用来表示一组用电设备的用电功率随时间变化的关系曲线。这种曲线绘制在直角坐标内，纵坐标表示电力负荷（功率），横坐标表示时间。根据横坐标所表示的时间的单位不同，可分为日负荷曲线和年负荷曲线。日负荷曲线代表用户（或线路）一昼夜（0～24h）实际用电负荷的变化情况，如图 2-16（a）所示。为了使用方便，往往将负荷曲线绘制成阶梯形，如图 2-16（b）所示。

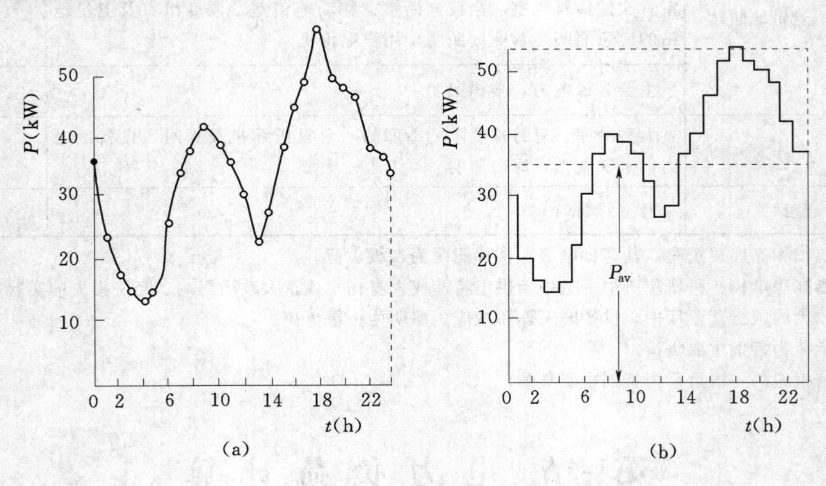

图 2-16　日负荷曲线

（a）依点绘成的日有功负荷曲线；（b）阶梯形日有功负荷曲线

日有功负荷曲线用测量的方法绘制。若将横坐标的时间间隔按 30min 来分格，然后根据测量所得的有功功率表的读数，将每 30min 内功率的平均值，对应于横坐标上相应的时间间隔绘在图上，即得阶梯形日有功负荷曲线。

2. 计算负荷 P_{30}

实际工作中并不是所有用电设备都同时运行，即使同时运行的设备，也不一定每台设备都达到额定值。因此，不能简单地把所有用电设备的负荷相加，作为选择变压器容量或导线、电缆截面以及控制开关等设备的依据，而要用“计算负荷”来衡量。

所谓“计算负荷”，是按发热条件选择导线和电气设备时所采用的一个假想负荷，即按“计算负荷”持续运行所产生的热效应，与按实际变动负荷长期运行所产生的最大热效应相等。因此，在以30min为时间间隔绘制的阶梯形日有功负荷曲线（见图2-16（b））中，取负荷最大的半小时平均值作为计算负荷，又叫做半小时最大负荷，记作P_{30}。为什么计算负荷要取30min平均最大负荷？这是考虑到中、小截面的导体发热时间常数τ_0约为10min，而要达到稳定温升的时间为（3～4）τ_0，即30min左右。短暂的尖峰电流是不可能使导体的温升达到稳定的，所以不必考虑短时间出现的尖峰电流，如电动机的启动电流。由于计算负荷是这样规定的，所以按计算负荷选择的导线截面，在长期运行中的发热温度是不会超过允许值的。

在实际工作中，不可能对每条供电线路都实际测绘出一条阶梯形日有功负荷曲线。因此，需要解决“计算负荷”的实用计算方法。

常用的实用计算方法有：需要系数法、二项式法、利用系数法、单位面积功率法和单位指标法等。

负荷计算方法的选取的原则是：在方案设计阶段均可采用单位指标法；在扩初及施工图设计阶段，宜采用需要系数法；对于住宅，在设计的各个阶段均可采用单位指标法；对用电设备台数较多，各台设备容量相差不悬殊时，宜采用需要系数法，一般用于干线、配变电所的负荷计算；而用电设备台数较少，各台设备容量相差悬殊时，宜采用二项式法，一般用于支干线和配电箱（柜）的负荷计算。目前，广泛采用需要系数法。

三、按需要系数法确定计算负荷

需要系数法是先根据统计资料确定系数，然后用设备容量乘以该系数求得计算负荷。

1. 需要系数K_n的确定

需要系数K_n是根据多年的运行经验积累得来的，其中包括下述因素：

（1）一个单位或一个系统内的所有用电设备不可能在同时运行，所以应考虑设备组的同时负荷系数K_t。

（2）同时运行的用电设备不可能都在满载状态下工作，所以应考虑设备组的负荷系数K_L。

（3）电动机等用电设备常以输出功率为其额定容量，但电动机本身也要消耗功率，所以应计及设备组的平均效率η_P。

（4）供给设备组用电的配电线路上也有功率损耗，故应计及配电线路的效率η_L。

（5）工人的操作水平和工作环境等因素，也会影响用电设备组的取用功率等。

总之，将以上所有影响负荷计算的因素都考虑进去，并根据实测统计为一个小于1的系数，即称为需要系数，用K_n表示。

表2-2列出了部分建筑施工的设备用电和照明用电的K_n和$\cos\varphi$。表2-3为部分民用建筑照明用的K_n。

表 2-2　　部分设备用电和照明用电的 K_n 和 $\cos\varphi$

序号	用电设备名称	K_n	$\cos\varphi$	$\tan\varphi$
1	通风机、水泵	0.75～0.85	0.8	0.75
2	运输机、传送带	0.52～0.60	0.75	0.88
3	混凝土及砂浆搅拌机	0.65～0.70	0.65	1.17
4	破碎机、筛、泥泵、砾石洗涤机	0.70	0.70	1.02
5	起重机、掘土机、升降机	0.25	0.70	1.02
6	电焊机（有变压器）	0.45	0.45	1.98
7	建筑室内照明	0.80	1.00	0
8	工地住宅、办公室室内照明	0.40～0.70	1.00	0
9	变电所	0.50～0.70	1.00	0
10	室外照明	1.0	1.00	0

表 2-3　　部分民用建筑照明用电的 K_n

建筑类别	K_n	备注	建筑类别	K_n	备注
住宅楼	0.4～0.6	单元式住宅，每户2室，6～8个插座，户装电表	社会旅馆	0.7～0.8	标准客房，1灯，2或3个插座
单身宿舍	0.6～0.7	标准单间，1或2灯，2或3个插座	社会旅馆附对外餐厅	0.8～0.9	标准客房，1灯，2或3个插座
办公楼	0.7～0.8	标准单间，2灯，2或3个插座	旅游旅馆	0.35～0.45	标准客房，4或5灯，4或6个插座
科研楼	0.8～0.9	标准单间，2灯，2或3个插座	门诊楼	0.6～0.7	
教学楼	0.8～0.9	标准教室，6～8灯，1或2个插座	病房楼	0.5～0.6	
商店	0.85～0.95	举办展销会时	影院	0.7～0.8	
餐厅	0.8～0.9		剧院	0.6～0.7	
体育楼	0.65～0.75		汽车库、消防车库	0.8～0.9	
展览室	0.7～0.8		实验室、医务室、变电所	0.7～0.8	
设计室	0.9～0.95		屋内配电装置，主控制楼	0.85	
食堂、礼堂	0.9～0.95		锅炉房	0.9	
托儿所	0.55～0.65		生产厂房（有天然采光）	0.8～0.9	
浴室	0.8～0.9		生产厂房（无天然采光）	0.9～1	
图书馆阅览室	0.80		地下室照明	0.9～0.95	
书库	0.30		井下照明	1	

建筑类别	K_n	备　注
试验所	0.50，0.70	2000m² 及其以下取 0.70，2000m² 以上取 0.5
室外照明（无投光灯）	1	
室外照明（有投灯）	0.85	
事故照明	1	
局部照明（检修用）	0.7	
一般照明插座	0.2，0.4	5000m² 及以其下取 0.4，5000m² 以上取 0.2
仓库	0.5～0.7	

建筑类别	K_n	备　注
小型生产建筑物、小型仓库	1	
由大跨度组成的生产厂房	0.95	
工厂办公楼	0.9	
由多个小房间组成的生产厂房	0.85	
工厂的车间休息室、实验大楼、学位、医院、托儿所	0.8	
大型仓库、配电所、变电所等	0.6	

2. 确定用电设备组计算负荷（按需要系数法）

$$P_C = K_n \sum P_s \tag{2-1}$$

$$Q_C = P_C \tan\varphi \tag{2-2}$$

$$S_C = \sqrt{P_C^2 + Q_C^2} \tag{2-3}$$

$$I_C = \frac{S_C \times 1000}{\sqrt{3} U_{N1}} \tag{2-4}$$

式中　P_C——用电设备组的有功计算负荷，kW；

Q_C——用电设备组的无功计算负荷，kvar；

$\tan\varphi$——用电设备组功率因数角正切；

S_C——用电设备组的视在计算负荷，kV·A；

I_C——用电设备组供电线路的计算电流，A；

$\sum P_s$——同类用电设备的设备容量之和，kW；

U_{N1}——用电设备组的额定线电压，V。

当用电设备组只有 1～2 台设备时，可取 $K_n=1$，则 $P_C=P_N$，即有功计算负荷就等于设备的额定容量。但对于电动机，由于它本身有功率损耗，所以要考虑它的效率 η。因此，当只有 1 台电动机时，$P_C=P_s/\eta$。

3. 设备容量 P_s 的确定

在计算负荷公式中，P_s 不包括备用设备的额定容量，其确定方法如下：

（1）对于一般长期连续工作的用电设备，如通风机、水泵、空气压缩机、电炉等，其设备容量就是该用电设备的铭牌额定容量，即 $P_s=P_N$（额定功率）。

（2）断续周期性工作的用电设备，如电焊机和起重机等，它们周期性地时而工作，时而停歇，其工作周期一般不超过 10 min，对于这类设备，可用“暂载率”（又称负荷持续率）来表示其工作性质。暂载率是一个工作周期内的工作时间与工作周期的百分比值，用 ε 表示。

$$\varepsilon=\frac{t}{T}\times 100\%=\frac{t}{t+t_0}\times 100\% \tag{2-5}$$

式中　t，t_0——1 个周期内的工作时间、停歇时间；

T——工作周期。

对于断续周期工作制的这类设备的设备容量，就是把所有这类设备在某个暂载率（ε_N）下的铭牌额定容量，分别换算成一个规定的暂载率（对于电焊机，$\varepsilon_{规}=100\%$；对于起重机，$\varepsilon_{规}=25\%$）下的额定容量，其换算公式为

$$P_s=\sqrt{\frac{\varepsilon_N}{\varepsilon_{规}}}P_N=\sqrt{\frac{\varepsilon_N}{\varepsilon_{规}}}S_N\cos\varphi_N \tag{2-6}$$

式中　P_N——设备铭牌额定有功功率，kW；

S_N——设备铭牌额定容量，kV·A。

（3）对于照明装置，白炽灯、碘钨灯的设备容量，是指灯泡上标的额定容量，即 $P_s=P_N$，$\cos\varphi=1$。荧光灯、高压水银灯，其镇流器的功率损耗约为其额定功率的 20%。因此，其设备容量为灯管额定容量的 1.2 倍，即 $P_s=1.2P_N$，$\cos\varphi=0.55\sim0.6$。

（4）对于单相用电设备组的设备容量要根据用电设备的接法来确定。由三相电源供电的单相用电设备，如电焊机、电炉、电风扇，以及家用电器的洗衣机、电视机等，应尽可能均匀地分接在三相线路上，力求使三相负载平衡。但在实际工作中往往难以做到三相负载绝对平衡，所以在选择电气设备而确定计算负荷时，应按三相负荷中最大的一相负荷进行计算。

根据单相用电设备组的接法，分别确定设备容量的方法如下：

1）接在三相线路的相电压上的单相用电设备组，若是均匀分布的，其设备容量 P_s（三相的等效设备容量）等于 3 个相上全部单相用电设备容量的总和。对于非均匀分布的单相用电设备组，其设备容量 P_s（三相的等效设备容量）等于最大负荷的一相上单相用电设备容量的 3 倍，即 $P_s=3P_{s,mp}$，$P_{s,mp}$是最大负荷相上的单相用电设备容量。对于只有 1 台单相用电设备接于相电压上时，其设备容量 P_s（三相的等效设备容量）等于该单相用电设备容量的 3 倍。

2）接在三相线路的线电压上的单相用电设备只有 1 台时，其设备容量 P_s（三相的等效设备容量）等于该单相用电设备容量的$\sqrt{3}$倍。当用电设备为 2～4 台，分接在三相线路的各对线电压之间时，其设备容量（三相的等效设备容量）等于三对线电压中具有最大用电设备的容量的 3 倍。

3）单相用电设备既有接在三相线路的线电压上，也有接在相电压上时，则各相上的总计算负荷等于该相（相一零）上的单相负荷，加上接于线电压（但要折算到该相的相电压上）上的单相负荷。三相总的等效设备容量，可取三个相的负荷中最大负荷相上用电设备容量的 3 倍。

4. 多组用电设备总的计算负荷确定

（1）要考虑不同类型用电设备组的需要系数和功率因数的差异。为此，先要将性质相

同，而且具有相同的需要系数和功率因数的用电设备归类，划分成若干组。

(2) 按求有功计算负荷 P_c、无功功率计算负荷 Q_c 的公式，求出每组的计算负荷。

(3) 把各组的有功计算负荷、无功计算负荷分别相加。

(4) 考虑各组的最大负荷不可能是同时出现的，所以对相加所得的有功计算负荷和无功计算负荷都要乘以同时负荷系数 K_t，一般 K_t 取 0.7～1.0。

总的计算负荷的公式为

$$P_{总}=K_t\sum P_c \tag{2-7}$$

$$Q_{总}=K_t\sum Q_c \tag{2-8}$$

$$S_{总}=\sqrt{P_{总}^2+Q_{总}^2} \tag{2-9}$$

$$I_{总}=\frac{S_{总}}{\sqrt{3}U_N} \tag{2-10}$$

以上计算步骤及公式，不仅适用于拥有多组用电设备干线的负荷计算，而且也适用于变电所低压母线上的负荷计算。

【例 2-1】 某新建教学楼建筑工地用电设备清单，见表 2-4。试确定工地变电所的总计算负荷。

表 2-4 某施工工地用电设备清单

设备编号	用电设备名称	数量（台）	额定容量（kW）	效率	额定电压（V）	相数	备注
1	混凝土搅拌机	3	10	0.95	380	3	
2	砂浆搅拌机	1	4.5	0.9	380	3	
3	电焊机	4	22		380	1	$\varepsilon_N=65\%$
4	起重机	2	30	0.92	380	3	$\varepsilon_N=25\%$
5	砾石洗涤机	1	7.5	0.9	380	3	
6	照明设备（白炽灯）		10		220	1	

解：

(1) 确定各用电设备的设备容量。

1) 混凝土搅拌机：

$$P_{s1}=3\times10=30(\text{kW})$$

2) 砂浆搅拌机：

$$P_{s2}=4.5(\text{kW})$$

3) 电焊机：先进行暂载率的换算。已知电焊机的 $\varepsilon_N=65\%$，$\varepsilon_{规}=100\%$，$\cos\varphi=0.45$，则 1 台电焊机换算后的设备容量为

$$P'_{s3}=\sqrt{\frac{\varepsilon_N}{\varepsilon_{规}}}S_N\cos\varphi=\sqrt{\frac{0.65}{1.00}}\times22\times0.45(\text{kW})=7.98(\text{kW})$$

电焊机是单相用电设备，额定电压为 380V，按接在三相线路的线电压上的单相用电设备进行计算。共有 4 台电焊机，其中 3 台必然是均匀分接在三相线电压上，剩下 1 台只能不对称地接到一对线电压上。所以，采用 1 台单相用电设备接在三相线路的线电压上的

计算方法。故4台电焊机的总设备容量为2部分计算值之和，即

$$P_{s3}=3P'_{s3}+\sqrt{3}P'_{s3}=(3\times7.98+\sqrt{3}\times7.98)(\text{kW})=37.8(\text{kW})$$

4）起重机：已知起重机的$\varepsilon_N=25\%$，而它要求换算为$\varepsilon_{规}=25\%$是同等值，即

$$P_{s4}=2\times30(\text{kW})=60(\text{kW})$$

5）砾石洗涤机：只有1台，为三相设备，所以

$$P_{s5}=7.5\text{W}$$

6）照明设备（白炽灯）一般照明负载都是均匀分接在三相线路的相电压上，即

$$P_{s6}=10(\text{kW})$$

（2）确定各组的计算负荷。

1）混凝土搅拌机组：查表2-2，得

$$K_n=0.7,\quad \cos\varphi=0.65,\quad \tan\varphi=1.17$$

所以

$$P_{c1}=K_nP_{s1}=0.7\times30=21(\text{kW})$$

$$Q_{c1}=P_{c1}\tan\varphi=21\times1.17=24.57(\text{kvar})$$

2）砂浆搅拌机：因为只有一台电动机，$K_n=1$，但要考虑设备本身的效率，$\eta=0.9$，$\cos\varphi=0.65$，$\tan\varphi=1.17$，所以

$$P_{c2}=P_{s2}/\eta=4.5/0.9=5(\text{kW})$$

$$Q_{c2}=P_{c2}\tan\varphi=5\text{kW}\times1.17=5.85(\text{kvar})$$

3）电焊机：

$$K_n=0.45,\cos\varphi=0.45,\tan\varphi=1.98$$

$$P_{c3}=K_nP_{s3}=0.45\times37.8=17(\text{kW})$$

$$Q_{c3}=P_{c3}\tan\varphi=17\text{kW}\times1.98=33.66(\text{kvar})$$

4）起重机：

$$K_n=0.25,\cos\varphi=0.7,\tan\varphi=1.02$$

$$P_{c4}=K_nP_{s4}=0.25\times60=15(\text{kW})$$

$$Q_{c4}=P_{c4}\tan\varphi=15\times1.02=15.3(\text{kvar})$$

5）砾石洗涤机：因为只有一台电动机，$K_n=1$，但要考虑到电动机身的效率，$\eta=0.9$，$\cos\varphi=0.7$，$\tan\varphi=1.02$，所以

$$P_{c5}=P_{s5}/\eta=7.5/0.9=8.33(\text{kW})$$

$$Q_{c5}=P_{c5}\tan\varphi=8.33\text{kW}\times1.02=8.5(\text{kvar})$$

6）照明设备（白炽灯）因为所有照明设备不会同时使用，$K_n=0.75$，$\cos=\varphi=1$，$\tan\varphi=0$，则

$$P_{c6}=K_nP_{s6}=0.75\times10\text{kW}=7.5\text{kW}$$

$$Q_{c6}=P_{c6}\tan\varphi=7.5\text{kW}\times0=0$$

（3）确定变电所低压母线上的总计算负荷。取同时负荷系数$K_t=0.9$，有

$$\begin{aligned}P_{总}&=K_t(P_{c1}+P_{c2}+P_{c3}+P_{c4}+P_{c5}+P_{c6})\\&=0.9(21+5+17+15+8.33+7.5)\\&=66.45(\text{kW})\end{aligned}$$

$$\begin{aligned}Q_{总}&=K_t(Q_{c1}+Q_{c2}+Q_{c3}+Q_{c4}+Q_{c5}+Q_{c6})\\&=0.9(24.57+5.85+33.66+15.3+8.5+0)\\&=79.1(\text{kvar})\end{aligned}$$

$$S_{总}=\sqrt{P_{总}^2+Q_{总}^2}=\sqrt{66.45^2+79.1^2}=103.31(\text{kV}\cdot\text{A})$$

$$I_{总}=\frac{S_{总}}{\sqrt{3}U_N}=\frac{103.31\times10^3}{\sqrt{3}\times0.38\times10^3}=156.97(\text{A})$$

$S_{总}$是选择工地变压器容量的依据；$I_{总}$是选择变压器低压引出导线截面和开关的依据。上述负荷计算结果，见表 2-5。

表 2-5　　负荷计算结果

序号	用电设备组名称	台数	设备容量（kW）	K_n	$\cos\varphi$	$\tan\varphi$	计算负荷			
							P_c (kW)	Q_c (kvar)	$S_{总}$ (kV·A)	$I_{总}$ (A)
1	混凝土搅拌机	3	30	0.7	0.65	1.17	21	24.57		
2	砂浆搅拌机	1	4.5	1（η=0.9）	0.66	1.17	5	5.85		
3	电焊机	4	37.8	0.45	0.45	1.98	17	33.66		
4	起重起	2	60	0.25	0.7	1.02	15	15.3		
5	砾石洗涤机	1	7.5	1（η=0.9）	0.7	1.02	8.33	8.5		
6	照明设备		10	0.75	1	0	7.5	0		
	小计	11	149.8				73.83	87.88		
	合计（K_t=0.9）	11					66.45	79.1	103.31	156.97

四、供电系统总计算负荷的确定

以图 2-17 所示的供电系统为例，说明如何用逐级计算的方法来确定 6～10kV 高压配电母线上（即图中“7”点）的总计算负荷。具体步骤如下。

（1）首先计算大楼每一用电设备的计算负荷（图中的“1”表示 1 台用电设备），以此来选择供每台用电设备的导线截面及控制电器。

（2）确定用电设备组的计算负荷（图中“2”点），以此来选择建筑物干线的导线截面及其控制电器。若忽略建筑物干线（图中“2”点与“3”点之间）上的功率损耗，则用电设备组的计算负荷就是该路干线从低压母线引出处（图中“3”点）的计算负荷。

（3）确定建筑群变电所低压母线上（图中“4”点）的计算负荷，以此来选择建筑群变电所的变压器容量。该计算负荷由建筑群变电所低压母线上引出的 3 路建筑群干线上的计算负荷（“3”）相加，并乘以同时负荷系数。

（4）把低压母线上的计算负荷（“4”）加上变压器本身的功率损耗，即得变压器高压侧（图中“5”点）的计算负荷，以此来选择高压配电线（图中“5”与“6”点之间）的导线截面及其控制电器。

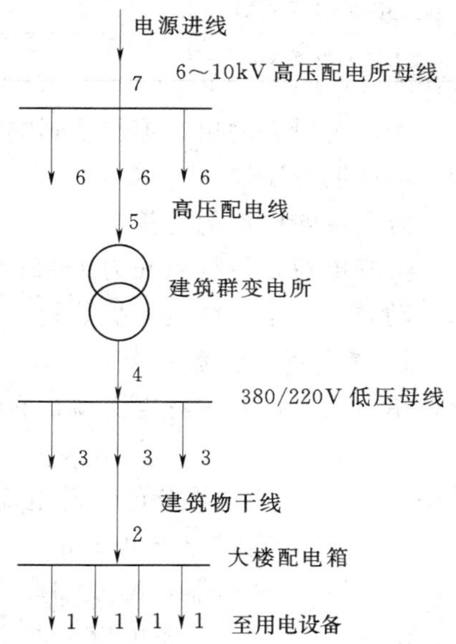

图 2-17　逐级计算确定供电系统总计算负荷图

（5）把变压器高压侧的计算负荷（“5”）加上高压配电线上的功率损耗，即得从高压配电所母线引出的高压配电线（图中“6”点）的计算负荷。

（6）把从高压配电所母线引出的三路高压配电线上的计算负荷相加，并乘以同时负荷系数，就得到 6～10kV 高压配电所母线上（图中“7”点）的总计算负荷。

在上述计算中，若建筑设施范围小，配电线路短，则线路上的功率损耗所占的百分率很小，一般可以忽略不计。但变压器的功率损耗数值较大，在计算变、配电所或干线的负荷时应该计入。变压器功率损耗的简化计算式为

变压器的有功损耗　　$\Delta P_r \approx 0.02S_N$　　(2-11)

变压器的无功损耗　　$\Delta Q_r \approx 0.08S_N$　　(2-12)

五、变电所的变压器容量和台数的确定

每个变电所的配电变压器容量和台数，要从供电的可靠性和技术经济的合理性来确定。

（1）变压器的总容量必须大于或等于由该变电所供电的用电设备的总计算负荷。

（2）一般变电所只选用 1～2 台变压器，因为变压器台数过多，不仅使电气主接线复杂，增加基本建设投资，而且给运行管理带来麻烦。

（3）对于一级、二级负荷较多的变电所，应采用 2 台变压器。当一台变压器因故障切除时，另一台变压器可及时启用，以保持重要负荷不中断供电。

（4）变电所选用的变压器的单台容量，一般采用 800kV·A 及其以下为宜，以便使变压器接近负荷中心，缩短配电线路，减少线路上的电能损耗。

对于负荷不大的建筑物（群），是否需要设置单独的变压器，应视负荷情况及与邻近变压器的距离而定。表 2-6 列出了 380V 配电线路允许送电的最大距离。

表 2-6　380V 配电线路允许送电的最大距离

输送负荷（kV·A）	180	240	320	320 以上
最大送电距离（m）	300	230	175	应单独设置变压器

若动力设备的启、停严重影响照明质量及灯泡寿命时，应考虑照明与动力分开，单独设专用照明变压器。

六、尖峰电流的计算

尖峰电流是持续时间为 1～2s 的短时最大负荷电流。为了计算电压波动，选择熔断器和自动开关，整定继电保护装置，以及检验电动机自启动等，必须计算尖峰电流。

1. 单台用电设备尖峰电流的计算

单台用电设备尖峰电流就是它的启动电流，按下式计算

$$I_{jf} = K_{st} I_N \tag{2-13}$$

式中　K_{st}——用电设备的启动电流倍数，它是设备的启动电流与其额定电流的比值。鼠笼式异步电动机，K_{st} 为 6～7；绕线式异步电动机，K_{st} 为 2～3；交流电焊变压器，K_{st} 为 3；

I_N——用电设备的额定电流，可在产品样本中查到。

2. 多台用电设备尖峰电流的计算

供多台用电设备的配电线路上的尖峰电流，一般以启动电流与额定电流之差为最大的

一台电动机的启动电流与其余电动机的正常运行电流之和作为该线路上的尖峰电流，即

$$I_{jf}=K_t\sum_{i=1}^{n-1}I_{N,i}+I_{st,max} \tag{2-14}$$

式中　$I_{st,max}$——用电设备中启动电流与额定电流之差为最大的那台设备的启动电流；

$\sum_{i=1}^{n-1}I_{N,i}$——其余的 $n-1$ 台设备的额定电流之和；

K_t——$n-1$ 台设备的同时负荷系数，其值按设备台数多少而定，一般为 0.7～1.0。

【例 2-2】 有一条 380V 配电线路，对 4 台电动机供电，其负荷资料见表 2-7。试计算该线路的尖峰电流。

表 2-7　　负荷资料

参数	电动机			
	1M	2M	3M	4M
额定电流（A）	5.8	5	35.8	27.6
启动电流（A）	40.6	35	197	193.2

解： 由表 2.7 可知：电动机 4M 的启动电流与额定电流之差为最大，即 $I_{st}-I_N=(193.2-27.6)A=165.6A$，并取同时负荷系数 $K_t=0.9$，所以该线路的尖峰电流为

$$I_{jf}=K_t\sum_{i=1}^{n-1}I_{N,i}+I_{st,max}=0.9\times(5.8+5+35.8)+193.2=235(A)$$

七、照明线路的负荷计算

照明线路的负荷计算除可按上述的有关计算方法进行外，还有一些特殊要求，可按照下述方法进行计算。

1. 支线和干线负荷计算

对于一般工程，可采用单位面积功率法进行估算。这方法是依据工程设计的建筑名称，查有关手册选取照明装置的单位面积耗电量，再乘以该建筑物的面积，即可得到该建筑物的照明供电负荷估算值。对于需进行准确计算的建筑物，可采用下述公式按支线和干线分别进行计算。

照明分支线路的计算负荷为

$$P_C=\sum P(1+K_a) \tag{2-15}$$

照明主干线的计算负荷为

$$P_C=K_n\sum P(1+K_a) \tag{2-16}$$

照明负荷分布不均匀时的计算负荷为

$$P_C=3K_n\sum P_m(1+K_a) \tag{2-17}$$

照明变压器低压侧的计算负荷为

$$S_c=K_t\left(K_n\sum P\frac{1+K_a}{\cos\varphi}\right) \tag{2-18}$$

式中　$\sum P$——正常照明或事故照明设备总安装容量，kW；

K_a——镇流器及其附件的损耗系数，白炽灯和卤钨灯 $K_a=0$，高压汞灯 $K_a=0.08$，荧光灯及其他气体放电灯 $K_a=0.2$；

$\sum P_m$——最大一相照明设备容量之和，kW；

K_n——照明设备需要系数，见表 2-3；

K_t——照明负荷同时负荷系数，见表 2-8；

$\cos\varphi$——设备功率因数，见表 2-9；

S_c——变压器低压侧计算负荷，kV·A。

式 2-18 仅适用于照明用电系统。

表 2-8　照明负荷同时负荷系数 K_t

工作场所	K_t 值		工作场所	K_t 值	
	正常照明	事故照明		正常照明	事故照明
生产车间	0.8～1.0	1.0	道路及警卫照明	1.0	
锅炉房	0.8	1.0	其他露天照明	0.8	
主控制楼	0.8	0.9	礼堂、剧院（不包括舞台灯光）	0.6～0.8	
机械运输系统	0.7	0.8	商店、食堂	0.6～0.8	
屋内配电装置	0.3	0.3	住宅（包括住宅区）	0.5～0.7	
屋外配电装置	0.3		宿舍（单身）	0.6～0.8	
辅助生产建筑物	0.6		旅馆、招待所	0.5～0.7	
生产办公楼	0.7		行政办公楼	0.5～0.7	

表 2-9　照明用电设备的 cosφ 及 tanφ

光源类别	$\cos\varphi$	$\tan\varphi$	光源类别	$\cos\varphi$	$\tan\varphi$
白炽灯、卤钨灯	1	0	高压钠灯	0.45	1.98
荧光灯（无补偿）	0.6	1.33	金属卤化物灯	0.4～0.61	2.29～1.29
荧光灯（有补偿）	0.9～1	0.48～0	镝灯	0.52	1.6
高压水银灯	0.45～0.65	1.98～1.16	氙灯	0.9	0.48

注　快速启动荧光灯目前各生产厂家技术数据不一致，设计中可按 $\cos\varphi=0.9\sim0.95$ 取值。高压水银灯又叫高压汞灯。

2. 照明线路负荷电流的计算

为了选择照明线路的熔断器、熔丝、开关设备的额定电流及导线截面，需要计算线路的负荷电流。通常是计算线路持续工作时所出现的最大负荷电流，称为计算电流 I_c。下面分别对单相二线支线、二相三线支线、三相四线制干线的负荷电流进行计算。

（1）单相二线制支线负荷电流的计算。对于容量为 5A 的插座，可按 $P_s=100$W，$\cos\varphi_S=0.8$ 计算。

如支线内有几个照明负荷，它们的安装容量和功率因数分别为 P_1，$\cos\varphi_1$；P_2，$\cos\varphi_2$；…；P_n，$\cos\varphi_n$。则总有功功率为

$$\sum P=P_1+P_2+\cdots+P_n \tag{2-19}$$

总无功功率为

$$\sum Q=P_1\tan\varphi_1+P_2\tan\varphi_2+\cdots+P_n\tan\varphi_n \tag{2-20}$$

总有功电流为

$$\sum I_R=\frac{\sum P}{U_N} \tag{2-21}$$

总无功电流为

$$\sum I_Q=\frac{\sum Q}{U_N} \tag{2-22}$$

线路计算电流为

$$I_c=\sqrt{(\sum I_R)^2+(\sum I_Q)^2} \tag{2-23}$$

线路功率因数为

$$\cos\varphi=\frac{\sum I_R}{I_c} \tag{2-24}$$

(2) 二相三线制支线负荷电流的计算。与单相电路相同，只是将二相三线电路分 2 次计算，零线电流为 2 根相线电流的相量和。如果二相负载对称，则零线电流与相线电流大小相等。

当二相上的负载功率因数不同时，则功率因数大的设备应接在电压超前相上，以保证零线电流不超过任何一根相线上的电流。如果功率因数大的设备接在电压落后的相上，则零线电流就会大大超过相线电流，这是应该尽力避免的。具体分析见图 2-18。

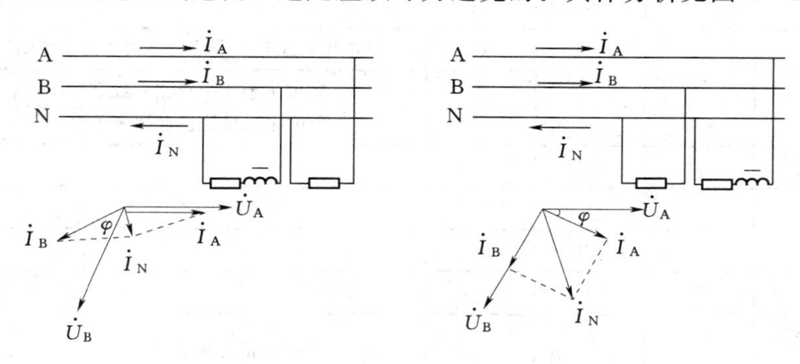

图 2-18 二相三线制功率因素不同时的负载接法对零线电流的影响

(3) 三相四线制干线负荷电流的计算。可采用式 (2-16) 和式 (2-17) 来求其干线的计算负荷，计算时要考虑负荷的需要系数 K_n。当三相负载不平衡时，应以负荷最大的一相电流作为各相线电流来进行计算。线路的总功率因数为

$$\cos\varphi=\frac{\sum P}{\sqrt{(\sum P)^2+(\sum Q)^2}}=\frac{\sum I_R}{\sqrt{(\sum I_R)^2+(\sum I_Q)^2}} \tag{2-25}$$

式中 $\sum P$——干线各相有功功率之和，kW；

$\sum Q$——干线各相无功功率之和，kvar；

$\sum I_R$——干线各相有功电流之和，A；

$\sum I_Q$——干线各相无功电流之和，A。

则线路的总计算电流为

$$I_C=K_n\sqrt{(\sum I_R)^2+(\sum I_Q)^2} \tag{2-26}$$

3. 住宅照明线路的用电负荷计算

住宅中的插座所连接的用电设备除了台灯之外，还有各种家用电器（属于照明负荷计

算范围），设计时应考虑到这一问题，而不能只按照明用电单位面积耗电量来进行估算。因此，有关设计部门对住宅用电负荷的计算提出了两种设计和计算方法：一种是按《多层和高民层建筑电气设计要点》确定电气设备的用电量，然后按统计的方法计算出住宅的用电负荷；另一种是以“户”为基准的分类法确定每户的用电负荷。下面分别进行介绍。

（1）按设计标准法确定住宅照明线路用电负荷。首先确定照明用电量，照明光源可采用白炽灯或荧光灯，然后确定插座用电量。具体住宅用电负荷可按表2-10来确定，实装容量可根据具体情况进行调整。另外，根据表2-10中所列的有关数据，以及对照明用灯和插座的统计数即可计算出住宅的用电负荷。

表2-10　　按设计标准法确定的住宅用电负荷

用电场所	照明功率密度（W/m²）		照度（1x）	插座设置数量	插座用电量（W）
	现行值	目标值			
起居室（厅）	7	6	100	1个单相三线和1个单相二线的插座3组	3×100
卧室			75	1个单相三线和1个单相二线的插座2组	2×100
餐厅			150		
厨房			100	1个单相三线和1个单相二线的插座2组	2×100
卫生间			100	防溅水型1个单相三线和1个单相二线的组合插座1组	1×100
楼梯间	4		30		
电梯前厅		7	75		
电梯机房	8	7	200		
泵房	5	4	100		
布置洗衣机、冰箱、空调器等处				专用单相三线插座各1个	由各设备额定容量确定

（2）以“户”为基准的分类法确定每户的用电负荷。按《住宅设计规范》（GB 50096—1999）（2003版）规定：一、二类套型的每户用电量为2.5kW，三、四类套型的每户用电量为4.0kW。对经济较发达的省份，各类套型的每户用电负荷的规定要比国家标准规定的有较大提高。采用以住户为基准确定用电负荷时，对住宅内插座布置的数量和位置应从方便使用的角度来设计，计算时不再单独计入插座的容量，照明用电量也包含在户用电负荷中。

根据以上所述，可计算出每幢住宅的用电负荷。另外，在进行每幢住宅的干线负荷计算时，需要系数的选取应按有关规范或设计导则中的规定执行，其他的仍按上述有关规定进行计算。

国家标准和各地方标准中规定的各类套型住宅的居住空间数和使用面积，可查阅GB 50096—1999，其他省份的可查阅有关省市（区）的地方标准。

以上所介绍的两种方法中，以户为基准的分类法是比较符合实际情况的，也是当前建筑电气设计中常用的一种计算方法。

4. 照明用电负荷计算举例

【例 2-3】 图 2-19 为某一三相四线制照明供电线路，试计算干线的计算电流 I_C。和功率因数 $\cos\varphi$。已知负荷中荧光灯 $\cos\varphi_f=0.55$，镇流器的功耗为 8W，$K_n=0.85$。插座额定容量为 5A，按 $P_s=100$W 及 $\cos\varphi_s=0.8$，计算其负荷电流。

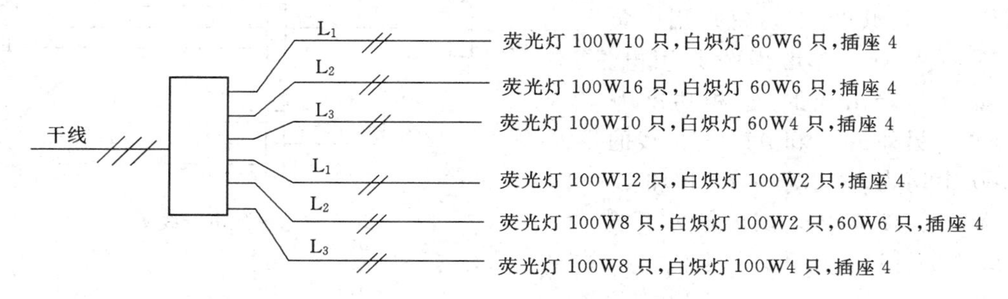

图 2-19 三相四线制照明供电线路

解： 求 L_1 相负载。

荧光灯

$$P_f=(100\times22+8\times22)=2376(\text{W})$$

$$Q_f=P_f\tan\varphi_f=2376\times1.518=3606.77(\text{var})$$

白炽灯

$$P_W=(60\times6+100\times2)=560(\text{W})$$

插座

$$P_s=(100\times8)=800(\text{W})$$

$$Q_s=800\tan\varphi_s=600(\text{var})$$

总有功电流和总无功电流为

$$\sum I_R=\frac{2376+560+800}{220}=16.98(\text{A})$$

$$\sum I_Q=\frac{3606.77+600}{220}=19.12(\text{A})$$

L_1 相线路的计算电流为

$$I_{CA}=\sqrt{(\sum I_R)^2+(\sum I_Q)^2}=\sqrt{16.98^2+19.12^2}=25.57(\text{A})$$

同理，求得 L_2 相电流为

$$\sum I_R=17.96\text{A}\quad \sum I_Q=20.61\text{A}\quad I_{CB}=27.34\text{A}$$

同理，求得 L_3 相电流为

$$\sum I_R=15.38\text{A}\quad \sum I_Q=16.14\text{A}\quad I_{CB}=22.30\text{A}$$

L_2 相计算电流 $I_{CB}=27.34$A 为最大，再乘以 $K_n=0.85$，得三四线制线路的计算电流 I_C 为

$$I_C=I_{CB}K_n=27.34\times0.85=23.24(\text{A})$$

根据式（2-25）得总功率因数：

$$\cos\varphi=\frac{16.98+17.96+15.38}{\sqrt{(16.98+17.96+15.38)^2+(19.12+20.61+16.14)^2}}=0.669$$

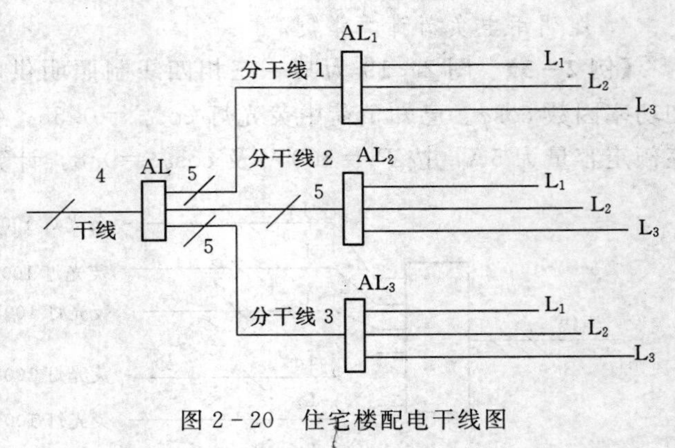

图 2-20 住宅楼配电干线图

【例 2-4】 图 2-20 所示为某住宅楼配电干线图，供电方式为放射式，电源供电采用三相四线 380/220V 制式，全楼计 6 层，3 梯位，每梯位 2 户，共 36 户。每户用电负荷按 6.0kW 计，并考虑公共用电。现已知 AL_1 箱出线的 L_1 相功率为 32.9kW，另外 AL_2 和 AL_3 箱出线的 L_1 相功率均为 33.3kW，L_2 相和 L_3 相功率均为 32.0kW。试求各分干线和干线上的计算负荷和计算电流。

解：

求各分干线的计算负荷（取 $K_n=0.9$，$\cos\varphi_1=\cos\varphi_2=\cos\varphi_3=0.9$）

$$P_{j1}=K_n\times 3P_{(A)\max}=0.9\times 3\times 32.9=88.9(\text{kW})$$

$$P_{j2}=P_{j3}=K_n\times 3P_{(A)\max}=0.9\times 3\times 33.3=89.99(\text{kW})$$

$$I_{j1}=\frac{P_{j1}}{\sqrt{3}U\cos\varphi 1}=\frac{88.9\times 1000}{\sqrt{3}\times 380\times 0.9}=150(\text{A})$$

$$I_{j2}=I_{j3}=\frac{P_{j2}}{\sqrt{3}U\cos\varphi 2}=\frac{89.9\times 1000}{\sqrt{3}\times 380\times 0.9}=151(\text{A})$$

求干线上的计算负荷（取 $K_n=0.52$，$\cos\varphi=0.9$）

$$P_n=P_{n1}+P_{n2}+P_{n3}=(3\times 32.9+3\times 33.3+3\times 33.3)=298.5(\text{kW})$$

$$P_j=K_n'P_n=0.52\times 298.5=155.2(\text{kW})$$

$$I_j=\frac{P_j\times 1000}{\sqrt{3}U\cos\varphi}=\frac{155.2\times 1000}{\sqrt{3}\times 380\times 0.9}=262(\text{A})$$

其中：K_n 为各干线上的需要系数，$\cos\varphi_1\sim\cos\varphi_3$ 为各分干线上的功率因数，K_n'为干线上的需要系数，$\cos\varphi$ 为干线上的功率因数。

八、无功功率补偿

1. 无功补偿设计的基本要求

（1）在设计中应正确选择变压器的容量，减少线路感抗。当高压供电的用电单位功率因数为 0.9 以上，以及低压供电的用电单位功率因数为 0.85 以上时，应采用并联电力电容器作为无功补偿装置，可以提高供电效率，改善供电环境。

（2）高压供电的用电单位采用低压补偿时，高压侧的功率因数应满足供电部门的要求。

（3）采用电力电容器作无功补偿装置时，宜采用就地平衡原则。低压部分的无功负荷由低压电容器补偿，高压部分的无功负荷由高压电容器补偿。容量较大、负荷平稳且经常使用的用电设备的无功负荷宜单独就地补偿。补偿基本无功负荷的电容器组，宜在配变电所内集中补偿。居住区的无功负荷宜在小区变电所低压侧集中补偿。

2. 无功补偿装置的设置

（1）当补偿低压基本无功功率的电容器组，或常年稳定的无功功率和配电所内的高压电容器组，宜采用手动投切的无功补偿装置。

(2) 对下列情况之一者，宜装设无功自动补偿装置：

1) 避免过补偿，装设无功自动补偿装置在经济上合理时。

2) 避免在轻载时电压过高，造成某些用电设备损坏（例如，灯泡烧毁或缩短寿命），而装设无功自动补偿装置在经济上合理时。

3) 必须满足在所有负荷情况下都能改善电压变动率，只有装设无功自动补偿才能达到要求时，并且在采用高、低压自动补偿效果相同时，宜采用低压自动补偿装置。

(3) 无功自动补偿一般宜采用功率因数调节原则，并要满足电压变动率的要求。

(4) 电容器分组时，要求分组电容器投切时不产生谐振，适当减少分组组数和加大分组容量，与配套设备的技术参数相适应，满足电压波动的允许条件。

(5) 高压电容器组宜串联适当的电抗器，以减少合闸冲击涌流和避免谐波放大。有谐波源的用户，装设低压电容器时，宜采取措施，避免谐波造成过电压。

(6) 补偿装置的开关及导线的长期允许电流，高压不应小于电容器额定电流的 1.35 倍，低压不应小于电容器额定电流的 1.5 倍。在一、二类建筑中的电容器应采用干式电容器。电容器组应设有放电装置。

(7) 供电容量在 4000kW 以上时，应设高低压补偿装置，低压功率因数补偿到 0.9 以上，高压功率因数应补偿到 0.95。

(8) 当电容量较小时，可采用低压补偿，并将功率因数补偿到 0.95。

3. 无功补偿容量的计算

(1) 补偿容量为

$$Q_c = \alpha_n P_{js}(\tan\varphi_1 - \tan\varphi_2) \tag{2-27}$$

$$Q_c = \alpha_n P_{js} q_c \tag{2-28}$$

式中 $\tan\varphi_1$——补偿前用电单位的平均功率因数角的正切值；

$\tan\varphi_2$——补偿后功率因数角的正切值；

α_n——年平均有功负荷系数，一般取 0.7～0.75；

q_c——无功功率补偿率，kvar/kW，见表 2-11。

表 2-11　无功功率补偿率 q_c　单位：kvar/kW

补偿前	补偿后												
	0.7	0.75	0.8	0.82	0.84	0.86	0.88	0.9	0.92	0.94	0.96	0.98	1.0
0.30	2.16	2.30	2.42	2.48	2.53	2.59	2.65	2.70	2.76	2.82	2.89	2.98	3.18
0.25	1.66	1.80	1.93	1.98	2.03	2.08	2.14	2.19	2.25	2.31	2.38	2.47	2.68
0.40	1.27	1.41	1.54	1.60	1.65	1.70	1.76	1.81	1.87	1.93	2.00	2.09	2.29
0.45	0.97	1.11	1.24	1.29	1.34	1.40	1.45	1.50	1.56	1.62	1.69	1.78	1.99
0.50	0.71	0.85	0.98	1.04	1.09	1.14	1.20	1.25	1.31	1.37	1.44	1.53	1.73
0.52	0.62	0.76	0.81	0.95	1.00	1.05	1.11	1.16	1.22	1.28	1.35	1.44	1.64
0.54	0.54	0.68	0.73	0.86	0.92	0.97	1.02	1.08	1.14	1.20	1.27	1.35	1.56
0.56	0.46	0.60	0.66	0.78	0.84	0.89	0.94	1.00	1.05	1.12	1.19	1.28	1.43
0.58	0.39	0.52	0.58	0.71	0.76	0.81	0.87	0.92	0.98	1.04	1.11	1.20	1.41
0.60	0.31	0.45	0.52	0.64	0.69	0.74	0.80	0.85	0.91	0.97	1.04	1.13	1.33
0.62	0.25	0.39	0.45	0.57	0.62	0.67	0.73	0.78	0.84	0.90	0.97	1.06	1.27
0.64	0.18	0.32	0.39	0.51	0.56	0.61	0.67	0.72	0.78	0.84	0.91	1.00	1.20
0.66	0.12	0.26	0.33	0.45	0.49	0.55	0.60	0.66	0.71	0.78	0.85	0.94	1.14

续表

补偿前	补偿后												
	0.7	0.75	0.8	0.82	0.84	0.86	0.88	0.9	0.92	0.94	0.96	0.98	1.0
0.68	0.06	0.20	0.27	0.38	0.40	0.49	0.54	0.60	0.65	0.72	0.79	0.88	1.08
0.70		0.14	0.22	0.33	0.38	0.43	0.49	0.54	0.60	0.66	0.73	0.82	1.02
0.72		0.08	0.16	0.27	0.32	0.37	0.43	0.48	0.54	0.60	0.67	0.76	0.97
0.74		0.03	0.11	0.21	0.26	0.32	0.37	0.43	0.48	0.55	0.62	0.10	0.91
0.76			0.05	0.16	0.21	0.26	0.32	0.37	0.43	0.50	0.56	0.65	0.86
0.78				0.11	0.16	0.21	0.27	0.32	0.38	0.44	0.51	0.60	0.80
0.80				0.05	0.10	0.16	0.21	0.27	0.33	0.39	0.46	0.55	0.75
0.82					0.05	0.10	0.16	0.22	0.27	0.33	0.40	0.49	0.70
0.84						0.05	0.11	0.16	0.22	0.28	0.35	0.44	0.65
0.86							0.06	0.11	0.17	0.23	0.30	0.39	0.59
0.88								0.06	0.11	0.17	0.28	0.33	0.54
0.90									0.06	0.12	0.19	0.28	0.48
0.92										0.06	0.13	0.22	0.43
0.94											0.07	0.16	0.36

(2) 补偿容量为

$$Q_c=\frac{W_m(\tan\varphi_1-\tan\varphi_2)K_{jm}}{t_m} \tag{2-29}$$

式中　W_m——最在负荷月的有功电能消耗量（由有功电度表读得），kW·h；

t_m——用电单位的月工作小时数；

K_{jm}——补偿容量计算系数，可取 0.8～0.9。

4. 电力电容量补偿方式的选择

无功功率补偿采用高压或低压或高低压混合补偿方式，通常以所采用的高、低压电力电容器投资费用的差额，与采用不同补偿方式在 5 年内所节约电能的费用的差额做比较来确定。

(1) 高压或低压补偿方式。

$$\frac{2Q_{js}-Q_{c,d}}{U_d^2}FTR\times10^{-3}\geqslant\frac{A_d-A_g}{n_b} \tag{2-30}$$

由式（2-30）可求得用低压补偿方式的低压电容器经济容量为

$$Q_{HK}\leqslant2Q_{js}-\frac{(A_d-A_g)U_d^2}{n_bFTR}\times10^3 \tag{2-31}$$

若补偿容量大于低压电容器经济容量则宜用高压补偿方式，否则，宜用低压补偿方式。

(2) 高低压混合补偿方式中的低压电容器经济容量为

$$Q'_{KH}\leqslant Q_{js}-\frac{(A_d-A_g)U_d^2}{2n_bFTR}\times10^3 \tag{2-32}$$

式中　Q_{js}——低压计算负荷无功功率，kvar；

$Q_{c,d}$——低压电容器组容量，kvar；

U_d——低压线路的线电压，kV；

R——包括变压器和至低压电容器线路的每相电阻，Ω；

A_d——低压电力电容器每千乏的初投资，元/kvar；

A_g——高压电力电容器每千乏的初投资，元/kvar；

n_b——附加一次投资的还本年限数；

F——电价，元/kW·h；

T——电容器组年利用小时数，一班制取 2600h，二班制取 4800h，三班制取 6600h。

5. 并联电容器的选择

（1）基本规定。

1）本规定适用于电压为 l0kV 及其以下单组容量为 1000kvar 及其以下，进行并联补偿用的电力电容器装置的设计。

2）电容器组装设放电装置，使电容器组两端的电压从峰值（$\sqrt{2}$倍额定电压）降至 50V 所需的时间，对高压电容器最长为 5min，对低压电容器最长为 1min。

3）高压电容器组宜接成中性点不接地星形，容量较小时也可接成三角形。低压电容器组应接成三角形。

4）高压电容器组应直接与放电装置连接，中间不应设置开关或熔断器。低压电容器组和放电设备之间，可设自动接通的接点。

5）电容器组应装设单独控制和保护装置，但为提高单台用电设备功率因数用的电容器组，可与该设备共用控制和保护装置。

6）单台电容器应设置专用的熔断器作为电容器内部保护，熔丝额定电流为电容器额定电流的 1.5～2 倍。

7）当装设电容器装置附近有高次谐波含量超过规定允许值时，应在回路中设置抑制谐波的串联电抗器，串联电抗器也可兼作限制合闸涌流的电抗器。

8）电容器的额定电压与电力网的标称电压相同时，应将电容器的外壳和支架接地。当电容器的额定电压低于电力网的标称电压时，应将每相电容器的支架绝缘，其绝缘等级应和电力网的标称电压相配合。

（2）并联电容器个数选择的计算。

$$n=\frac{Q_c}{\Delta q_c} \tag{2-33}$$

式中　Δq_c——单个电容器容量，kvar；

n——所需要的电容器个数，由所选电容器柜查得其中装设的电容器规格后，按该式计算。

对无功功率补偿柜的选择，可查有关电气设备手册或查相关厂家的产品手册。

第四节　常用的控制与保护电器

在电气线路中，必须设置控制电器和保护电器，用于控制线路的通断和保护用电设备、线路、电源以及人身的安全。在民用建筑电气线路中，常用的控制与保护电器统称为低电压器（指工作在交流电压为 1200V 或直流电压为 1500V 以下电路中的电器）。本节介绍常用低压电器的结构原理及其选择。

一、常用低压电器的结构原理

根据低压电器在电气线路中的功能，可分为开关电器和保护电器；根据低压电器在电气线路中所处的地位和作用，可分为配电电器和控制电器；根据低压电器的动作方式和动作原理，可分为自动切换电器和非自动（手动）切换电器。自动切换电器包括自动开关、接触器、继电器等。非自动切换电器包括刀开关、转换开关、控制按钮等。

1. 刀开关

刀开关又称闸刀，是一种简单的手动操作电器。广泛应用于各种配电设备和供电线路中，通常用于非频繁接通和切断容量不大的低压供电线路，并兼作电源隔离开关。按工作原理和结构形式，刀开关可分为刀形转换开关、胶盖闸刀开关、铁壳开关、熔断式刀开关、组合开关5类。各种类型的刀开关还可按其额定电流、刀的极数（单极、双极或三极）、有无灭弧罩以及操作方式来区分。除在电力系统等特殊场合中，大电流刀开关采用电动操作外，一般都是采用手动操作方式。

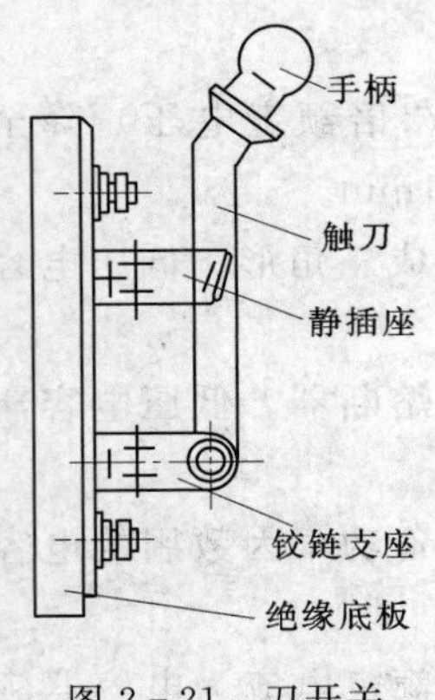

图2-21 刀开关结构

（1）刀形转换开关。如图2-21所示，刀形转换开关主要由静插座、手柄、触刀、铰链支座和绝缘底板组成。

（2）胶盖闸刀开关。它是民用建筑中普遍使用的一种刀开关，见图2-22。其图形和文字符号如图2-23所示。胶盖闸刀开关的闸刀装在瓷质底板上，每相附有保险丝、接线端子，用胶木罩壳盖住闸刀和保险丝，起保护和隔离作用，防止切断电源时电弧烧伤操作者。常用的胶盖闸刀开关有HK1、HK2系列，主要有单相双极和三相三极开关，部分主要技术数据见表2-12，可用于照明和动力线路上。

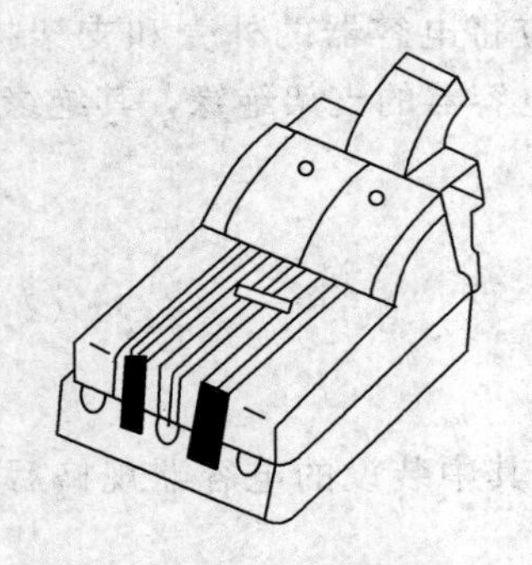
图2-22 盖瓷座闸刀开关

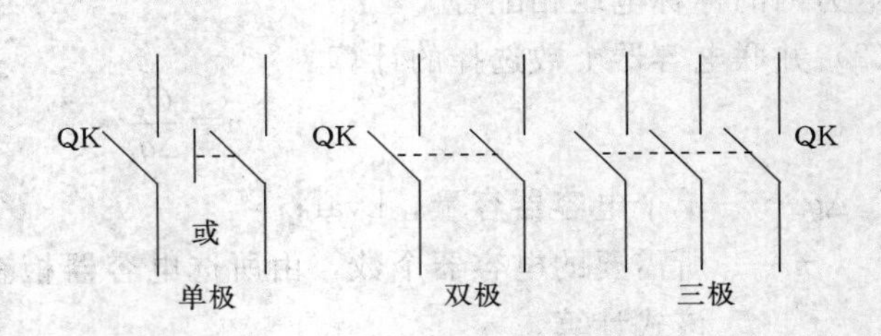

图2-23 刀开关的图形符号

表2-12 HK1，HK2型胶盖闸刀开关部分规格数据

型号	额定电压（V）	额定电流（A）	控制相应的电动机功率（kW）	极数
HK1	220	15	1.5	2
	220	30	3.0	
	220	60	4.5	
	380	15	2.2	3
	380	30	4.0	
	380	60	5.5	

续表

型号	额定电压 (V)	额定电流 (A)	控制相应的电动机功率 (kW)	极数
HK2	250	10	1.1	2
	250	15	1.5	
	250	30	3.0	
	380	15	2.2	3
	380	30	4.0	
	380	60	5.5	

(3) 铁壳开关又称负荷开关，其刀开关装在铁壳内，如图 2-24 所示。它的结构主要由刀闸、熔断器、铁制外壳和手柄组成，在刀闸断开处有灭弧罩，在内部与手柄相连处装有速断弹簧。所以，灭弧能力强，其断开速度比胶盖闸刀开关快，并具有短路保护。适用于各种配电设备，供不频繁的手动接通和分断负荷电路之用，如用作感应电动机的不频繁启动和分断。通常用于 28kW 以下的电动机直接启、停的控制。铁壳开关的型号主要有 HH3、HH4 等系列。

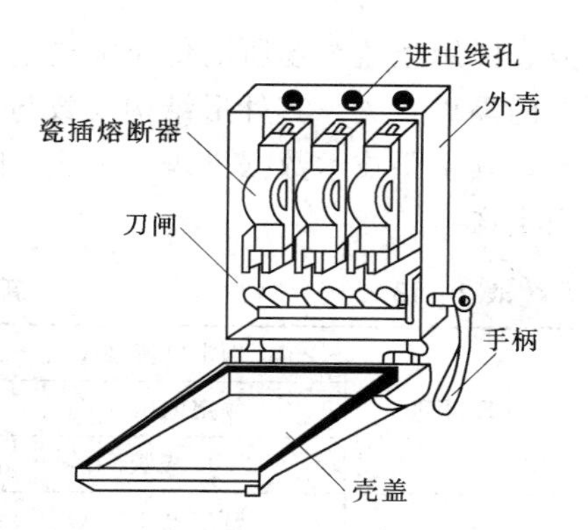

图 2-24　铁壳开关结构图

(4) 熔断式刀开关又称刀熔开关，其熔断器装于刀开关的动触片中间，结构紧凑，可代替分列的刀开关和熔断器，通常装于开关板及电力配电箱内，主要型号有 HR3 系列。

(5) 组合开关又称为转换开关，是一种可左右转动的刀开关，如图 2-25 所示。它是一种多功能开关，可用来接通或分断电路，切换电源或负载，测量三相电压和控制小容量电动机的正反转等，但不能用作频繁操作的手动开关。

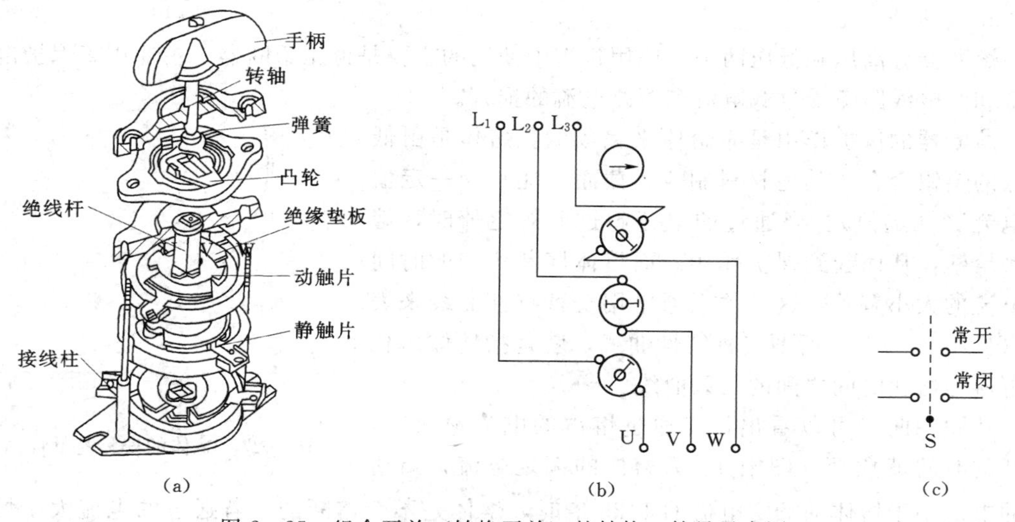

图 2-25　组合开关（转换开关）的结构、符号示意图

(a) 结构图；(b) 结构示意图；(c) 符号

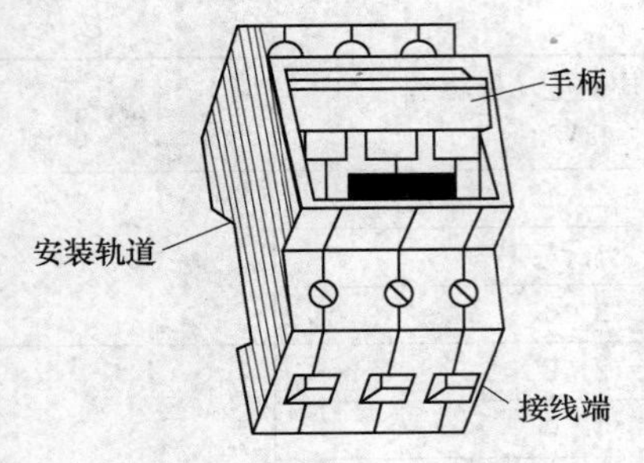

图 2-26 PK 系列隔离开关外形

(6) 新型隔离开关除上述的各种形式的手动刀开关外，近年来国内已有多个厂家从国外引进技术，生产较为先进的小型新型隔离开关，如 PK 系列隔离开关和 PG 系列熔断器式隔离开关等。PK 系列为可拼装式隔离开关，分为单极和多极 2 种，见图 2-26。其外壳采用陶瓷等材料制成，因而耐高温、抗老化、绝缘性能好。该产品体积小、质量轻，可采用导轨进行拼装，电寿命和机械寿命都较长，主要技术数据，见表 2-13。它可替代前述的小型刀开关，广泛应用于工矿企业、民用建筑等场所的低压配电电路和控制电路。PG 型熔断器式隔离开关是一种带熔断器的隔离开关，其外形结构大致与 PK 型相同，也分为单极和多极 2 种。可用导轨进行拼装，其主要技术数据见表 2-13。目前，PK 型和 PG 型隔离开关国内已有多家厂家和公司生产。

表 2-13　　新型隔离开关主要技术数据

PK 系列	额定电流（A）	16		32，63，100	
	额定电压（V）	220		380	
	极数	1，2，3，4			
PG 系列（熔断器式）	额定电流（A）	10	16	20	32
	配电熔断器的额定电流（A）	2，4，6，10	6，10，16	0.5，2，4，6，8，10，12，16，20	25，32
	额定电压（V）	220		380	
	额定熔断短路电流（A）	8000		20000	
	极数	1，2，3，4			

2. 熔断器

熔断器分高压和低压两类。民用建筑中使用的主要是低压熔断器，主要用来保护电气设备和配电线路免受过载电流和短路电流的损害。

熔断器的保护作用是靠熔体来完成的。熔体是由低熔点的铅锡合金或其他材料制成，截面只能承受一定值的电流（规定值）。当通过的电流超过此规定值时，熔体将熔断，从而起到保护作用。而熔体熔断所需的时间与电流的大小有关，这种关系通常用安秒特性曲线来表示（见图 2-27）。所谓安秒特性曲线，就是指熔体熔化的电流与熔化时间之间的关系曲线。

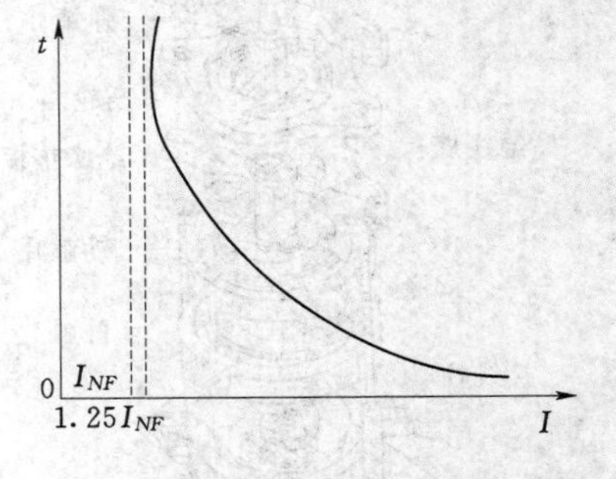

图 2-27 熔体的安秒特性曲线

从图中曲线可以看出，当通过熔体的电流愈大时，熔断的时间就愈短。图中 I_{NF} 为熔体的额定电流，当通过的电流小于熔体的额定电流的 1.25 倍时，熔体是不会熔断的。若通过的电流大于熔体的额定电流 1.25 倍，则熔体被熔断。倍数愈大，愈容易熔断，即熔断时间愈短，见表

2－14。

表 2－14　　通过熔断器熔体的电流与熔断时间

通过熔体的电流（A）	$1.251I_{NF}$	$1.61I_{NF}$	$2I_{NF}$	$2.51I_{NF}$	$3I_{NF}$	$4I_{NF}$
熔断时间	∞	60min	40s	8s	4.5s	2.5s

当负载发生故障时，有很大的短路电流通过熔断器，熔体很快熔断，迅速断开，从而有效地保护未发生故障的线路与设备。熔断器通常主要作短路保护，而对于过载一般不能准确保护。

常用的低压熔断器有瓷插式、螺旋式和管式等。

瓷插式熔断器有 RClA 等系列。主要用于交流 50Hz，380V（或 220V）的低压电路中，一般接在电路的末端，作为电气设备的短路保护，见图 2－28。

螺旋式熔断器有 RLI 等系列，主要用于交流 50Hz 或 60Hz，额定电压 500V 以下，额定电流 200A 以下的电路中，作为短路或过载保护，见图 2－29。这种熔断器在其熔断管的上盖中有一“红点”或其他色彩的指示器，当熔断器熔断时指示器跳出。

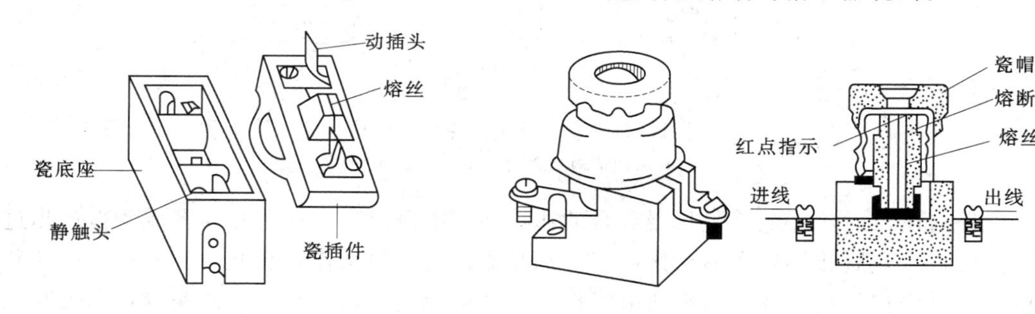

图 2－28　RC1A 型瓷插式熔断器　　　　图 2－29　螺旋式熔断器

管式熔断器主要有 RMl0 和 RT0 型两种。

RMl0 型是新型的无填料密闭管式熔断器，用作短路保护和连续过载保护，主要用于额定电压交流 500V 或直流 440V 的电力网和成套配电设备上。其结构如图 2－30 所示。RT0 型为有填料密闭型管式熔断器，用作电缆、导线及电气设备的短路保护和电缆、导线的过载保护，主要用于具有较大短路电流的电力网或配电装置中，如图 2－30 所示。

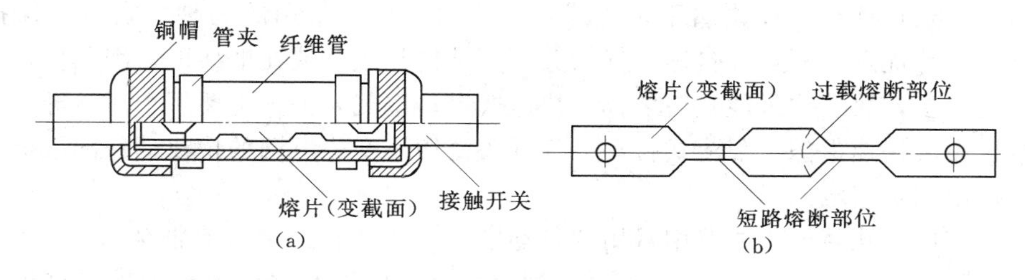

图 2－30　管式熔断器

（a）熔管；（b）熔片

3. 自动空气开关

自动空气开关是一种自动切断电路故障的保护装置。主要用于保护低压交直流电路的线路及电气设备，使它们免遭过电流、短路和欠压等不正常情况的损害。自动空气开关具有良好的灭弧性能，它能带负荷通断电路，所以可用于电路的不频繁操作。自动空气开关主要由触头系统、灭弧系统、脱扣器和操作机构等组成。它的操作机构比较复杂，主触头的通断可以手动，也可以电动，故障时能自动脱扣。其结构原理和外形见图 2-31。

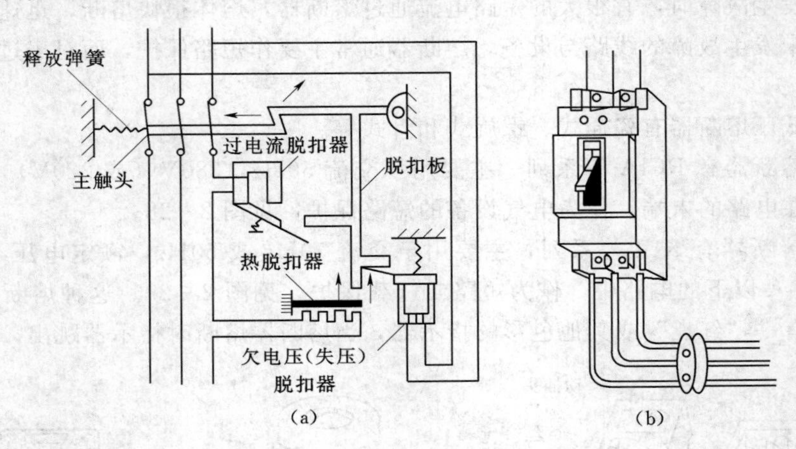

图 2-31　自动空气开关的原理与结构

(a) 原理结构示意图；(b) 外形

当线路过电流时，过电流脱扣器吸合动作；当欠电压时，失压脱扣器释放动作；当过载时，热元件（热脱扣器）变形动作。三者都是通过脱扣板动作，引起主触头动作而切断故障电路，从而保护线路及线路中的电气设备。过电流脱扣器主要用作短路保护和短时严重过载保护，可通过调节其弹簧的拉力来改变其动作的电流值。

热脱扣器主要用作过载保护，为了满足保护动作的选择性，过电流脱扣器和热过载脱扣器的动作时间有过载长延时和短路瞬时动作，过载长延时和短路短延时动作等方式。失压线圈脱扣器也有瞬时和延时动作两种方式。

自动空气开关按其用途可分为配电线路用、电动机保护用、照明用和控制线路用自动空气开关。按其结构可分为塑料外壳式、框架式、快速式、限流式等，但基本形式有万能式和装置式两种系列。

塑料外壳式自动空气开关属于装置式，是民用建筑中常用的一种，它具有保护性能好、安全可靠等优点。框架式自动空气开关，其结构是敞开装在框架上，因其保护方式和操作方式比较多，故有"万能式"之称。快速式自动空气开关，主要用于对半导体整流器等的过载、短路快速保护。限流式自动空气开关是用于交流电网的快速动作的限流自动保护装置，以限制短路电流。

目前，在民用建筑电气线路中常用的自动空气开关的型号主要有框架式（DW，ME，AH）和塑壳式（DZ，GM、CMl）两大系列。另外，国内有关厂家从国外引进生产了具有国际先进水平的更新换代产品，如 TO，TG，TS，TL，TH，PX，C45N 等新型自动开关。其外形与 DZ 型基本相同，但具有体积小、重量轻、工作可靠、产品的机械寿命和电气寿命长，以及带负荷的通断能力都比原国产相应规格的产品要高 1～2 倍或 1～2 个数量级。此外，DZ，PX，C45N 等系列小型断路器还有单极和多极之分，并可采用导轨安装方式，如图 2－32 和 2－33 所示。

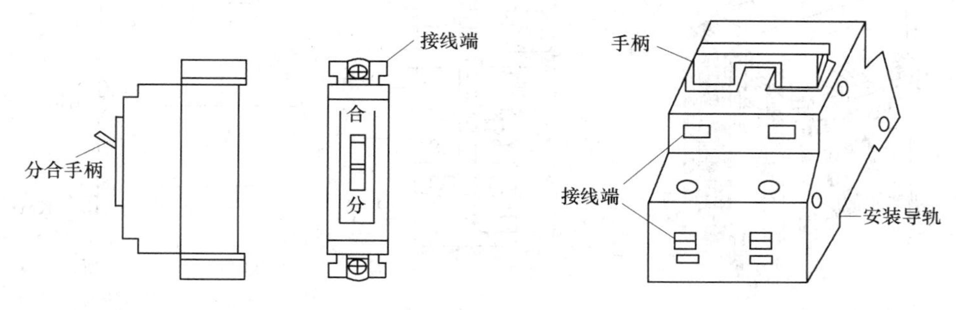

图 2－32　单极自动空气开关外形　　　图 2－33　PX－200C 系列外形图

4. 控制按钮

控制按钮是一种结构简单、操作方便、额定电流较小的手动控制装置，专门用来发送控制命令的，通常称这种装置为主令电器。利用主令电器接通或断开控制电路，如用于接触器的吸合线圈回路中，从而控制电动机或其他电气设备的运行。图 2－34 为按钮的外形和内部结构示意图及它在电路中的图形表示符号。

如图 2－34（b）所示，当按下按钮帽时，常闭触点 1，2 将断开，常开触点 3，4 将闭合。常开触点通常用作电路的启动，常闭触点通常用作电路的断开。为了识别每个按钮的作用及避免误操作，常在按钮上标以不同的标志或颜色。

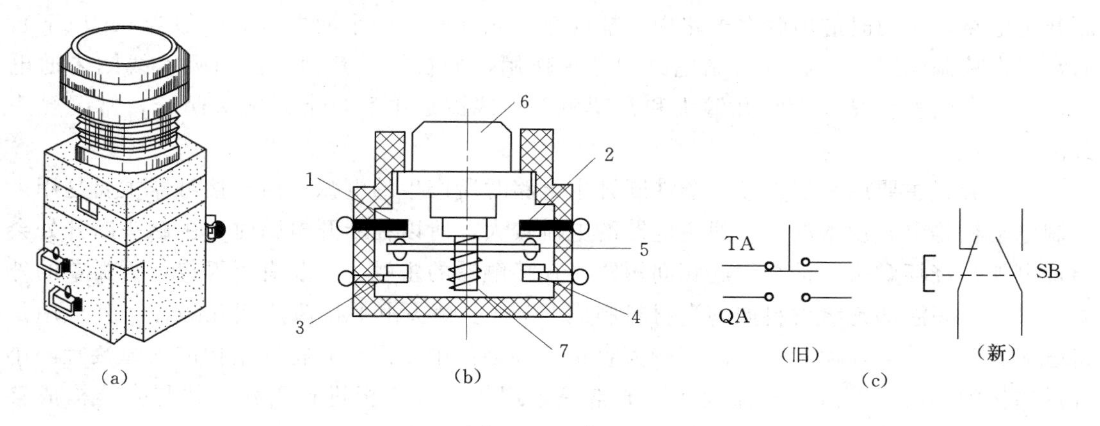

图 2－34　按钮

(a) 外形；(b) 内部结构；(c) 电路符号

1，2—常闭触点；3，4—常开触点；5—动触点桥；6—按钮帽；7—复位弹簧

5. 接触器

接触器是一种用来频繁地接通或断开交直流主电路的自动电器。接触器按其主触头和控制线圈所通过的交直电流而分为交流和直流两种。

图 2－35 为 CJ10 系列交流接触器的外形、主要结构、工作原理及电路图形符号。交流接触器主要由电磁机构、触头系统、灭弧装置、支架和底座等几部分组成。

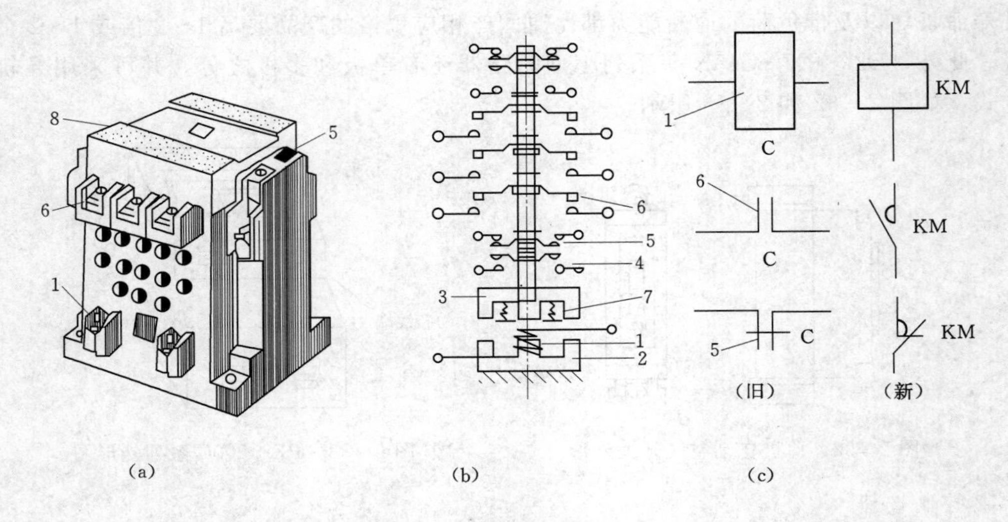

图 2-35　CJ10 型交流接触器

(a) 外形；(b) 结构示意图；(c) 电路符号

1—吸引线圈；2—静铁芯；3—动铁芯；4—常开辅助触点；5—常闭辅助触点；
6—常开主触点；7—恢复弹簧；8—灭弧罩

电磁机构是接触器的关键部件，主要由吸引线圈、动铁芯、静铁芯 3 部分组成。它是利用吸引线圈通电后使电磁铁芯产生吸引力而动作，并带动触头系统进行工作的。

触头系统通常包括 3 对主触头和 4 对辅助触头。主触头允许通过大电流，用来接通或断开主电路，使用时应串联在电路中。辅助触头允许通过较小的电流（一般为 5A 以下），通常接在控制电路中，起着控制电路的各种作用，如自锁、互锁等。当吸引线圈未通电时，接触器的触头可分为常开触头和常闭触头；线圈通电后，常开触头闭合，常闭触头分离。

灭弧装置主要用来熄灭接触器在断开主电路时所产生的电弧。由于接触器主要是用来控制电动机等电气设备的，一般主电路的电流较大，所以在断开电路时，主触头断开处会出现电弧，烧坏触头，甚至引起相间短路。在接触器的主触头上装有灭弧罩，灭弧罩的外壳一般由耐高温的绝缘材料如陶瓷材料制成。3 对主触头由平行薄片相互隔开，其作用是将电弧分割成小段，使之熄灭。在较大容量的接触器中专门设有特殊结构的灭弧装置。小容量的接触器由于通过的电流较小，通常是采用相间隔弧板进行灭弧，并与壳体构成整体，从而省去专用灭弧罩或灭弧装置。

常用的国产交流接触器有 CJ10，CJ20 等系列。近年来，CJ20 系列交流接触器是在吸收国外同类产品优点的基础上，新开发的全国统一设计的定型产品。其结构和外形与 CJ10 系列相比有所不同，同容量的 CJ10 系列比 CJ20 系列体积小、结构紧凑、动作可靠，具有较高的通断能力和机电寿命。CJ20 系列是新一代的更新换代产品，可替代 CJ10，CJ8，CJ12 等系列。

近年来，CJR，CJX1（3TB），SK 系列等，其外形和内部结构与传统产品相比，结构趋于合理紧凑，安装与维修都很方便，体积小，重量轻，可靠性高，机电寿命比较长，比

CJ10 等系列产品高 1～3 倍。

常用交流接触器的主要技术数据是主触头的额定电流和控制线圈的电压，其中主触头的额定电流有 5A、10A、20A、40A、60A、100A、150A、200A、250A 等，控制线圈的电压有 36V、110V、220V、380V 等。在选用接触器时，应注意其主触头的额定电流、线圈电压及触头数量等是否符合要求。

6. 继电器

继电器是根据电量或非电量（如电流、电压、时间、温度、压力等）的变化，来断开或接通电路的自动装置。继电器的触头容量较小，一般在 5 A 以下。由于触头通常接在控制电路中，因而能起到控制和保护的作用。下面主要介绍热继电器、时间继电器、电流继电器、电压继电器、中间继电器。

（1）热继电器。热继电器是用来对电动机等设备进行过载保护的一种保护装置。电动机等电气设备在运行过程中，由于各种原因都可能使其电流超过额定值，形成过载运行。长期过载运行将引起电动机等电气设备发热，使温升超过允许值，严重时将引起电气设备损坏，而长期过载运行下，熔断器往往不会熔断。因此，必须对电动机等电气设备进行过载保护。

热继电器是利用电流的热效应保护动作的过载保护装置，如图 2－36 所示。

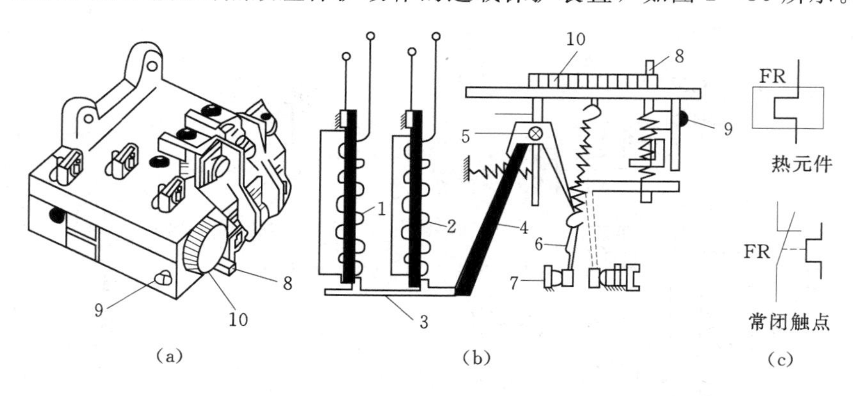

图 2－36　热继电器

（a）外形图；（b）结构原理图；（c）电路符号

1—发热元件；2—双金属片；3—绝缘导板；4—温度补偿双金属片；5—推杆；6—动触头；7—静触头；8—复位按钮；9—复位固定螺钉；10—调节旋钮

热继电器中的发热元件是一段阻值不大的电阻丝或导电片，串接在被保护的电动机主电路中。双金属片是由两种热膨胀系数不同的金属片碾压而成。当发热元件通电发热时，双金属片的温度就上升。由于左边的金属片的热膨胀系数比右边的大，因而金属片就向右弯曲。

当电动机主电路中的电流超过容许值，通过发热元件的电流超过它的规定值时，使双金属片受热而弯曲超过正常范围，便推动绝缘导板，带动补偿片和推杆，使热继电器的动触头动作，离开静触头而达到图中的虚线位置，常闭触头（6 和 7）断开。触头（6 和 7）通常串接在控制电路（如接触器的吸引线圈电路）中。由于常闭触头的断开，由它控制的电路被切断，使接触器的吸引线圈断电，接触器的主触头断开，电动机的主电路被切断，从而达到了过载保护的目的。

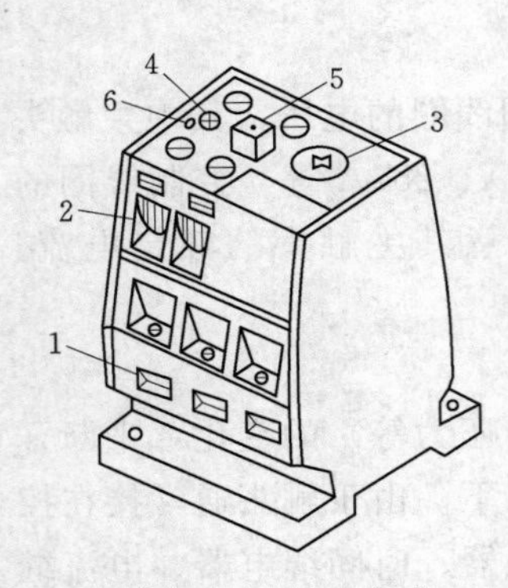

图 2-37　3uA 系列热继电器

1—主回路端头；2—控制回路端头；3—整定电流调节盘；4—复位按钮；5—测试按钮；6—脱扣指示

主电路断开后，双金属片逐渐散热而冷却，推杆失去推力，动触头因弹力的作用离开虚线位置但不能恢复原位，必须按动复位按钮，动触头才能复位，这种方式称为手动复位方式。如需自动复位，可把复位按钮事先按下，并将螺钉旋紧，便能实现自动复位。为了避免电动机重新启动，一般很少采用自动复位方式。

热继电器的主要技术指标是整定电流，在一定范围内可通过调节旋钮来改变。当通过的电流大于整定值的 1.2 倍时，热继电器应当在 20min 内动作。当热继电器作为电动机等负载的过载保护时，应使其整定电流与电动机等负载的额定电流相一致，通常为电动机等负载的额定值的 0.95～1.05 倍。

近年来，从国外引进的有 3uA 系列等热继电器，如图 2-37所示。

(2) 时间继电器。时间继电器是实现时间控制的一种装置。按动作原理可分为电磁式、电动式、空气阻尼式、电子式等，其中用得较多的是空气阻尼式，如图 2-38 所示。

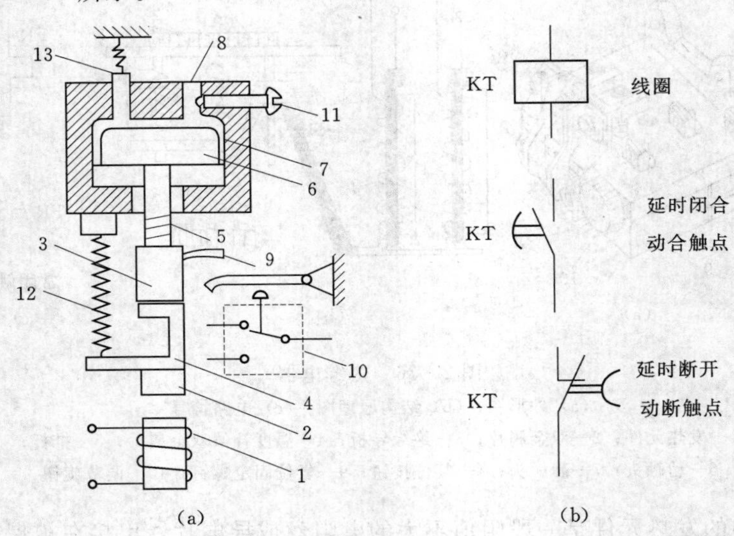

图 2-38　空气阻尼式时间继电器

(a) 动作原理；(b) 电路符号

1—线圈；2—衔铁；3—胶木块；4—支撑杆；5—恢复弹簧；6—活塞；7—气室；8—进气孔；9—压杆；10—微动开关；11—调节螺钉；12—恢复弹簧；13—出气孔

空气阻尼式时间继电器利用小孔调节流进气囊的空气多少来实现延时动作，主要由电磁系统、延时机构、触点（由微动开关构成）系统 3 大部分组成。其工作原理是：当线圈通电后，吸下衔铁和支撑杆，胶木块因失去支撑，在恢复弹簧的作用下开始下降，并带动活塞一起下降，因进气孔受调节螺钉的阻碍，空气只能缓缓进入气室，致使其内气压低于外界气压。因此，活塞只能缓慢下降，经过一段延时，压杆压至触点系统的顶杆，使微动开关动作，从而使其动断触点断开，动合触点闭合，送出信号。延时的长短可以通过调节螺钉调节进气孔的大小来改变。当线圈失电时，活塞在恢复弹簧的作用下迅速复位，这时气室内的空气可由出气孔及时迅速排出。空气阻尼式时间继电器有通电延时型和断电延时型两种，其电磁机械可以是直流的，也可以是交流的。它的常用型号主要有 JS7 系列等。空气阻尼式时间继电器结构简单，使用广泛，但延时精度较低，不如电子式时间继电器高。在实际使用中若要求延时精确，可选用电子式时间继电器等。

（3）电流、电压、中间继电器。

1）电流继电器是一种根据电流的大小起控制和保护作用的自动装置，见图 2－39。它主要由电流线圈、铁芯、衔铁、触头及支架和释放弹簧等组成，可分为过电流继电器和欠电流继电器两类。其工作原理是：电流线圈串接在被测电路（主电路）中，根据被测电路中的电流大小产生不同电磁力，按整定电流值吸合带动衔铁，继而带动触头系统动作，从而自动起到控制和保护作用。

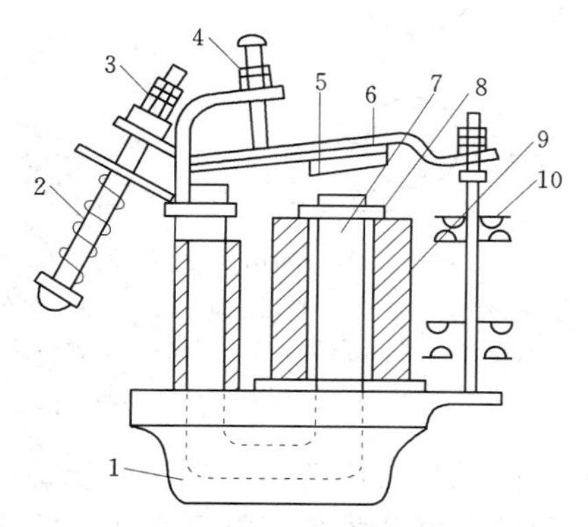

图 2－39　电磁式继电器典型结构图

1—座底；2—反力弹簧；3，4—调节螺钉；5—非磁性垫片；6—衔铁；7—铁芯；8—极靴；9—电流线圈；10—触头系统

当过电流继电器通过的是在正常工作状态下的电流时则不动作，当通过的电流超过某一整定值时才动作。过电流继电器经常用于绕线式异步电动机（如起重机）防止不正确启动的控制电路。交流过电流继电器发生动作的电流一般为额定电流的 1.1～1.4 倍，直流过电流继电器发生动作的电流一般为额定电流的 0.7～3 倍。

欠电流继电器是当工作电流降低到某一整定值时，继电器释放。所以，欠电流继电器在电路正常工作时，衔铁吸合。

2）电压继电器是反映被测电路电压变化的继电器，它的结构与电流继电器基本相同，可分为过电压、欠电压、零电压继电器等。过电压继电器是在被测电压为额定电压的 1.1～1.5 倍及其以上时，过电压继电器发生动作，对电路进行过电压保护；欠电压继电器是在被测电压为额定电压的 40%～70%时，欠电压继电器发生动作，对电路进行欠电压保护；零电压继电器是被测电压降低到接近零时衔铁才释放的继电器，当被测电压为额定电压 5%～25%时，它对电路进行零压保护。

3）电磁式中间继电器实质上是一个电压线圈继电器，与小型接触器相类似，可以用它来增加控制回路数和放大控制信号。

目前，常采用电子式继电器，其结构及特性优于电磁式继电器。

7. 漏电保护器

漏电保护器又称漏电开关，广泛应用于电气照明系统中，是一种很好的防触电装置。其原理见图 2－40。漏电保护器由具有过载、短路保护的主开关、漏电检测元件和漏电脱扣装置组成，全部零件安装在一个塑料壳内。零序电流互感器的环形铁芯由导磁性能好的坡莫合金制成，其上绕有副绕组，主电路的三相导线一起穿过零序电流互感器的环形铁芯，虚线框内的漏电脱扣装置由永久磁铁、脱扣线圈、衔铁、弹簧组成，零序电流互感器

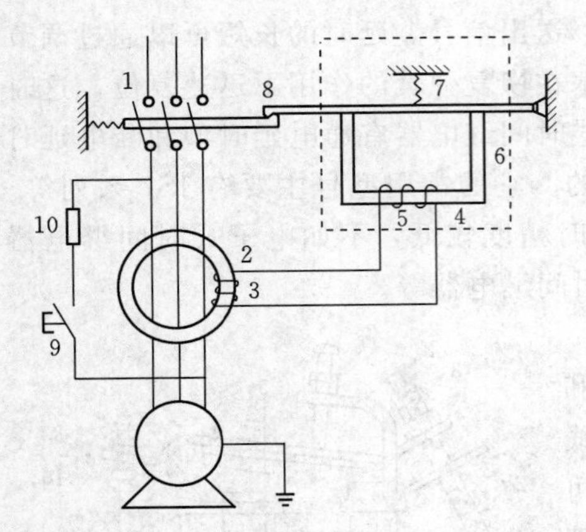

图 2-40　漏电开关原理

1—主开关；2—环形铁芯；3—绕组；4—永久磁铁；5—脱扣线圈；6—衔铁；7—弹簧；8—搭钩；9—按钮；10—电阻

的副绕组与脱扣线圈相连接。

当线路正常工作时，主电路的三相电流瞬时值之和等于0，即没有零序电流，零序电流互感器副绕组中没有电流信号输出，脱扣器线圈中电流等于0，永久磁铁对衔铁产生的吸力略大于弹簧7对衔铁的拉力，衔铁处在闭合位置，电气设备正常工作。

当电气设备的绝缘损坏而漏电时，主电路的三相电流瞬时值之和不为0，即出现了零序电流，在零序电流互感器铁芯中产生磁通，从而在副绕组中产生感应电动势，与脱扣线圈连成回路，产生电流，这个电流产生的磁通与永久磁铁的磁通叠加产生去磁作用，使永久磁铁的吸力下降，当电流信号足够大时，衔铁在弹簧的作用下被释放，使主开关的自由脱扣机构动作，主开关分断，将故障电路切除，从而避免了触电事故的发生。按钮是检验漏电开关是否能可靠动作的试验按钮，电阻10是限流电阻。

除此以外，还有电子型漏电开关。

漏电保护器的动作电流有从几十毫安到几百毫安等多个规格，动作时间在0.1～0.2s。

在使用漏电保护器时要注意，通过正常工作电流的相线和零线接在漏电开关上，而保护接地线绝不能接在漏电开关上；否则，若相线与设备外壳搭接时，故障电流会通过保护线流过漏电开关，零序电流互感器检测不出故障电流，漏电开关不会动作。

在使用漏电保护器时，用电设备侧的零线与保护线也不可接错，若误把保护线当零线用，则漏电开关无法合闸。

目前，建筑电气线路中使用的漏电保护器的型号主要有PZL、FIN、LDB、NFIN、FL、FNPX、KL、5S等系列；其主要技术数据有额定电压、极数、额定电流、额定频率、额定短路能力、额定漏电动作电流、动作时间、寿命等。如FIN系列漏电保护器。其主要技术数据有：极数为2P，3P，4P；额定电压为240/415V；额定电流为25A，40A，63A；额定频率为50/60Hz；额定短路通断能力为500A，500A，1000A；额定漏电动作电流为30mA，100mA，300mA，500mA；动作时间为0.2s，0.1s，0.04s；寿命为4000次。

二、常用低压电器的选择

1. 选择的基本原则

（1）安全原则。使用安全可靠是对任何开关电器的基本要求，保证电路和用电设备的可靠运行，是使生产和生活得以正常运行的重要保障。

（2）经济原则。经济性考虑又分为开关电器本身的经济价值和使用开关电器产生的价值。前者要求选择的合理、适用；后者则考虑在运行当中必须可靠，不至于因故障造成停产或损坏设备，危及人身安全等造成的经济损失。

（3）选用低压电器时的注意事项。

1）控制对象（如电动机或其他用电设备）的分类和使用环境。

2）确认有关的技术数据，如控制对象的额定电压、额定功率、启动电流倍数、负载性质、操作频率和工作制等。

3）了解电器的正常工作条件，如环境空气温度、相对湿度、海拔高度、允许安装方位角度和抗冲击震动、有害气体、导体尘埃、雨雪侵袭的能力。

4）了解低压电器的主要技术性能（或技术条件），如用途、分类、额定电压、额定控制功率、接通能力、分析能力、允许操作频率、工作制和使用寿命等。

2．选择和使用低压电器的基本规定

（1）选用的电器必须具有适应其用途要求的各种功能。

（2）选择和使用低压电器时应符合的要求。

1）与所在回路额定电压（交流为均方根值）相适应。对于某些设备，应考虑正常工作时可能出现的最高或最低电压。

2）电器的额定电流应等于或大于所控制回路的预期工作电流，电器还应承载异常情况下可能流过的电流，保护装置应在其允许的持续时间内将电路切断。

3）电器的额定频率必须与所在电源回路的频率相适应。

4）电器应与所在场所的环境条件适应。

5）电器应满足短路条件下的动稳定与热稳定。断开短路电流的电器，应具有短路条件下的通断能力。

（3）如果操作人员不能观察到开关或控制电器的工作情况，而这样可能引起危险时，则必须在操作人员看见的位置装设合适的指示器。

（4）为了维护、测试、检修和安全需要应装设隔离电器。

（5）隔离电器应使所在回路与带电部分隔离，当隔离电器误操作会造成严重事故时，应有防止误操作的措施。

（6）在 TN－C 及 TN－C－S 系统中，严禁单独断开 PEN 线。当保护电器的 PEN 极断开时，必须联动全部相线极一起断开。

（7）在 TN－C 及 TN－C－S 系统中，当需要装设中性线断线保护电器时，必须将所在回路全部相线连同 PEN 线一起断开，且 PE 线应在保护电器负荷端同 N 线分接。

（8）严禁隔离或断开 PE 线。

（9）在 TN，TT 系统中，无电源转换或虽有电源转换但零序电流分量很小的三相四线配电线路，其隔离电器或开关电器不宜断开 N 线。

（10）在 TN，TT 系统中，如果单相相电压回路前端已装设具有检测中性线对地电压的中性线断线保护的双极开关，以及具有电气专业人员维护的用户，则其后各级开关电器均可不切断 N 线。但开关电器宜有防止相线与 N 线接错的信号指示装置或跳闸装置。

（11）在 TN，TT 系统中，如果单相相电压回路首端未装设具有检测中性线对地电压的中性线断线保护的双极开关时，则各级隔离电器应将 N 线同相线一起断开。

（12）在含有较大零序电流分量的 TN，TT 系统的线路中，进行电源转换或联络用的功能性开关电器（即通断电流的操作电器），应将 N 线与相线同时断开或接通，且不应使这些线路并联运行（除非该装置是为这种情况特殊设计的）。当 2 个电源或线路的中性线有可能并联运行时，不应采用TN－C或TN－C－S系统。

（13）IT系统中如有中性线引出的三相四线回路及单相相电压回路，其开关电器均须将N线同相线一起断开。功能性开关电器必须使相线比N线先断开，且中性线先于相线或与相线同时接通。

（14）N线上严禁安装可以单独操作的单极开关电器。

（15）严禁将半导体器件用作隔离电器。

（16）隔离电器宜采用能同时断开有关电源所有极的多极开关，但并不排除采用多个彼此靠近的单极开关，可用同一隔离电器将数个回路隔离（对不重要负荷而言）。

（17）隔离电器可采用下列电器。

1）单极或多极隔离开关、隔离插座。

2）插头与插座。

3）连接片。

4）不需要拆除导线的特殊端子。

5）熔断器。

（18）选择功能性开关电器时，必须满足其执行最繁重任务的要求。

（19）功能性开关电器可只控制电流而不必断开其相应各极。

（20）隔离电器、熔断器以及连接片严禁用作功能性开关电器。负荷开关、半导体电器、断路器、接触器、继电器、10 A及其以下的单相插头和插座，均可以用作功能性开关。

（21）多功能综合保护电器（例如具有过电流、漏电、断相、过电压、低电压等多重功能的保护电器）宜有识别不同故障类别的信号指示。

3. 常用低压电器的选择

（1）按钮的选择。根据实际使用需要的触点对数、动作要求和指示灯及其颜色的要求等来选择按钮。例如，紧急操作常选用蘑菇形，停止按钮常选用红色等。常用的按钮有LA2，LA10，LA20等系列。

（2）低压刀开关和组合开关的选择。主要根据负荷电流的大小来选择它的额定容量的范围。一般情况下，由于闸刀开关应该能接通和断开自身标定的额定电流，因此在带有普通负荷的电路中，可以根据负荷的额定电流来选择相应的刀开关。当用刀开关控制电动机时，由于电动机的启动电流大，选择刀开关的额定电流应比电动机的额定电流大，一般是电动机额定电流的3倍。另外，还应根据工作地点的环境，选择合适的操作机构。

（3）熔断器的选择：

1）照明负荷。采用熔断器保护时，先要求出该负荷的计算电流 I_C，一般选择熔断器熔体的额定电流 I_{NF} 大于或等于负载回路的计算电流即可，即

$$I_{NF} \geqslant I_C \qquad (2-34)$$

当采用高压汞灯和高压钠灯为照明时，应考虑启动的影响，熔断器熔体的额定电流应取

$$I_{NF} \geqslant (1.1 \sim 1.7) I_C \qquad (2-35)$$

2）电热负荷。对于大容量的电热负荷需要单独装设短路保护装置时，其所用熔断器熔体的额定电流应符合式（2－36）的要求

$$I_{NF} \geqslant I_C \tag{2-36}$$

3）电动机类用电负荷。对于容量大的电动机类用电负荷需要单独装设短路保护装置时，可选用熔断器或自动开关。

当采用熔断器保护时，由于电动机的启动电流较大（异步电动机的启动电流一般为其额定电流的4～7倍），所以不能按电动机的额定电流来选择熔断器，否则将在电动机启动时就会熔断。但如按启动电流来选择，则所选熔断器的熔断电流太大，往往起不到保护作用，以至于接有熔断器回路中的设备过热时熔体还不熔断。因此，对于电动机类负荷应按下述两种情况来选择熔断器。

对于单台电动机回路，熔断器的额定电流为

$$I_{NF} \geqslant K_F I_{st} \tag{2-37}$$

式中　I_{st}——被保护电动机的启动电流，A；

K_F——电动机回路熔体选择计算系数，一般轻载启动时取0.25～0.45，重载启动时取0.3～0.6。

对于多台电动机回路（设有 n 台），熔断器的额定电流为

$$I_{NF} \geqslant K_F\ I_{st,max} + I_{c(n-1)} \tag{2-38}$$

式中　$I_{c(n-1)}$——除启动电流最大的一台电动机外，回路的计算电流（$n-1$ 台电动机的计算电流之和），A；

$I_{st,max}$——回路中启动电流最大的一台电动机的启动电流，A；

K_F——电动机回路熔体选择计算系数，取决于电动机的启动状况和熔断器的熔断特性，数值的确定同式（2-37）。

4）熔断器应根据电路中上、下级保护整定值的配合要求，以及被保护设备的重要性和保护动作的迅速性来选择（对于重要设备的保护可选快速型熔断器，以提高保护性能。一般设备的保护可选用RM型熔断器）。同时，环境和安装方式在选用时也应给予考虑。

在选择好导线和熔断器以后，还必须检查所选熔断器是否能够保护导线，以防熔断器不熔断情况下导线长期过负荷而发热。另外，所选熔体的额定电流 I_{NF}，应小于导线允许载流量的1.5倍。

熔断器的技术指标可查阅有关手册，表2-15列出了常用的RM10系列熔断器的规格。

表2-15　　RM10 毓熔断器规格

型　号	额定电压（V）	额定电流（A）	熔体的额定电流等级（A）
RM10－15	交流	15	6，10，15
RM10－60	220，380或500	60	15，20，25，35，45，60
RM10－100	直流	100	60，80，100，125，160，200
RM10－200	220，440	200	100，125，160，200
RM10－350		350	200，225，260，300，350
RM10－600		600	350，430，500，600

【例2-5】　有一条长80m的供电干线，供电方式为树干式，干线上接有电压为

380V 的三相异步电动机共 17 台，其中 10kW 的电动机 15 台，4.5kW 的电动机 2 台，现设各台电动机 $K_n=0.35$，$\cos\varphi=0.7$。另外，其中一台 10kW 的电动机，$I_N=19.4$A，$I_{st}/I_N=7.0$ 为最大，试选择保护干线的熔断器的额定电流。

解：

因该干线上为多台电动机回路，故

$$P_{(17-1)}=(159-10)=149(\text{kW})$$

$$S_{c(17-1)}=0.35\times149/0.7=74.5(\text{kV}\cdot\text{A})$$

$$I_{c(17-1)}=\frac{74.5\times10^3}{\sqrt{3}\times380}\text{A}=113.2\text{A}$$

其中，最大一台启动电流为

$$I_{st,max}=7I_N=7\times19.4=135.8(\text{A})$$

由于启动电流较大，K_F 取 0.45，故得熔断器熔体的额定电流为

$$I_{NF}=K_F I_{st,max}+I_{c(17-1)}=(0.45\times135.8+113.2)=174.3(\text{A})$$

查表 2-15，可选择 RM10－200（或 RM10-350）型熔断器，熔体额定电流为 200A。

4. 自动空气开关的选择

（1）照明负荷。当照明支路负荷采用自动空气开关作为控制和保护时，其延时和瞬时过电流脱扣器的整定电流分别为

$$I_{zd1}\geqslant K_{k1}I_c \tag{2-39}$$

$$I_{zd3}\geqslant K_{k3}I_c \tag{2-40}$$

式中　I_{zd1}——自动空气开关长延时过电流脱扣器的动作整定电流，A；

I_{zd3}——自动空气开关瞬时过电流脱扣器的动作整定电流，A；

K_{k1}——用于长延时过电流脱扣器的计算系数，见表 2-16；

K_{k3}——用于瞬时过电流脱扣器的计算系数，见表 2-16。

表 2-16　计算系数 K_{k1}，K_{k3} 值

计算系数	白炽灯、荧光灯、卤钨灯	高压汞灯	高压钠灯
K_{k1}	1	1.1	1
K_{k3}	6	6	6

（2）电热负荷。对于大容量的电热负荷，如用自动开关作为控制和保护时，其过电流脱扣器的整定电流应符合下式要求

$$I_{zd}\geqslant I_c \tag{2-41}$$

式中　I_{zd}——自动开关过电流脱扣器的整定电流，A。

（3）电动机类负荷。单台电动机回路，自动空气开关的整定电流取

$$I_{zd1}\geqslant I_N \tag{2-42}$$

$$I_{zd3}\approx K_{c1}I_{st} \tag{2-43}$$

多台电动机回路，其整定电流取

$$I_{zd1}\geqslant I_c \tag{2-44}$$

$$I_{zd3} \approx K_{c3}[I_{st,max} + I_{c(n-1)}] \quad (2-45)$$

式中 K_{c1}——单台电动机回路的计算系数，取1.7～2；

K_{c3}——多台电动机回路的计算系数，取1.2。

（4）配电线路。配电线路中有时不仅有照明负荷，同时还有一般电力负荷，所以在选用自动空气开关作为保护或控制时，应注意以下4点：

1）长延时过电流脱扣器的动作电流的整定值为导线允许载流量的80%～110%。

2）短延时动作 $I_{zd2} \geqslant 1.1(I_c + 1.35K_{I_{st}} I_{N,max})$，$K_{I_{st}}$ 为电动机的启动电流倍数；$I_{N,max}$ 为额定电流最大一台电动机的额定电流值。

3）短延时过电流脱扣器动作时间的整定，应根据保护装置的选择来确定，一般分为0.1s（或0.2s）、0.4s和0.6s，共3种。

4）无短延时的瞬时过电流脱扣器的动作 $I_{zd3} \geqslant 1.1(I_c + K_1 K_{I_{Nat}} I_{N,max})$ 一般取 $K_1 = 1.7 \sim 2$；$K_{I_{Nat}}$ 为电动机的额定启动电流倍数。短延时，其瞬时过电流脱扣器的动作电流整定值应大于等于下一级开关进线端计算短路电流值的1.1倍。

（5）自动空气开关选择的一般条件。在选择自动空气开关时除应满足上述几项具体要求外，所有自动空气开关额定电压不小于线路的额定电压，额定电流不小于线路的计算负荷电流，其脱扣器的整定电流不小于线路的计算负荷电流，其极限通断能力不小于线路中最大短路电流，其欠电压脱扣器的额定电压应等于线路的额定电压。

5. 用电设备及配电线路的短路和过载保护

为了保证对各类用电设备可靠安全地供电，保证用电设备正常工作，需要对用电设备及其相应的配电线路进行短路和过载保护。

（1）在民用建筑中，照明电器、小型排风机、小容量空调和电热电器等，一般都划归为照明用电负荷，可由照明支路的短路保护装置作为对它们的保护。对于要求不高的场合可采用熔断器保护；对于要求较高的场合，则可采用带短路脱扣器的自动保护开关（自动空气开关）进行保护，它可以同时对照明线路进行短路和过载保护。

（2）在民用建筑中，常把负载电流为6A以上或容量在1.2kW以上的较大容量用电设备划归为动力用电设备。对于动力负荷，一般不允许从照明插座直接取用电源，需要单独从电力（动力）配电箱或照明配电箱中分路供电。除本身单独设有保护装置外，还需在分路供电线路上装设单独的保护装置作为后备保护。

（3）对于电热电器类用电设备，一般只考虑短路保护。对于容量较大的电热电器，若按单独分路装设短路保护装置时，可采用熔断器或自动空气开关进行短路保护。

（4）对于电动机类用电负荷，若是单独分路装设保护装置时，除需装设短路保护外，还需装设过载保护。这类保护可由熔断器和带过载保护的磁力启动器（由交流接触器和热继电器组成）实现，或由带短路和过载保护的自动空气开关进行保护。

（5）对于低压配电线路，一般主要考虑短路和过载两项保护，可进一步考虑过电压和欠电压保护。过电压往往是由意外情况引起的，而欠电压往往是由于负荷太大引起供电电压下降造成。为了避免这种情况发生，可在低压配电线路上采取适当分级装设过压和欠压保护开关等。

在低压配电线路上，在选择熔断器和自动空气开关等保护电器时，除按上述要求选择外，还必须注意上、下级保护电器之间的正确配合，具体要求如下：

1）当上、下级均采用熔断器保护时，一般要求上一级熔断器熔体本身的额定电流比下一级熔体本身的额定电流大2～3倍。

2）当上、下级保护均采用自动开关时，应使上一级自动开关脱扣器的额定电流大于下一级脱扣器的额定电流的1.2倍以上。

3）当上一级采用自动空气开关，下一级采用熔断器时，要求在熔断保护特性曲线图上，熔断器在考虑了正误差后的熔断特性曲线在自动空气开关考虑了负误差后的保护特性曲线之下。

4）当上一级采用熔断器，下一级采用自动空气开关时，要求在熔断保护特性曲线图上，熔断器在考虑了负误差后的熔断特性曲线在自动空气开关考虑了正误差后的保护特性曲线之上。

复习思考题

2-1　照明供电系统分为哪几种类型？

2-2　照明配电系统的形式有哪几种？各有什么特点？

2-3　照明线路的敷设种类有哪几种？各有什么特点？

2-4　电力负荷是如何分级的？它们对电源和供配电网络形式的要求有哪些？

2-5　什么是计算负荷？在确定多组用电设备的总视在计算负荷时，能否直接将各组的视在计算负荷相加，为什么？

2-6　计算尖峰电流的目的是什么？怎样计算多台设备的尖峰电流？

2-7　住宅照明线路的用电负荷计算方法有哪些？具体如何计算？

2-8　民用建筑中常用的低压电器有哪些？哪些电器可作为短路和过载保护？

2-9　低压自动空气开关（或称断路器）的作用有哪些？它能带负荷直接接通和断开电路的关键在哪里？

2-10　导线选择的原则、要求、步骤和方法是什么？

2-11　低压配电系统中，中性线、保护线和保护中性线的选择方法是什么？

2-12　某校实验室中有220V的单相加热器7台，其中3台的额定功率均为2kW，2台为1kW，2台为3kW。试将各单相加热器合理地分配到380/220V的线路上，并求线路上的总计算负荷和计算电流（单相加热器的$\cos\varphi$均为1）。

2-13　供给某综合楼的380/220V三相四线制线路上共有计算负荷为$P_j=240$kW，$Q_j=165$kvar，线路长200m，现采用BV-500导线穿钢管暗敷设，试选择导线截面（环境温度为35℃）。

2-14　某施工工地现场有一动力干线负载为75.5kW，$K=0.7$，$\cos\varphi=0.85$，导线长度为60m，采用BV-500-4×35明敷（环境温度为35℃），试问在380/220V电压下能否满足使用要求？若导线长度改为160m，又如何进行选择（要求$\eta_{\Delta U}\leqslant5\%$）？

第三章 高层建筑供配电

本章主要介绍高层建筑的负荷特点与级别、供配电的网络结构、动力配电系统以及综合布线系统。

第一节 高层建筑的负荷特点与级别

一、高层建筑的定义

关于高层建筑，不同国家、不同地区有不同的看法：1972 年在美国召开的国际高层建筑委员会上提出将 9 层及其以上建筑定义为高层建筑。美国对高层建筑的起始高度定为 22～25m 或 7 层以上，日本规定为Ⅱ层或 31m；德国规定 22 层（从室内地面起）；法国规定住宅 50m 以上，其他建筑 28m 以上。

在我国，关于高层建筑的界限规定也未统一。行业标准《钢筋混凝土高层建筑结构设计与施工规程》（JGJ 3—91）规定，8 层及其以上的钢筋混凝土民用建筑属于高层建筑，《民用建筑电气设计规范》（JGJ 16—2008）和《高层民用建筑设计防火规范》（GB 50045—95，2005 年版）中均规定，10 层及其以上的住宅建筑（包括首层设置商业服务网点的住宅）和建筑高度超过 24m 的公共建筑为高层建筑。其中，建筑高度为建筑物室外地面到檐口或屋面面层的高度，屋顶上的附属建筑（如：水箱、电梯机房、排烟机房、楼梯间出口等）不计入建筑高度和层数内，住宅建筑的地下室、半地下室和顶板高出室外地面不超过 1.5m 者也不计入层数内。

二、高层建筑的防火等级分类

按 GB 50045—95（2005 年版）规定，高层建筑应根据其使用性质、火灾危险性、疏散和扑救难度等进行防火等级的分类，见表 3-1。

表 3-1　高层建筑按防火等级分类表

名称	一类高层建筑	二类高层建筑
居住建筑	高级住宅 19 层及其以上的住宅	10～18 层的住宅
公共建筑	1. 医院 2. 高级旅馆 3. 建筑高度超过 50m 或 24m 以上部分的任一楼层的建筑面积超过 1000m² 商业楼、展览楼、综合楼、电信楼、财贸金融楼 4. 建筑高度超过 50m 或 24m 以上部分的任一楼层的建筑面积超过 1500m² 的商住楼 5. 中央级和省级（含计划单列市）广播电视楼 6. 网局级和省级（含计划单列市）电力调度楼 7. 省级（含计划单列市）邮政楼、防灾指挥调度楼 8. 藏书超过 100 万册的图书馆、书库 9. 重要的办公楼、科研楼、档案楼 10. 建筑高度超过 50m 的教学楼和普通旅馆、办公楼、科研楼、档案楼等	（1）除一类建筑以外的商业楼、展览楼、综合楼、电信楼、财贸金融楼、商住楼、图书馆、书库 （2）省级以下的邮政楼、防灾指挥调度楼、广播电视楼、电力调度楼 （3）建筑高度不超过 50m 的教学楼和普通旅馆、办公楼、科研楼、档案楼等

表3-1中，高级住宅是指建筑装修标准高、室内铺满地毯、家具陈设高档、设有空调系统的10层及其以上的住宅。

高级宾馆指建筑标准高、功能复杂、火灾危险性大和设有空调系统，具有星级条件的宾馆。综合楼是指由2种或2种以上用途的楼层组成的公共建筑。常见的组合形式有：商场+办公、写字楼+高级公寓、办公楼+宾馆等。

商住楼指底部一、二、三层为商场营业厅，上部为住宅的高层建筑。

网局级和省级电力调度楼是指可同时调度若干个省市、区域电力业务的办公大楼。

重要的办公楼、科研楼、档案楼是指这些楼的性质特殊，建筑装修标准高，楼内有属高、精、尖技术的设备，资料机密、价值高。火灾危险性大，一旦发生火灾损失大、影响大。

三、高层建筑电气设备的特点

高层建筑除较高外，还具有面积大、功能复杂、设备多、耗电量大的特点。与一般的单层与多层建筑相比，高层建筑电气设备的特点主要表现在：用电设备种类多、用电量大、对供电可靠性要求高、电气系统多且复杂、电气设备有较高的防火要求、电气线路多、电气用房多、自动化程度高等方面。具体如下。

1. 用电设备种类多

高层建筑必须具备比较完善的、具备各种功能要求的设施，如空调系统、给排水系统、通讯网络系统、消防系统、安防系统、设备自动化管理系统等，使其具有良好的硬件服务环境。所以，高层建筑中用电设备的种类多。

2. 用电量大，负荷密度高

由于高层建筑的用电设备多，尤其是空调负荷大（占总用电负荷的40%～50%），所以高层建筑的用电量大，并且负荷密度高。一般来说，高级宾馆和酒店、高层商住楼、高层办公楼、高层综合楼等高层建筑的负荷密度都在60W/m^{2}以上，有的甚至高达150W/m^2。即便是高层住宅或公寓，负荷密度也有25～60W/m^2。

3. 供电可靠性要求高

高层建筑中的较大部分电力负荷属二级负荷，还有相当数量的负荷属一级负荷。所以，高层建筑对供电可靠性的要求高。一般要求一级负荷必须有2个电源供电，当一个电源发生故障时，另一个电源应不致同时受到损坏；对一级负荷中特别重要的负荷除上述2个电源外，还必须增设应急电源（一般设置柴油发电机组或燃气发电机组作为备用电源，也可设置不间断电源装置UPS，以确保供电可靠性）。另外，一类高层建筑中的自备发电设备应设有自动启动装置，能在30s内切换供电。

4. 电气系统复杂

由于高层建筑的功能复杂，用电设备种类多，供电负荷既多又大，对供电可靠性的要求也高，这就使得高层建筑的电气系统较为复杂。不但电气子系统较多，而且各个电气子系统的复杂程度也高。例如，为保证一级负荷供电可靠性，除了在变电所的高、低压主接线上采取2路电源或2段母线的切换措施外，还要考虑应急电源的投入与切换。在高层建筑的消防控制室、消防水泵、消防电梯、防烟排烟风机等处的供电，应在设备间的最末端一级配电箱处设置自动互投装置。且两路干线间不共管、不共线。又如，对于火灾报警与联动控制系统，由于探测点的数量较多，联动控制设备复杂，就使系统显得比较大了。

5. 电气线路多

电气系统复杂且多。高层建筑中不仅有高、低压供配电线路，还有火灾报警与消防联动控制线路，以及电话与音响广播线路、通信线路和其他弱电线路。

6. 电气用房多

复杂的电气系统必然对电气用房提出更多要求。为了使供电深入负荷中心，除了将变电所设置在地下层、底层外，有时还要设置在大楼的顶层和中间层。而电话配线间、音控室、消防控制中心、安防监控中心等都要占用一定的房间。另外，为了解决种类繁多的电气线路在竖直方向与水平方向上的敷设及分配，必须设置电气竖井和各层的电气分配小间。对电气复杂系统，强电与弱电要分开设置。若系统不大，可共用电气竖井时，线路也要分别设置在两面相对的墙上，以防止电磁干扰。

7. 设备与线路的防火要求高

高层建筑发生火灾的因素多，灭火难度大。因此，用于高层建筑的电气设备要考虑防火要求。例如，变电所中采用的变压器就不允许用油浸式电力变压器而要用干式变压器。开关等设备要采用六氟化硫断路器或真空断路器。配电线路应采用难燃导线及穿难燃管保护。对明敷设的钢管、金属线槽，应涂防火涂料。

8. 自动化程度高

高层建筑功能复杂，设备多，用电量大，为了降低能耗，减少设备的维修与更新费用，延长设备使用寿命，提高管理水平，一般要求对高层建筑中的设备进行自动化管理。其主要是对各类设备的运行状况、安全展开、能源使用情况进行自动监测、控制与管理，以实现对设备的最优控制和最佳管理。随着计算机与通信网络技术的应用，高层建筑沿着自动化、信息化和智能化方向发展。

第二节　高层建筑供配电的网络结构

一、电源

高层建筑通常从市电中获取工作电源，电压一般为10kV。当一级负荷容量较大或有高压设备时，多数采用2路10kV高压电源进线。一级负荷中含有特别重要负荷时，除了要采用2路10kV高压电源外，还应自备应急电源。应急电源与工作电源间，必须采取可靠措施防止并列运行。

并列运行：

根据允许的中断供电时间，可分别选取下列应急电源：

（1）静态交流不间断电源装置（UPS）。例如：计算机的工作电源。适用于允许的中断供电时间为毫秒级的供电。

（2）带有自动投入装置的蓄电池。例如：应急照明用蓄电池。

（3）能快速自启动柴油发电机组。适用于允许的中断供电时间为15s以上的供电。

根据JGJ 16—2008规定，为保证一级负荷中特别重要负荷的供电，应设置应急柴油发电机组。对一级负荷当难以从市电中获取第二电源时，也应设置柴油发电机组作应急电源。

应确保的供电范围为：

（1）消防设施用电：消防水泵、消防电梯、防烟排烟设施、火灾自动报警、自动灭火装置、应急照明、疏散指示标志和电动的防火门、窗、卷帘门、阀门等。

（2）安防设施、电信、中央控制室等弱电系统的用电。

（3）重要场所的电力与照明用电。例如：大型商场、国际活动中心、展览馆的贵重物品陈列室、银行等。

（4）机组容量足够时，可考虑下列负荷列入应急电源的供电范围：生活水泵 1 台、客梯 1 台、污水处理泵、楼梯和照明用电的 50%。

二、高层建筑内的低压配电

高层建筑大部分设置 10kV 变电所，其主接线大多采用低压母线单母线分段供电的形式。可分段运行，互为备用，自动切换。变压器宜设置 2 台及其以上，这样有利于调节季节性负荷，实现节能目标。

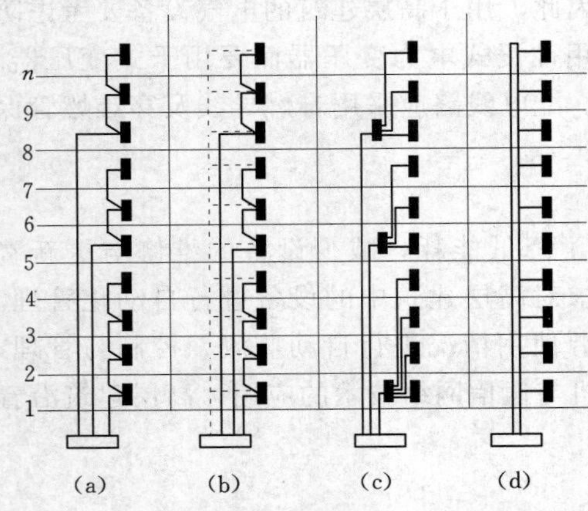

图 3-1　典型高层建筑低压配电系统示意图
(a) 一般高层住宅；(b) 高层住宅（增加备用电路）；(c) 高层住宅（增加中间配电箱）；(d) 高层住宅（用于楼层数量多、负荷大的高层建筑）

高层建筑内低压配电系统，如图 3-1 所示。一般性负荷多数采用分区树干式配电。每个回路干线对 1 个供电区域配电，供电的可靠性较高。每个回路干线配电一般为 5～6 层。对一般高层住宅，可适当增加分区层数，但最多不超过 10 层。图 3-1 (b) 与图 3-1 (a) 基本相同，只增加了 1 个公用的备用回路。备用回路也采用大树干的配电方式。图 3-1 (c) 增加了中间配电箱，各分层配电箱的前端有总的保护装置，配电的可靠性更高。图 3-1 (d) 适用于楼层数量多、负荷大的高层建筑，采用大树干的配电方式，各层配电箱设于电气竖井内，通过专用插件与电气竖井内的接插式母线连接，可以大量减少低压配电屏的数量，安装维修方便，容易寻找故障。

对重要负荷及容量较大的集中性负荷，如消防与其他防灾用电设备及重要用电负荷，宜从低压配电屏到配电箱之间采用放射式配电，即设置专用垂直干线回路，且正常回路与备用回路不共管、不共线，两回路在末端配电箱前设互投箱进行自动切换。

配电干线大多采用两种形式：密集型接插式母线或预制分支电缆。另外，还有金属管、金属线槽等配电方式。

接插式母线又称封闭式母线，由工厂统一生产，封闭在金属外壳中，并配备有 L 形、十字形、Z 字形等连接组件。一般敷设于电气竖井中，每层有一两个分接箱，安装方便。它的特点是输送容量大、电压损失小，安全可靠，广泛应用于高层建筑中。

预制分支电缆是把主电缆及到各层的分支电缆预先加工好。它的特点是可靠性高，施工方便。如果负荷的大小、位置发生变化时，电缆的接头位置、截面大小等不能随之改变，灵活性较差。

对重要负荷及容量较大的集中性负荷，其正常回路与备用回路一般都采用电缆，用电缆桥架敷设。

高层建筑中配电箱的设置及配电回路的划分，应根据负荷的性质、密度、防火分区，以及维护管理等条件综合确定。

为了使配电干线能够方便地从变配电所通往各楼层，高层建筑中必须设置电气竖井，电气竖井的位置宜接近负荷中心，尽量避免与热力管道、通风空调管道及给排水管道相邻。干线敷设完毕后还应对楼层地面的孔洞作密封处理，防止发生火灾时形成烟道。考虑电气竖井向外引出线的方便，电气竖井还要避免与电梯井道或楼梯间相邻。为避免强电对弱电的电磁干扰，条件允许时，强电竖井与弱电竖井宜分开设置。如果不能分开，则管道宜分设于两边墙上。

第三节　高层建筑的动力配电系统

高层建筑动力配电分为高压配电和低压配电。高压配电用于特大型用电设备，一般不多见；大多数设备采用低压配电。高层建筑动力配电负荷主要有空调、水泵、电梯、风机、消防等。

一、高层建筑室内低压配电线路的敷设

（一）供配电系统和配电方式

1. 电气竖井

（1）高层建筑的低压配电干线以垂直敷设为主。高层建筑层数多，低压供电距离长，供电负荷大。为了减少线路电压损失及电能损耗，干线截面都比较大，敷设在专用的电缆竖井内，一般的电气竖井均兼楼层配电小间，如图 3－2 和图 3－3 所示。层间配电箱经插接进线开关从母线上取得电源。强电与弱电的电气竖井应分别设置，如条件不允许，也可将强电与弱电分别设立在电气竖井两侧。

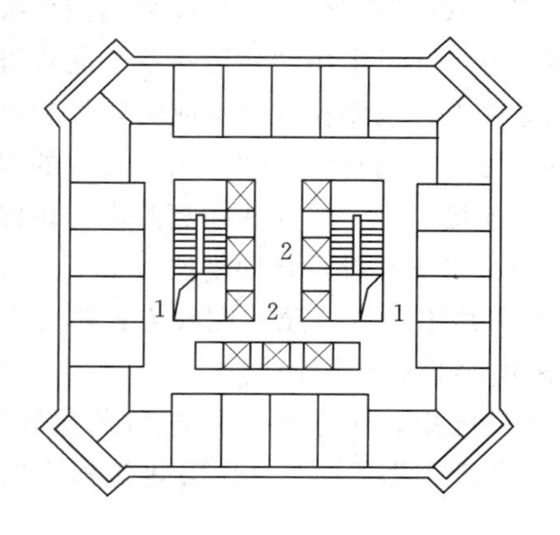

图 3－2　电气竖井示意图

1—配电小间；2—电梯间

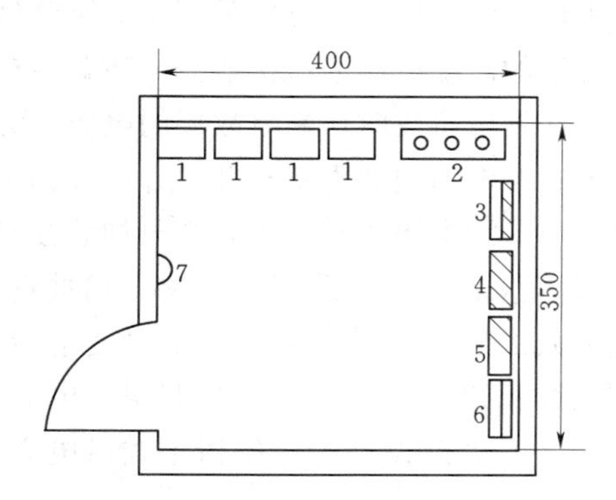

图 3－3　配电小间布置示意图

1—母线排；2—电缆桥架；3—动力配电箱；4—照明配电箱；5—应急照明配电箱；6—空调配电箱；7—电源插座

(2) 电气竖井的平面位置应靠近楼层负荷中心，并考虑进出线方便，还应远离有火灾危险和高温、潮湿的场所，尽量利用建筑平面中的暗房间。大型电气竖井的截面积为4～5m²。普通住宅楼宇电气竖井的截面积约为1500mm×1200mm，有时小型竖井仅为900mm×500mm，具体尺寸应根据需要来确定。

(3) 电气竖井的个数与楼层的面积大小有关，一般按每600m²设1个竖井。

(4) 配电小间的层高与大厦的层高应一致，但地坪应高于小间外地坪3～5cm。

(5) 变电所一般应尽可能地靠近电气竖井，以减少低压线路的迂回长度。这样做不但敷设方便，而且可以节约线路的投资。

(6) 由变电所低压配电室至强电竖井的线路可采用电缆沟、电缆隧道、电缆托架、电缆托盘管方式敷设。从电缆竖井至各层的用户配电箱或用电设备，常采用绝缘导线穿金属保护管埋入混凝土地坪或墙内的敷设方式，也可采用穿PCV阻燃管暗敷方式。

(7) 为管理方便及维修安全，条件允许时，强电与弱电管线宜分别敷设在不同的电气竖井内。

(8) 电气竖井应与其他管道、电缆井、垃圾井道、排烟通道等竖向井道分开单独设置，同时应避免与房间、吊顶、壁柜等互相连通。

2. 供配电干线系统

对于大型的高层建筑物，多采用放射式和树干式相结合的混合式配电系统。

大容量的用电设备应采用电缆放射式对单台设备或设备组供电，电缆可沿电缆沟、电缆支架或电缆托盘敷设。线路较短，可采取穿钢管暗敷的方式。

高层建筑上部各层配电有几种方式，工作电源采用分区树干式。所谓分区，就是将整个楼层依次分成若干个供电区，分区层数一般为2～6层，每区可以是一个配电回路，也可分成照明、一般动力等几个回路。电源线路引至某层后，通过π形分线箱，再分配至各层总配电箱。

各层的总配电箱直接用T形接线方式连接。

工作电源母干线也可采用由底层至顶层垂直的树干式向各层供电。干线采用铜母线，可以采用单母干线供电，也可以采用单双层分母干线供电，还可采用“一用一备”的双母干线供电。各层的总配电箱通过接触器、断路器接到铜母线上，以便在配电室或消防控制中心进行遥控，在发生事故时切断事故层的电源。为了供电可靠，通常设置“一用一备”的双母干线，各层总配电箱内装设双投开关并与2路母干线相连接。母干线安装在竖井内。该接线方式为常用与备用电源手动互投，若再加装接触器，即可自动互投，自动复位。

各层事故照明也可采用分区树干式垂直大树干式共用。事故照明配线方式不受工作电源配线方式的影响，其电源直接引自变电所低压配电屏事故照明回路。

在高层民用建筑中，对各层照明、电力设备的供配电，由于各层用电负荷比较平均，层数比较多，因此设计中采用树干式供电方案比较合理。图3-4为高层建筑树干式供配电方案。

图3-4(a)方案用于一般负荷的配电，干线采用大容量的母线槽。该方案当母线槽出现故障时，其母线所带负荷均停止供电，影响面较大，供电可靠性不高。

图3-4(b)方案当一根母线(干线)故障时，隔层停电，而上、下层仍然正常供

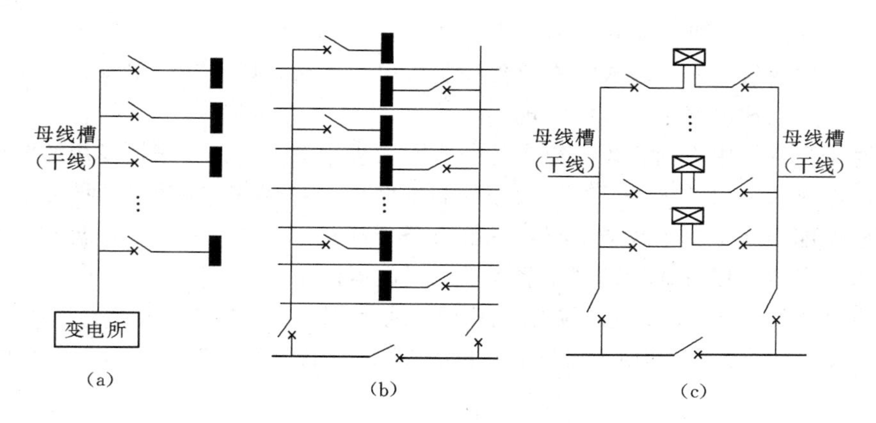

图 3-4　高层建筑树干式供配电方案

(a) 单母干线配电；(b) 单双层分母干线供电；(c) 双母干线配电

电，提高了供电可靠性。

图 3-4 (c) 方案是用于重要负荷的供电。例如，分布在各层的计算机终端供电（计算机终端电源侧再设置 UPS 装置）。该方案供电可靠性很高，在民用建筑中被广泛使用。

电梯回路不能由楼层配电柜供电，应由变电所低压配电屏单独回路供电。消防电梯、排烟、送风设备属于重要的消防用电设备，应由双回路供电（一用一备），并在末级配电箱内实现自动切换。

为了安全可靠，大型公共建筑各层配电和各种用电设备的分支线路，宜采用钢管配线，并以用铜芯绝缘线为佳。

3. 楼层低压配电箱的典型接线

商业大厦、办公楼或宾馆，一般情况都设置楼层配电箱（盘）。负荷大的，每层设 1 个或若干个配电箱（盘）；负荷小的，可 2 层设 1 个。配电箱（盘）上装有进线总开关及出线分开关。对住宅大厦，还装有用户电度表等。配电箱（盘）装于电气竖井内、一般与电缆分装在电缆井内的不同侧面，电缆排列于侧面，楼层配电盘排列于正面。如线路太多或井道太小，也可把楼层配电盘与电缆排在同一面。

当 1 根电缆供应几个楼层配电箱（盘）时，可在分线位置设分线箱。分线箱（亦称接线箱）内装有 4 组分接线卡夹，可以夹住电缆，并从卡夹上引出分线。根据需要，分路上可装有分路控制保护用的空气开关，这样分线箱就相当于一个动力配电箱。

在供电线路进入各独立用户点，应设置分户配电箱。分户配电箱多采用自动开关、断路器等组装的组合配电箱，以放射树干混合方式供电，以减少重要回路间的故障影响，尽量缩小事故范围。对一般照明及小容量插座采用树干式接线，分户配电箱中每一分路开关可带几盏灯或几个小容量插座；而对电热水器、窗式空调器等大用电量的家电设备，则采用放射式供电；对空调、水泵、消防设备等大型、高可靠性要求的设备采用独立自动开关，放射式电缆供电。

4. 常用基本方案

高层建筑低压配电方式一般划分为动力与照明两个配电系统，消防、报警、监控等亦自成体系，以提高可靠性。常用的基本方案如下：

（1）对高层建筑中容量较大，有单独控制要求的负荷，如冷冻机组等，宜采用专用变压器的低压母线以放射式配线直接供电。

（2）对于在各层中大面积均匀分布的照明和风机盘管负荷，多采用专用照明变压器的低压母线以放射式引出若干条干线沿大楼的高度向上延伸形成“树干”。照明干线可按分区向所辖楼层配出水平支干线或支线，一般每条干线可辖4～6层。风机盘管干线可在各楼层配出水平支线，以形成所谓“干竖支平”形配电网络。

（3）应急照明干线独立设置，与正常照明干线平行引上，也按“干竖支平”配出，但其电源端在紧急情况下可经自动切换开关与备用电源或备用发电机组连接，如图3-5所示。

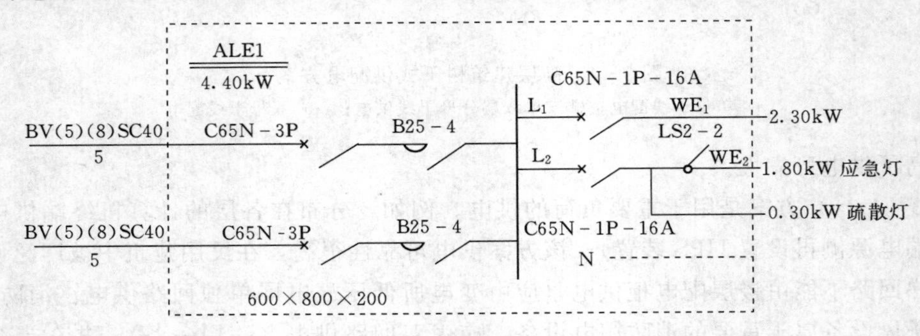

图3-5 应急照明供电方案

（4）空调动力、厨房动力、电动卷帘门等一般动力由专用动力变压器供电，由低压母线按不同种类负荷以放射式引出若干条干线竖直向上，用分线箱向各用电分区水平引出支线，成“干竖支平”形配电。

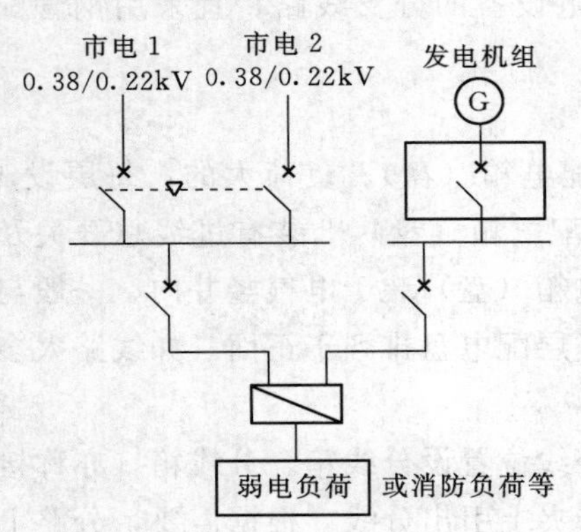

图3-6 高层建筑一级负荷供电方案

（5）消防泵、消防电梯等消防动力负荷以及通信中心、大型电脑房、手术室等不允许断电的部分采用放射式供电。一般从变电所不同母线段上直接各引出一路馈电线到设备，一备一用，末端自投。电源配置双电源，经切换开关自动投入备用电源或备用发电机，如图3-6所示。

对大容量配电干线，要求能承受很大短路电流并具有抗震性，电压降较小，绝缘可靠，便于连接和敷设，价格低廉，拆换容易，搬运方便。

国内常用配电干线材料有铝排、铜排、铜芯电缆和装接式母线，可根据负荷大小选择。

（二）低压配电干线的敷设方法

（1）目前，国内外高层建筑中所用的低压配电干线有铝（铜）芯塑料绝缘电缆、封闭式母线（插接式母线槽）、穿管绝缘导线等。

（2）采用铝（铜）芯塑料绝缘电缆沿竖井明敷是配电干线的敷设方式之一。采用电缆时，不宜穿管敷设，因电缆在管内既不便固定，也不便检查。为增强垂直拉力，可采用钢丝恺装电缆，每隔一定高度进行换位以利固定。国产各种形式的电缆桥架可用于此项敷设。

（3）绝缘导线穿管主要用于事故照明干线。为了在火灾情况下仍能可靠供电，一般采用穿钢管暗配在非燃烧结构内。

（4）重要的备用干线，如备用发电机与各变电所之间的联络，可选用防火电缆，以提高可靠性。

（三）低压配电支干线和支线的敷设方法

（1）由于低压干线引出的支干线或支线用于对低压配电箱或对低压负荷直接供电，它们仍可使用封闭式母线和电缆桥架在各层的中间走廊的吊顶内以树干式或放射式暗敷，也可用导线穿管暗敷。

（2）室内支线采用绝缘导线穿管，在吊顶、墙壁和地坪内暗敷。在负荷位置未定或负荷位置可能变动的房间，可采用金属板线槽沿墙角线或在地毯下敷设。

（3）低压配电线路的敷设方式：

1）插接式绝缘母线槽的敷设方式：插接式母线槽为封闭式，由导电排、绝缘层及钢板外壳等组成，如图 3-7 所示。母线槽具有体积小、结构紧凑、载流量大、供电安全性高、通用性好、互换性强、敷设方便和分支线可以非常方便地从母线槽上“T”接等优点，因而在高层建筑中得到了广泛应用。

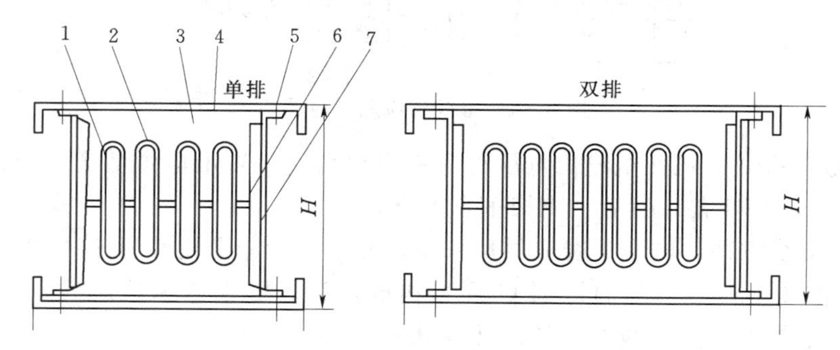

图 3-7　母线槽结构示意图

1—导电排；2—绝缘层；3—母线夹板；4—上、下盖板；5—螺钉；6—槽板；7—侧板

垂直敷设方式和水平吊装敷设方式见图 3-8，母线槽在高层建筑中的应用见图 3-9。

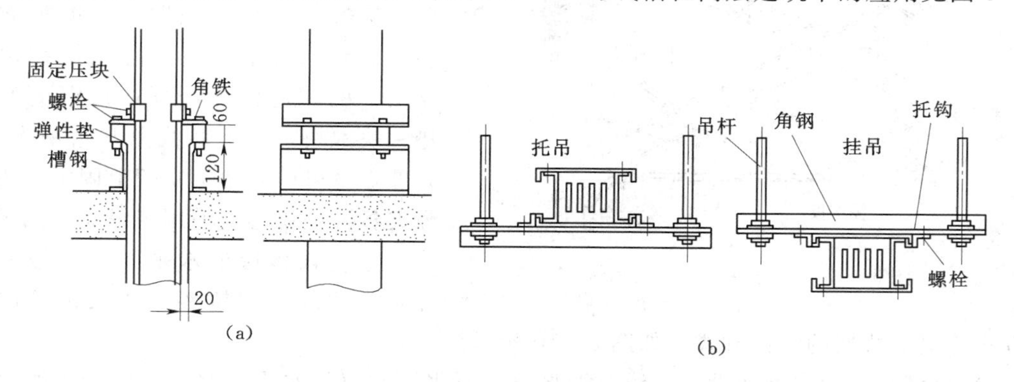

图 3-8　母线槽安装图

（a）母线槽垂直安装图；（b）母线槽水平吊装图

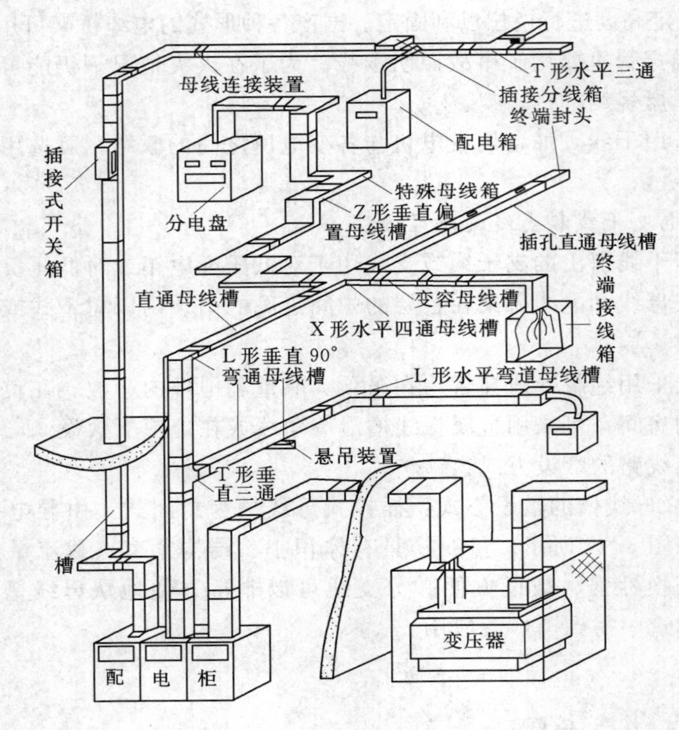

图 3-9　母线槽应用示意图

2）电缆敷设方式。低压电缆由低压配电室引出后，一般沿电缆隧道、电缆沟或电缆托架、托盘进入电缆竖井，然后沿支架垂直上升。

为了T接支线方便，电缆干线应尽量采用单芯电缆。单芯电缆T接采用专门的T接接头。T接头由2个近似半圆的铸铜U形卡构成，2个U形卡卡住芯线，用螺钉夹固，其中一个U形卡带有固定接线端头的螺孔及螺钉。

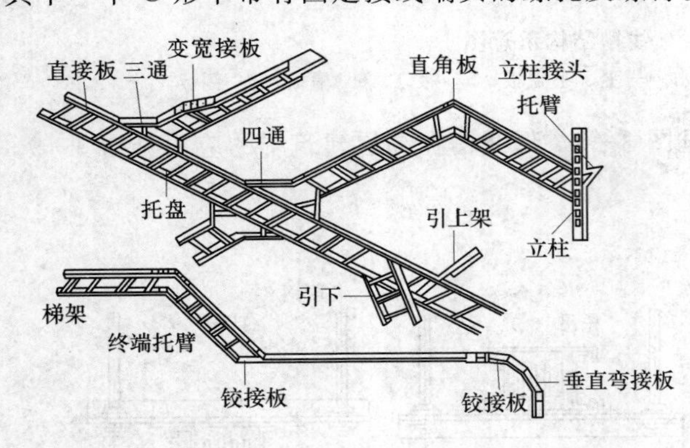

图 3-10　电缆桥架的应用示例

电缆在电缆竖井内的垂直敷设，一般采用U形卡子固定在井道内的角钢支架上。支架每隔1 m左右设1根，角钢支架的长度应根据电缆的根数的多少而定。为了减少单芯电缆在角钢支架上的感应涡流，可在角钢支架上垫一块木块，以使芯线离开角钢支架。此外，也可以在角钢支架上固定2块绝缘夹板，把单芯电缆用绝缘夹板固定。

电缆在楼层的水平敷设一般采用金属线槽或电缆桥架在楼层吊顶内敷设方式。电缆桥架的敷设方式，如图3-10所示。

3）穿管敷设和线槽敷设：导线穿管敷设主要用于大厦的水平线路。一般用于距离不远，管线截面较小的场合。对有防火要求的一级负荷线路也可穿管敷设。消防用电设备的配电线路应采取穿金属管保护方式，暗敷时应敷设在非燃烧体结构内，其保护厚度不小于3cm，明敷设时必须在金属管上采取保护措施。

水平敷设的线路，如果距离较长、管线截面比较大时，均宜采用线槽在吊顶内敷设的方式。线槽及配件中已经标准化，有各种规格转弯线槽、T接线槽等。利用线槽施工非常方便，线槽在楼板下吊装。

另外，在建筑物的吊顶内，为了防火的要求，导线出线槽时要穿金属管或金属软管，不得有外露部分；当同一方向布线的数量较多时，宜在设备层或专用电缆夹层内敷设。

敷设于潮湿场所或者地下的金属管，应采用焊接钢管。敷设于干燥场所及大厦各层楼板内的金属管可采用电线管。

二、建筑设备的电气控制

建筑设备的电气控制与设备的电力供给是紧密联系的。电力供给线路将电输送给设备的动力机构，通常是电动机或加热器；而电气控制部分按设备运行要求通断和调节供给设备的电力。前者称为主回路或一次线路，后者称为控制回路或二次线路。

生活给水泵的水位自动控制典型电路根据泵的数量分为“一用一备”或“多用一备”，而水位信号控制器有干簧管、电容式水位感应器、晶体管液位继电器及电接点压力表等。本书以干簧管式开关（磁性开关）作为水位信号控制器对生活水泵电动机进行控制为例，介绍基本控制原理，如图3－11所示。

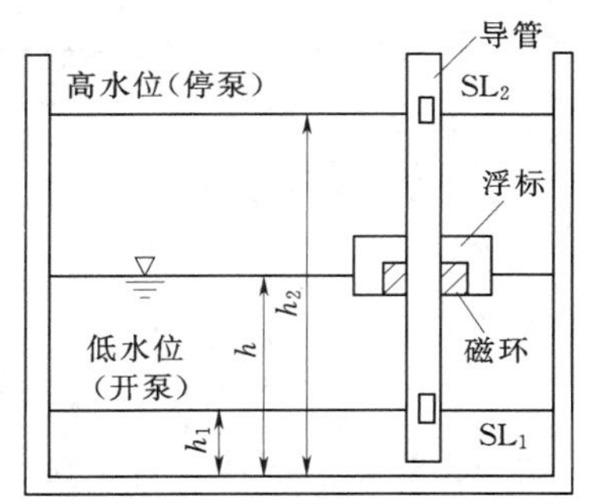

图3－11　干簧水位开关装置示意图

1．单泵控制线路

单泵向屋顶水箱供水线路由干簧水位信号器、水泵的控制回路和主回路构成，如图3－12所示。受水箱水位与簧管开关SL_1和SL_2的控制，低水位开泵，高水位停泵。

工作原理：先将手动自动选择开关拨到自动位置A，合上电源开关后，绿色信号灯HLG亮，表示电源已接通。当水箱水位降到低水位时，浮标内磁钢的磁场作用于下限干簧管，接点SL_1闭合，于是继电器KA线圈得电并自锁，图3－12（d）中KA接通，接触器KM_1线圈通电，其主触头动作，使1号泵电动机M。启动运转，水箱水位开始上升，同时停泵信号灯HLG灭，开泵红色信号灯HLR亮，表示1号泵电机M_1启动运转。

随着水箱水位的上升，浮标和磁钢也随之上升，不再作用下限接点，于是SL_1复位断开，但因KA已自锁，故不影响水泵电机运转，直到水位上升到高水位h_2时，磁钢磁场作用于上限接点SL_2使之断开，于是KA失电，其触头复位，使KM_1失电释放，M_1脱离电源停止工作，同时HLR灭，HLG亮，发出停泵信号。如此在干簧水位信号器的控制下，水泵电动机随水位的变化自动间歇地启动或停止。这里用的是低水位开泵，高水位停泵，如用于排水则应采用高水位开泵，低水位停泵。当水泵故障时，FR_1热继电器动作，KM_1失电，而图3－12（c）中KM。触点闭合，电铃HA发出事故音响报警。

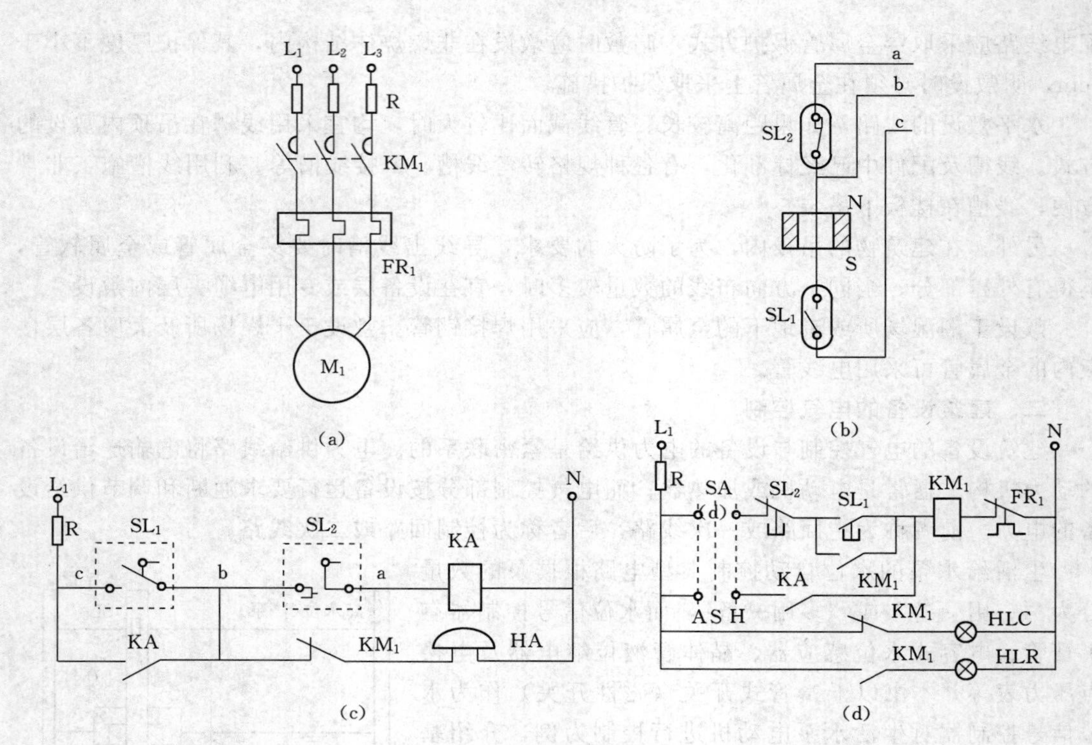

图 3－12　单泵控制原理

(a) 主回路；(b) 干簧管水位仪接线原理图；(c) 水位信号回路；(d) 控制回路

2. 备用泵自动投入的线路

如图 3－13 所示，备用泵自动投入主要由时间继电器 KT 和备用继电器 KA_2 及转换开关 SA 完成。1 号为常用泵，2 号备用。

正常时，合上总电源开关，HL_{GN1}，HL_{GN2}亮，表示电源已接通。将转换开关 SA 置于“Z_1”位，其触点 7～8，9～10，15～16 闭合，当水池（箱）水位低于低水位时，磁钢磁场对下限接点 SL_1 作用，使其闭合，这时，水位继电器 KA，线圈通电并自锁，接触器 KM_1 线圈通电，信号灯 HL_{GN1} 灭，HL_{RD1} 亮，表示 1 号水泵电动机已启动运行，水池（箱）水位开始上升，当水位升至高水位 h_2 时，磁钢磁场作用于 SL_2 使之断开，于是 KA_1 线圈失电，KM_1 失电释放，水泵电动机停止，HL_{RD1} 灭，HL_{GN1} 亮，表示 1 号水泵电动机 M_1 已停止运转。随水位的变化，电动机在干簧水位信号控制器作用下处于间歇运转状态。

在故障状态下，即使水位处于低水位 h_1，SL_1 已接通，但如 KM_1 机械卡住触头不动作，HA 发出事故音响，同时时间继电器 KT 线圈通电，经 5～10s 延时后，备用继电器 KA_2 线圈通电，使 KM_2 通电，备用机组 M_2 自动投入。

如水位信号控制器出现故障时，可将转换开关 SA 置于“S”位，按下启动按钮即可启动水泵电动机。

3. 计算机控制的水泵电路

随着智能建筑的发展，楼宇自动化（BAS）、办公自动化（OAS）和通信自动化

(CAS）正迅速发展，计算机应用也越来越普及。但是对于大量的动力设备，包括水泵在内，其主电路的大功率启动控制设备仍采用有触点的继电一接触控制。为了解决强电向弱电过渡及强电与弱电的接口。这里介绍采用计算机 BAS 控制的水泵电路。

用 BAS 弱电线路的输出触点控制中间继电器，再控制水泵电动机的接触器，如图 3-13 所示。

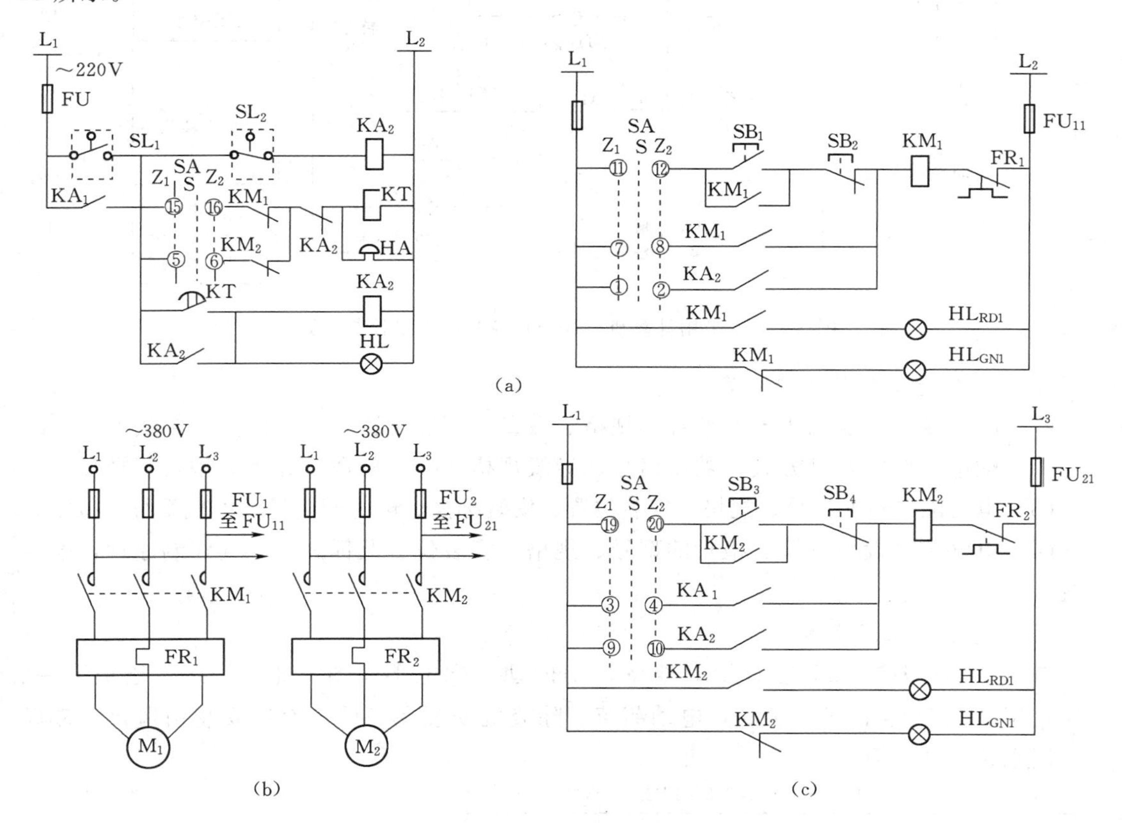

图 3-13　备用泵自动投入控制原理

(a) 水位信号图；(b) 主回路；(c) 控制回路

自动控制：将转换开关 SA 置“自动”位，其触点 3～4 闭合，当水位下降到低水位时，由计算机（BAS）控制中间继电器 KA_2 得电，再接通接触器 KM 线圈使之通电，水泵电机启动。当水达高水位时，BAS 控制 KA_2 线圈失电，水泵电机停止。

故障状态：如因机械卡住 KM 触头不动作，故障信号灯 HL_{YE}亮，警铃 HA 响，按下解除按钮 SBR，中间继电器 KA_1 线圈通电，HA 不响。

手动控制：将 SA 置“手动”位，其触点 1～2 闭合，按 SB_1 和 SB_2 可控制水泵电动机启停。综上分析知，图 3-14 仅是电动机启停的执行器，所有的自动控制功能均由计算机控制系统完成。

三、动力配电工程设计的内容

动力配电工程考虑建筑物内各种动力设备（锅炉、泵、风机、制冷机等）平面布置、安装、接线、调试。

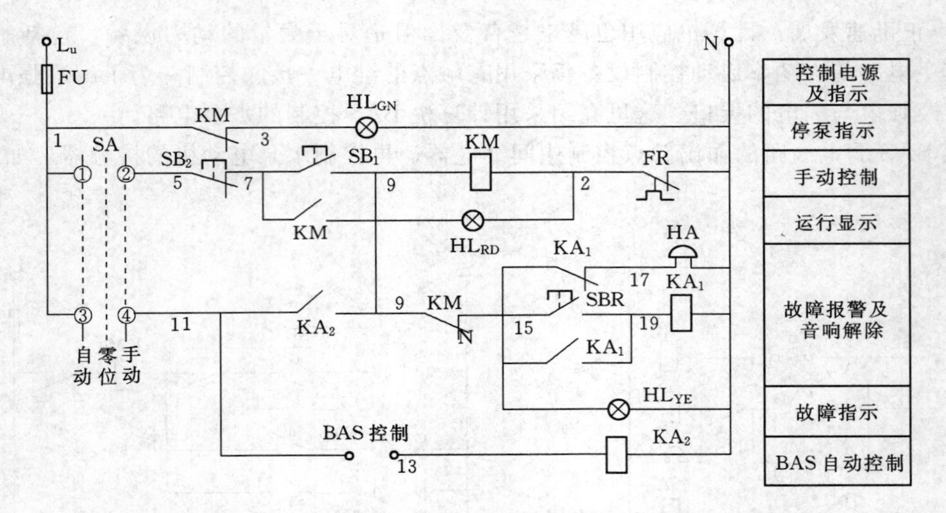

图 3-14　采用计算机（BAS）控制的水泵控制电路

1. 动力配电工程的主要内容

（1）电力设备（电动机）的型号、规格、数量、安装位置、安装标高、接线方式。

（2）配电线路的敷设方式、敷设路径、导线规格、导线根数、穿管类型及管径。

（3）电力配电箱的型号、规格、安装位置、安装标高、电力配电箱的电气系统和接线。

（4）电气控制设备（箱、柜）的型号、规格、安装位置及标高，电气控制原理，电气接线。

2. 动力配电工程举例

图 3-15 与图 3-16 是 2t/h 燃煤锅炉房的动力配电平面图。此锅炉房位于地下一、二层，层高 7.5m。锅炉为卧式，电动葫芦、除渣机安装在一层；二层安装引风机、鼓风机、回水泵、盐水泵。

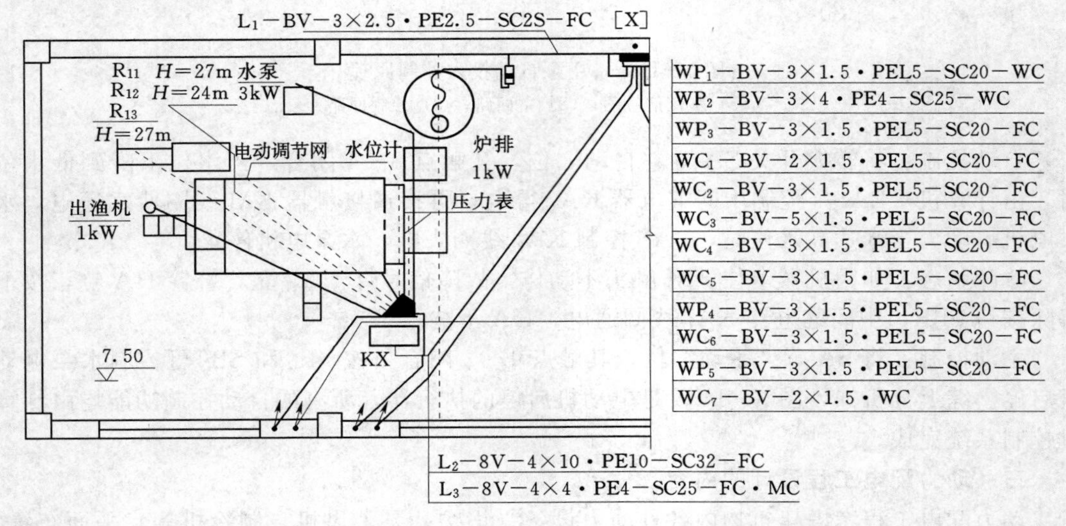

图 3-15　地下二层锅炉房动力配电平面图

图 3-15 是地下二层的动力配电平面图。进线电源由一层引入到二层，二层标高为 7.5m。二层电力配电箱 LX_1 和 LX_1 中，L_1 线路接到墙上铁壳开关，用于控制电动葫芦；L_2 线路接到锅炉控制台 KX。KX 控制台有 5 条电力线路、7 条信号线路。

电力线路 WP_1，WP_2 经地坪，沿墙暗敷；WP_3 接到出渣机电动机，电动机为 1.1kW，用 3 根 1.5mm^2。铜芯线和 1 根 1.5mm。接地线，穿 SC20 钢管，落地暗敷至出渣机；WP_4 是炉排电动机回路，电动机为 1.1kW，3 根 1.5mm^2 和 1 根 1.5mm^2。接地线，穿 SC20 钢管，落地暗敷至炉排电动机；WP_5 为水泵电动机回路，电动机为 3kW。

WC_1～WC_7 为信号和控制线路，Rt_1～Rt_2 为测温热电阻，安装高度分别为 2.7m 和 3.4m；WC_3 为电动调节阀控制线，5 根 1.5mm^2 铜芯线和 1 根 1.5mm^2 接地线；WC_4 为水位计信号线路；WC_5 为速度传感器 F 信号线路；WC_6 为压力表信号线路 WC_7 到 LX_2 配电箱。

图 3-16 中，引风机和鼓风机控制电源由地下二层引入，见 WP_1 和 WP_2。回水泵和盐水泵由地下一层 LX_1 电力配电箱控制。

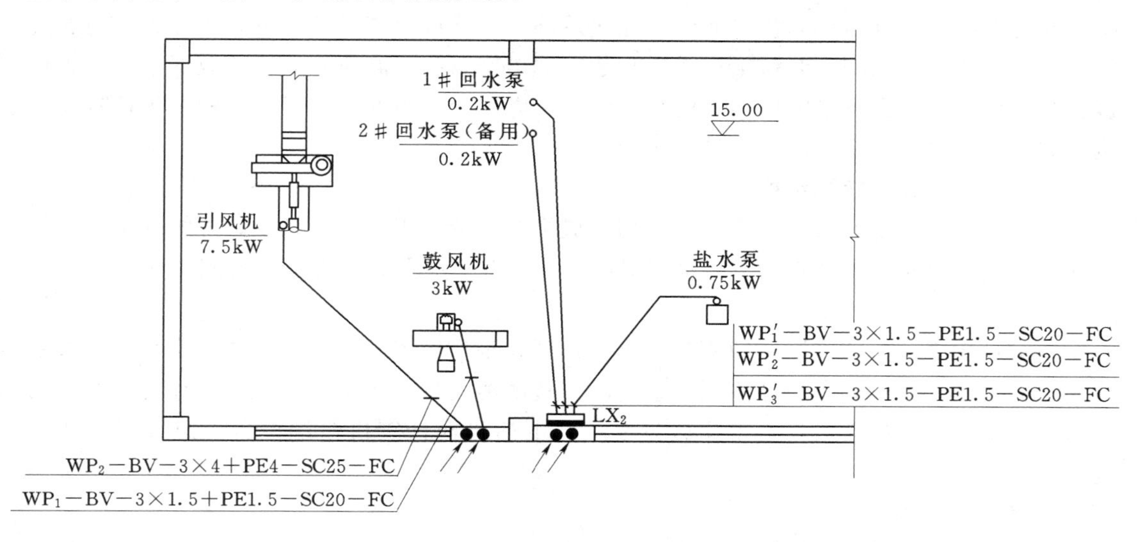

图 3-16　地下一层动力配电平面图

第四节　综合布线系统

一、综合布线系统的基本概念和主要范围

1. 综合布线的基本概念

在智能建筑中，综合布线系统是必不可少的。综合布线系统（GCS，Generic Cabling System）是建筑物或建筑群内部的数据信息传输网络，它提供建筑物或建筑群内部的语音、数据通信设备、信息交换设备、建筑物物业管理及建筑物自动化管理设备等系统之间的联络，也提供与外部通信网络的联系。它包括建筑物到外部网络或电话局线路上的连接点与工作区的语音或数据终端之间的所有电缆及相关联的布线部件。

综合布线的发展与建筑物自动化系统密切相关，传统布线（如电话、计算机局域网）都是各自独立的。各系统分别由不同的专业设计和安装，传统布线采用不同的线缆和不同的终端插座。而且，连接这些不同布线的插头、插座及配线架均无法互相兼容。办公布局及环境改变的情况是经常发生的，需要调整办公设备或随着新技术的发展而需要更换设备时，就必须更换布线。其改造不仅增加投资和影响日常工作，也影响建筑物整体环境。

综合布线是一种预布线，能够适应较长一段时间的需求。综合布线是一种模块化的、灵活性极高的建筑物内或建筑群之间的信息传输通道。它既能使语音、数据、图像设备和交换设备与其他信息管理系统彼此相连，也能使这些设备与外部相连接。它还包括建筑物外部网络或电信线路的连接点与应用系统设备之间的所有线缆及相关的连接部件。综合布线由不同系列和规格的部件组成，包括传输介质、相关连接硬件（如配线架、连接器、插座、插头、适配器），以及电气保护设备等。这些部件可用来构建各种子系统，它们都有各自的具体用途，不仅易于实施，而且能随需求的变化而平稳升级。

2. 综合布线的主要范围

综合布线系统针对计算机与通信的配线系统设计，可以满足各种不同的计算机与通信的要求。综合布线系统主要包括：模拟与数字的语音系统；高速与低速的数据系统；传真机、图形终端、绘图仪等需要传输的图像资料；电视会议与安全监视系统的视频信号；建筑物的安全报警和空调控制系统的传感器信号。

二、综合布线系统的结构

综合布线系统是开放式结构，它可划分成7个部分：工作区子系统、配线（水平）子系统、干线（垂直）子系统、管理区子系统、设备间子系统、进线间和建筑群子系统。

1. 工作区子系统

一个具有终端的独立区域即称为一个工作区。工作区子系统应由配线（水平）布线系统的信息插座，延伸到工作站终端设备处的连接电缆及适配器组成。一个工作区的服务面积可按5～10m^2。估算，每个工作区设置一个电话机或计算机终端设备，或按用户要求设置。

2. 配线（水平）子系统

配线子系统是单一楼层的布线系统，它由工作区用的信息插座，每层配线设备至信息插座的配线电缆、楼层配线设备和跳线等组成。配线子系统应满足：工程提出的近期和远期的终端设备要求；每层需要安装的信息插座数量及其位置要求；终端将来可能产生移动、修改和重新安排的要求。

配线子系统线缆应采用4对双绞电缆，有高速率应用的场合，应采用光缆。配线子系统根据整个综合布线系统的要求，应在二级交接间、交接间或设备间的配线设备上进行连接，以构成电话、数据、电视系统，并进行管理。配线电缆宜选用普通型铜芯双绞电缆，配线子系统电缆长度应在90m以内。

综合布线系统的信息插座应选用单个连接或成双连接的8芯插座，信息插座内部做固定线连接，一个给定的综合布线系统设计可采用多种类型的信息插座。

工作区的每一个信息插座均应支持电话机、数据终端、计算机、电视机及监视器等终端的设置和安装。

综合布线系统的适配器布置应符合下列要求：在设备连接器处采用不同信息插座的连接器时，可以用专用电缆或适配器；在配线（水平）子系统中选用的电缆类别（媒体）不同于工作区子系统设备所需的电缆类别（媒体）时，宜采用适配器；在连接使用不同信号的数模转换或数据速率转换等相应的装置时，宜采用适配器；根据网络规程的兼容性，选用合适的适配器；根据工作区内不同的电信终端设备可配备相应的终端适配器。当在单一信息插座上开通 ISDN 业务时，宜用网络终端适配器。

3. 干线（垂直）子系统

干线子系统应由设备间的配线设备和跳线以及设备间至各楼层配线间的连接电缆组成。在确定干线子系统所需要的电缆总对数之前，必须确定电缆话音和数据信号的共享原则。对于基本型每个工作区可选定 1 对双绞线，对于增强型每个工作区可选定 2 对双绞线，对于综合型每个工作区可在基本型和增强型的基础上增设光缆系统。

选择干线电缆最短、最安全和最经济的路径是选择带门的封闭型通道敷设干线电缆。干线电缆可采用点对点端接，也可采用分支递减端接以及电缆直接连接的方法。如果设备间与计算机机房处于不同的地点，而且需要把话音电缆连至设备间，把数据电缆连至计算机房，则宜在设计中选取不同的干线电缆或干线电缆的不同部分来分别满足不同路由干线子系统话音和数据的需要。当需要时，也可采用光缆系统予以满足。

4. 管理区子系统

管理区子系统设置在每层配线设备的房间内。管理区子系统应由交接间的配线设备、输入/输出设备等组成，管理区子系统也可应用于设备间子系统。管理区子系统应采用单点管理双交接。交接场的结构取决于工作区、综合布线系统规模和选用的硬件。在管理规模大、复杂、有二级交接间时，才设置双点管理双交接。在管理点，根据应用环境用标记标出各个端接场。

交接区应有良好的标记系统，如建筑物名称、建筑物位置、区号、起始点和功能等标志。交接间及二级交接间的配线设备宜采用色标区别各类用途的配线区。交接设备连接方式的选用宜符合下列规定：

（1）对楼层上的线路进行较少修改、移位或重新组合时，宜使用夹接线方式。

（2）在经常需要重组线路时应使用插接线方式。

（3）在交接场之间应留出空间，以便容纳未来扩充的交接硬件。

5. 设备间子系统

设备间是在每一幢大楼的适当地点设置进线设备、进行网络管理，以及管理人员值班的场所。设备间子系统由综合布线系统的建筑物进线设备、电话、数据、计算机等各种主机设备及其保安配线设备等组成。设备间内的所有进线终端应采用色标区别各类用途的配线区，设备间位置及大小根据设备的数量、规模、最佳网络中心等内容综合考虑确定。

6. 进线间

进线间是建筑物外部通信和信息管线的入口部位，并可作为入口设施和建筑群配线设备的安装场地。

7. 建筑群子系统

建筑群子系统由 2 个及 2 个以上建筑物的综合布线系统，包括连接各建筑物之间的缆

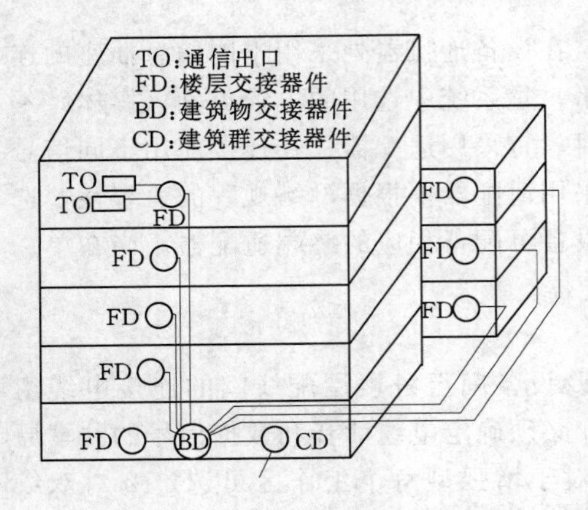

图 3-17 建筑与建筑群综合布线系统结构

线和配线设备组成。建筑群子系统宜采用地下管道敷设方式，管道内敷设的铜缆或光缆应遵循电话管道和入孔的各项设计规定。此外，安装时至少应预留一二个备用管孔，以供扩充之用。建筑群子系统采用直埋沟内敷设时，如果在同一沟内埋入了其他的图像、监控电缆，应设立明显的共用标志。电话局引入的电缆应进入 1 个阻燃接头箱，再接至保护装置。

根据 GB 50311—2007，综合布线系统结构，见图 3-17。

典型的建筑物内部的综合布线系统结构，如图 3-18 所示。

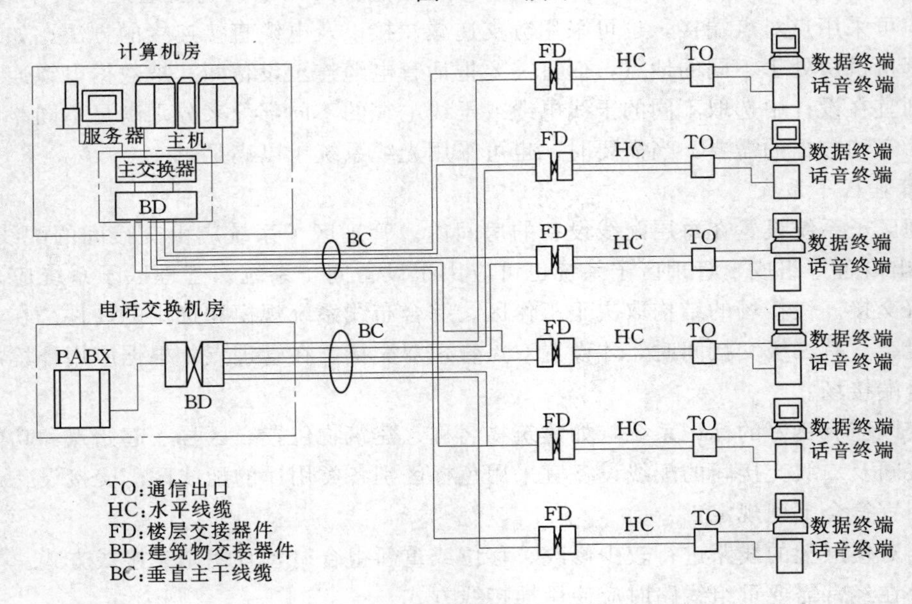

图 3-18 综合布线系统图

典型的建筑物内综合布线系统结构，如图 3-19 所示。

三、综合布线系统设计概述

建筑物综合布线系统的设计等级完全取决于客户的需求，通常，设计等级可以分成 3 大类：基本型、增强型、综合型。

1. 基本型

基本型综合布线系统适用于综合布线系统中标准较低的场合，用铜芯电缆组网。其配置：

(1) 每个工作区有 1 个信息插座。

(2) 每个信息插座的配线电缆为每条 4 对双绞线。

(3) 干线电缆的配置，对计算机网络 24 个信息插座配 2 对双绞线，或每个集线

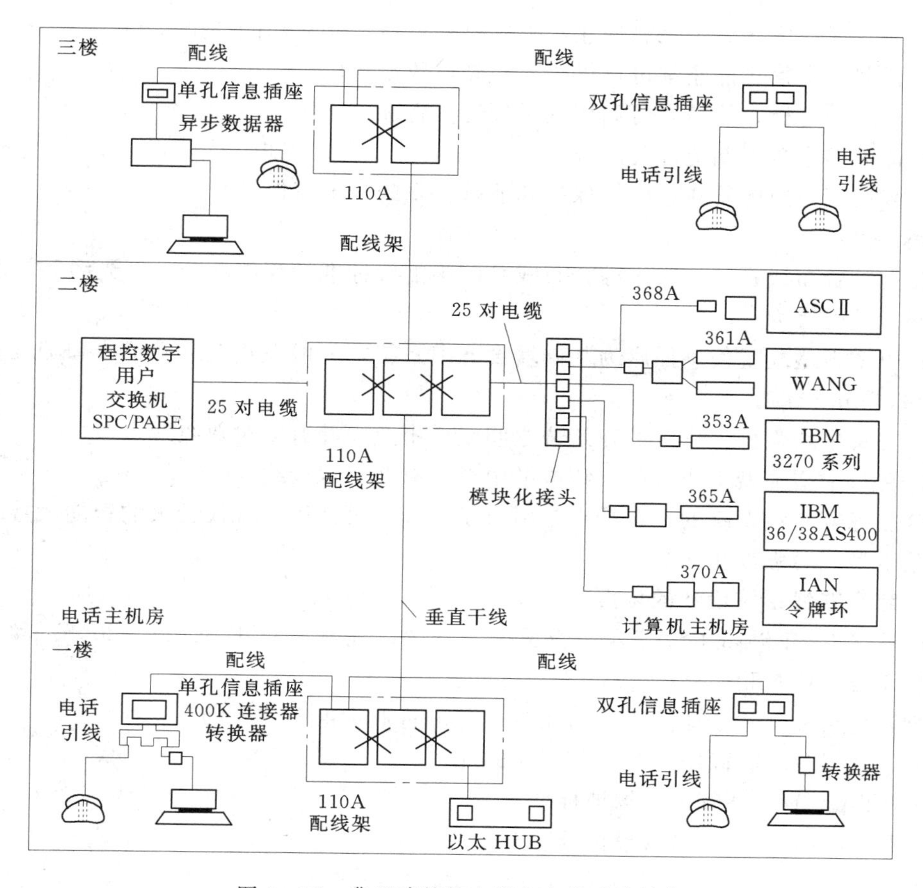

图 3-19 典型建筑物内综合布线系统结构

(HuB) 或集线器群 (HuB 群) 配 4 对双绞线；对电话至少每个信息插座配 1 对双绞线。

大多数基本型综合布线系统能支持语音/数据，其特点为：

(1) 能支持所有语音和数据的应用。

(2) 便于技术人员管理。

(3) 采用气体放电管式过电压保护和能够自复的过电流保护。

(4) 能支持多种计算机系统数据的传输。

2. 增强型

增强型综合布线系统适用于综合布线系统中中等配置标准的场合，用铜芯电缆组网。其配置为：

(1) 每个工作区有 2 个或 2 个以上信息插座。

(2) 每个信息插座的配线电缆为每条 4 对双绞线。

(3) 干线电缆的配置，对计算机网络 24 个信息插座配 2 对双绞线，或每个集线器 (HuB) 或集线器群 (HuB 群) 配 4 对双绞线；对电话至少每个信息插座配 1 对双绞线。

增强型综合布线系统不仅具有增强功能，而且还可提供发展余地。它支持语音和数据应用，并可按需要利用端子板进行管理，其系统特点为：

(1) 每个工作区有 2 个信息插座，不仅机动灵活，而且功能齐全。

(2) 任何一个信息插座都可提供语音和高速数据应用。

(3) 可统一色标，按需要可利用端子板进行管理。

(4) 能为多个数据制造部门服务。

(5) 采用气体放电管式过电压保护和能够自复的过电流保护。

3. 综合型

综合型综合布线系统适用于综合布线系统中配置标准较高的场合，用光缆和铜芯电缆混合组网。其配置为：

(1) 以增强型配置信息插座为基础增设光缆系统，一般在建筑群间干线和配线子系统上配置 62.5μm 光缆。

(2) 在每个增强型工作区的建筑群之间线缆中至少配有 2 对双绞线。

(3) 在每个增强型工作区的干线电缆中至少有 3 对双绞线。

综合型综合布线系统的主要特点是引入了光缆，可适用于规模较大的智能大楼，其余特点与基本型或增强型相同。

四、综合布线系统设计的依据

我国于 2007 年颁布了《综合布线系统工程设计规范》(GB 50311—2007) 和《综合布线系统工程验收规范》(GB 503 12—2007)。

目前，综合布线系统国际上也有不少相关的行业标准，主要的有：

(1) EIA/TIA568 商用建筑电信布线标准。

(2) ETA/TIA569 管道和场地标准。

(3) ETA/TIA606 管道敷设标准。

(4) ETA/TIATSB—67 非屏蔽双绞线传输性能验收规范。

(5) 欧洲标准：EN5016、EN50168、EN50169 分别为水平配线缆、跳线和终端连接电缆及垂直配线电缆标准。

目前，综合布线产品向多功能、结构化方向发展。主要有屏蔽（STP，SCTP，FTI)、非屏蔽（UTP）对绞电缆和光缆，满足消防的阻燃、无毒、低烟要求，同时还要满足多种网络和本身综合布线网络管理的要求。在选用产品时，选择一致性、高性能的布线材料是综合布线系统的重要标准。

五、综合布线系统设计要领

国际上各综合布线产品的质保期一般为 15 年。为了保护建筑物投资方的利益，设计时可采取“总体规划，分步实施，水平布线尽量一步到位”的原则。主干线大都设置在建筑物弱电井中，水平布线是在建筑物的天花板内或地板管道内。如果更换水平布线，则要损坏建筑物结构，影响整体美观。因此，设计水平布线，应尽量选用档次较高的线缆及连接件（如选用 100Mbps 的对绞线），以缩短布线周期。

（一）综合布线总体设计要点

1. 用户需求分析

现代建筑内各部门、各单位，由于业务不同，工作性质不同，对于布线系统的要求也各不相同，有的对数据处理点的数量要求多，有的却对通信系统有特殊要求。在进行综合布线系统总体设计时，首先必须对用户的需求，包括若干年后的发展要求做深入了解，依此进行用户需求分析。一般用户要求及要实现的功能有：

（1）电话通信系统。

（2）计算机局域网系统。

（3）计算机局域网系统与电信等公共交换网的连接，与外界建立计算机广域网系统。

（4）具有与信息高速公路相连接的接口。

（5）实现与楼宇自动化系统（包括楼宇设备监视系统、保安系统、消防报警系统、闭路电视系统）的DDC或中央工作站之间的联网。

2. 系统规划

系统规划包括系统布局和系统信息点规划2方面。

（1）系统布局。系统布局是根据建筑物结构、布线环境做出的，主要包括：

1）规划办公区信息点分布、电缆竖井位置。

2）规划数据配线柜（接线间）的位置。

3）程控交换机的位置。

4）信息口的类型（屏蔽、非屏蔽、单口、双口插座）。

5）线缆的类型（3类线、5类线、屏蔽线、非屏蔽线、光缆等）。

6）与楼宇自动化系统的连接。

（2）信息点规划。

1）电话信息点：通常，每间写字楼的办公室至少分配一条IDD直拨电话线，并可根据用户的需求向电信局申请ISDN线路，它支持标准ISDN终端与非标准ISDN终端的接入，并提供电话、高速传真、可视图文、可视电话、快速数据通信等多种综合服务数字网业务。

内部电话信息点的布线密度要比直拨电话信息点密一些，这是因为内部电话信息点的用途不只局限于传统电话的语言通信，而是利用电话总机所提供的综合服务数字网进行计算机组网、高速图文传真、可视图文、可视电话、传输数据以及电视电话会议服务。内部电话信息点要有一定的冗余。

2）计算机信息点：在规划计算机信息点时，必须根据各种不同情况分别予以处理。对于写字楼办公室，一般估算每个工作站占地8～10m^2，由此计算出每间办公室的计算机信息点；普通办公室拥有一个计算机信息点；银行的计算机信息点密度要大一些；商场要根据收款点布局决定计算机信息点。

3）与楼宇自动化系统的接口：包括每层楼的楼宇设备监视系统、保安系统、消防报警系统、闭路电视系统的接口。

3. 系统总体设计

不管采用哪家公司综合布线产品，总体设计大体是一样的，都是对前面提出的6个子系统设计。

（1）工作区子系统设计：根据信息点的性质、数量来确定信息插座的数量和类型。

（2）水平子系统的设计：主要是确定线缆的类型和长度。

（3）垂直干线子系统设计：主要是确定光缆及大对数非屏蔽双绞线或屏蔽双绞线的类

型和长度。

(4) 管理区子系统设计：主要确定交接间的配线设备（双绞线跳线架、光纤跳线架），输入/输出设备及其连接、跳线方式。

(5) 设备间子系统设计：主要考虑设备间内网络设备、主机系统、数字交换机等如何通过主配线架与分布在各楼层的工作站终端、电话等设备连接，以及防雷接地保护。

(6) 建筑群子系统设计：主要是确定建筑物之间电缆的类型、长度、敷设方式等。

综合布线系统具有多元化的功能，每个子系统均为一个独立的单元组，更改任一子系统时，均不会影响其他子系统。

（二）设计综合管理

综合布线系统能把智能化建筑物内、外的所有设备互联起来。为了充分合理地利用线缆及连接件，可以将综合布线系统设计资料采用数据库技术管理起来。设计之初就应利用计算机辅助建筑设计（CAD），将建筑物的需求分析、系统结构设计、布线路由设计以及线缆参数、位置编码等一系列的数据登录入库，使配线管理成为智能建筑管理数据库系统的一个子系统。

本单位的技术人员应参与综合布线系统规划、设计以及验收过程，这对后期管理、维护布线系统大为有益。

复习思考题

3-1　高层建筑动力配电干线主要布线方式有几种？它们各有什么特点？

3-2　建筑设备控制线路中常用继电器有几种？如何应用？

3-3　综合布线系统的作用是什么？与传统布线方式相比，它有哪些优势？

3-4　综合布线系统有哪 7 大部分？它们各起什么作用？

3-5　综合布线系统常用传导介质有哪些？

第四章　建筑电气安全技术

本章主要介绍接地与接零、低压配电系统的保护、雷电的产生及破坏以及建筑物的防雷与接地。

第一节　接地与接零

民用建筑电气设计中，防雷涉及对建筑物及其内部的设备安全，而接地涉及建筑的供电系统和设备以及人身的安全。电气设备接地或接零是保护电气设备的重要手段，本章介绍接地（仅限于一般的工频接地）与接零的作用与要求，接地装置和接零系统设计，以及接零系统的几种形式，并对各类接地之间的相互关系进行介绍。

一、接地概述

电气设备的某部分用金属与大地作良好的电气连接，称为接地。埋入地中并直接与大地接触的金属导体，称为接地体（或接地极）。兼作接地用的直接与大地接触的各种金属构件、金属井管、钢筋混凝土建筑物的基础、金属管道和设备等，称为自然接地体；而为了接地埋入地中的圆钢、角钢等接地体，称为人工接地体。连接设备接地部分与接地体的金属导线，称为接地线。接地体和接地线的总和，称为接地装置。

1．电气设备接地的目的

由于电气设备某处绝缘损坏而使外壳带电，一旦人触及设备带电的外壳就会造成对人员的触电伤害。如果没有接地装置，接地电流将同时沿着接地体和人体 2 条通路流过。接地电阻越小，流经人体的电流也就越小。如果接地电阻小于某个定值，流过人体的电流也就小于伤害人体的电流值，使人体避免触电的危险。为保证电气设备及建筑物等的安全，须采用过电压保护接地、静电感应接地等。

2．接地电流在大地中的流散与电位梯度

当电气设备发生接地故障时，电流就通过接地体向大地作半球形散开（见图 4－1），称为接地短路电流或接地电流。接地电流在大地中形成的流散电流场呈半球形，见图 4－2。这半球形的球面对接地电流场所呈现的电位梯度，在距接地体越远的地方就越小。实验证明，在距单根接地体或接地故障点 20m 左右的地方，呈半球形的球面已经很大，该处的电位与无穷远处的电位几乎相等，实际上已没有什么电位梯度存在。接地电流在大地中散逸时，在各点有不同的电位梯度和电位，而电位梯度或电位为 0 的地方称为电气上的“地”或“大地”。

当人站在接地装置附近的地面上，由于两脚站的地方电位不同，因而形成电位差，称为跨步电压。有跨步电压，就有电流从人体上流过，跨步电压越大，流过人体的电流就越大，对人的生命安全威胁也就越大。同理，如果人触及发生接地故障设备，则人体接触地的两点（脚和手）与接地体相连的点之间便呈现一定的电位差，也称为接触电压。

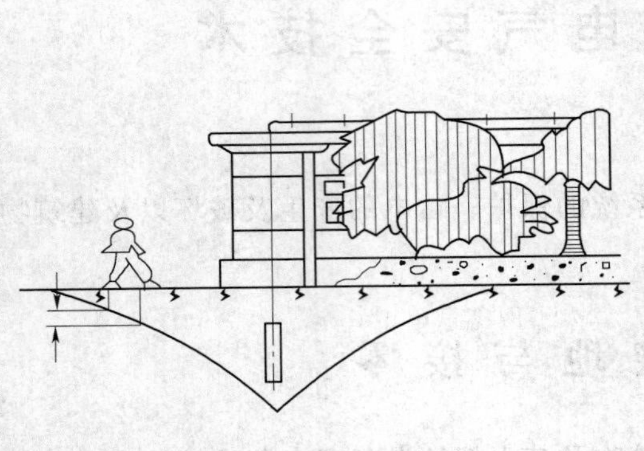

图 4-1 接地示意图

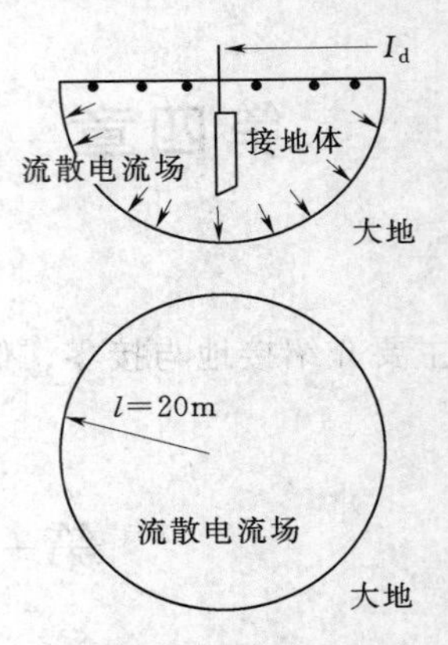

图 4-2 接地体周围电场分布

减小接触电压或跨步电压的措施是设置多根接地体组成的接地装置。用多根接地体连接成闭合回路，接地体回路之内的电位分布比较均匀，即电位梯度很小，则可以减少接触电压或跨步电压。

3. 接地电阻

接地电阻是指电流从埋入地中的接地体流向周围土壤时，接地体与大地远处的电位差与该电流之比，而不是接地体的表面电阻。所以，接地电阻反映了接地体周围土壤对接地电流场所呈现的阻碍作用的大小。接地体的尺寸、形状、埋地深度及土壤的性质都会影响接地电阻值。严格地说，这里所指的接地电阻应称为流散的电阻，而接地装置及其周围土壤对电流的阻碍作用才称为接地电阻。由于接地电阻和流散电阻相差甚小，一般把它们看作是相等的。

二、接地类型和作用

在用电时，人体经常与用电设备的金属结构（如外壳）相接触。如果电气装置的绝缘损坏，导致金属外壳带电；或者由于其他意外事故，使不应带电的金属外壳带电，这样就会发生人身触电事故。因此，采取安全措施是非常必要的，同时保证电气系统或电器设备正常工作也需要接地。

（一）接地类型

1. 工作接地

能够保证电气设备在正常和事故情况下可靠地工作而进行的接地称为工作接地。例如，变压器和发电机的中性点直接接地，能起维持相线对地电压不变的作用；变压器和发电机的中性点经消弧线圈接地，能在单相碰地时消灭接地短路点的电弧，避免系统出现过电压；防雷系统的接地，可以对地泄放雷电流等。

如果变压器低压中性点没有工作接地，发生一相碰地将导致如下后果：

（1）接地电流不大，故障可能长时间存在。

（2）接零设备对地电压接近相电压，触电危险性大。

（3）其他两相对地电压升高至接近线电压，单相触电危险性增加。

2. 保护接地

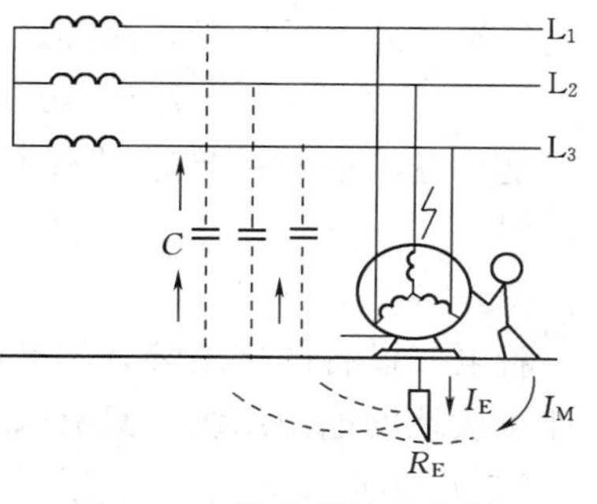

图 4－3　接地保护示意图

所谓保护接地，就是在中性点不接地的低压系统中，将电气设备在正常情况下不带电的金属部分与接地体之间做良好的金属连接。图 4－3 是采用保护接地情况下故障电流的示意图。

当某处绝缘损坏时，用电设备的金属外壳带电，由于有了保护接地，故障电流流经两条闭合回路，其一，I_E 经过保护接地装置和电容 C 与线路构成回路；其二，I_M 经过人体和电容 C 与线路构成回路。

$$I_M/I_E=R_E/R_M \tag{4-1}$$

式中　I_E，R_E——流经接地体的电流及其电阻；

I_M，R_M——流经人体的电流及其电阻。

R_E 一般为 4～10Ω，R_M 一般为 1000Ω 左右，加之线路对地分布电容的容抗较大。因此，流经人体的电流极小，从而保护了人身安全。为了保证流经人体的电流在安全电流值以下，必须使 $R_E \ll R_M$，安全电流一般取：交流电流 33mA，直流电流 50mA。

显然，在中性点不接地的系统中，不采取保护接地是很危险的。但是，在中性点不接地的系统中，只允许采用保护接地，而不允许采用保护接零。这是因为在中性点不接地系统中，任何一相发生接地，系统虽仍可照常运行，但这时大地与接地的零线将等电位，则接在零线上的用电设备外壳对地的电压将等于接地的相线从接地点到电源中性点的电压值，这是十分危险的。

零线的存在既能保证相电压对称，又能使接零设备外壳在意外带电时电位为 0。因此，零线绝不能断线也不能在零线上装设开关和熔断器。

（二）接零保护

发电机、变压器、电动机和电器的绕组中心以及带电源的串联回路中有一点，它与外部各接线端之间的电压的绝对值均相等，该点称为中性点或中点。当中性点接地时，该点称为零点。由中性点引出的导线称为中性线，由零点引出的导线称为零线。

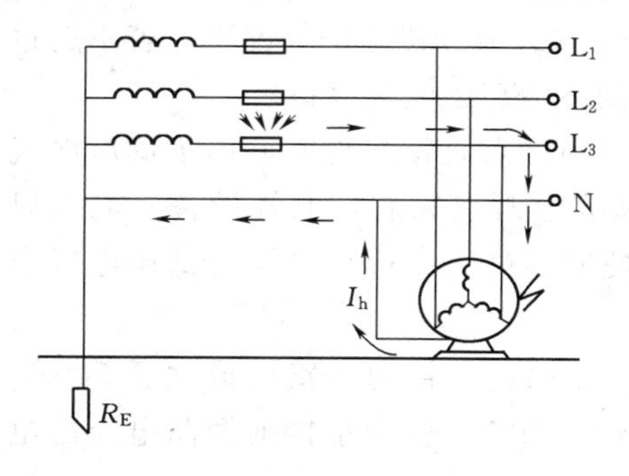

图 4－4　接零保护示意图

所谓保护接零（又称接零保护）就是在中性点接地的系统中，将电气设备在正常情况下不带电的金属部分与零线做良好的金属连接。图 4－4 是采用保护接零情况下故障电流的示意图。当某一相绝缘损坏时，外壳带电，由于外壳采用了保护接零措施，因此该相线和零线构成回路，单相短路电流很大，足以使线路上的保护装置迅速动作，将漏电设备与电源断开而消除触电的危险，同时也避免了设备的进一步损坏。

对于中性点接地的三相四线制系统，只能采取保护接零。保护接地不能有效地防止人身触电事故。如采用保护接地，若电源中性点接地电阻与电气设备的接地电阻均为 4Ω，而电源相电压为 220V，那么当电气设备的绝缘损坏

使电气设备外壳带电时，两接地电阻间的电流将为

$$I_E=220/(R_E+R_O)=220/(4+4)=27.5(A)$$

这一电流值不一定能使保护装置动作，因而使电气设备外壳长期存在着对地的电压，即

$$U=I_E R_E=27.5\times4=110(V)$$

若电气设备的接地装置不良，则该电压将会更高，这对人体是十分危险的。因此，对中性点接地的电源系统，只有采用保护接零才是最为安全的。

（三）重复接地

采用保护接零时，除系统的中性点工作接地外，将零线上的一点或多点与地再作金属连接，称为重复接地。如果不采取重复接地，一旦出现零线折断的情况，接在折断处后面的用电设备相线碰壳时，保护装置就不会动作，该设备以及后面的所有接零设备外壳都存在接近于相电压的对地电压，相当于设备既没有接地又没有接零。若在用户集中的地方采取重复接地，即使零线偶尔折断，带电的外壳也可以通过重复接地装置接地，只要各重复接地处接地电阻满足接地要求，就相当于设备外壳接地保护，避免触电对人员的危害。

（四）防雷接地

防雷接地一般由接闪器、引下线、接地装置组成，作用是将雷电电荷分散引入大地，避免建筑物内部电器设备及人员遭受雷电侵害。

（五）屏蔽接地

为使干扰电场在金属屏蔽层感应所产生的电荷导入大地，而将金属屏蔽层接地，称为屏蔽接地，如专用电子测量设备的屏蔽接地等。

（六）专用电气设备的接地

例如，电子计算机的接地主要有直流接地（即计算机逻辑电路、运算单元、CPU 等单元的直流接地，也称为逻辑接地）和安全接地；此外，还包括一般电子设备的信号接地、安全接地、功率接地（包括电子设备中所有继电器、电动机、指示灯等的接地）等。

三、电气设备、电子设备的接地划分

1. 电气设备的分类及要求

电气设备中任何带电部分的对地电压，不论是在正常或故障碰地的情况下，若不超过250V，该设备则称为低压电气设备；若超过 250V，则称为高压电气设备。

对于 380/220V 三相四线系统的电气设备，当系统中性点直接接地时，属于低压电气设备；当中性点不直接接地时，则属于高压设备。从安全观点来看，电气设备的电压以250V 为标准划分高压和低压，并不很适当。比较合理的划分是，1kV 以下为低压电气设备，1kV 以上为高压电气设备。

电压在 1kV 以上的电气设备，当发生单相接地短路时，若接地短路电流大于 500A，称为大接地短路电流的电气设备；若接地短路电流小于 500A，称为小接地短路电流的电气设备。

2. 电气设备的接地要求

电气设备接地首先是保护人身安全，其次才是保证电气设备及建筑物等的安全。为此，所有的电气设备都应装设接地装置，并将电气设备外壳接地。各种不同用途和各种不同电压

的电气设备接地，应使用一个总的接地装置。接地装置的接地电阻，应满足其中接地电阻最小的电气设备的要求。设计接地装置时，应考虑到一年中均能保证要求的接地电阻值。

电机、变压器、电器、照明设备的底座和外壳，电气设备的传动装置，互感器的二次线圈（继电保护方面另有规定者除外），配电屏和控制台的框架，屋内外配电装置的金属和钢筋混凝土构架，以及带电部分的金属遮栏、交直流电力电缆盒的金属外壳和电缆的金属外皮、布线的钢管等电气设备等，均应接地。

四、接地与接零设计注意事项

（1）对于电气设备的接地体，设计中应首先考虑充分利用各种自然接地体，以便节约钢材。自然接地体包括与地有可靠连接的各种金属结构、管道、设备构架等。除特殊规定外，如这些自然接地体能满足规定的接地电阻的要求，可不再另设人工接地体。但输送易燃易爆物质的金属管道不能作为接地体。

（2）当允许而又可能将各种不同用途和不同电压的电气设备的接地同时使用一个总的接地装置时，其接地电阻值应满足其中最小电阻值的要求。

（3）接地体之间的电气距离不应小于 3m，接地体与建筑物之间的距离一般不小于 1.5m（利用建筑基础深埋接地体的情况除外）。

（4）接地极与独立避雷针接地极之间的地中距离，不应小于 3m。

（5）防雷保护的接地装置（除独立避雷针外）可与一般电气设备的接地装置相连接，并应与埋地金属管道相互连接，还可利用建筑物的钢筋混凝土基础内的钢筋网作为接地装置。其接地电阻值应满足该接地系统中最低者的要求。

（6）避雷器的接地可与 1kV 以下线路的重复接地相连接，其接地电阻一般不超过 10Ω。

（7）专用电气设备，如计算机、医疗电气设备、专用电子设备的接地，应与其他设备的接地及防雷接地分开，并单独设置接地装置，且与防雷接地装置相距保持 5m 以上，以防止雷电的干扰和冲击。专用电气设备本身的交流保护接地和直流工作接地不能在室内混用，也不能共用接地装置，以防止高频干扰。

五、各种接地的电阻值要求

在 1 kV 以下的低压配电系统中各种接地的电阻值要求如下：

（1）工作接地通常还可分为交流工作接地（如三相电源变压器的中性点接地等）、直流工作接地（如计算机等电子设备的内部逻辑电路的直流工作接地等），一般要求交流工作接地装置的电阻值小于 4Ω；直流工作接地的电阻应按设备的说明书要求做，其电阻值一般为 4Ω 以下。

（2）电气设备的安全保护接地一般要求其接地装置的电阻小于 4Ω。

（3）重复接地要求其接地装置的电阻小于 10Ω。

（4）防雷接地一、二类建筑防直接雷的接地体电阻小于 10Ω，防感应雷的接地体电阻小于 5Ω，三类建筑的防雷接地电阻小于 30Ω。

（5）屏蔽接地一般要求其接地电阻在 10Ω 以下。

（6）如果采用基础梁形式的自然接地体，一般地下梁体长度超过 63m 可满足接地电阻要求。

(7) 数据电子设备接地与防雷接地、交流工作接地、直流工作接地、安全保护接地共用一组接地装置时，接地装置的接地电阻值必须按接入设备中要求的最小值确定。

第二节 低压配电系统的保护

按 IEC（国际电工委员会）的标准，低压配电系统根据保护接地的形式不同分为 IT、TT、TN 系统。其中，IT 系统和 TT 系统的设备外露可导电部分经各自的保护线直接接地（保护接地）；TN 系统的设备外露可导电部分经公共的保护线与电源中性点直接电气连接（接零保护）。

一、国际电工委员会对系统接地的文字代号规定

IEC 对系统接地的文字符号的意义规定如下。

(1) 第一个字母表示电力系统电源侧供电设备的对地关系：

T——中性点直接接地；

I——所有带电部分与地绝缘或中性点经高阻抗接地。

(2) 第二个字母表示用电侧设备的外露可导电部分的对地关系：

T——外露可导电部分对地直接电气连接；

N——外露可导电部分与电力系统的接地点直接电气连接（在交流系统中，接地点通常就是中性点）。

(3) 后面还有字母时，这些字母表示中性线与保护线的组合：

S——中性线和保护线是分开的；

C——中性线和保护线是合一的。

二、IT 系统

如图 4-5 所示，IT 系统的电源中性点是对地绝缘的或经高阻抗接地，而用电设备的金属外壳直接接地。

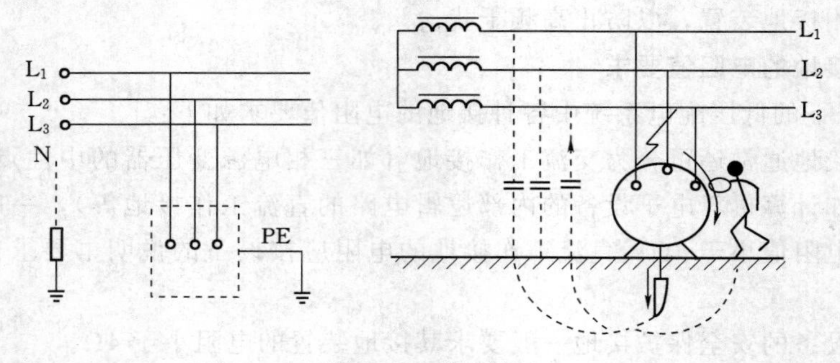

图 4-5 IT 系统

IT 系统的工作原理：若设备外壳没有接地，在发生单相碰壳故障时，设备外壳带上了相电压，如此时有人触摸外壳，就会有相当危险的电流流经人体与电网和大地之间的分布电容所构成的回路；而设备的金属外壳有了保护接地后，如图 4-5 所示，由于人体电阻远比接地装置的接地电阻大，在发生单相碰壳时，大部分的接地电流被接地装置分流，流经人体的电流很小，从而对人体安全起了保护作用。

IT 系统适用于环境条件不良、易发生单相接地故障的场所，以及易燃、易爆的场所（如煤矿、化工厂、纺织厂等）。

三、TT 系统

如图 4－6 所示，TT 系统的电源中性点直接接地，与用电设备接地无关。图中 PE 为保护接地，设备的金属外壳也直接接地。

TT 系统的工作原理：当发生单相碰壳故障时，接地电流经保护接地的接地装置和电源的工作接地装置所构成的回路流过。此时，如有人触摸带电的外壳，则由于保护接地装置的电阻远小于人体的电阻，大部分的接地电流被接地装置分流，从而对人身起保护作用。

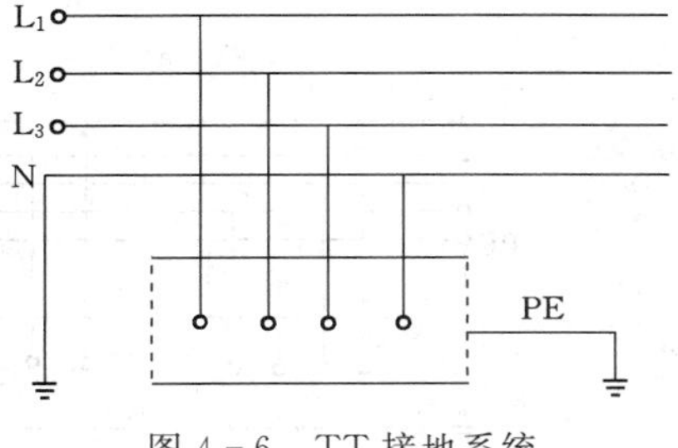

图 4－6 TT 接地系统

TT 系统在确保安全用电方面还存在以下不足：

（1）在采用 TT 系统的电气设备发生单相碰壳故障时，接地电流并不很大，往往不能使保护装置动作，这将导致线路长期带故障运行。

（2）当 TT 系统中的用电设备只是由于绝缘不良引起漏电时，因漏电电流往往不大（仅为 mA 级），不可能使线路的保护装置动作，这也导致漏电设备的外壳长期带电，增加了人体触电的危险。因此，TT 系统必须加装漏电保护开关，才能成为较完善的保护系统。TT 系统广泛应用于城镇、农村、居民区、工业企业和由公用变压器供电的民用建筑中。对于接地要求较高的数据处理设备和电子设备，应优先考虑 TT 系统。

四、TN 系统

在变压器或发电机中性点直接接地的 380/220V 三相四线低压电网中，将正常运行时不带电的用电设备的金属外壳经公共的保护线和电源的中性点直接电气连接。图 4－7（a）所示为 TN 系统的工作原理示意图。当电气设备发生单相碰壳时，故障电流经设备的金属外壳形成相线对保护线的单相短路，这将产生较大的短路电流，令线路上的保护装置立即动作，将故障分迅速切除，从而保证人身安全和设备或线路的正常运行。

TN 系统的电源中性点直接接地，并有中性线引出，按其保护线的形式，TN 系统又分为：TN－C 系统、TN－S 系统和 TN－C－S 系统 3 种。

（1）TN－C 系统（三相四线制）：由图 4－7（b）可见整个系统的中性线和保护线是合为一的，该线又称为保护中性线。其优点是节省了一条导线，但在三相负载不平衡或保护中性线断开时会使所有用电设备的金属外壳都带上危险电压。一般情况下，如保护装置和导线截面选择适当，TN－C 系统是能够满足要求的。

（2）TN－S 系统（三相五线制）：如图 4－7（c）所示，整个系统的 N 线和 PE 线是分开的。其优点是 PE 线在正常情况下没有电流通过，不会对在 PE 线上的其他设备产生电磁干扰。此外，由于 N 线与 PE 线分开，N 线断线也不会影响 PE 线的保护作用，但 TN－S 系统耗用的导电材料多，投资较大。这种系统多用于对安全要求高，设备对抗电磁干扰要求严格，或环境条件差的场合。

（3）TN－C－S 系统（三相四线制与三相五线制的混合系统）：如图 4－7（d）所示，系统中前面部分中性线与保护线合为一，后面部分是分开的。这种系统兼有 TN－

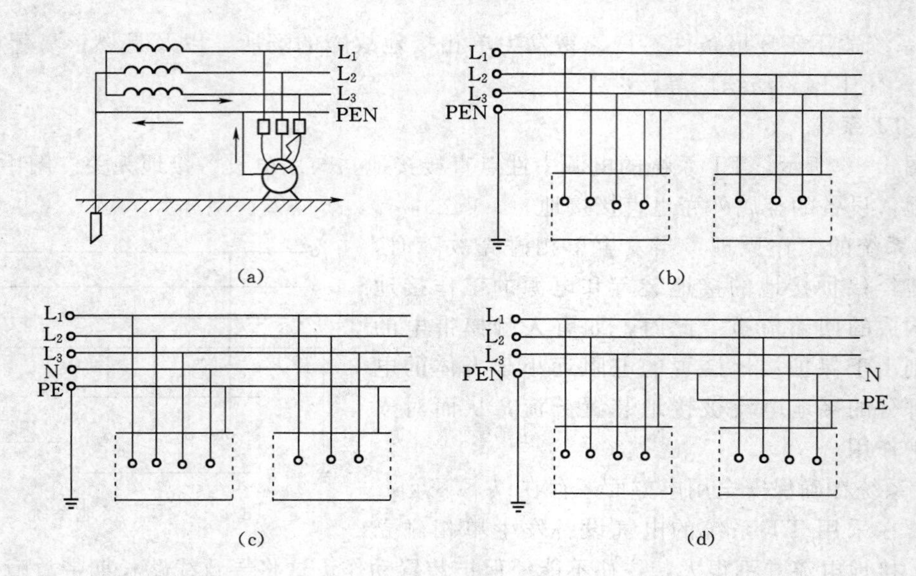

图 4-7　TN 系统
(a) TN 系统；(b) TN—C 系统；(c) TN—S 系统；(d) TN—C—S 系统

C 系统和 TN—S 系统的特点，常用于配电系统末端环境较差，或对抗电磁干扰要求较严的场所。

第三节　雷电的产生及破坏作用

一、雷电的产生

危害建筑物的雷电是由雷云（带电的云层）对地面建筑物（包括大地）放电所引起的。雷电产生的原因很多，一般认为：地面湿空气受热上升，在空中冷却，凝成水滴或冰晶，形成积云，积云在运动过程中受到强烈气流的作用，使积云上下部分带上不同电荷，这种带电积云称为雷云。临近地面的雷云（实测表明下部负极性雷云占绝大多数）使大地或建筑物感应出（静电感应）与其下部极性相反的电荷，这样雷云与大地或建筑物之间形成了强大的电场。当雷云附近的电场强度达到足以使空气绝缘破坏时，空气便开始游离，变为导电的通道，不过这个导电的通道是由雷云和地面突出物相向逐步发展的，这个过程叫先导放电。当先导放电的头部相互接近，达到空气的击穿距离就开始进入放电的第二阶段，即主放电阶段。主放电又称为回击放电，其放电的电流即雷电流，可达几十万安［培］，电压可达几百万伏［特］，温度可达 2 万℃。在几个微秒时间内，使放电的空气通道白热而猛烈膨胀，并出现耀眼的光亮和巨响，这就是通常所说的“闪

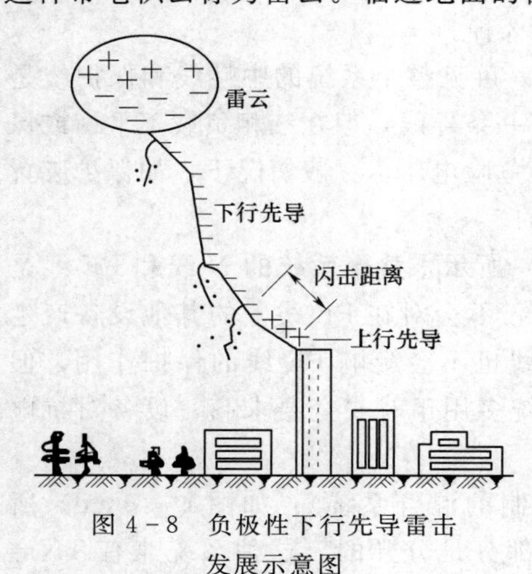

图 4-8　负极性下行先导雷击发展示意图

电”和“打雷”。打到地面上的闪电称为“落雷”，落雷击中建筑物、树木或人畜称为“雷击”。图4-8是下行先导雷击发展示意图。

二、建筑物遭受雷击的一般情况

1. 直接雷击

雷电直接打击在建筑物上，称为直接雷击。直接雷击一般作用于建筑物顶部的突出部分和高层建筑的侧面，它同时产生电效应、热效应和机械效应。

2. 雷电波侵入

雷电打击在架空线路或金属管道上，雷电波将沿着这些管线侵入建筑物内部，危及人身或设备安全，这叫做雷电波侵入。

三、雷电对建筑物的危害

1. 雷电的热效应和机械效应

遭受直接雷击的树木、电杆、房屋等，因通过强大的雷电流会产生很大的热量，而在极短的时间内这些热又不易散发出来，从而使金属熔化、树木烧焦。

同时，由于物体的水分受高热而汽化膨胀，将产生强大的机械力而爆裂，使建筑物等遭受严重的破坏。

2. 雷电的电磁效应

在雷电流通过的周围，将有强大的电磁场产生，使附近的导体或金属结构以及电力装置上，产生很高的感应电压，可达到几十万伏[特]，足以破坏一般电气设备的绝缘；在金属结构回路中，由于接触不良，在有空隙的地方将产生火花放电，造成爆炸或火灾。

四、建筑物落雷的相关因素和民用建筑的防雷分类

（一）建筑物遭受雷击的相关因素

建筑物落雷的次数多少，不仅与当地的雷电活动频繁程度有关，而且还与建筑物本身的结构特征有关。

首先，旷野中孤立的建筑物和建筑群中高耸的建筑物，容易遭受雷击；其次，凡金属屋顶、金属构架、钢筋混凝土结构的建筑物，容易遭雷击；另外，地下有金属管道、金属矿藏的建筑物，以及建筑物的地下水位较高，这些建筑物也易遭雷击。

建筑物易遭雷击的部位一般为：屋面上突出的部分和边沿，如平屋面的檐角、女儿墙和四周屋檐；有坡度的屋面的屋角、屋脊、檐角和屋檐；此外，高层建筑的侧面墙体也容易遭到雷电的侧击。

（二）建筑物的防雷分类

根据建筑物的重要性、使用性质，以及发生雷电事故的可能性和影响后果等，在建筑电气设计中，把建筑物按照防雷要求分成3类。

1. 一类防雷建筑物

（1）凡制造、使用或储存炸药、火药、起爆药、火工品等大量爆炸物质的建筑物，因电火花而引起爆炸，会造成巨大破坏和人身伤亡。

（2）具有0区或10区爆炸危险环境的建筑物。

（3）具有1区爆炸危险环境的建筑物，因电火花而引起爆炸，会造成巨大破坏和人身

伤亡。

2. 二类防雷建筑物

(1) 国家级重点文物保护的建筑物。

(2) 国家级的会堂和办公建筑物、大型展览和博览建筑物、大型火车站、国宾馆、国家级档案馆、大型城市的重要给水水泵房等特别重要的建筑物。

(3) 国家级计算中心、国际通信枢纽等对国民经济有重要意义且装有大量电子设备的建筑物。

(4) 制造、使用或贮存爆炸物质的建筑物，但电火花不易引起爆炸或不致造成巨大破坏和人身伤亡。

(5) 具有1区爆炸危险环境的建筑物，但电火花不易引起爆炸或不致造成巨大破坏和人身伤亡。

(6) 具有2区或11区爆炸危险环境的建筑物。

(7) 工业企业内有爆炸危险的露天钢质封闭气罐。

(8) 预计雷击次数大于0.06次/年的部、省级办公建筑物及其他重要或人员密集的公共建筑物。

(9) 预计雷击次数大于0.3次/年的住宅、办公楼等一般性民用建筑物。

3. 三类防雷建筑物

(1) 省级重点文物保护的建筑物及省级档案馆。

(2) 预计雷击次数大于或等于0.012次/年、小于或等于0.06次/年的部、省级办公建筑物及其他重要或人员密集的公共建筑物。

(3) 预计雷击次数大于或等于0.06次/年、且小于或等于0.3次/年的住宅、办公楼等一般性民用建筑物。

(4) 预计雷击次数大于或等于0.06次/年的一般性工业建筑物。

(5) 根据雷击后对工业生产的影响及产生的后果，并结合当地气象、地形、地质及周围环境等因素，确定需要防雷的21区、22区、23区火灾危险环境。

(6) 在平均雷暴日大于15天/年的地区，高度在15m及其以上的烟囱、水塔等孤立的高耸建筑物；在平均雷暴日小于或等于15天/年的地区，高度在20m及其以上的烟囱、水塔等孤立的高耸建筑物。

五、建筑物年雷击次数的计算

1. 建筑物年预计雷击次数

$$N=kN_gA_e \tag{4-2}$$

式中 N——建筑物预计雷击次数，次/年；

k——校正系数，一般情况下取1，在下列情况下取相应数值：位于旷野孤立的建筑物取2；金属屋面的砖木结构建筑物取1.7；位于河边、湖边、山坡下或山地中土壤电阻率较小处、地下水露头处、土山顶部、山谷风口等处的建筑物，以及特别潮湿的建筑物取1.5；

N_g——建筑物所处地区雷击大地的年平均密度，次/(km^2·年)；

A_e——与建筑物接收相同雷击次数的等效面积，km^2。

2. 雷击大地的年平均密度

$$N_g = 0.024 T_d^{1.3} \tag{4-3}$$

式中　T_d——年平均雷暴日，根据当地气象台、站资料确定，天/年。

3. 建筑物等效面积

A_e 应为其实际平面积向外扩大后的面积，见图 4-9。其计算方法应符合下列规定。

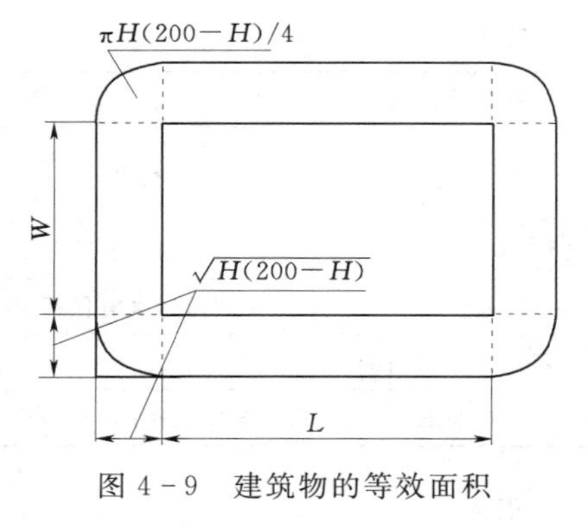

图 4-9　建筑物的等效面积

（1）当建筑物的高 $H<100$m 时，其每边的扩大宽度和等效面积应按下列公式计算确定：

$$D = \sqrt{H(200-H)} \tag{4-4}$$

$$A_e = \left[LW + 2(L+W)\sqrt{H(200-H)} + \pi H(200-H)\right] \times 10^{-6} \tag{4-5}$$

式中　L，W，H——建筑物的长、宽、高，m。

（2）当建筑物的高 $H \geqslant 100$m 时，其每边的扩大宽度应按等于建筑物的高 H 计算；A_e 应按下式确定

$$A_e = [LW + 2H(L+W) + \pi H^2] \times 10^{-6} \tag{4-6}$$

（3）当建筑物各部位的高不同时，应沿建筑物周边逐点算出最大扩大宽度，A_e 应按每点最大扩大宽度外端的连接线所包围的面积计算。

第四节　建筑物的防雷与接地

一、建筑物的防雷措施

建筑物的防雷措施，应当在当地气象、地形、地貌、地质等环境条件下，根据雷电活动规律和被保护建筑物的特点，因地制宜地采取措施，做到安全可靠、经济合理。对于第一、二类防雷建筑，应有防直接雷击和防雷电波侵入的措施；对于第三类防雷建筑，应有防止雷电波沿低压架空线路侵入的措施，至于是否需要防止直接雷击，要根据建筑物所处的环境特征，建筑物的高度以及面积来判断。

（一）一般的防雷措施及防雷装置

各类防雷建筑物均应采取防直接雷击和防雷电波侵入的措施。第一类防雷建筑物和第二类防雷建筑物中的（4）、（5）、（6）类建筑物尚应采取防雷电感应的措施。在防雷装置与其他设施和建筑物内人员无法隔离的情况下，应采取等电位连接。

防止直接雷击的装置一般由接闪器、引下线和接地装置 3 部分组成。

1. 接闪器

接闪器见表 4-1。其中，避雷网布置见表 4-2。

金属屋面兼作接闪器时，金属屋面周边每隔 18～24m 应采用引下线接地 1 次。

现场浇制的或由预制构件组成的钢筋混凝土屋面，其钢筋宜绑扎或焊接成闭合回路，并应每隔 18～24m 采用引下线接地 1 次。

表 4-1　　接闪器的规格

接闪器种类	安装位置	材料规格
避雷针	屋面	针长 1m 以下；圆钢直径 12mm；钢管直径 20mm 针长 1～2m；圆钢直径 16mm；钢管直径 25mm
	烟囱、水塔	圆钢直径 20mm；钢管直径 40mm
避雷环	烟囱、水塔顶部	圆钢直径 12mm；扁钢截面 100mm^2，厚度 4mm
避雷带、避雷网	屋面	圆钢直径 8mm；扁钢截面 48mm^2，厚度 4mm
避雷线	架空线路的杆、塔	镀锌钢绞线 35mm^2，跨度大时应验算机械强度

表 4-2　　避雷网布置

建筑物防雷类别	h_r(m)	避雷网网格尺寸（m×m）
1	30	≤5×5 或≤6×4
2	45	≤10×10 或≤12×8
3	60	≤20×20 或 24×16

当建筑物太高或其他原因难以装设独立避雷针、架空避雷线、避雷网时，可将避雷针、避雷网或混合组成的接闪器直接装在建筑物上，避雷网应沿屋角、屋脊、屋檐和檐角等易受雷击的部位敷设，并必须符合下列要求：

（1）所有避雷针应采用避雷带互相连接。

（2）引下线不应少于两根，并应沿建筑物四周均匀或对称布置，其间距不应大于12m。

2. 引下线的设置（见表 4-3）

表 4-3　　引下线的规格

<table>
<tr><th>种　类</th><th>安装位置</th><th>材料规格</th><th colspan="2">间　距</th><th>备　注</th></tr>
<tr><td rowspan="3">人工引下线</td><td rowspan="3">外墙
（最短路径接地）</td><td rowspan="3">圆钢直径 8mm，
扁钢厚度 4mm，
截面 48mm^2</td><td>一类防雷建筑</td><td>≤12m</td><td rowspan="4">（1）多根引下线时，在距地 0.3～1.8m 处设断接卡，用于测量接地电阻；
（2）在易受损伤位置，地上 1.7m 到地下 0.3m 段应暗敷或加镀锌角钢、改性塑料管或像胶管保护</td></tr>
<tr><td>二类防雷建筑</td><td>≤18m</td></tr>
<tr><td>三类防雷建筑</td><td>≤25m</td></tr>
<tr><td>建筑物金属构件、
金属烟囱、
金属爬梯</td><td>烟囱、水塔</td><td>圆钢直径 12mm，
扁钢厚度 4mm，
截面 100mm^2</td><td colspan="2"></td></tr>
</table>

3. 接地装置

防雷的接地装置将直击雷电流散至大地中去，在无爆炸危险的民用建筑内这些接地一般是共用接地装置。当与电力系统的中性点重复接地、保护接地及共用天线电视系统等接地共用接地装置时，接地装置的散流电阻要符合各种接地的要求。从增加安全度考虑，要求联合接地的接地电阻不大于 1Ω。

防雷接地装置可敷设人工接地体，人工接地体分为垂直接地体和水平接地体。前者多用于单独接地；后者多用于环绕建筑四周的联合接地。防雷接地装置也可利用钢筋混凝土基础接地，要求混凝土采用以硅酸盐为基料的水泥，且基础周围土壤的含水量不低于

4%，引下线与基础内直径不小于16mm的主筋2根分别可靠焊接。

防雷接地装置埋设的要求：

(1) 埋于土壤中的人工垂直接地体宜采用角钢、钢管或圆钢；埋于土壤中的人工水平接地体宜采用扁钢或圆钢。圆钢直径不应小于10mm；扁钢截面不应小于100mm²，其厚不应小于4mm；角钢厚度不应小于4mm；钢管壁厚不应小于3.5mm。

(2) 人工垂直接地体的长度宜为2.5m。人工垂直接地体间的距离及人工水平接地体间的距离宜为5m，当受地方限制时可适当减小。人工接地体在土壤中的埋设深度不应小于0.5m。接地体应远离由于砖窑、烟道等高温影响使土壤电阻率升高的地方。

(3) 在腐蚀性较强的土壤中，应采取热镀锌等防腐措施或加大截面。

(4) 在高土壤电阻率地区，宜采用增加接地体、将接地体埋于较深的低电阻率土壤中、在土壤中混合降阻剂、将接地体周围土壤换成低电阻率土壤等方法降低防直击雷接地装置接地电阻。

(5) 防直击雷的人工接地体距建筑物出入口或人行道不应小于3m。当小于3m时，应采取下列措施之一：

1) 水平接地体局部深埋不应小于1m。

2) 水平接地体局部应包绝缘物，可采用50～80mm厚的沥青层。

3) 采用沥青碎石地面或在接地体上面敷设50～80mm厚的沥青层，其宽度应超过接地体2m。

(6) 埋在土壤中的接地装置，其连接应采用焊接，并在焊接处作防腐处理。

4. 各类防雷建筑物各种连接导体的截面不应小于表4-4的规定

表4-4　各种连接导体的最小截面

材料	等电位连接带之间和等电位连接带与接地装置之间的连接导体，流过大于或等于25%总雷电流的等电位连接导体	内部金属装置与等电位连接带之间的连接导体，流过小于25%总雷电流的等电位连接导体
铜	16	6
铝	25	10
铁	50	16

铜或镀锌钢等电位连接带的截面不应小于50mm²。

当建筑物内有信息系统时，在那些要求雷击电磁脉冲影响最小之处，等电位连接带宜采用金属板，并与钢筋或其他屏蔽构件做多点连接。

(二) 防雷电波侵入的措施及防雷装置

雷电波侵入是由于雷电对架空线路或金属管道的作用，雷电波可能沿着这些管线侵入屋内，危及人身安全或损坏设备。

防止雷电波入侵的一般措施：把进入建筑物的各种线路及金属管道全线埋地引入，并在进户处将其有关部分与接地装置相连接。当低压线全线埋地有困难时，采用一段长度不小于50m的铠装电缆直接埋地引入，并在进户端将电缆的金属外皮与接地装置相连接；当低压线采用架空线直接进户时，应在进户处装设阀型避雷器，该避雷器的接地引下线应与进户线的绝缘子铁脚、电气设备的接地装置连在一起。避雷器是防止雷电波由架空管线

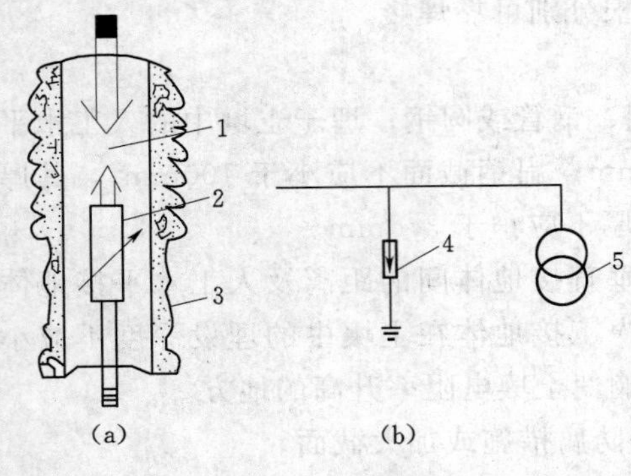

图 4-10 阀型避雷器

(a) 结构图；(b) 接线图

1—间隙；2—可变电阻；3—瓷瓶；

4—避雷器；5—变压器

进入建筑物的有效措施，如图 4-10 所示。

(三) 防止雷电反击的措施

雷电流流经引下线产生的高电位会对附近金属物体产生放电。当防雷装置接受雷击时，在接闪器、引下线和接地体上都产生很高的电位，如果防雷装置与建筑物内外的电气设备、电线或其他金属管线之间的绝缘距离不够，它们之间就会发生放电，这种现象称为反击。反击也会造成电气设备绝缘破坏，金属管道烧穿，甚至引起火灾和爆炸。

防止反击的措施有两种：

(1) 将建筑物的金属物体（含钢筋）与防雷装置的接闪器、引下线分隔开，并且保持一定安全距离 S_k。

$$S_k > 0.5P_x \quad (4-7)$$

式中 P_x——引下线计算点到地面的长度，m。

如果距离不能满足上述要求，金属物应与引下线相连。

(2) 当防雷装置不易与建筑物内的钢筋、金属管道分隔开时，则将建筑物内的金属管道系统，在其主干管道处与靠近的防雷装置相连接，有条件时宜将建筑物每层的钢筋与所有的防雷引下线连接。

二、高层建筑和特殊建筑物的防雷

1. 高层建筑的防雷

第一类建筑和第二类建筑中的高层民用建筑，其防雷（尤其是防直接雷）有特殊的要求和措施，包括强化顶部防雷措施和防侧击雷。一方面越是高层的建筑，落雷的次数越多；另一方面，由于建筑物很高，设置在建筑物屋面的防雷装置的保护范围不能覆盖建筑物的下部，使建筑物易于受到雷电的侧击。

当然，不同防雷类别高层建筑，其防雷措施也有所不同。现以第一类防雷高层建筑为例，说明其防雷措施的特殊性。

(1) 建筑物的顶部全部采用避雷网。

(2) 从 30m 起，每隔不大于 6m 沿建筑物四周设置避雷带。

(3) 30m 以上的金属栏杆、金属门窗等较大的金属物体，应与防雷装置连接。

(4) 每隔不大于 6m 沿建筑物周边的水平方向设均压环；所有的引下线，以及建筑物内的金属结构、金属物体都与均压环相连接。

(5) 引下线的间距更小（第一类建筑不大于 12m，第二类建筑不大于 18m）。接地装置围绕建筑物构成闭合回路，其接地电阻值要求更小（第一、第二类建筑不大于 4Ω）。

(6) 建筑物内的电气线路全部采用钢管配线，垂直敷设的电气线路，其带电部分与金属外壳之间应装设击穿保护装置。

(7) 室内的主干金属管道和电梯轨道，应与防雷装置连接。

第二类与第三类高层建筑的防雷措施和上面大体相同，但要求适当放低。

总之，高层民用建筑为防止侧击雷，应在外墙表面均匀设置多层避雷带、均压环和在转角处设引下线。一般情况下，在高层建筑物的边缘和凸出部分，少用避雷针，多用避雷带，以防雷电侧击。

目前，高层建筑的防雷设计是把整个建筑物的梁、板、柱、基础等主要结构的钢筋，通过焊接连成一体。建筑物的顶部设避雷网护顶；建筑物的腰部设置多处避雷带、均压环。这样，使整个建筑物及各层分别连成整体笼式避雷网，对雷电起到均压作用。当雷击时，建筑物各处构成了等电位面，对人体和设备都安全。同时由于屏蔽效应，笼内空间电场强度为0，笼上各处电位基本相等，则导体间不会发生反击现象。建筑物内部的金属管道由于与房屋建筑的结构钢筋做电气连接，也能起到均衡电位的作用。此外，各结构钢筋连为一体，并与基础钢筋相连。由于高层建筑基础深、面积大，利用钢筋混凝土基础中的钢筋作为防雷接地体，它的接地电阻一般都能满足4Ω以下的要求。

2. 古建筑物和木结构建筑物的防雷

对古建筑和木结构建筑防雷的具体做法及应注意的一些事项如下：

(1) 接闪装置首先应根据建筑物的特点选择避雷带或避雷针的安装方式，其次应着重注意引下线弯曲的两点间的垂直长度要大于弯曲部分实际长度的1/100。

(2) 防雷引下线间的间距应按规范的规定设置。如果建筑物长度短，最少不得少于2条。

(3) 接地装置应根据建筑物的性质和游人的情况选择接地装置的方式和位置，必要的地点应做均压措施。房屋宽度窄时，采用水平周围式接地装置较易拉平电位；采用垂直独立接地装置时，其电位分布曲线很陡，容易产生跨步电压，故其顶端应埋深在3m以下。

(4) 对重要的古建筑物，除防线形直击雷外，还应考虑防球形雷的措施。最好的方式是安装金属屏蔽网并可靠地接地。如达不到这种要求时，最低限度门窗应安装玻璃，不要留孔洞，以防球雷沿孔洞钻进室内。此外，还应注意从附近高大树木传来的球雷，要考虑高大树木距建筑物的距离。

(5) 有些古建筑和木结构建筑物内部安装了照明、动力、电话、广播等设备。这些设备都有室内和室外的管线路，应着重注意防雷系统和这些设备及其管线路的距离关系。如果距离不够，容易产生反击，引起雷电的二次灾害。尤其室外的各种架空线路容易引入高电位，应当加装避雷器。有些使用单位往往对雷电的危害重视不够，任意补做一些架空线路，而不考虑与防雷系统的关系，这是不安全的。

3. 有爆炸和火灾危险的建筑物防雷

(1) 有爆炸危险的建筑物防雷。对存放有易燃烧、易爆炸物品的建筑，由于电火花可能造成爆炸和燃烧，故对此类建筑物的防雷要求应当严格。要考虑直击雷、雷电感应和沿架空线侵入的高电位。除满足一般要求外，避雷网或避雷带的引下线应加多，每隔12m应做1根，其接地电阻应不大于10Ω。防雷系统结构及金属管线路与防雷系统连接成闭合回路，不得有放电间隙。对所有平行或交叉的金属构架和管道应在接近处彼此跨接，一般每隔20～24m跨接1次。采用避雷针保护时，必须高出有爆炸性气体的放气管顶3m，其保护范围也要高出管顶1～2m。建筑物附近有高大树木时，若不在保护范围内，树木应和建筑物保持 3～5m 的净距，以防止树木接闪时产生反击。

（2）有火灾危险的建筑物的防雷。农村的草房、木板房屋、谷物堆场，以及贮存有易燃烧材料（如亚麻、千草、稻草、棉花等）的建筑物，都属于有火灾危险的房屋。这些房屋最好用独立避雷针保护。

如果采用屋顶避雷针或避雷带保护时，在屋脊上的避雷带应支起 60cm，斜脊及屋循部分的连接条应支起 40cm，所有防雷引下线应支起 l0～15cm。

防雷装置的金属部件不应穿入屋内或贴近草棚上，以防止由于反击而引起火灾。电源进户线及屋内电线都要与防雷系统有足够的绝缘距离，否则应采取保护措施。

4. 烟囱和放气管的防雷

从烟囱或放气管里冒出的热气柱和烟气，其中含有大量导电质点和气团，这些给雷电放电带来了良好的条件；又由于这种气团的上升（对雷电来说），接闪的高度等于烟囱或放气管的实际高度加上烟气气团上升的高度，这就给雷云创造了放电条件。因此，雷击烟囱或放气管的事故是较易发生的。经验证明，烟囱或放气管的实际高度在 15～20m 时，应安装避雷装置。

三、建筑工地的防雷

高大建筑物的施工工地的防雷问题是值得重视的。由于高层建筑物施工工地四周的起重机、脚手架等突出很高，木材堆积很多，万一遭受雷击，不但对施工人员的生命有危险，而且很易引起火灾事故。因此，必须引起各方面有关人员的注意和掌握防雷知识。高层建筑施工期间，应该采取如下的防雷措施：

（1）施工时应提前考虑防雷施工程序。为了节约钢材，应按照正式设计图纸的要求，首先做好全部接地装置。

（2）在开始架设结构骨架时，应按图纸规定，随时将混凝土柱子内的主筋与接地装置连接起来，以备施工期间柱顶遭到雷击时，使雷电流安全地流散人地。

（3）沿建筑物的四角和四边竖起的脚手架上，应做数根避雷针，并直接接到接地装置上，使其保护到全部施工面积。其保护角可按 60°。计算。针长最少应高出脚手架 30cm。

（4）施工用的起重机的最上端必须装设避雷针，并将起重机下部的钢架连接于接地装置上。接地装置应尽可能利用永久性接地系统。若是水平移动起重机，须将其两条滑行用钢轨接到接地装置上。

（5）应随时使施工现场正在绑扎钢筋的各层地面，构成一个等电位面，以避免遭受雷击时的跨步电压。由室外引来的各种金属管道及电缆外皮，都要在进入建筑物的进口处，就近连接到接地装置上。

复习思考题

4-1　什么叫做保护接地和保护接零？它们各在什么条件下采用？重复接地的作用是什么？

4-2　TN—C，TN—S，TN—C—S系统之间的区别是什么？

4-3　什么叫做自然接地体？什么叫做人工接地体？

4－4　零线上为什么不能装设开关和熔断器？

4－5　常见的接地接零系统的形式有哪些？试绘出相应示意图。

4－6　建筑物的防雷可分为几类？它们各自的防雷措施是什么？

4－7　高层建筑防雷有什么特别要求？采取哪些特殊防雷措施？

4－8　避雷带的组成和在防雷中的作用是什么？

4－9　什么叫做雷电波侵入？如何防止？

第五章　电气照明基本知识

本章主要介绍了光的基本概念、材料的光学性质、电光源和照明器。

第一节　光的基本概念

光是能量的一种形态，这种能量从一个物体传播到另一个物体，在传播过程中无需任何物质作为媒介。这种能量的传递方式称为辐射，辐射的含义是指能量从能源出发沿直线向四面八方传播，尽管实际上它并不总是沿直线方向传播的，特别在通过物质时，其方向会有所改变。光一度被认为是粒子束，后来经实验证明，光线方向也是波传播方向。约一百年前，人们已经证实了光的本质是电磁波，此后又弄清楚了在波长及其宽阔的电磁波中，可见光波的范围仅占很小的一部分，如图 5－1 所示。

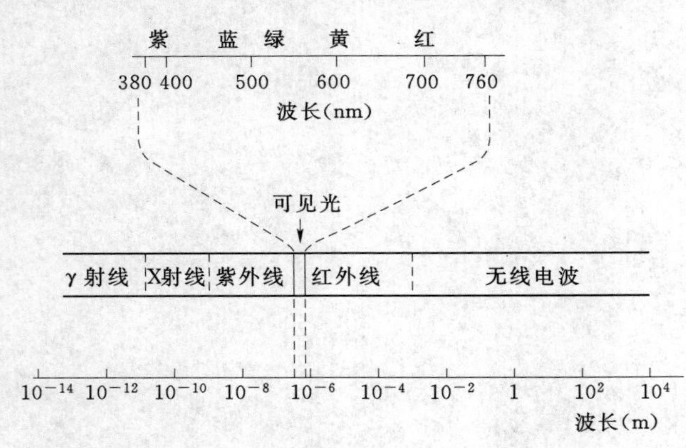

图 5－1　电磁波频谱

波长根据所在波谱中的不同位置，可以用单位 nm、um 等表示。其中，1nm＝10^{-9}m，1um＝10^{-6}m。

一、光辐射

1666 年，牛顿使一束自然光线通过棱镜，从而发现光束中包含组成彩虹的全部颜色。可见光谱的颜色实际上是连续光谱混合成的，光的颜色与相应的波段如表 5－1 所示。可见光的波长从 380nm 到 780nm 增加时，光的颜色从紫色开始，按蓝、绿、黄、橙、红的顺序逐渐变化。任何物体发射或反射足够数量合适波长的辐射能，作用于人眼睛的感受器官，就可看见该物体。

紫外线波谱的波长在 100～380nm 之间，紫外线是人眼看不见的。太阳是近紫外线发射源；人造发射源可以产生整个紫外线波谱。

红外线波普的波长在 780nm～1mm 之间，红外线也是人眼看不见的。太阳也是天然的红外线发射源；白炽灯一般可以发射波长在 5000nm 以内的红外线；发射近红外线的特制灯可用于理疗和工业设施。

紫外线、红外线两个波段的辐射能和可见光一样，可用平面镜、透镜或棱镜等光学元件进行反射、成像或色散。因而，将紫外线、可见光、红外线统称为光辐射。

表 5-1　　光的各个波长区域

波长区域（nm）	区域名称		性质
100～200	真空紫外	紫外光	光辐射
200～300	远紫外		
300～380	近紫外		
380～450	紫	可见光	
450～490	蓝		
490～560	绿		
560～600	黄		
600～640	橙		
640～780	红		
780～1500	近红外	红外光	
1500～10000	中红外		
10000～100000	远红外		

二、光的本质

目前，科学家常采用“电磁波理论”和“量子论”来阐述光的本质。

1. 电磁波理论

麦克斯韦（Maxwell）提出：发光体以辐射能的形式发射光，而辐射能又以电磁波形式向外传输，电磁波作用在人眼上就产生光的感觉。光在空间运动可以用“电磁波理论”圆满地加以解释。

2. 量子论

普朗克（Planck）提出：发光体以分立的“波束”形式发射辐射能，这些波束沿直线发射出来，作用在人眼上而产生光的感觉。光对物体的效应可用“量子论”圆满地加以解释。

对于照明工程师有着重要意义的光特性，量子论和电磁波都作了一一说明。无论光被认为是波动性质还是光子性质，更确切地说，都属于电子运动过程产生的辐射。譬如，在气体放电中，被激励的电子返回到原子中较为稳定的位置时，将放射能量进而产生辐射。

三、光的辐射特性

为了研究光源辐射现象的规律，测定供给光源能量（比如说电能）转换成辐射能效率的高低，通常用下面的一些基本参量来描述光源的辐射特性。

（一）辐射量

1. 辐射能量 Q_e

光源辐射出来的光（包括红外线、可见光和紫外线）的能量称为光源的辐射能量。当这些能量被物质吸收时，可以转换成其他形式的能量。

辐射能量 Q_e 的单位为 J。

2. 辐射通量 Φ_e

光在单位时间内辐射出去的总能量称之为光源的辐射通量。辐射通量也可称为辐射功率。

辐射通量 Φ_e 的单位为 W。

3. 辐射出射度 M_e

如果光源表面上的一个发光面积 A 在各个方向（在半个空间内）的辐射通量为 Φ_e，则该发光面的辐射出射度为

$$M_e=\frac{\Phi_e}{A} \tag{5-1}$$

辐射出射度 M_e 的单位为 W/m^2。

由于一般光源发光面上各处的辐射出射度是不均匀的，因此，发光面上某一微小的面积 dA 的辐射出的射度，应该是该发光面向所有方向（在半个空间内）发出的辐射通量 $d\Phi_e$ 与面积 dA 之比，即

$$M_e=\frac{d\Phi_e}{dA} \tag{5-2}$$

（二）光谱辐射量

光源发出的光，往往由许多波长的光组成。为了研究各种波长的光分别辐射的能量，还需对单一波长的光辐射作相应的规定。

1. 光谱辐射的通量 Φ_λ

光源发出的光在单位波长间隔内的辐射通量称为光谱辐射通量 Φ_λ，即

$$\Phi_\lambda=\frac{\Delta\Phi_e}{\Delta\lambda} \tag{5-3}$$

若波长 λ 单位为 m（为了方便，有时被描述成 nm），则光谱辐射通量 Φ_λ 的单位为 W/m。

由于光源发出的各种波长的光谱辐射通量 Φ_λ 一般是不同的，因此应取微小的波长间隔 $d\lambda$。在 λ 到 $(\lambda+d\lambda)$ 间隔内的辐射量是 $d\Phi_e$，那么该波长 λ 处的光谱辐射通量为

$$\Phi_\lambda=\frac{d\Phi_e}{d\lambda} \tag{5-4}$$

2. 光谱辐射出射度 M_λ

光源发出的光在单位波长间隔内的辐射出射度成为光谱辐射出射度 M_λ 为

$$M_\lambda=\frac{dM_e}{d\lambda} \tag{5-5}$$

光谱辐射出射度 M_λ 的单位为 W/（m^2 · m）。

3. 光谱光视效能 $K(\lambda)$

光谱光视效能是用来度量有辐射能所引起的视觉能力。光谱光视效能 $K(\lambda)$ 的量纲被描述为流明每瓦（lm/W）（“流明”为光通量的量纲）。

4. 光谱光视效率 $V(\lambda)$

人眼在可见光谱范围内的视觉灵敏度是不均匀的，它随波长而变化。人眼对波长为 555nm 的黄绿光的感受效率最高，而对其他波长光的感受效率却较低。故称 555nm 为峰

值波长，以 λ_m 表示，并将其光谱光视效能 $K(\lambda_m)$（该值等于683lm/W）定义为峰值光视效能 K_m。

为便于分析，将其他波长 λ 的光谱光视效能 $K(\lambda)$ 与 K_m 之比定义为光谱光视效率（又称视见函数或人眼的视觉灵敏度），即

$$V(\lambda)=\frac{K(\lambda)}{K_m} \tag{5-6}$$

也就是说，当波长在峰值波长 λ_m 时，$V(\lambda_m)=1$；在其他波长 λ 时，$V(\lambda)<1$（见图5-2中的曲线1）。

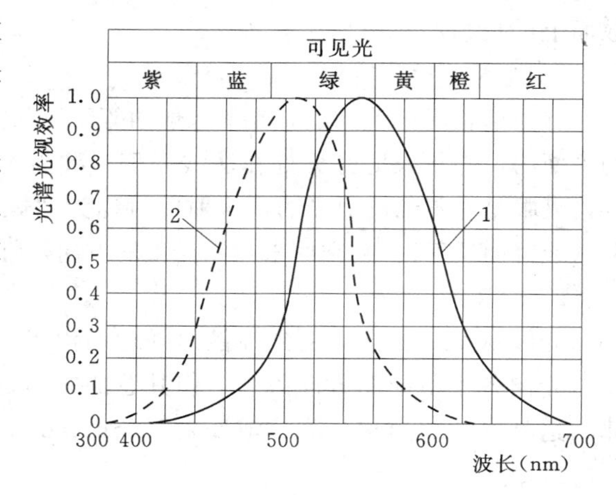

图5-2 光谱光视效率曲线

1—明视觉 $V(\lambda)$；2—暗视觉 $V'(\lambda)$

值得指出的是，图5-2中曲线1表示明视觉条件下的光谱光效率，曲线2表示暗视觉条件下的光谱光效率。在照明技术中，主要研究明视觉条件下的光谱辐射。

第二节 材料的光学性质

一、反射比、透射比和吸收比

光线如果不遇到物体时，总是以直线方向进行传播；当遇到某种物体时，光线可能被反射，或者被吸收、被透射。光投射到非透明的物体时，光通量的大部分被反射，小部分被吸收；光投射到透明的物体时，光通量除被反射与吸收一部分外，大部分则被投射。

材料对光的反射、吸收和透射性质可用相应的系数表示

反射比

$$\rho=\frac{\Phi_\rho}{\Phi_i} \tag{5-7}$$

吸收比

$$a=\frac{\Phi_a}{\Phi_i} \tag{5-8}$$

透射比

$$\tau=\frac{\Phi_\tau}{\Phi_i} \tag{5-9}$$

式中 Φ_i——投射到物体材料表面的光通量；

Φ_ρ——Φ_i 之中被物体材料反射的光通量；

Φ_a——Φ_i 之中被物体材料吸收的光通量；

Φ_τ——Φ_i 之中被物体材料透射的光通量。

$$\rho+a+\tau=1 \tag{5-10}$$

二、光的反射

当光线遇到非透明物体表面时，大部分光被反射，小部分光被吸收。光线在镜面和扩

散面上的反射状态有以下四种。

1. 规则反射

在研磨很光的镜面上，光的入射角等于反射角，反射光线总是在入射光线和法线所决定的平面内，并与入射光分处在法线两侧，称为“反射定律”，如图 5-3 所示。在反射角以外，人眼是看不到反射光的，这种反射称为“规则反射”（Regular reflaction），亦称定向反射（或镜面反射）。它常用来控制光束的方向，灯具的反射灯罩就是利用这一原理制成的。

2. 散反射

光线从某一方向入射到经散射处理的铝板，经涂刷处理的金属板或毛面白漆涂层时，反射光向各个不同的方向散开，但其总的方向是一致的，其光束的轴线方向仍遵守反射定律。这种光的反射称之为“散反射”（Spread reflaction），如图 5-4 所示。

3. 漫反射

光线从某一方入射到粗糙表面或涂有无光泽镀层时，反射光被分散在各个方向，即不存在规则反射，这种光的反射称为“漫反射”（Diffuse reflaction）。当反射遵守朗伯余弦定律，那么，从反射面的各个方向看去，其亮度均相同，这种光的反射则称为各向同性漫反射（或完全漫反射）如图 5-5 所示。

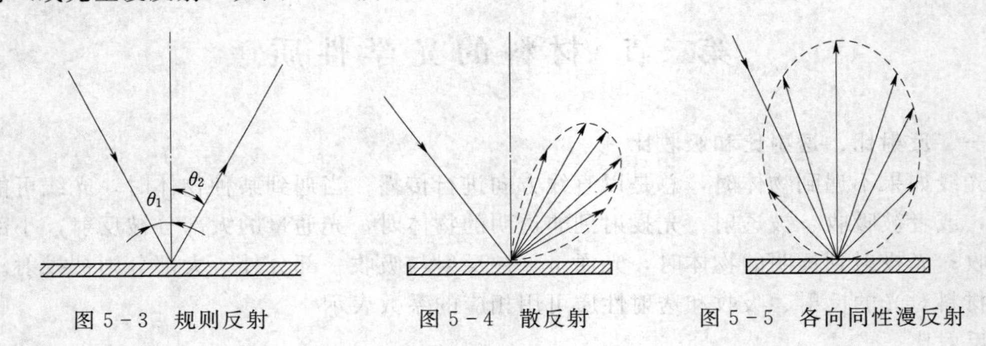

图 5-3　规则反射　　图 5-4　散反射　　图 5-5　各向同性漫反射

4. 混合反射

光线从某一方向入射到瓷釉或带有高度光泽的涂层上时，其反射特性介于规则反射和漫反射（或散反射）之间，则称之为“混合反射”（Mixed reflaction），如图 5-6 所示。图 5-6（a）为漫反射与规则反射的混合；图 5-6（b）表示的是散反射与漫反射的混合；图 5-6（c）表示散反射和规则反射混合，在规则反射方向上的发光强度比其他方向要大得多，且有最大亮度，而在其他方向上也有一定数量的反射光，但亮度分布不均匀。

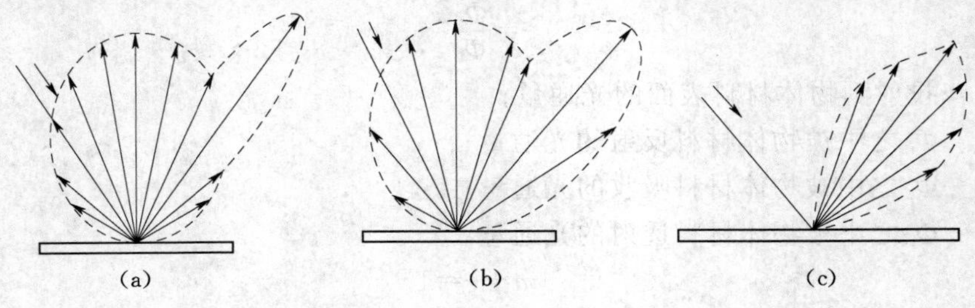

图 5-6　混合反射

（a）漫反射与规则反射的混合；（b）散反射与漫反射的混合；（c）散反射和规则反射混合

照明器（灯具）采用反射材料的目的在于把光源光反射到需要照明的方向。为了提高效率，一般宜采用反射比较高的材料，此时反射面就成为二次发光面。部分材料的反射比和吸收比，如表 5-2 所示。

表 5-2　　部分材料的反射比和吸收比

	材　料	反　射　比	吸收比
规则反射	银	0.92	0.08
	铬	0.65	0.35
	铝（普通）	60～73	40～27
	铝（电解抛光）	0.75～0.84（光泽），0.62～0.70（无光）	—
	镍	0.55	0.45
	玻璃镜	0.82～0.88	0.18～0.12
漫反射	硫酸钡	0.95	0.05
	氧化镁	0.975	0.025
	碳酸镁	0.94	0.06
	氧化亚铅	0.87	0.13
	石膏	0.87	0.13
	无光铝	0.62	0.38
	率喷漆	0.35～0.40	0.65～0.60
建筑材料	木材（白木）	0.40～0.60	0.60～0.40
	抹灰、白灰粉刷墙壁	0.75	0.25
	红砖墙	0.30	0.70
	灰砖墙	0.24	0.76
	混凝土	0.25	0.75
	白色瓷砖	0.65～0.80	0.35～0.20
	透明无色玻璃（厚 1～3mm）	0.08～0.10	0.01～0.03

三、光的透射

光线入射到透明或半透明材料表面时，一部分被反射、被吸收，而大部分可以透射过去。譬如，光在玻璃表面垂直入射时，入射光在第一面（入射面）反射 4%，在第二面（透过面）反射 3%～4%，被吸收 2%～8%，透射率为 80%～90%。透射光在空间分布的状态有以下四种。

1. 规则透射

当光线照射到透明材料上时，透射光是按照几何光学定律进行透射，这就是“规则透射”（Regular transmission），如图 5-7 所示。其中，图 5-7（a）为平行透光材料（如平板玻璃），透射光的方向与原入

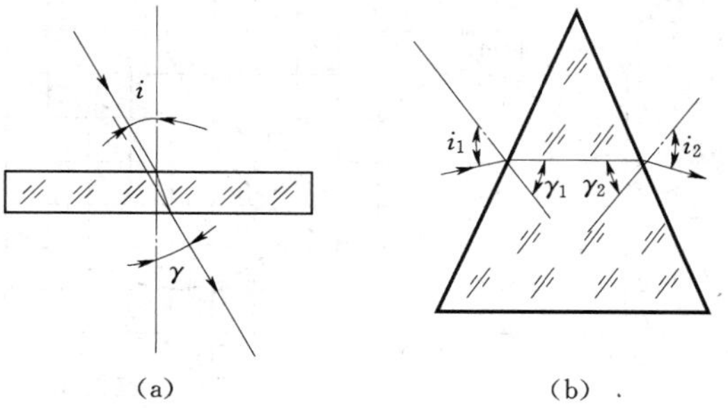

i　γ

(a)

i_1　i_2　γ_1　γ_2

(b)

图 5-7　规则透射

射光方向相同，但有微小偏移；图 5-7（b）非平行透光材料（如三棱镜）透射光的方向由于光的折射而改变了方向。

2. 散透射

光线穿过散透射材料（如磨砂玻璃）时，在透射方向上的发光强度较大，在其他方向上发光强度则较小。此时，表面亮度也不均匀，透射方向较亮，而其他方向则较弱，这种情况称为"散透射"（Spread transmission），如图 5-8 所示。

3. 漫透射

光线照射到散射性较好透光的材料（如乳白玻璃等）时，透射光将向所有方向散开，并均匀分布在整个半球空间内，这称为"漫透射"（Diffuse transmission）。当透射光服从朗伯余弦定律，即亮度在各个方向上均相同，则称为均匀（或完全）漫透射，如图 5-9 所示。

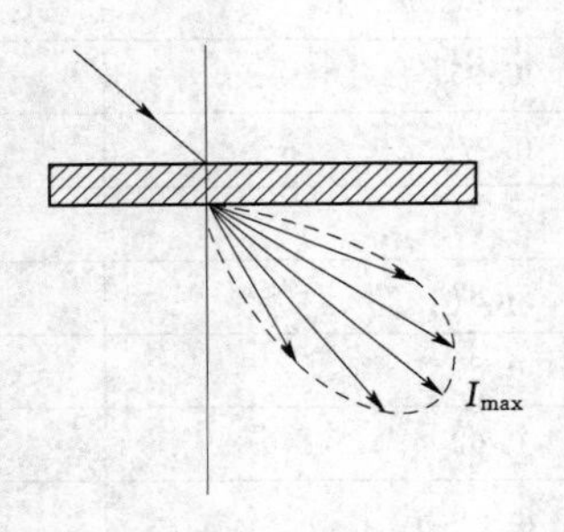

图 5-8　散透射

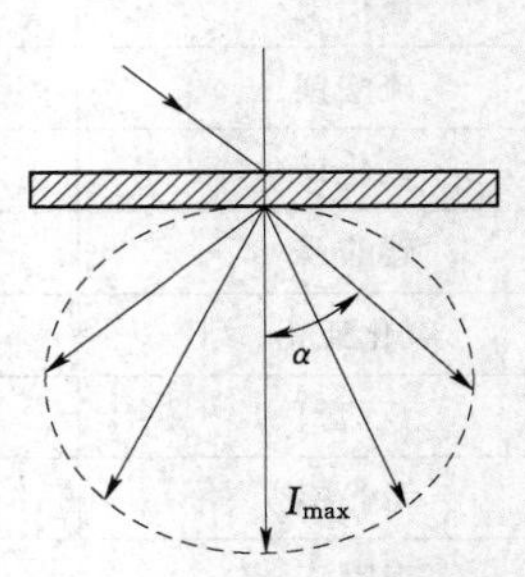

图 5-9　均匀漫透射

4. 混合透射

光线照射到透射材料上，其投射特性介于漫透射（或散透射）与规则投射之间的情况，称之为"混合透射"（Mixed transmission）。

四、材料的光谱特性

1. 光谱反射比

材料表面具有选择性地反射光通量的性能，即对不同波长的光，其反射性能也不同。这就是在太阳光照射下物体呈现各种颜色的原因。为了说明材料表面对于一定波长光的反射特性，可引入光谱反射比这一概念。

光谱反射比 ρ_λ 定义为物体反射的单色光通量 $\Phi_{\lambda\rho}$ 与入射的单色光通量 $\Phi_{\lambda i}$ 之比为

$$\rho_\lambda = \frac{\Phi_{\lambda\rho}}{\Phi_{\lambda i}} \tag{5-11}$$

图 5-10 所示的是几种颜色的光谱反射系数 $\rho_\lambda = f(\lambda)$ 的曲线。由图 5-10 可见，这些有色彩的表面在与其色彩相同的光谱区域具有最大的光谱反射比。

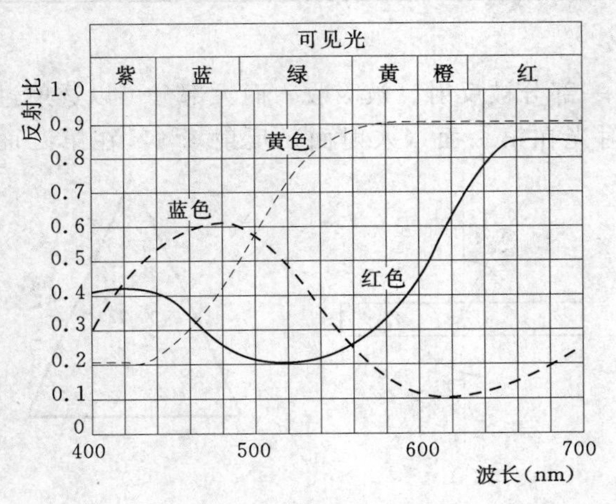

图 5-10　几种颜色的光谱反射系数

通常所说的反射比 ρ 是对色温为 5500K 的白光而言。

2. 光谱透射比

透射性能也与入射光的波长有关，即材料的透射光也具有光谱选择性，用光谱透射比表示。光谱透射系数 τ_λ 定义为透射的单色光通量 $\Phi_{\lambda\tau}$ 与入射单色光通量 $\Phi_{\lambda i}$ 之比

$$\tau_\lambda=\frac{\Phi_{\lambda\tau}}{\Phi_{\lambda i}} \tag{5-12}$$

通常所说的透射比 τ 是对色温为 5500K 的白光而言的。

材料的其他光学特性，如光的偏振、干涉和衍射等现象。在照明中，我们可以利用偏振光的特性，减少光滑表面上反射光线产生的眩光；在检测光源的光谱仪器中使用衍射光栅，就同时利用了干涉和衍射两种效应。

第三节　电　光　源

有许多物理和化学过程都能产生电磁辐射，为了达到照明的目的，人们最感兴趣的是在可见光范围内辐射的获得，也就说波长在 380～780nm 范围内的辐射。但是，紫外和红外辐射在一定条件下，可以有效地转换成可见光。

一、光源的分类

将电能转换成光学辐射能的器件，称为电光源，而用作照明的称为照明电光源。目前使用的电光源，按照其工作原理可分其为两大类。

1. 热辐射光源

利用电能使物体加热到白炽程度而发光的电源，如白炽灯、卤钨灯。

2. 气体放电光源

利用气体或蒸汽的放电而发光的光源称为气体放电光源，如弧光放电灯和辉光放电灯。

(1) 弧光放电灯。弧光放电灯主要利用正柱区的光，根据正柱区的气体压力分别为低气压弧光放电灯和高气压弧光放电灯。如荧光灯、低压钠灯；荧光高压汞灯、高压钠灯、金属卤化物灯、氙灯等。

(2) 辉光放电灯。辉光放电灯主要利用负辉区的光或正柱区的光，如霓虹灯、氖灯、冷阴极荧光灯等。

近年来，随着技术的进步，出现了固体发光的电光源。尤其是半导体发光二极管(Light Emitting Diode，LED) 得到了长足的发展，有可能成为新一代的电光源。

利用适当的固体与电场相互作用而放光的光源称为固体发光光源，即电致发光光源。它包括场致发光灯（Electro Luminescent，EL）和半导体发光二极管。其中，利用砷化镓面结型二极管加正向偏压作为有效的辐射光源的发光二极管（LED）在照明领域中已得到一些应用。

二、白炽发光和热辐射

太阳发光是由于它表面温度接近 6000K 时，所有的固体、液体以及气体如果达到足

够高的温度，都会产生可见光。大约3000K时，白炽灯中的固体钨的炽热可能是现今最为人熟悉的人造光源。然而，我们的祖先可能对大约为2000K的火焰中的热的碳微粒，或者对大约为1000K的火中的灰烬更为熟悉。

这些例子揭示了白炽体的最重要的特性之一。随着辐射体的温度的升高，辐射的色表从暗红，经过橘黄、发白，然后是炽蓝。这样，色温也就随着辐射体的温度升高而提高。

（一）黑体辐射

理想的白炽辐射体，就如所知的黑体或者完全辐射体，它的一般性质可以通过基本原理进行分析。黑体辐射不仅是理解白炽灯的基础，也是理解气体放电辐射的基础。

试验观察已表明，处于特定波长的一个好的吸收体，同时也是处于这个波长的好的辐射体。一个在宽的波长范围内，接近完美的吸收体是利用吸收材料做的并在上面开了一个小孔的腔体。这个孔是一个几乎完美的吸收体，因为任何光线落到上面，都很少有机会被反射出来。作为一个接近完美的吸收体，这个孔是一个接近完美的辐射体，辐射接近最大可能的数量。这样一个腔体可以看作一个误差为1%的黑体或者完全辐射体，其辐射强度只依赖于腔体的绝对温度T(K)，而与制造材料无关。

因此，辐射体可用一个固定的温度T来描述。热辐射也成为“温度辐射”或“平衡辐射”，常用的钨丝灯属于热辐射光源，黑体辐射也属于热辐射的范畴。

1. 普朗克公式

在经典辐射论中，光的辐射被看成是由谐振子的振动所发出的，它的能量可以取连续变化的数值。根据经典辐射理论所得到的黑体辐射公式与实验不完全符合。1900年，普朗克开创性地引进了量子的概念以后，黑体辐射的问题才得到了圆满的解决。

普朗克将黑体看成是由带电的谐振子组成的，并假定：

（1）谐振子的最小能量单位

$$\varepsilon_0 = hv \tag{5-13}$$

式中　h——普朗克常数，单位为$h=6.626\times10^{-34}\text{J}\cdot\text{s}$；

v——谐振子的振动频率，单位为Hz；

ε_0——谐振子的能量，单位为J。

（2）这些谐振子的能量不能连续变化，而只能取一些分立的值。它们的最小能量ε_0的整数倍，即$E_n=n\varepsilon_0$，其中$n=0$，1，2，…。

（3）在发射或吸收时，谐振子只能在这些分立状态之间跃迁，也就是说能量转移也只能以量子的方式进行。

根据上述假定，得到以光谱辐射出射度表示的黑体辐射的普朗克公式，即

$$M_{\lambda B} = \frac{c_1}{\lambda^5}\frac{1}{[\exp(c_2/\lambda T)-1]}\times10^{-9} \tag{5-14}$$

式中　c_1——常数，$c_1=3.741832\times10^{-16}\text{W}\cdot\text{m}^2$；

c_2——常数，$c_2=1.438786\times10^{-2}\text{m}\cdot\text{K}$；

T——黑体温度，单位为K；

气体放电的“全伏安特性曲线”的各段情况描述如下：

（1）由于外置电离，在灯管中存在带电粒子。在电场的作用下，这些带电粒子向电极运动，形成电流。随着电场的增强，带电粒子的速度增加，使电流增大，这就是 OA 段。

（2）当电场继续增强时，所有外致电离所产生的带电粒子全部到达电极，这使电流就饱和了，形成了 AB 段。

（3）如果电源电压 U_0 再继续升高，则电场将使初始带电粒子的速度增大到很大，形成更多电子，只是电子束雪崩式的增加。因此，往往称 BC 段为“雪崩放电”。

（4）在 C 点，通过灯管的电流突然增加至 D 点，管压降随即迅速降低（见 DE 段），同时在灯管中产生了可见的光辉。C 点称为气体放电的“着火点”，相应的电压 U_Z 称为灯管的“着火电压”。

（5）在 EF 段，不论增加 U_0 还是减小回路电阻 R 使电流增加，管压降基本不变，这一段称为“正常辉光放电”。正常辉光放电使管压降能维持不变是因为在这个范围内阴极并没有全部用于发射，用于发射面积正比于电流，故此时阴极上的电流密度是一个常数。

（6）当整个阴极面都用于发射（对应于 F 点）之后，若还继续增大电流的话，阴极电流密度就必须增加，造成灯管电压上升。这样就进入“异常辉光发电”阶段 FG。

（7）此后，如果再使放电电流增加，特性又一次发生突变，灯管电压大幅度降低，电流迅速增加。这就形成了“弧光放电”的 GH 段。

OC 段的放电是非自持的，这种放电称为“黑暗放电”，也就是说，若去除外置电离，电流即可停止。C 点以后的放电是自持放电。从 E 点开始，以后就是稳定的自持放电，它包括辉光放电和弧光放电。从图 5－14 可以看出，“黑暗放电”电流大约在 10^{-6}A 以下，“辉光放电”电流为 $10^{-6}\sim10^{-1}$A 以上，而“弧光放电”的电流约为 10^{-1}A 以上。

（二）辉光放电灯

辉光放电灯的光强、电位等沿灯管轴向的分布情况，如图 5－15 所示。

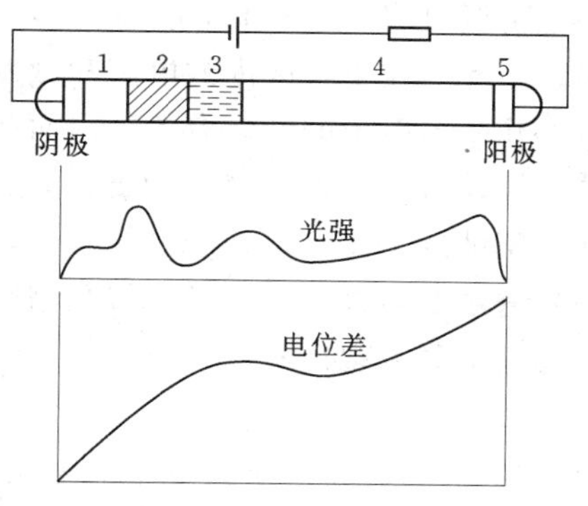

图 5－15　辉光放电时光强沿管轴的分布

1—阴极暗区；2—负辉区；3—法拉第暗区；4—正柱区；5—阳极辉区

根据发光的明暗程度，从阴极到阳极的空间可分为阴极暗区、负辉区、法拉第暗区、正柱区、阳极辉区等几个区域。其中，阴极暗区又称阴极位降区，这个区域是辉光放电的特征区，所有辉光放电的基本过程都在这一区域完成。在阴极区的后面是一个由负辉光区和法拉第暗区组成的过渡区域，在负辉区有很强的光辉，它与阴极暗区有明显的分界。正柱区是一个等离子区，在一般情况下，它是一个均匀的光柱。正柱区相当于一个良导体，实质上起到了传导电流的作用。从图 5－15 可知，在辉光放电过程中，阴极区的大量电子，经过过渡区进入正柱区，最后到达阳极，从而形成了稳定的电流。

值得指出，在辉光放电灯中，主要是利用负辉区的光或正柱区的光，在这两个区域中光的颜色有相当显著的差异。当灯管内的气压降低时，正柱区的长度就要缩短，其他部分的尺寸则伸长，大约在 1.33Pa 时，正柱区的光便完全消失，法拉第暗区可扩展到阳极；

另外，电极之间的距离增长或缩短，正柱区的长度也随之发生变化。

因此，利用正柱区发光的霓虹灯，灯内气体的气压不能太低，灯管要做的较长，还要将阴极部分的灯管涂黑，使辉光区的光透不过来；利用负辉区发光的辉光指示灯，灯管就要做得较短。

（三）弧光放电灯

弧光放电可以用几种方法获得。通过升高电源电压或减小回路电阻来增加电流，放点就从“正常辉光”进入“异常辉光”。再增加电流时，由于电流密度加大而使正离子动能和数量不断增加，致使阴极温度升高产生热电子发射；或者使阴极材料大量蒸发而在阴极附近较薄的范围内产生很高的气压，形成极强的正空间电荷，从而产生强电场发射。无论是形成哪一种发射，都是使放电由“辉光”过渡到“弧光”。当然，弧光放电也可以不是由辉光放电过度而来，而是由电极分离获得，即当电极分开的瞬间产生火花，其中将含有浓度很大的电子和离子，在这些电子和离子的作用下迅速形成电弧。

与辉光放电一样，弧光放电的正柱区也是一个作为电流通道的等离子区，气体辐射主要在这里产生。根据正柱区的气体压力可分为低气压弧光放电和高气压弧光放电。低气压弧光放电的正柱区出具有更高的带电离子浓度外，与辉光放电正柱区的性质基本一样。但在高气压弧光放电中则有着不同的物理过程和性质。

1. 低气压弧光放电灯

低压汞灯（荧光灯）、低压钠灯等低气压弧光放电灯，当灯内气压很低（相等于1013.25Pa）时，电子的自由程长，与气体原子碰撞次数少，电子能获得的能量多，相应的电子温度 T_e 比气体温度高得多，T_e 可达 5×10^4K 以上，而气体温度与管壁温度差不多。因此，在正柱区内的电离和激发，主要是靠电子的碰撞电离和碰撞激发。电子的碰撞激发几率与电子的能量有关，因而并不是所有的能级都一样被激发，而常常只是某些特定的能级被特别强地激发，因此，这些能级发出的线光谱特别强，如低压汞灯的 253.7nm 和低压钠灯 D 线（589nm）等。这就是说，低气压时，单个原子的性质占主导地位，辐射的光谱主要是该元素原子的特征谱线。因此，当气体（或蒸汽）为不同元素时，由于特征谱线的不同表现出不同的色调。

2. 高气压弧光放电灯

当气压升高时，电子的自由程变小。在两次碰撞之间电子积累的能量很小，常不足以使气体原子激发和电离，而和气体原子发生弹性碰撞。由于气压高时，弹性碰撞的频率非常高，结果是电子的动能减小，气体原子动能增加。相应地，电子的温度 T_e 降低，而气体的温度上升。当气压增加到一定高度时，等离子体的电子温度和气体温度变得差不多相同（电子温度总是比气体温度略高一些），这种状态称为“热平衡状态”，这种等离子体称之为“等温等离子体”（或高温等离子体），一般等温等离子体的温度可达 5000～7000K。在处于热平衡正柱区中，电子的碰撞激发和电离所起的作用较小，高温气体的热激发和热电离（高能量之间原子的碰撞）则成为起主要作用的因素。当气压升高时，放电灯辐射的光谱也会发生明显的变化。在高气压放电中，由于相邻原子接近，原子之间的相互作用变强，是原子的特征谱线增宽。另外，高气压时电子、离子浓度很高，它们在放电管内复合的几率增加，而复合可以辐射色形式放出能量（电离能与电子、离子动能之和），此种现象称为“复合发光”。由于电子的动能是连续变化，符合发光的波长也就不是固定的，而是连续可变的。符合发光的几率是随着气压升高而增加的，因此，在很高的气压下，辐射的光谱有很强的连续成分，高强气体放电灯（HID）就是利用这个原理来得到连续光谱的。

（四）气体放电灯的稳定工作

一般情况下，弧光放电具有负伏安特性（也有例外，如长弧氙灯）。具有负伏安特性的元件单独接至电网工作时是不稳定的。

假定某放电灯具有如图 5-16 中 a 线所示的伏安特性，且工作于一个确定的电压 U_1，通过的电流为 I_1。如果由于某种原因，电流从 I_1 瞬时增加到 I_2，这时就产生了一个过剩的电压（U_1-U_2），它将使电流进一步增加。同样，电流从 I_1 瞬时减小到 I_3，这时要维持 I_3，就差电压（U_3-U_1），这又导致电流进一步减小。可见，将具有负伏安特性的放电灯单独接到电网中去时，工作是不稳定。它会导致电流无限制地增加，最后直到灯或电路的某一部分被大电流损坏为止。

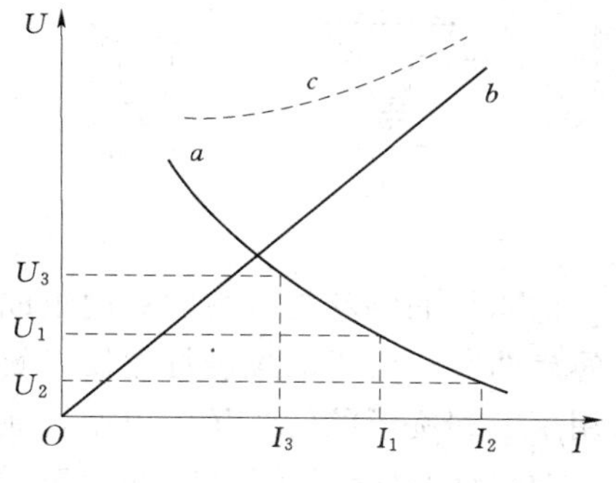

图 5-16 放电灯与电阻串联时的伏安特性

把灯和电阻串联起来使用，就可以克服电弧固有的不稳定性。图 5-16 中 a、b 分别为电弧和电阻的伏安特性曲线，图 5-16 中 c 则是这是两者叠加的结果。不难看出，图 5-16 具有正的伏安特性。在交流的情况下，还可用电感或电容来代替电阻。串联电阻、电感、电容或者它们之组合统称为“镇流器”或“限流器”。

四、白炽灯和卤钨灯

（一）白炽灯

白炽灯是利用钨丝通过电流时使灯丝处于白炽状态而发光的一种热辐射光源。白炽灯的灯丝在将电能转变成可见光的同时，还要产生大量的红外辐射和少量的紫外辐射。

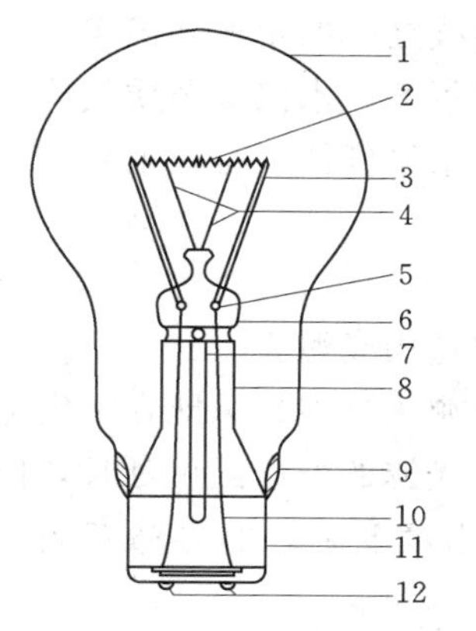

图 5-17 白炽灯的结构
1—玻璃泡壳；2—钨丝 3—引线；4—钼丝支架 5—杜美丝；6—玻璃夹封；7—排气管；8—芯柱；9—焊泥；10—引线；11—灯头；12—焊锡触点

1. 结构和材料

普通白炽灯的结构如图 5-17 所示，它由灯丝、支架、芯柱、引线、玻璃灯壳（简称“泡壳”）和灯头等部分组成。

白炽灯的泡壳形式很多，一般常采用与灯泡纵轴对称的形式，例如球形、圆柱形、梨形等，以求有较高的机械强度以及便于加工。仅有很少的特殊灯泡是不对称的（如全反射灯泡）。泡壳的尺寸及采用的玻璃则视灯泡的功率和用途而定。各种功率、用途的白炽灯的典型外形，如图 5-18 所示，图中字母表示泡壳的形状，后面的数字表示最大直径是$\frac{1}{8}$in（即 3.175mm 的倍数，其中 1in＝25.4mm）的倍数。

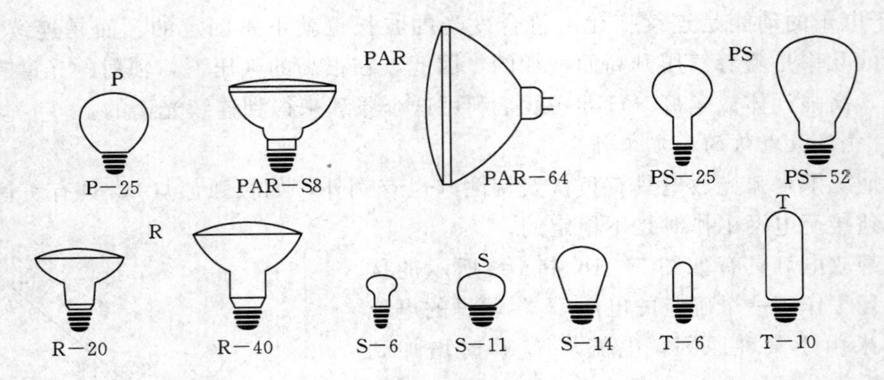

图 5-18　各种白炽灯的外形

白炽灯的钨丝是灯泡的关键组成部分，是灯的“发光体”，常用灯丝形状有单螺旋和双螺旋两种（由于双螺旋灯丝发光效率高，使其成为发展方向）。特殊用途的灯泡甚至还采用了三螺旋形状的灯丝。根据灯泡的规格不同，钨丝具有不同的直径和长度。

白炽灯的灯头是灯泡与外电路灯座连接的部位，其外形有多种（如图 5-19 所示），并具有一定的标准，常用的灯头有螺口式（以字母 E 开头）和插口式（以字母 B 开头）两种。

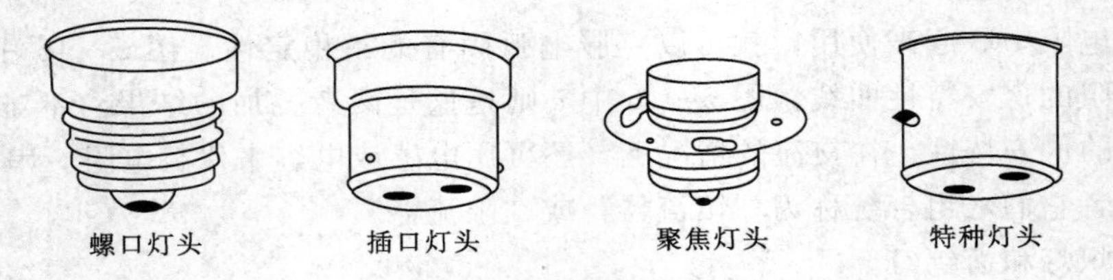

图 5-19　几种灯头外形

目前，大部分白炽灯泡内都充氩、氮或氩—氮混合气体，氮的主要作用是防止灯泡产生放电。混合气体的比例可根据灯的工作电压、灯丝温度、引线之间的距离来确定。

消气剂也是白炽灯的一种重要材料，它能吸收灯中的大量氧气、水汽等杂质气体。在灯的工作过程中，有些消气剂还能不断地吸收灯中陆续放出的杂质气体，有效地延长灯的寿命。

2. 光电参数

通常制造厂给出一些参数，以说明光源的特性，便于用户选用光源。

(1) 额定电压 U_N。灯泡的设计电压称为“额定电压”。光源（灯泡）只能在额定电压下工作，才能获得各种规定的特性。使用时若低于额定电压，光源的寿命虽可延长，但发光强度不足，光效率降低；若在高于额定电压下工作，发光强度变强，但寿命变短。因此，要求电源电压能达到规定值。

(2) 额定功率 P_N。灯泡（管）的设计功率称为“额定功率”，单位为 W（给定某种气体放电灯的额定功率与其镇流器损耗功率之和称为灯的“全功率”）。

(3) 额定光通量 Φ_N。在额定电压下工作，灯泡辐射出的是“额定光通量”，通常是点燃 100h 以后，灯泡的初始光通量，以 lm 为单位。对于某些灯泡，例如反射型灯泡还应规定在一定方向的发光强度。

由于灯丝形状的变化、真空度（或充气纯度）的下降、钨丝蒸发黏附在灯泡内壁等因素，白炽灯在使用过程中光通量会衰减。充气白炽灯内的气体可以抑制钨丝的蒸发，因而光通量衰减情况较好。

通常还引入“光通量维持率”这一概念，它是指灯在给定点燃时间后的光通量与其初始光通量之比，用百分比表示。

（4）发光效率 η。用灯泡发出的光通量和消耗电功率的比值来表示灯的效率，称作发光效率（简称“光效”），单位为 lm/W。普通白炽灯泡的光效很低，约为 9～12lm/W。

（5）寿命 τ。灯泡寿命是评价灯的性能的一个重要指标，它有“全寿命”和“有效寿命”之分。

灯泡从开始点燃到不能工作的累计时间称为灯泡的“全寿命”（或者根据某种规定标准点燃到不能再使用的状态的累计时间）。

有效寿命是根据灯的发光性能来定义的。灯泡从开始点燃到灯泡所发出的光通量衰减至初始光通量的某一百分数（70％～85％）时的累计时间，称为灯的“有效寿命”。所谓“平均寿命”是指每批抽样试验产品有效寿命的平均值，产品样本上列出的光源寿命一般指平均寿命。白炽灯的有效寿命为 1000h。

白炽灯的寿命受电源电压的影响，如图 5-20 所示。从图中可知，随着电源电压升高，灯泡寿命将大大降低。随着灯丝温度的变化，灯泡的寿命和发光效率都将产生变化，同一个灯泡的发光效率越高，寿命就越短。

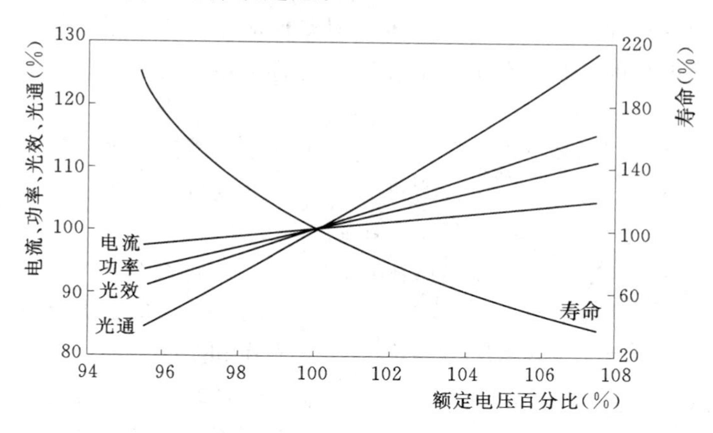

图 5-20　白炽灯光电参数与电源电压关系

（6）光谱能量分布 E_{λ}。白炽灯是热辐射光源，具有连续的光谱能量（功率）分布。

（7）色温 T_c、和显色指数 R_a。白炽灯是低色温光源，一般为 2400～2900K；一般显色指数为 95～99。

当电源电压变化时，白炽灯除了寿命有很大的变化外，光通、光效、功率等也都有较大的变化，如图 5-20 所示。

（二）卤钨灯

填充气体内含有部分卤族元素或卤化物的充气白炽灯称为卤钨灯。卤钨灯也是一种热发光源，性能比普通钨丝白炽灯泡有了很大的改进。

由于传统白炽灯有/存在物理尺寸（即受黑化限制的单位泡壳面积的功率负载）、光效及经济寿命上的缺点，它的应用受到了很多限制。早在 1882 年就有一项专利（Schribner，1882）阐述了利用氯元素来减慢泡壳黑化速度的化学输运循环。第二年斯旺（Swan）用卤素进行了试验，通过把氯气充入碳丝真空泡中，成功地减慢了泡壳黑化。然而，由于使用材料的实用性和控制这样一个活性的输运机理的限制，这一原理未能得到到广泛的应用。直到 1959 年第一个商业实用型卤钨灯才被开发成功（Zubler and Mosby，1959）。它实际上是由一根线状灯丝与内部充有少量碘的氧化硅（石英）灯管构成。

1. 卤钨循环的原理

当卤素加进填充气体后，如果灯内达到某种温度和设计条件，钨与卤素将发生可逆的化学反应。简单地讲，就是白炽灯灯丝蒸发出来的钨，其中部分朝着泡壳壁方向扩散。在灯丝与泡壳之间的一定范围内，其温度条件有利于钨和卤素结合，生成的卤化钨分子又会扩散到灯丝上重新分解，使钨又送回到了灯丝。至于分解后的卤素则又可参加下一轮的循环反应，这一过程称为卤钨循环或再生循环。卤素与钨反应的基本形式为

$$\text{(靠近灯丝)}W+nX+A\Leftrightarrow WX_n+A\text{(靠近灯泡)} \qquad (5-19)$$

式中　W——钨；

X——卤素；

n——原子的数目；

A——惰性气体。

这一可逆的化学反应过程表明：当温度高时，反应朝着有利于卤钨化合物分解的方向进行；反之，当温度低时，反应朝着有利于卤钨化合物生成的方向进行。

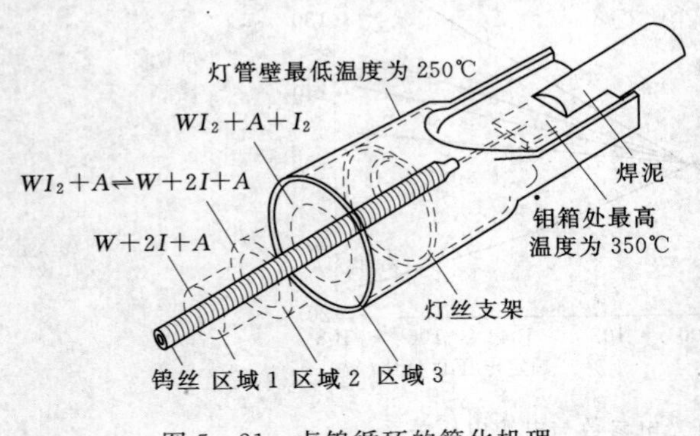

图 5-21　卤钨循环的简化机理

为了理解这个循环过程，详细分析一下沿着充有惰性气体和卤素的管子的轴线安置的钨丝的其工作情况，如图 5-21 所示。

（1）灯丝的工作温度一般在 2350～3150℃之间，温度高低取决于所需的寿命和工作电压。

（2）在灯丝和泡壳之间的惰性气体存在着温度的梯度，这个梯度按划分的温度大小从灯丝径向地延伸到泡壳壁。

1）围绕灯丝的区域（区域 1）无化学反应，该区域里的惰性气体、卤素原子、钨原子都以分离的成分存在。

2）一个外区域（区域 2），这些成分会发生反应，亦即使钨和卤素发生反应生成气态的卤化钨，其中靠近高温灯丝一边的卤化钨会分解。

3）过此区域的低温边缘再向外直到泡壳壁的区域（区域 3），这里没有热分解，只发生卤素原子的继续复合，并完成卤化钨的形成。

（3）这些卤化钨扩散到灯丝上，在对流中再循环重新分解成卤素和钨。可惜在多数情况下，再生钨并不直接回到灯丝上，而是游离在灯丝附近的区域内。

理论上氟，氯、溴、碘 4 种卤素都能在灯泡内产生再生循环，区别就在于循环时，产生各种反应所需的温度不同。目前，广泛采用的是溴、碘两种卤素，制成的灯则分别称为溴钨灯和碘钨灯，并统称为卤钨灯。

2. 卤素的选择

（1）碘钨灯。碘钨灯是所有卤钨灯中最先取得商业价值的，其主要原因是由于维持碘再生循环的温度很适合许多实用灯泡的设计，特别适用于寿命超过 1000h 以上和钨蒸发速率不大的灯。

碘在室温下是固体，熔点是 113℃，沸点是 183℃，25℃时的蒸汽压是 49.3Pa。主要的化学反应是 $W+2I \Leftrightarrow WI_2$，反应温度约为 1000℃。要能成功地维持再生循环，则灯丝的最低温度应是 1700℃，泡壳壁温度至少达到 250℃。所需碘量要以多少钨需要再生而定，灯内呈紫红色的碘蒸气成分越多，那么被这种蒸汽吸收而损失的光就越多，在实际设计中，光的损失可高达 5%。

（2）溴钨灯。溴钨灯的寿命一般限制在 1000h 以内，钨丝的蒸发速率也比碘钨灯高，一般灯丝温度在 2800℃以上。在室温下，溴呈液体状，熔点是－7.3℃，沸点是 58.2℃，25℃时的蒸汽压是 30800Pa。溴钨循环和碘钨循环极为相似，再次循环中形成 WBr_2，所需温度约为 1500℃。

采用溴化物的优点是它们能在室温下以气体的形式填充入泡壳内，从而简化了生产过程。此外，灯内充入少量溴，实际上不会造成光吸收。因此光效的数值可比碘钨灯高 4%～5%，它形成再生循环的泡壳温度范围也比较宽，一般约为 200～1100℃，主要缺点是溴比碘的化学性能要活泼得多，若冲入量稍微过量，即使灯的温度低于 1500℃时也会对灯丝的冷端产生腐蚀。

由于碘在温度为 1700℃以上的灯丝和 250℃左右的泡壳壁间循环，对钨丝没有腐蚀作用，因此，需要灯管寿命长些就采用碘钨灯；需要光效高的灯管可用溴钨灯，但寿命就短些。

3. 结构与技术参数

卤钨灯分为两端引出和单端引出两种，如图 5-22 所示。两端引出的灯管用于普通照明；单端引出的用于投光照明、电视、电影、摄影等场所。

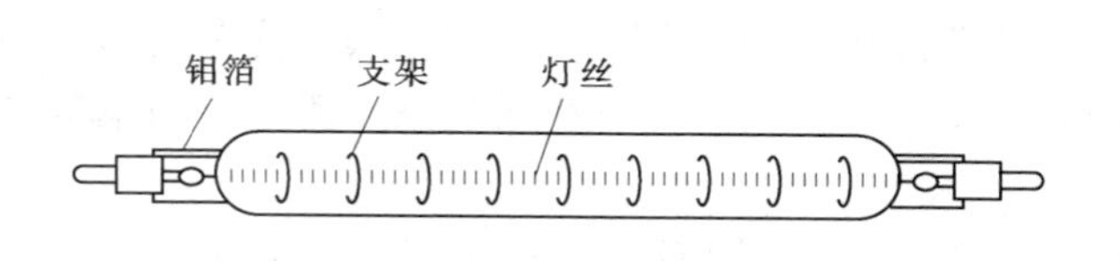

(a)

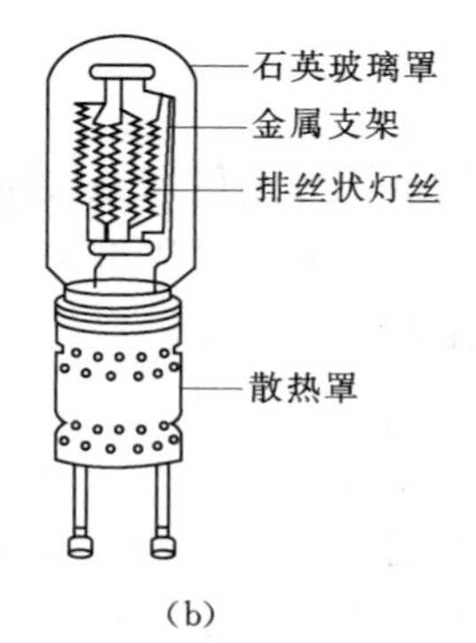

(b)

图 5-22　卤钨灯外形

(a) 两端引出；(b) 单端引出

由于卤钨循环使蒸发的钨又不断地回到钨丝上，抑制了钨的蒸发，并且因灯管内被充入较高压力的惰性气体而进一步抑制了钨蒸发，使灯的寿命有所提高，最高可达 2000h，平均寿命为 1500h，为白炽灯的 1.5 倍；因灯管工作温度提高，辐射的可见光量增加，使得发光效率提高，光效可达 10～30lm/W；工作温度高，光色得到改善，显色性也好；卤钨灯与一般白炽灯比较，它的优点是体积小、效率较高、功率集中，因而可使照明灯具尺寸缩小，便于光的控制。因此灯具制作简单，价格便宜，运输方便。卤钨灯显色性好，其色温特别适用于电视播放照明，并用于绘画、摄影和建筑物的投光照明等场合。

但是，使用卤钨灯时，要注意以下几点：

(1) 为维持正常的卤钨循环，使用时要避免出现冷端，例如，管形卤钨灯工作时，必须水平安装，倾角范围为±4°，以免缩短灯的寿命。

(2) 管形卤钨灯正常工作时管壁温度约为 600℃左右，不能与易燃物接近，而且灯管脚的引线应该采用耐高温导线，灯管脚与灯座之间的连接应良好。

(3) 卤钨灯灯丝细长又脆，要避免振动和撞击，也不宜作为移动式局部照明。

五、荧光灯

荧光灯可以定义为一种低气压汞蒸气弧光放电灯，在它的玻璃管内壁上涂有荧光材料，因此把放电过程中产生的紫外线辐射转化为可见光。

1940 年左右，荧光灯最初用于普通照明并迅速普及。到 1970 年，荧光灯已成为最主要的人造光源。其高效能、良好的光输出，光输出持久性，颜色的多样性以及较长的使用寿命，使之在公共空间、商业等照明领域被广泛采用。据估计，全世界人造光源所发出光的总量中，大约 80%是荧光灯所发出的。

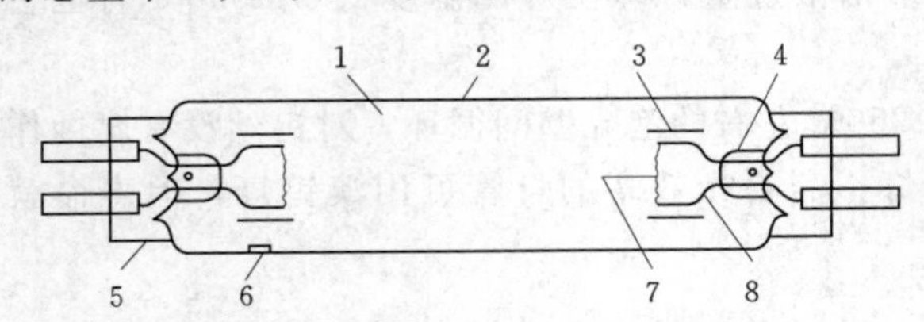

图 5-23 荧光灯的结构

1—氩和汞蒸气；2—荧光粉涂层；3—电极屏罩；4—芯柱；5—两引线的灯冒；6—汞；7—阴极；8—引线

自从 1980 年紧凑型荧光灯 (CFLs) 产品在欧洲问世至今，人们通俗地称之为节能灯或节能灯泡。

(一) 结构与材料

荧光灯的材料如图 5-23 所示。它由内壁涂有荧光粉的钠钙玻璃管组成，其两端封接上涂覆三元氮化物电子粉的双螺旋形的钨电极，电极常常套上电极屏蔽罩。尤其在较高负载的荧光灯中，电极屏蔽罩一方面可以减轻由于电子粉蒸发而引起的荧光灯两端发黑，使蒸发物沉积在屏蔽罩上；另一方面可以减少灯的闪烁现象。灯管内还充有少量的汞，所产生的汞蒸气放电可使荧光灯放光。

在荧光灯工作时，贡的蒸汽压仅为 1.3Pa，在这种工作气压下，贡电弧辐射出的绝大部分辐射能量是波长为 253.7nm 的紫外特征谱线，再加上少量的其他紫外线，也仅有 10%在可见光区域。若灯管内没有荧光粉涂层，则荧光灯的光效仅为 6lm/W，这只是白炽灯泡的一半。为了提高光效，必须将 253.7nm 的紫外辐射转换成可见光，这就是玻璃管内要涂荧光粉的原因，荧光粉可使灯的发光效率提高到 80lm/W，差不多是白炽灯的 6 倍之多。

此外，荧光灯内还充有氩、氪、氖之类的惰性气体以及这些气体的混合气体，其气压在200～660Pa之间。由于室温下汞蒸气气压较低，惰性气体有助于荧光灯的启动。由于气体放电灯具有负的伏安特性，因此荧光灯必须与镇流器配合，才能稳定工作。

（二）工作电路

1. 开关型启动电路（预热式）

荧光灯最常用的工作电路是开关启动电路，如图5-24（a）所示。在开灯前，辉光启动器的双金属片触点被一个小间隙隔开。当电源接通时，220V电压虽不能使灯启动，但足以激发辉光启动器产生辉光放电，辉光放电产生的热量加热了双金属片，使双金属片弯曲直到接触。约1～2s后，电源接通辉光启动器、镇流器和电极灯丝形成了串联电路，一个相当强的预热电流迅速地加热灯丝，使其达到热发射的温度。一旦双金属片闭合，辉光放电即刻消失，此时双金属片开始冷却。冷却到一定程度后，它们复原弹开，并使串联电路断开。两电极闭合的一段时间也就是灯丝预热时间（约0.5～2s）。灯丝经过预热，发射出大量电子，使灯的启动电压大大降低（通常可降低至未预热时启动电压的1/2～1/3）。由于电路呈感性，当电路突然中断时，在灯管两端会产生持续时间约为1ms的600～1500V的脉冲电压。这个脉冲电压很快地使灯内的气体和蒸汽电离，电流即在两个相对的发射电极之间通过，这样灯就被点燃。灯点亮后，加在辉光启动器上的电压（即灯管两端的电压）只有约100V，而辉光启动器的熄灭电压在130V以上，所以不足以使辉光启动器再次发生辉光放电。这就是荧光灯的预热启动过程。

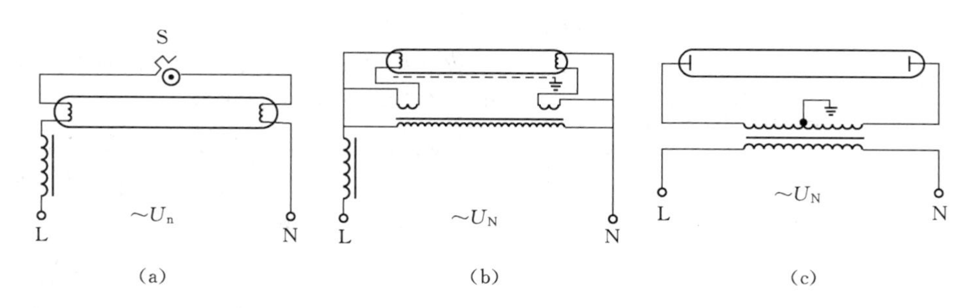

图5-24　荧光灯启动电路

（a）预热启动；（b）快速启动；（c）瞬时启动

2. 变压器型启动电路

在这类电路中，必须区分阴极预热式的“快速启动”和冷阴极式的“瞬时启动”电路。

（1）快速启动（阴极预热式）。荧光灯的快速启动工作电路，如图5-24（b）所示。在这种电路中，变压器的主绕组跨接在灯管两端，二次绕组接到电极灯丝两头。电源接通，变压器一次绕组产生的高压虽不足以灯内产生放电，但二次绕组立即供给阴极加热。当阴极达到热电子发射温度时，灯就在高电压下击穿。灯点燃后，线路中的电流急剧增加。这时，在镇流器上建立起较高电压降，从而使灯管两端电压降到正常值。同时，灯丝变压器的电压随之降低，加热阴极的电流也降到较小的数值。由于放电灯管在管壁电阻很低或很高的情况下，灯的启动电压才最低，故可在灯管外的两段灯头之间敷设一条金属带，并将其中一个灯头接地，这样实现了减小管壁电阻，降低了灯的启动电压，从而达到可靠启动的目的。采用快速启动电路时，由于无需高压脉冲，加上阴极的电位降低，从辉光放电过渡到弧光放电的时间段，因而对阴极的伤害小。同样的灯，使用快速启动电路时的寿命比开关启动电路和瞬时启动电路都要长的多。

（2）瞬时启动（冷阴极式）。冷启动对于具有无需预热就能启动的电极的灯是可能的。"IS（阴极）"名称就是以瞬时启动（Instantaneous Start）灯形命名的。另外，还有一些瞬时冷启动的荧光灯，采用圆柱形电极结构，工作时电极保持冷态，其典型的电路，如图5-24（c）所示。在该电路中，漏磁变压器给工作于50～120mA的冷阴极荧光灯提供1～10kV的瞬时启动电压。显然，这种工作方式对阴极的损伤较大。

（三）工作特性

1. 电源电压变化的影响

电源电压变化对荧光灯光电参数是有影响的，供电电压增高时灯管电流变大、电极过热促使灯管两端早期发黑，寿命缩短。电源电压低时，启动后由于电压偏低工作电流小，不足以维持电极的正常工作温度，并加剧了阴极发射物质的溅射，使灯管的寿命缩短。因此要求供电电压偏移范围为±10%。荧光灯光电参数随电压变化的情况，如图5-25所示。

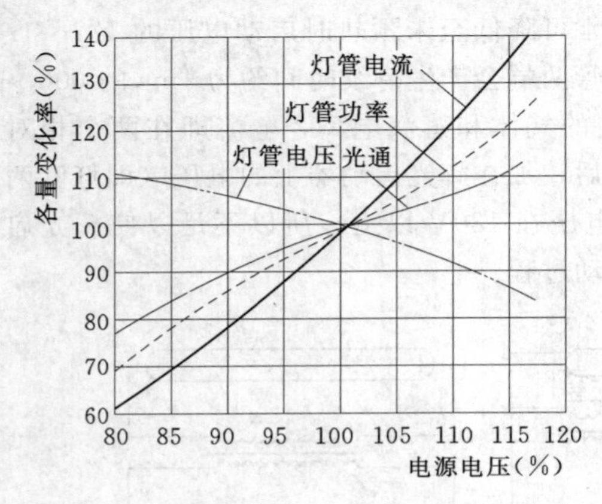

图5-25　荧光灯光电参数随电压的变化

2. 光色

荧光灯可利用改变荧光粉的成分来得到不同的光色、色温和显色指数。

（1）常用的是价格较低的卤磷酸盐荧光粉，它的转换效率较低，一般显色指数 R_a 为51～76，有较多的连续光谱。

（2）另一种窄带光谱的三基色稀土荧光粉，它的转换效率较高、耐紫外辐射能力强，用于细管径的灯管可得到较高的发光效率（紧凑型荧光灯内壁涂的是三基色稀土荧光粉），三基色荧光灯比普通荧光灯光效高20%左右。不同配方的三基色稀土荧光粉可以得到不同的光色，灯管一般显色指数 R_a 为80～85，线光谱较多。

（3）多光谱带荧光粉，R_a>90，但与卤磷酸盐粉、三基色粉相比，效率低。

无论灯管的内壁涂敷何种荧光粉，都可以调配出三种标准的白色，它们是暖白色（2900K）、冷白色（4300K）、日光色（6500K）。

3. 环境温、湿度的影响

（1）环境温度对荧光灯的发光效率有很大影响。荧光灯发出的光通量与汞蒸气放电激发出的254nm紫外辐射强度有关，紫外辐射强度又与汞蒸气压有关，汞蒸气压与灯管直径、冷端（管壁最冷部分）温度等因素有关（冷端温度与环境温度有关）。

1）对常用的水平点燃的直管型荧光灯来说，环境温度20～30℃，冷端温度38～40℃时的发光效率最高（相对光通输出最高）。

2）对细管荧光灯，最佳工作温度偏高一点。

3）对紧凑型细管荧光灯，工作的环境温度就更高些。

一般来说环境温度低于10℃还会使灯管启动困难，灯管工作最佳环境温度为20～35℃。管壁温度及环境温度对荧光灯输出的影响，如图5-26所示。

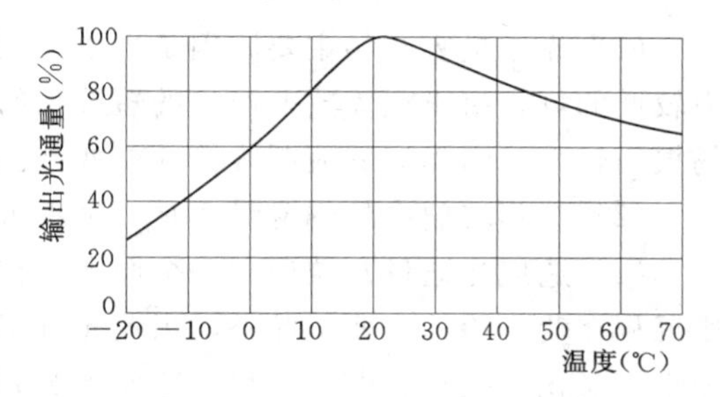

图5-26　荧光灯的光输出随环境温度的变化情况图

(2) 环境湿度过高（70%～80%），对荧光灯的启动和正常工作也不利。湿度高时空气中的水分在灯管表面形成一层潮湿的薄膜，相当于一个电阻跨接在灯管两极之间，提高了荧光灯的启动电压，使灯启动困难。由于启动电压升高，使灯预热启动电流增大，阴极物理损耗加大，从而使灯管寿命缩短。

一般相对湿度在60%以下对荧光灯工作有利，75%～80%时最不利。

4. 控制电路的影响

荧光灯所采用的控制电路类型对荧光灯的效率、寿命等都有影响。

(1) 在辉光启动器预热电路中，灯的寿命主要取决于开关次数。优质设计的电子启动器，可以控制灯丝启动前的预热，并当阴极达到合适的发射温度时，发出触发脉冲电压，使灯更为可靠地启动，从而减小了对电极的损伤，有效地延长了荧光灯的寿命。

(2) 应用高频电子镇流器的点灯电路也同样对灯丝电极的损伤极小，不会因为频繁开关而影响灯管寿命。大多数的电路在灯点燃期间提供了一定的电压持续辅助加热，它帮助阴极灯丝维持所需的电子发射温度。电极损耗的减少必然能提高荧光灯的总效率。

5. 寿命

当灯管的一个或两个电极上的发射物质耗尽时，电极再也不能产生足够的电子使灯管放电，灯的寿命即终止。

当灯工作时，阴极上的发射物质不断消耗；当灯启动时，尤其在开关启动电路工作时，阴极上还会溅射出较多的发射物质，这种溅射会使灯管的寿命缩短。我们知道，发射物质蒸发的速度在一定程度上依赖于充气压力，充气压力会使蒸发速度增大，从而降低灯的寿命。

影响荧光灯的寿命的另一个因素是开关灯管的次数。目前，灯管寿命的认定是根据国际电工委员会的规定（IEC81.1984）进行测试——将灯管用一个特制的镇流器点燃，基于每天开关8次或每3h开关一次的工作条件下来获得。这个寿命认定提供了灯管的中期期望寿命，它是大量的荧光灯同时点燃，其中50%报废的时间。总之，灯管开关次数越多，寿命则越短。

6. 流明维持（光通量衰减）

流明维持特性是指灯管在寿命期间光输出随点燃时间变化的情况，简称流明维持（光通量衰减）。影响荧光灯流明维持的因素很多，包括玻璃的成分、灯的表面负载、充入惰性气体的种类和压力、涂层悬浮液的化学添加剂、荧光粉的粒度和表面处理以及灯的加工过程等。

（1）光通量衰减的主要原因是由于荧光粉材料的损伤。譬如，对高负载的灯和充气压力较低的灯，由于气体放电产生的短波长的紫外辐射（185nm）的增加，灯内荧光粉受到的损伤较大，因而灯的流明维持性能变差。

（2）灯管玻璃中的钠含量也是一个不可忽视的因素。

（3）造成光通量衰减还有一个原因是在荧光灯启动和点燃时，灯丝上所散落的污染物质沉积在荧光粉的表面；此外，当荧光灯工作相当长的一段时间后，金属汞微粒在表面的吸附和氧化亚汞在表面的沉积，这使得荧光粉涂层表面呈明显的灰色。

为了防止荧光粉的恶化以及玻璃和汞反应引起的黑化，在现代制灯技术中，采用先在玻璃上涂一层保护膜、然后再涂荧光粉的工艺，这极大地改善了荧光灯的流明维持特性。

7. 闪烁与频闪效应

荧光灯工作在交流电源情况下，灯管两端不断改变电压极性，当电流过零时，光通量即为零，由此会产生闪烁感。这种闪烁感是由于荧光粉的余晖作用，人们在灯光下并没有明显的感觉，只有在灯管老化和近寿终前的情况下才能明显地感觉出来。当荧光灯这种变化的光线用来照明周期性运动的物体时，将会降低视觉分辨能力，这种现象称为“频闪效应”。

为了消除这种频闪效应，对于双管或三管灯具可采用分相供电，而在单相电路中则采用电容移向的方法；此外，采用电子镇流器的荧光灯可工作在高频状态下，能明显地消除频闪效应；当然，采用直流供电的荧光灯管可以做到几乎无频闪效应。

8. 高频工作特性

当气体放电灯在交流供电情况下工作时，气体或金属蒸气放电的特性取决于交流电的频率和镇流器的类型。灯的等效阻抗近似为一个非线性电阻和一个电感的串联。在交流50/60Hz时，灯的阻抗在整个交流周期里一直不停地变化，从而导致了非正弦的电压和电流波形，并产生了谐波成分。荧光灯大约在工作频率超出1KHz时，灯内的电离状态不再随电流迅速地变化，从而整个周期中形成几乎恒定的等离子体密度和有效阻抗。因此，灯的伏—安特性曲线趋于线性，波形失真也因之降低，如图5－27所示。荧光灯的高频工作特性曲线，如图5－28所示，从曲线中可看出，当其工作频率超过20KHz时，发光效率可提高10～20%，同时荧光灯工作在高频状态下，可以克服闪烁与频闪给人带来的视觉不舒适。基于此原理，电子镇流器应运而生。

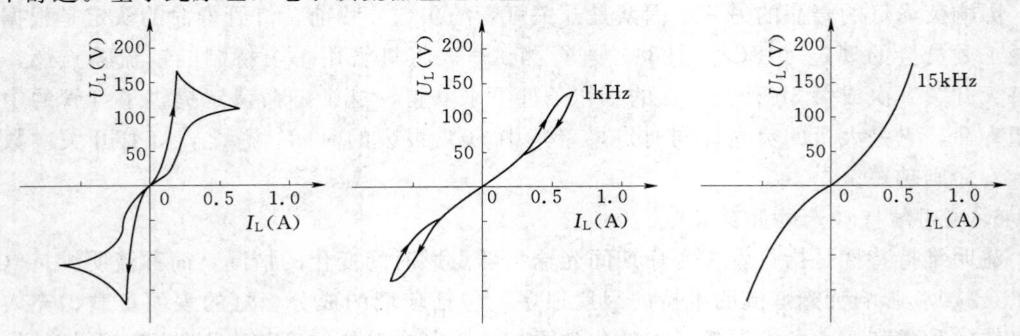

图5－27　带镇流器的荧光灯工作在不同频率下的动态伏—安特性曲线

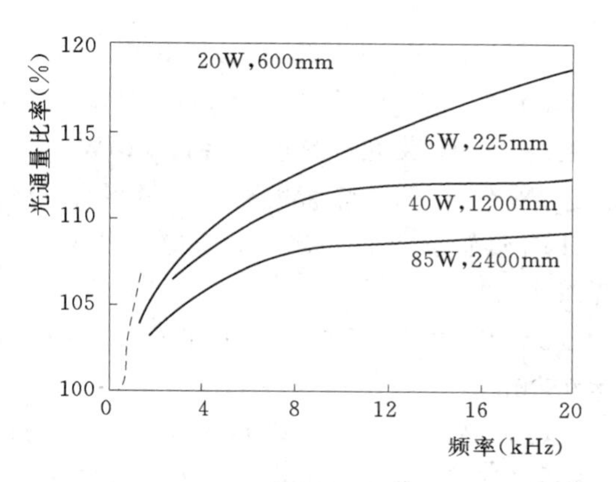

图 5-28 荧光灯的高频工作特性曲线

（四）电子镇流器

采用新型的半导体器件，可以构成采用主电源供电的许多荧光灯和放电灯的电子镇流器，通常，这些电子镇流器工作频率的范围为 20～100kHz。从本质上来说，电子镇流器是一个电源变换器，它将输入的电源进行频率和幅度的改变，给灯管提供符合要求的能源；同时还具有灯的启动和输入功率的控制等作用。照明所采用的电子镇流器是以开关电源技术为基础进行制造的，其组成结构如图 5-29 所示。

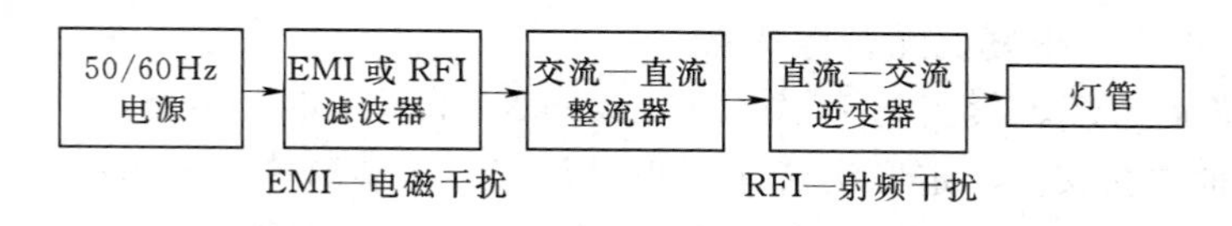

图 5-29 电子镇流器的组成框图

（五）荧光灯的种类

1. 按功率（灯的负荷或管壁单位面积所耗散的功率）分类

（1）标准型。在标准点灯条件（环境温度 20～25℃、湿度低于 65%）下，为了获得应有的发光效率，将壁管温度设计在最佳温度值（约 40℃），管壁负荷约为 300W/m^2。

（2）高功率型。为了提高单位长度的光通量输出，增加了灯的电流，管壁负荷设计约为 500W/m^2。

（3）超高功率型。为进一步提高光输出，管壁负荷设计约为 900W/m^2。高功率型的灯和超高功率型的灯，一般采用快速启动的方式工作。

2. 按灯管工作电源的频率分类

荧光灯是非纯电阻性元件，工作在不同频率的电源电压情况下，管压降不同。

（1）工频灯管。工作在电源频率为 50Hz 或 60Hz 状态下的灯管，一般与电感镇流器配套使用。目前市场中生产的主要是此种灯管。

（2）高频灯管。工作在 20～100kHz 高频状态下的灯管，高频电流是与其配套的电子镇流器产生的。

（3）直流灯管。工作直流状态下的灯管，直流电压是由其配套的 AC/DC 镇流器供给。

3. 按灯管形状和结构分类

（1）直管型荧光灯。直管型荧光灯其灯管长度 150～2400mm，直径 15～38mm，功率 4～125W。普通照明中使用广泛的灯管长度为：600mm、1200mm、1500mm、1800mm 及 2400mm，灯管直径有 38mm（T12）、25mm（T8）、15mm（T5）（“T”后面的数字为 1/8 英寸的倍数）。

1）T12 灯管。灯管多数是涂卤磷酸盐荧光粉，填充氩气。其规格有：20W（长

600mm)、30W（长 900mm)、40W（长 1200mm)、65W（长 1500mm)、75W/85W（长 1800mm)、125w（长 2400mm)，还有 100W（长 2400mm）填充氪—氩混合气，它可以安装在 125W 荧光灯具里以替代 125W 的灯管。

2）T8 灯管。灯管内充氪—氩混合气体。它可直接取代以开关启动电路工作的充氩气的 T12 灯管（具有同样的灯管电压和电流)，但取用的功率比 T12 灯管少（氪气使电极损耗减小)。

3）T5 灯管。T5 灯管比 T8 灯管节电 20%，使用三基色稀土荧光粉，$R_a>85$，寿命达 7500h。

(2）高光通量单端荧光灯。这种灯管在一端有 4 个插脚。主要灯管有 18W (255mm)、24W（320mm)、36W（415mm)、40W（535mm)、55W（535mm)。它与直管型荧光灯相比，具有结构紧凑、光通量输出高、光通量维持好、在灯具中布线简单、灯具尺寸与室内吊顶可以很好地配合等特点。

(3）紧凑型荧光灯。紧凑型荧光灯（Compact Fluorescent Lights，CFLs）使用 10～16mm 的细管弯曲或拼接成一定形状（有 U 形、H 形、螺旋形等)，以缩短放电管线形长度。

目前，紧凑型荧光灯可以分为两大类：一类，灯和镇流器是一体化的，另一类，灯和镇流器是分离的。在达到同样光输出的前提下，这种灯耗电仅为白炽灯的 1/4，而且它的寿命也较长，可达 8000～10000h，故称为“节能灯”。一体化的紧凑型荧光灯装有螺旋灯头或插式灯头，可以直接替代白炽灯泡。

4. 特种荧光灯

(1）平板（平面）荧光灯。两个互相平行的玻璃平板构成密闭容器，里面充入惰性气体和它的混合气体（如氙、氖—氙)，内壁涂有荧光粉，容器外装上一对电极，就构成了平面荧光灯。这种灯光线柔和、悦目，可与室内的墙壁、顶棚融为一体，同时它无需充贡，因而无污染。

(2）无极荧光灯。无极灯的灯内没有一般照明灯所必须具有的灯丝或电极，是通过高频发生器的电磁场以感应的方式耦合到灯内，使灯泡内的气体雪崩电离，形成等离子体，等离子体受激原子返回基态时辐射出 253.7nm 的紫外线，灯泡内壁的荧光粉受到 253.7nm 的紫外线激发产生可见光。

它一般由三部分组成，如图 5-30 所示。

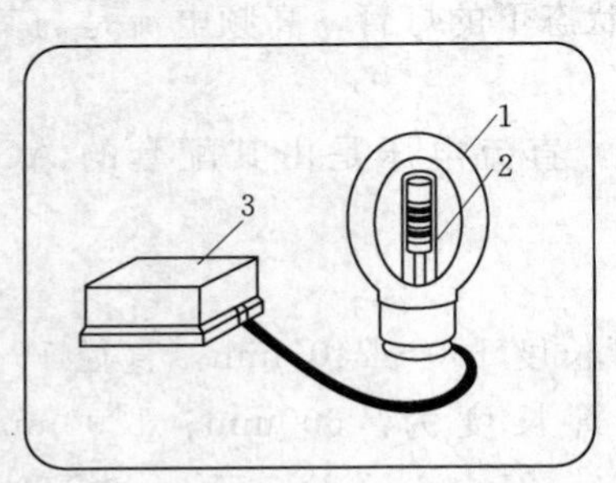

图 5-30　无极灯的结构原理图

1—灯泡；2—功率耦合器；3—高频发生器

严格来说，无极灯分为高频无极灯（HFED）和低频无极灯（LVD）：高频无极灯工作频率为2MHz以上，其泡体为常规型，内置耦合器。LVD灯的工作频率在2MHz左右，泡体多以环形为主，外置耦合器。但通常把高频无极灯简称为无极灯。低频电磁无极灯因工作在中低频率状态下，所以相对制造难度小，制造成本低。

无极灯的最大特点是没有电极，长寿命，市场上已有寿命超过60000h的产品，是白炽灯泡寿命的50倍，是一般气体放电灯的十几倍；无极灯工作频率高，灯光稳定无闪烁；使用固体汞齐，无汞污染，绿色环保；发光效率比较高，其显色指数也比较高，但价格也比较高，故特别适用于照明时间长，更换光源困难及更换光源成本高的场所。

5. 其他

除用作一般照明的荧光灯之外，还有一些特殊用途的荧光灯。如用伍德玻璃制成的产生峰值为370nm紫外辐射的黑光灯，能产生与重氮基光复印材料相匹配的光谱的复印用荧光灯等。另外，还有一些荧光灯是采用冷阴极辉光放电，装饰照明用的霓虹灯便是一例。在霓虹灯中，所要求的发光颜色是通过改变荧光粉或填充气体的种类来实现的。

六、高强度气体放电灯

“高强度气体放电灯（High Intensity Discharge，HID）”是高压汞灯、金属卤化物灯和高压钠灯的统称，其放电管的管壁负载大于$3W/cm^2$（即$3\times10^4 W/m^2$），工作期间蒸气压在10132.5～101325Pa（0.1～1atm）之间。

（一）HID灯的结构

虽然HID灯的结构分别由放电管、外泡壳和电极等组成，但所用材料及内部充入的气体有所不同。

1. 荧光高压汞灯

荧光高压汞灯的典型结构，如图5-31（a）所示。

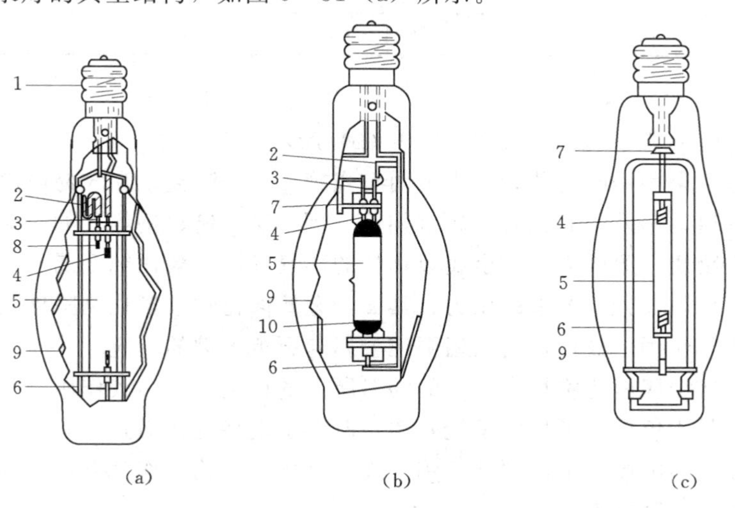

图5-31 HID灯的结构

（a）荧光高压汞灯；（b）金属卤化物灯；（c）高压钠灯

1—灯头；2—启动电阻；3—启动电极；4—主电极；5—放电管；6—金属支架；

7—消气剂；；8—辅助电极；9—外泡壳（内涂荧光粉）；10—保温膜

(1) 放电管。采用耐高温、高压的透明石英管，管内除充有一定量的汞外，同时还充有少量的氩气以降低启动电压和保护电极。

(2) 主电极。由钨杆及外面重叠绕成螺旋的钨丝组成，并在其中填充碱土氧化物作为电子发射材料。

(3) 外泡壳。一般采用椭圆形，泡壳除起保温作用外，还可防止环境对灯的影响。泡壳内壁上还涂敷适当的荧光粉，其作用是将灯的紫外辐射或短波长的蓝紫光转变为长波的可见光，特别是红色光。此外，泡壳内通常还充入数十千帕的氖气或氖—氩混合气体作绝热用。

(4) 辅助电极（或启动电极）。通过一个启动电阻和另一主电极相连，有助于荧光高压汞灯在干线电压作用下顺利启动。

荧光高压汞灯的主要辐射来源与汞原子激发，以及通过泡壳内壁上的荧光粉将激发后产生的紫外线转换成可见光。荧光高压汞灯光电参数如表 5-3 所示。

表 5-3　　部分 HID 灯的光电参数

类别		型号	功率 (W)	管压 (V)	电流 (A)	光通 (lm)	稳定时间 (min)	再启动时间 (min)	色温 (K)	显色指数	寿命 (h)
荧光高压汞灯		GGY—400	400	135	3.25	21000	4～8	5～10	5500	30～40	6000
金属卤化物灯	钠铊铟	NTY—400	400	120	3.7	26000	10	10～15	5500	60～70	1500
	镝	DDG—400/V	400	125	3.65	28000	5～10	10～15	6000	≥75	2000
		DDG—400/H	400	125	3.65	24000	5～10	10～15	6000	≥75	2000
	钪钠	KNG—400/V	400	130	3.3	28000			5000	55	1500
高压钠灯	普通型	NG—400	400	100	3.0	28000	5		2000	15～30	2400
	改显型	NGX—400	400	100	4.6	36000	5～6	1	2250	60	12000
	高显型	NGG—400	400	100	4.6	35000	5	1	3000	>70	12000

2. 金属卤化物灯

金属卤化物灯的典型结构，如图 5-31 (b) 所示。

(1) 放电管。采用透明石英管、半透明陶瓷管。管内除充汞和较易电离的氖—氩混合气体（改善灯的启动）外，还充有金属（如铊、铟、镝、钪、钠等）的卤化物（以碘化物为主）作为发光物质，原因之一，金属卤化物的蒸气气压一般比纯金属的蒸气气压自身高得多，这可满足金属发光所要求的压力，其二，金属卤化物（氟化物除外）都不和石英玻璃发生明显的化学作用，故可抑制高温下纯金属与石英玻璃的反应。

值得指出，在金属卤化物灯中，汞的辐射所占的比例很小，其作用与荧光高压汞灯有所不同，即充入汞不仅提高了灯的发光效率、改善了电特性，而且还有利于灯的启动。

(2) 主电极。主电极常采用“钍—钨”或“氧化钍—钨”作为电极，并采用稀土金属的氧化物作为电子发射材料。

(3) 外泡壳。外泡壳通常采用椭球形（灯功率为 175W、250W、400W、1kW），2kW 和 3kW 等大功率灯则采用管状形。有时椭球形的泡壳内壁上也涂有荧光粉，其作用主要是增加漫射，减少眩光。

（4）辅助电极（放电管内）或双金属启动片（泡壳内）。

（5）消气剂。灯在长期工作中，支架等材料的放气，会使泡壳内真空度降低，在引线或支架之间可能会产生放电。为了防止放电，需采用氧化锆的消气剂以保护灯的性能。

（6）保温膜。为了提高关闭温度，防止冷端（影响蒸气压力）的产生，需在灯管两端加保护涂层，常用的涂料是二氧化锆、氧化铝。

金属卤化物灯主要辐射来自于各种金属（如铟、镝、铊、钠等）的卤化物在高温下分解后产生的金属蒸气（和汞蒸气）混合物的激发。金属卤化物灯的光电参数如表5－3所示。

3．高压钠灯

高压钠灯的典型结构，如图5－31（c）所示。

（1）放电管。放电管是一种特殊制造的透明多晶氧化铝陶瓷管，多晶氧化铝管能耐高温、高压，对于高压下的钠蒸气具有稳定的化学性能（抗钠腐蚀能力强）。放电管内填充的钠和汞是以“钠汞齐”形式放入（一种钠与汞的固态物质），充入氩气可使“钠汞齐”一直处于干燥的惰性气体环境之中，另外填充氙气作为启动气体以改善启动性能。采用小内径的放电管可获得最高的光效。

（2）主电极。主电极由钨棒和以此为轴重叠绕成螺旋的钨丝组成，在钨螺旋内灌注氧化钡和氧化钙的化合物作为电子发射材料。

（3）外泡壳。外泡壳常采用椭球形、直管状和反射型。

（4）消气剂。在整个高压钠灯的寿命期间，泡壳内都需要维持高真空，以保护灯的性能以及保护灯的金属组件不受放出的杂质气体的腐蚀，常采用钡或锆—铝合金的消气剂来达到高真空的目的。

高压钠灯主要辐射来源于分子压力为10^4Pa的金属钠蒸气的激发。高压钠灯的光电参数如表5－3所示。

从HID灯的发展情况来看，荧光高压汞灯显色指数R_a低（30～40），但由于其寿命长，目前仍为人们广泛采用。后起的金属卤化物灯显色指数R_a高（60～85），目前国外生产的50W、70W等小容量灯泡已进入家庭住宅。随着制灯技术的发展，寿命逐渐提高，最终将取代荧光高压汞灯。高压钠灯光效之高，居光源之首（达150lm/W），但普通型高压钠灯显色指数R_a很低（15～30），使它的使用范围受到了限制。目前，采用适当降低光效的办法来提高显色指数，即生产所谓“改进显色性型高压钠灯”和“高显色性型高压钠灯”，以扩大其使用范围，故高压钠灯也是很有发展前途的光源。

（二）HID灯的工作特性

高强度气体放电灯（HID灯）的工作电路必须满足两点要求：采用镇流器和比电源电压更高的启动电压。

1．灯的启动与再启动

电源接通后，电源电压就全部施加在灯的两端，此时，主电极和辅助电极间（高压钠灯不用辅助电极）立即产生辉光放电，瞬间转至主电极间，形成弧光放电。数分钟后，放电产生的热量致使灯管内金属（汞、钠）或金属卤化物全部蒸发并达到稳定状态，达到稳定状态所需的时间称为“启动时间”或“稳定时间”。一般启动时间为4～10min。各种HID灯的光、电参数在启动过程中变化情况，如图5-32所示。

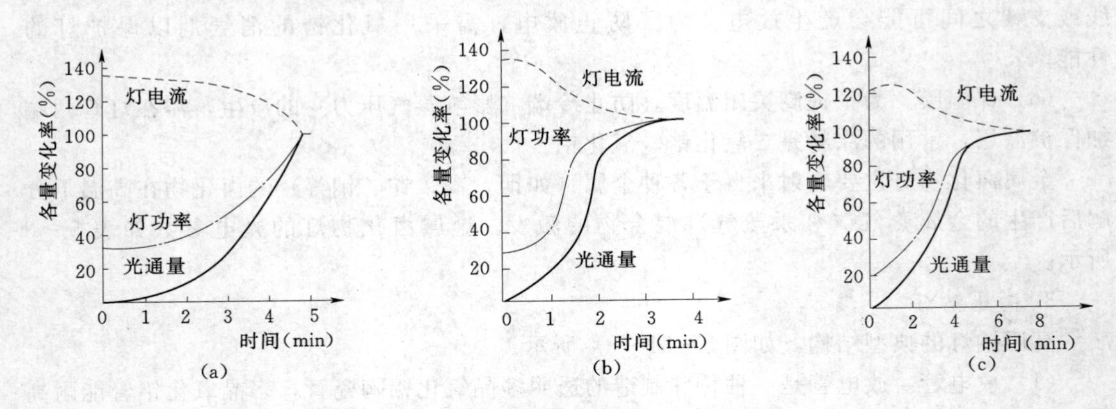

图5-32 HID灯启动后各参数的变化

(a) 荧光高压汞灯；(b) 金属卤化物灯；(c) 高压钠灯

一般而言，HID灯熄灭以后，不能立即启动，必须等到灯管冷却。因为灯熄灭后，灯管内部温度和蒸汽压力仍然很高，在原来电压下，电子不能积累足够的能量使原子电离，所以不能形成放电。如果此时再启动灯，就需几千伏的电压。然而，当放电管冷却至一定温度时，所需的启动电压就会降低很多，在电源电压下便可进行再启动。从HID灯熄灭到再点燃所需的时间称为“再启动时间”。一般再启动时间为5～10min。

2. 电源电压变化的影响

电源电压变化对各种HID灯的光电参数影响，如图5-33所示。灯在点燃过程中，电源电压允许有一定的变化范围。必须注意，电压过低时，可能会造成HID灯的自然熄灭或不能启动，光色也有所变化；电压过高也会使灯因功率过高而熄灭。

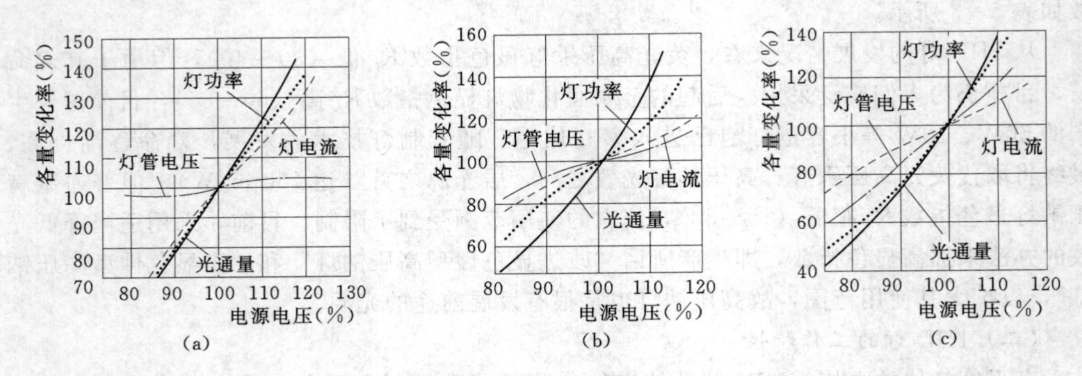

图5-33 HID灯各参数与电源电压的关系

(a) 400W荧光高压汞灯；(b) 400W金属卤化物灯；(c) 400W高压钠灯

从图5-33(a)可知，荧光高压汞灯在工作时，灯管内所有的汞都会蒸发，因此，灯管内汞蒸气压力随温度的变化不大，灯管电压也不会随电源电压的变化有大的变化。电感镇流器虽然有控制电流的作用，但电源电压变化时，灯的电流还是有较大的变化，相应地，灯的功率和光通量的变化也较大。

从图 5－33（b）可知，在金属卤化物灯中，金属卤化物的蒸气气压很低，当充入汞以后，灯的气压大为升高，电场强度和灯管电压也就相应升高。由于金属卤化物的蒸气压与汞蒸气压相比很小，因此一般来说它对灯管电压的影响不是很大，灯管电压主要由汞蒸气气压决定。当电源电压变化时，灯的电流、灯的功率和光通量的变化没有图 5－33（a）中描述的那么大。

为了延长灯的寿命，镇流器的设计应能将这些变化限制在合理的范围内。图 5－34 中给出了 400W 高压钠灯功率—灯管电压的限制四边形，即要求镇流器的特性限定在该四边形的范围内，才能保证高压钠灯稳定地工作。

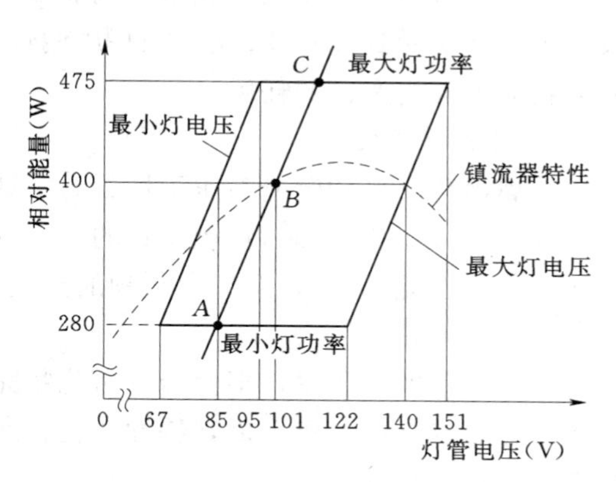

图 5－34　400W 高压钠灯功率—灯管电压特性

在荧光高压汞灯中，所有的汞气化，灯的光电特性比较稳定，其中灯的功率增大时，灯管的电压却上升很少。但是，对于高压钠灯，灯的冷端温度和汞齐的储存对灯的光电特性影响很大。其中，当灯的功率变化时，灯管电压随之线性变化，图 5－34 中直线段 AC 所示，该直线表征了灯功率—灯管电压特性。

图中虚线属于典型的电感镇流器的特性曲线，它表示电源和镇流器的组合供给灯的功率和灯管电压之间的关系。显然，该曲线与高压钠灯特性曲线的交点 B 就是灯的工作点。由此可知，400W 高压钠灯的工作点位置为（101V，400W）。

值得指出的是：由于灯和镇流器生产中允许存在偏差，加上灯具光学特性和散热条件可能不同以及灯在工作时冷端温度升高、钠的损失，高压钠灯的工作点常会发生移动。

为了保证灯具有合适的工作特性，有必要对高压钠灯工作点变化的范围作出一个规定（见图 5－34 中的四边形）。其中，四边形的上边规定了等功率的上限，四边形的下边规定了功率下限；四边形的两条侧边是灯的两条功率—灯管电压特性曲线：左边的边界代表了灯管最小电压，右边的边界代表了灯管的最高电压；镇流器的特性曲线应介于上下限之间，不能与上下限相交，它与灯的特性曲线的交点（灯的工作点）应处于镇流器特性曲线峰值的左边。

例如，对于 400W 高压钠灯，功率上限为 475W，超过此功率，灯的寿命就要缩短；灯功率下限为 280W，小于此功率，灯的光通量太低。此外，400W 高压钠灯的最小高压为 84V，当它工作于 475W 和 280W 时，灯管电压分别为 95V 和 67V，灯管电压不应比这种情况还低，否则灯的工作电流就会太大，可能导致镇流器（自身损耗过大）供给灯的功率不够；该灯的最高管压为 140V，当它工作于 475W 和 280W 时，灯管电压分别为 151V 和 122V，当灯管电压超出这一边界时，灯的工作就不稳定、易自熄，缩短了灯的实际使用寿命。

3. 寿命与光通量维持

HID 灯的寿命很长，可达上万小时，参见表 5－3。

影响荧光高压钠灯寿命的最主要因素是电极上电子发射物质的损耗，致使启动电压升高而不能启动。另外，还取决于无私的寿命以及管壁的黑化而引起光通量的衰减。

金属卤化物灯的管壁温度高于荧光高压汞灯。工作时，石英玻璃中含有的水分及不纯气体很容易释放出来、金属卤化物分解出来的金属和石英玻璃缓慢的化学反应，以及游离的卤素分子等都能使启动电压升高。

高压钠灯由于氧化铝陶瓷管在灯的工作过程中具有很好的化学稳定性，因而寿命很长，国际上已做到20000h左右。高压钠灯寿命告终可能是因为放电管漏气、电极上电子发射物质的耗竭和钠的耗竭。

4. 灯的点燃位置

金属卤化物灯和荧光高压汞灯、高压钠灯不同，当灯的点燃位置变化时，灯的光电特性会发生很大变化。因为点燃位置的变化，使放电管最冷点的温度跟着变化（残存的液态金属卤化物在此部位），金属卤化物的蒸气压力相应地发生变化，进而引起灯电压、光效和光色跟着变化。

灯在工作的过程中，即使金属卤化物完全蒸发，但由于点灯位置的不同，它们在管内的密度分布也不同，仍会因其特性变化，所以在使用中要按产品指定的位置进行安装，以期获得最佳的特性。

（三）HID灯的工作电路

HID灯与所有气体放电灯一样，灯管一定要与镇流器串联才能稳定工作。灯的启动方式有辅助启动电极或双金属启动片的，统称内触发。也有用外触发的，即利用触发电路产生高压脉冲将气体击穿。灯管进入工作状态后触发器不再工作，灯依靠镇流器稳定工作。各种HID灯的工作电路，如图5-35所示。

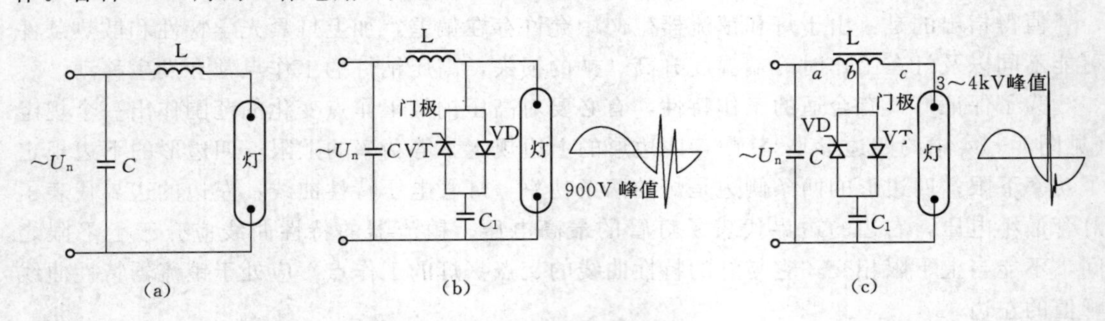

图5-35　HID灯的工作电路

（a）HID灯通用电路；（b）金属卤化物灯的外触发电路；（c）高压钠灯的外触发电路

常见的荧光高压汞灯，其内部装有启动电极，一般采用扼流镇流器，要求能在220V或240V交流电源下启动和工作。图5-35（a）表示了一个简单、通用、有效、低成本的内触发HID灯的工作线路。

各种形式的金属卤化物灯内填充有不同类型的金属卤化物的混合物。其启动电压比荧光高压汞灯高得多，通常采用外触发来启动。图5-35（b）表示了金属卤化物灯的触发电路，它是应用电力电子元件的触发，使电路在每一个周期内产生一个持续时间较长的启动高压。

由于高压钠灯的放电管细而长，又没有可以帮助启动的辅助电极，因此，高压钠灯启动时必须有一个约3kV、10～100us的高压脉冲产生触发。图5-35（c）表示了一种使用电子触发元件的启动电路，它通过触发电力电子器件的导通，致使储存在电容C_1中的能量，经过扼流线圈进行放电，再由升压变压器的线圈在灯管两端产生峰值为3～4kV的短时脉冲高压。这种电路，在每半周可得到连续的脉冲。

（四）HID灯的常用产品及其应用

1. 荧光高压汞灯

除了具有较高发光效率外，荧光高压汞灯还能发出紫外线，因而它不仅可作照明，还可用于晒图、保健日光浴治疗、化学合成、塑料及橡胶的老化试验、荧光分析和紫外线探伤等方面。

2. 金属卤化物灯

金属卤化物灯从20世纪60年代推出来以来，经历40多年的努力，已进入一个成熟得阶段，其发光效率可达130lm/W，显色指数R_a可达90以上，色温可由低色温（3000K）到高色温（6000K），寿命可达10000～20000h，功率由几十瓦到上万瓦。目前，金属卤化物灯虽然品种繁多，但按其光谱特性大致可分为以下五类。

（1）钠—铊—铟金属卤化物灯是利用钠、铊和铟3种卤化物的3根“强线（即黄、绿、蓝线）”光谱辐射加以合理组合而产生白光。3种成分的填充量将影响三条线的强弱，进而影响灯的光效和颜色。铊的535nm绿线（503nm）对灯的可见辐射有很大的贡献，535nm谱线强，则灯光效高；铟的451.1nm蓝线（478nm）对提高发光效率的贡献极小，但可以改进灯的显色性；钠的589～589.6nm黄线（572nm）对提高灯的发光效率有作用[它位于光谱光效率$V(\lambda)$比较大的区域]，同时，该线对灯的显色性的改善也起着关键的作用。3种碘化物的最佳填充量的范围是就通常用于街道或广场照明的灯而言的，这时R_a为60左右。

（2）稀土金属卤化物灯。稀土金属（如镝、钬、铥、铈、钕等）以及钪、钍等的光谱在整个可见光区域内具有十分密集的谱线。其谱线的间隙非常小，如果分光仪器的分辨率不高的话，看起来光谱似乎是连续的。因此，灯内要是充有这些金属的卤化物，就能产生显色性很好的光。

1）高显色金卤灯。镝、钬—钠、铊系列灯有着很好的显色性与高的温色。其中，小功率的灯可用作商业照明；中功率（250～1000W）的灯可用于室内空间高的建筑物、室外道路、广场、港口、码头、机场、车站等公共场所；高功率（2kW、3.5kW）主要用于大面积泛光照明（如体育场馆）。

2）高光效金属卤化物灯。钪—钠灯光效很高，寿命很长，显色性也不差，是很好的照明光源，可用来代替大功率白炽灯、荧光高压汞灯等光源。主要用于工矿企业、交通事业。

（3）短弧金属卤化物灯。利用高气压的金属蒸气放电产生连续辐射，可获得日光色的光，超高压铟灯属于这一类。这种灯尺寸小、光效高、光色好，适合作为电影放映用光源和显微投影仪光源。但是，由于这种灯的泡壳表面负载极高（300～400W/cm^2），因而寿命较短。

(4) 单色性金属卤化物灯。利用具有很强的共振辐射的金属产生纯度很高的光，目前用得较多是碘化银—汞灯、碘化铊—汞灯。这些灯分别发出铟的451.1nm蓝线、铊的535nm绿线，蓝灯和绿灯的颜色饱和度很高。适合用于城市夜景照明。

(5) 陶瓷金属卤化物灯。近年来，出现了采用透光耐高温的陶瓷管作为放电管的陶瓷金属卤化物灯。在陶瓷管内填充着汞、氩金属卤化物，陶瓷金卤灯放电管结构如图5-36所示。相对于采用普通石英管的金卤灯，陶瓷金卤灯的陶瓷管材料晶体结构更加致密，能耐更高的温度。放电管内的运行温度通常超过1200K，使得金属卤化物在高温高压的条件下蒸发，电离的金属原子由于电离激发发光。

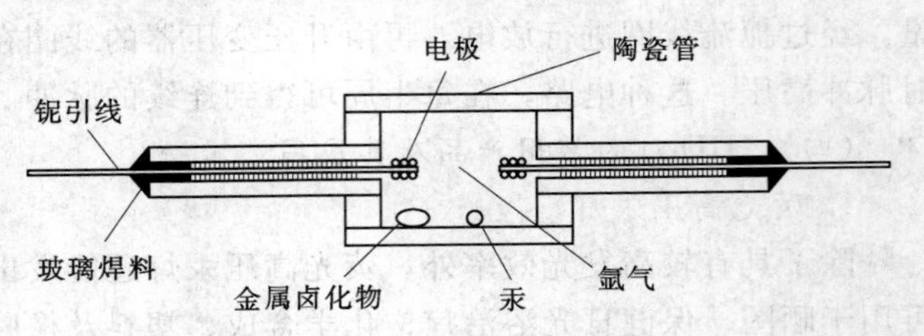

图5-36 陶瓷金属卤化物灯放电管结构

目前，陶瓷金卤灯有35W、70W、150W等规格，2001年20W的陶瓷金卤灯投入市场，其光通量大于1000lm，显色指数大于80。另外，其结构多种多样，有采用灌装外泡壳的，做成PAR灯的。随着更低的功率，更小型化光源的出现，陶瓷金卤灯的应用将更为广泛。

3. 高压钠灯

高光效、长寿命和较好的显色性使高压钠灯在室内照明、室内街道照明、郊区公路照明、区域照明和泛光照明中都有着广泛的用途。由于高压钠灯功率消耗低、寿命长(24000h)，在许多场合，可以代替荧光高压汞灯、卤钨灯和白炽灯。

(1) 普通型高压钠灯。普通型高压钠灯光效高、寿命长，但光色较差，一般显色指数 R_a 只有15～30，相关色温约2000K。因此，只能用于道路、厂区等处的照明。

(2) 直接替代荧光高压汞灯的高压钠灯。直接替代荧光高压汞灯的高压钠灯是为便于高压钠灯的推广而生产的，它可直接使用在相近规格的荧光高压汞灯镇流器及灯具装置上。

(3) 舒适型高压钠灯(SON Comfort型)。为扩大高压钠灯在室内外照明中的应用，对其色温和显色性进行了改进，使高压钠灯适用于居民区、工业区、零售商业区及公共场合的使用。

(4) 高光效型高压钠灯(SON—plus型)。在灯管内充入较高气压的氙气，使灯得到了极高的发光效率(140lm/W)，而且还提高了显色指数(R_a 为50～60)，可作为室内照明的节能光源。特别适合于工厂照明和运动场所的照明。

(5) 高显色性高压钠灯(White SON型)。为了满足对显色性要求较高的需求，人们成功开发了高显色型高压钠灯(又称白光高压钠灯)。改进后的这种灯，一般显色指数 R_a 达到80以上，色温提高到2500K以上，十分接近于白炽灯，暖白色的色调，显色性高，对美化城市、美化环境有着很大的作用。

七、场致发光

场致发光(又称"电致发光")是指由于某种适当物质与电场相互作用而发光的现象。目前在照明上应用的有两种：一种是场致发光灯(EI)，另一种是发光二极管(LED)。

场致发光灯采用的微晶粉末状荧光质，一般是诸如硫化锌这一类"Ⅱ－Ⅵ族"化合物，而发光二极管大多数则是利用GaAs、GaP或它们的组合晶体(GaAsP)等"Ⅲ－Ⅴ

族”化合物。一般来说，场致发光灯通常工作在高电压下，至于它是由交流或直流供电，则取决于器件的要求，它的电流密度较低。

发光二极管是一种将电能直接转换为光能的固体元件，也就是说它可作为有效的辐射光源。与所有半导体二极管一样，LED具有体积小、寿命长、可靠性高等优点，能在低电压下工作，还能与集成电路等外部电路配合使用，便于实现控制。

（一）LED的原理及其结构

1. 单色LED

LED是一种固态半导体器件，它能将电能直接转换为可见光。由于LED的大部分能量均辐射在可见光谱内，因而LED具有很高的发光效率。图5－37为一只典型的T13/4的LED，采用塑料封装，其外壳占据了大部分的空间。LED是由发光片来产生光，其材料的分子结构决定了发光的波长（光的颜色）。

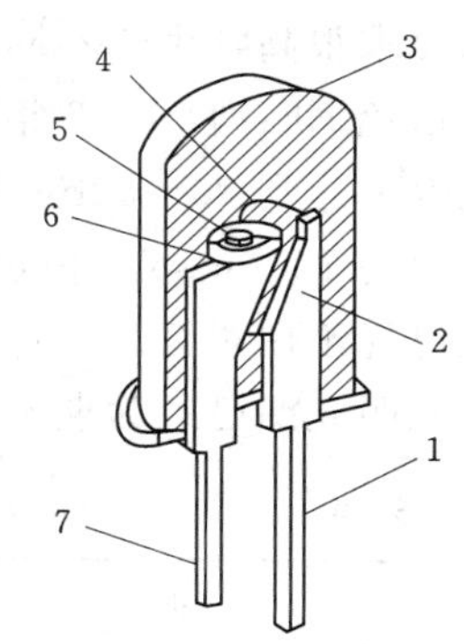

图5－37　LED的组成结构
1—阳极引线；2—阳极；3—环氧封装、圆顶透镜；4—阳极导线；5—带反射杯的阴极；6—半导体触点；7—阴极引线

LED的颜色和发光效率等光学特性与半导体材料及其加工工艺有着密切的关系。在P型和N型材料中掺入不同的杂质，就可以得到不同发光颜色的LED。同时，不同外延材料也决定了LED的功耗、响应速度和工作寿命等光学特性和电气特性。

在LED制造工艺中，目前常用的有“气相晶体生长法”和“液相晶体生长法”两种。晶体生长法工艺的发展使人们可以选用具有晶体特性的LED材料，进而制成各种高纯度、高精度的发光器件。在这一方面，早期技术是难以做到的。最近，金属无机物气体的沉淀技术又有了新的突破，这使得“Ⅲ族”（如铝、镓、铟）的氮化合物的生产成本大为降低。高光效的LED（InGa：N材料）正是由这种工艺实现的。

2. 白色LED

现阶段，获取白色LED的技术途径大致可以分为以下3种：光转化型、多色直接组合型、多量子阱型。

（1）光转换型。目前，产生蓝光的半导体材料多数采用氮铟镓（InGa：N）材料，因此，超精细、亚微米的晶体结构对于提高光效至关重要。高强度的蓝光在周围高效荧光物质内散射时，被强烈吸收，并转化为光能较低的宽带黄色荧光；其中少部分蓝光则能透过荧光物质夹层，并和宽带黄光一起形成色温可达6500K的白光。此时，蓝色LED通过荧光粉就变成了单片白色微型荧光灯。如图5－38所示，白色LED的光谱能量几乎不含红外与紫外成分，显色指数R_a达85。另外，其光输出随输入电压的变化基本上呈线性，故调光简单、可靠。也可以将多种光转换材料涂在GaN基紫外LED芯片上，用LED发出的紫外光激发荧光材料，产生红、绿、蓝3种光，从而复合得到白光发射，这样获

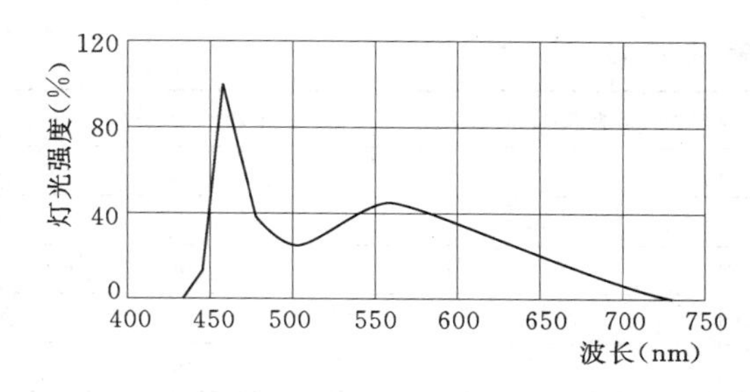

图5－38　白色LED光谱能量分析

得的白光显色性好。若将多个单片白色 LED 组合在一起或采用光波导板，可制成超薄白色面光源，进而形成能用于普通照明的半导体光源。

（2）多色直接组合型。该种方法是将 R、G、B 三色 LED 芯片按一定方式排布集合成一个发白光的标准模组，从而直接复合出白光，具有效率高和使用灵活的特点。由于发光全部来自三种 LED，不需要进行光谱转化，因此其能量损失最小，效率最高。同时，由于 RGB 三色 LED 可以单独发光，其发光强度可以单独调节，故具有相对较高的灵活性。

（3）多量子阱型。即在芯片发光层的生长过程中，掺杂不同的杂质生长出能产生互补色的多量子阱，通过不同量子阱发出的多种光子复合发射白光。这种方法对半导体的加工技术要求很高，生长不同结构的量子阱比较困难，在短时间内还不能产业化。

白色 LED 自 1996 年诞生以来，其光效不断地提高，1999 年达到 15lm/W，2001 年，发光效率达到 40～50lm/W。如今，白色 LED 的光效已经达到 80～100lm/W，预计 2010 年将达到 120lm/W。白色 LED 与白炽灯的性能比较，如表 5-4 所示，显然，LED 的性能绝对优于白炽灯。估计不远的将来，随着功率较大的白色 LED 的出现，利用白色 LED 作为照明光源已经为期不远了。

表 5-4　白色 LED 与白炽灯的性能比较

性　能	发光二极管	白炽灯
色温（K）	3000～10000	2500～3000
光效（lm/W）	>15	15
冲击电流	无	额定电流的 10 倍
寿命/h	>20000h	<1000h
耐冲击性	很强	封接玻璃、灯丝易断裂
可靠性	非常高	低

（二）LED 的性能

LED 的电性能与一般检波二极管十分相似，在 10mA 工作电流时，典型的正向偏压为 2V。在 LED 工作时，为了防止元件的温度过高，应对正向电流加以限制，通常需串联限流电阻或采用电流源供电。

LED 是一种高密度辐射的电光源，其亮度取决于电流密度。市场上供应的红色 LED 的亮度可达 3500cd/m^2，而荧光灯的标准亮度仅为 5000cd/m^2。LED 的寿命很长，其额定寿命一般都超过 100000h。部分 LED 的颜色为与性能，如表 5-5 所示。

表 5-5　发光二极管的特性

发光二极管	颜　色	峰值波长（nm）	光效（lm/W）
GaAs（0.6）P（0.4）	红色	650	0.38
GaAs（0.35）P（0.65）：N	橙色	632	0.95
GaAs（0.15）P（0.85）：N	黄色	589	0.90
GaP：N	绿色	570	4.20
InGa：N	蓝色	465	5.00
InGa：N+荧光粉	白色（6500K）	白光	10.0

（三）LED的常用产品及其应用

1. 常用产品

（1）单个LED发光器。单个LED本身就是一个光源。为了限制电流、便于安装和应用，需要配置一些附件（如平行光发射器、偏振片、透光罩、导线等，）从而组成一个新的单个LED发光器，如图5-39（a）所示。要改变单个LED出射光线的光束角可以改变其封装外壳圆顶的几何形状。

（2）LED组合模块。按照明领域的使用要求及功能，可将单个二极管发光器进行组合，已形成具有不同光学性能、电气特性的LED组合模块，如线性模块、背景照明模块、带有光学透镜模块以及带有光导板模块等。

（3）LED灯具。近年来，人们一方面不断地研究LED的不同组合方式，另一方面相应地开发LED的配套附件，并向市场推出各种类型的LED灯具，如平面发光灯、交通信号灯、舞台型聚光灯、台灯、镜前灯等。图5-39（b）、（c）分别为超小型聚光灯、平行光的产生示意图。

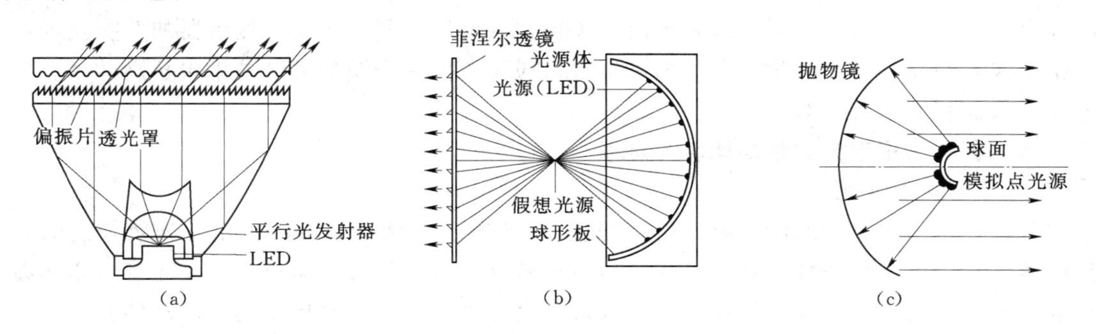

图5-39　LED灯具的光路示意图

（a）单个LED发光器；（b）超小型荧光灯；（c）平行光的产生

2. 应用

众所周知，由于LED具有寿命长、功耗低、结构牢固等优点，已被广泛地用作各类仪器的指示灯。例如，录像机、VCD、洗衣机、电视机、电饭煲等家用电器的电源显示，以及调谐器中的谐波量指示。LED的驱动电路与集成电路兼容，所以它可直接装到印制电路板上，成为电路状态或故障指示灯。

对于许多仅需很小光强或几十流明光通量的照明应用场合，LED是一种最理想的选择。譬如，易弯曲的塑料管内装有LED可安置在地坪上或踏步下；LED作为公路车道线的标志，在雨天或迷雾状况下仍能保持良好的能见度；LED也能安装在人行道上，用于照亮步行道与街道间的落差。

目前，国内外有许多城市已采用LED作为交通信号灯，据美国国内的一个统计数据显示，如果仅用LED替代全美所有的白炽灯作为交通信号，一年可节约2.5亿度电（1度=1kW·h）。另外，红色LED还可用作疏散指示灯，据报道，当今美国诱导灯市场中，LED作为主光源的市场占有率由1998年的80%上升为100%；与此同时，道路安全信号灯的市场占有率也发生了同样的变化。

在城市景观照明中，人们利用不同颜色的LED组合，借助于微处理器来控制灯光的颜色变换，这种设计在美化环境的同时又照亮了周边区域。随着LED的发光效率现已达到或超过其他光源，LED光源将会有更大的应用前景。

（四）有机发光二极管

有机发光二极管（Organic Light Emitting Diode，OLED）是近年来开发研制的一种新型LED。其原理是在两电极之间加上有机发光层，当正负极电子在此有机材料中相遇时就会发光，OLED通电之后就会自己发光。

同无机LED相比，OLED除具有省电、超薄、重量轻、响应速度快、易于安装等特点外，还具有制备工艺简单、发光颜色可在可见光区内任意调节、易于大面积和柔韧弯曲、不存在视角问题等优点。OLED被认为是未来重要的平板显示技术之一。OLED已经在手机、数码相机、电视机等方面得到了应用。

随着材料及制备工艺的发展，白光OLED已经取得了突破性进展，现在光效已超30lm/W，寿命达到两万个小时。白光OLED为实现新一代平板显示技术和照明光源技术提供了新的途径，但是目前成本仍比较高，并且距离实际应用还有许多关键技术要解决。OLED应用于显示器和照明光源要解决的关键技术有所不同，应用于显示器的关键技术包括精密像素制作、高对比度、色彩饱和度等，应用于照明光源的关键技术包括高效率、长寿命、大面积制造技术等。

八、各种常用电光源性能比较与选用

（一）电光源性能比较

各种常用照明电光源的主要性能，如表5-6所示。从表中可以看出，光效较高的有高压钠灯、金属卤化物灯和荧光灯等；显色性较好的有白炽灯、卤钨灯、荧光灯、金属卤化物灯等；寿命较长的光源有荧光高压汞灯和高压钠灯；能瞬时启动与再启动的光源是白炽灯、卤钨灯等。输出光通量随电压波动变化最大的是高压钠灯，最小是荧光灯。维持气体放电灯正常工作不至于自熄尤为重要，从实验得知，荧光灯当电压降至160V、HID灯电压降至190V将会自熄。

表5-6　各种常用照明电光源的主要性能

类　型	功率范围（W）	光效（lm/W）	寿命（h）	显色指数 R_a	色温（K）
普通照明白炽灯	15～1000	10～15	1000	99～100	2700（2400～2900）
卤钨循环白炽灯	20～2000	15～20	1500～3000	99～100	2900～3000
T5、T8荧光灯	20～100	50～80	6000～8000	67～80	3000～6500
紧凑型荧光灯	5～150	50～70	6000～8000	80	2700～6500
高压钠灯	70～1000	80～120	10000～12000	25～30	2200（2000～2400）
金卤灯	35～1000	60～85	4000～6000	50～80	4000～6500
陶瓷金卤灯	20～400	90～110	8000～12000	80～95	3000～6000
白光LED	1～5	50～70	＞10000	50～70	4000～6000
高压汞灯	50～1000	32～55	10000～20000	30～60	5500

采用电感镇流器且无补偿电容时，气体放电灯功率因数及镇流器功率损耗占灯管功率的

百分数（%）如表5-7所示，以供参考（备注：采用节能型电感镇流器时，其损耗约减半）。

表5-7　气体放电灯的功率因数及镇流器功率损耗占灯管功率的百分数

光源种类（采用电感镇流器）	额定功率（W）	功率因数	镇流器损耗占灯管功率的百分数（%）
荧光灯	36～40	0.50	19
荧光高压汞灯	≤125	0.45	25
	250	0.56	11
	400～1000	0.60	5
金属卤化物灯	1000	0.45	14
高压钠灯	70～100	0.65～0.70	16～14
	150～250	0.55	12
	400	0.50	10

（二）电光源的选用

电光源的选用首先要满足照明设施的使用要求（照度、显色性、色温、启动、再启动时间等），其次要按环境条件选用，最后综合考虑初期投资与年运行费用。

1. 根据照明设施的目的与用途来选择光源

不同的场所，对照明设施的使用要求也不同。

（1）对显色性要求较高的场所应选用平均显色指数R_a≥80的光源，如美术馆、商店、化学分析实验室、印染车间等。

（2）色温的选用。

色温的选用主要根据适用场所的需要：

1）办公室、阅览室宜选用高色温光源，使办公、阅读更有效率感。

2）休息的场所宜选用低色温光源，给人以温馨、放松的感觉。

3）转播彩色电视的体育运动场所除满足照度要求外，对光源的色温也有所要求。

（3）频繁开关的场所，宜采用白炽灯。

（4）需要调光的场所，宜采用白炽灯、卤钨灯；当配有调光镇流器时，也可以选用荧光灯。

（5）要求瞬时点亮的照明装置，如各种场所的事故照明，不能采用启动时间和再启动时间都较长的HID灯。

（6）美术馆展品照明，不宜采用紫外线辐射量多的光源。

（7）要求防射频干扰的场所，对气体放电灯的使用要特别谨慎。

2. 按照环境的要求选择光源

环境条件常常限制了某些光源的使用。

（1）低温场所，不宜选择配用电感镇流器的预热式荧光灯管，以免启动困难。

（2）在空调的房间内，不宜选用发热量大的白炽灯、卤钨灯等。

（3）电源电压波动急剧的场所，不宜采用容易自熄的HID灯。

(4) 机床设备旁的局部照明，不宜选用气体放电灯，以免产生频闪效应。

(5) 有振动的场所，不宜采用卤钨灯（灯丝细长而脆）等。

3. 按投资与年运行费用选择光源

(1) 光源对初期投资的影响。光源的发光效率对于照明设施的灯具数量、电子设备、材料及安装等费用均有直接影响。

(2) 光源对运行费用的影响。年运行费用用包括年电力费、年耗用灯泡费、照明装置的维护费（如清扫及更换灯泡费用等）以及折旧费，其中电费和维护费占较大的比重。通常照明装置的运行费用往往超过初期投资。

综上所述，选高光效的光源，可以减少初期投资年运行费用；选用长寿命光源，可减少维护工作，使运行费用降低，特别对高大厂房、装有复杂的生产设备的厂房、照明维护工作困难的场所来说，这一点显得更加重要。

各种场所对灯的性能的要求及推荐的灯（CIE—1983），如表 5-8 所示，以供参考。

表 5-8 各种场所对灯性能的要求及推荐的灯

适用场所		要求的灯性能①			推荐的灯⑤：				优先选用☆					可用○
		光输出②	显色性③	色温④	荧光灯				汞灯	金卤灯		高压钠灯		
					S	H.C	3	C	F	S	H.C	S	I.C	H.C
工业建筑	高顶棚	高	Ⅳ/Ⅲ	1/2	○				○	○		☆	○	
	低顶棚	中	Ⅲ/Ⅱ	1/2	☆				○	○		☆	☆	
办公室、教室		中	Ⅲ/Ⅱ/Ⅰ$_B$	1/2	☆		☆	○		○	○	○	○	
酒店	一般照	高/中	Ⅱ/Ⅰ$_B$	1/2	○	☆	☆	○			☆			☆
	陈列照	中/小	Ⅰ$_B$/Ⅰ$_A$	1/2		☆	☆							☆
饭店与旅馆		中/小	Ⅰ$_B$/Ⅰ$_A$	1/2	○	○	☆	☆			○			☆
博物馆		中/小	Ⅰ$_B$/Ⅰ$_A$	1/2		☆	○							
医院	诊断	中/小	Ⅰ$_B$/Ⅰ$_A$	1/2		☆								
	一般	中/小	Ⅱ/Ⅰ$_B$	1/2	○		☆							
住宅		小	Ⅱ/Ⅰ$_B$/Ⅰ$_A$	1/2	○		☆	☆						
体育馆⑥		中	Ⅲ/Ⅱ	1/2	○					☆	☆	○	☆	

① 各种使用场合都需要高光效的灯，灯的光效要高，而且照明总效率也要高；同时应满足显色性的要求，并适合特定应用场所的其他要求。

② 光输出值的高低分类如下：高—>10000lm，中—3000～10000lm，小—<3000lm。

③ 显色指数的分级如下：Ⅰ$_A$—$R_a \geqslant 90$，Ⅰ$_B$—$90 > R_a \geqslant 80$，Ⅱ—$80 > R_a \geqslant 60$，Ⅲ—$40 > R_a \geqslant 40$，Ⅳ—$R_a < 40$。

④ 色温分类如下：1—<3300K，2—3300～5300K，3—>5300K。

⑤ 各种灯的符号：荧光灯（S—标准型、H.C—高显色型、3—三基色窄带光谱、C—紧凑型），汞灯（F—荧光高压汞灯），金卤灯（S—标准型、H.C—高显色性），高压钠灯（S—标准型、I.C—改显色型、H.C—高显色型）。

⑥ 需要电视转播的体育照明，应满足电视转播照明要求。

第四节 照 明 器

照明器俗称照明灯具。根据国际照明委员会（CIE）的定义，照明灯具是透光、分配和改变光源分布的器具，包括除光源外所要用于固定和保护光源所需的全部零部件以及与电源连接所必需的线路附件。照明器具有如下作用。

1. 控光

对光源产生的光通量进行再分配、定向控制以及防止光源产生眩光。

2. 保护光源

保护光源免受机械损伤，或与外界隔开免受污染，或避免光源在照明器内产生大量的热，导致温度过高，使光源和导线过早老化和损坏。

3. 安全

照明器本身是一个电气设备，需要有相应的电气安全措施。同时，要求在结构上，具有足够的机械强度，有抗风、雨等的性能。

4. 美化环境

照明器具有美化和装饰室内外景观环境的作用。如在民用住宅中，它以装饰为主，是室内环境的一件非常重要的装饰品。

一、照明器的特性

照明器的光学特性主要体现在光强分布（配光曲线）、遮光角（保护角）与亮度分布和照明器效率等指标上。

（一）照明器的配光曲线

当同样的电光源配以不同的照明器时，光源在空间各个方向产生的发光强度是不同的。描述照明器在空间各个方向光强的分布曲线称为配光曲线，配光曲线是衡量照明器光学特性的重要指标，是进行照度计算和决定照明器布置方案的重要依据。配光曲线可用极坐标法、直角坐标法、等光强曲线法来表示。

1. 极坐标配光曲线

在通过光源中心的测光平面上，测出灯具在不同角度的光强值。从某一给定的方向起，以角度为函数，将各个角度的光强用矢量标注出来，连接矢量顶端的连线就是灯具的极坐标配光曲线。

（1）对称配光曲线。就一般照明器而言，照明器的形状基本上都是轴对称的旋转体，其光强在空间的分布也是关于轴对称的（如白炽灯）。通过照明器的轴线，任取一测光平面，则该平面内的配光曲线就可以表明照明器的光强在空间的对称分布状况。白炽灯对称配光曲线如图 5－40 所示。

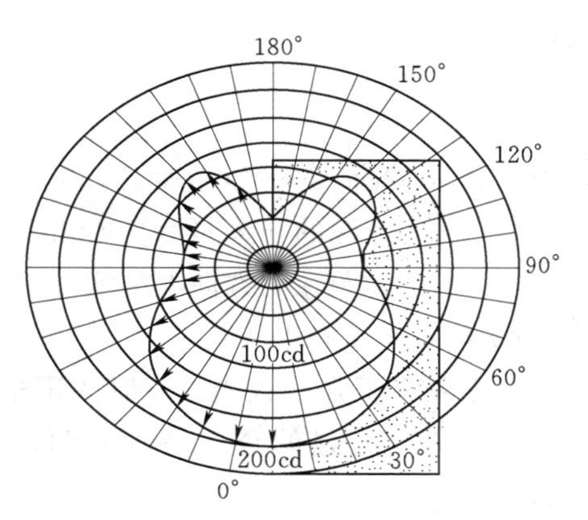

图 5－40 白炽灯对称配光曲线

（2）非对称配光曲线。对于某些照明器，光源和照明器的形状是非对称的（如普通的长管荧光灯及其照明器）。对于此类照明器需要采用通过照明器或光源轴线的几个不同角度测光平面上的配光曲线，来表示该照明器在空间的光强分布状况，如图 5－41 所示。

在图 5－41（a）、（b）中，对于非对称配光的照明器，通常确定与照明器长轴相垂直

的 C_0 平面为参考平面，与 C_0 平面成 45°、90°、270°、…平面角 C 的面相应的称为 C_{45}、C_{90}、C_{270}、…平面。δ 角是照明器的安装倾斜角，水平安装时 $\delta=0°$。在 C 系列平面内，以 C 平面交线称为参考轴，其角度为 $\gamma=0°$，称夹角 γ 为投光角。

可以设想，C 角相当于地球的经度（“经线”——通过南北极与赤道成直角的线。以东称“东经”；以西称“西经”）；γ 角相当于地球的纬度（“纬线”——与赤道平行的线。向北称为“北纬”；向南称为“南纬”）。

为了表明非对称配光照明器的光强在空间分布特性，一般选用 C_0、C_{45}、C_{90} 三个测光平面，至少用 C_0、C_{90} 两个平面的光强说明非对称照明器的空间配光情况，其对应 C_0、C_{90} 平面配光曲线，如图 5－41（c）所示。

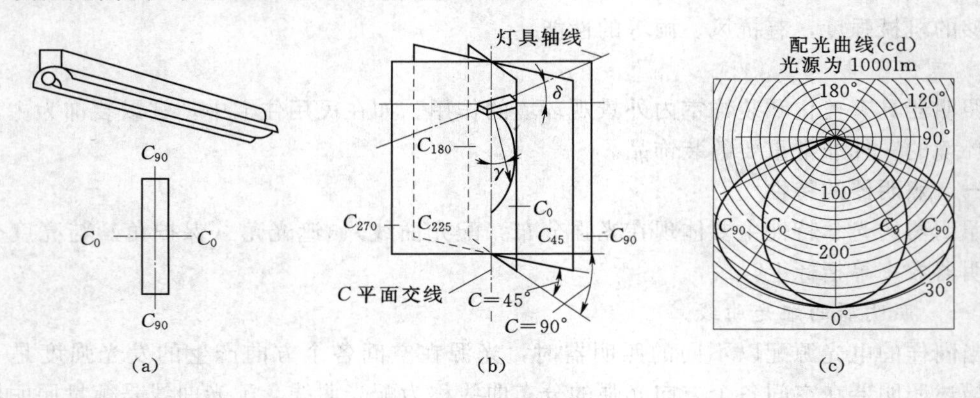

图 5－41 非对称灯具的配光曲线

（a）荧光灯；（b）测光平面；（c）配光曲线

配光曲线上的每一点表示照明器在该方向上的光强。如果已知照明器计算点的投光角 γ，便可在配光曲线上查到照明器在该点上对应的光强 I_γ。

一般在设计手册和产品样本中给出照明器的配光曲线，统一规定以光通量为 1000lm 的假想光源来提供光强的分布特性。若实际光源的光通量不是 1000lm，可根据下面的公式换算

$$I_\gamma=\frac{\Phi I'_\gamma}{1000} \tag{5-20}$$

式中 Φ——光源的实际光通量，lm；

I'_γ——光源的光通量为 1000lm 时，在 γ 方向上的光强，cd；

I_γ——光源在 λ 方向上的实际光强，cd。

2. 直角坐标配光曲线

对于聚光很强的投光灯，其光强集中分布在一个很小的立体空间角内，极坐标配光曲线难以表达其光强的分布特性，因而配光曲线一般绘制在直角坐标系上，如图 5－42 所示。

3. 等光强配光曲线

对一般照明器而言，极坐标配光曲线是表示光强分布最常用的方法。而对于光强分布不对称的灯具，常采用等光强配光曲线表示光强。

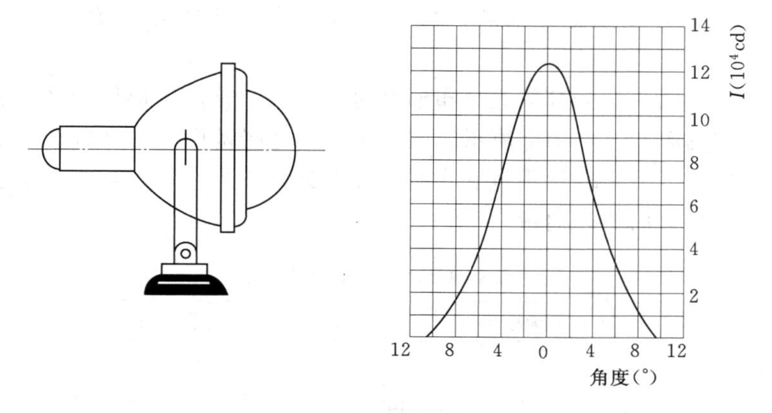

图 5-42 直角坐标配光曲线

(1) 圆形等光强图。图 5-43 所示的是等面积天顶投影等光强配光曲线，该曲线给出了照明器在半球上的全部光强分布。

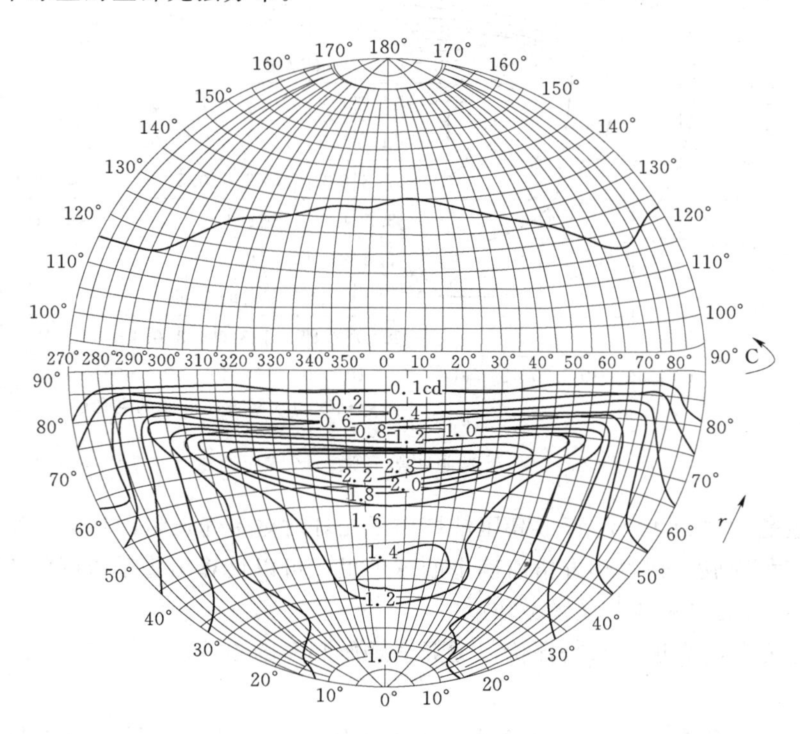

图 5-43 等面积天顶投影等光强配合曲线

围绕照明器球表面上的一个平面内，将等光强的点连接可构成圆形等光强配光曲线，并以相等的投影面积来表示相等的包围灯具的球面面积。这种等光强图在道路照明中应用较多，沿着水平中心线（赤道）上的角度 C 定义为路轴方向的方位角，其中 $C=0°$ 表示与道路同方向；$C=90°$ 表示与道路垂直；$C=270°$ 是垂直离开道路的方向。沿着周围的角度 γ 表示偏离下垂线的角度，其中 $\gamma=0°$ 表示灯具垂直向下。

等面积天顶投影等光强配光曲线，可用于求解道路照明灯具投影到道路表面的光通量。

(2) 矩形等光强图。泛光灯的光分布通常是窄光束，常用矩形等光强图表示泛光灯的光强分布特性，如图5-44左半部所示。图中角度的选择范围应与光分布的范围相符，纵坐标和横坐标上的角度分别表示垂直和水平。在等光强图中，可以计算出垂直和水平网格线所包围的每一个矩形内的光通量。

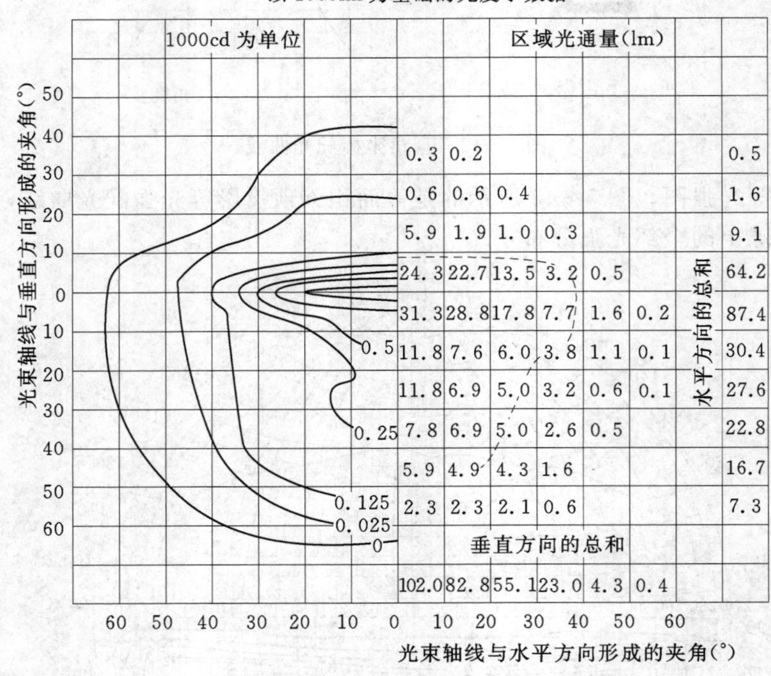

图5-44　泛光照明等光强与区域光通量

图的右边是功率为400W管形高压钠灯作泛光灯时球带光通量曲线的一半；小方格由水平角、垂直角构成，在由小方格所确定的球带里，可以计算出每千流明的光通量。

(二) 照明器的遮光角与亮度分布

照明的遮光角与亮度分布是评价视觉舒适感所必需的参数。

1. 遮光角

照明器的遮光角指是灯具出口遮蔽光源发光体使之完全看不见的方位与水平线的夹角，以 a 表示。照明器的遮光角又叫保护角，它是根据光源产生的眩光与人视线角度的关系而设计的。在遮光角范围内，即使照明器处于最低悬挂高度条件下，在强眩光视角度区域遮光角可以将光源的光线遮挡，避免了直射眩光的范围。

对于一般照明器，指的是灯丝（发光体）最低（或最边缘点）与照明器沿口连线，与出光沿口水平线的夹角，如图5-45 (a) 所示。

直接型白炽灯照明器遮光角定义如下

$$a=\arctan\frac{h}{r} \tag{5-21}$$

式中　h——光源发光体中心至照明器出光沿口平面的垂直距离，mm；

r——照明器的出光沿口平面的半径或宽度的一半，mm；

a——照明器的遮光角，(°)。

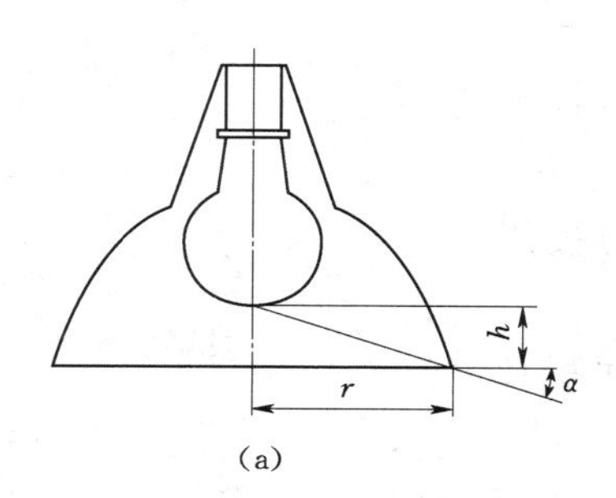

(a)

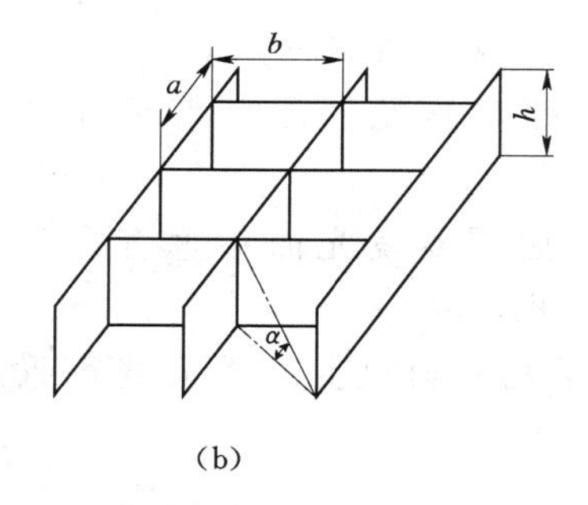

(b)

图 5-45　照明器的遮光角

(a) 一般型；(b) 格栅型

对于荧光灯来说，由于它本身表面亮度低，一般不宜采用半透明的扩散材料做成灯罩来限制眩光，而采用铝合金（或不锈钢）格栅来有效地限制眩光。

格栅的遮光角定义为一个格片底边看到下一个格片顶部的连线与水平线之间的夹角，如图 5-45（b）所示。不同形式的格栅遮光角是不同的；即使同一格栅，因观察方位不同，其值也会不同。图 5-45（b）中，沿长方形格栅的长度、宽度、对角线三个方向上的遮光角分别为

$$a=\arctan\frac{h}{a}\text{（沿长度方向）} \tag{5-22}$$

$$a=\arctan\frac{h}{b}\text{（沿宽度方向）} \tag{5-23}$$

$$a=\arctan\frac{h}{\sqrt{a^2+b^2}}\text{（沿对角线方向）} \tag{5-24}$$

式中　a——格栅开口的长度，mm；

b——格栅开口的宽度，mm；

h——格栅的高度，mm。

格栅的遮光角越大，光强分布就越窄，效率也越低；反之遮光角越小，光强分布就越宽，效率也越高，但防止眩光的作用也随之变弱。一般的办公室照明，格栅遮光角的横轴方向（垂直灯管）为 45°，纵轴方向（沿灯管长方向）为 30°；而商店照明的格栅遮光角横轴方向成 25°，纵轴方向成 15°。

2. 亮度分布

照明的遮光角与亮度分布是不可分的，在视觉评价中应重点考虑。

照明器的平均亮度可由式 5-25 计算：

$$L_\theta=\frac{I_\theta}{A_P} \tag{5-25}$$

式中 I_θ——照明器在θ方向的发光强度，cd；

A_P——照明器发光面在θ方向上的投影面积，m^2。

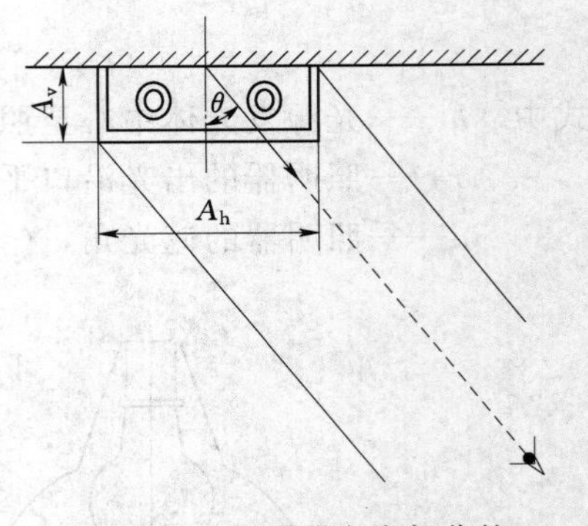

图 5-46 照明器发光部分的投影面积计算图

例如，对于图 5-46 所示的发光侧面得荧光灯灯具，其发光部分在θ方向投影面积A_P计算如下。

$$A_P = A_h\cos\theta + A_v\sin\theta \qquad (5-26)$$

式中 A_h——照明器发光面在水平方向上的投影面积，m^2；

A_v——照明器发光面在垂直方向上的投影面积，m^2。

表 5-9 是几种典型照明器发光面投影面积计算方法。

表 5-9　照明器发光面投影面积的计算方法

水平投影面积 A_h 和垂直投影面积 A_v	在θ方向的投影面积A_P
（一）暗侧面积暗端面（包括各类灯具）	
$A_h = Xl$ $A_V/A_h = 0$	$A_P = A_h\cos\theta$
（二）壳侧面、暗端面	
1. 侧面和底面可以区别 （$\overline{PQ}$长度不变）	$A_P = \overline{PQ}l\cos\varphi$ 用 A_h 和 A_V/A_h 计算，θ在 40°～85°之间，结果是准确的
2. 侧面和底面连为一体 （$\overline{PQ}$长度是变化的） （1）半柱面 $A_h = 0.67Wl$ $A_V/A_h = 0.75$	$A_P = Wl\cos^2\dfrac{\theta}{2}$用 A_h 和 A_V/A_h 计算，θ在 0°～85°之间，结果是准确的
（2）柱面 $A_h = 0.45Wl$ $A_V/A_h = 2.1$	$A_P = \overline{PQ}l$ 用 A_h 和 A_V/A_h 计算，θ在 40°～85°之间，误差在±5%以内
3. 裸管荧光灯 （1）双管或多管 （2）单管 $A_h = Xl$ $A_V/A_h = Y/X$	$A_P = \overline{AB}l$ 对于双管或多管，用 A_h 和 A_V/A_h 计算，θ在 40°～85°之间，误差在±5%以内对于单管荧光灯灯具，用 A_h 和 A_V/A_h 计算，θ在 80°以内，误差在±5%以内，在 85°时，增至 15%

（三）照明器的效率

照明器的效率是反应照明器技术经济效果的重要指标。经过照明的反射和透光后，光源的光通量必然会有所损失，因此，照明器的发光率小于1。

照明器所辐射出的光通量Φ'与光源发出的总光通量Φ_S之比，称为照明器的效率，用η表示。

$$\eta=\frac{\Phi'}{\Phi_S} \tag{5-27}$$

如图5-47所示，照明器中光源S发出的光线可分成3个区域。区域1是光线能从光源经玻璃板B直接射出灯具的部分，这些光线称为直接出射光；区域2是光线射向灯亮内部壳体产生的杂散光，无法起到有效照明作用；区域3是光源光线射向反射器R，经反射器反射后，通过前面玻璃板B再射出。

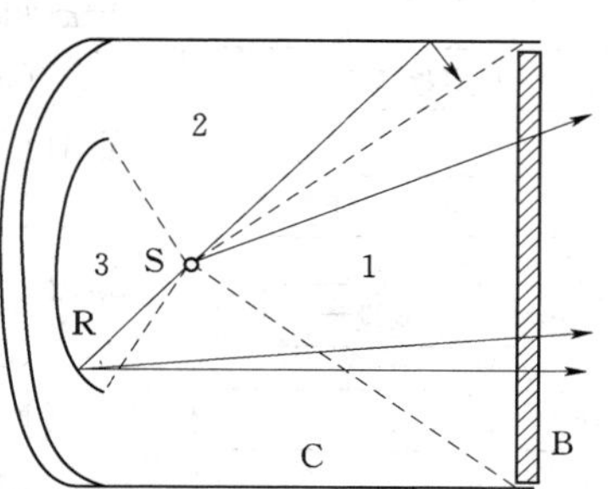

图5-47　照明器各部分对效率的影响

S—光源；B—保护玻璃；R—反射器；C—壳体

要提高照明器的效率，需要注意以下几个方面：

（1）尽量减少区域2，不使光线白白浪费在壳体上。

（2）处理好玻璃板B与光线的相互位置，一般使光线对玻璃的入射角小于45°，以增加光线的透光率。

（3）增加区域1或减少区域3，即增加直接出射光的部分。

（4）减少区域2至零时，区域3内的光线全部反射向区域1中，当反射出光线的角度与区域1的直接出射光线角度完全吻合时，即可获得高的效率。

为了既满足功能的要求，又要尽可能节约能源。根据《建筑照明设计标准》（GB 50034—2004）的规定，照明器效率要满足表5-10的规定。

表5-10　照明器效率

灯具出光口形式	荧光灯灯具				高强气体放电灯灯具	
	开敞式	保护罩（玻璃或塑料）		格栅	开敞式	格栅或透光罩
		透明	磨砂、棱镜			
照明器效率（%）	75	65	55	60	75	60

二、照明器的设计

（一）照明器设计的目的

（1）为了不同的使用目的，对光源进行配光的光学设计。

（2）为了能够给光源提供电气保障，对线路进行电气或配线设计。

（3）为了保持或保护光源，以及维持照明器的安装结构、强度、耐热、耐候（阳光）性功能，对照明器进行的机械设计及热工设计。

（4）为了具有装饰性，对照明器进行的美观设计。

（二）照明器设计的基本流程

照明器是把光源发出的光通按照一定的需求重新进行分配，以发挥光的功能而存在的。因此，光学设计是照明器设计的重要环节。光源发出的光经过反射板反射、棱镜折射等方式传播，光学设计基本上是通过画图或计算，求出光源发出的光在什么方向上能够发射出多少，其数量的多少由反射板和棱镜的形状决定。

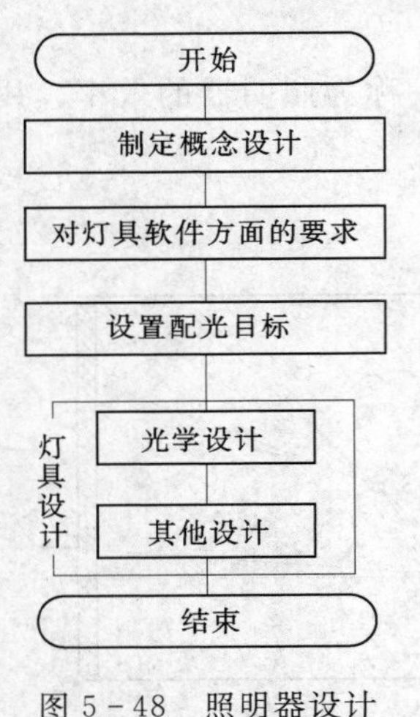

图 5-48　照明器设计基本流程

因此，照明器设计的基本流程如下：

(1) 确定概念设计。决定所希望的照明状态下对照明器的要求。

(2) 设置配光目标。根据照明器的安装位置、照射范围决定一盏灯所应分担的目标配置。

(3) 照明器的光学设计。确定控光部件的光学分布，即决定反射板、棱镜的形状、表面处理等。

(4) 照明器的总体设计。照明器其他部分的设计，包括电气部分、机械结构和造型样式等设计。

(5) 通过计算机进行分析、校验，并进行相关试验和测试。

照明器设计基本流程如图 5-48 所示。

可见，在照明器的设计中，最重要的是光学设计环节，也就是控光部件的设计。因此，要在充分熟悉各部件光学性能的基础上，才能完成好照明器的设计。

（三）照明器的主要控光部件

照明器的主要控光部件有反射器、折射器、漫射器、遮光器等，这些控光部件的科学合理的设计对于光源的充分利用和能源的节约以及照明效果的提高有着重要的作用。

1. 反射器

反射器是利用反射原理来改变光源光通量空间分布的装置，它的作用是将光源发射的光通过反射器进行再分配，这种反射可能是漫反射，也可能是空间反射。一般反射器的基本形式及光学特性如表 5-11 所示。

表 5-11　　反射器的基本形式及光学特性

名称	曲线与方程	光作用与图形	应用灯种类
抛物面反射器	$y^2=4fx$ F—焦点（f、0）； f—焦距	点光源置于 F 点时，则反射光线平行于光轴 Ox 光源从焦点向外移动，反射光线会聚在 Ox 轴上光源从焦点向内移动，反射光线远离 Ox 轴扩散实际光源置于 F 时，则反射光线有一定扩散光源越大，发光角越大，反之越小（同一面内）	探照灯 投光灯 信号灯
球面反射器	$x^2+y^2=R^2$ R—半径； F—焦点	光源至于球心，搜集不能利用的光线，提高光的利用率。光源在球面圆心，起辅助反射器作用，还可以防止眩光光源置于 1/2 曲率半径附近，$OF=R/2$ 时，则近轴的光线几乎平行于光轴	矿用头灯 投光灯幻灯

续表

名称	曲线与方程	光作用与图形	应用灯种类
椭球面反射器	$\frac{x^2}{a^2}-\frac{y^2}{b^2}=1$ 焦点—F_1（c、0） F_2（c、0）	点光源放在焦点 F_1 处，反射光线会聚在焦点 F_2 处，F_2 是 F_1 位置上成像位置，不能使点光源光线反射后形成平光线	投光灯
双曲面反射器	$\frac{x^2}{a^2}-\frac{y^2}{b^2}=1$ 焦点—F_1（$-c$、0） F_2（c、0）	不能使点光源光束反射后成平行光束光源至于 F_2 处，光线经反射后扩散，反射光线延长线都通过 F_1，如从 F_1 发出光线。点光源从焦点 F_2 向镜面移动，反射光扩散程度增加，远离镜面扩散程度减小	新闻摄影灯
平面镜反射器	$\alpha_1=\alpha_2$ 入射角＝反射角 $\angle AOP=\angle A'OP$ $\angle AON=\angle A'ON'$	$AP=A'P$，物点 A 与像点 A' 对平面镜来说是对称的当入射光线方向不变，平面镜转动 α 角，则反射光线转动 2α 角	平面反射的简式灯具
组合型反射器	用若干支线段或曲面组合而成	按照被照面要求的光通量分布，组合典型曲面，合理分配光源的光通量，使配光达到预定的要求	大面积照明灯和特殊要求的照明灯

2. 折射器

折射器是利用光的折射原理来改变光发出的光通量空间分布的装置，它可使光射向所需要的方向，使灯具有合理的光分布。一般灯具中采用的折射部件伴有透镜和棱镜两种类型。单个透镜使用的少，多为多个棱镜并列组成，如机场信号灯、跑道灯等。应用透镜进行折射的较多，如信号灯、路灯、舞台聚光灯等。透镜的种类如图 5-49 所示。

图 5-49（a）是会聚透镜，又称平凸透镜，如将点光源放在透镜焦点上，会产生平行光，图 5-49（b）是发散透镜，又称双凹透镜，它可使光线发散。通常平透镜的尺寸，取决于灯具的口径。灯具较大时，其透镜尺寸也较大。因此透镜重量大，而且透光效果不好。为了克服此缺点，采用将透镜视为由很多小透镜排列而成。如果透镜曲面不变，而光的方向也不变，结果重量轻，提高光效率，这种透镜称为螺纹透镜（又称为菲涅尔透镜），

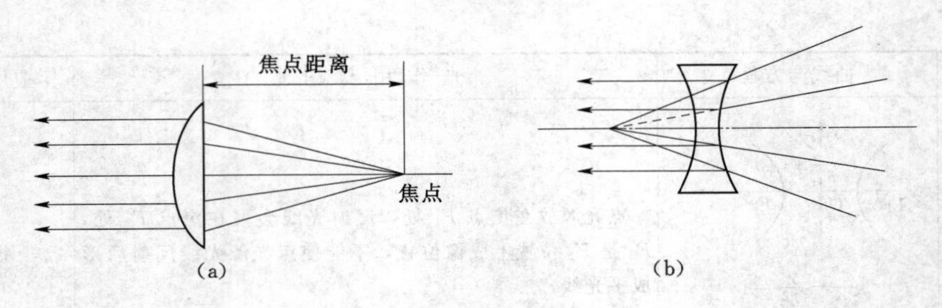

图 5-49 透镜

(a) 会聚透镜（平凸透镜）；(b) 发散透镜（双凹透镜）

其示意图如下图 5-50 所示。

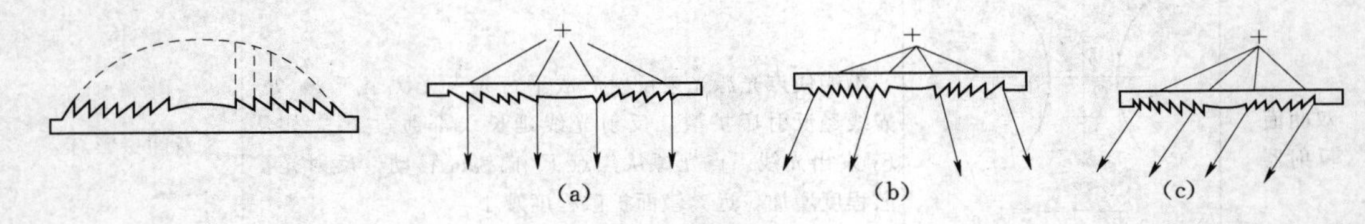

图 5-50 螺纹透镜（菲涅尔透镜）示意图

(a) 光源在焦点时；(b) 光源在焦点前面时；(c) 光源由焦点横向移动时

3. 漫射器

光源发出的光通过光学漫射部件，如乳白玻璃、磨砂玻璃、有机玻璃等做成各种形状的外罩，从而形成漫射型灯具。漫射器可以使光线柔和，模糊甚至看不见灯具的亮光源，从而减少眩光作用。但是其光效低，不利于节约电能。

4. 遮光器

遮光器的作用就是起加大保护角，以达到限制眩光作用，常用的有遮光格栅。由半透明或不透明组件构成的遮光体，组件的几何位置在给定的角度内看不见灯光，常用的格栅如图 5-51 所示。带遮光器的灯具效率比敞开式灯具效率低。

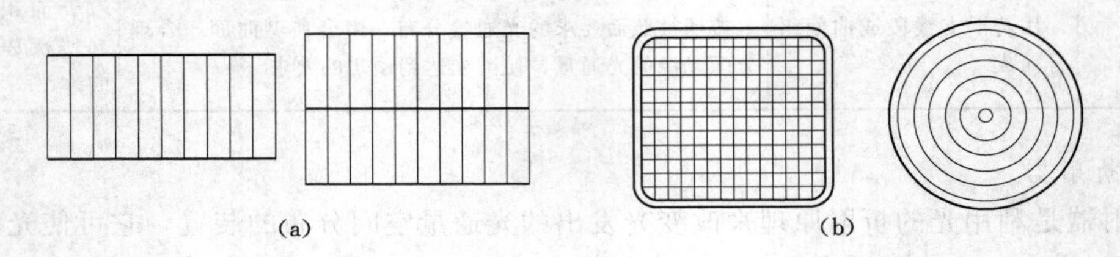

图 5-51 格栅遮光器示意图

(a) 线形光源用隔栅；(b) 点光源用隔栅

三、照明器的分类

（一）按照明器的用途分类

照明器根据用途可分为功能性照明器与装饰性照明器两种。

1. 功能性照明器

首先应该考虑保护光源、提高光效、降低眩光的影响，其次再考虑装饰效果。例如，民用照明器、工矿照明器、舞台照明器、车船照明器、防爆照明器、标志照明器、水下照明器和路灯等。

2. 装饰性照明器

一般由装饰部件围绕光源组合而成，其作用主要是美化环境、烘托气氛。因此，首先应该考虑照明器的造型和光线的色泽，其次再考虑照明器的效率和限制眩光。例如：花式吊灯、壁灯、景观灯光小品、节庆灯光等。

（二）按照明器防触电保护方式分类

为了电气安全，照明器的所有带点部分必须采用绝缘材料等加以隔离。照明器的这种保护人身安全的措施称为防触电保护。

根据防触电保护方式，照明器可分为0、Ⅰ、Ⅱ和Ⅲ共4类，每一类照明器的主要性能及其应用情况，如表5-12所示。

表5-12 照明器的防触电保护分类

照明器等级	照明器主要性能	应用说明
0类	依赖基本绝缘防止触电，一旦绝缘失效，靠周围环境提供保护，否则，易触及和外壳会带电	安全程度不高，适用于安全程度好的场合，如空气干燥、尘埃少、木地板等条件下的吊灯、吸顶灯
Ⅰ类	除基本绝缘外，易触及的部分及外壳有接地装置，一旦基本绝缘失效时，不会有危险	用于金属外壳的照明器，如投光灯、路灯、庭院灯等
Ⅱ类	采用双重绝缘或加强绝缘作为安全防护，无保护导线（地线）	绝缘性好，安全程度高，适用于环境差、人经常触摸的照明器，如台灯、手提灯等
Ⅲ类	采用特低安全电压（交流有效值不超过50V）灯内不会产生高于此值的电压	安全程度最高，可用于恶劣环境，如机床工作灯、儿童用灯等

从电气安全角度看，0类照明器的安全程度最低，Ⅰ、Ⅱ类较高，Ⅲ类最高。有些国家已不允许生产0类照明器。在照明设计时，应综合考虑使用场所的环境、操作对象、安装和使用位置等因素，选用合适类别的照明器。在使用条件或使用方法恶劣的场所应使用Ⅲ类照明器，一般情况下可采用Ⅰ类或Ⅱ类照明器。

（三）按照明器的防尘、防水等分类

为了防止人、工具或尘埃等固体异物触及或沉积在照明器带点部件上引起触电、短路等危险，也为了防止雨水等进入照明器内造成危险，有多种外壳防护方式起到保护电气绝缘和光源的作用。相应于不同的防尘、防水等级，目前采用特征字母“IP”后面跟两个数字来表示照明器的防尘、防水等级。第一个数字表示对人、固体异物或尘埃的防护能力，第二个数字表示对水的防护能力。详细说明如表5-13、表5-14所示。

表5-13 防护等级特征字母IP后面第一位数字的意义

第一位特征数字	说明	含义
0	无防护	没有特别的防护
1	防护大于50mm的固体异物	人体某一大面积部分，如手（但不防护有意识的接近）直径大于50mm的固体异物
2	防护大于12mm的固体异物	手指或类似物，长度不超过80mm、直径大于12mm的固体异物

续表

第一位特征数字	说　明	含　　义
3	防护大于 2.5mm 的固体异物	直径或厚度大于 2.5mm 的工具、电线等，直径大于 2.5mm 的固体异物
4	防护大于 1.0mm 的固体异物	厚度大于 1mm 的线条或条片，直径大于 1.0mm 的固体异物
5	防尘	不能完全防止灰尘进入，但进入量不能达到妨碍设备正常工作的程度
6	尘密	无尘埃进入

表 5-14　　防护等级特征字母 IP 后面第二位数字的意义

第二位特征数字	说　明	含　　义
0	无防护	没有特殊的防护
1	防滴水	滴水（垂直滴水）无有害影响
2	防倾斜 15°滴水	当外壳从正常位置倾斜不大于 15°以内时，垂直滴水无有害影响
3	防淋水	与垂直线成 60°范围内的淋水无有害影响
4	防溅水	任何方向的溅水无有害影响
5	防喷水	任何方向的喷水无有害影响
6	防猛烈海浪	猛烈海浪或猛烈喷水后进入外壳的水量不致达到有害程度
7	防浸水	浸入规定水压的水中，经过规定时间后，进入外壳的水量不会达到有害程度
8	防潜水	能按制造厂规定的要求长期潜水

显然，在防尘能力和防水能力之间存在一定的依赖关系，也就是说第一个数字和第二个数字之间有一定的依存关系，其可能的配合如表 5-15 所示。

表 5-15　　"IP"后两数字可能的配合

可能的组合		第二位特征数字								
		0	1	2	3	4	5	6	7	8
第一位特征数字	0	IP00	IP01	IP02						
	1	IP10	IP11	IP12						
	2	IP20	IP21	IP22	IP23					
	3	IP30	IP31	IP32	IP33	IP34				
	4	IP40	IP41	IP42	IP43	IP44				
	5	IP50				IP54	IP55			
	6	IP60					IP65	IP66	IP67	IP68

（四）按照明器光通量在空间的分布分类

当采用不同的照明器，其光通量在空间的分布状况是不同的。CIE 将一般室内照明器的光通量在上、下半球空间分配比例来分有直接型、半直接型、漫射型、半间接型和间接型。其不同类型照明器光通量的分布，如表 5－16 所示。

表 5－16　　按照明器光通量分类

类别	光通量分布特性（%）		特　点
	上半球	下半球	
直接型	0～10	100～90	光线集中，工作面上可获得充分照度
半直接型	10～40	90～60	光线集中在工作面上，空间环境有适当照度比直接型眩光小
漫射型	40～60	60～40	空间各方向光通量基本一致，无眩光
半间接型	60～90	40～10	增加反射光的作用，使光线比较均匀柔和
间接型	90～100	10～0	扩散性好，光线柔和均匀，避免眩光，但光的利用率低

（五）按照明器配光曲线分类

按照明器的配光曲线分类，实际上是按照明器光强分布特性进行分类，其各自的特点如表 5－17 所示。

表 5－17　　按照明器配光曲线分类

类　别	特　点
正弦分布型	光强是角度的函数，在 $\theta=90°$时，光强最大
广照型	最大的光强分布在较大的角度处，可在较为广阔的面积上形成均匀的照度
均匀配照型	各个角度的光强基本一致
配照型	光强是角度的余弦函数，$\theta=0°$时，光强最大
深照型	光通量和最大光强值集中在 $\theta=0°\sim30°$所对应的立体角内
特深照型	光通量和最大光强值集中在 $\theta=0°\sim15°$所对应的立体角内

（六）按照明器结构特点分类

按照明器结构特点分类，如表 5－18 所示。

表 5－18　　按照明器结构特点分类

结构	特　点
开启型	光源与外界空间直接接触（无罩）
闭合型	透明罩将光源包合起来，但内外空气仍能自由流通
密闭型	透明罩固定处加严密封闭，与外界隔绝相当可靠，内外空气不能流通
防爆型	符合《防爆电器设备制造检验规程》的要求，能安全地在有爆炸危险性介质的场所使用，有安全型和隔爆型
	安全型在正常运行时不产生火花电弧；或把正常运行时产生的火花电弧的部件放在独立的隔爆室内
	隔爆型在照明器的内部产生爆炸时，火焰通过一定间隙的防爆面后，不会引起照明器外部的爆炸
防振型	照明器采取防振措施，安装在有振动的设施上

（七）按照明器的安装方式分类

按照明器的安装方式分类，如表 5－19 所示。

表 5-19　　按照明器安装方式分类

安装方式	特　点
壁灯	安装在墙壁上、庭柱上，用于局部照明、装饰照明或没有顶棚的场所
吸顶灯	将照明器吸附在顶棚面上，主要用于没有吊顶的房间。吸顶式的光带适用于计算机房、变电站等
嵌入式	适用于有吊顶的房间，照明器是嵌入在吊顶内安装的，可以有效消除眩光。与吊顶结合能形成美观的装修艺术效果
半嵌入式	将照明器的一半或一部分嵌入顶棚，其余部分露在顶棚外，介于吸顶式和嵌入式之间。适用于顶棚吊顶深度不够的场所，在走廊处应用较多
吊灯	最普通的一种照明器的安装形式，主要利用吊杆、吊链、吊管、吊灯线来吊装照明器
地脚灯	主要作用是照明走廊，便于人员行走。装在医院病房、公共走廊、宾馆客房、卧室等
台灯	主要放在写字台上、工作台上、阅览桌上，作为书写阅读使用
落地灯	主要用于高级客房、宾馆、带茶几沙发的房间以及家庭的床头或书架旁
地埋灯	埋在地面下的灯，也可作近距离小面积的投射灯
草坪灯	一般高度在 1m 以下，用于草坪绿地，花园小道等处
庭院灯	灯头或灯罩多数向上安装，灯管和灯架多数安装在庭、院地坪上，特别适用于公园、街心花园、宾馆以及机关学校的庭院内
道路广场灯（高杆灯）	主要用于夜间的通行照明。广场灯用于车站前广场、机场前广场、港口、码头、公共汽车站广场、立交桥、停车场、集合广场、室外体育场等
移动式灯	用于室内、外移动性的工作场所以及室外电视、电影的摄影等场所
应急照明灯与疏散标志和指示牌	适用于宾馆、饭店、医院、影剧院、商场、银行、邮电、地下室、会议室、动力站房、人防工程、隧道灯公共场所。可以作为应急备用照明、应急疏散照明和应急安全照明等。有带电池和不带电池两种

四、照明器的选用

（一）按配光曲线选择照明器

在选择照明器时，应根据环境条件和使用特点，合理地选定照明器的光强分布、效率、遮光角、类型、造型尺寸等，同时还应考虑照明器的装饰效果和经济性。

（1）在各种办公室和公共建筑物中，房间的顶棚和墙壁均要求有一定的亮度，要求房间各面有较高的反射比，并需有一部分光直接射到顶棚和墙上，此时可采用半直接型、漫射型照明器，从而获得舒适的视觉条件与良好的艺术效果。为了节能，在有空调的房间内还可选用空调灯具。

（2）在高大的建筑物内，照明器安装高度在 0～6m 以下时，宜采用深照型或配照型照明器；安装高度在 6～15m 时，宜采用特深照型照明器；安装高度在 15～30m 时，宜采用高纯铝深照型或其他高光强照明器。

（3）教室照明一般采用蝙蝠翼配光照明器，在要求垂直照度（教室黑板）时，可采用倾斜安装的照明器，或选用不对称配光的照明器。

（4）大面积的室外场所，宜采用高杆等或其他高光强照明器。近距离的投光灯宜采用较窄配光灯具，远距离投光灯宜采用窄配光灯具。

（二）按使用环境条件选择照明器

（1）在正常环境中，宜选用开启型照明器。

(2) 在潮湿或特别潮湿的场所，宜选用密闭型防水防尘灯或带防水灯头的开启型照明器。

(3) 在有腐蚀性气体和蒸汽的场所，应当选用耐腐蚀性材料制成的密闭性照明器。

(4) 在有爆炸和火灾危险的场所，应按危险的等级选择相应的照明器；含有大量粉尘但非爆炸和火灾危险的场所，应采用防尘照明器。

(5) 有较大振动的场所，宜选用有防振措施的照明器。

(6) 安装易受机械损伤位置的照明器时，应加装保护网或采取其他的保护措施。

(7) 对有装饰要求（大厅、门厅处）的照明，除满足照度要求外，还应选择有艺术装饰效果的照明器。

(8) 特殊场所（舞厅、手术室、水下）的照明，可选用专用照明器。

(三) 按照明器的使用空间选择照明器

将空间按照居住空间、办公空间、商店空间、室外空间以及其他特殊空间，分别使用的灯具，如表 5-20 所示。

表 5-20　按照明器的使用空间来分类

使用空间	类　别	使用空间	类　别
住宅空间	吸顶灯、吊灯、台灯、落地灯	室外空间	投光灯、路灯、庭院灯、地埋灯
办公空间	荧光灯、应急灯、诱导灯	其他特殊空间	耐压防爆灯、紫外线灯
商店空间	荧光灯、聚光灯		

(四) 按经济效果选择照明器

与其他装置一样，照明器的经济性由初期投资和年运行费用（包括电费、更换光源费、维护管理费和折旧费等）两个因素决定。一般情况下，以选用光效高、寿命长、光通衰减小、安装维护方便的照明器为宜。在保证满足使用功能的前提下，应对可选择的灯具和照明方案进行比较。常用计算十年费用的典型方法如下：

1. 投资费（C）

投资费（C）包括以下三项费用之和：

(1) 灯具费及镇流器等附件费 C_1。

(2) 光源的初始费 C_2。

(3) 安装费 C_3。

2. 运行费（R）

运行费（R）包括以下两者之和：

(1) 年电能费（包括镇流器及控制装置等的耗费）R_1。

(2) 更换光源的年平均费用 R_2。

3. 维护费（M）

维护费（M）包括以下三项之和：

(1) 换灯（每年的人力费）M_1。

(2) 清扫（每年的人力费）M_2。

(3) 在一次清扫和换灯时可能会有少量其他费用 M_3。

$$10年总费用=2C+10(R+M) \quad (5-28)$$

式5-28中，投资费乘以2，是考虑支出资金的10年利息，这是一个粗略的修正。这个公式相对各种方案进行一般比较而言，还是足够精确的。

综上所述，由于现代建筑的多样性、功能的复杂性和环境的差异性，很难确定出选择照明器的统一标准。选择恰当的照明器，要掌握各类照明器的各项光学特性和电气性能；熟悉各类建筑物的使用功能及其对照明的要求；密切与建筑专业设计人员配合。以此为基础，再综合考虑，才能获得良好的效果。

复习思考题

5-1　照明器的光学特性包括哪些内容？

5-2　照明器配光曲线的用途是什么？不对称的室内灯具其光强在空间的分布如何表示？

5-3　什么是等光强曲线？投光灯的等光强曲线是如何表示的？

5-4　路灯的等光强曲线与投光灯的等光强曲线有什么不同？

5-5　什么是照明器的遮光角？带格栅的荧光灯其遮光角如何确定？

5-6　什么是照明器的效率？如何提高其效率？

5-7　照明器按防触电保护分哪几类？如何选用？

5-8　照明器按防尘、防水性能如何分类？

5-9　如何选择照明器？

5-10　常用的照明电光源分几类？各类有哪几种灯？

5-11　照明光源的主要光电参数包括哪些？如何选择照明光源？

5-12　为什么气体放电灯必须在工作线路中接入一个镇流器才能稳定工作？常用的镇流器有哪几种？

5-13　为什么卤钨灯比普通的白炽灯光效高？

5-14　快速启动的荧光灯与瞬时启动的荧光灯有何区别？

5-15　为什么人们把紧凑型荧光灯称为节能灯？

5-16　金属卤化物灯与其他HID灯相比，其主要优缺点如何？

5-17　与其他光源相比，LED有哪些特点？LED在照明工程中有哪些用途？

5-18　光的本质是什么？人眼可见光的范围是多少？

5-19　可见辐射、紫外辐射、红外辐射的定义是什么？

5-20　说明以下常用照明术语的定义及其单位：①光通量；②光强（发光强度）；③照度；④光出射度；⑤亮度。

5-21　说明材料的反射比、透射比和吸收比的含义以及它们三者之间的关系。

5-22　光的反射有几种状态？并加以简单说明。

5-23　光的透射有几种状态？并加以简单说明。

5-24　什么是材料的光谱特征？通常所说的反射比、透射比的含义指的是什么？

第六章　动力与照明设计

本章概述了照明计算、建筑电气施工图设计、照明光照和照明电气设计以及常用照明计算软件介绍。

第一节　照　明　计　算

照明计算是照明设计的主要内容之一，它包括照明计算、亮度计算、眩光计算等。照明计算是正确进行照明设计的重要环节，是对照明质量作定量评价的技术指标。亮度计算和眩光计算比较复杂，在实际照明工程中，常常只进行照明计算，当对照明质量要求较高时，应该都进行计算。

照明计算的目的是根据照明需要及其他已知条件（照明器型式及布置、房间各个面的反射条件及污染情况等），来决定照明器的数量以及其中电光源的容量，并据此确定照明器的布置方案；或者在照明器型式、布置及光源的容量都已确定的情况下，通过进行照明计算来定量评价实际使用场合的照明质量。

随着现代技术的发展，照明计算可借助计算机来进行，以简化工作量并保证计算结果的准确性。目前，国内外许多公司推出了通用软件供设计师使用。

本章主要介绍照明计算，而对亮度计算和眩光计算则作一般性描述。在计算水平照度时，如无特殊要求，通常采用 0.75m 的工作面或地平面作为计算面。

一、平均照度计算

利用系数法是按照光通量进行照度计算的方法，故又称流明计算法（或流明法）。流明法既要考虑直射光通量，也要考虑反射光通量。

（一）基本计算公式

落到工作面的光通量可分为两个部分：一部分是从灯具发出的光通量中直接落到工作面上的部分（称为直接部分）；另一部分是从灯具发出的光通量经室内表面反射后最后落到工作面上的部分（称为间接部分）。两者之和为灯具发出的光通量中最后落到工作面上的部分，该值与工作面的面积之比，则称为工作面上的平均照度。若每次都要计算落到工作面上的直接光通量与间接光通量，则计算变得相当复杂。为此，人们引入了利用系数的概念，即事先计算出各种条件下的利用系数，提供设计人员使用。

1. 利用系数

对于每个灯具来说，由光源发出的额定光通量与最后落到工作面上的光通量之比值称为光源光通量利用系数（简称利用系数），即

$$U=\frac{\Phi_f}{\Phi_s} \tag{6-1}$$

式中　U——利用系数；

Φ_f——由灯具发出的最后落到工作面上的光通量，lm；

Φ_s——每个灯具中光源额定总光通量，lm。

为了求利用系数，许多国家都形成了一套自己的计算方法，譬如英国“球带法”、美国“带域—空间法”、法国“使用照明计算法”、国际照明委员会“CIE法”等。我国照明界许多学者对利用系数的计算有过不同程度的探讨，目前采用的方法基本上是按美国“带域—空间法”求得。

2. 室内平均照度

有了利用系数的概念，室内平均照度可根据以下公式进行计算

$$E_{av}=\frac{\Phi_s NUK}{A} \tag{6-2}$$

式中　E_{av}——工作面平均照度，lx；

N——灯具数；

A——工作面面积，m^2；

K——维护系数，查表6-1。

表6-1　维护系数 K

环境污染特征	工作房间或场所	维护系数	灯具擦洗次数
清洁	办公室，阅览室，仪器、仪表装配车间	0.8	2
一般	商店营业厅，影剧院观众厅，机加工车间	0.7	2
污染严重	铸工、锻工车间、厨房	0.6	2
室外	道路和广场	0.7	2

3. 维护系数

考虑到灯具在使用过程中，因光源光通量的衰减、灯具和房间的污染而引起照度下降。

（二）利用系数法

室内指数、室空间比是计算利用系数的主要参数。

1. 室内指数

室内指数（Room Index）是用来表示照明房间的几何特征，是计算利用系数时的重要参数。室内指数可通过下列方式求取。

（1）矩形房间

$$RI=\frac{lw}{h(l+w)} \tag{6-3}$$

（2）正方形房间

$$RI=\frac{a}{2h} \tag{6-4}$$

（3）圆形房间

$$RI=\frac{r}{h} \tag{6-5}$$

式中　l——房间的长度，m；

w——房间的长（宽）度，m；

a——房间的宽度，m；

r——圆形房间的半径，m；

h——灯具开口平面距工作面的高度，单位为 m；

RI——室内指数。

为便于计算，一般将室内指数划分为 0.6、0.8、1.0、1.25、1.5、2.0、2.5、3.0、4.0、5.0 等 10 个级数。采用室内指数进行平均照度计算是国际上较为通用的方法。

2. 室空间比

如图 6-1 所示，为了表示房间的空间特征，可以将房间分为 3 个部分，即

顶棚空间——灯具开口平面到顶棚之间的空间；

地板空间——工作面到地面之间的空间；

室空间——灯具开口平面到工作面之间的空间。

（1）室空间比的计算。室空间比同样适用于利用系数的计算，它用来表示室内空间的比例关系。其计算方法如下：

室空间比（Room Coeffient Ratio）

$$RCR=5h_{rc}\frac{l+w}{lw} \tag{6-6}$$

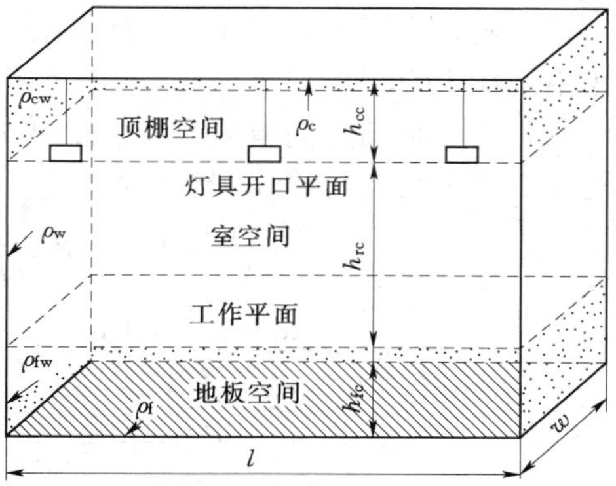

图 6-1　房间的空间特征

顶棚空间比（Ceiling Coefficient Ratio）

$$CCR=5h_{rc}\frac{l+w}{lw}=\frac{h_{cc}}{h_{rc}}RCR \tag{6-7}$$

地板空间比（Floor Coefficient Ratio）

$$FCR=5h_{fc}\frac{l+w}{lw}=\frac{h_{fc}}{h_{rc}}RCR \tag{6-8}$$

式中　h_{rc}——室空间的高度，m；

h_{cc}——顶棚空间的高度，m；

h_{fc}——地板空间的高度，m。

从式（6-3）、式（6-6）可知：

$$RI\times RCR=5 \tag{6-9}$$

室空间比 RCR 亦分为 1、2、3、4、5、6、7、8、9、10 共 10 个级数。

（2）有效空间反射比的计算。灯具开口平面上方空间中，一部分光被吸收，还有一部分光线经多次反射从灯具开口平面射出。

为了简化计算，把灯具开口平面看出一个具有有效反射比为 ρ_{cc} 的假想平面，光在这假想平面上的反射效果同在实际顶棚空间的效果等价。同理，地板空间的有效反射比可定

义为 ρ_{fc}。

1）假如空间由若干表面组成，以 A_i、ρ_i 分别表示为第 i 表面的面积及其反射比，则平均反射比 ρ 可由下面公式求出

$$\rho=\frac{\sum\rho_i A_i}{\sum A_i}=\frac{\sum\rho_i A_i}{A_s} \tag{6-10}$$

式中　A_s——顶棚（或地板）空间内所有表面的总面积，m^2。

2）有效（equivalence）空间反射比 ρ_e 可由下面公式求得

$$\rho_e=\frac{\rho A_0}{(1-\rho)A_s+\rho A_0}=\frac{\rho}{\rho+(1-\rho)\dfrac{A_s}{A_0}} \tag{6-11}$$

式中　A_0——顶棚（或地板）平面面积，m^2；

　　　ρ——顶棚（或地板）空间各表面的平均反射比。

3. 室内平均照度的确定

（1）确定房间的各特征量。计算室形指数 RI 或室内空间比 RCR、顶棚空间比 CCR、地板空间比 FCR。

（2）确定顶棚空间有效反射比。当顶棚空间各面反射比不等时，应该利用式 6-9，求出各面的平均反射比 ρ；然后代入式 6-10，求出顶棚空间有效反射比 ρ_{cc}。

$$\rho=\frac{\sum\rho_i A_i}{\sum A_i}=\frac{\rho_c lw+\rho_{cw}[2(lh_{cc}+wh_{cc})]}{lw+2(lh_{cc}+wh_{cc})}=\frac{\rho_c+0.4\rho_{cw}CCR}{1+0.4CCR} \tag{6-12}$$

$$\frac{A_s}{A_0}=\frac{lw+2h_{cc}(l+w)}{lw}=1+0.4CCR \tag{6-13}$$

$$\rho_{cc}=\frac{\rho}{\rho+(1-\rho)\dfrac{A_s}{A_0}}=\frac{\rho}{\rho+(1-\rho)(1+0.4CCR)} \tag{6-14}$$

（3）确定墙面平均反射比。由于房间开窗或装饰物遮挡等所引起的墙面反射比的变化，在求利用系数时，墙面反射比 ρ_w 应该采用其加权平均数，即利用式（6-9）求得

$$\rho=\frac{\sum\rho_i A}{\sum A_i} \tag{6-15}$$

（4）确定利用系数。在求出室内空间比 RCR、顶棚有效反射比 ρ_{cc}、墙面平均反射比 ρ_w 以后，按所选用的灯具从计算图表中，即可查得其利用系数 U。当 RCR、ρ_{cc}、ρ_w 不是图表中分级的整数时，可从利用系数（U）表（见表 6-2）中，查接近 ρ_{cc}（70%、50%、30%、10%）列表中接近 RCR 的两个数组（RCR_1，U_1）、（RCR_2，U_2）；然后采用内插法求出对应室内空间比 RCR 的利用系数 U。

$$U=U_1+\frac{U_2-U_1}{RCR_2-RCR_1}(RCR-RCR_1) \tag{6-16}$$

（5）确定地板空间有效反射比。地板空间与顶棚空间一样，可利用同样的方法求出有效反射比 ρ_{fc}。

$$\rho=\frac{\sum\rho_i A_i}{\sum A_i}=\frac{\rho_f lw+\rho_{fw}[2(lh_{fc}+wh_{fc})]}{lw+2(lh_{fc}+wh_{fc})}=\frac{\rho_f+0.4\rho_{fw}FCR}{1+0.4FCR} \tag{6-17}$$

$$\frac{A_s}{A_0}=\frac{lw+2h_{fc}(l+w)}{lw}=1+0.4FCR \tag{6-18}$$

$$\rho_{fc}=\frac{\rho A_0}{(1-\rho)A_s+\rho A_0}=\frac{\rho}{\rho+(1-\rho)(1+0.4FCR)} \tag{6-19}$$

（6）确定利用系数的修正值。利用系数表（见表6-3）中的数值是按 $\rho_{fc}=20\%$ 情况下计算的。当 ρ_{fc} 不是该值时若要获得较为精确的结果，利用系数需加以修正。当 RCR、ρ_{fc}、ρ_w 不是图表中分级的整数时，可从其修正系数表中，查接近 ρ_{fc}（30%、10%、0%）列表中接近 RCR 的两个数组（RCR_1，γ_1）、（RCR_2，γ_2）；然后采用内插法，求出对应室空间比 RCR 的利用系数的修正值 γ。

$$\gamma=\gamma_1+\frac{\gamma_2-\gamma_1}{RCR_2-RCR_1}(RCR-RCR_1) \tag{6-20}$$

（7）确定室内平均照度 E_{av}。

$$E_{av}=\frac{\Phi_s NK\gamma u}{lw} \tag{6-21}$$

【例6-1】 有一教室长6.6m、宽6.6m、高3.6m。在离顶棚0.5m的高度内安装8只YS1—1型40W荧光灯，课桌高度为0.75m教室内各表面的反射比如图6-2所示，试计算课桌面上的平均照度。（荧光灯光通量取2400lm，维护系数 $K=0.8$）。YG1—1型荧光灯利用系数（U）表、利用系数的修正表依次参见表6-2～表6-6。

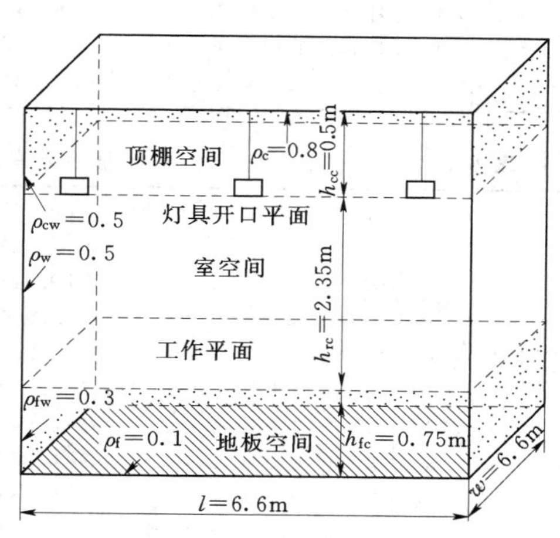

图6-2 房间的空间特征示例

表6-2 **利用系数（U）表（YG1—1型40W荧光灯，$s/h=1.0$）**

有效顶棚反射系数 ρ_{cc}		0.7				0.5				0.30				0.10			
墙反射系数 ρ_w		0.70	0.50	0.30	0.10	0.70	0.50	0.30	0.10	0.70	0.50	0.30	0.10	0.70	0.50	0.30	0.10
室空间比 RCR	1	0.75	0.71	0.67	0.63	0.67	0.63	0.60	0.57	0.59	0.56	0.54	0.52	0.52	0.50	0.48	0.46
	2	0.68	0.61	0.55	0.50	0.60	0.54	0.50	0.46	0.53	0.48	0.45	0.41	0.46	0.43	0.40	0.37
	3	0.61	0.53	0.46	0.41	0.54	0.47	0.42	0.38	0.47	0.42	0.38	0.34	0.41	0.37	0.34	0.31
	4	0.56	0.46	0.30	0.34	0.49	0.41	0.36	0.31	0.43	0.37	0.32	0.28	0.37	0.33	0.29	0.26
	5	0.51	0.41	0.34	0.29	0.45	0.37	0.31	0.26	0.39	0.33	0.28	0.24	0.34	0.29	0.25	0.22
	6	0.47	0.37	0.30	0.25	0.41	0.33	0.27	0.23	0.36	0.29	0.25	0.21	0.32	0.26	0.22	0.19
	7	0.43	0.33	0.26	0.21	0.38	0.30	0.24	0.20	0.33	0.26	0.22	0.18	0.29	0.24	0.20	0.16
	8	0.40	0.29	0.23	0.18	0.35	0.27	0.21	0.17	0.31	0.24	0.19	0.16	0.27	0.21	0.17	0.14
	9	0.37	0.27	0.20	0.16	0.33	0.24	0.19	0.15	0.29	0.22	0.17	0.14	0.25	0.19	0.15	0.12
	10	0.34	0.24	0.17	0.13	0.30	0.21	0.16	0.12	0.26	0.19	0.15	0.11	0.23	0.17	0.13	0.10

表6.3 **地板空间有效反射系数 $\rho_{fc}\neq20\%$ 时对利用系数的修正表**

有效顶棚反射系数 ρ_{cc}	0.80				0.70				0.50			0.30		
墙反射系数 ρ_w	0.70	0.50	0.30	0.10	0.80	0.50	0.30	0.10	0.50	0.30	0.10	0.50	0.30	0.10

表 6.4　　地板空间有效反射系数 $\rho_{fc} \neq 30\%$

	1	1.092	1.082	1.075	1.068	1.077	1.070	1.054	1.059	1.049	1.044	1.040	1.028	1.026	1.023
	2	1.079	1.006	1.055	1.047	1.068	1.057	1.048	1.029	1.041	1.033	1.027	1.026	1.021	1.017
	3	1.070	1.054	1.042	1.033	1.061	1.048	1.037	1.028	1.034	1.027	1.020	1.024	1.017	1.012
	4	1.062	1.045	1.033	1.024	1.055	1.040	1.029	1.021	1.030	1.022	1.015	1.022	1.015	1.010
室空间比 RCR	5	1.056	1.038	1.026	1.018	1.050	1.034	1.024	1.015	1.027	1.018	1.012	1.020	1.013	1.008
	6	1.052	1.033	1.021	1.014	1.047	1.030	1.020	1.012	1.024	1.015	1.009	1.019	1.012	1.006
	7	1.047	1.029	1.018	1.011	1.043	1.026	1.017	1.009	1.022	1.013	1.007	1.018	1.019	1.005
	8	1.044	1.026	1.015	1.009	1.040	1.024	1.015	1.007	1.020	1.012	1.006	1.017	1.009	1.004
	9	1.040	1.024	1.014	1.007	1.037	1.022	1.014	1.006	1.019	1.011	1.005	1.016	1.009	1.004
	10	1.037	1.022	1.012	1.006	1.034	1.020	1.012	1.005	1.017	1.010	1.004	1.015	1.009	1.003

表 6.5　　地板空间有效反射系数 $\rho_{fc} \neq 10\%$

	1	0.923	0.929	0.949	0.949	0.933	0.939	0.943	0.948	0.956	0.960	0.963	0.973	0.976	0.979
	2	0.931	0.942	0.950	0.958	0.940	0.949	0.957	0.963	0.962	0.968	0.974	0.976	0.980	0.985
	3	0.939	0.951	0.961	0.969	0.945	0.957	0.966	0.973	0.967	0.975	0.981	0.978	0.983	0.988
	4	0.944	0.958	0.969	0.978	0.950	0.963	0.973	0.980	0.972	0.980	0.986	0.980	0.986	0.991
室空间比 RCR	5	0.949	0.954	0.976	0.983	0.954	0.968	0.978	0.985	0.975	0.983	0.989	0.981	0.988	0.993
	6	0.953	0.969	0.980	0.986	0.958	0.972	0.982	0.989	0.979	0.985	0.992	0.982	0.989	0.995
	7	0.957	0.973	0.983	0.991	0.961	0.975	0.985	0.991	0.979	0.987	0.984	0.983	0.990	0.996
	8	0.960	0.976	0.986	0.993	0.963	0.977	0.987	0.993	0.981	0.988	0.985	0.984	0.991	0.997
	9	0.963	0.978	0.987	0.994	0.965	0.979	0.989	0.994	0.981	0.990	0.986	0.985	0.992	0.998
	10	0.965	0.980	0.989	0.995	0.967	0.981	0.990	0.995	0.984	0.991	0.997	0.986	0.993	0.998

表 6.6　　地板空间有效反射系数 $\rho_{fc} \neq 0\%$

	1	0.859	0.870	0.870	0.886	0.873	0.884	0.893	0.901	0.916	0.923	0.929	0.948	0.954	0.960
	2	0.871	0.887	0.903	0.919	0.886	0.902	0.916	0.928	0.926	0.938	0.949	0.954	0.963	0.971
	3	0.882	0.904	0.915	0.942	0.898	0.918	0.934	0.947	0.945	0.961	0.964	0.958	0.969	0.979
	4	0.893	0.919	0.941	0.958	0.908	0.930	0.948	0.961	0.945	0.961	0.974	0.961	0.974	0.984
室空间比 RCR	5	0.903	0.931	0.953	0.969	0.914	0.939	0.958	0.970	0.951	0.967	0.980	0.964	0.977	0.988
	6	0.911	0.940	0.961	0.976	0.920	0.945	0.965	0.977	0.955	0.972	0.985	0.966	0.979	0.991
	7	0.917	0.947	0.967	0.981	0.924	0.950	0.970	0.982	0.959	0.975	0.988	0.968	0.981	0.993
	8	0.922	0.953	0.971	0.985	0.929	0.955	0.975	0.986	0.963	0.978	0.991	0.970	0.983	0.995
	9	0.928	0.958	0.975	0.998	0.933	0.959	0.980	0.989	0.966	0.980	0.993	0.971	0.985	0.996
	10	0.933	0.962	0.979	0.991	0.937	0.963	0.983	0.992	0.969	0.982	0.995	0.973	0.987	0.997

解： 已知：$l=6.6\text{m}$、$w=6.6\text{m}$、$\varphi_s=2400\text{lm}$，$K=0.8$，$N=8$、$h_{cc}=0.5\text{m}$、$\rho_c=0.8$、$\rho_{cw}=0.5$；$h_{rc}=2.35\text{m}$、$\rho_w=0.5$；$h_{fc}=0.75\text{m}$、$\rho_f=0.1$、$\rho_{fw}=0.3$。

（1）确定室空间比 RCR、顶棚空间比 CCR、地板空间比 FCR。

$$RCR=5h_{rc}\frac{l+w}{lw}=5\times2.35\times\frac{6.6+6.6.}{6.6\times6.6}=3.561$$

$$CCR=\frac{h_{cc}}{h_{rc}}RCR=\frac{0.5}{2.35}\times3.561=0.758$$

$$FCR=\frac{h_{fc}}{h_{rc}}RCR=\frac{0.75}{2.35}\times3.561=1.136$$

（2）确定 ρ_{cc}、利用系数 U，以及 ρ_{fc}、U 的修正值 γ。

1）ρ_{cc}、U。

$$\rho=\frac{\rho_c+0.4\rho_{cw}CCR}{1+0.4CCR}=\frac{0.8+0.4\times0.5\times0.758}{1+0.4\times0.758}=0.73$$

$$\rho_{cc}=\frac{\rho}{\rho+(1-\rho)(1+0.4CCR)}=\frac{0.73}{0.73+(1-0.73)(1+0.4\times0.758)}=67.5\%$$

取 $\rho_{cc}=77\%$，$\rho_w=50\%$，$RCR=3.561$

查表 6-2，得（RCR_1，U_1）=（3，0.53）、（RCR_2，U_2）=（4，0.46）

利用系数 $U=U_1+\frac{U_2-U_1}{RCR_2-RCR_1}(RCR-RCR_1)=0.491$

2）ρ_{fc}、γ。

$$\rho=\frac{\rho_f+0.4\rho_{fw}FCR}{1+0.4FCR}=\frac{0.1+0.4\times0.3\times1.212}{1+0.4\times1.212}=0.1653$$

$$\rho_{fc}=\frac{\rho}{\rho+(1-\rho)(1+0.4FCR)}$$

$$=\frac{0.1653}{0.1653+(1-0.1653)(1+0.4\times1.212)}=11.8\%$$

因为 $\rho_{fc}\neq20\%$，则取 $\rho_{fc}=10\%$、$\rho_{cc}=70\%$，$\rho_w=50\%$，$RCR=3.561$

查表 6-3，得（RCR_1，γ_1）=（3，0.957）、（RCR_2，γ_2）=（4，0.963）

利用修正系数的修正值 $\gamma=\gamma_1+\frac{\gamma_2-\gamma_1}{RCR_2-RCR_1}(RCR-RCR_1)=0.96$

（3）确定 E_{av}。

$$E_{av}=\frac{\Phi_S NK\gamma U}{lw}=\frac{2400\times8\times0.8\times0.96\times0.491}{6.6\times6.6}(\text{lx})$$

（三）概算曲线与单位容量法

1. 概算曲线

为了简化计算，把利用系数法计算的结果制成曲线，并假设受照面上的平均照度为100lx，求出房间面积与所用灯具数量的关系曲线，该曲线称为概算曲线。它适用于一般均匀照明的照度计算。

应用概算曲线进行平均照度计算时，应依据以下条件：

1）灯具类型及光源的种类和容量（不同的灯具有不同的概算曲线）。

2）计算高度（即灯具开口平面离工作面的高度）。

3）房间的面积。

4）房间的顶棚、墙壁、地面的反射比。

（1）换算公式。根据以上条件（墙壁反射比应取墙和窗户的加权平均比），就可以在概算曲线上查得所需灯具的数量 N。

概算曲线是在假设受照面上的平均照度为100lx、维护系数为 K' 的条件下绘制的。因此，如果实际需要的平均照度为 E、实际采用的维护系数为 K，那么实际采用的灯具数量 n 可按下列公式进行换算

$$n=\frac{EK'N}{100K}$$

或

$$E=\frac{100Kn}{K'N} \tag{6-22}$$

式中　n——实际采用的灯具数量；

N——根据概算曲线查得的灯具数量；

K——实际采用的灯具数量；

K'——概算曲线上假设的维护系数（常取 0.7）；

E——设计所要求的平均照度，lx。

（2）确定平均照度的步骤。各种灯具的概算曲线是灯具生产商提供的，图 6-3 所示的是 YG1—1 型 1×40W 荧光灯具的概算曲线。根据概算曲线，对室内灯具数量的计算，就显得十分简便。其计算步骤如下：

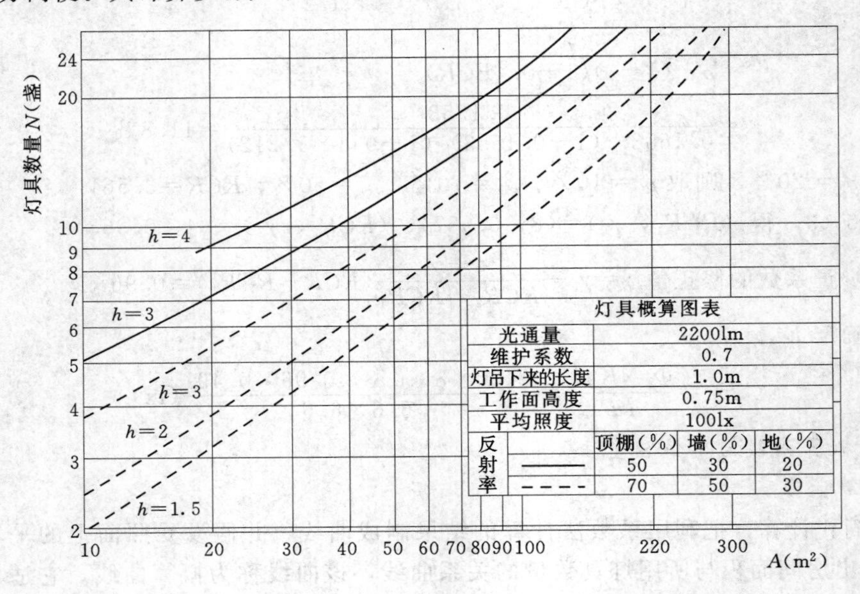

图 6-3　YG1—1 型 1×40W 荧光灯具的概算曲线

1）确定灯具的计算高度 h。

2）室内的面积 A。

3）根据室内面积 A、灯具计算高度 h，在灯具概算曲线上查出灯具的数量。如果计算高度 h 处于图中 h_1 与 h_2 之间，则采用内插法进行计算。

4）通过式（6-22），即可以计算出所需灯具的数量 n（或所要求的平均照度 E）。

2. 单位容量法

实际照明设计中，常采用“单位容量法”对照用电量进行估算，即根据不同类型灯具、不同室空间条件，列出“单位面积光通量/lm·m^{-2}”的表格，或“单位面积安装电功率/W·m^{-2}”的表格，以便查用。单位容量法是一种简单的计算方法，只适用于方案设计时的近似估算。

（1）光源比功率法。以 W·m^{-2}来表示就是通常所说的“光源比功率法”，它是指单

位面积上照明光源的安装电功率，即

$$w=\frac{nP}{A} \tag{6-23}$$

式中　w——光源的比功率，$W \cdot m^{-2}$；

n——灯具数量；

P——每个灯具的额定功率，W；

A——房间面积，m^2。

（2）估算光源的安装功率。表6－7给出了YG1—1型荧光灯的比功率，其他光源的比功率可参阅有关照明设计手册。由已知条件（计算高度、房间面积、所需平均照度、光源类型）可从表6－4中，查出相应光源的比功率ω。因此，受照房间的光源总功率为$\sum P=nP=\omega A$。

表6－7　　YG1—1型荧光灯的比功率

计算高度（m）	房间面积（m^2）	平均照度（lx）					
		30	50	75	100	150	200
2～3	10～15	3.2	5.2	7.8	10.4	15.6	21
	15～25	2.7	4.5	6.7	8.9	13.4	18
	25～50	2.4	3.9	5.8	7.7	11.6	15.4
	50～150	2.1	3.4	5.1	6.8	10.2	13.6
	150～300	1.9	3.2	4.7	6.3	9.4	12.5
	300以上	1.8	3.0	4.5	5.9	8.9	11.8
3～4	10～15	4.5	7.5	11.3	15	23	30
	15～20	3.8	6.2	9.3	12.4	19	25
	20～30	3.2	5.3	8.0	10.8	15.9	21.2
	30～50	2.7	4.5	6.8	9.0	13.6	18.1
	50～120	2.4	3.9	5.8	7.7	11.6	15.4
	120～300	2.1	3.4	5.1	6.8	10.2	13.5
	300以上	1.9	3.2	4.9	6.3	9.5	12.6

照度计算是电器照明设计的重要环节，正确进行照度计算，对于光源和灯具的选择、功率确定，以及灯具的布置都十分重要。

二、点光源直射照度计算

点光源是指圆形发光体的直径小于其至受照面垂直距离的1/5，或线性发光体的长度小于照射距离（斜距）的1/4时，可视为点光源。由于光源的尺寸与它至受照面的距离相比非常小，在计算和测量时，其大小可以忽略不计。

点光源直射照度计算的是受照面上任意点的照度值，计算点的照度应为照明场所内各灯对改点所产生照度值和。点光源直射照度的计算方法有逐点计算方法、等照度曲线计算法等。

（一）逐点计算法（平方反比法）

点光源逐点计算法又称平方反比法，可用于水平面、垂直面和倾斜面的照明计算。这种方法适用于一些重要场所的一般照明、局部照明和外部照明的照度计算，但不适用于周围反射性很高的场所照度计算。

1. 水平面照度计算

点光源在水平面上产生的照度符合平方反比定律。如图 6-4 所示。

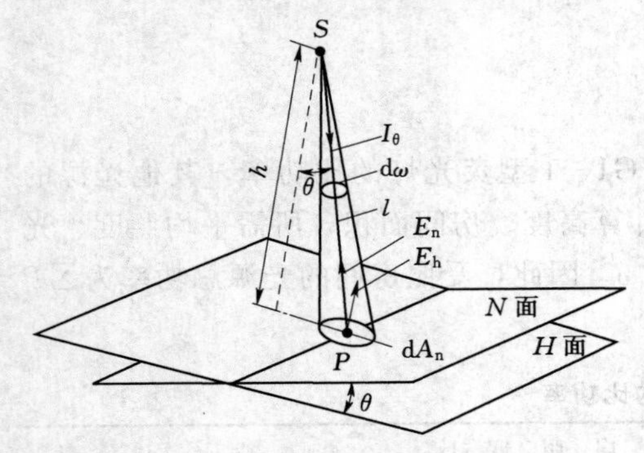

图 6-4 点光源在水面上的照度

光源 S 垂直照射到包括 P 点的指向平面 N（与入射方向垂直的平面）上，则该面单元面积 dA_n 上的光通量为

$$d\Phi = I_\theta d\omega \tag{6-24}$$

式中 $d\omega$——光源 S 投向面积元 dA_n 的立体角。

按立体角的定义

$$d\omega = \frac{dA_n}{l^2} \tag{6-25}$$

（1）光源在指向平面 N 上 P 点所产生的法向照度 E_n（简称法线照度）为

$$E_n = \frac{d\Phi}{dA_n} = \frac{I_\theta}{l^2} \tag{6-26}$$

（2）光源在水平面 H 上 P 点所产生的照度 E_h 为

$$E_h = E_n \cos\theta = \frac{I_\theta}{l^2}\cos\theta \tag{6-27}$$

或

$$E_h = \frac{I_\theta}{h^2}\cos^3\theta \tag{6-28}$$

式中 E_h——水平面照度，lx；

I_θ——光源（灯具）照射方向的光强，cd；

l——光源（灯具）与计算点之间的距离，m；

h——光源（灯具）离工作面的高度，m；

$\cos\theta$—光线入射角 θ 的余弦，$\cos\theta = h/l$。

由于灯具的配光曲线是按光源光通量为 1000lm 给出的，同时考虑维护系数 K，水平面照度通常按下式计算

$$E_h = \frac{\Phi I_\theta K}{1000h^2}\cos^3\theta \tag{6-29}$$

式中 Φ——实际所采用灯具的光源光通量，lm。

2. 垂直面照度计算

如图 6-5 所示，光源在垂直面 V 上 P 点所产生垂直面照度 E_v 的计算，与水平面照度计算方法相类似。

结合式（6-27）与式（6-29），可得

$$E_v = E_n \sin\theta = \frac{\Phi I_\theta K}{1000l^2}\sin\theta = \frac{\Phi I_\theta K}{1000h^2}\cos^2\theta\sin\theta \tag{6-30}$$

式中 E_v——垂直面照度，lx。

或者，在求出水平面照度后，再乘以系数 d/h，即

$$E_V = E_h \tan\theta = \frac{d}{h} E_h \qquad (6-31)$$

式中　d——计算点至光源之间的距离，m。

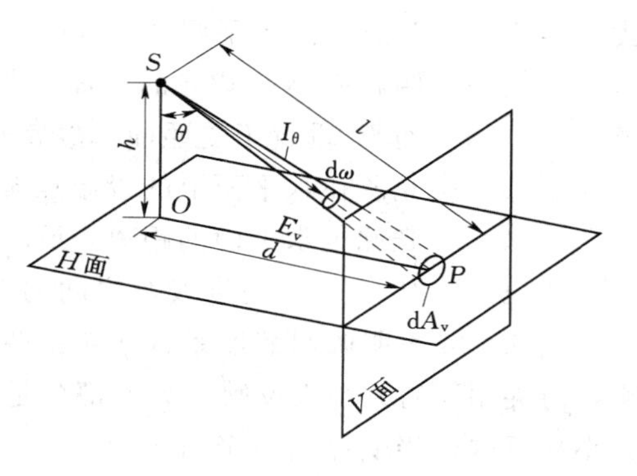

图 6-5　点光源在垂直面上的照度

3. 倾斜面照度计算

在实际工程中，有时还需要计算倾斜面上的照度。对于任一点 P 的照度值，随 P 点所在平面的不同位置而具有不同的数值，它不仅与灯具的安装方式有直接关系，还与光源投向倾斜面上任意点 P 的方向有关，由式（6-20）可知，任意两个平面上同一点的照度值比为光源至该平面的垂线长度之比。

如图 6-6 所示，若 E_n 为 P 点的法线照度，根据矢量运算法则，E_n 在 x、y、z 三维空间坐标轴上的分量分别为

$$\left.\begin{aligned} E_x &= E_n \cos\alpha \\ E_y &= E_n \cos\beta \\ E_z &= E_n \cos\theta \end{aligned}\right\} \qquad (6-32)$$

式中　α、β、θ——E_n 矢量与 x、y、z 轴之间的夹角，(°)。

反之，若已知照度矢量的分量（E_x，E_y，E_z），根据矢量运算法则，其合成矢量 E_n 等于各照度矢量在这个方向上投影的代数和，即

$$E_n = E_x \cos\alpha + E_y \cos\beta + E_z \cos\theta$$

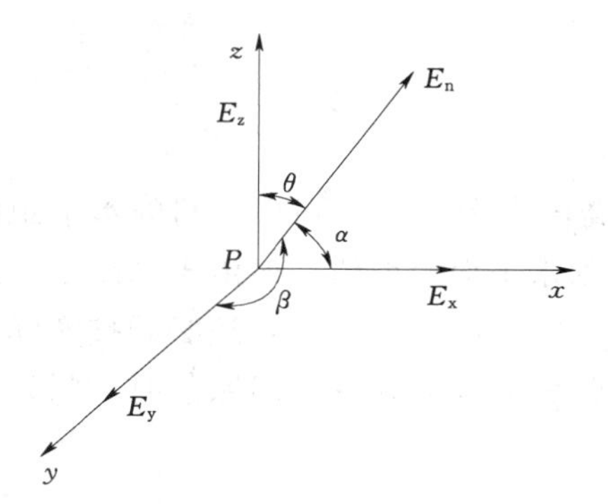

图 6-6　照度的矢量运算

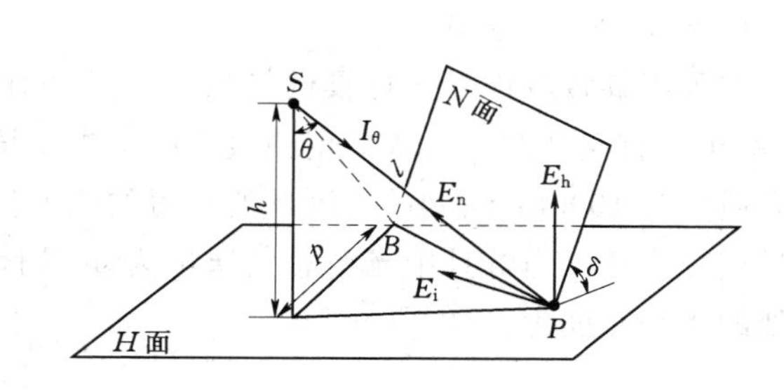

图 6-7　倾斜面上的照度

如图 6-7 所示，任意倾斜面 N 上的计算点 P 的照度 E_i，可根据点光源在该点已知的水平面 H 照度 E_h，乘以倾斜照度系数 ψ 而求得，即

$$E_i = E_h \psi \qquad (6-33)$$

式 6-33 指出，倾斜角度系数 ψ 是 E_i 与 E_h 的比值。如图 6-8（a）、（b）所示，可求得 ψ 的计算式为

$$\psi = \frac{E_i}{E_h} = \frac{I_\theta \cos(\theta \mp \delta)/l^2}{I_\vartheta \cos\theta / l^2} = \frac{\cos(\theta \mp \delta)}{\cos\theta} = \frac{\cos\theta\cos\delta \pm \sin\theta\sin\delta}{\cos\theta} = \cos\delta \pm \frac{p}{h}\sin\delta \qquad (6-34)$$

式中　E_h——P 点处的水平照度，lx；

δ——倾斜面 N（背光的一面）与水平面 H 的夹角，(°)。因为 E_h 垂直水平面，而 E_i 垂直于受照面，故 δ 亦是 E_i 与 E_h 之间的夹角；

p——光源在水平面上的投影点至倾斜面与水平面的交线的垂直距离，m；

h——光源至水平面的距离，m；

θ——PBS 面与高度线 h 之间的空间夹角，(°)，$\theta=\arctan(p/h)$。

式 6-34 表明倾斜照度系数 ψ 包括两个部分：一部分是因受照面倾斜对照度造成的影响，由夹角 δ 的大小来反映；另一部分是因受照面旋转对照度造成的影响，用 p/h 比值的大小来反映。当受照面位于图 6-8（b）中阴影部分范围之内时，式 6-34 第二项前的±号应取负号。为了便于使用，常将 ψ 绘制成曲线，并在有关设计手册上给出。

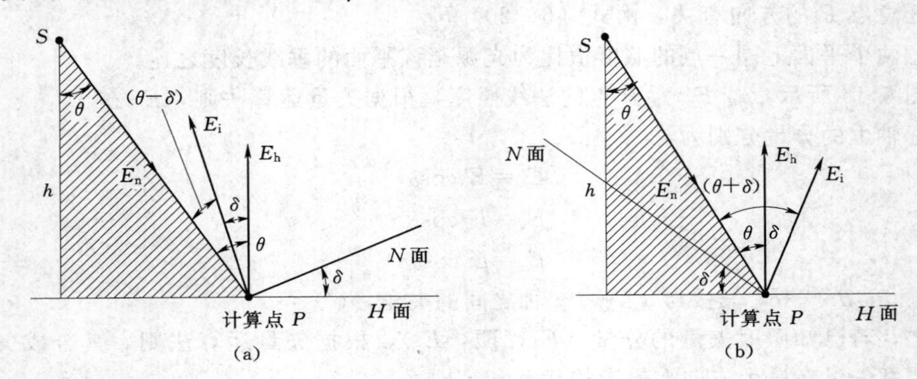

图 6-8　倾斜面的各种位置

(a) 位置一；(b) 位置二

（二）等照度曲线计算方法

1. 空间等照度曲线

在采用旋转对称配光灯具的场所，若已知计算高度 h 和计算点到灯具间的水平距离 d，就可以直接从“空间等照度曲线”图上查得该点的水平面照度值。但由于曲线是按光源光通量为 1000lm 绘制的，因此所查得的照度值是“假设水平照度 e”，还必须按实际光通量进行换算。当灯具中光源总光通量为 Φ 且计算点是由多个灯具共同照射时，则计算点处的水平照度为

$$E_h=\frac{\Phi\sum eK}{1000} \tag{6-35}$$

式中　E_h——水平面照度，lx；

Φ——实际所采用灯具的光源的总光通量，lm；

K——维护系数（查表 6-1）；

$\sum e$——各灯具产生假设水平照度的总和，lx，可以对应灯具的空间等照度曲线中查得。

图 6-9 所示的 JXD5-2 型吸顶灯具 1×100W 的空间等照度曲线。

一般灯具的空间等照度曲线可查阅有关手册，再经过换算，即可求得所需工作面上的

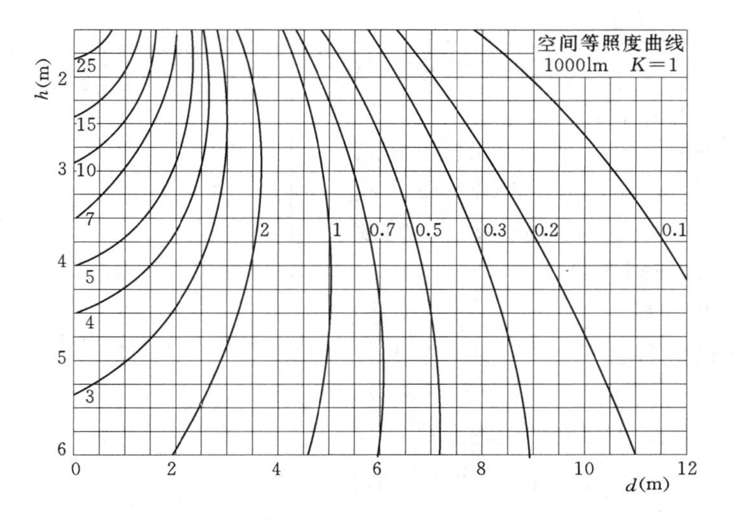

图 6－9 JXD5－2 型平园吸顶灯具 1×100W 的空间等照度曲线

照度。其计算公式如下。

水平面照度

$$E_h = \frac{\Phi \sum eK}{1000} \tag{6-36}$$

垂直面照度

$$E_v = \frac{d}{h} E_h \tag{6-37}$$

倾斜面照度

$$E_i = \psi E_h \tag{6-38}$$

2. 平面相对等照度曲线

对于非对称配光的灯具可利用“平面相对等照度曲线”进行计算。

如图 6－10 所示，根据计算点的 d/h 值及各灯具对计算点的平面位置角 β（作一个灯具的对称平面或作任意一个平面，将它定为起始平面，该平面与受照面的交线与光线投影线 d 之间的夹角即为 β），就可从“平面相对照度曲线”上查得“相对照度 ε”。

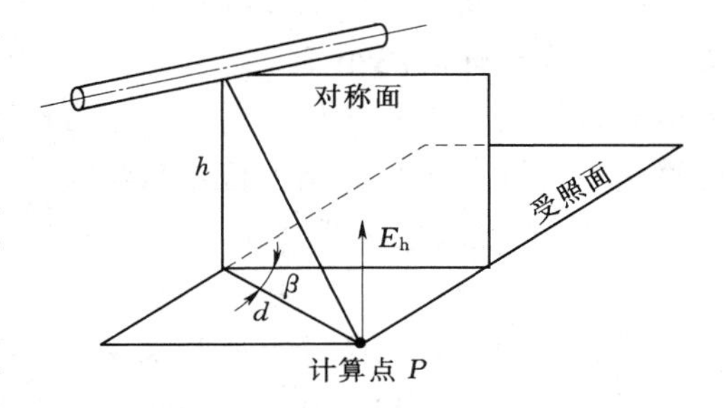

图 6－10 不对称灯具示例

由于“平面相对等照度曲线”是按假设计算高度 1m 而绘制的，因此求计算面的实际照度时，应按下式计算

$$E_h = \frac{\Phi \sum \varepsilon K}{1000 h^2} \tag{6-39}$$

式中 E_h——水平面照度，lx；

Φ——每个灯具内光源的光通量，lm；

h——计算高度，m；

$\sum \varepsilon$——各灯具产生相对照度总和，单位为lx。可从“平面相对等照度曲线”查得。

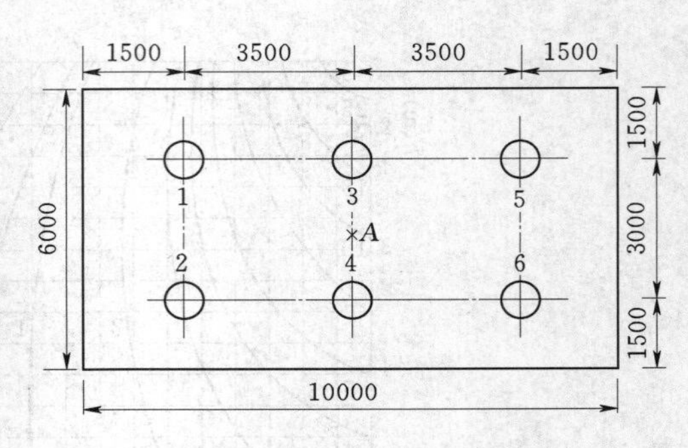

图6-11　室内灯具布置示例

【例6-2】 如图6-11所示，某活动室长10m、宽6m、净高3.2m，采用JXD5—2平圆式吸顶灯（光通量为1250lm）6只，房间顶棚、墙面的反射比分别为0.7、0.5。求房间桌面上的A点处的照度。

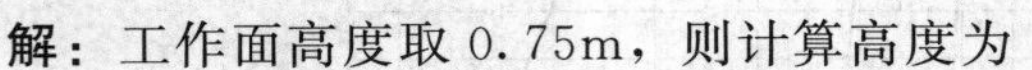

解： 工作面高度取0.75m，则计算高度为

$$h=3.2-0.75=2.45(\text{m})$$

（1）灯1、灯2在A点处产生的照度：

$$d=\sqrt{3.5^2+1.5^2}=3.81(\text{m})$$

根据图6-9，可得$e_1=e_2=1.81\text{lx}$

（2）灯3、灯4在在A点处产生的照度：

因为$d=1.5\text{m}$，由图6-9可得$e_3=e_4=7.0\text{lx}$

（3）灯5、灯6在A点处产生的照度同灯1、灯2：$e_5=e_6=1.81\text{lx}$

（4）A点处的实际强度为

$$E_{\text{A}}=\frac{\Phi\sum eK}{1000}=1250\times2\times0.8\times\frac{1.81+7.0+1.8}{1000}=21.2(\text{lx})$$

对于具有对称配光特性的照明器，也可以采用平面等照度曲线法进行直射照度计算。由于对称配光特性照明器的直射照度计算规律性较强，若借助计算机进行辅助计算，则可准确、快速的计算出所需照度，因此，对于简单计算意义不大。但对于非对称配光特性的照明器，采用上述方法进行强度的计算，是一种行之有效的方法。

三、线光源直射照度计算

线光源是指发光体的宽度小于计算高度的1/4、长度大于计算高度的1/2，发光体间隔较小（发光体间隔小于$h/(4\cos\theta)$，h为灯具在计算面上的垂直高度，θ为受照面法线与入射光线的夹角并称之位入射角）且等距地成型排列时，可视为线光源。线光源直射照度计算法有多种，这里介绍方位系数法。

（一）直射照度计算（方位系数法）

1. 方位系数

线光源的直射照度计算通常采用方位系数法。所谓方位系数法是将线光源分作无数段发光元dl，并计算出它在计算点处产生的照度。由于dl在计算点处产生的照度是随其位置而不同，因此，需采用角度坐标来表示dl的位置，然后积分求出整条线光源在计算点处产生的总照度。

方位系数就是以角度坐标为基础编制的，应用这种方法，能够简单、迅速的计算出各种线状光源在水平、垂直、倾斜面上的照度。

2. 线光源的光强分布

线光源的光强分布常用两个平面上的光强分布曲线表示。一个平面通过线光源的纵轴

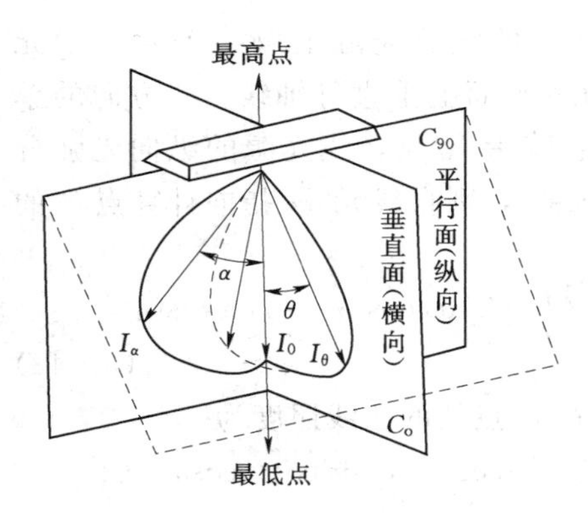

图 6-12 计算采用的光强分布

（长轴），此平面上的光强分布曲线称为纵向（平行面活或 C_{90} 面）光强分布曲线；另一个平面与线光源纵轴垂直，这个平面上的光强分布曲线称为横向（垂直面或 C_0 面）光强分布曲线，如图 6-12 所示。

各种线光源的横向光强分布曲线可用下面公式表示

$$I_\theta = I_0 f(\theta) \tag{6-40}$$

式中 I_θ——θ 方向上的光强，cd；

I_0——在线光源发光面法线方向上的光强，cd。

各种线光源的纵向强度分布曲线可能是不同的，但任何一种线状灯具在通过纵轴的各个平面上的光强分布曲线具有相似的形状，可用下面一般形式表示

$$I_{\theta\alpha} = I_{\theta 0} f(\alpha) \tag{6-41}$$

式中 $I_{\theta\alpha}$——与通过纵轴的对称平面成 θ 角，与垂直于纵轴的对称平面成 α 夹角方向上的光强，cd：

$I_{\theta 0}$——在 θ 平面（θ 平面是通过灯的纵轴且与通过纵轴的垂直面成 θ 夹角的平面）上垂直于灯轴线且 $\alpha=0°$方向的光强，cd。

实际应用的各种线光源的纵向（平行面）光强分布曲线，可利用下列 5 类理论光强分布曲线来表示。

A 类：$I_{\theta\alpha} = I_{\theta 0}\cos\alpha$

B 类：$I_{\theta\alpha} = I_{\theta 0}(\cos\alpha + \cos^2\alpha)/2$

C 类：$I_{\theta\alpha} = I_{\theta 0}\cos^2\alpha$

D 类：$I_{\theta\alpha} = I_{\theta 0}\cos^3\alpha$

E 类：$I_{\theta\alpha} = I_{\theta 0}\cos^4\alpha$

上述 5 类纵向光强分布的 $I_{\theta\alpha}/I_{\theta 0} = f(\alpha)$ 曲线，如图 6-13 所示。

它已大体包括线状光源在平行面上光强分布的特点：A—简式或加磨砂玻璃的荧光灯，B、C—浅格栅类型的荧光灯，D、E—深格栅类型的荧光灯。

理论光强分布实质上是使得线光源的照度计算标准化。一种实际的线状光源应用时，首先应确定其光强分布属于哪一类，然后再利用标准化的计算资料可使计算大为简化。图中虚线表示的是一个实际线光源光强分布曲线，可认为它属于 C 类。

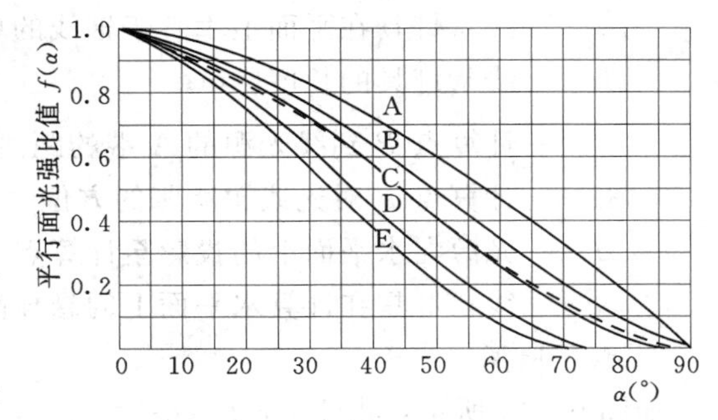

图 6-13 纵向平面五类线光源的光强分布曲线

（二）连续线光源的照度计算

如图 6-14 所示，计算点 P 为水平面上的一点，且与线光源的一端对齐。水平面的法线与入射光平面 APB（或称 θ 面）成 β 角。

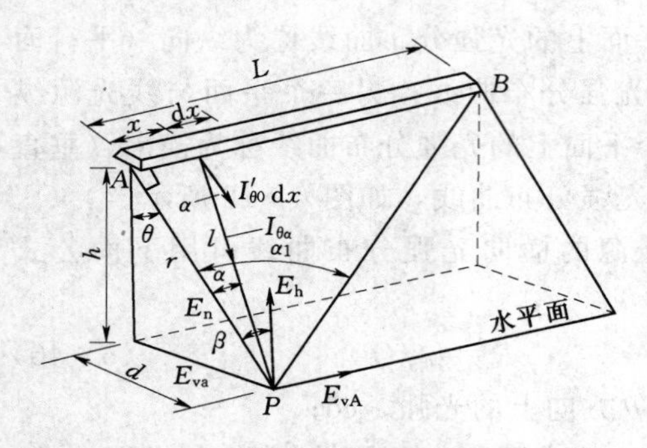

图 6-14　线光源计算点产生的照度

在长度为 L 的线状光源上取一个发光线元 $\mathrm{d}x$，线状源在 θ 平面上垂直灯轴线 AB 方向的单位长度光强为 $I'_{\theta 0}=I_{\theta 0}/L$，线光源的纵向光强分布为 $I_{\theta\alpha}=I_{\theta 0}\cos^{n}\alpha$，则自线元 $\mathrm{d}x$ 指向计算点 P 的光强为

$$\mathrm{d}I_{\theta\alpha}=(I_{\theta 0}/L)\mathrm{d}x\cos^{n}\alpha=I'_{\theta 0}\mathrm{d}x\cos^{n}\alpha \tag{6-42}$$

线元 $\mathrm{d}x$ 在 P 点处的法线照度为

$$\mathrm{d}E_{n}=(\mathrm{d}I_{\theta\alpha}/l^{2})\cos\alpha=I_{\theta 0}\mathrm{d}x\cos^{n}\alpha\cos\alpha/(Ll^{2}) \tag{6-43}$$

1. 法线照度

整个线状源子 P 点处产生的法线照度 E_n 为

$$E_{n}=\int_{0}^{\alpha}\frac{I_{\theta 0}\cos^{n}\alpha\cos\alpha}{Ll^{2}}\mathrm{d}x \tag{6-44}$$

从图 6-14 可知

$$x=r\tan\alpha \tag{6-45}$$

$$I=r\sec\alpha \tag{6-46}$$

将式（6-45）、式（6-46）代入式（6-44），可得

$$E_{n}=\int_{0}^{\alpha_1}\frac{I_{\theta 0}\cos^{2}\alpha}{Lr^{2}}\mathrm{arcsec}^{2}\alpha\cos^{n}\alpha\cos\alpha\mathrm{d}\alpha=\frac{I_{\theta 0}}{Lr}\int_{0}^{\alpha_1}\cos^{n}\alpha\cos\alpha\mathrm{d}\alpha \tag{6-47}$$

令

$$AF=\int_{0}^{\alpha_1}\cos^{n}\alpha\cos\alpha\mathrm{d}\alpha \tag{6-48}$$

称 AF 为线光源的平行面方位系数。

则，式（6-44）可简化

$$E_{n}=\frac{I_{\theta 0}}{Lr}AF=\frac{I'_{\theta 0}}{r}AF \tag{6-49}$$

式中　$I_{\theta 0}$——长度为 L 的线状灯具在 θ 平面上垂直于轴线 AB 的光强，cd；

$I'_{\theta 0}$——线状灯具在平面上垂直于轴线的单位长度光强（即 $I_{\theta 0}/L$），cd:

L——线状灯具的长度，m；

r——计算点 P 到线光源的 A 端的距离 $r=\sqrt{h^{2}+d^{2}}$，m；

α_1——计算点 P 对光线源所张的方位角，(°)；

d——光源在水平面上的投影至计算点 P 的距离，m；

h——线状灯具在计算水平面上的悬挂高度，m。

2. 水平照度

如图 6-14 所示，由于 $\cos\beta=\cos\theta=h/r$，因为，P 点处的水平照度 E_h 为

$$E_{h}=E_{n}\cos\beta=\frac{I_{\theta 0}}{Lh}\cos\theta AF$$

或

$$E_{h}=\frac{I'_{\theta 0}}{h}\cos^{2}\theta AF \tag{6-50}$$

将 $n=1, 2, 3, 4$ 分别代入式 6－48，可求出 A、B、C、D、E 这 5 类纵向理论配光线性线光源的方位系数 AF 的计算公式，如表 6－8 所示。

表 6－8　　线光源平行平面方位系数 AF 计算公式

类别	纵向配光特性	方 位 系 数 AF
A	$I_{\theta0}\cos\alpha$	$\frac{1}{2}(\alpha_1+\cos\alpha_1\sin\alpha_1)$
B	$\frac{1}{2}I_{\theta0}(\cos\alpha+\cos^2\alpha)$	$\frac{1}{4}(\alpha_1+\cos\alpha_1\sin\alpha_1)+\frac{1}{6}(2\sin\alpha_1+\cos^2\alpha_1\sin\alpha_1)$
C	$I_{\theta0}\cos^2\alpha$	$\frac{1}{3}(2\sin\alpha_1+\cos^2\alpha_1\sin\alpha_1)$
D	$I_{\theta0}\cos^3\alpha$	$\frac{\cos^3\alpha_1\sin\alpha_1}{4}+\frac{3}{8}(\alpha_1+\cos\alpha_1\sin\alpha_1)$
E	$I_{\theta0}\cos^4\alpha$	$\frac{\cos^4\alpha_1\sin\alpha_1}{5}+\frac{4}{15}(2\sin\alpha_1+\cos^2\alpha_1\sin\alpha_1)$

3. 垂直照度

（1）受照面与线光源垂直。如图 6－15（b）所示，如果受照面 A 与线状光源垂直时，从图 6－14 可知，P 点在 A 面上的垂直照度 E_{vA} 为

$$E_{vA}=\int_0^{\alpha_1}\frac{dI_{\theta\alpha}}{l^2}\sin\alpha=\int_0^{\alpha_1}\frac{I_{\theta0}\cos^n\alpha\sin\alpha}{Ll^2}dx$$

整理得 $$E_{vA}=\int_0^{\alpha_1}\frac{I_{\theta0}d\alpha\cos^n\alpha}{Ll^2}\sin\alpha=\frac{I_{\theta0}}{Lr}\int_0^{\alpha_1}\cos^n\alpha\sin\alpha d\alpha=\frac{I_{\theta0}}{Lr}\left(\frac{1-\cos^{n+1}\alpha_1}{n+1}\right)=\frac{I_{\theta0}}{Lr}\alpha f \quad (6-51)$$

式中　αf——线光源的垂直面方位系数，$\alpha f=\int_0^{\alpha_1}\cos^n\alpha\sin\alpha d\alpha=\frac{1-\cos^{n+1}\alpha_1}{n+1}$。

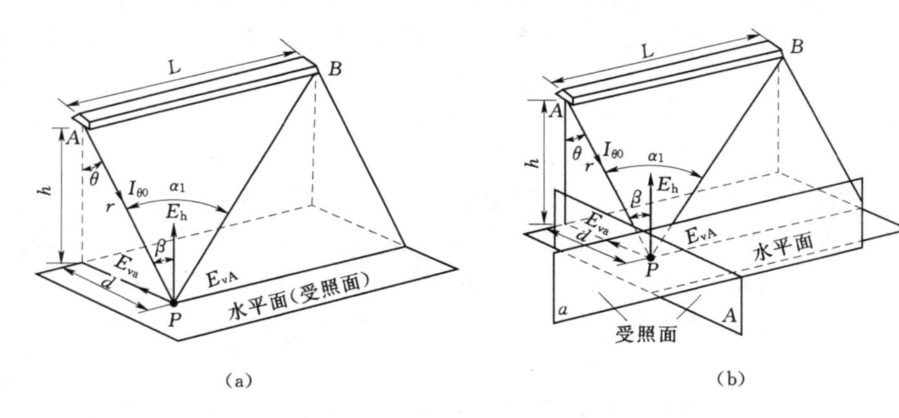

图 6－15　连续线光源的直射照度计算
（a）水平面；（b）受照面与光源平行（或垂直）

将 $n=1, 2, 3, 4$ 分别代入式（6－51），可求出 A、B、C、D、E 这 5 类纵向理论配光特性线光源的平面方位系数 αf 计算公式，如表 6－9 所示。

（2）受照面与线光源平行。如图 6－15（b）所示，如果受照面 A 与线状光源平行时，由图 6－14 可知，P 点 A 面上的垂直照度 $E_{V\alpha}$ 为

表 6-9 线光源垂直平面方位系数 αf 计算公式

类别	纵向配光特性	方位系数∂F
A	$I_{\theta 0}\cos\alpha$	$\frac{1}{2}\sin^2\alpha_1$
B	$\frac{1}{2}I_{\theta 0}$ $(\cos\alpha+\cos^2\alpha)$	$\frac{1}{4}\sin^2\alpha_1+\frac{1}{6}$ $(1-\cos^3\alpha_1)$
C	$I_{\theta 0}\cos^2\alpha$	$\frac{1}{3}$ $(1-\cos^3\alpha_1)$
D	$I_{\theta 0}\cos^3\alpha$	$\frac{1}{4}$ $(1-\cos^4\alpha_1)$
E	$I_{\theta 0}\cos^4\alpha$	$\frac{1}{5}$ $(1-\cos^5\alpha_1)$

$$E_{V\alpha}=E_n\sin\theta=\frac{I_{\theta 0}}{Lh}\sin\theta AF \qquad (6-52)$$

4. 实际计算公式

在实际计算中，考虑到光通量衰减、灯具污染等因素，以及灯具的配光曲线是按光源通量为 1000lm 给出的。因此，实际照度可按下列公式计算。

(1) 水平面照度，见图 6-15 (a)：

$$E_h=\frac{\Phi I_{\theta 0}K}{1000Lh}\cos^2\theta AF \qquad (6-53)$$

(2) 垂直面照度，见图 6-15 (b)。

受照面与光源平行时

$$E_{vA}=\frac{\Phi I_{\theta 0}K}{1000Lh}\cos\theta\sin\theta AF \qquad (6-54)$$

受照面与光源垂直时

$$E_{v\alpha}=\frac{\Phi I_{\theta 0}K}{1000Lh}\cos\theta\alpha F \qquad (6-55)$$

式中 $\frac{\Phi}{L}$——实际线光源单位长度的光通量，lm/m；

AF——水平面方位系数，根据灯具类别 A、B、C、D、E，查表 6-8 确定；

αf——垂直面方位系数，根据灯具类别 A、B、C、D、E，查表 6-9 确定。

在照明计算中，方位系数的确定，需要判断实际灯具属于哪种配光类型。首先画出灯具纵向光强分布曲线，并计算出相对的光强值 I_∂/I_0；再与理论灯具配光类型的典型曲线（见图 6-13）相比较，找出最接近的一种，即可得出类属 A、B、C、D、E 曲线中某种类型的理论配光。

5. 计算点位于线光源端部之外

式 (6-53)～式 (6-55) 是按计算点 P 位于线光源一端的平面内推导而得，但实际计算中 P 点位置是任意的，不一定符合图 6-15 的条件，此时可采用将线光源分段或延长的方法，分别计算各段在该点处产生的强度，然后求其代数和，如图 6-16 所示。

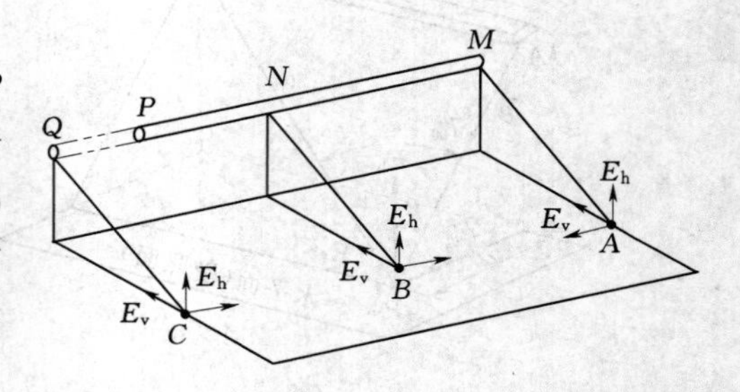

图 6-16 线光源的组合计算

若以 E_A、E_B、E_C 分别表示线光源在 A、B、C 这 3 点所产生的水平照度，则

$$\left.\begin{aligned}E_A&=E_1\\E_B&=E_2+E_3\\E_C&=E_4-E_5\end{aligned}\right\} \qquad (6-56)$$

式中 E_1——线光源 PM 在 A 点处产生的照度；

E_2——线光源 PN 在 B 点处产生的照度；

E_3——线光源 MN 在 B 点处产生的照度；

E_4——线光源 QM 在 C 点处产生的照度；

E_5——线光源 QP 在 C 点处产生的照度。

必须注意，在求解受照面与光源垂直布置时的照度，只有一段线光源（PN 或 MN）在计算点处产生照度，而另一段线光源（MN 或 PN）的光被挡住了，在该点处将不产生照度。

（三）断续线光源的照度计算

实际的线光源可能有间断的各段构成，此时若各段放光体的特性相同，并按照共同的轴线布置，各段终端间的距离又不超过 $h/(4\cos\theta)$，则仍可看作连续光源。在计算时，只需将连续线光源中相应的计算公式［式（6－37）～式（6－39）］乘以一个折算系数 Z 即可，其中

$$Z=\frac{\text{照明器长度}\times\text{照明器个数}}{\text{一行照明器的总长}} \tag{6-57}$$

【例 6－3】 如图 6－17 所示，某办公室长 10.0m、宽 6.0m，顶棚高度 3.6m，采用 YG15—2（2×36W）双管嵌入式塑料格栅的荧光灯组成两条光带，求桌面上 A 点的水平照度。

解： 由产品资料查得 YG15—2 型荧光灯的宽度为：$b=0.3$m

（1）计算高度为

$$h=3.6-0.75=2.85(\text{m})$$

（2）光带的总长度为

$$L=8.8\text{m}$$

因为 8.8＞2.85/2、0.3＜2.85/4，故线状光源的定义（$L\geqslant h/2$ 及 $b\leqslant h/4$）成立。

因此，可按线光源的方位系数法来计算 A 点的水平强度。

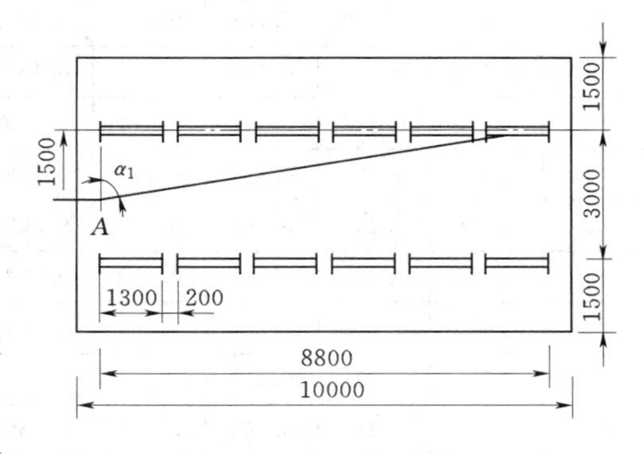

图 6－17 线光源平面布置示例

（3）YG15—2 型荧光光灯的纵向（B—B）光强分布，根据资料查得见表 6－10。

表 6－10 YG15－2 型荧光灯纵向光强分布

$\alpha(^\circ)$	0	10	20	30	40	50	60	70	80	90
$I_\alpha(cd)$	228	218	192	159	127	88	51	28	12	0.4
I_α/I_0	1	0.951	0.842	0.697	0.567	0.386	0.224	0.127	0.053	0.002

绘出 YG15—2 型荧光灯的光强分布曲线（见图 6－13 中的虚线），可近似认为该灯具属 C 类；

（4）计算 θ 角为

$$\theta=\arctan(d/h)=\arctan(1.5/2.85)=27.76^\circ$$

（5）计算 α_1 及 AF。

各段荧光灯终端间距 0.2m $<h/(4\cos\theta)=0.8$m，故可将带光带视为连续光源。

方位角：$\alpha_1=\arctan\dfrac{L}{r}=\arctan\dfrac{L}{\sqrt{h^2+d^2}}=\arctan\dfrac{L}{\sqrt{2.85^2+1.5^2}}\approx 70°$

查表 6-11，可得方位系数：$AF=0.663$。

表 6-11　　水平方位系数 AF

灯具（照明器）类别						灯具（照明器）类别					
α(°)	A	B	C	D	E	α(°)	A	B	C	D	E
0	0.000	0.000	0.000	0.000	0.000	30	0.478	0.473	0.458	0.440	0.423
1	0.017	0.017	0.017	0.018	0.018	31	0.491	0.480	0.649	0.450	0.431
2	0.035	0.035	0.035	0.035	0.035	32	0.504	0.492	0.480	0.459	0.439
3	0.052	0.052	0.052	0.052	0.052	33	0.519	0.504	0.491	0.468	0.447
4	0.070	0.070	0.070	0.070	0.070	34	0.529	0.515	0.501	0.476	0.454
5	0.087	0.087	0.087	0.087	0.087	35	0.541	0.526	0.511	0.484	0.460
6	0.105	0.104	0.104	0.104	0.104	36	0.552	0.537	0.520	0.492	0.466
7	0.122	0.121	0.121	0.121	0.121	37	0.574	0.546	0.528	0.499	0.472
8	0.139	0.138	0.138	0.138	0.137	38	0.574	0.556	0.538	0.506	0.478
9	0.156	0.155	0.155	0.155	0.154	39	0.585	0.565	0.546	0.513	0.483
10	0.173	0.172	0.172	0.171	0.170	40	0.596	0.575	0.554	0.519	0.488
11	0.190	0.189	0.189	0.187	0.186	41	0.606	0.584	0.562	0.525	0.492
12	0.206	0.205	0.205	0.204	0.202	42	0.615	0.591	0.569	0.530	0.496
13	0.223	0.222	0.221	0.219	0.218	43	0.625	0.598	0.576	0.535	0.500
14	0.239	0.238	0.237	0.234	0.233	44	0.634	0.608	0.583	0.540	0.504
15	0.256	0.254	0.253	0.234	0.233	45	0.643	0.616	0.589	0.545	0.507
16	0.272	0.270	0.269	0.265	0.262	46	0.652	0.623	0.595	0.549	0.510
17	0.288	0.286	0.284	0.280	0.276	47	0.660	0.630	0.601	0.553	0.512
18	0.304	0.301	0.299	0.295	0.290	48	0.668	0.637	0.606	0.556	0.515
19	0.320	0.316	0.314	0.309	0.303	49	0.675	0.643	0.612	0.560	0.517
20	0.335	0.332	0.329	0.332	0.316	50	0.683	0.649	0.616	0.563	0.519
21	0.351	0.347	0.343	0.336	0.329	51	0.690	0.655	0.621	0.566	0.521
22	0.366	0.361	0.357	0.349	0.341	52	0.697	0.661	0.625	0.568	0.523
23	0.380	0.375	0.371	0.362	0.353	53	0.703	0.671	0.633	0.573	0.525
24	0.396	0.390	0.385	0.374	0.364	54	0.709	0.671	0.633	0.573	0.525
25	0.410	0.404	0.398	0.3.86	0.375	55	0.715	0.675	0.636	0.575	0.527
26	0.424	0.417	0.410	0.398	0.386	56	0.720	0.679	0.639	0.577	0.528
27	0.438	0.430	0.423	0.409	0.396	57	0.726	0.684	0.642	0.578	0.528
28	0.452	0.443	0.435	0.420	0.405	58	0.731	0.688	0.645	0.580	0.529
29	0.465	0.456	0.447	0.430	0.414	59	0.736	0.691	0.647	0.581	0.530

续表

灯具（照明器）类别						灯具（照明器）类别					
α(°)	A	B	C	D	E	α(°)	A	B	C	D	E
60	0.740	0.695	0.650	0.582	0.530	76	0.781	0.723	0.666	0.589	0.533
61	0.744	0.698	0.652	0.583	0.531	77	0.782	0.724	0.666	0.589	0.533
62	0.748	0.701	0.654	0.584	0.531	78	0.782	0.724	0.666	0.589	0.533
63	0.752	0.703	0.655	0.585	0.532	79	0.783	0.724	0.666	0.589	0.533
64	0.756	0.706	0.657	0.586	0.532	80	0.784	0.725	0.666	0.589	0.533
65	0.759	0.708	0.658	0.586	0.532	81	0.784	0.725	0.667	0.589	0.533
66	0.762	0.710	0.659	0.587	0.533	82	0.785	0.725	0.667	0.589	0.533
67	0.764	0.712	0.660	0.587	0.533	83	0.785	0.725	0.667	0.589	0.533
68	0.767	0.714	0.661	0.588	0.533	84	0.785	0.725	0.667	0.589	0.533
69	0.769	0.716	0.662	0.588	0.533	85	0.786	0.725	0.667	0.589	0.533
70	0.772	0.718	0.663	0.588	0.533	86					
71	0.774	0.719	0.664	0.588	0.533	87					
72	0.776	0.720	0.664	0.589	0.533	88					
73	0.778	0.721	0.665	0.589	0.533	89					
74	0.779	0.722	0.665	0.589	0.533	90					
75	0.780	0.723	0.666	0.589	0.533						

（6）计算 I_θ。YG15—2 型荧光灯的横向（A—A）光强分布，根据资料查得见表6－12。

表 6－12　YG15—2 型荧光灯横向光强分布

$f(\theta)A$—A	θ(°)	0	10	20	30	40	50	60	70	80	90
	$I_\theta(cd)$	238	230	209	176	130	85	48	28	11	0.6

因为入射角 $\theta=27.76°$，根据横向光强分布，由插值法可求得 $I_{\theta0}=183.4$cd。

（7）设 36W 荧光灯的光通量 $\Phi=2200$lm，灯具长 $l=1.3$m，因此，线光源单位长度光通量 $\Phi/l=1632.3$lm/m。

1）计算折算系数 $Z=1.3\times6/8.8=0.886$。

2）计算一条光带在 A 点处照度 E_h 为

$$E_{hA}=Z\frac{\Phi I_{\theta0}\cos^2\theta K}{1000lh}AF=\frac{0.886\times2\times1632.3\times183.4\times0.885^2\times0.8}{1000\times2.85}\times0.663=80.2(\text{lx})$$

（8）A 点处照度 E_A：A 点处照度由两条光带共同产生，因此 $E_A=2\times80.2=160.4$(lx)

垂直方位系数 AF 如表 6－13 表示。

表 6-13　　**垂直方位系数 AF**

灯具（照明器）类别						灯具（照明器）类别					
α(°)	A	B	C	D	E	α(°)	A	B	C	D	E
0	0.000	0.000	0.000	0.000	0.000	34	0.156	0.149	0.143	0.132	0.122
1	0.000	0.000	0.000	0.000	0.000	35	0.165	0.157	0.150	0.137	0.126
2	0.001	0.001	0.001	0.001	0.001	36	0.173	0.164	0.156	0.143	0.131
3	0.001	0.001	0.001	0.001	0.001	37	0.181	0.172	0.163	0.148	0.135
4	0.002	0.002	0.002	0.002	0.002	38	0.190	0.180	0.170	0.154	0.139
5	0.004	0.003	0.003	0.004	0.004	39	0.198	0.187	0.177	0.159	0.143
6	0.005	0.005	0.005	0.005	0.005	40	0.207	0.195	0.183	0.164	0.147
7	0.007	0.007	0.007	0.007	0.007	41	0.216	0.203	0.190	0.169	0.151
8	0.010	0.009	0.009	0.010	0.010	42	0.224	0.210	0.196	0.174	0.155
9	0.012	0.012	0.012	0.012	0.012	43	0.233	0.218	0.203	0.179	0.158
10	0.015	0.015	0.015	0.015	0.015	44	0.242	0.224	0.209	0.183	0.162
11	0.018	0.018	0.018	0.018	0.018	45	0.250	0.232	0.215	0.188	0.165
12	0.022	0.021	0.021	0.021	0.021	46	0.259	0.240	0.221	0.192	0.168
13	0.025	0.024	0.024	0.024	0.024	47	0.267	0.247	0.227	0.196	0.171
14	0.029	0.029	0.029	0.028	0.028	48	0.276	0.254	0.233	0.200	0.173
15	0.033	0.033	0.033	0.032	0.032	49	0.285	0.262	0.239	0.204	0.176
16	0.038	0.037	0.037	0.037	0.036	50	0.293	0.268	0.244	0.207	0.178
17	0.043	0.042	0.041	0.041	0.040	51	0.302	0.276	0.250	0.211	0.180
18	0.048	0.047	0.046	0.046	0.044	52	0.310	0.282	0.255	0.214	0.182
19	0.053	0.052	0.051	0.049	0.049	53	0.319	0.296	0.265	0.220	0.186
20	0.059	0.057	0.056	0.055	0.054	54	0.327	0.296	0.265	0.220	0.186
21	0.064	0.063	0.062	0.060	0.068	55	0.335	0.302	0.270	0.223	0.188
22	0.070	0.068	0.067	0.065	0.063	56	0.344	0.309	0.275	0.266	0.189
23	0.076	0.074	0.073	0.071	0.068	57	0.352	0.315	0.279	0.228	0.190
24	0.083	0.081	0.079	0.076	0.073	58	0.360	0.321	0.283	0.230	0.192
25	0.089	0.087	0.085	0.081	0.078	59	0.367	0.327	0.287	0.232	0.193
26	0.096	0.093	0.091	0.087	0.088	60	0.375	0.333	0.291	0.234	0.194
27	0.103	0.100	0.097	0.092	0.088	61	0.383	0.339	0.295	0.236	0.195
28	0.110	0.107	0.104	0.098	0.093	62	0.390	0.344	0.299	0.238	0.195
29	0.118	0.113	0.110	0.104	0.098	63	0.397	0.349	0.302	0.239	0.196
30	0.125	0.120	0.116	0.109	0.103	64	0.404	0.354	0.305	0.241	0.197
31	0.132	0.127	0.123	0.115	0.108	65	0.410	0.359	0.308	0.242	0.197
32	0.140	0.135	0.130	0.121	0.112	66	0.417	0.364	0.311	0.243	0.198
33	0.148	0.149	0.136	0.126	0.117	67	0.424	0.368	0.313	0.244	0.198

续表

灯具（照明器）类别						灯具（照明器）类别					
α(°)	A	B	C	D	E	α(°)	A	B	C	D	E
68	0.439	0.372	0.315	0.245	0.199	80	0.485	0.408	0.331	0.250	0.200
69	0.436	0.377	0.318	0.246	0.199	81	0.488	0.410	0.332	0.250	0.200
70	0.442	0.381	0.320	0.247	0.199	82	0.490	0.411	0.332	0.250	0.200
71	0.447	0.384	0.322	0.477	0.199	83	0.492	0.412	0.332	0.250	0.200
72	0.452	0.387	0.323	0.248	0.199	84	0.494	0.413	0.333	0.250	0.200
73	0.457	0.391	0.323	0.248	0.200	85	0.496	0.414	0.333	0.250	0.200
74	0.462	0.394	0.326	0.249	0.200	86	0.498	0.415	0.333	0.250	0.200
75	0.466	0.396	0.327	0.249	0.200	87	0.499	0.416	0.333	0.250	0.200
76	0.470	0.399	0.328	0.249	0.200	88	0.499	0.416	0.333	0.250	0.200
77	0.474	0.401	0.329	0.249	0.200	89	0.500	0.416	0.333	0.250	0.200
78	0.478	0.404	0.330	0.250	0.200	90	0.500	0.416	0.333	0.250	0.200
79	0.482	0.406	0.331	0.250	0.200						

四、面光源直射照度计算

面光源是指发光体的形状和尺寸在照明房间的顶棚上占有很大比例，并且已超出电光源、线光源所具有的形状概念。由灯具组成的整片发光面或发光顶棚等都可视为面光源。面光源直射照度计算可采用形状因数法（或称立体角投射效法）。当面光源使用不同配光特性的材料，可分为等亮度和非等亮度两种。面光源直射照度可根据不同的情况，分别进行计算。

（一）形状因数法

形状因数法，又称立体角投影率法，它是根据面光源的配光类型、计算点以及面光源的相对位置 a/h、b/h 来确定的，如图 6－18 所示。

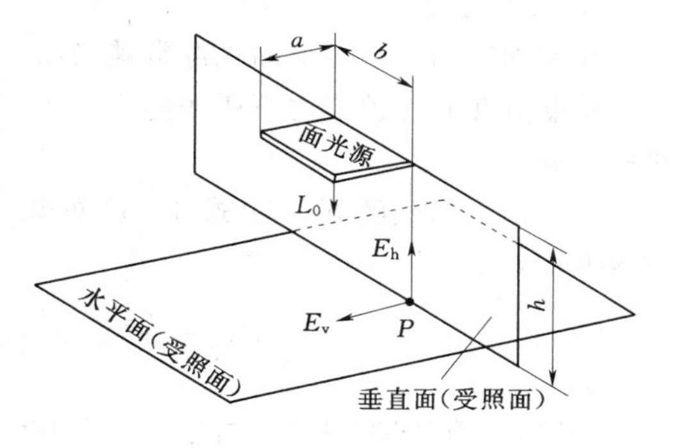

图 6－18 计算点与面光源的位置关系

面光源的配光曲线可分为下列两类。

(1) $I_\theta = I_0\cos\theta$。譬如，具有乳白玻璃等漫射罩的扩散型配光较宽的发光顶棚。

(2) $I_\theta = I_0\cos^4\theta$。由格栅组成的扩散型配光较窄的发光顶棚。

采用形状因数法，面光源直射照度的计算公式

$$E_h = L_0 f_h(a/h, b/h) \tag{6-58}$$

式中 E_h——与面光源平行且距离为 h 的平面上 M 点的水平照度，lx；

f_h——受照面与面光源平行时的形状因数；

L_0——面光源亮度值，cd/m²；

a——面光源的宽度，m；

b——面光源的长度，m。

通常为了简化计算，一般将形状因数制成图表，供计算时查用。

（二）等亮度面光源的照度计算

1. 多边形光源

如图 6－19 所示，对于具有均匀亮度 L 的多边形光源，计算点 P 处的照度可近似表达为

$$E=\frac{L}{2}\sum_{k=1}^{n}\beta_k\cos\delta_k \tag{6-59}$$

式中　n——多边形的边数；

β_k——第 k 条边对 p 点处所张得夹角，rad；

δ_k——第 k 条边和 p 点组成的三角形与受照面所形成的夹角，rad；

L——面光源亮度值，rad/m^2。

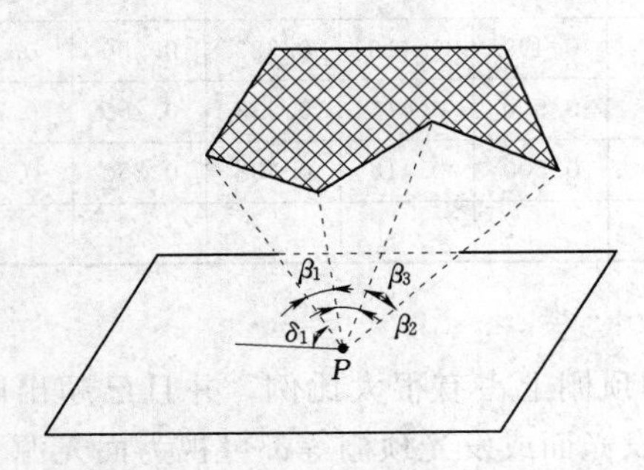

图 6－19　多边形光源图

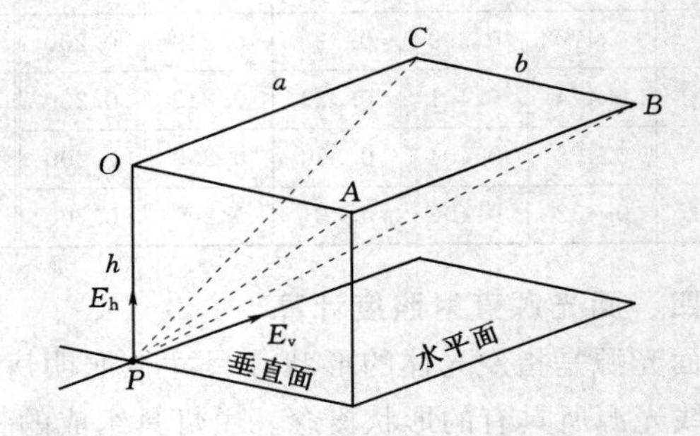

图 6－20　矩形等光亮面光源

2. 矩形光源

在室内照明中，矩形面光源常被采用。

受照点在光源顶点向下所作的垂线上，如图 6－20 所示，计算点 P 处得照度计算公式推导如下：

（1）水平面照度 E_h。由式 6－60 可知，E_h 应为 OA、AB、BC、CO 这 4 条边相应的参数乘积叠加，即

OA 边：$\beta_1=\arctan\dfrac{b}{h}$，$\delta_1=\dfrac{\pi}{2}$或 $\cos\delta_1=0$

AB 边：$\beta_2=\arctan\dfrac{a}{\sqrt{a^2+h}}$，$\delta_2=\arctan\dfrac{h}{b}$或 $\cos\delta_2=\dfrac{a}{\sqrt{a^2+h}}$

BC 边：$\beta_3=\arctan\dfrac{b}{\sqrt{a^2+h}}$，$\delta_3=\arctan\dfrac{h}{a}$或 $\cos\delta_3=\dfrac{b}{\sqrt{a^2+h}}$

CO 边：$\beta_4=\arctan\dfrac{b}{h}$，$\delta_4=\dfrac{\pi}{2}$或 $\cos\delta_4=0$

因此

$$E_h=\frac{L}{2}\left(\frac{b}{\sqrt{b^2+h}}\arctan\frac{a}{\sqrt{b^2+h}}+\frac{a}{\sqrt{a^2+h}}\arctan\frac{b}{\sqrt{a^2+h}}\right) \tag{6-60}$$

令 $X=\dfrac{a}{h}$、$Y=\dfrac{b}{h}$

式（6-60）可简化为

$$E_h=\frac{L}{2}\left(\frac{X}{\sqrt{1+X}}\arctan\frac{Y}{\sqrt{1+X}}+\frac{Y}{\sqrt{1+Y}}\arctan\frac{X}{\sqrt{1+Y}}\right)=Lf_h \tag{6-61}$$

式中　L——面光源亮度，cd/m²；

f_h——形状因数，从图6-21中查得。

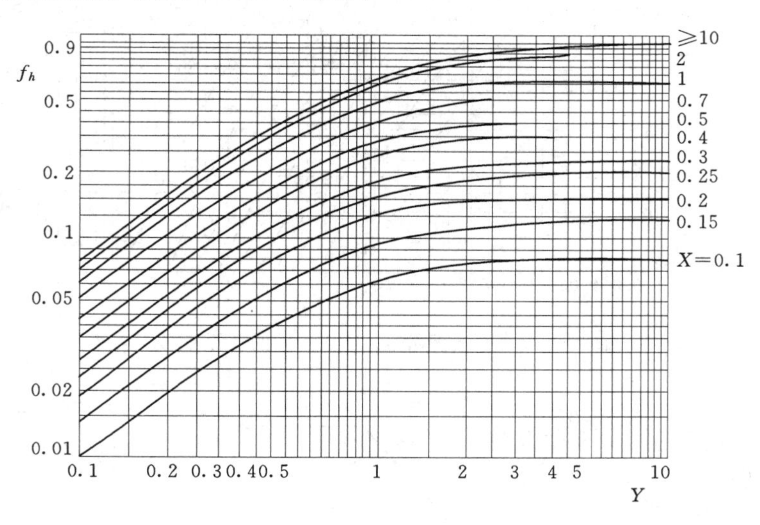

图6-21　形状因数 f_h 与 X、Y 的关系曲线

（2）垂直面照度 E_v。同理，矩形面的4条边 OA、AB、BC、CO 对应 β_k 参数同上，而参数 $\delta_k(k=1, \cdots, 4)$ 为

OA 边：$\delta_1=0$ 或 $\cos\delta_1=1$

AB 边：$\delta_2=\frac{\pi}{2}$ 或 $\cos\delta_2=0$

BC 边：$\delta_3=\pi-\arctan\frac{h}{a}$ 或 $\cos\delta_3=-\frac{a}{\sqrt{a^2+h}}$

CO 边：$\delta_4=\frac{\pi}{2}$ 或 $\cos\delta_4=0$

则

$$E_v=\frac{L}{2}\left(\arctan\frac{b}{h}-\frac{h}{\sqrt{a^2+h}}\arctan\frac{b}{\sqrt{a^2+h}}\right) \tag{6-62}$$

令 $X=\frac{a}{b}$、$Y=\frac{h}{b}$，式（6-61）可简化为

$$Ev=\frac{L}{2}\left(\arctan\frac{1}{Y}+\frac{Y}{\sqrt{1+X}}\arctan\frac{Y}{\sqrt{1+X}}\right)=Lf_v \tag{6-63}$$

式中　f_v——形状因数，从图6-22中查得。

受照点在光源顶点向下所作的垂线以外根据叠加定理，求解以下几种情况中P点处得水平照度。

1）如图6-23（a）所示，$E_h=E_h(EFBC)-E_h(EFAD)$

2）如图6-23（b）所示，$E_h=E_h(GIBE)+E_h(GHDF)-E_h(GHCE)-E_h(GIAF)$

3）如图 6-23（c）所示，$E_h=E_h(OEBF)+E_h(OFCG)+E_h(OGDH)+E_h(OHAE)$

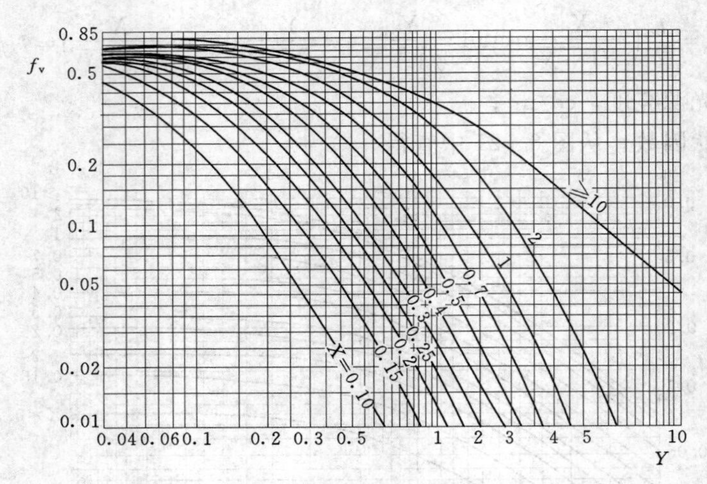

图 6-22 形状因数 f_v 与 X、Y 的关系曲线

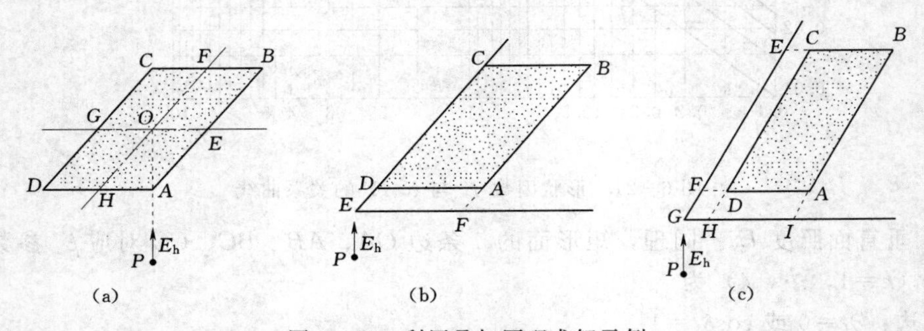

图 6-23 利用叠加原理求解示例

（a）P 点在光源正下方；（b）P 点在光源；（c）其他情形任一边延长线正下方

3. 圆形等亮度面光源的直射照度计算

圆形面光源也是室内照明中常用的照明方式，如图 6-24 所示。

当计算点 P_1 在面光源投影范围之内时，其水平面照度计算公式为

$$E_h=\pi L\left(\frac{r^2}{r^2+h^2}\right)=\frac{\Phi}{\pi l^2} \qquad (6-64)$$

式中 L——圆形面光源的亮度，cd/m²；

r——圆形面光源的半径，m；

h——计算高度，m；

l——计算点至圆形面光源边缘的距离，m；

Φ——圆形面官员的光通量，lm。

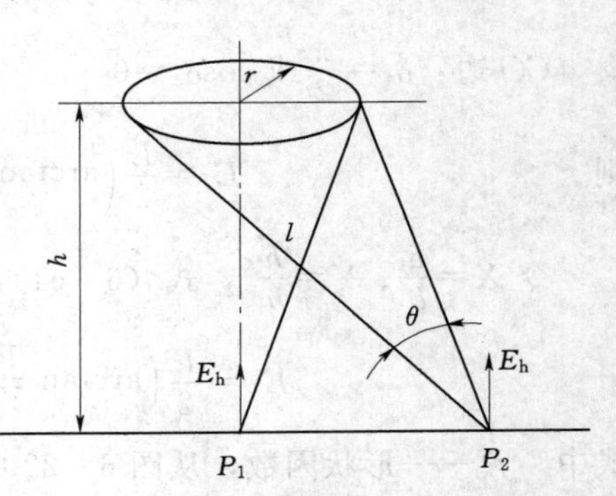

图 6-24 圆形灯光亮面光源

当计算点 P_2 在面光源投影范围以外时，其水平面照度的计算公式为

$$E_h=\frac{\pi L}{2}(1-\cos\theta) \qquad (6-65)$$

式中 θ——圆形面光源对计算点 P_2 所形成的夹角（见图 6－24），单位为（°）。

（三）矩形非等光亮度面光源的照度计算

当发光顶棚的各方向亮度不同时，可视为非等亮度面光源，其水平面照度的计算公式为

$$E_h = L_0 f \tag{6-66}$$

式中 L_0——面光源法线方向上的亮度，cd/m^2；

f——形状因数，从图 6－25 中查得。其中，$X=a/h$、$Y=b/h$。

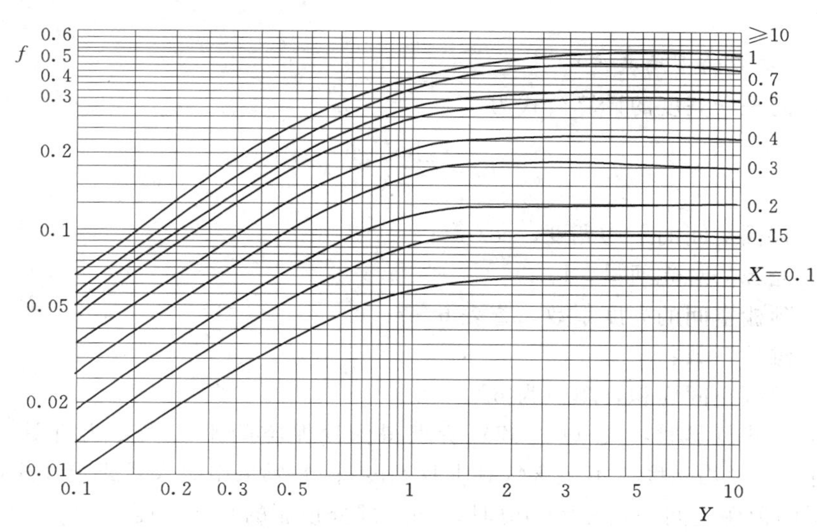

图 6－25 形状因数 f 与 X、Y 的关系曲线

【例 6－4】 如图 6－26 所示，某办公室平面尺寸为 7m×15m，净高 4.5m，在顶棚正中布置一个发光顶棚，发光顶棚亮度均匀、亮度值为 $500cd/m^2$，尺寸为 5m×13m。求房间中心地面上 P_1、P_2 点处得初始水平照度值（不考虑室内反射光）。

解： 已知：$a=5m$、$b=13m$，$h=4.5m$，$L=500cd/m^2$，则

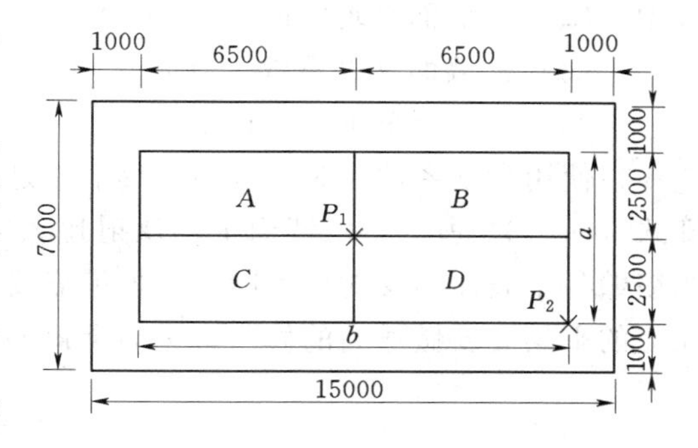

图 6－26 等亮度面光源的计算图例

（1）求房间中心点 P_1 处的水平照度 E_1。把发光顶棚划分为 A、B、C、D 共 4 块，使计算点 P_1 位于矩形光源顶点的投影上，计算点 P_1 处得照度可由叠加方法求得，即 $E_1=E_A+E_B+E_C+E_D=4E_A$

对于矩形 A，$b'=b/2=6.5m$，$a'=a/2=2.5m$

因而，$X=b'/h=1.444$；$Y=a'/h=0.556$，由式（6－61）可得，$f_h\approx0.345$（或从图 6－21 可查出形状因数 f_h）

则 $$E_A = Lf_k = 500\times0.345 = 172.5(lx)$$

故 $$E_1 = 4E_A = 4\times172.5 = 690(lx)$$

(2) 求房间端部计算点 P_2 处的水平照度 E_2。因为 $X=b/h=13/4.5=2.889$，$Y=a/h=5/4.5=1.111$，同理可得 $f_h\approx0.571$，则 $E_2=Lf_h=500\times0.571=286(lx)$

五、平均亮度计算

合理的亮度分布，为创造良好的视觉环境提供了重要条件，也直接影响到室内的照明质量。因此，在照明设计阶段有时需要计算房间各表面的亮度，以检验照明质量能否符合要求。顶棚和墙面的平均亮度计算方法可采用亮度系数法，这与平均照度计算方法相似，可根据漫反射表面亮度与其照度存在的简单关系，从平均照度计算法中推导出来。

（一）顶棚空间的平均亮度

顶棚空间的平均亮度的计算公式为

$$L_c=\frac{\sum\Phi L_{oc}K}{\pi A_c} \tag{6-67}$$

式中　L_c——顶棚空间的平均亮度，cd/m^2；

$\sum\Phi$——光源的总光通量，lm；

L_{oc}——顶棚空间的亮度系数，查表 6-9；

K——维护系数；

A_c——顶棚空间面积，单位为 m^2。

在采用悬挂式灯具时，式（6-67）所求得的顶棚空间平均亮度为灯具出光口平面（假想顶棚面）的平均亮度（不包含灯具本身亮度）；如果采用嵌入式或吸顶式灯具时，式 6-67 所求得的顶棚空间平均亮度为灯具之间那部分顶棚的平均亮度。

（二）墙面平均亮度

墙面平均亮度可采用下面计算公式

$$L_w=\frac{\sum\Phi L_{ow}K}{\pi A_w} \tag{6-68}$$

式中　L_w——墙面平均空间，cd/m^2；

L_{ow}——墙面亮度系数，查表 6-14；

A_w——室空间面积，m^2。

在使用亮度系数表时，墙面的反射比是根据墙壁各个表面反射比的加权平均考虑的，即式（6-10）所求得的墙面平均反射比 ρ_w，因而所得出的应该是整个表面的平均亮度。当墙壁各个表面的反射比不同时，如果需要计算墙面各部分的亮度值，因采用下面公式对相应的平均亮度做适当的修正，进而求得隔壁各表面的近似亮度。

$$L=L_w\frac{\rho}{\rho_w} \tag{6-69}$$

式中　L——墙的某表面亮度，cd/m^2；

L_w——墙面平均空间，cd/m^2；

ρ——墙的某（所求亮度）表面的反射比；

ρ_w——墙的加权平均反射比。

如果需要求“维持平均亮度——运行一段时间后表面所具有的亮度”时，与所求平均照度一样，应给考虑“亮度维护系数”。墙面和顶棚亮度系数如表 6-14 所示。

表 6-14 墙面和顶棚亮度系数

地板空间有效反射比为20%时的亮度系数												
顶棚	反射比											
	80		50		10		80		50		10	
墙面	50	30	50	30	50	30	50	30	50	30	50	30
RCR	墙面亮度系数						顶棚亮度系数					
1	0.246	0.140	0.220	0.126	0.190	0.105	0.230	0.209	0.135	0.124	0.025	0.023
2	0.232	0.127	0.209	0.115	0.182	0.102	0.222	0.190	0.130	0.113	0.024	0.021
3	0.216	0.115	0.196	0.105	0.172	0.095	0.215	0.176	0.127	0.105	0.024	0.020
4	0.202	0.191	0.183	0.097	0.161	0.088	0.209	0.164	0.124	0.099	0.023	0.019
5	0.191	0.002	0.173	0.090	0.154	0.082	0.204	0.156	0.121	0.094	0.023	0.018
6	0.178	0.097	0.163	0.084	0.145	0.076	0.200	0.149	0.118	0.090	0.022	0.017
7	0.168	0.090	0.153	0.078	0.136	0.071	0.194	0.144	0.115	0.087	0.022	0.017
8	0.158	0.083	0.145	0.072	0.130	0.066	0.190	0.139	0.113	0.085	0.021	0.016
9	0.150	0.077	0.138	0.068	0.123	0.062	0.185	0.135	0.110	0.082	0.021	0.016
10	0.141	0.068	0.130	0.064	0.116	0.059	0.180	0.131	0.107	0.080	0.020	0.016

六、不舒适眩光计算

眩光是评价照明质量的重要指标，眩光可分为失能眩光和不舒适眩光两种。失能眩光是由于眼内光的散射，引起视网膜像的对比下降、边缘出现模糊，从而妨碍了对附近物体的观察，不一定产生不舒适感觉；不舒适眩光则产生不舒适感觉，短时间内对可见度并不影响，但会造成分散注意力的效果。不舒适眩光是评价照明质量的主要指标，但是不舒适眩光不能直接测量。各国对眩光的评价方法不尽相同，目前对眩光进行评价常采用“统一眩光评价系统（UGR）”、欧洲“亮度限制曲线法（LC 法）”、英国的“眩光指数法（GI 法）”等，并建立一套完整的眩光评价体系，以此解决室内照明的眩光问题。LC 法是经 CIE 推荐的不舒适眩光的主要评价方法之一。

（一）统一眩光评价系统

“统一眩光评价系统（UGR）”于 1987 年最先由英国学者提出，它是对室内照明质量进行综合的评价指标。通过计算 UGR 并与各种工作场合的 UGR 标准相比较，从而可对眩光进行定量评价。

各种工作场合的 UGR 标准如表 6-15 所示。

表 6-15 各种工作场合的 UGR 标准

工作场合			UGR
医院	手术室		10
	病房		13
学校	教室		16
办公	绘图室		16
	一般办公室		19
工厂	装配车间	细装	19
		粗装	28
	仓库		29

UGR 的基本公式为

$$UGR=8\lg\left(\frac{0.25}{L_b}\sum\frac{L_s^2\omega}{P^2}\right) \tag{6-70}$$

式中 L_s——眩光源亮度，cd/m^2；

L_b——背景亮度，cd/m^2；

ω——眩光源的立体角，sr；

P——位置系数［人眼视线与眩光源的位置关系 $P=f(Y/W, H/W)$］，如图 6-27 所示。

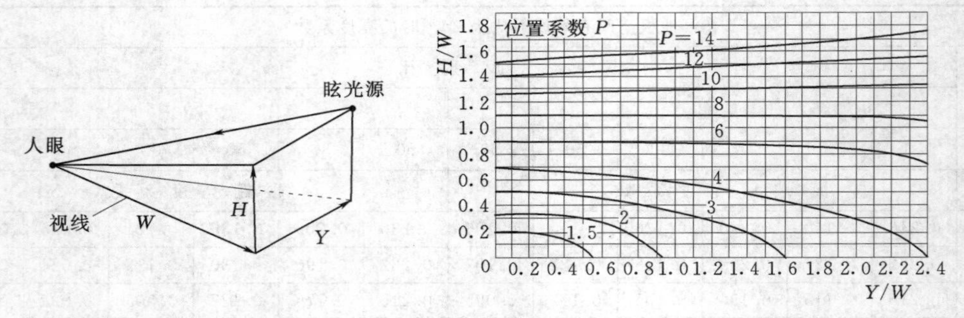

图 6-27　人眼视线与眩光源的位置关系

（二）亮度曲线法

亮度曲线法（LC 法）又称为亮度限制曲线法，它首先由德国学者提出。在欧洲应用较为普遍，是一种不舒适眩光的评价方法。这种方法也是 CIE 推荐的不舒适眩光的主要评价方法之一。我国的《民用建筑照明设计标准》（GBJ 133—1990）和《工业企业照明设计标准》（GB 50034—1992）都采用这种方法。

亮度曲线法是建立在实验基础上的眩光评价方法。试验中由一组观察者对不舒适眩光进行评价，并用眩光评价值来描写眩光的感觉程度，如表 6-16 所示。

绝大多数的视觉工作是向下注视，在讨论眩光时规定工作视线是水平方向的。考虑到最不利的情况，在评价眩光时要求观察者坐在距离墙 1m 的座位上，并正视前方，观察者眼睛统一规定为离地 2m 高。如果离观察者最远的照明器与观察者眼睛的连线，与该照明器光轴所加的垂直角 γ 大于等于（不小于）45°，才会有可能感觉到眩光的存在，且随着 γ 角的增大而眩光感觉程度增加。

表 6-16　亮度曲线法眩光价值的分级

眩光评价值 G	眩光感觉程度
0	无眩光
1	无、稍有眩光之间
2	有轻微眩光
3	轻微和严重眩光之间
4	有严重的眩光
5	严重和不能忍受的眩光之间
6	有不能忍受的眩光

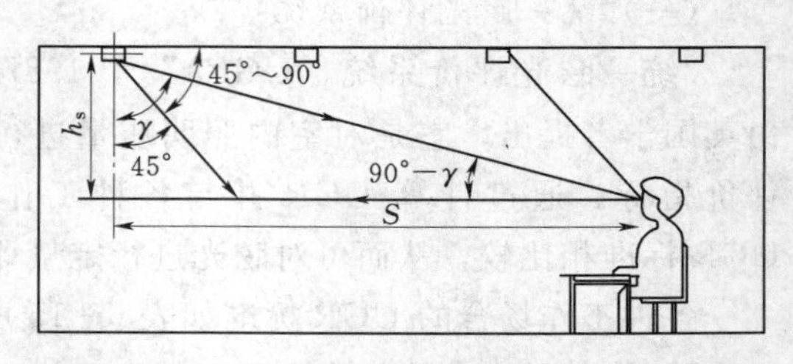

图 6-28　照明器眩光角与安装尺寸的关系

眩光限制的对象是照明器在 $45° < \gamma \leqslant \gamma_{max}$ 范围内的亮度。如图 6-28 所示，γ_{max} 离观察者最远处的照明器在观察者眼睛方向的角度，即

$$\gamma_{max}=\frac{s_{max}}{h_s} \tag{6-71}$$

式中　s_{max}——观察者到照明器的最大水平距离，m；

h_s——观察者眼睛的位置到照明器的高度，m；

γ_{max}——眩光角，(°)。

亮度限制曲线法最初是用极坐标形式表示的，后来，CIE 作了局部的修改，将亮度限制曲线法由极坐标形式改成了直角坐标系形式，如图 6－29 所示。

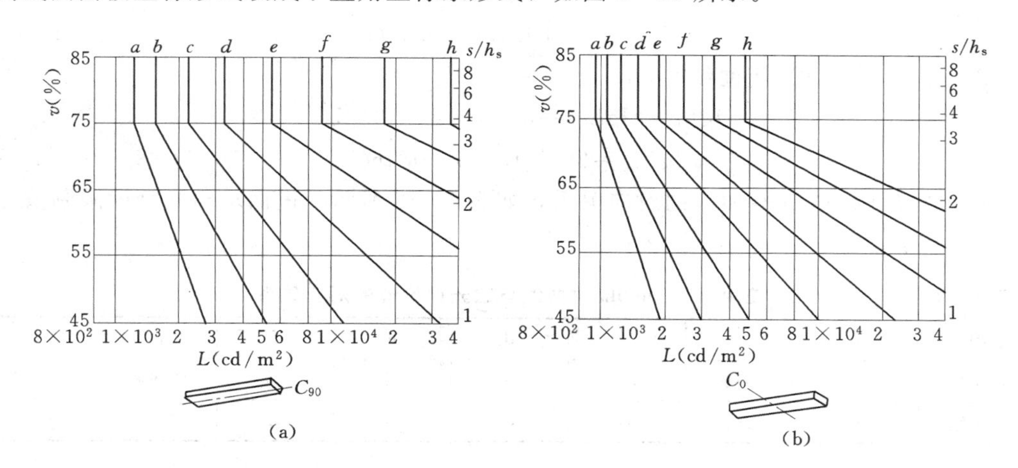

图 6－29　CIE 亮度限制曲线

(a) 无发光侧面的照明器和有发光侧面的长条形照明器纵向观察；

(b) 有发光侧面的长条形照明器纵向观察除外

图中的两组折线是 CIE 推荐的亮度限制曲线，可以用公式计算。

图 6－29 (a) 用于观测侧面不发光的照明器，以及有发光侧面的长条形照明器纵向 (C_{90} 面) 观察的场合，其计算公式为

$$\lg L_{85^\circ}=\lg L_{75^\circ}=3+\lg 1.0+0.15\times[G-1.16\lg(E/1000)]^2 \tag{6-72}$$

$$\lg L_{45^\circ}=3+\lg 1.5+0.40\times[G-1.16\lg(E/1000)]^2 \tag{6-73}$$

图 6－29 (b) 用于有发光侧面的非长条形照明器或有发光侧面的长条形照明器横向 (C_0 面) 观察的场合，其计算公式为

$$\lg L_{85^\circ}=\lg L_{75^\circ}=3+\lg 0.85+0.07\times[G-1.16\lg(E/1000)]^2 \tag{6-74}$$

$$\lg L_{45^\circ}=3+\lg 1.275+0.26\times[G-1.16\lg(E/1000)]^2 \tag{6-75}$$

式中　L_γ——照明器观察方向的亮度，cd/m²，其下标 γ 表示眩光角；

E——使用照度，cd/m²，见图 6－29，当 $E\leqslant 300$lx 时，以 $E=250$lx 代入；

G——眩光评价值，见表 6－17。

表 6－17　　眩 光 评 价 值

眩光评价值	质量等级	使 用 照 明 (lx)							
1.15	A	2000	1000	500	≤300				
1.50	B		2000	1000	500	≤300			
1.85	C			2000	1000	500	≤300		
2.20	D				2000	1000	500	≤300	
2.55	E					2000	1000	500	≤300

1. LC 公式简化

若使用照度取 1000lx，式（6－72）～式（6－75）可简化为

（1）图 6－29（a）组曲线

$$\lg L_{85°}=\lg L_{75°}=3+0.15G^2 \tag{6-76}$$

$$\lg L_{45°}=3+\lg 1.5+0.40G^2 \tag{6-77}$$

（2）图 6－29（b）组曲线

$$\lg L_{85°}=\lg L_{75°}=3+\lg 0.85+0.07G^2 \tag{6-78}$$

$$\lg L_{45°}=3+\lg 1.275+0.26G^2 \tag{6-79}$$

这时眩光评价值 G 与曲线的对应关系，如表 6－18 所示。进而求出的亮度限制值，如表 6－19 所示。

表 6－18　使用照明 1000lx 时曲线与眩光评价值的对应关系

曲线编号	a	b	c	d	e	f	g	h
眩光评价值 G	0.8	1.15	1.50	1.85	2.25	2.55	2.90	3.25
质量等级	S	A	B	C	D	E		

表 6－19　LC 法的亮度限制值

组　别		a 组（纵向）		b 组（横向）	
眩光角		45°	75°～85°	45°	75°～85°
曲线编号与亮度（cd/m²）	a	2.70×10^3	1.25×10^3	1.87×10^3	9.42×10^3
	b	5.07×10^3	1.58×10^3	2.81×10^3	1.05×10^3
	c	1.19×10^3	2.18×10^3	4.90×10^3	1.22×10^3
	d	3.51×10^3	3.26×10^3	9.89×10^3	1.48×10^3
	e	1.29×10^3	5.32×10^3	2.31×10^3	1.85×10^3
	f	5.99×10^3	9.45×10^3	6.25×10^3	2.42×10^3
	g	3.47×10^3	1.83×10^3	1.96×10^3	3.30×10^3
	h	2.52×10^3	3.84×10^3	7.11×10^3	4.66×10^3

2. LC 法的应用

在使用图 6－29 亮度限制曲线，或者表 6－19 的亮度限制值时，应注意以下几点：

（1）发光侧面高度不大于 30mm 的照明器，按无发光侧面考虑。

（2）只有当面光源的长宽比不小于 2∶1 时，才认为是长条形照明器。

当满足以下条件时，可采用亮度曲线法：

1）照明器规则排列的一半照明。

2）室内顶棚发射比不小于 0.50，墙面反射比不小于 0.25。

3）观察者的视线主要是水平和向下的方向。

在进行眩光评价时，应分别考虑照明器两个水平角方向，即横向观察和纵向观察时的质量等级。

将照明器的亮度分布曲线在图 6－29 对应的亮度限制曲线中，根据房间的特点和照度

值，选定眩光质量等级，从而在图 6-29 中可以确定某一条标准亮度限制曲线。将上述两条亮度曲线进行比较，就可以确定照明器是否符合规定的眩光质量等级的要求。当照明器的亮度分布曲线位于标准限制曲线的左边，则符合眩光限制的要求，否则就不符合要求。如果两条曲线相交，使照明器亮度分布曲线一部分在标准限制曲线的左侧，一部分在右侧，则在左侧部分所对应的眩光角 γ 范围符合要求，在右侧部分所对应的眩光角 γ 范围不符合要求。在这种情况下就应根据房间的尺寸确定是否在符合要求的眩光角 γ 范围内。

（三）我国的 LC 法

我国《工业企业照明设计标准》（GB 50034—1992）中的 LC 法与 CIE 推荐的方法相一致。该标准将眩光程度分为 5 级，如表 6-20 所示，其亮度限制曲线如图 6-29 所示。

表 6-20　直接眩光限制等级

眩光评价值	质量等级	眩光程度	作业或活动类型
1.15	A	无眩光	很严格的视觉作业
1.50	B	刚刚感到有眩光	视觉要求高的作业；视觉要求中等且集中注意力要求高的作业
1.85	C	轻度眩光	视觉要求和集中注意力要求中等的作业，并且工作人员有一定程度的流动性
2.20	D	不舒适眩光	视觉要求和集中注意力要求低的作业，工作人员在有限的区域内频繁走动
2.55	E	一定的眩光	工作人员不限于一个工作岗位而是来回走动，且视觉要求低的房间；不是由同一批人连续使用的房间

我国《民用建筑照明设计标准》（GBJ 133—1990）将 CIE 推荐的 LC 法中的质量等级，并由 5 级改为 3 级，同时采用其中的 B、D、E 级依次作为该标准的Ⅰ、Ⅱ、Ⅲ级，如表 6-21 所示，并且放宽了要求，所用的亮度限制曲线认为 CIE 的亮度限制曲线，即与图 6-29 相一致。

表 6-21　直接眩光限制质量等级

眩光限制质量等级		眩光程度	适用场所举例
Ⅰ	高质量	无眩光光感	有特殊要求的高质量照明房间，如手术室、计算机房、绘图室等
Ⅱ	中等质量	有轻微眩光感	照明质量要求一般的房间，如会议室、办公室、候车厅、普通教室、阅览室等
Ⅲ	低质量	有眩光感	照明质量要求不高的房间，如室内通道、仓库、厨房等

（四）眩光指数法

亮度曲线法是一种直观的眩光评价方法，仅根据两组亮度限制曲线是无法将照明实际中的各种因素考虑进去，尤其是周围环境亮度对产生眩光的作用和若干光源对产生眩光的影响，在亮度曲线法中考虑得较少。因此，亮度曲线法是一种简易的、精度较低的眩光评价方法。

眩光指数法（GI 法）是一种较为精准的评价眩光的方法，但它的计算也相应变得复杂和繁琐。GI 法是由英国照明学会提出的用于评价不舒适眩光程度的方法，CIE 吸收了这种方法，并加以适当改造，使之易于计算。

CIE 眩光指数法在评价不舒服眩光时，要求观察者坐在紧贴一面墙的中间位置，眼睛高度离地面 1.2m，视线为水平方向直视前方。为了便于计算，以眼睛所在位置为原点，做三维空间坐标（左右方向为 Y 轴，视线方向为 W 轴，高度方向为 H 轴），如图 6－27 所示。

CIE 的眩光指数计算公式为

$$CGI=8\lg\left(2\times\frac{1+\frac{E_d}{500}}{E_i+E_d}\sum\frac{L^2\omega}{P^2}\right) \tag{6-80}$$

式中　$L^2\omega$——光源在观察方向的亮度平方与光源对观察者所张的立体角的乘积。这说明眩光源的亮度越高，眩光源的面积越大，则产生的不舒适眩光就越强。其中，眩光源的亮度对不舒适光源产生的影响最大；

P——位置系数。位置系数取决于表示位置的 3 个坐标，即 $P=f(Y/W, H/W)$，Y、W、H 的值越小，产生的不舒适眩光就越强，反之，说明光源离开视线（正视前方）方向越远，引起的不舒适眩光就越弱；

Σ——计算时，应该包括所有的眩光源，而不能只考虑单个眩光源；

E_d——直接照度，它表示所有照明器在眼睛位置上产生的垂直面直射照度；

E_i——间接照度，是由顶棚、墙和地面的反射光在眼睛位置上产生的垂直面间接照度；

$(1+E_d/500)/(E_i+E_d)$——周围环境亮度对不舒适眩光的影响。

系数 8 和 2 是为了使 CIE 眩光指数值基本上与英国眩光指数值相一致。

眩光指数与不舒适眩光感觉程度的关系，如表 6－22 所示。从表中可以看出，室内一般照明的眩光指数若超过 28，将会出现不能忍受的不舒适眩光；眩光指数 16 是一个临界状况，超过 16 时就会引起不快的感觉，而低于 16 时一般还能忍受。各类照明场所所允许的眩光指数极限值如表 6－23 所示。

表 6－22　眩光指数与不舒适眩光感觉程度的关系

眩光指数	眩光感觉程度	
—		太强
28	刚好不能忍受	开始感到太强
—		不舒适
22	刚好不舒适	开始感到不舒适
—		注意
16	刚好可以接受	开始注意
—		有感觉
10	刚好看得出	开始有感觉
—	没有感觉	

表 6－23　各类照明场所所允许的眩光指数极限值

场所	分类	眩光指数极限值
办公室	一般办公室	19
	制图室	16
学校	教室	16
医院	病房	13
	手术室	10
工厂	粗装配车间	28
	普通加工车间	25
	精密加工车间	22
	超精密加工车间	19

眩光指数是评价照明质量的一个重要指标，而照度是评价照明数量的一个重要指标。两

者相比，照度较易满足。如果照度不够，只要增加照明器的数量或增大光源的功率就可以了。如果眩光指数达不到要求，要解决这个问题就比较困难。只有精心设计，改用合理的照明器或改变安装高度，甚至采用间接照明才能解决。因此，在照明设计中照度标准可以根据使用单位的承受能力适当提高，一般来说在大部分工作场所适当提高照度标准有利于工作效率提高。但眩光的质量标准不能随意提高，否则将会大大地提高投资、运行和维护费用。

第二节　建筑电气施工图设计

民用建筑（包括居住建筑与公共建筑）是人民生活的基本需求与社会政治、经济及文化活动的必要条件。民用建筑工程的实施，又是由规划、勘测、设计、施工及监理等一系列工作过程和环节来完成的。民用建筑电气工程设计是民用建筑工程（包括建筑、结构、暖通空调、给排水）设计中不可缺少的部分。本节介绍电气工程设计基本知识、设计程序、深度和施工图设计实例。

一、设计基础知识

为了搞好民用建筑电气工程设计，保证设计质量，在设计工作中应当做到：设计依据完备、可靠；设计程序严谨、合理；设计内容正确、翔实；设计深度满足工程各阶段的需要；设计文件规范、工整，符合国家有关规定；设计变更原因清楚，责任分明，有据可查。同时，为了提高设计工效，充分优化设计成果，保护建设单位与建筑物使用者的合法权益，国家及有关主管部门制定与颁布了一系列法令、规范与技术标准。它们是国家技术政策的具体体现，也是设计工作必须遵循的指导原则。

（一）设计依据

1. 设计的法律依据与设计原则资料

民用建筑电气工程设计，必须根据上级主管部门关于工程项目的正式批文和建设单位的招标文件或设计委托书进行，它们是设计工作的法律依据与责任凭证。

上述文件中关于设计标的的性质、设计任务的名称、设计范围的界定、投资额度、工程时限、设计变更的处理、设计取费及其方式等重要事项必须有明确的文字规定，并经各有关方面签字用印认定，方能作为设计依据。

民用建筑电气工程的设计必须有明确的使用要求及自然的和人工的约束条件作为客观依据，它们有以下原始资料表述：

（1）建筑总平面图、建筑内部空间与电气相关的建筑设计图。

（2）用电设备的名称、容量、空间位置、负荷的时变规律、对供电可靠性与控制方式的要求等资料。

（3）与城市供电、供水、通信、有线电视等网络接网的条件与方式等方面的资料。

（4）建筑物在火灾、雷害、震灾与安全等方面特殊潜在危险的必要说明资料。

（5）建筑物内部与外部交通条件，交通负荷方面的说明资料。

（6）电气设计所需的大气、气象、水文、地质、地震等自然条件方面的资料。

建设单位应尽可能提供必要的资料，对于确属需要而建设单位又不能提出的资料，设计单位可协助或代为调研编制，再由建设单位确认后，作为建设单位提供的资料。

2. 民用建筑电气设计必须遵照的国家有关法令

这些法令包括：《中华人民共和国建筑法》、《中华人民共和国电力法》、《中华人民共和国消防法》、《建设工程质量管理条例》、《中华人民共和国工程建设标准强制性条文》（房屋建筑部分）。

（二）设计的评价原则

民用建筑与人民生活关系密切，其社会影响广泛而深刻，在使用功能与安全保障方面有着更高的要求。其设计的评价原则为：

1. 适用

能为建筑设备运行提供必需的动力；为在建筑物内创造良好的人工环境提供必要的能源；应能满足用电设备对于负荷容量、电能质量与供电可靠性的要求；应能保证建筑设备对于控制方式的要求，从而使建筑设备的使用功能得到充分的发挥；做到强电系统高效、灵活、稳定、易控；弱电系统多样、便捷、保真、通畅。

2. 安全

电气线路应有足够的绝缘距离、绝缘强度、负荷能力、热稳定与动稳定裕度，确保供电、配电与用电设备的安全运行；有可靠的防雷装置及防雷与防电击技术措施，特殊场合下还应有防静电技术措施。按建筑物的重要性与灾害潜在危险程度，应设置相应必要的火灾报警与自动灭火设施、保安监控设施，特殊重要的场所还应考虑采取抗震技术措施。

3. 经济

在满足建筑物对使用功能的要求和确保安全的前提下，尽可能减少建设投资，最大限度地减少电能与各种资源的消耗。选用节能设备，均衡负荷，补偿无功，节约用电，降低运行与维护费用，提高能源的综合利用率，为实现建筑物的经济运行创造有利条件。

节约能源是我国的一项基本国策，是电气设计必须贯彻的重要技术政策，但是，绝不可以为了片面追求节能而过分降低设计标准甚至忽视安全保障。正确的途径是从实际情况出发，会同各有关专业，经过充分的技术经济比较，选择合理的方案，并在实践中采取有效的技术措施，提高能源的综合利用率，以取得节能的经济效益与社会效益。

保护环境是社会与国民经济可持续发展的重要保证。为了降低建设投资而忽视环境保护，同样是不可取的。设计者在确定建筑物内人工环境的控制水平及选择电气设备与线路的安装敷设方式时，也必须进行认真的技术经济比较，从经济效益与社会效益两方面做认真的权衡。

4. 美观

民用建筑中的电气设施往往也是建筑空间中可视环境的一部分，许多电气设备常常兼有装饰作用。就本质而言，建筑物不仅是物质生产的产品也是精神创造的成果。设计者应当力求使电气设施的形体、色调、安装位置与建筑物的性质、风格相适应，在不增加或少增加成本的前提下，创造尽可能美好的氛围，这不仅有利于使用者的身心健康，而且有助于提高活动的工效，对于降低安全事故的概率具有积极意义。

（三）设计内容

民用建筑电气工程设计的内容按照设计对象的不同，分为强电与弱电两个部分。为了便于讨论，现将强电部分的设计称为建筑电气工程设计，将弱电部分的设计称为建筑弱电工程设计。

1. 建筑电气工程设计的主要内容

(1) 变配电所设计。主要内容包括:

1) 根据变配电所供电的负荷性质及其对供电可靠性的要求,进行负荷分级,从而确定所需的独立供电电源个数与供电电压等级,并确定是否设置应急备用发电机组。

2) 进行变配电所负荷计算与无功功率补偿计算,确定无功补偿容量。

3) 确定变压器型式、台数、容量,进行主接线方案选择。

4) 变配电所所址选择。为了节约电能与减少有色金属耗量,通常应尽可能使高压深入负荷中心。但在建筑高度甚高和大容量负荷相当分散的情况下,也可分散设置多处变电所,其布置方案应经过技术经济比较确定。

5) 短路电流计算与开关设备选择。

6) 二次回路方案的确定,继电保护的选择与整定计算,操作电源的选择,计量与测量。

7) 防雷保护与接地装置设计。

8) 变配电所电气照明设计。

(2) 高低压供配电系统设计。除低压配电所的设计不需进行变压器选择之外,其余部分的设计内容与变电所设计基本相同。

1) 输电线路设计。一般指电气外线设计,包括供电电源线路设计和建筑物之间的配电线路设计。其设计内容应包括:线路路径及线路结构型式(架空线路还是电缆线路)的确定,导线截面选择,架空线路杆位确定及标准电杆与绝缘子、金具的选择,弧垂的确定与荷载的校验,电缆敷设方式的确定,线路的导线或电缆及配电设备和保护设备选择,架空线路的防雷保护及接地装置的设计等。

2) 高压配电系统设计。在民用建筑中,一般不采用高压配电。仅当高层建筑中变电所多于一处或存在高压动力负荷时才采用高压配电。

高压配电多采用放射式系统,以增强其供电可靠性与控制的灵活性。对于有多处变压器分散设置的高层建筑,高压配电网络也可以采用环网结构。

高压配电系统设计的主要任务是:确定配电电压与配电网络结构;进行配电干线负荷计算;选择开关设备并进行短路校验;拟定二次回路方案并进行继电保护整定计算;选择高压电缆截面、型式,确定配电干线路径与敷设方式。

在民用建筑高压配电系统设计中,尤其应做好防电击与电气防火设计,以确保安全。

3) 低压配电系统设计。低压配电系统是民用建筑供配电系统的基本组成部分,其主要任务是:确定低压配电方式与配电网络的结构,其主要内容是竖直配电干线与水平配电干线的个数、位置与走向。进行分干线与干线的负荷计算,选择开关设备及导线、电缆、封闭式母线的截面与形式。选择保护装置,进行保护整定计算并保证其级间的选择性配合,以防止穿越性跳闸。确定线路敷设方式,进行电气竖井与配电小间的设计。低压无功补偿容量计算,补偿方式与调节方式的选择。按需配置电气测量与电能计量装置。保护接地、重复接地系统的设计。

(3) 电力设计。通常指动力负荷的供电设计。在大型民用建筑中,特别是高层建筑中，动力负荷种类复杂，台数甚多，容量比例亦高。例如，冷冻机组、冷水机组，电热锅炉，各种风机、水泵，电梯与自动扶梯等，其容量自数千瓦至数百千瓦以上。此外，民用建筑中的防火卷帘门、自动门、空调器以及各种生活服务机械的负荷也不容忽视。上述动力负荷的空间分布不同，时变规律不同，对供电可靠性的要求也各不相同，必须通过合理的设计满足其供电要求。

民用建筑电力设计的主要内容是：在建筑平面图上确认各动力负荷的位置、容量；按各动力负荷的性质及其对供电可靠性的要求，进行负荷分级，并采取相应的供电保证措施(如双电源互投的供电方式)；确定动力负荷的配电网络型式，通常多采用放射式供电。确定配电装置的位置、选择开关设备与保护方式。按设备容量及其分组情况进行配电干线的负荷计算并选择干线保护的开关设备、导线截面与形式；确定线路敷设方式；进行接地系统与防电击技术措施的设计。

(4) 电气照明设计。电气照明是建筑物内外人工环境的重要组成部分，它的基本功能是用于在天然光不足时，为人们进行各种活动提供视觉的必要条件，而且对人的生理、心理健康具有重要影响。此外，它还派生出多种特殊功能：如用以提供特殊信息的标志照明；用以构成特殊光效果的舞台或舞厅照明；用于美化环境的装饰照明，等等。特别应当指出，应急照明在民用建筑的安全使用中具有重要的意义。它的设置与选择是民用建筑照明设计必不可少的重要内容之一。

建筑电气照明设计，包括室外照明系统设计和室内照明系统设计。无论是室外照明设计还是室内照明设计，其设计内容均应包括：照明光源和灯具选择，灯具布置方案的确定和照度计算，照明线路截面选择，保护与控制设备选择等。

(5) 电梯的选型与配电设计。电梯是现代民用建筑中的重要交通工具。

电梯按使用功能分，有高级客梯、普通客梯、观景梯、服务梯、消防梯、货梯、自动扶梯等许多种；按速度又分为低速梯、快速梯和超高速梯等。

现代高层建筑的电梯，为了提高输送能力和缩短候梯时间，一般都采用高速或超高速电梯，分组实行电脑群控。

电梯设计工作的首要任务是：根据建筑物内交通负荷的情况确定电梯的位置、台数、容量、使用功能与运行模式，最重要的是梯形的确定和速度的选择，由主管建筑物总体交通设计的建筑师进行。电气设计人员的任务在于为电梯配置容量充足、工作可靠的电源。对于消防电梯必须保证其供电可靠性。

电梯配电设计的主要内容是：按电梯的驱动容量与负荷等级配置供电电源；选择开关设备和保护装置；选择导线、电缆的截面与形式，确定线路敷设方式；为电梯井道配置维护照明。有关主电路与控制电路所需导线的截面与根数，一般应由电梯生产厂家提供。

(6) 电气信号及自动控制设计。依据工艺要求确定自动、手动、远动等控制方法，确定集中控制还是分散控制的控制原则，控制设备和仪表的选择。

(7) 防雷与接地设计。依据建筑物、构筑物大小、复杂形状、用途、当地的雷电日数、环境、地貌等因素确定防雷等级和采取的防雷措施，确定接地装置与冲击接地电阻要求和埋设方法，以及是否需做土壤降阻处理。对于高层建筑，尤应注意对直击雷和侧击雷的防护。

（8）建筑设备电脑管理系统。高层与大型民用建筑，普遍设有供配电、空调、供暖、给排水、电梯、照明等建筑功能系统。为使它们能在规定的技术指标下安全、合理、经济地运行，重要建筑设备多设有闭环自动调节或自动控制系统。例如，室温、供水压力的自动调节等。建筑设备电脑管理系统的作用在于对上述分散、独立的建筑功能系统实行集中的综合管理。它的基本任务是：

1）对重要建筑设备的工况参数或工作状态进行实时监测，从而为保持设备在最佳状态下运行进行人工的或自动的调节提供正确依据。

2）对建筑物的能源消耗与资源消耗（如用电、用水、燃油、燃气等）进行实时与积算的计量；为实现节能控制与建筑物的经济运行提供必要依据。

3）在建筑功能系统或建筑设备发生故障或工况参数达到安全极限时发出报警或预警。

4）对某些设备进行直接的自动控制，或通过人机对话界面进行控制。

建筑设备电脑管理系统设计的主要内容是：

①子系统的划分及管理项目的确定。

②子系统监测点与控制点的确定，子系统网络结构的建立。

③子系统与管理系统主机的接口设计，管理系统网络结构的建立，通讯协议的确定。

系统的硬件配置与软件设计应在电脑专业人员的参与配合下进行。

2．建筑弱电工程设计的主要内容

（1）电缆电视系统。电缆电视系统（包括共用天线电视系统、卫星转播地面接收站和有线电视系统）的工程设计，应符合当地城镇建设规划和广播事业、有线电视网络的发展规划要求。根据国务院关于有线电视管理的有关文件精神，当地的城镇电缆电视网建成后，各大楼或各单位的局部网络都应加入当地城镇电缆电视网。因此，各局部网在建设、设计时都要与当地广播电视事业和有线电视网的总体规划相适应。电缆电视系统的设计应根据建筑功能的要求，确定电缆电视系统的规模、功能、前端位置、干线路由及线路敷设方式、机房位置、用户分配网络、设备器材的选择等。设备配置时尚应考虑用户有无演播、录制、编辑等各种功能的需要。

（2）通信系统。民用建筑的通信系统主要是由电话交换系统（包括电传）及计算机通信网络等所组成。用户可通过直拨电话、录音电话、可视电话、电子邮件、电视会议等手段随时与世界各地取得联系，进行信息的交换、存储与处理。通信系统的设计，主要是程控交换机等设备的选择，确定信息点和线路及信息点的布置和管线的敷设。该系统的设计可纳入结构化综合布线系统设计之中。

（3）广播音响系统。高层旅游建筑的广播音响设计包括公众音响、客户音响、高级宴会厅的独立音响、舞厅音响等。

1）公众音响平时播放背景音乐，发生火灾时，则兼作事故广播之用。

2）客房音响的设置目的，是向客人提供高级的音乐享受，建立舒适的休息环境。

3）高级宴会厅一般都是多功能的，必须设置专用的音响室，配备一套高级组合音响设备，以适应各种宴会、记者招待会、演唱会、国际会议、时装表演等不同的使用要求。

4）餐厅、多功能厅、酒吧间等，为满足有可能举办各种晚会的要求，可配备移动式音响设备。舞厅的音响是独立的系统。有的豪华饭店还设置有音乐喷泉。

5）礼堂、剧院、体育馆等应设置广播音响系统。博展建筑、办公楼、商住楼、院校、车站、客运码头及航空港等建筑物应设置业务性有线广播系统。

广播音响系统的设计，主要解决广播音响设备的选型、布置及管线敷设问题。其管线选择及敷设可在结构化综合布线设计中统一考虑。

（4）火灾自动报警和消防联动系统。它是现代高层建筑、大型民用建筑及智能建筑必备的安全保障系统。火灾自动报警系统由各种类型的火灾探测器与手动报警按钮、区域报警控制器、消防指挥（控制）中心主机及信号传输网络所组成。探测器探测到的火灾信号转换成电信号后，传送主区域报警控制器与消防指挥中心主机，发出声光报警信号或在电脑屏幕显示出火情位置。消防联动系统可在现场报警人员或中心指挥人员的操纵下人为的或者自动地启动自动灭火系统、防排烟系统、诱导疏散的消防广播系统，同时关闭空调系统，投入应急备用电源，将客梯降至一层并启用消防电梯。

通常，高层建筑、大型民用建筑及智能建筑采用自动洒水灭火系统及水幕、水喷雾等灭火系统。在特殊场所及特殊燃烧物情况下，使用气体、泡沫或干粉自动灭火系统。

火灾自动报警与消防联动系统设计的主要内容包括：

1）按照建筑物的性质确定防火等级，决定火警报警与消防联动系统的配置水平。

2）根据建筑空间的使用功能、几何特征和可燃物性质选择火灾探测器的类型与安装位置。

3）确定报警控制器的型式与安装位置以及信号传送网络的结构设计。

4）消防指挥中心选址，主机与监控、广播、通信设备的选型。

5）自动灭火系统的选型与系统结构设计。

6）管线选择及其敷设方式确定。

某些高层建筑将消防报警系统与设备监控电脑相连接，以实现消防监控自动化。但消防监控的具体模式，尚应征得消防主管部门的同意。

（5）保安监控系统。

1）银行保安系统：

①银行大厦必须设置功能齐全的保安中心和保安系统。除了闭路监视电视系统和看更巡逻保安系统外，在银行的营业厅和金库还必须设置专门的保安系统。

②银行营业厅除安装有闭路监视电视系统外，还常设有紧急开关和脚踩开关。

③金库的保安措施则须根据金库的重要性级别来确定。大型的金库在建筑平面布局上应设置在隐秘地点而又尽量不含建筑物的外墙。其保安措施常包括：六面振动系统、门窗电磁报警系统、红外线或微波监测系统、保险箱微波定位系统和保险箱门监察系统等。而整个金库及其周围都设有严密的防火系统和闭路电视监视系统。金库的总控制台与大厦的保安中心设有各种讯号联络及控制设备，保安中心能随时了解金库总控制台的情况。当总控制台被破坏时，保安中心将会发出紧急讯号。

④保安系统必须保密，所有设备和线路都必须隐秘和可靠。保安系统的组成及其现场平面图必须保密。设计时，应该按照当地公安部门的要求，并在其领导和监督下进行工作。

2）看更巡逻保安系统：办公大楼或酒店宾馆等大型商业性楼宇中，常设有看更巡逻保安系统。巡更员沿着预定的大楼主要通道和关键部位必经之道定期巡逻值勤，在巡逻沿线墙上设有巡更设备，通常是一个钥匙旋钮，有的还配备有对讲机或对讲机接驳插座。当巡更员到达每个保安位置时，用钥匙接通有关巡更设备，保安中心将收到讯号并予以记录，若巡更员因故未能在预定时间内达到这一位置，即表示有情况，保安中心将发出警报，并显示情况异常的路段。

3）其他保安设施：博展馆、档案馆、贵重文物的贮存场所等均应设置保安监控系统。

(6) 计算机经营管理系统。该系统的设置是民用建筑现代化管理的首要手段，它与民用建筑设备计算机监控系统共同构成民用建筑智能化的重要标志。计算机经营管理系统通常应与国际或国内信息高速公路相连接，以实现信息资源共享。

计算机经营管理系统的基本任务有两方面：一是信息的交流、查询与检索；二是数据与文字的处理与存贮。其具体用途可涉及金融证券、财务管理、人事劳资、档案管理、仓储统计、物业管理、订票业务、客房管理以至车库管理等诸多业务范畴。

计算机经营管理系统的设计（从硬件方面）主要是根据建筑物性质与建筑功能的要求，确定信息点的数目与配置位置；系统主机与终端机调制解调器及其他各种外设的选型；信息通道与网络结构的设计，管线的布置与敷设，UPS的配置以及防静电问题的处理。此外，防雷与接地保护问题也不可忽视。实际工程中，系统的结构可在结构化综合布线系统的设计中统筹解决。

二、设计程序和深度

（一）概述

在进行民用建筑电气工程设计时应注意以下四方面：

(1) 在工程项目决策以后，建筑电气工程设计一般分为初步设计和施工图设计两个阶段。

对大型和重要的民用建筑工程，在初步设计前，应进行设计方案优选。小型和技术要求简单的建筑工程，可以方案设计代替初步设计。对工程较小的项目，经技术论证允许时，可直接进行施工图设计。

(2) 在设计前应进行调查研究，搞清与工程设计有关的基本条件，收集必要的设计基础资料，并进行认真分析。

(3) 对电气设计文件的编制必须严格贯彻执行国家的法律法规和工程建设的政策，必须符合国家现行的建筑工程建设标准、设计规范和制图标准，遵守设计工程程序。

(4) 对各阶段设计文件要完整，内容、深度应符合规定，文字说明、图纸等要准确清晰，整个文件要经过严格校审，避免“错、缺、漏、碰”。

（二）设计文件的内容与深度

1. 方案设计

凡国家及省市重点工程项目，高层建筑及有特殊要求的大型民用建筑和工业建筑，均必须进行方案设计。方案设计的文件主要是设计说明书和必要的简图，其深度应满足设计方案优选和设计投标的要求。具体为：

(1) 收集资料为了进行方案设计，在设计前必须收集以下资料：

1）建筑总平面图，各建筑（车间）的土建平、剖面图。

2）工艺、给水、排水、通风、供暖和动力等工程的用电设备平面图及主要剖面图，并附有各用电设备的名称及其有关技术数据。

3）用电负荷对供电可靠性的要求及工艺允许停电时间。

4）向当地供电部门收集资料：可供的电源容量和备用电源容量；供电电源的电压、供电方式（架空线还是电缆，专用线还是公用线）、供电电源线路的回路数、导线型号规格、长度，以及进入用户的方向及具体布置；电力系统的短路容量数据或供电电源线路首端的开关断流容量；供电电源线路首端的继电保护方式及动作电流和动作时限的整定值，电力系统对用户进线端继电保护方式及动作时限配合的要求；供电部门对用户电能计量方式的要求及电费收取办法；对用户功率因数的要求；电源线路设计与施工的分工及用户应负担的投资费用等。

5）向当地气象、地质等部门收集资料：当地气温数据，如最高年平均温度，最热月平均温度，最热月平均最高温度及最热月地下约1m处的土壤平均温度等，以供选择电器和导线之用；当地年雷电日数，供防雷设计用；当地土壤性质、土壤电阻率、供设计接地装置用；当地曾经出现过或可能出现的最高地震烈度，供考虑防震措施用；当地常年主导风向、地下水位及最高洪水位等，供选择变配电所所址用。

6）向当地消防主管部门收集资料。由于建筑的防火需要，设计前应向当地消防主管部门了解地方有关消防的法规。

7）向电信部门了解当地关于电话设施和计算机网络方面法规。

（2）编制方案设计文件在方案设计阶段，电气设计和弱电设计文件主要是设计说明书及必要的简图。

1）电气设计说明书及必要简图：负荷估算，根据使用要求，汇总整理有关资料，提出设备容量及总容量的各种数据；电源，确定供电方式、负荷等级及供电措施的设想；高压配电系统；变电所；应急电源；低压配电干线，给出供电点负荷容量的分布、干线敷设方位等必要简图；电梯及其控制模式；主要自动控制系统简介，绘制必要的自控方案简图；主要用房照度标准、光源类型、灯具形式，凡是大型公共建筑需要与建筑配合布置出灯位平面图，并标示灯具形式；防雷等级、接地方式；估算主要电气设备，当有不同方案时应提出必要的经济指标、概算；需要说明的其他问题。

2）弱电设计说明书及必要简图：电话通讯及通信线路网络；电缆电视系统规模，接收天线和卫星信号、前端及网络模式；有线电视功能及系统组成；有线广播及扩声的功能及系统组成；呼叫信号及公共显示装置的功能及组成；专业性电脑经营管理功能及软硬件系统；楼宇自动化管理的服务功能及网络结构；火灾自动报警及消防联动功能及系统；安全保卫设施及功能要求。

2. 电气初步设计（扩初设计）

电气初步设计文件应根据设计任务书进行编制，其主要由设计说明书、设计图纸、主要设备及材料表和工程概算书4部分组成。文件的编制顺序为：封面；扉页；文件目录；设计说明书；图纸；主要设备及材料表；工程概算书。同时，电气初步设计文件的深度应能满足审批的要求；应符合审定的设计方案；能据以准备主要设备及材料；能提供工程设计概算，作为审批确定项目投资的依据；能据以进行施工图设计。具体为：

(1) 设计说明书。在电气初步设计阶段，设计说明书的内容和深度要求为：

1) 设计依据：摘录设计总说明所列批准文件和依据性资料中与本专业设计有关内容、其他专业提供的本工程设计资料等。

2) 设计范围：根据设计任务书要求和有关设计资料，说明本专业设计的内容和分工（当有其他单位共同设计时）。

3) 供电设计：

①负荷等级：叙述负荷性质、工作班制及建筑物所属类别。根据不同建筑物及用电设备的要求，确定用电负荷的等级。

②供电电源及电压：说明电源由何处引来（方向、距离）单电源或双电源、专用线或非专用线、电缆或架空、电源电压等级、供电可靠程度、供电系统短路数据和远期发展情况。

备用或应急电源容量的确定和型号的选择原则。

③供电系统：叙述高压供电系统形式，正常电源与备用电源之间的关系，母线运行和切换方式等；低压供电系统对重要负荷供电的措施，变压器低压侧之间的联络方式及容量。设有柴油发电机时应说明起动方式及市电之间的关系。

④变配电站：叙述总用电负荷分配情况、重要负荷的考虑及其容量，给出总电力供应主要指标；变配电站的数量、容量（包括设备容量，计算有功、无功、视在容量，变压器容量）、位置及结构形式。

⑤继电保护与计量：继电保护装置种类及其选择原则；电能计量装置采用高压或低压、专用柜或非专用柜；监测仪表的配置情况。

⑥控制与信号：说明主要设备运行信号及操作电源装置情况，设备控制方式等。

⑦功率因数补偿方式：说明功率因数是否达到供用电规则的要求，应补偿容量和采取补偿的方式及补偿的结果。

⑧全厂供电线路和户外照明：高、低压配电线路形式和敷设方式，户外照明的种类（如路灯、庭园灯、草坪灯、水下照明等）、光源选择及其控制地点和方法。

⑨防雷与接地：叙述设备过电压和防雷保护的措施；接地的基本原则，接地电阻值的要求，对跨步电压所采取的措施等。

4) 电力设计：

①电源、电压和配电系统：说明电源由何处引来，电压等级和种类；配电系统形式；供电负荷容量和性质，对重要负荷如消防设备、电子计算机、通信系统及其他重要用电设备的供电措施。

②环境特征和配电设备的选择：分述各主要建筑的环境特点（如正常、多尘、潮湿、高温或有爆炸危险等），根据用电设备类别和环境特点，说明选择控制设备的原则。

③导线、电缆选择及敷设方式：说明选用导线、电缆或母干线的材质和型号；敷设方式（竖井、电缆沟、明敷或暗敷）等。

④设备安装：开关、插座、配电箱等配电设备的安装方式。

⑤接地系统：防止触电危险所采取的安全措施。说明配电系统及用电设备的接地形式，固定或移动式用电设备接地故障保护方式，总等电位连接或局部等电位连接的

情况。

5）照明设计。照明电源、电压、容量、照度标准及配电系统形式；光源及灯具的选择，装饰灯具、应急照明、障碍灯及特种照明的装设及其控制方式；配电设备的选择及安装方式；导线的选择及线路敷设方式；照明设备接地方式。

6）电梯供电设计：电梯台数、规格、容量、驱动方式；电梯的控制模式；电梯的配电设备、配电线路的安装敷设；梯井照明。

7）自动控制与自动调节：叙述工艺要求，采用的手动、自动、远动控制、联锁系统及信号装置的种类和原则；设计对集中控制和分散控制的设置；仪表和控制设备的选型：对检测和调节系统采取的措施，选型的原则，装设位置、精度要求和环境条件。

8）建筑设备电脑管理系统：说明电脑管理系统的划分、系统的组成、监控点数、监控方式及其要求；中心站硬、软件系统，区域站形式，接口位置和要求等；供电系统中正常电源和备用电源的设备，UPS容量的确定和接地要求；线路敷设方式及线路类别（交、直流及电压种类）。

9）建筑与构筑物防雷保护：根据自然条件、当地雷电日数和建筑物的重要程度确定防雷等级（或类别）；防直接雷击、防电磁感应、防侧击雷、防雷电波侵入和等电位的措施；当利用钢筋混凝土内的钢筋做接闪器、引下线和接地装置时，应说明采取的措施要求；防雷接地阻值的确定，如对接地装置作特殊处理时，应说明措施、方法和达到的阻值要求。当利用共用接地装置时，应明确阻值要求。

10）需提请在设计审批时解决或确定的主要问题。

（2）设计图纸。在电气初步设计阶段，设计图纸的内容及深度要求为：

1）供电总平面图：标出建筑物名称、电力及照明容量，画出高、低压线路走向、回路编号、导线及电缆型号规格、架空线路的杆位、路灯、庭园灯和重复接地等；变、配电站位置、编号和容量；方位指针、风向玫瑰图，设计范围界定。

2）变、配电站：高、低压供电系统图：注明设备型号、开关柜及回路编号、开关型号、设备容量、计算电流、导线型号规格及敷设方法、用户名称、二次回路方案编号；平面布置图：画出高、低压开关柜、变压器、母干线、柴油发电机、控制盘、直流电源及信号屏等设备平面布置和主要尺寸。必要时应画出主要剖面图。

3）电力：一般只绘内部作业草图（不对外出图）。对于复杂工程和大型公用建筑应出系统图，注明配电箱编号、型号、设备容量、干线型号规格及用户名称。

4）照明：一般工程只绘内部作业草图（不对外出图）。使用功能要求高的复杂工程应出主要平面图，绘出工作照明和应急照明等的灯位、配电箱位置等（可不连线）。对于复杂工程和大型公用建筑应绘制系统图（只绘制分配电箱）。

5）电梯：应包括机房平面布置图和梯井线路敷设立面图。

6）自动控制与自动调节：其方框图或原理图应注明控制环节的组成，精度要求，电源选择等，还应包括控制室平面布置图。

7）建筑设备电脑管理系统：应绘出主机和终端机的方框图及系统划分图。

8）建筑防雷：一般不绘图，特殊工程只出顶视平面图，画出接闪器、引下线和接地装置平面布置，并注明材料规格。

(3) 主要设备及材料表按子项开列并注明设备及材料名称、型号、规格、单位和数量。

(4) 计算书(供内部使用)。

1) 各类用电设备的负荷计算。

2) 短路电流及继电保护计算。

3) 电力、照明配电系统保护配合计算。

4) 避雷针保护范围计算。

5) 大、中型公用建筑主要场所照度计算,特殊部分的计算。

上述计算中的某些内容,如因初步设计阶段条件不具备不能进行,或审批后初步设计有较大的修改时,应在施工图阶段作补充或修正计算。

3. 弱电初步设计(扩初设计)

(1) 设计说明书。在弱电初步设计阶段,设计说明书要求如下:

1) 设计依据:摘录设计总说明所列批准文件和依据性资料中与本专业设计有关的内容、其他专业提供的本工程设计资料等。

2) 设计范围:根据设计任务书要求和有关设计资料,说明本专业设计的内容和分工。当有其他单位共同设计时,如为扩建或改建工程,应说明原有弱电系统与新建系统的相互关系和所提供的设计资料。

3) 通信设计:

①电话站设计:对工程中不同性质的电话用户和专线按不同建筑分别统计其数量,并列表说明;电话站交换机的初装容量与终局容量的确定及其考虑原则;电话交换机制式的选择和局向情况及中继方式的确定(如系调度电话站,应说明调度方式等),电话站总配线设备及其容量的选择和确定;交、直流供电方案,电源容量的确定,整流器、蓄电池组及交直流配电屏等的选择;电话站接地方式及阻值要求。

②通信线路网络设计:通信线路容量的确定及线路网络组成;对市话中继线路的设计分工、线路敷设和引入位置的确定;线路网络的敷设方式;室内配线及敷设要求。

4) 电缆电视设计:

①共用天线电视系统:系统规模、网络模式、用户输出口电平值的确定;接收天线位置的选择,天线程式的确定,天线输出电平值的取定;机房位置、前端组成特点及设备配置;用户分配网络及线路敷设方式的确定;大系统设计时,除确定系统模式外,还需确定传输方式及传输指标的分配(包括各个部分载噪比、交互调等各项指标的分配)。

②有线电视系统:系统组成、特点及设备器材的选择;监控室设备的选择;传输方式及线路敷设原则的确定;电视制作系统组成及主要设备选择。

5) 有线广播和扩声系统设计:

①有线广播系统:系统组成、输出功率、馈送方式和用户线路敷设;广播设备选择。

②扩声和同声传译系统:系统组成及技术指标分级;设备选择以及声源布置等要求;同声传译系统组成及译音;网络组成及线路敷设;系统接地和供电。

6) 呼叫信号、公共显示及时钟系统设计:

①呼叫信号系统:系统组成及功能要求(包括有线和无线);用户网络结构和线路敷

设；设备型号、规格选择。

②公共显示系统：系统组成及功能要求；显示装置分配及其驱动控制、线路敷设等；设备型号、规格选择。

③时钟系统：系统组成及子钟负荷分配、线路敷设等；设备型号、规格的选择；系统供电和接地；塔钟的扩声配合。

7）电脑经营管理系统设计：系统网络组成、功能及用户终端接口要求；主机类型、台数的确定；用户终端网络组成和线路敷设；供电和接地。

8）火灾自动报警及消防联动控制系统设计：系统组成及保护等级的确定；火灾探测器、报警控制器及手动报警按钮等设备的选择；火灾自动报警与消防联动控制要求、控制逻辑关系及监控显示方式；火灾紧急广播及火警专用通信的概述；线路敷设方式；消防主、备电源供给，接地方式及阻值的确定；采用电脑控制火灾报警时，需说明与保安、建筑设备电脑管理系统的接口方式及配合关系。

9）保安系统设计：系统组成和功能要求；控制器、探测器、摄像机等保护监控及探测报警区域的划分和控制、显示、报警要求；系统设备类型、规格选择和线路敷设；系统供电方式；接地方式及阻值要求。

10）需提请在设计审批时解决或确定的主要问题。

（2）设计图纸。在弱电初步设计阶段，设计图纸的内容及深度要求为：

1）弱电总平面布置图，绘出各类弱电机房位置、用户设备分布、线路敷设方式及路由。

2）大型或复杂子项宜绘制主要设备平面布置图。

3）电话站内各设备连接系统图。

4）电话交换机同市内电话局的中继接续方式和接口关系图（单一中继局间的中、小容量电话交换机可不出图）。

5）电话电缆系统图（用户电缆容量比较小的系统可不出图）。

（3）主要设备及材料表按子项列出主要设备材料名称、型号、规格、单位和数量。

（4）计算书（供内部使用）初步设计阶段所进行的工程计算书，其主要数据和计算结果应列入说明书的相关部分。

4．电气施工图设计

电气施工图设计应根据已批准的初步设计进行编制，内容主要以图纸为主，应包括封面、图纸目录、设计说明、图纸、工程概算等。同时，电气施工图设计文件应能据已编制电气施工图进行预算；能据此安排材料、设备订货和非标准设备的制作；能据此进行施工安装和工程验收，具体为：

（1）图纸目录、首页及设计说明。

1）图纸目录：先列新绘制图纸，后列选用的标准图或重复利用图。

2）首页及设计说明：首页应包括设计说明、主要设备材料表及图例。本专业有总说明时，在各子项图纸中加注说明；当子项工程先后出图时，分别在各子项首页或第一张图面上写出设计说明，列出主要设备材料表及图例。

（2）供电总平面图。

1）图纸内容：标出子项名称或编号、层数或标高、地形等高线和用户的照明、电力容量；画出变、配电站位置、编号、线路走向。架空线路应标明回路编号、档数、导线型号和截面、电杆、拉线、重复接地和避雷器等；电缆线路应标明敷设方式、回路编号、电缆型号截面等；托盘线路应标明线路走向、托盘托架型号、安装方法；路灯、庭院灯、草坪灯、投光灯等应标明型号、容量、线路敷设等；架空线路需绘出杆型表，电缆和托盘线路需绘出管线表；方位指针，风向玫瑰图、设计范围界定。

2）说明内容：电源电压、进线方向、线路结构和敷设方式；图中未表达清楚的或需要统一说明的部分；路灯、庭院灯、草坪灯等的控制方式和地点；重复接地和管道接地装置的阻值、形式、材料和埋置方法。

（3）变、配电站。

1）高、低压供配电系统图：画单线系统图，注明母线型号及规格。在进、出线右侧近旁标明开关、断路器、互感器、继电器，电工仪表等型号、规格及参数；系统标注从上至下依次为：开关柜平面位置、开关柜型号、回路编号、设备容量、计算电流、导线型号及规格、敷设方法、用户名称及二次接线图方案编号。

2）变、配电站平、剖面图：按比例画出变压器、开关柜、控制屏、直流电源及信号屏、电容器柜、穿墙套管、支架等平、剖面布置、安装尺寸等；表示进出线敷设、安装方法，标出进出线编号、方法及线路型号规格；变电站选用标准图时，应注明编号和页次，不再需要绘制剖面图。

3）继电保护、信号原理图和屏面布置图：绘出继电保护、信号二次原理图，采用标准图或通用图时应注明索引号和页次；屏面布置图按比例绘制元件，并注明相互间的尺寸、画出屏内外端子板，但不绘背面接线；复杂工程应绘出外部接线图；绘出操作电源系统图，控制室平面图等。

4）变、配电站照明和接地平面图：绘制照明和接地装置的平面布置图，标明设备材料规格、接地装置埋设及阻值要求等；索引标准图或安装图的编号、页次。

（4）电力。

1）电力平面图：

①图纸内容：画出建筑物门窗、轴线、主要尺寸，注明房间名称、工艺设备编号及容量；表示配电箱、控制箱、开关设备的平面布置，注明编号及型号规格；两种电源以上的配电箱应冠以不同符号；注明干线、支线、引上及引下回路编号、导线型号规格、保护管径、敷设方法；画出线路始终位置（包括控制线路）。线路在竖井内敷设时应绘出进出方向和排列图；简单工程不出电力系统图时，应在平面图上注明电源线路的设备容量、计算电流，标出低压断路器整定电流或熔丝电流；配电箱、控制箱及开关设备较多或线路复杂的竖井，应画出局部放大图；索引标准图或安装图编号、页次。

②说明内容：电源电压，引入方式；导线选型和敷设方式；设备安装方式及高度；保护接地措施。

2）电力系统图（简单工程可不出图）：用单线绘制（一般绘至末级配电箱），标出电源进线、总设备容量，计算电源，配电箱编号、型号及容量；注明断路器、熔断器、导线型号规格，保护管径和敷设方法，对重要负荷应标明用电设备名称等。

3）安装图。包括设备安装图、大样图、非标准制作图、设备材料表。

（5）电气照明。

1）照明平面图：

①图纸内容：画出建筑门窗、轴线、主要尺寸，注明房间名称、主要场所照度标准，绘出配电箱、灯具、开关、插座、线路等平面布置，标明配电箱、干线及分支线回路编号；标注线路走向、引入线规格、敷设方式和标高，设备容量和计算电流；复杂工作的照明应画局部平、剖面图；多层建筑标准层可用其中一层平面表示。

②说明内容：照明系统图（简单工程可不出图）的内容和深度同电力系统图（需计量时应画出电能表），分支回路应标明相别。

2）照明控制图：特殊照明绘出控制原理图。

3）照明安装图：照明器及线路安装图（尽量选用标准图，一般不出图）。

（6）电梯。

1）电梯机房平面布置图：画出配电柜主机、控制柜位置，注明容量、型号、画出配电与控制线路路径，说明导线型号、规格、根数、管径与敷设方式。

2）必要时画出电梯井剖面图，表明电力与控制电缆的敷设方式及梯井照明安装方式。

（7）自动控制与自动调节。

1）配电系统图、方框图、原理图：注明线路电器元件符号、接线端子编号、环节名称、列出设备材料表。

2）控制、供电、仪表盘面布置图：盘面按比例画出元件、开关、信号灯、仪表等轮廓线，标注符号及中心尺寸，画出屏外接线端子板，列出设备材料表。

3）外部接线图和管线表（平面图能表达清楚时可不出图）：盘外部之间的连线注明编号、去向、线路型号规格、敷设方法等。

4）控制室平面图：包括控制室电气设备及管线敷设平、剖面图。

5）安装图：包括构件安装图及构件大样图。

（8）建筑设备电脑管理系统。

1）控制系统图、流程框图：设备运行管理与控制系统包括：供热、通风及空气调节；给水、排水；变、配电站与自备电源等电气设备；照明等（防火与保安系统弱电部分）。

2）中心站控制室平面图：绘出主机硬、软件系统，监测记录屏、台等设备平面布置尺寸。

3）平面管线图：绘出并标注中心站、区域站、接口位置、执行元件等之间连接线路图及其型号、规格和敷设方法。

4）电源供应系统图：绘出主电源与备用电源（UPS）等系统和平面布置。

（9）建筑与构筑物防雷保护建筑与构筑物防雷顶视与接地平面图。

1）图纸内容：小型建筑与构筑物绘顶视平面图，形状复杂的大型建筑宜绘立面图，注明标高和主要尺寸；绘出避雷针、避雷带、接地线和接地极、断接卡等的平面位置，标明材料规格、相对尺寸等；利用建筑物与构筑物钢筋混凝土内的钢筋作防雷接闪器、引下线和接地装置时，应标出连接点、预埋件及敷设形式；索引标准图号、页次。

2）说明内容：防雷等级和采取的防雷措施（包括防雷电波侵入）；接地装置形式、接地电阻值、接地极材料规格和埋设方法，利用桩基、钢筋混凝土基础内的钢筋作接地极时，说明应采取的措施。

5．弱电施工图设计

（1）图纸目录、首页及设计说明。

1）先列新绘制图纸，后列选用的标准图或重复利用图。

2）首页及设计说明：首页包括设计说明、设备材料表及图例。设计说明按各弱电项目分系统叙述施工时应注意的主要事项，各弱电项目中的施工要求、建筑物内布线、设备安装等有关要求，平面布置图、系统图、控制原理图中所采用的有关特殊图形、图例符号（亦可标注在有关图纸上），各项设备的安装高度及与各专业配合条件的必要说明等（亦可标注在有关图纸上），各弱电项目主要系统情况概述，联动控制、遥控、遥测、遥信等控制方式和控制逻辑关系等说明；非标准设备等订货说明；接地保护等其他内容。

（2）设计图纸。

1）各弱电项目系统图。

2）各弱电项目控制室设备布置平、剖面图。

3）各弱电项目供电方式图。

4）各弱电项目主要设备配线连接图。

5）电话站中断方式图（小容量电话站不出此图）。

6）各弱电项目管线敷设平面图。

7）竖井或桥架电缆排列断面或电缆布线图。

8）线路网总平面图（包括管道、架空、直埋线路）。

9）各设备间端子板外部接线图。

10）各弱电项目有关联动、遥控、遥测等主要控制电气原理图。

11）线路敷设总配线箱、接线端子箱、各楼层或控制室主要接线端子板布置图（中、小型工程可例外）。

12）安装大样及非标准部件大样。

13）通信管道建筑图。

（3）计算书（供内部使用）各部分计算书应经校审并签字，作为技术文件归档。

第三节　照明光照设计

照明设计包括照明光照设计、照明控制设计和照明电气设计3部分内容。本节主要介绍照明光照设计。

随着现代技术的发展，照明设计师们不仅可以利用它进行复杂的照明计算，得到逐点的照度值、等照度曲线、亮度分布及眩光评价等，也可以利用它建立建筑模型、渲染灯光，进行虚拟设计并仿真效果照明。目前，已出现了许多的通用照明设计软件，尤其是在光照设计阶段，对设计师们完成方案的设计有较大的帮助。

一、概述

（一）光照设计的内容

光照设计的内容主要包括照度的选择、光源的选用、灯具的选择和布置、照明计算、眩光评价、方案确定、照明控制策略和方式及其控制系统的组成，最终以文本、图样的形式将照明方案提供给甲方。

（二）光照设计的目的

光照设计的目的在于正确地运用经济上的合理性、技术上的可能性，来创造满意的视觉条件。在量的方面，要解决合适的照度（或亮度）；在质的方面，要解决眩光、光的颜色、阴影等问题。无论是室内还是室外的建筑空间，都需要营造各种不同的光环境，以满足不同使用功能的要求，具体表现为下面4个方面：

（1）便于进行视觉作业。

正常的照明可保证生产和生活所需的能见度。适宜的照明效果能够提供人们舒适、高效的光环境，给人们愉悦的心情，提高工作效率。

（2）促进安全和防护。

人们的活动从白天延伸到夜晚，夜间照明使城市居民感到安全和温暖，从而降低了犯罪率。

（3）引人注目的展示环境。

照明器是室内外空间和环境有机的组成部分，它具有装饰、美化环境的作用。

（4）富有文化的城市夜景照明。

随着城市化进程大力推进，城市的建设迅猛发展，城市夜景照明方兴未艾，建成了许多以突出城市历史、景观和脉络，展示独特地域文化，具有艺术魅力的城市夜景效果，促进了城市旅游业、商业的发展，带来了丰厚的经济效益。不仅如此，2008年8月北京奥运会开闭幕式灯光的成功应用，完美地演绎出灯光技术美和艺术美的结合，使夜景照明家喻户晓。同时，随着2009年5月1日《城市夜景照明设计规范》（JGJ/T 163—2008）的正式实施，标志着我国城市夜景照明进入到有序的建设阶段，使城市夜景照明建设更加完善。

（三）光照设计的基本要求

光照设计需符合“安全、经济、适用、美观”等基本要求。

（1）安全。包括人身安全和设备的安全。

（2）经济。一方面尽量采用新颖、高效型灯具，另一方面在符合各项规程、标准的前提下节省投资。

（3）适用。在提供一定数量与质量的照明的同时，适当考虑维护工作的方便、安全以及运行可靠。

（4）美观。在满足安全、适用、经济的条件下，适当注意美观。

（四）光照设计的步骤

照明光照设计一般按照下列步骤进行：

（1）收集原始资料。工作场所的设备布置、工作流程、环境条件及对光环境的要求。另外，对于已设计完成的建筑平剖面图、土建结构图，已进行室内设计的工程，应提供室内设计图。

(2) 确定照明方式和种类，并选择合理的照度。

(3) 确定合适的光源。

(4) 选择灯具的形式，并确定型号。

(5) 合理布置灯具。

(6) 进行照度计算，并确定光源的安装功率。

(7) 根据需要，计算室内各面亮度与眩光评价。

(8) 确定照明设计方案。

(9) 根据照明设计方案，确定照明控制的策略、方式和系统，实现照明效果。

二、照明种类

(一) 按照明的使用情况分类

根据照明的使用情况，大致可分为以下五类。

1. 正常照明

正常照明是指在正常情况下使用的室内、外照明。它一般可单独使用，也可与应急照明、值班照明同时使用，但控制线路必须分开。

2. 应急照明

因正常照明的电源失效而启用的照明。作为应急照明的一部分，用于确保正常活动继续进行的照明，称为备用照明；作为应急照明的一部分，用于确保处于潜在危险之中的人员安全的照明，称为安全照明；作为应急照明的一部分，用于确保疏散通道被有效地辨认和使用的照明称为疏散照明。在由于工作中断或误操作容易引起爆炸、火灾和人身事故或将造成严重政治后果和经济损失的场所，应设置应急照明。应急照明宜布置在可能引起事故的工作场所以及主要通道和出入口。应急照明必须采用能瞬时点燃的可靠光源，一般采用白炽灯或卤钨灯。当应急照明作为正常照明的一部分经常点燃，而且发生故障不需要切换电源时，也可用气体放电灯。

暂时继续工作用的备用照明，照度不低于一般照明的10%；安全照明的照度不低于一般照明的5%，保证人员疏散用的照明，主要通道上的照度不应低于0.5lx。应急照明设计可查阅《民用建筑电气设计规范》(JGJ 16—2008)。

3. 值班照明

值班照明是指在非工作时间内供值班人员用的照明。在非三班制生产的重要车间、仓库，或非营业时间的大型商店、银行等处，通常宜设置值班照明。值班照明可利用正常照明中能单独控制的一部分，或者利用应急照明的一部分或全部。

4. 警卫照明

警卫照明是指在夜间为改善对人员、财产、建筑物、材料和设备的保卫，用于警戒而安装的照明。可根据警戒任务的需要，在厂区或仓库区等警戒范围内装设。

5. 障碍照明

为保障航空飞行安全，在高大建筑物和构筑物上安装的障碍标志灯。应按民航和交通部门的有关规定装设。

（二）按照明的目的分类

按照明的目的与处理手法的不同，还可分为以下两类。

1. 明视照明

照明的目的主要是保证照明场所的视觉条件，这是绝大多数照明系统所追求的。其处理手法要求工作面上有充分的亮度，亮度应均匀，尽量减少眩光，阴影要适当，光源的光谱分布及显色性要好等。如教师、实验室、工厂车间、办公室等场所一般都属于明视照明。

2. 气氛照明

气氛照明也称为环境照明。照明的目的是为了给照明场所造成一定的特殊气氛。它与明视照明不能截然分开，气氛照明场所的光源，同时也兼起明视照明的作用，但其侧重点和处理手法往往较为特殊。气氛照明场所的亮度按设计的需要，有时故意用暗光线造成气氛；亮度不一定要求均匀，甚至有意采用亮、暗的强烈对比与变化的照明以造成不同的感觉，或用金属、玻璃等光泽物体，以小面积眩光造成魅力感；有时故意将阴影夸大，起着强调、突出的作用；或采用特殊颜色做色彩照明等夸张的手法。目前最为典型的是，建筑物的泛光照明、城市夜景照明、灯光雕塑等，这些照明不仅满足了视觉功能的需要，更重要的是获得了很好的气氛效果。

（三）按照光线的投射方向

按照光线的投射方向，照明可分为两类。

1. 定向照明

定向照明是指光线要从某一特定方向投射到工作面和目标上的照明。

2. 漫射照明

漫射照明是指光线无显著特定方向投射到工作面和目标上的照明。

（四）按照灯具光通量分布

按照灯具光通量分布，照明可分为以下五类。

1. 直接照明

直接照明是指由灯具发射的光通量的90%～100%部分，直接投射到假定工作面上的照明。

2. 半直接照明

半直接照明是指由灯具发射的光通量的60%～90%部分，直接投射到假定工作面上的照明。

3. 一般漫射照明

一般漫射照明是指由灯具发射的光通量的40%～60%部分，直接投射到假定工作面上的照明。

4. 半间接照明

半间接照明是指由灯具发射的光通量的10%～40%部分，直接投射到假定工作面的照明。

5. 间接照明

间接照明是指灯具发射的光通量的10%以下部分，直接投射到假定工作面上的照明。

（五）正常照明和应急照明的关系

在正常情况下采用的照明为正常照明。在非正常情况下暂时采用的照明为应急照明。当照明电源故障停电使正常照明无法工作或该环境中发生火灾时为非正常情况；当照明电源正常供电并且该环境无以上非正常情况发生时为正常情况。

1. 正常照明

在有人活动（如工作、学习、体育锻炼、娱乐等）的室内外场所均应设正常照明。如办公室、学校、商场、体育场馆、车站码头、道路桥梁等。在无人活动或很少有人活动的场所不需正常照明，如田野、山丘、湖泊等处。正常照明为我们的夜晚造就一个舒适的光环境。延长了人们的工作和活动时间，也为白天自然光的不足做补充和完善。

现代的正常照明设施不仅仅起照明作用，在很多场所里同时也作为装饰的一部分，起美化和装饰环境的作用。正常照明标准是一个卫生标准，关系着人们的健康和生活质量。

正常照明需要提供电源才能照明，失去电源就失去照明。正常照明由电光源、灯具、控制开关和供配电设备与线路组成，正常照明要可靠存在，如果正常电源因故障停电后，备用电源应自动（或手动）接入照明回路供电。

2. 应急照明

应急照明为非正常情况下暂时使用的照明。而非正常情况有两种：一是照明电源故障停电无法使照明继续工作；二是照明电源正常供电，正常照明在正常工作，该环境发生了火灾。第二种非正常情况使用的照明称消防应急照明。应急照明可分为应急备用照明、应急安全照明和应急疏散照明三种。消防应急照明分为消防应急备用照明和消防应急疏散照明两种。

所有应急照明都是重要照明，只是重要程度有区别，可分为特1级、1级和2级。应急照明的供电电源至少有两个，特1级应急照明应有三个电源。

应急照明的正常电源在平时供给持续式应急照明工作，同时对备用电池充电和持续充电。因此该电源平时不可以人为切断。对应急照明中的备用电池和电源，应设置监视系统不断地自动监视电源的开路、短路和过载，监视光源的故障等异常情况，及时发现迅速处理。确保应急照明系统的可靠运行。

消防应急照明为安全照明，是建筑消防设施的一部分，完全是功能性照明。消防应急照明的设计和运用在各相关防火规范和建筑电气规范中均有严格规定。消防应急照明能满足火灾情况下的各种要求，一般也能满足故障停电情况下的各种要求。

3. 正常照明和应急照明的区别

正常照明加应急照明包揽了所有照明。正常照明是大量的，长时间使用的，有质量标准，有节能和安全问题，有照明和装饰功能；应急照明是少量的，短时间使用的，但又是重要的，不可缺少的。正常情况下使用正常照明，不需要应急照明。在两种非正常情况下应急照明就会启动，第一种为故障等原因失去正常照明，第二种情况为人为切除正常照明。

重要的正常照明（指特1级、1级、2级照明）和应急照明是两个难以区分的照明。它们往往是同一套照明。如一栋高层办公楼内的变电所照明，它既是1级负荷的正常照明，又是应急备用照明。该电源一般为两路电源供电，一用一备，在配电箱处设置 ATS 自动切换装置，再加上有足够容量的电池电源作为第二备用电源（供给一部分照明，供电时间少于 2h)，构成 EPS 电源。

可见，正常照明和应急照明是整个照明中相互依存的统一体和两个方面，要全面地认识才能做好照明设计。

三、照明方式和灯具布置

（一）照明方式

照明方式是指照明设备按照其安装部位或使用功能而构成的基本制式，一般可分为以下四类。

1. 一般照明

整个场所的照度基本上均匀的照明为一般照明。对于工作位置密度很大而对光照方向无特殊要求的场所，或受生产技术条件限制不适合装设局部照明或采用混合照明不合理时，则可单独设计一般照明。优点是，在工作表面和整个视界范围中具有较佳的亮度对比。可采用较大功率的灯泡，因而功效较高，照明装置数量少，节省投资。

2. 分区一般照明

对场所的某部分或某一特定区域，如进行工作的地点，设计成不同的照度来照亮该区域的一般照明称为分区一般照明，可有效地节约能源。仅为了房间内某些特定工作区的照明时，宜采用分区一般照明。

3. 局部照明

特定视觉工作的、为照亮某个局部而设置的照明称为局部照明。局部照明只能照射有限面积，对于局部地点需要高照度并对照射方向有要求时，可装设局部照明。对于因一般照明受到遮挡或要克服工作区及其附近的光幕反射时，也宜采用局部照明。当有气体放电光源所产生的频闪效应的影响时，使用白炽灯光源的局部照明是有益的。但在一个工作场所内，不应只装设局部照明。下列情况，宜采用局部照明：

(1) 局部需要有较高的照度。

(2) 由于遮挡而使一般照明照射不到的某些范围。

(3) 视觉功能降低的人需要有较高的照度。

(4) 需要减少工作区的放射眩光。

(5) 为加强某一方向的光照，以增强质感。

4. 混合照明

由一般照明、分区一般照明与局部照明共同用组成的照明称为混合照明。对于工作位置视觉要求较高，同时对照射方向又有特殊要求的场所，而一般照明或分区一般照明却不能满足要求时，往往采用混合照明方式。此时，一般照明的照度宜按不低于混合照度总照度的 5%～10%选取，且最底部底蕴 20lx。其优点是，可获得高照度、易于改善光色、减少装置功率和节约运行费用。

不同的照明方式各有优劣，在照明设计中，不能将他们简单的分开，而应该视具体的场所和对象，选择一种或同时选择几种合适的照明方式。与视觉工作对应的照明分级范围，如表 6-24 所示。

表 6-24　视觉工作对应的照度分级范围

视觉工作	照度分级范围（lx）	照明方式	适用场所示例
简单视觉工作的照明	<30	一般照明	普通仓库
一般视觉工作的照明	50～150	一般照明、分区一般照明、混合照明	设计室、办公室、教室报告厅
特殊视觉工作的照明	750～2000	一般照明、分区一般照明、混合照明	大会堂、综合性体育馆、拳击场

（二）灯具布置

1. 室内灯具布置原则

灯具的布置应配合建筑、结构形式、工艺设备、其他管道布置情况以及满足安全维修等要求。室内灯具做一般照明时用，大部分采用均匀布置的方式，只在需要局部照明或定向照明时，才根据具体情况采用选择性布置。一般均匀照明常采用同类型灯具按等分面积来配置，排列形式应以眼睛看到灯具时产生的刺激感最小为原则。线光源多为按房间长的方向成直线布置；对工业厂房，应按工作场所的工艺布置，排列灯具。总之，室内灯具布置应遵循的原则是尽量满足以下六个方面：

（1）规定的照度。

（2）工作面上照度均匀。

（3）光线的射向适当，无晕光，无阴影。

（4）灯泡安装容易减至最小。

（5）维护方便。

（6）布置整齐美观，并与建筑空间相协调。

同时应注意灯具布置的方法不同，给人的心理效果也不同。

2. 距高比 s/h 的确定

灯具布置是否合理，主要取决于灯具的间距 s 和计算高度 h（灯具至工作面的距离）的比值（称为距高比）。在 h 已定的情况下，s/h 值小，照度均匀性好，但经济性差，s/h 值大，则不能保证照度的均匀度。通常每个灯具都有一个“最大允许距高比”，请参阅表 6-25、表 6-26。其中表 6-25 为灯具间最有利的距高比 s/h，表 6-26 为荧光灯的最大允许距高比 s/h。只要实际采用的 s/h 值不大于允许值，都可认为照度均匀度是符合要求的。

表 6-25　灯具间最有利的距离比 s/h

灯具形式	距离比 s/h		宜采用单行布置的房间高度（m）
	多行布置	单行布置	
乳白玻璃圆球灯、散照型			
防水防尘灯、天棚灯	2.3～3.2	1.9～2.5	1.3h
无漫射罩的配照型灯	1.8～2.5	1.8～2.0	1.2h
搪瓷深照型灯	1.6～1.8	1.5～1.8	1.0h
镜面深照型灯	1.2～14	1.2～1.4	0.75h
有反射罩的荧光灯	1.4～1.5	—	—
有反射罩的荧光灯，带隔栅	1.2～1.4	—	—

注　第一个数字是最有利值，第二个数字是允许值。

表 6-26 荧光灯的最大允许距离比 s/h

名称		型号	效率(%)	最大允许距离比		光通(lm)	备注
				A—A	B—B		
筒式荧光灯	1×40W	YG1—1	81	1.62	1.22	400	
	1×40W	YG2—1	88	1.46	1.28	2400	
	2×40W	YG2—2	97	1.33	1.28	2×2400	
密闭性荧光灯 1×40W		YG4—1	84	1.52	1.27	2400	A
密闭性荧光灯 1×40W		YG4—2	80	1.41	1.26	2×2400	B— —B
吸顶式荧光灯 2×40W		YG6—2	86	1.48	1.22	2×2400	A
吸顶式荧光灯 3×40W		YG6—3	86	1.50	1.26	3×2400	
嵌入式格栅荧光灯（塑料格栅）3×40W		YG15—3	45	1.07	1.05	3×2400	
嵌入式格栅荧光灯（铝格栅）3×40W		YG15—2	63	1.25	1.20	2×2400	

灯具安装高度（悬挂高度）首先取决于房间的层高，因为灯具都安装在屋架下弦或顶棚下方（嵌入式灯具嵌入吊平顶内）。其次要避免对工作人员产生眩光，此外，还要保证生产活动所需要的空间、人员的安全（防止因接触灯具而触电）等。

为了使整个房间有较好的亮度分布，灯具的布置除选择合理的距高比外，还应注意灯具与天棚的距离（当采用上半球有光通分布的灯具时），当采用均匀漫射配光的灯具时，灯具与天棚的距离和工作面与天棚的距离之比宜在 0.2～0.5 范围内。

对于厂房内灯具一般应安装在屋架下弦。对于高达厂房，为了节能及提高照度，也可采用顶灯和壁灯相结合的形式，但不能只装壁灯而不装顶灯，造成空间亮度分布明暗悬殊，不利于视觉的适应。

对于民用公共建筑中，特别是大厅、商店等场所，不能要求照度均匀，而主要考虑装饰美观和体现环境特点，以多种形式的光源和灯具做不对称布置，造成琳琅满目的繁华活跃气氛。

四、照明质量评价

光照设计的优劣主要是用照明质量来衡量，在进行光照设计时，应该全面考虑和适当处理照度、亮度分布、照度的均匀度、照度的稳定性、眩光、光的颜色、阴影等主要的照明质量指标。下面逐项一一进行说明。

（一）评价指标

1. 照度水平

照度是决定物体明亮程度的直接指标。在一定的范围内，照度增加可使视觉能力得以提高。合适的照度有利于保护人的视力，提高劳动生产率。

各场所的照度标准如表 6-27～表 6-41 所示，它们可作为设计时的依据（摘自我国国家标准《建筑照明设计规范》GB 50034—2004）。

“照度标准”中给出的照度值是指各种工作场所参考平面的平均照度值（若未加说明，该参考平面指距离地面 0.75m 的水平面）。

（1）居住建筑。

表 6-27 居住建筑照度标准值

房间或场所		参考平面及其高度（m）	照度标准值（lx）	R_a
起居室	一般活动	0.75 水平面	100	80
	书写、阅读		300[①]	
卧室	一般活动	0.75 水平面	75	80
	床头、阅读		150[①]	
餐厅		0.75 餐桌面	150	80
厨房	一般活动	0.75 水平面	100	80
	操作台	台面	150[①]	80
卫生间		0.75 水平面	100	80

① 宜用混合照明。

（2）公共建筑。

表 6-28 图书馆建筑照度标准值

房间或场所	参考平面及其高度（m）	照度标准值（lx）	*UGR*	R_a
一般阅览室	0.75 水平面	300	19	80
国家、省市及其他重要图书馆的阅览室	0.75 水平面	500	19	80
老年阅览室	0.75 水平面	500	19	80
珍善本、舆图阅览室	0.75 水平面	500	19	80
陈列室、目录厅（室）、出纳厅	0.75 水平面	300	19	80
书库	0.75 垂直面	50	—	80
工作间	0.75 水平面	300	19	80

表 6-29 办公建筑照度标准值

房间或场所	参考平面及其高度（m）	照度标准值（lx）	*UGR*	R_a
普通公室	0.75 水平面	300	19	80
高档办公室	0.75 水平面	500	19	80
会议室	0.75 水平面	300	19	80
接待室、前台	0.75 水平面	300	—	80
营业厅	0.75 水平面	300	22	80
设计室	实际工作面	500	19	80
文件整理、复印、发行室	0.75 垂直面	300	—	80
资料、档案室	0.75 水平面	200	—	80

表 6-30　　商业建筑照度标准值

房间或场所	参考平面及其高度 (m)	照度标准值 (lx)	UGR	R_a
一般商业营业厅	0.75 水平面	300	22	80
高档商业营业厅	0.75 水平面	500	22	80
一般超市营业厅	0.75 水平面	300	22	80
高档超市营业厅	0.75 水平面	500	22	80
收款台	台面	500	—	80

表 6-31　　影剧院建筑照度标准值

房间或场所		参考平面及其高度 (m)	照度标准值 (lx)	UGR	R_a
门厅		地面	200	—	80
观众厅	影院	0.75 水平面	100	22	80
	剧场	0.75 水平面	200	22	80
观众休息厅	影院	地面	150	22	80
	剧场	地面	200	22	80
排演厅		地面	300	22	80
化妆室	一般活动区	0.75 水平面	150	22	80
	化妆台	1.1 高处垂直面	500	—	80

表 6-32　　旅馆建筑照度标准值

房间或场所		参考平面及其高度 (m)	照度标准值 (lx)	UGR	R_a
客房	一般活动区	0.75 水平面	75	—	80
	床头	0.75 水平面	150	—	80
	写字台	台面	300	—	80
	卫生间	0.75 水平面	150	—	80
中餐厅		0.75 水平面	200	22	80
西餐厅、酒吧、咖啡厅		0.75 水平面	100	—	80
多功能厅		0.75 水平面	300	22	80
门厅、总服务台		地面	300	—	80
休息厅		地面	200	22	80
客房层走廊		地面	50	—	80
厨房		台面	200	—	80
洗衣房		0.75 水平面	200	—	80

表 6-33　　医院建筑照度标准值

房间或场所	参考平面及其高度 (m)	照度标准值 (lx)	UGR	R_a
治疗室	0.75 水平面	300	19	80
化验室	0.75 水平面	500	19	80

续表

房间或场所	参考平面及其高度（m）	照度标准值（lx）	UGR	R_a
手术室	0.75水平面	750	19	80
诊室	0.75水平面	300	19	80
候诊室、挂号室	0.75水平面	200	22	80
病房	地面	100	19	80
护士站	0.75水平面	300	—	80
药房	0.75水平面	500	19	80
重症监护室	0.75水平面	300	19	80

表6-34　　学校建筑照度标准值

房间或场所	参考平面及其高度（m）	照度标准值（lx）	UGR	R_a
教室	课桌面	300	19	80
实验室	实验桌面	300	19	80
美术教室	桌面	500	19	80
多媒体教室	0.75水平面	300	19	80
教室黑板	黑板面	500	—	80

表6-35　　博物馆建筑照度标准值

类别	参考平面及其高度（m）	照度标准值（lx）
对光特别敏感的展品：纺织品、织绣品、绘画、纸质物品、彩绘、陶（石）器、染色皮革、动物标本等	展品面	50
对光敏感的展品：油画、蛋青画、不染色皮革、角制品、骨制品、象牙制品、竹木制品和漆器等	展品面	150
对光不敏感的展品：金属制品、石质器物、陶瓷器、宝玉石器、岩矿标本、玻璃制品、搪瓷制品、珐琅器等	展品面	300

注　1. 陈列室一般照明应按展品照明值的20%～30%。
2. 陈列室一般照明 UGR 不宜大于19。
3. 辨色要求一般的场所 R_a 不应低于80，辨色要求高的场所，R_a 不应低于90。

表6-36　　展览馆建筑照度标准值

房间或场所	参考平面及其高度（m）	照度标准值（lx）	UGR	R_a
一般展厅	地面	200	22	80
高档展厅	地面	300	22	80

注　高于6m的展厅 R_a 可降到60。

表6-37　　交通建筑照度标准值

房间或场所	参考平面及其高度（m）	照度标准值（lx）	UGR	R_a
售票台	台面	500	—	80
问讯处	0.75水平面	200	—	80

续表

房间或场所		参考平面及其高度（m）	照度标准值（lx）	UGR	R_a
候车（机、船）室	普通	地面	150	22	80
	高档	地面	200	22	80
中央大厅、售票大厅		地面	200	22	80
海关、护照检查		工作面	500	—	80
安全检查		地面	300	—	80
换票、行李托运		0.75 水平面	300	19	80
行李认领、到达大厅、出发大厅		地面	200	22	80
通道、连接区、扶梯		地面	150	—	80
有棚站台		地面	75	—	20
无棚站台		地面	50	—	20

表 6-38　　无彩电转播的体育建筑照度标准值

运动项目			参考平面及其高度	照度标准值（lx）	
				训练	比赛
篮球、排球、羽毛球、网球、手球、田径（室内）、体操、艺术体操、技巧、武术			地面	300	750
棒球、垒球			地面	—	750
保龄球			置瓶口	300	500
举重			台面	200	750
击剑			台面	500	750
柔道、中国摔跤、国际摔跤			地面	500	1000
拳击			台面	500	2000
乒乓球			台面	750	1000
游泳、蹼跳、跳水、水球			水面	300	750
花样游泳			水面	500	750
冰球、速度滑冰、花样滑冰			冰面	300	1500
围棋、中国象棋、国际象棋			台面	300	750
桥牌			桌面	300	500
射击	靶心		靶心垂直面	1000	1500
	射击位		地面	300	500
足球、曲棍球	观看距离（m）	120	地面	—	300
		160		—	500
		200		—	750
观众席			做位面	—	100
健身房			地面	200	—

注　足球和曲棍球的观看距离是指观众席最后一排到场地边线的距离。

表 6-39　有彩电转播的体育建筑照度标准值

项目分组	参考平面及其高度(m)	照度标准值(lx)		
		最大摄影距离(m)		
		25	75	150
A组：田径、柔道、摔跤、游泳等项目	1.0垂直面	500	750	1000
B组：篮球、排球、羽毛球、网球、手球、体操、花样滑冰、速滑、垒球等	1.0垂直面	750	1000	1500
C组：拳击、击剑、跳水、乒乓球、冰球等	1.0垂直面	1000	1500	—

(3) 工业建筑。

表 6-40　工业建筑一般照度标准值

房间或场所		参考平面及其高度(m)	照度标准值(lx)	*UGR*	R_a	备注
1. 通用房间或场所						
试验室	一般	0.75水平面	300	22	80	可另加局部照明
	精细	0.75水平面	500	19	80	可另加局部照明
检验	一般	0.75水平面	300	22	80	可另加局部照明
	精细，有颜色要求	0.75水平面	750	19	80	可另加局部照明
计量室，测量室		0.75水平面	500	19	80	可另加局部照明
变、配电站	配电装置室	0.75水平面	200	—	60	
	变压器室	地面	100	—	20	
电源设备室，发电机室		地面	200	25	60	
控制室	一般控制室	0.75水平面	300	22	80	
	主控制室	0.75水平面	500	19	80	
电话站、网络中心		0.75水平面	500	19	80	
计算机站		0.75水平面	500	19	80	防光幕反射
动力站	风机房、空调机房	地面	100	—	60	
	泵房	地面	100	—	60	
	冷冻站	地面	150	—	60	
	压缩空气站	地面	150	—	60	
	锅炉房、煤气站的操作层	地面	100	—	60	锅炉水位表照明不小于50lx
仓库	大件库(如钢坯、钢材、大成品、气瓶)	1.0水平面	50	—	20	
	一般件库	1.0水平面	100		60	
	精细件库(如工具、小零件)	1.0水平面	200	—	60	货架垂直度照明不小于50lx
车辆加油站		地面	100	—	60	油表照明不小于50lx

续表

房间或场所		参考平面及其高度（m）	照明标准值（lx）	UGR	R_a	备注
2. 机、电工业						
机械加工	粗加工	0.75 水平面	200	22	60	可另加局部照明
	一般加工公差≥0.1mm	0.75 水平面	300	22	60	应另加局部照明
	精密加工公差<0.1mm	0.75 水平面	500	19	60	应另加局部照明
机电仪表装配	大件	0.75 水平面	200	25	80	可另加局部照明
	一般件	0.75 水平面	300	25	80	可另加局部照明
	精密	0.75 水平面	500	22	80	应另加局部照明
	特精密	0.75 水平面	750	19	80	应另加局部照明
电线、电缆制造		0.75 水平面	300	25	60	
线圈绕制	大线圈	0.75 水平面	300	25	80	可另加局部照明
	中等线圈	0.75 水平面	500	22	80	应另加局部照明
	精细线圈	0.75 水平面	750	19	80	
线圈浇铸		0.75 水平面	300	25	80	
焊接	一般	0.75 水平面	200	—	60	
	精密	0.75 水平面	300	—	60	
钣金		0.75 水平面	300	—	60	
冲压、剪切		0.75 水平面	300	—	60	
热处理		地面至 0.5 水平面	200	—	20	
铸造	熔化、浇铸	地面至 0.5 水平面	200	—	20	
	造型	地面至 0.5 水平面	300	25	60	
精密铸造的制模、脱壳		地面至 0.5 水平面	500	25	60	
锻工		地面至 0.5 水平面	200	—	20	
电镀		0.75 水平面	300	—	80	
喷漆	一般	0.75 水平面	300	—	80	
	精细	0.75 水平面	500	22	80	
酸洗、腐蚀、清洗		0.75 水平面	300	—	80	
抛光	一般装饰性	0.75 水平面	300	22	80	放频闪
	精细	0.75 水平面	500	22	80	放频闪
复合材料加工、铺叠、装饰		0.75 水平面	500	22	80	
机电修理	一般	0.75 水平面	200	—	60	可另加局部照明
	精密	0.75 水平面	300	22	60	可另加局部照明
3. 电子工业						
电子元器件		0.75 水平面	500	19	80	应另加局部照明
电子零部件		0.75 水平面	500	19	80	应另加局部照明
电子材料		0.75 水平面	300	22	80	应另加局部照明

续表

房间或场所		参考平面及其高度（m）	照明标准值（lx）	UGR	R_a	备注
酸、碱、药液及粉配制		0.75水平面	300	—	80	
4. 纺织、化纤工业						
纺织	选毛	0.75水平面	300	22	80	可另加局部照明
	清棉、和毛、梳毛	0.75水平面	150	22	80	
	前纺：梳棉、并条、粗纺	0.75水平面	200	22	80	
	纺纱	0.75水平面	300	22	80	
	织布	0.75水平面	300	22	80	
织袜	穿宗筘、缝纫、量呢、检验	0.75水平面	300	22	80	可另加局部照明
	修补、剪毛、染色、印花、裁剪、熨烫	0.75水平面	300	22	60	可另加局部照明
化纤	投料	0.75水平面	100	—	80	
	纺丝	0.75水平面	150	22	80	
	卷绕	0.75水平面	200	22	60	
	平衡间、中间贮存、干燥间、废丝间、油剂高位槽间	0.75水平面	75	—	60	
	集束间、后加工间、打包间、油剂调配间	0.75水平面	100	25	60	
	组件清洗间	0.75水平面	150	25	60	
	拉伸、变形、分级包装	0.75水平面	150	25	60	操作面可另加局部照明
	化验、检验	0.75水平面	200	22	80	可另加局部照明
5. 制药工业						
制药生产：配置、清洗、灭菌、超滤、制粒、压片、混匀、烘干、灌装、轧盖等		0.75水平面	300	22	80	
制药生产流转通道		地面	200	—	80	
6. 橡胶工业						
炼胶车间		0.75水平面	300	—	80	
压延压出工段		0.75水平面	300	—	80	
成型裁断工段		0.75水平面	300	22	80	
硫化工段		0.75水平面	300	—	80	
7. 电力工业						
火电厂锅炉房		地面	100	—	40	
发电机房		地面	200	—	60	
主控室		0.75水平面	500	19	80	

续表

房间或场所		参考平面及其高度（m）	照明标准值（lx）	UGR	R_a	备注
8. 钢铁工业						
炼铁	炉顶平台、各层平台	平台面	30	—	40	
	出铁场、出铁机室	地面	100	—	40	
	卷扬机室、碾泥机室、煤气清洗配水室	地面	50	—	40	
炼钢及连铸	炼钢主厂房和平台	地面	150	—	40	
	连铸浇注平台、切割区、出坯区	地面	150	—	40	
	精整清理线	地面	200	25	60	
轧钢	钢胚胎、轧钢机	地面	150	—	40	
	加热炉周围	地面	50	—	20	
	重绕、横剪及纵剪机组	0.75 水平面	150	25	40	
	打印、检查、精密分类、验收	0.75 水平面	200	22	80	
9. 制浆造纸工业						
备料		0.75 水平面	150	—	60	
蒸煮、选洗、漂白		0.75 水平面	200	—	60	
打浆、纸机底部		0.75 水平面	200	—	60	
纸机网部、压榨部、烘缸、压光、卷曲、涂布		0.75 水平面	300	—	60	
复卷、切纸		0.75 水平面	300	25	60	
选纸		0.75 水平面	500	22	60	
碱回收		0.75 水平面	200	—	40	
10. 食品及饮料工业						
食品	糕点、糖果	0.75 水平面	200	22	80	
	肉制品、乳制品	0.75 水平面	300	22	80	
饮料		0.75 水平面	300	22	80	
啤酒	糖化	0.75 水平面	200	—	80	
	发酵	0.75 水平面	150	—	80	
	包装	0.75 水平面	150	25	80	
11. 玻璃工业						
备料、退火、溶制		0.75 水平面	150	—	60	
窑炉		地面	100	—	20	
12. 水泥工业						
主要生产车间（破碎、原料粉磨、烧成、水泥粉磨、包装）		地面	100	—	20	

续表

房间或场所		参考平面及其高度（m）	照明标准值（lx）	UGR	R_a	备注
储存		地面	75	—	40	
输送走廊		地面	30	—	20	
粗胚成型		0.75 水平面	300	—		
13. 皮革工业						
原皮、水浴		0.75 水平面	200	—	60	
轻毂、整理、成品		0.75 水平面	200	22	60	可另加局部照明
干燥		地面	100	—	20	
14. 卷烟工业						
制丝车间		0.75 水平面	200	—	60	
卷烟、接过滤嘴、包装		0.75 水平面	300	22	80	
15. 化学石油工业						
厂区内经常操作的区域，如泵、压缩机、阀门、电操作柱等		操控点高度	100	—	20	
装置区现场控制和检测点，如指示仪表、液位计等		测控点高度	75	—	60	
人行通道、平台、设备顶部		地面或台面	30	—	20	
装卸站	装卸设备顶部和底部操作台	操作位高度	75	—	20	
	平台	平台	30	—	20	
16. 木业和家具制造						
一般机器加工		0.75 水平面	200	22	60	防频闪
精密机器加工		0.75 水平面	500	19	80	防频闪
锯木区		0.75 水平面	300	25	60	
模型区	一般	0.75 水平面	300	22	60	
	精细	0.75 水平面	750	22	60	
胶合、组装		0.75 水平面	300	25	60	
磨光、异形细木工		0.75 水平面	750	22	80	

注 需增加局部照明的作业面，增加的局部照明照度值宜按该场所一般照明照度值的 1.0～3.0 倍选取。

（4）公用场所。

表 6-41 公共场所照明标准值

房间或场所		参考平面及其高度	照度标准值（lx）	UGR	R_a
门厅	普通	地面	100	—	60
	高档	地面	200	—	80
走廊、流动区域	普通	地面	50	—	60
	高档	地面	100	—	80

续表

房间或场所		参考平面及其高度	照度标准值（lx）	UGR	R_a
楼梯、平台	普通	地面	30	—	60
	高档	地面	75	—	80
自动扶梯		地面	150	—	60
厕所、盥洗室、浴室	普通	地面	75	—	60
	高档	地面	150	—	80
电梯前厅	普通	地面	75	—	60
	高档	地面	150	—	80
休息室		地面	100	22	80
储藏室、仓库		地面	100	—	60
车库	停车间	地面	75	28	60
	检修间	地面	200	25	60

2. 亮度分布

作业环境中各表面上的亮度分布是照度设计的补充，是决定物体可见度的重要因素之一。视野内有合适的亮度分布是舒适视觉的必要条件。相近环境的亮度应该尽可能低于被观察物的亮度，CIE推荐被观察物的亮度为它相近环境的3倍时，视觉清晰度较好，即相近环境与被观察物本身的反射比最好控制在0.3～0.5的范围内。

在工作房间，为了减弱灯具与周围及顶棚之间的亮度对比，特别是采用嵌入式暗装灯具时，因为顶棚上的亮度来自室内多次反射，顶棚的反射比尽量要高（不低于0.6）；为避免顶棚显得太暗，顶棚照度不应低于作业照度的1/10；工作房间内的墙壁或隔断的反射比最好在50%～70%之间、地板的反射比在20%～40%之间。因而在大多数情况下，要求采用浅色的家具和浅色的地面。

此外，适当的增加作业对象与作业背景的亮度之比，较之单纯提高工作面上的亮度能更有效地提高视觉功能，而且比较经济。

3. 照度均匀度

照度均匀度不好会导致视觉的疲劳。照明的均匀度包含两个方面：一是工作面上照明的均匀性；二是工作面与周围环境（墙、顶棚、地板等）的亮度差别。根据我国国标，照明均匀度常用给定工作面上的最低照度与平均照度之比来衡量，即 E_{min}/E_{av}。所谓最低照度是参考面上某一点最低照度，而平均照度是整个参考面上的平均照度。我国《民用建筑照明设计标准》规定：工作区域内一般照明的均匀度应不低于0.7，工作房间内交通区的照度不宜低于工作面照度的1/5。同时，为了获得满意的照度均匀度，灯具布置间距不应大于所选灯具最大允许距离与高度比 L/h。

4. 照度的稳定性

照度的变化会导致光环境忽明忽暗，对人的视觉带来不舒适感，从而影响工作。而照度的变化主要是由照明的电压波动引起的。为了提高照度的稳定性，应考虑照明供电，可采取以下措施：

(1) 照明供电线路与负荷经常变化大的电力供电线路分开，以减少负载变化引起的电压波动。必要时可采用稳压措施。

(2) 灯具安装注意避开工业气流和自然气流引起的摆动。吊挂长度超过 1.5m 的灯具宜采用管吊式。

(3) 被吊物体处于转动状态的场合，避免使用有闪烁效应（频闪效应）的交流气体放电灯（如荧光灯等）。可将单相供电的两根灯管采用移相接法，或以三相电源分相接 3 根灯管，来达到降低闪烁效应的目的。

5. 限制眩光

眩光是由光源和灯具等直接引起的，也可能是光源通过反射比高的表面，特别是抛光金属那样的镜面反射所引起的。由于亮度分布不适当、亮度的变化幅度太大或在时间上相继出现的亮度相差过大，在观看物体时，导致感觉上的不舒适或视力减低。眩光可分为失能眩光和不舒适眩光两种。一般来说，被视物与背景的亮度比超过 1∶100 就容易产生眩光；当被视物亮度超过 $16cd/m^2$ 时，在任何条件下都会产生眩光。

我国规定民用建筑照明对直接眩光限制的质量等级分为 3 级，其相应的眩光程度和应用场合如表 6-42 所示。工业企业照明眩光限制等级分为 5 级。

表 6-42　直接眩光限制的质量等级

眩光限制质量等级		眩光程度	视觉要求	场所实例
Ⅰ	高质量	无眩光感	视觉要求特殊的高质量照明房间	手术室、计算机房、绘图室等
Ⅱ	中等质量	有轻微眩光感	是视觉要求一般的作业，且工作人员有一定的流动性或要求注意力集中	会议室、办公室、营业厅、餐厅、观众厅、候车厅、厨房、普通教室、阅览室等
Ⅲ	低质量	有眩光感	视觉要求和注意力集中程度不高的作业，工作人员在有限区域内频繁走动或不由同一批人连续使用的照明场所	室内通道、仓库等

为了抑制眩光，可采取如下措施：

(1) 限制光源的亮度，降低灯具的表面亮度。如采用磨砂玻璃、漫射玻璃或格栅等。

(2) 局部照明的灯具应采用不透明的反射罩，且灯具的保护角（或遮光角）$\gamma \geqslant 30°$；若灯具的安装高度低于工作者的水平视线时，γ 应限制在 10°～30°之间。

(3) 选择好灯具的悬挂高度。

(4) 采用各种玻璃水晶灯，可以大大减小眩光，而且使整个环境显得富丽豪华。

(5) 1000W 金属卤化物灯有紫外线防护措施时，悬挂高度可以适当减低。灯具安装选用合理的距高比，但是在气氛照明中，可以适当利用一些眩光，以烘托独特的气氛。譬如，在迪斯科舞厅的灯光设计时，有意运用闪烁不定的眩光、强烈的明暗反差、刺激的色彩，再配上令人震撼的音乐，渲染出一种激情与奔放的空间。

6. 光源的颜色和显色性

不同的场所对光源的颜色和显色性各自有其要求。在需要正确变色的场合（如某些实验室、生产车间和珠宝金饰商店）应采用显色指数较高的光源，如白炽灯、日光色荧光灯、日光色镝灯等，也可采用两种光源混合照明的办法。表 6-43、表 6-44 分别列出了各种场所对光源的色温和显色指数的选择要求。除了以上主要的评价指标以外，在照明设计中，还应该注意色彩和照度的调节。如图 6-30 所示，在选用各种光源和灯具时必须根据使用的场合，正确地调节色彩和照度，以营造合适的气氛。光源的照度、色温与感觉的关系如表 6-45 所示。

表 6-43　　不同色温光源的应用场合

光源颜色分类	相关色温（K）	颜色特征	使用场所示例
Ⅰ	＜3300	暖	居室、餐厅、宴会厅、多功能厅、四季厅（室内花园）、酒吧、陈列厅
Ⅱ	3300～5300	中间	教室、办公室、会议厅、阅览室、营业厅、休息厅、洗衣房
Ⅲ	＞5300	冷	设计室、计算机房

表 6-44　　不同显色指数光源的应用场所

显色分组	一般显色指数	类属光源示例	适用场所示例
Ⅰ	$R_a \geqslant 80$	白炽灯、卤钨灯、稀土节能灯和三基色荧光灯、高显色高压钠灯	美术展厅、化妆室、客室、餐厅、宴会厅、多功能厅、酒吧、高级商店、营业厅、手术室
Ⅱ	$60 \leqslant R_a < 80$	荧光灯、金属卤化物灯	办公室、休息室、厨房、报告厅、教室、阅览室、自选商店、候车室、室外比赛场地
Ⅲ	$40 \leqslant R_a < 60$	荧光高压汞灯	行李房、库房、室外门廊
Ⅳ	$R_a < 40$	高压钠灯	变色要求不高的库房、室外道路照明

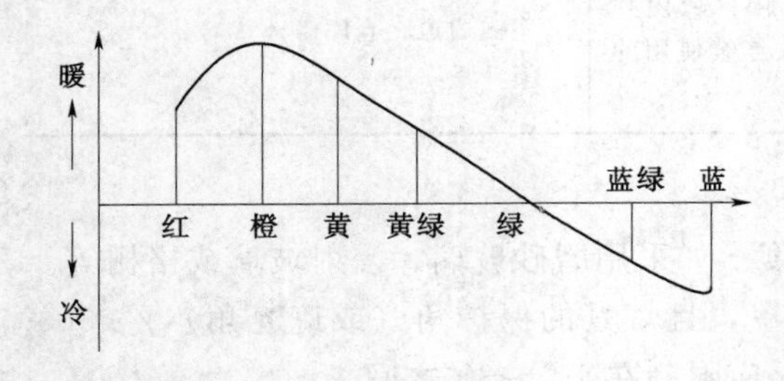

图 6-30　颜色和冷暖感

表 6-45　光源的照度、色温与感觉的关系

照度（lx）	光源色的感觉		
	暖色的	中间的	冷色的
≤500	愉快的	中间的	冷的
500～1000	↑		↑
1000～2000	刺激的	愉快的	中间的
2000～3000	↓		↓
≥3000	不自然	刺激的	愉快的

7. 其他评价指标

除上述评价指标外，还有一些指标也非常重要：

（1）照明的可靠性。依据照明的负荷等级提供 1～3 个电源，同时要在必要的场合设置应急照明。

（2）照明控制的恰当、方便与灵活性。

（3）照明设备对电网的污染程度。主要是考虑电子镇流器、开关电源等的交流谐波对电网的影响。

(4) 照明电器的安全性。

(5) 装饰性要求高的场所对视觉和心理等方面的要求。

(二) 照度的表达法

在照明设计中，照明质量的主要指标之一照度水平，通常指平面照度。但是，当评价照明质量时，人们发现在相同的照度水平下，当光线来自不同的方向时会有非常不同的照明效果，仅仅考虑平面照度是远远不够的。目前有垂直面照度、平均球面（标量）照度、照度矢量、柱面照度等表达法，才能表现出被照物体。

1. 平均球面照度

平均球面照度是以表示空间照度的量值，它表示位于空间某点处一个无限小的球面上的平均照度。平均照度亦称标量照度。

平均球面照度可采用流明法进行计算。如图 6-31 所示，点光源 S 在空间计算点 P 处产生的平均球面照度可采用下面公式计算

$$E_S=\frac{\Phi}{A}=\frac{I\,\frac{\pi r^2}{l^2}}{4\pi r^2}=\frac{I}{4l^2} \tag{6-81}$$

式中　E_S——平均球面照度，lx；

I——点光源的光强，cd；

Φ——电光源的光通量，lm；

A——球体的截面面积，m^2；

r——球体半径，m；

l——光源至计算点的距离，m。

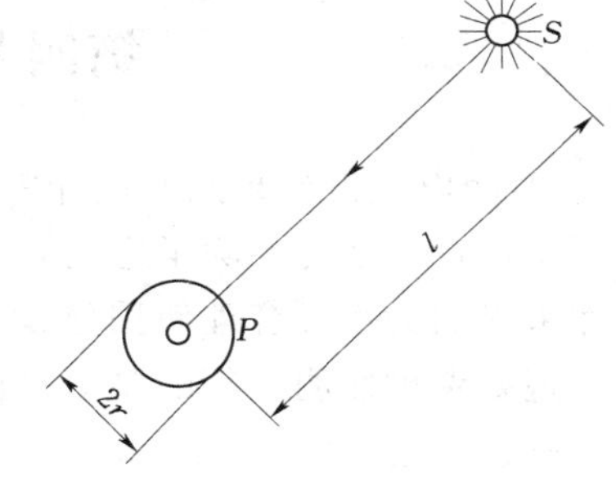

图 6-31　平均球面照度

式（6-81）说明了 E_S 与测量球的大小无关，只与点光源的光强 I 成正比，与光源到计算点的距离二次方成反比。

当光源入射方向与受照面法线间的夹角 $\theta=0°$时，式（6-81）可写成

$$E_S=\frac{1}{4}E_h \tag{6-82}$$

式中　E_h——同一点的水平照度，单位为 lx。

平均球面照度适用于不需要指明受照面的方向，而要求得到无方向的空间照度。譬如，在航空港、火车站的候车室、休息室等场所，作照明效果评价比平面照度更能反映实际情况。

2. 平均柱面照度

平均柱面照度是指位于空间某处的一个小圆柱体侧表面上的平均照度，它表示位于空间某点处的垂直面照度。

如图 6-32 所示，点光源 S 在圆柱体侧表面计算点 P 处得平均柱面照度可有下面公式计算：

$$E_c=\frac{\Phi}{A}=\frac{I\,\frac{2rh}{l^2}\sin\theta}{2\pi rh}=\frac{I\sin\theta}{\pi l^2} \tag{6-83}$$

式中　E_c——平均柱面照度，lx；

I——点光源的光强，cd；

Φ——电光源的光通量，lm；

A——柱体侧面表面积，m^2；

r——柱体半径，m；

h——柱体半径，m；

θ——光强与柱体轴线的夹角，(°)；

l——光源至计算点的距离，m。

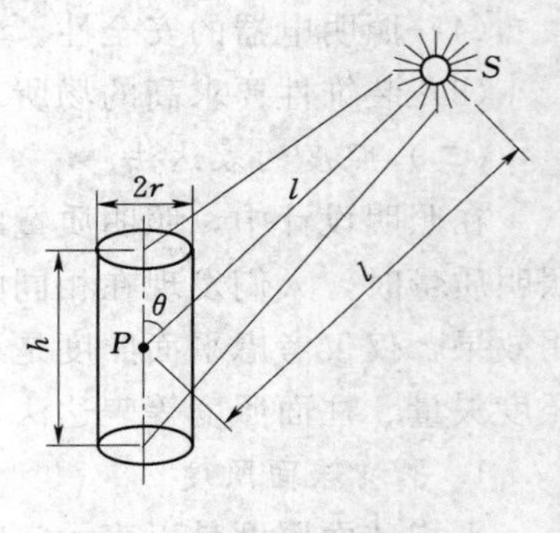

图 6－32　平面柱面照度

式（6－83）表明，平均柱面照度的大小与所取的圆柱体的表面积无关，只与光源的光强 I 以及光强与垂直圆柱体的轴线之间的夹角 θ 成正比，与光源到计算点的距离二次方成反比。平均柱面照度适用于以显示人的仪表为主的场合，例如会议厅、礼堂，在国外已作为标准采纳。

第四节　照明电气设计

照明电气设计是照明设计中另一个重要的内容，它和光照设计是密不可分的。在确定照明设计方案时，除了应充分考虑不同类型建筑对照明的特殊要求，处理好电气照明与天然采光的关系、合理使用建设资金与采用节能光源高效照明器等技术经济效益的关系外，还要考虑照明电气的要求，否则不能实现照明的效果。

一、概述

（一）照明电气设计的主要内容

照明电气设计的主要内容是依照光照设计确定的设计方案，确定照明负荷级别、计算负荷、确定配电系统、选择开关、导线、电缆和其他电气设备、选择供电电压和供电方式、绘制灯具和线路平面布置图和系统图、汇总安装容量、主要设备和材料清单、编制概预算书等。

（二）照明电气设计应注意事项

照明电气设计的整个过程都必须严格贯彻国家有关建筑物工程设计的政策和法令，并且符合现行的国家标准和设计规范。对某些行业、部门和地区的设计任务，应遵循该行业、部门及地区的有关规程的特殊规定。在设计中，还应考虑与装饰性的关系和配合以及与建筑、结构、给排水和暖通之间的关系与协调。

（三）照明电气设计的具体设计步骤

1. 负荷计算

计算灯具的安装功率和电流包括：

（1）确定供配电系统和控制系统。

（2）计算各干线、分支干线和支线的功率和电流。

（3）根据发热条件初选导线和电缆。

（4）计算线路电压损失，核对导线和电缆是否符合要求。

（5）选择确定保护开关和其他电气元件。

2. 管网的综合

在电气设计过程中，应与其他专业设计进行网管汇总，仔细查看管线相互之间是否存在矛盾和冲突的地方。如果有的话，一般情况下，由电气线路避让或采取保护性措施。

在电气安装和敷设中，往往有预埋穿线管道、支架的焊接件和预埋孔等，这些都应该在汇总时向土建提交。所提资料必须具体确定，如预留孔的位置，具体标高、尺寸大小等。

3. 施工图的绘制

先进行灯具平面布置图和线路布置图设计，再设计相应的配电系统图，最后编写工程说明以及主要材料明细表。

4. 照明控制策略、方式和系统的确定

根据照明方案确定的光源和灯具及照明效果，并结合现场的实际情况，运用合理的照明控制策略和控制方式，选择适当的硬件设备，组成性价比较高的照明控制系统，与设置相应的程序。

5. 概算（预算）书的编制

概算（预算）书的编制根据建设单位要求或设计委托书来决定。如无具体要求，编制概算书即可。

二、电气设计基础

（一）初始资料收集

（1）建筑的平面、立面和剖面图。了解该建筑在该地区的方位、临近建筑物的概况；建筑层高、楼板厚度、地面、楼面、墙体做法；主次梁、构造柱、过梁的结构布置及所在轴线的位置；有无屋顶女儿墙、挑檐；屋顶有无设备间、水箱间等。

（2）全面了解该建筑的建筑规模、生产工艺、建筑构造和总平面的布置情况。

（3）向当地电力部门调查电力系统的情况，了解该建筑供电电源的供电方式、供电的电压等级、电源的回路数、对功率因数的要求、电费收取办法、电能表如何设置等情况。

（4）向建设单位及有关专业了解工艺设备布置图和室内布置图。了解生产车间工艺设备的确切位置；办公室内办公桌的布置形式；商店里的栏柜、货架布设方向；橱柜中展出的内容及要求；宾馆内各房间里的设备布置、卫生间的要求等。

（5）向建设单位了解建设标准。各房间照明器的标准要求；各房间使用功能要求；各工作场所对光源的要求、视觉功能要求、照明器的显色性要求；建筑物是否设置节日彩灯和建筑立面照明、是否安装广告霓虹灯等。

（6）进户电源的进线方位、对进户标高的要求。

（7）工程建设地点的气象、地质资料，建筑物周围的土壤类别和自然环境，防雷接地装置有无障碍。

（二）照明供电

（1）照明负荷应根据中断供电可能造成的影响以及损失，依规范合理的确定负荷等级，并应正确地选择供电方案。

（2）当电压出现偏差或波动不能保证照明质量或光源寿命时，在技术经济合理的条件下，可采用有载自动调压电力变压器、调压器或照明专用变压器供电。

（3）照明等级分为特1级、1级、2级和3级。应急照明、特级体育场馆照明、医院手术台照明、博物馆中珍贵展品照明均为特1级照明，需要两路外电源加一路备用电源供电。

（4）当设有自备发电机组时，备用照明的一路电源应接自发电机作为专用回路供电，另一路可接至正常照明电源（如为两台以上变压器供电时，应接至不同的母线干线上）。在重要场所应设置带有蓄电池的应急照明灯或用蓄电池组供电的备用照明，作为发电机组投运前的过渡期间使用。

（5）当采用两路低压电源供电时，备用照明的供电应从两端低压配电干线分别接入。

（6）重要的正常照明（两个电源以上时），备用电源可为独立于正常电源的另一路外电源，也可用柴油发电机电源。应急照明的备用电源宜采用蓄电池组或带有蓄电池的应急照明灯。

（7）备用照明作为正常照明的一部分同时使用时，其配电线路及控制开关应分开装设。备用照明仅在事故情况下使用，因此当正常照明因事故断电，备用照明应自动投入工作。

（8）当疏散照明采用带有蓄电池的应急照明灯时，正常供电电源可接至本层楼（或本区域）的分配电盘的专用回路上，或接至本层楼（或本区域）的防灾专用配电盘。

（三）照明负荷计算

照明系统负荷计算通常采用需用系数法以及负荷密度法。

1. 需用系数法

（1）照明器的设备容量 P_e。

1）对于热辐射光源的白炽灯、卤钨灯，其设备容量 P_e 等于照明器的额定功率 P_N，即

$$P_e = P_N \tag{6-84}$$

2）对于气体放电光源，由于带有镇流器，需要考虑镇流器的功率损耗，则

$$P_e = (1+\alpha)P_N \tag{6-85}$$

式中　α——镇流器的功率损耗系数。

部分照明器的功率损耗系数如表6-46所示。

表6-46　部分照明器的功率损耗系数

光源种类	损耗系数 α	光源种类	损耗系数 α
荧光灯	0.2	涂荧光质的金属卤化汞灯	0.14
高压荧光汞灯	0.07～0.3	低压钠灯	0.2～0.8
自镇流高压荧光汞灯	—	高压钠灯	0.12～0.2
金属卤化汞灯	0.14～0.22		

3）对于民用建筑内的插座，在无具体电气设备接入时，每个插座按100W计算。

（2）分支回路的计算负荷 P_{jsL}。

$$P_{jsL} = k_{xL}\sum_{i=1}^{n} P_{ei} \tag{6-86}$$

式中　P_{jsL}——分支回路的计算负荷，kW；

P_{ei}——各个照明器的设备容量，kW；

n——照明器的数量；

k_{xL}——插座回路的需用系数，如表 6-47 所示。

表 6-47　　插座回路的需用系数 k_{xL}

插座数量	4	5	6	7	8	9	10
k_{xL}	1	0.9	0.8	0.7	0.65	0.6	0.6

根据国家设计规范要求，一般照明分支回路应避免采用三相低压断路器对 3 个单相分回路进行控制和保护。

照明系统中的每一单相回路的电流不宜超过 16A，单独回路的照明器套数不宜超过 25 个；对于大型建筑组合照明器，每一单相回路不宜超过 25A，光源数量不宜超过 60 个；对于建筑物轮廓灯，每一单相回路不宜超过 100 个；对于高压气体放电灯，供电回路电流最多不超过 30A。

插座应由单独回路配电，并且每一个房间内的插座由同一回路配电，插座数量不宜超过 5 个（组）。当插座为单独回路时，插座的数量不宜超过 10 个（组）。

住宅不受以上数量的限制。

（3）干线计算负荷 P_{jsL}。

$$P_{jsL} = k_{xL} \sum_{i=1}^{n} P_{jsLi} \tag{6-87}$$

式中　P_{jsL}——干线回路的计算负荷，kW；

P_{jsLi}——各个分支回路的计算负荷，kW；

n——分支回路的数量；

k_{xL}——照明干线回路的需用系数，如表 6-48 所示。

表 6-48　　照明干线回路的需用系数

建筑物类别	k_{xL}	建筑物类别	k_{xL}
应急照明	1	汽机房	0.9
生产建筑	0.95	厂区照明	0.8
图书馆	0.9	教学楼	0.8～0.9
多跨厂房	0.85	实验室	0.7～0.8
大型仓库	0.6	生活区	0.6～0.8
锅炉房	0.9	道路照明	1

根据国家设计规范要求，变压器二次回路到用电设备之间的低压配电级数不宜超过三级（对非重要负荷供电时，可超过三级），故低压干线一般不超过两级。

（4）进户线、低压总干线的计算负荷。

$$P_{js} = k_x \sum_{i=1}^{n} P_{jsLi} \tag{6-88}$$

式中 P_{js}——进户线、低压总干线的计算负荷，kW；

P_{jsLi}——干线的计算负荷，kW；

n——干线数量；

k_x——进户线、低压总干线的需用系数，如表6-49所示。

表6-49 民用建筑照明负荷需用系数

建筑种类	k_x	备 注
住宅楼	0.40～0.60	单元式住宅，每户两室6～8组插座，户装电能表
单身宿舍楼	0.60～0.70	标准单间，1～2盏灯，2～3组插座
办公楼	0.70～0.80	标准单间，2～4盏灯，2～3组插座
科研楼	0.80～0.90	标准单间，2～4盏灯，2～3组插座
教学楼	0.80～0.90	标准教室，6～10盏灯，1～2组插座
商店	0.85～0.95	有举办展销会可能时
餐厅	0.80～0.90	
门诊楼	0.35～0.45	
旅游旅馆	0.70～0.80	标准单间客房，8～10盏灯，5～6组插座
病房楼	0.50～0.60	
影院	0.60～0.70	
体育馆	0.65～0.70	
博物馆	0.80～0.90	

注 1. 每组（一个标准75或86系列面板上有2孔和3孔插座各一个）插座按100W计。
2. 采用气体放电光源时，需计算镇流器的功率损耗。
3. 住宅楼的需用系数可根据各相电源上的户数选定：
25户以下取0.45～0.50；25户～100户取0.40～0.45；超过100户取0.30～0.35。

2. 负荷密度法

此法一般在方案设计或初步设计时为估算照明容量采用的计算方法。负荷密度法定义为单位面积上的负荷需求量与建筑面积的乘积。即

$$P_{js}=\frac{KA}{1000} \tag{6-89}$$

式中 P_{js}——建筑物的总计算负荷，kW；

K——单位面积上的负荷需求量，W/m^2；

A——建筑面积，m^2。

三、设备选择

照明负荷计算、电流计算，其目的是为了合理选择供电系统、导线、电缆和开关设备等元件。

（一）线路的计算电流

线路电流是影响导线温升的重要因素，所以有关导线、电缆截面积选择的计算首先是确定线路的计算电流。

根据国家设计规范要求，三相照明电路中各相负荷的分配应尽量保持平衡，每个分配电盘中的最大与最小的相负荷电流不宜超过30%。

单相负荷应尽可能地均匀分配在三相线路上，当计算范围内单相用电设备容量之和小于总设备容量的15%的，可按三相平衡负荷计算。

1. 照明设备接在相电压

（1）单相线路计算电流

$$I_{jsP}=\frac{P_{jsP}}{U_{NP}\cos\varphi} \tag{6-90}$$

式中 P_{jsP}——单相负荷所在线路的总计算负荷，kW；

U_{NP}——单相负荷所在线路的额定相电压，kV；

$\cos\varphi$——单相负荷的功率因数，如表6-50所示。

表6-50 单相照明负荷的功率因数

照明负荷		功率因数
白炽灯		1.0
荧光灯	带有无功功率补偿装置	0.95
	不带无功功率补偿装置	0.5
高光强气体放电灯	带有无功功率补偿装置	0.9
	不带无功功率补偿装置	0.5

注 在公共建筑内宜使用带无功功率补偿装置的荧光灯。

（2）三相等效负荷

$$P_{js}=3P_{max} \tag{6-91}$$

式中 P_{js}——三相等效计算负荷，kW；

P_{max}——3个单相负荷中最大的相负荷，kW。

（3）三相线路的线计算电流

$$I_{jsL}=\frac{P_{js}}{\sqrt{3}U_{NL}\cos\varphi}=\frac{3P_{max}}{\sqrt{3}U_{NL}\cos\varphi}=\frac{\sqrt{3}P_{max}}{U_{NL}\cos\varphi} \tag{6-92}$$

式中 U_{NL}——单相负荷所在线路的额定线电压，kV；

$\cos\varphi$——相负荷的功率因数。

2. 照明设备接在线电压

（1）三相等效负荷

$$P_{js}=3P_{Lmax} \tag{6-93}$$

式中 P_{Lmax}——三相负荷中最大线间负荷，kW。

（2）三相线路中的线计算电流

$$I_{jsL}=\frac{P_{js}}{\sqrt{3}U_{NL}\cos\varphi}=\frac{3P_{Lmax}}{\sqrt{3}U_{NL}\cos\varphi}=\frac{\sqrt{3}P_{Lmax}}{U_{NL}\cos\varphi} \tag{6-94}$$

(二) 导线和电缆选择与敷设

根据计算的线路电流,选择导线和电缆,并进行机械强度、热稳定和动稳定校验。

1. 导体材料及电缆芯数的选择

(1) 导体材料的选择。电线、电缆一般采用芯铜线。濒临海边以及有严重烟、雾地区的架线线路,可采用防腐型钢芯铝质绞线。

下列场合采用铜芯电线或电缆:

1) 高层建筑,重要的公共建筑等以及国外工程和涉外工程。

2) 要确保长期运行中联接可靠地回路。例如,重要电源、重要的操作回路及二次回路、电机的励磁、移动设备的线路及剧烈振动场合的线路。

3) 对铝腐蚀严重而对铜腐蚀有轻微的场合。

4) 爆炸危险环境或火灾危险环境有特殊要求。

5) 特别重要的公共建筑物。

6) 高温设备。

7) 应急系统,包括消防设施的线路。

其他场合可采用铜芯线,亦可根据实际情况采用铝芯线。

(2) 电缆芯数的选择。电压 1kV 及以下的三相四线制低温配电系统,若第四芯为 PEN 线时,应采用 4 芯电缆而不得采用 3 芯电缆和单芯电缆组合成一个回路的方式;当 PE 线作为专用而与带电导体 N 线分开时,则采用 5 芯电缆。如没有 5 芯电缆,可用 4 芯电缆与单芯电缆捆扎组合的方式,PE 线也可利用电线的护套、屏蔽层、铠装等金属外护层等,分支单相回路带 PE 线时应采用 3 芯电缆。如果是三相三线制的系统,则采用 4 芯电缆,第 4 芯为 PE 线。

2. 电线和电缆的型号与敷设条件

采用电线和电缆的型号与敷设条件,如表 6-51 所示。

表 6-51 常用电线和电缆的型号与敷设条件

类别	型号		绝缘材料、类型	敷设条件
	铜芯	铝芯		
电线	BX	BLX	橡皮绝缘	室内架空或穿管敷设,交流 500V、直流 1000V 以下
	BXF	BLXF	氯钉橡皮绝缘	室内架空或穿管敷设,交流 500V、直流 1000V 以下,尤其适用于室外架空
	BV (BV—105)	BLV (BLV—105)	聚氯乙烯绝缘(耐热 105)	室内架空或穿管敷设,交流 500V、直流 1000V 以下电气设备及电气线路
软线	(ZR—) RV		(阻燃性) 聚氯乙烯绝缘	交流 250V 以下的照明、各种电源(阻燃型适用于有阻燃要求的场所)
	(ZR—) RVB		(阻燃性) 聚氯乙烯绝缘平型	
	(ZR—) RVS		(阻燃性) 聚氯乙烯绝缘绞型	

续表

类别	型号		绝缘材料、类型	敷设条件
	铜芯	铝芯		
电力电缆	(NH—)VV	VLV	(耐火型)聚乙烯绝缘，聚氯乙烯护套	敷设在室内、隧道内及管道中，不承受机械外力作用(耐火型适用于照明、电梯、消防、报警系统、应急供电回路及地铁、电站等与防火安全及消防救火有关的场所)
	ZQD	ZLQD	不滴流浸渍剂纸绝缘裸铅包	敷设在室内，构道中及管子内，对电缆设备有机械损伤，且对铅护层有中性环节
	ZQ	ZLQ	油浸渍纸绝缘裸铅包	
	(ZR—)YJV	(ZR—)YLJV	(阻燃性)交联聚氯乙烯，聚氯乙烯绝缘护套	敷设在室内、电缆沟及管道中。也可敷设在土壤中，不承受机械外力作用，但可承受一定的敷设牵引力(阻燃型适用于高层建筑、地铁。地下隧道、核电站等于防火安全及消防救火有关的场所)
	YJVF	YJLVF	交联聚乙烯，分相乙烯绝缘护套	
铠装电力电缆	(ZH—)VV_{29}	VLV_{29}	聚氯乙烯绝缘，聚氯乙烯护套内钢带铠装	敷设在地下、承受机械外力作用，但不能承受大的机械压力(耐火型适用于照明、电梯、消防、报警系统、应急供电回路及地铁、电站等与防火安全及消防救火有关的场所)
	VV_{30}	VLV_{30}	聚乙烯绝缘，聚氯乙烯护套裸细钢丝铠装	敷设在室内、矿井中、能承受机械外力作用，能承受相当的机械压力
	ZQD_{12}	$ZLQD_{12}$	不滴流浸渍剂纸绝缘裸铅包钢带铠装	用于垂直或高落差敷设，敷设在土壤中，能承受机械损伤，但不能承受大的拉力
	ZQD_{22}	$ZLQD_{22}$	不滴流浸渍剂纸绝缘裸铅包钢带铠装聚氯乙烯护套	用于垂直或高落差敷设，敷设在对钢带严重腐蚀的环境中，能承受机械损伤，但不能承受大的拉力
	ZQ_{12}	ZLQ_{12}	油浸渍纸绝缘铅包钢带铠装	敷设在土壤中，能承受机械损伤，但不能承受大的拉力
	ZQ_{22}	ZLQ_{22}	油浸渍纸绝缘铅包钢带铠装聚氯乙烯护套	敷设在对钢带严重腐蚀的环境中，能承受机械损伤，但不能承受大的拉力
	YJV_{29}	$YJLV_{29}$	交联聚乙烯绝缘，聚氯乙烯绝缘护套钢带铠装	敷设在土壤中，能承受机械外力，但不能承受大的拉力
	YJV_{30}	$YJLV_{30}$	交联聚乙烯绝缘，聚氯乙烯绝缘护套裸细钢丝铠装	敷设在室内、矿井中，能承受机械外力，并能承受大的拉力

3．导线和电缆的截面积选择

照明线路导线、电缆的截面积一般根据下列条件来选择：

(1) 允许载流量(负荷电流)选择。在最大允许连续负荷电流下，导线发热不超过芯线所允许的温度，不会因过热而引起导线绝缘损坏或加快老化。

1) 长期工作制负荷。在不同敷设条件下，导线或电缆长期允许的工作电流 I_N 受环境温度影响，可用校正系数 K_t 进行修正，即

$$K_t I_N \geqslant I_{js} \tag{6-95}$$

式中 I_N——导线或电缆长期允许的工作电流，A；

I_{js}——线路的计算电流，A；

K_t——环境修正系数。

导线周围环境温度在空气中敷设取 $\theta_C=25°$ 作为标称值，而在土壤中直埋地敷设以 $\theta_C=20°$ 为标称值。当导线或电缆线敷设环境温度不是 θ_C 时，允许载流量应乘以校正系数，其计算公式为

$$K_t=\sqrt{\frac{\theta_e-\theta_a}{\theta_e-\theta_c}} \tag{6-96}$$

式中 θ_a——敷设处的实际环境温度，℃；

θ_c——环境温度的标称值，℃；

θ_e——导线、电缆线芯允许长期工作温度，℃，如表 6-52 所示。

表 6-52　导线、电缆线芯允许长期工作温度

导线、电缆种类		电压等级（kV）	允许长期工作温度（℃）
电线	橡皮绝缘	0.5	65
	塑料绝缘		
电力电缆	油浸纸绝缘	1～3	80
		6	65
		10	60
		20～35	50
	聚氯乙烯绝缘	1	65
		6	
	橡皮绝缘	0.5	
	交联聚氯乙烯绝缘，聚氯乙烯护套	6～10	90
		35	80

导线或电缆在土壤中多根并列敷设时，对它们的允许载流量也应进行相应的校正，其校正系数为 K_d，如表 6-53 所示。

表 6-53　电缆多根埋设、并列埋设时电流的校正系数 K_d

电缆外皮间距（mm）	电缆根数							
	1	2	3	4	5	6	7	8
100	1.00	0.88	0.84	0.80	0.78	0.75	0.73	0.72
200	1.00	0.90	0.86	0.83	0.80	0.81	0.80	0.79
300	1.00	0.89	0.89	0.87	0.85	0.86	0.85	0.84

2）重复性短时工作负荷。当重复周期 $t\leqslant 10\text{min}$、工作时间 $t_w\leqslant 4\text{min}$，导线或电缆的允许电流按以下情况确定：

导线截面积 $S\leqslant 6\text{mm}^2$ 的铜线或 $S\leqslant 10\text{mm}^2$ 的铝线，其允许电流按上述长期工作制计算。

导线截面积 $S>6mm^2$ 的铜线或 $S>10mm^2$ 的铝线，其允许电流等于长期允许电流的 $0.875/\sqrt{\varepsilon}$ 倍，其中 ε 是该用电设备的暂载率（%）。

3）短时工作制负荷。当工作时间 $t_w \leqslant 4min$，在停止用电时间内，导线或电缆散热，能够降到周围环境温度时，此时导线或电缆允许电流按重复短时工作制决定。

（2）按允许电压损失计算。导线上的电压损失应低于最大允许值5%，以保证供电质量。

对于380/220V低压供电线路，若整条线路的导线截面积、材料均相同，不计线电路电抗，且功率因素 $\cos\varphi \approx 1$ 时，那么，根据电压损失来选择导线或电缆截面积的简化计算公式为

$$S = \frac{R_0}{C\Delta u\%}\sum_{i=1}^{n} P_i L_i \qquad (6-97)$$

式中　P_i——各负荷的有功负荷，kW；

L_i——第 i 个到电源线路长度，km；

R_0——三相线路单位长度的电阻，Ω/km；

C——计算系数，如表6-54所示；

$\Delta u\%$——线路电压损失百分数，如表6-55所示。

表6-54　计算系数 C

供电系统	线芯材料	
	铜线	铝线
三相四线制380/220V	75.00	45.70
单相220V	12.56	7.66

表6-55　线路电压损失百分数 Δu%

使用电源	电压损失（%）
公共电网	±5
单位自用电源	6
临时供电	8

（3）按机械强度选择。在正常工作状态下，导线应有足够的机械强度，以防断线保证安全可靠运行。

绝缘导线架空或室内明敷时，应满足敷设对截面的最小机械强度的要求。绝缘导线线芯的最小截面积，如表6-56所示。

表6-56　绝缘导线的最小截面积　　单位：mm^2

敷设方式			线芯最小横截面积	
			铜芯	铝芯
照明用灯头引下线			1.0	2.5
敷设在绝缘支持件上的绝缘导线，其支持点的间距（m）	室内	$L\leqslant 2$	1.0	2.5
敷设在绝缘支持件上的绝缘导线，其支持点的间距（m）	室外	$L\leqslant 2$	1.5	2.5
		$2<L\leqslant 6$	2.5	4.0
		$6<L\leqslant 15$	4.0	6.0
		$15<L\leqslant 25$	6.0	10.0
导线穿管，槽板，护套线扎头明敷；线槽			1.0	2.5
PE线和PEN线		有机械保护时	1.5	2.5
		无机械保护时	2.5	4.0

(4) 按热稳定性的最小截面积校验。在短路情况下，导线必须保证在一定的时间内，安全承受短路电路通过导线时产生的热作用，以保证供电安全。

对于电缆和绝缘导线来说，在短路假想时间的情况下，当导体通过短路稳态电流 I_∞ 时，导体最高允许加热温度所对应的截面积为最小允许截面积。导体满足热稳定的最小截面积计算公式为：

$$S_{\min}=I_\infty\frac{\sqrt{t_{jx}}}{C} \tag{6-98}$$

式中 I_∞——短路稳态电流，A；

t_{jx}——假想时间，s；

C——短路热稳定系数，与导体材料、结构以及最高允许温度、长期工作额定温度有关，如表 6-57 所示。

表 6-57　　热稳定系数 C

种类	材料	最高允许温度 θ_{max} (℃)	允许长期工作温度 (℃)	C
交联聚氯乙烯绝缘电缆	铜芯	230	90	135
	铝芯	200	90	80
聚氯乙烯绝缘电缆	铜芯	130	65	100
	铝芯	130	65	65
导线	铜	300	70	171
	铝	200	70	87

对于 1kV 以下的照明线路，虽然供电线路不长，但因负荷电流，导线应按照允许载流流量选择，并按机械强度和允许电压损失来校验；对于电缆还应按短路时的热稳定来校验。

另外，在照明电气设计中，应按以下的规定进行设计。

1) 对于中性线（N 线）截面积的选择主要有以下五种情况：

①在单相及二相线路中，N 线截面积应与相线截面积相同。

②在三相四线制配电系统中，N 线的允许载流量应不小于线路中最大不平衡负荷电流，同时应考虑谐波电流的影响。当有下列情况时，N 线截面积应不小于相线截面积。

a. 照明配电干线。

b. 当用电负荷主要为单相用电设备。

c. 以气体放电光源为主的配电线路。

d. 单相回路。

③采用晶闸管（亦称可控硅）调光或计算机电源回路的三相四线制配电线路，N 线的截面积应不小于相线截面积的 2 倍。

④对于照明分支线以及截面积为 $4mm^2$ 及以下的干线，N 线的截面积应与相线截面积相同。

⑤有谐波电流（主要是 3 次谐波）时，中性线上电流为不平衡电流加三相的谐波电

流，有可能大于相电流，此时应采取特殊措施，例如3根中性线。

2）保护线（PE线）和保护中性线（PEN线）截面积的选择。

对于保护线（PE线）和保护中性线（PEN线）截面积的选择，按规定PE线的电导一般应小于相线电导的一半，同时，应满足单相接地故障保护时热稳定最小截面积的要求。

PE线或PEN线的热稳定要求的最小截面积，如表6-58。

PEN线和PE线应同时满足表6-56中给出的绝缘对机械强度要求的最小截面积。

表6-58 PE线或PEN线热稳定要求的最小截面积

单位：mm^2

相线截面积	热稳定要求的最小截面积
$S \leqslant 16$	S
$16 < S \leqslant 35$	16
$S > 35$	$\geqslant S/2$

3）爆炸和火灾危险环境导线截面积的选择。

爆炸及火灾危险场所应选用铜芯导线，其截面积不得小于$2.5mm^2$；对于建筑物内所用的导线类型宜选用阻燃型（阻燃电线或阻燃电缆），并不允许有中间接头，穿线管材应选用“低压流体输送镀锌焊接钢管”。

（三）照明配电线的保护与低压电器的选择

照明配电线路应装设短路保护、过负载保护和接地故障保护，并用于切断供电电源或发出报警信号。

1. 短路保护

照明配电线路的短路保护，应在短路电流对导体和连接产生热作用和电动作用造成危害之前切断短路电流。短路保护电器的分断能力应能切断安装处的最大预期短路电流。

所有照明配电线路均应设短路保护，主要选用熔断器、低压断路器以及能承担短路保护的漏电保护器作为短路保护。采用低压断路器作为保护电器时，短路电流不应小于低压断路器瞬时（或短延时）过电流脱扣整定电流的10/13。对于照明配电线路，干线或分干线的保护电器应装设在每回路的电源侧、线路的分支处和线路载流量减小处（包括导线截面积减小或导体类型、敷设条件改变等导致的载流量减小）。

一般照明配电线路中，常采用相线上的保护电器保护N线。当N线的截面积与相线截面积相同，或虽小于相线但已能被相线上的保护电器所保护时，不需为N线设置保护；当N线不能被相线上保护电器所保护时，则应为N线设置保护电器。

N线的保护要求如下：

一般不需将N线断开。

若需要断开N线时，则应装设能同时切断相线和N线的保护电器。

装设剩余电流动作的保护电器时，应将其所保护回路的所有带电导线断开。但在TN系统中，如能可靠地保持N线为地电位，则N线不需断开。

在TN系统中，严禁断开PEN线，不得装设断开PEN线的任何电器。当需要为PEN线设置保护时，只能断开有关的相线回路。

PEN线应满足导线机械强度和载流量的要求。

有3次谐波存在时，N线应有过载保护，但必须同时断开三相。

2. 过负载保护

照明配电线路过负载保护的目的是，在线路过负载电流所引起导体的温升对其绝缘、接插头、端子或周围物质造成严重损害之前切断电路。

过负载保护电器宜采用反时限特性的保护电器，其分断能力可低于保护电器安装处的短路电流，但应能承受通过的短路能量。

过负载保护电器的约定动作电流应大于被保护照明线路的计算电流，但应小于被保护照明线路允许持续载流量的 1.45 倍。

过负载保护电器的整定电流应保证在出现正常的短时尖峰负载电流时，保护电器不应切断线路供电。

3. 接地故障保护

接地故障是指因绝缘损坏致使相线对地或与地有联系的导体之间的短路。它包括相线与大地，以及 PE 线、PEN 线、配电设备和照明灯具的金属外壳、敷线管槽、建筑物金属构件、水管、暖气管以及金属屋面等之间的短路。接地故障是短路的一种，仍需要及时切断电路，以保证线路短路时的热稳定。

照明配电线路应设置接地故障保护，其保护电器应在线路故障时，或危险的接触电压的持续时间内导致人身间接电击伤亡、电气火灾以及线路严重损坏之前，能迅速有效地切除故障电路。由于接地故障电流较小，保护方式还因接地形式和故障回路阻抗不同而异，所以接地故障保护比较复杂。

接地保护总的原则是：

(1) 切断接地故障的时限，应根据系统接地形式和用电设备使用情况确定，但最长不宜超过 5s。

(2) 应设置总等电位连接，将电气线路的 PE 干线或 PEN 干线与建筑物金属构件和金属管道等导电体连接。

一般照明路线的接地故障保护采用能承担短路保护的漏电保护器，其漏电动作电流依据断路器安装位置不同而异。一般情况下，照明线路的最末一级线路（如插座回路，安装高度低于 2.4m 照明灯具回路等）的漏电保护的动作电流为 30mA，分支线、支线、干线的漏电保护的动作电流有 50mA、100mA、300mA、500mA 等。

4. 防触电保护

防触电保护主要包括外壳接地、做等电位以及漏电保护等部分。

四、照明施工设计

（一）照明施工设计标准

照明施工设计主要执行的标准有：《城市道路照明设计标准》、《低压配电设计规范》、《供配电系统设计规范》、《电气装置安装工程电缆线路施工及验收规范》、《电气装置安装工程接地装置施工及验收规范》、《电气装置安装工程盘、柜及二次回路结线施工及验收规范》、《建筑电气安装工程质量检验评定标准》等。

照明施工设计和方案设计（或初步设计）的区别是设计的深度不同，施工设计要满足施工要求。照明施工设计要严格按照以上的标准执行，严格遵守国家有关的规程和规范，并认真完成建设单位设计任务书的要求。

(二) 照明设计施工图

1. 绘制标准

(1) 图幅。设计图纸的图幅尺寸有5种规格。特殊情况下，允许加长1～3号图纸的长度和宽度；0号图纸只能加长长边，不得加宽；4～5号图纸不得加长或加宽；1～3号图纸加长后的边长不得超过1931mm。图纸增加的长、宽，应以图纸的1/8为一个单位。

(2) 图标。0～4号图纸，无论采用横式或竖式画幅，工程设计图标均应设置在图纸的右下方，紧靠图框线。图标中的项目有“设计单位名称”、“工程名称”、“图纸名称”、“设计人”、“审核人”等，均应填写。

(3) 比例。电气设计图纸的图形比例均应遵守国家标准绘制。普通照明平面图、电力平面图均采用1∶100的比例，特殊情况下，可以使用1∶50或1∶200。大样图可以适当放大比例；电气接线图图例可不按比例绘制；复制图纸不得改变原样比例。

(4) 图线。图纸的各种线条，标准实线宽度应在0.4～1.6mm范围内选择，其余各种图形的线宽按图形的大小比例和复杂程度来选择配线的规格，比例大的用线粗一些。一个工程项目或同一图纸、同一组视图内的各种同类线形应保持同一线宽。

(5) 字体。字体应采取直体长仿宋体。字母和数字可采用向右倾斜与水平成75°的斜字体。

2. 照明施工图组成

(1) 图纸目录。目录主要说明电气照明施工图纸的名称、数量、图纸的编号顺序等，便于查找图纸。

(2) 设计总说明。施工图说明在解决施工过程中，难以用图纸说明的问题和共性问题。主要是由工程概况和要求的文字说明组成，用文字来补充图纸的不足。

施工设计总说明主要由以下5项内容构成：

1) 设计依据。包括设计的依据资料（国家标准、法规、规范等）和批准文件、与本专业设计有关条款（当地供电部门的技术规定），以及其他专业提供的设计资料及建设部门提出的技术条件等。

2) 设计范围。根据设计任务要求和有关设计资料，说明设计的内容和工程范围。

3) 设计总说明，包含以下5个部分：

① 照明电源及进户线安装方式、负载等级、工作制、供电电压和负荷容量。

② 配电系统线路的敷设方式、采用导线、敷设管材规格和型号。

③ 照度标准、光源及照明器的选择、装饰照明器、应急照明、障碍照明及特殊照明装饰的安装方式和控制器类别、照明器的安装高度及控制方法。

④ 配电设备中配电箱、盘的选择及安装方式、安装高度及加工技术要求和注意事项。

⑤ 保护措施，包括设备金属外壳的接地（PE），漏电保护和等电位措施等。

4) 图例和符号。主要说明图纸中的图形符号所代表的内容和意义。图形符号及其标注符号，主要采用IEC的通用标准作为我国新的国家标准符号，采用英文字头表示。

5) 设备、材料表。指照明系统设计中注明的设备以及材料名称、型号、规格、单位和数量。有的工程设计将此内容与4) 合并。

(3) 总平面图。施工总平面图标明了建筑的位置、面积和所需照明及动力设备的用电容量，标明架空线路或地下电缆的位置，电压等级及进户线的位置和高度，包括外线部分的图例及简要的做法说明。较小的工程，只有电源引入线的工程，无施工总平面图。有的工程设计无此项内容要求。

(4) 平面布置图。平面布置图表征了建筑物各层的照明配电箱、照明器、开关、插座、线路等平面布置位置和线路走向，它是安装电器和敷设支路管线的依据。

1) 标注。照明平面图中，文字标注主要表达的是照明器具的种类、安装数量、灯泡的功率、安装方式、安装高度等。具体表达式

$$a-b=\frac{cdL}{e}f \tag{6-99}$$

式中　a——某场所同种类型照明器的套数。通常在一张平面图中，各类型照明器分别标注；

b——照明器类型符号；

c——每只照明器内安装的光源数，通常，一个可以不表示；

d——光源的功率，W；

e——照明器的安装高度，m；

f——安装方式代号。照明器的安装方式主要有以下几种方式，如表 6－59 所示；

L——光源种类。

表 6－59　照明器安装方式的标注符号

名　称	新代号	名　称	新代号
线吊式	CP	嵌入式（嵌入不可进入的顶棚）	R
自在线吊式	CP1	顶棚内安装（嵌入可进入的顶棚）	CR
固定线吊式	CP2	墙壁内安装	WR
防水线吊式	CP3	台上安装	T
吊线器或链吊式	Ch	支架上安装	SP
管吊式	P	柱上安装	CL
壁装式	W	座装	HM
吸顶式或直附式	S		

2) 导线数量。照明平面图中各段导线根数用短横线表示，两根导线省略。如管内穿 3 根线，则在直线上加 3 道小短线或采用数字标注法，即在直线上加一道小短线，且短线上标注数字 3；如管内穿 3 根线以上，均采用数字标注法。管内穿线一般控制在 6 根以内。

编制电气预算就是根据导线根数及其长度计算导线的工程量。

各照明器的开关必须接在相线（俗称火线）上，从开关出来的电线称为“控制线”（或称回火）。对于 n 联开关，送入开关 1 根相线以及 n 根“控制线”，因此，n 联开关共有 $(n+1)$ 根导线。

插座支座应与照明支路分开。插座支路导线数由 n 联中极数最多的插座决定，例如，二孔、三孔双联插座是 3 根线；若是四联三极插座也是 3 根线。

(5) 系统图。系统图是电气施工图中最重要的部分，它表示整体供电系统的配电关系或方案。在三相系统中，通常用单线表示。从图中能够看到工程配电的规模、各级控制关系、控制设备和保护设备的规格容量、各路负荷用电容量和导线规格等。

系统图上需要表达的内容主要有以下四部分：

1) 电缆进线（或架空线路进线）回路数、电缆型号规格、导线或电缆敷设方式以及穿管管径。通用的有关标注符号如表 6－60、表 6－61 所示。

表 6－60　导线敷设方式的标注符号

名　称	新 代 号
导线或电缆穿焊接钢管敷设	SC
穿电线管敷设	TC
穿硬聚氯乙烯管敷设	PC
穿阻燃半硬聚氯乙烯管敷设	PPC
用绝缘子（瓷瓶或瓷柱）敷设	K
用塑料线槽敷设	PR
用钢线槽敷设	SR
用电缆桥架敷设	CT
用瓷夹板敷设	PL
用塑料夹敷设	PCL
穿蛇皮管敷设	CP
穿阻燃塑料管敷设	PVC

表 6－61　管线敷设部位的标注符号

名　称	新 代 号
沿钢索敷设	SR
沿屋架或跨屋架敷设	BE
沿柱或跨柱敷设	CLE
沿墙面敷设	WE
沿天棚面或顶板面敷设	CE
在能进入的吊顶内敷设	ACE
暗敷设在横梁内	BC
暗敷设在柱内	CLC
暗敷设在墙内	WC
暗敷设在地面或地板内	FC
暗敷设在屋面或顶板内	CC
暗敷设在不能进入的吊顶内	ACC

例如某照明系统图中标注有 BV（3×50＋2×25）SC50－FC，表示该线路是采用铜芯塑料绝缘线，3 根相线的截面积为 $50mm^2$，N 线和 PE 线的截面积为 $25mm^2$，穿钢管敷设，管径为 $50mm^2$，沿地面暗设。

2) 开关、熔断器的规格型号，出线回路数量、用途、用电负荷功率以及各照明支路的分相情况。

3) 用电参数。配电系统图上，还应标示出该工程总的设备容量、计算容量、计算电流、配电方式等；也可以采用绘制一个小表格的方式来标出用电参数。

4) 配电回路参数。电气系统图中各条配电回路上，应标出该回路编号和照明设备的总容量，其中也包括电风扇、插座和其他用电设备等容量。

(6) 大样图。大样图表示照明安装工程中的局部作法明晰图。例如，舞台聚光灯安装大样图、灯头盒安装大样图等。

3. 施工图的技术交底

施工图完成后，设计方应到工地现场将设计施工图向承担该工程施工的人员进行详细的说明，并就实际现场的条件，解决施工中的有关问题，使施工按照要求和规范有条不紊地进行直至竣工，同时，确保施工图所要求的各项技术指标能够顺利完成，让建设方获得满意的照明效果。

4. 竣工图和工程结算

(1) 竣工图。竣工图是按照每个单项工程完成的实际情况、分项工程的质量评定、隐藏工程的记载、分项工程的测量记录、系统通电试验和调试的情况，单位工程的综合评定在原施工图中集成的。竣工图的制作意味着整个照明工程的完成，而且已经达到了技术设计的要求和施工图所做的各项规定。其内容如下：

1) 竣工图。竣工图包括各项说明和附图。即安装示意图、接地系统图、配电柜安装图和电缆配管敷设情况等。

2) 竣工资料。竣工资料包括各项单项和分项的检查、记载、评定、实验、测试记录、变更通知书、综合质量测评、产品合格证书、材料实验证书等。

(2) 工程结算。照明工程结算按实际发生的工程量和使用的未计价材料、工程级别、收费等级。按照定额的规定进行工程定额直接费的计算，按照工程类别和收费等级计算出最终的工程造价。

第五节　常用照明计算软件

20世纪90年代前，照明计算的工作主要是由人工完成，既繁琐复杂又容易出错，很多数据不能得到精确的计算，也难以进行效果的模拟。随着科技的发展及个人电脑的广泛应用，不少软件开发商推出了运算速度快、准确性好、操作方便和效果直观的照明软件，如DIALux、AGI32、Litestar、Lumen Mirco、Lumen Designer、Reality、Autolux、Radiance、Simply Lighting、Visual、Rayfront等。一些照明灯具公司也开发出适合于自己灯具产品的软件供客户使用，例如Philips公司的Calculux，GE公司的Europic，Lithonia公司的Lightware等。

下面介绍目前常用的几款照明计算软件。

一、DIALux软件

DIALux软件是由德国DIAL公司开发的进行照明计算和照明效果仿真的一款对客户免费的软件。该软件的特点是可以选用多种品牌的灯具进行计算，且使用简单，掌握起来快捷便利。加上其免费的特点和较为精确的计算结果（误差为3%～7%）、整洁全面的输出报表，自1992年在汉诺威博览会亮相以来，DIALux受到了众多用户的喜爱。

利用DIALux软件可以对多种照明场景进行模拟计算，包括室内、室外和道路等不同场景，用户可以定义各种场景的尺寸，选用与DIAL公司合作的各品牌灯具或提供自选灯具的IES文件，对灯具进行安装配置、设置计算点和计算面，从而获得点照度表、等照度图、布灯方式、灯具资料等大量图表。从DIALux 4.0开始，DIALux也支持对日光的计算。利用光线追踪方式的POV－Ray渲染器可以对设计效果进行简单渲染。

在该公司的主页（http://www.dialux.com）上用户可以下载该软件的最新版本。

二、AGI32软件

AGI32灯光设计软件是美国Lighting Analysts，Inc.（简称LAI）开发设计的产品。通过不断实践和创新，AGI32灯光设计软件已经由最初的DOS版本改进到现在的Windows版本，具有出色的建模功能且支持3DFaces、Regions、Bodies、Polymesh和ACIS

Solids 等多种三维立体格式的导入。

AGI32 采用数字化的逐点计算方式，能够进行网格精细度的设定。利用 AGI32 用户可以建立室外停车场、泛光照明、道路或工业照明等多种室外、室内场景，AGI32 的完整计算模式可根据室内、室外场景特点不同，考虑场景光线的多次反射及物体的阴影效果，计算场景最后的点照度及提供等照度色阶图等结果。由于其出色的建模功能及对材质的精细的表现和描述，同时还考虑了材料的色彩和光源的显色性，计算结果也更为精细，并可产生出色的效果模拟。

AGI32 的主页（http://www.agi32.com）上提供了近 60 家与 AGI32 软件匹配的灯具资料（pdf 格式）。同时借助该公司提供的光度学编辑软件，用户也可以轻松地输入自定义灯具的 IES 类型光度学数据，更改和修复现有灯具的光度学参数，从而进行个性化设计和计算。

三、LITESTAR 软件

LITESTAR 是意大利 OxyTech 公司开发的照明设计软件，适用于室内、室外（包括大面积照明、运动场所等）、道路和隧道照明等计算。它包含了 150 多种品牌的灯具和光源的光度学参数、产品信息和详细规格的描述，并具有直接输入光度学参数和调整光度学参数的功能。对其灯具的搜索可从产品类型、应用场所、产品特点等信息进行，使用户可以快速地找到合适的灯具产品。

LITESTAR 的以上功能通过五个模块来实现：通过 Litecalc 模块可进行照明设计、计算、渲染、光迹追踪和 2D、3D 效果输出；通过 Liswin 模块对产品生成有效地电子目录管理方案；通过 Lisman 模块对产品进行详细的描述和说明；通过 Photowin 模块对灯具的光度学数据进行管理；通过 Lisdat 对产品目录的数据进行管理。

该套软件独有的功能还可以根据用户选择灯具，进行电气设计，包括用电网络形式选择，回路分配，电缆线径选择等以及根据用户需要，计算年使用成本，让用户对工程投资回报有直观的了解。

目前我国已有厂家使用 Litecalc 模块结合自己的灯具产品为客户免费提供 Litecalc 模块。用户通过 OxyTech 公司的网站（http://www.oxytech.it）可以下载到免费版本的 LITESTAR 限制版软件，购买后可升级为专业软件，从而可以进行复杂的道路、隧道电气设计、复杂结构、光迹追踪、光度数据手工输入、电视转播所需要的垂直或柱面照度、T2 和 T4 测角光度计测量的光度学数据等处理。

四、Lumen Micro 和 Lumen Designer 软件

Lumen Micro 软件为美国 LAI 公司 1983 年所开发设计的一款具有强大计算功能的产品，已具有超过 20 年的历史。它提供了室内、室外各种场景下的照明模拟和计算，并经实践检验，证明其计算结果与实际测得结果极为接近，其可靠性较高。同时该软件也注重用户友好的界面，使用和掌握都很方便。其在色彩方面的计算和还原能力高，在 HTML 输出功能、极佳的效果渲染、可与 Lightscape 软件结合使用等特性也较为出色。该软件也提供自然光的计算。Lumen Micro 软件的最后一个版本颁布于 2000 年，之后新的版本被 Lumen Designer 软件替代。Lumen Designer 进一步加强方便用户操作的特性，用户可以快捷准确建立被计算空间，并添加真实度极高的材质和模块，形成更精确和效果逼真的计算和模拟结果。

Lumen Designer 软件可使用超过 70 家的厂家所提供的 20000 多种室内外灯具产品应用于照明设计。支持 IES、EULUMDAT、CIBSE/TM－14、CIE 和 LTL－I 的灯具光度学数据。

五、Reality 软件

Reality 设计软件是由英国 Lighting Reality Limited 公司于 2001 年开发的一款仅用于室外照明设计的产品。该软件由于方便使用和准确的计算效果，在英国获得了几乎垄断的应用，并逐渐得到了推广。该软件的一个特色是能实现即时计算，一旦灯具被选定和放置并产生任何移动，在屏幕上便能直接看到改变了的计算结果。由于该灯具专注于在道路照明和室外场景的照明计算，在计算方式上不断得到改进和进一步的精确，例如可以调整灯具的精确瞄点、可以计算高速公路包括其硬路肩等。计算的结果以符合 CEN13201 标准的图表和动态效果、3D 模拟等方式表示，需要有该公司提供的读图软件（The Reality Reader）进行阅读设计结果。

该软件的灯具库含有 Holophane、abacus、Philips、Thorn、IGuzzini 等在英国市场较受欢迎的十几种产品，但也支持 IES、INR、TM14 和 Eulumdat 格式的光度学数据。

复习思考题

6-1　什么是室形指数、室空间比？

6-2　什么是利用系数？如何采用利用系数法求平均照度？

6-3　长 30m、宽 15m、高 5m 的车间，灯具安装高度为 4.2m，工作面高 0.75m，求其室形指数及各空间比。

6-4　墙面平均反射比如何计算？

6-5　为什么照度计算中要考虑维护系数？

6-6　点光源直射照度计算法又称为什么？如何计算？

6-7　线光源照明设计应掌握哪些要点？

6-8　什么是眩光指数？它是如何来评价不舒适眩光的？

6-9　照明光照设计包含哪些内容？

6-10　照明光照设计的目的、要求和步骤有哪些？

6-11　照明的种类如何划分？

6-12　如何正确认识正常照明和应急照明的关系？

6-13　照明基本的方式有哪些？

6-14　照明质量的评价指标有哪些？试举例说明。

6-15　结合你的实际经历，谈谈如何利用照明软件进行照明光照设计。

6-16　电气设计的主要内容包括哪些？试举例说明。

6-17　叙述电气设计的步骤。

6-18　在照明电气设计中，举例说明如何完成初始资料的收集。

6-19　如何计算线路的电流？

6-20 怎样选择导线和电缆的截面积?

6-21 照明控制的策略、控制方式有哪些?

6-22 试举例说明控制系统的组成和运用。

6-23 照明施工图包含哪些内容?

第七章 建筑电气工程设计实例

民用建筑（包括居住建筑与公共建筑）是人民生活的基本需求与社会政治、经济及文化活动的必要条件。民用建筑工程的施工，又是由规划、勘测、设计、施工及监理等一系列工作过程和环节来完成的。民用建筑电气工程设计是民用建筑工程（包括建筑、结构、暖通空调、给排水）设计中不可缺少的部分。本章介绍电气工程设计基本知识、设计程序、深度和施工图设计实例。

第一节 设计基础知识

为了搞好民用建筑电气工程设计，保证设计质量，在设计工作中应当做到：设计依据完备、可靠；设计内容正确、翔实；设计深度满足工程各阶段的需要；设计文件规范、工整，符合国家有关规定；设计变更原因清楚，责任分明，有据可查。同时，为了提高设计功效，充分优化设计成果，保护建设单位与建筑物使用者的合法权益，国家及有关主管部门制定与颁布了一系列法令、规范与技术标准。它们是国家技术政策的具体体现，也是设计工作必须遵循的指导原则。

一、设计依据

1. 设计的法律依据与设计原则资料

民用建筑电气工程设计，必须根据上级主管部门关于工程项目的正式批文和建设单位的招标文件或设计委托书进行，它们是设计工作的法律依据与责任凭证。上述文件中关于设计的性质、设计任务的名称、设计范围的界定、投资额度、工程时限、设计变更的处理、设计取费及其方式等重要事项必须有明确的文字规定，并经各方面签字用印认定，方能作为设计依据。

民用建筑电气工程的设计必须有明确的使用要求及其自然的和人工的约束条件作为客观依据，它们有以下原始资料表述：

（1）建筑总平面图、建筑内部空间与电气相关的建筑设计图。

（2）用电设备的名称、容量、空间位置、负荷的时变规律、对供电可靠性与控制方式的要求等资料。

（3）与城市供电、供水、通信、有线电视等网络接网的条件与方式等方面的资料。

（4）建筑物在火灾、雷害、震灾与安全等方面特殊潜在危险的必要说明资料。

（5）建筑物内部与外部交通条件，交通负荷方面的说明资料。

（6）电气设计所需的大气、气象、水文、地质、地震等自然条件方面的资料。

建设单位应尽可能提供必要的资料，对于确属需要而建设单位又不能提出的资料，设计单位可协助或代为调研编制，再由建设单位确认后，作为建设单位提供的资料。

2. 民用建筑电气设计必须遵循的国家有关法令

这些法令包括：《中华人民共和国建筑法》、《中华人民共和国电力法》、《中华人民共和国消防法》、《建设工程质量管理条例》、《中华人民共和国工程建设标准强制性条文》（房屋建筑部分）。

二、设计的评价原则

民用建筑与人民生活关系密切，其社会影响广泛而深刻，在使用功能与安全保障方面有着更高的要求，其设计的评价原则如下。

1. 适用

能为建筑设备运行提供必备的动力；为建筑物内创造良好的人工环境提供必要的能源；应能满足用电设备对于负荷容量、电能质量与供电可靠性的要求，从而使建筑设备的使用功能得到充分的发挥。

2. 安全

电气线路应有足够的绝缘距离、绝缘强度、负荷能力、热稳定与动稳定裕度，确保供电、配电与用电设备的安全运行；有可靠的防雷装置及防雷与防电击技术措施，特殊场合下还应有防静电技术措施。按建筑物的重要性与灾害潜在危险程度，应设置必要的火灾报警与自动灭火设施、保安监控设施，特殊重要的场所还应考虑采取抗震技术措施。

3. 经济

在满足建筑物对使用功能的要求和确保安全的前提下，尽可能减少建设投资，最大限度地减少电能与各种资源的消耗。选用节能设备，均衡负荷，补偿无功节约用电，降低运行与维护费用，提高能源的综合利用率，为实现建筑物的经济运行创造有利条件。

4. 美观

民用建筑中的电气设施往往也是建筑空间中可视环境的一部分，许多电气设备常常兼有装饰作用。设计者应当力求使电气设施的形体、色调、安装位置与建筑物的性质、风格相适应，在不增加或少增加成本的前提下，创造尽可能美好的氛围，这不仅有利于使用者的身心健康，而且有助于提高活动的功效，对于降低安全事故的概率具有积极意义。

三、设计内容

民用建筑电气工程设计的内容按照设计对象的不同，分为强电与弱电两个部分。为了便于讨论，现将强电部分的设计称为建筑电气工程设计，将弱电部分的设计称为建筑弱电工程设计。本章仅涉及建筑电气工程设计的有关内容，主要包括以下方面。

1. 变配电所设计

设计内容包括：

（1）根据变配电所供电负荷性质及其对供电可靠性的要求，进行负荷分级，从而确定所需的独立供电电源个数与供电电压等级，并确定是否设置应急用发电机组。

（2）进行变配电所负荷计算与无功功率补偿计算，确定无功补偿容量。

（3）确定变压器型式、台数、容量，进行主接线方案选择。

(4) 变配电所所址选择。为了节约电能与减少有色金属耗量，通常应尽可能使高压深入负荷中心。但在建筑高度甚高和大容量负荷相当分散的情况下，也可分散设置多处变电所，其布置方案应经过技术经济比较确定。

(5) 短路电流计算与开关设备选择。

(6) 二次回路方案的确定，继电保护的选择与整定计算，操作电源的选择，计量与测量。

(7) 防雷保护与接地装置设计。

(8) 变配电所电气照明设计。

2. 高低压供配电系统设计

除低压配电所的设计不需进行变压器选择之外，其余部分的设计内容与变电所设计基本相同。

(1) 输电线路设计。一般指电气外线设计，包括供电电源线路设计和建筑物之间的配电线路设计。其设计内容包括：线路路径及线路结构型式的确定，导线截面选择，架空线路杆位确定及标准电杆与绝缘子、金具的选择，弧垂的确定与荷载的校验，电缆敷设方式的确定，线路的导线或电缆及配电设备和保护设备选择，架空线路的防雷保护及接地装置的设计等。

(2) 高压配电系统设计。在民用建筑中，一般不采用高压配电。仅当高层建筑中变电所多于一处或高压动力负荷时才采用高压配电。

(3) 低压配电系统设计。低压配电系统是民用建筑供配电系统的基本组成部分，其主要任务是：确定低压配电方式与配电网络结构，其主要内容是竖直配电干线与水平配电干线的个数，位置与走向。进行分干线与干线的负荷计算，选择开关设备及导线、电缆、封闭式母线的截面与形式。选择保护装置，进行保护整定计算并保证其级间的选择性配合，以防止穿越性跳闸。确定线路敷设方式，进行电气竖井与配电小间的设计。低压无功补偿容量计算，补偿方式与调节方式的选择。按需配置电气测量与电能计量装置。保护接地、重复接地系统的设计。

3. 电力设计

通常指动力负荷的供电设计。在大型民用建筑中，特别是高层建筑中，动力负荷种类复杂，台数甚多，容量比例亦高。例如，冷冻机组、冷水机组，电热锅炉，各种风机、水泵，电梯与自动扶梯等，其容量自数千瓦至数百千瓦以上。此外，民用建筑中的防火卷帘门、自动门、空调器以及各种生活服务机械负荷也不容忽视。上述动力负荷的空间分布不同，时变规律不同，对供电可靠性的要求也各不相同，必须通过合理的设计满足其供电要求。

民用建筑电力设计的主要内容是：在建筑平面图上确定各动力负荷的位置、容量；按各动力负荷的性质及其对供电可靠性的要求，进行负荷分级，并采取相应的供电保证措施(如双电源互投的供电方式)；确定动力负荷的配电网络型式，通常多采用放射式供电。确定配电装置的位置、选择开关设备与保护方式。按设备容量及其分组情况进行配电干线的负荷计算并选择干线保护的开关设备、导线截面与形式；确定线路敷设方式；进行接地系统与防电击技术措施的设计。

4. 电气照明设计

建筑电气照明设计，包括室外照明系统设计和室内照明系统设计。无论是室外照明设计还是室内照明设计，其设计内容均应包括：照明光源和灯具选择，灯具布置方案的确定和照度计算，照明线路截面选择，保护与控制设备选择等。

5. 电梯的选型与配电设计

电梯配电设计的主要内容是：按电梯的驱动容量与负荷等级配置供电电源；选择开关设备和保护装置；选择导线、电缆的截面与形式，确定线路敷设方式；为电梯井道配置维护照明。有关主电路与控制电路所需导线的截面与根数，一般应由电梯生产厂家提供。

6. 电气信号及自动控制设计

依据工艺要求确定自动、手动、远动等控制方法，确定集中控制还是分散控制的控制原则，控制设备和仪表的选择。

7. 防雷与接地设计

依据建筑物、构筑物大小、复杂形状、用途、当地的雷电日数、环境、地貌等因素确定防雷等级和采取的防雷措施，确定接地装置与冲击接地电阻要求和埋设方法，以及是否需做土壤降阻处理。对于高层建筑，尤应注意对直击雷和侧击雷的防护。

第二节　设　计　实　例

一、工程概况

本工程属民用住宅建筑，地上共六层，建筑主体高度21.6m，总建筑面积3750m^2，结构形式为砖混结构，现浇混凝土楼板。地上一至五层户型均相同，第六层为跃层结构。

二、设计依据

(1) 甲方提供的设计任务书；

(2) 国家现行的有关设计规范及标准，主要包括：

1)《低压配电设计规范》(GB 50054—95)。

2)《民用建筑电气设计规范》(JGJ 16—2008)。

3)《住宅建筑设计规范》(GB 50038—94)。

4)《有线电视系统工程技术规范》(GB 50200—94)。

5)《建筑物防雷设计规范》(GB 50057—94)。

(3) 其他有关国家及地方现行的规范、规程及标准；

(4) 相关专业提供的工程设计资料。

三、设计要求

根据建筑平面图，要求从以下三个方面进行设计：

(1) 供配电系统；

(2) 动力与照明系统；

(3) 防雷接地系统。

四、设计步骤

（一）供配电系统设计

1. 供电系统

民用建筑电气负荷，根据建筑物在政治、经济上的重要性或用电设备对供电可靠性的要求，分为三级。即一级负荷、二级负荷、三级负荷。根据《全国民用建筑工程设计技术措施/电气》中负荷分级表的分类，本例题中的建筑物属于三级负荷。该类负荷对供电无特殊要求，采用单回路供电，但应使配电系统简洁可靠，尽量减少配电级数，低压配电级数一般不宜超过四级。本工程由就近变电所引来一路 0.4kV 电源送至一层总进线配电箱对该建筑供电。

2. 低压配电系统结构

多层建筑采用 220～380V 链式和放射式相结合的配电方式。建筑分两个单元，共六层，总进线配电箱 AP 设在某个单元的一层，通过 AP 向两个单元送入三相交流电，每个单元一、二层由 A 相供电，三、四层由 B 相供电，五、六层由 C 相供电。每层设一个层配电箱，一层配电箱为 AW1，二至五层配电箱为 AW2，六层配电箱为 AW3。由层配电箱分别向该层两个户配电箱引入 220V 交流电。

3. 负荷计算

在施工图阶段，采用需要系数法进行负荷计算。

（1）进楼电缆的选择。根据住宅设计规范要求，本工程住宅用电标准为 A 型（六层）8kW，B 型（一至五层）6kW，整栋建筑的安装容量为 152kW。

即 $$P_e = 152.00\text{kW}$$

$$K_x = 0.7\text{（见附录十）}$$

于是可得 $$P_{js} = 152 \times 0.7 = 106.40\text{(kW)}$$

功率因数 $$\cos\varphi = 0.9$$

计算电流 $$I_{js} = P_{js}/\sqrt{3}U_e\cos\varphi \approx P_{js}/0.658\cos\varphi \approx 179.67\text{(A)}$$

查《建筑电气常用数据图集》，可选择电缆型号：YJV_{22}-4×95+1×50，穿焊接钢管 SC70。断路器型号：vigiNS-225STR200-ME-4P，漏电动作电流 I_Z 为 300mA。配电系统如图 7-1 所示。

（2）进楼层配电箱导线的选择。以进一层配电箱 AW1 的导线选择为例，计算如下：

由于每一相电源供两层住宅，共四户

$$P_e = 24.00\text{kW}$$

$$K_x = 0.95\text{（见附录十）}$$

于是可得 $$P_{js} = 24 \times 0.95 = 22.80\text{kW}$$

取 $$\cos\varphi = 0.95$$

计算电流 $$I_{jsd} = P_{js}/U_{ed}\cos\varphi = P_{js}/0.22\cos\varphi \approx 109\text{(A)}$$

查《建筑电气常用数据图集》，可选择导线型号：BV—2×35+1×16，穿焊接钢管 SC40。微型断路器型号：C65N－63/2P。一层配电箱共接出五条回路，分别为两个户配电箱 MA1、公共照明、门禁电源、设备用电，配电箱结构如图 7-2 所示。

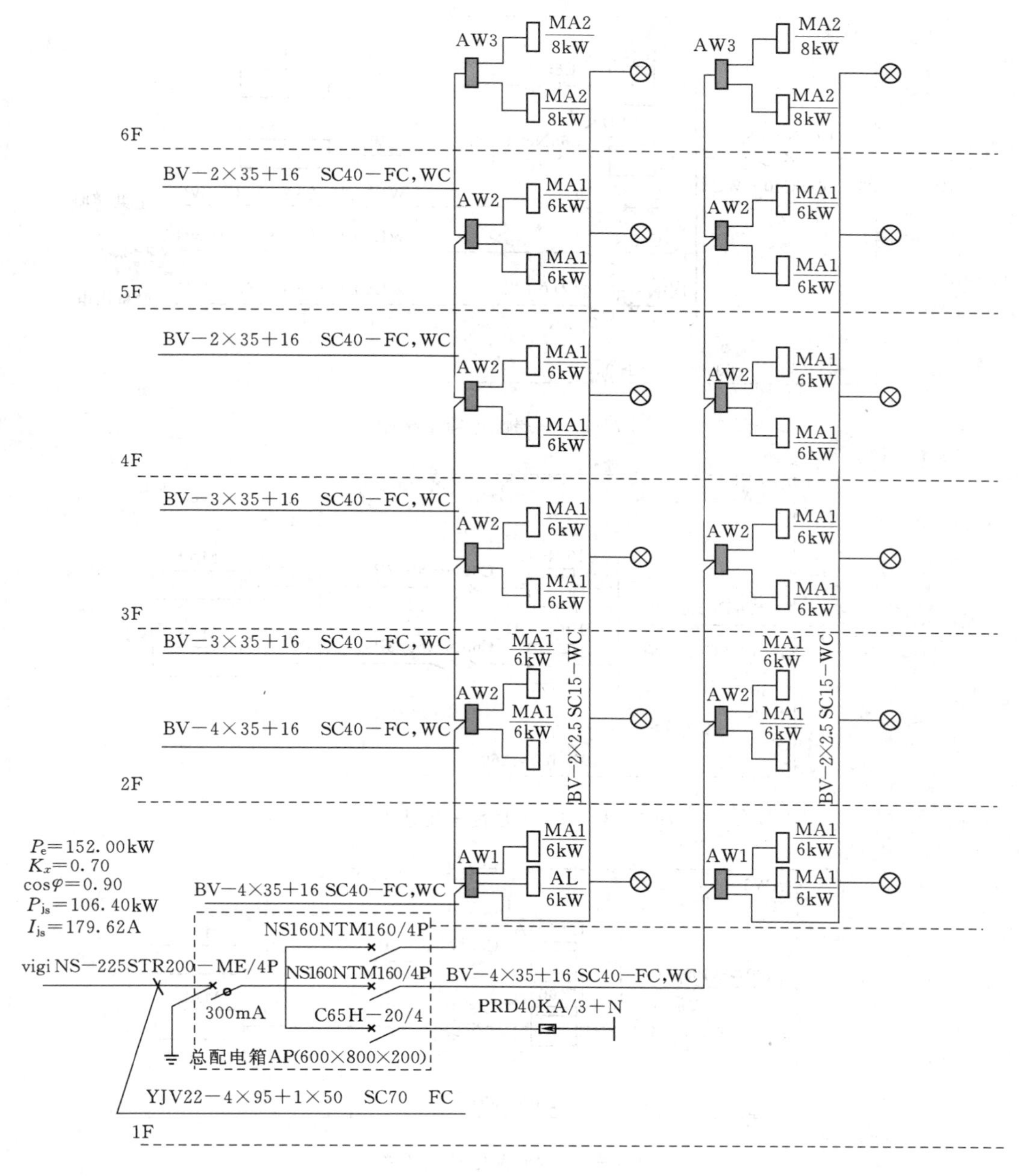

图 7－1 配电系统图

同理，可以计算出 AW2、AW3 配电箱的进线型号，配电箱结构如图 7－3、图 7－4 所示。

（3）进户配电箱导线的选择。本建筑户配电箱有两类，一类是针对 6kW 用电标准的户配电箱，另一类是针对 8kW 用电标准的户配电箱，两种配电箱导线计算过程完全相同，下面以 6kW 配电箱为例，选择进配电箱导线的型号。

$$P_e = 6.00\text{kW，取 } K_x = 1\text{（见附录）}$$

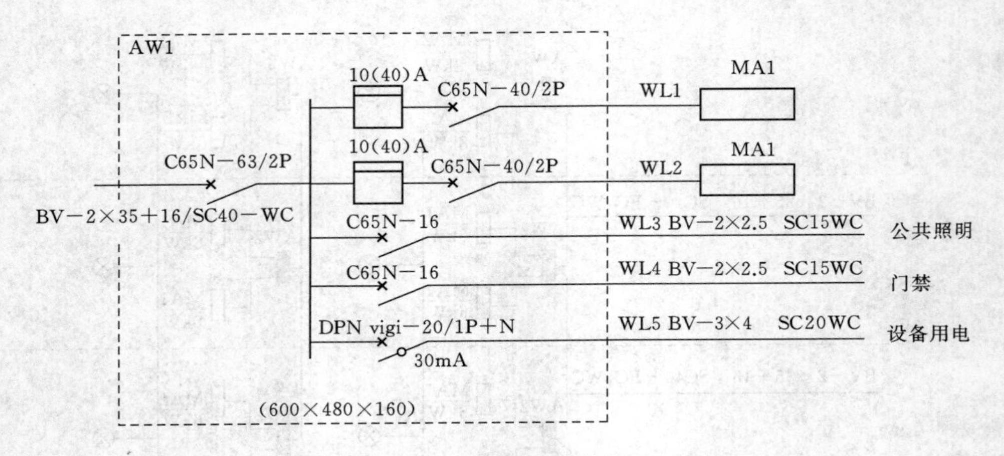

图 7－2　一层配电箱结构图

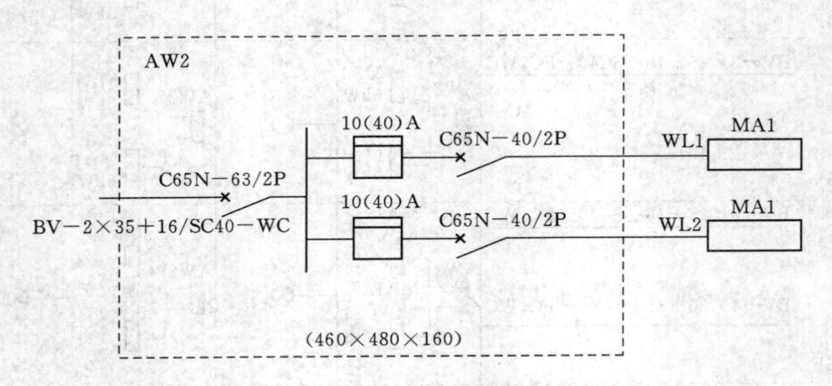

图 7－3　二至五层配电箱结构图

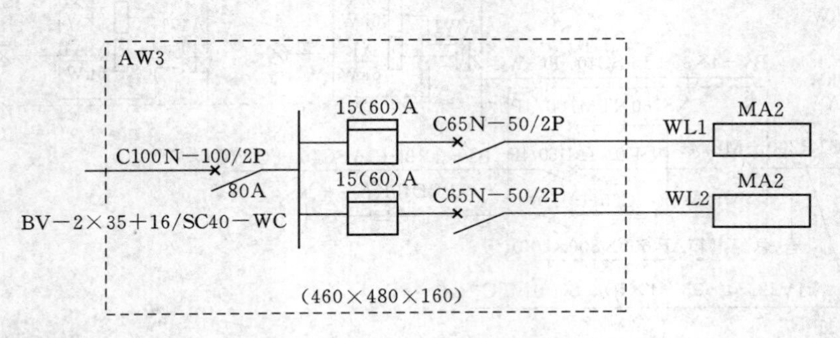

图 7－4　六层配电箱结构图

于是可得　　$P_{js}=6\times1=6(\text{kW})$

取　　$\cos\varphi=1$

计算电流　　$I_{jsd}=P_{js}/U_{ed}\cos\varphi=P_{js}/0.22\cos\varphi\approx27.27(\text{A})$

查建筑电气常用数据图集，可选择导线型号：BV—3×10，穿焊接钢管 SC32。微型断路器型号：C65N－40/2P。一层配电箱共接出七条回路，分别为一条照明回路、两条插座回路、两条空调插座回路、一条卫生间插座回路、一条厨房插座回路，配电箱结构如图 7－5 所示。

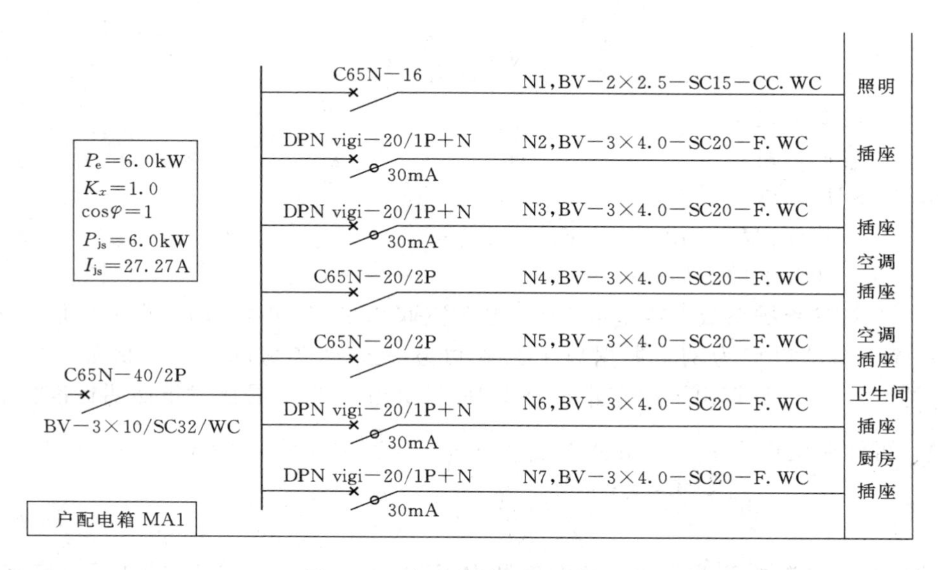

图 7-5 户配电箱 MA1 结构图

同理可以得出户配电箱 MA2 的结构，如图 7-6 所示。

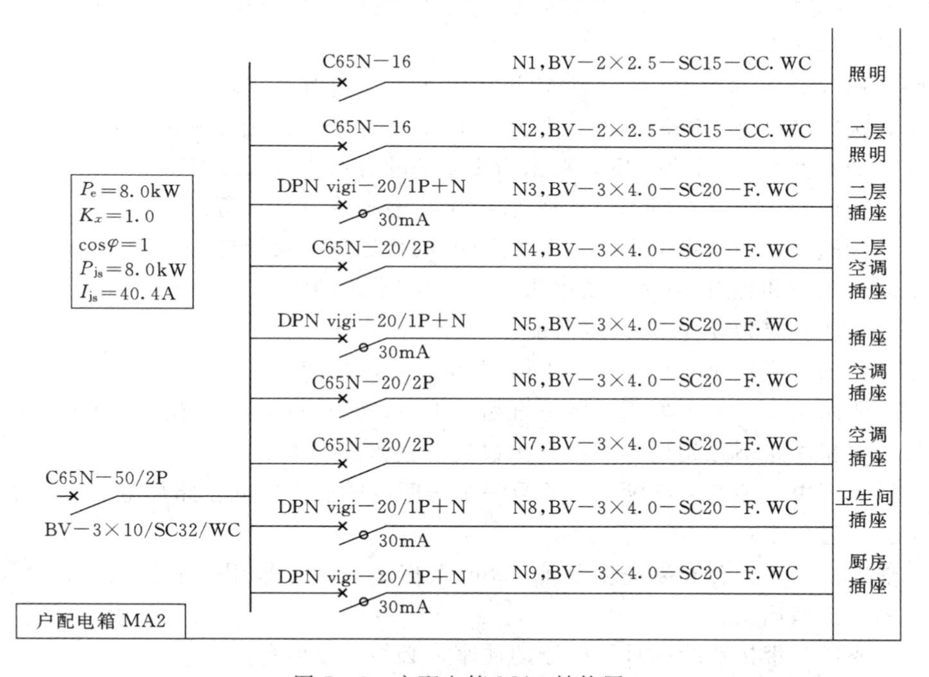

图 7-6 户配电箱 MA2 结构图

(二) 动力与照明系统设计

1. 照度计算

居民住宅楼的照度计算一般采用利用系数法。公式为

$$E_{av}=\frac{\mu K n \Phi}{A}$$

$$N=\frac{E_{av}A}{\Phi\mu K} \tag{7-1}$$

式中 Φ——光源光通量，lm；

n——光源数量；

μ——利用系数；

A——工作面面积，m^2；

E_{av}——工作面上的平均照度，lx；

K——灯具维护系数，居室取0.8，办公室取0.8，室外取0.7，营业厅取0.75。

以一至五层的户型为例，根据以上公式可逐一选择各房间灯具。例如：主卧室长4.5m，宽3.9m，可计算出该居室建筑面积为$17.55m^2$。根据居住建筑照明标准值表（见附录十）。可知照度选取75lx，由公式$E_{av}=\frac{\mu Kn\Phi}{A}$，其中$n=1$，$k=0.8$，$\mu=0.4$。

得
$$\Phi=\frac{E_{av}A}{\mu Kn}=4113(\text{lm})$$

查建筑灯具与装饰照明手册，选取型号为YZ85RR，功率为85W的普通直管荧光灯。照度校验值为77.49lx，完全满足照度要求，计算出照明功率密度为$4.84W/m^2$，小于目标值$6W/m^2$（见附录十），满足节能要求。其余各房间均按上述过程进行计算、校验，依次选取灯具，具体选择如下。

次卧：选取型号为YZ40RR，功率为40W的普通直管荧光灯。

书房：选取型号为YZ65RR，功率为65W的普通直管荧光灯。

客厅：选取型号为YZ100RR，功率为100W的普通直管荧光灯。

餐厅：选取型号为YZ40RN，功率为40W的普通直管荧光灯。

阳台：选取型号为YZ20RR，功率为20W的普通直管荧光灯。

洗手间（主卫和客卫）：选取功率为30W的防水防潮灯。

厨房：选取功率为30W的防水防潮灯。

根据《全国民用建筑工程设计技术措施/电气》的要求：

(1) 照明系统中，每一单相回路不宜超过16A，灯具数量不宜超过二十五个，大型组合灯具每一单相回路不宜超过25A，光源数量不宜超过六十个。

(2) 插座应由单独的回路配电，并且一个房间内的插座由同一路配电，每一条回路插座数量不宜超过十个。

(3) 住宅内插座，若安装高度距地1.8m及以上时，可采用一般型插座；低于1.8m时，应采用安全型插座。

(4) 需要连接带接地线的日用电器的插座，必须带接地孔。

(5) 对于插拔插头时触电危险性大的日用电器，宜采用带开关功能切断电源的插座。

(6) 在潮湿场所，应采用密封式或保护式插座，安装高度距地不应低于1.5m。

(7) 在儿童专用的活动场所，应采用安全型插座。

2. 平面图设计

依据以上要求，住宅动力与照明平面图设计如图7-7、图7-8所示（以标准层为例）。

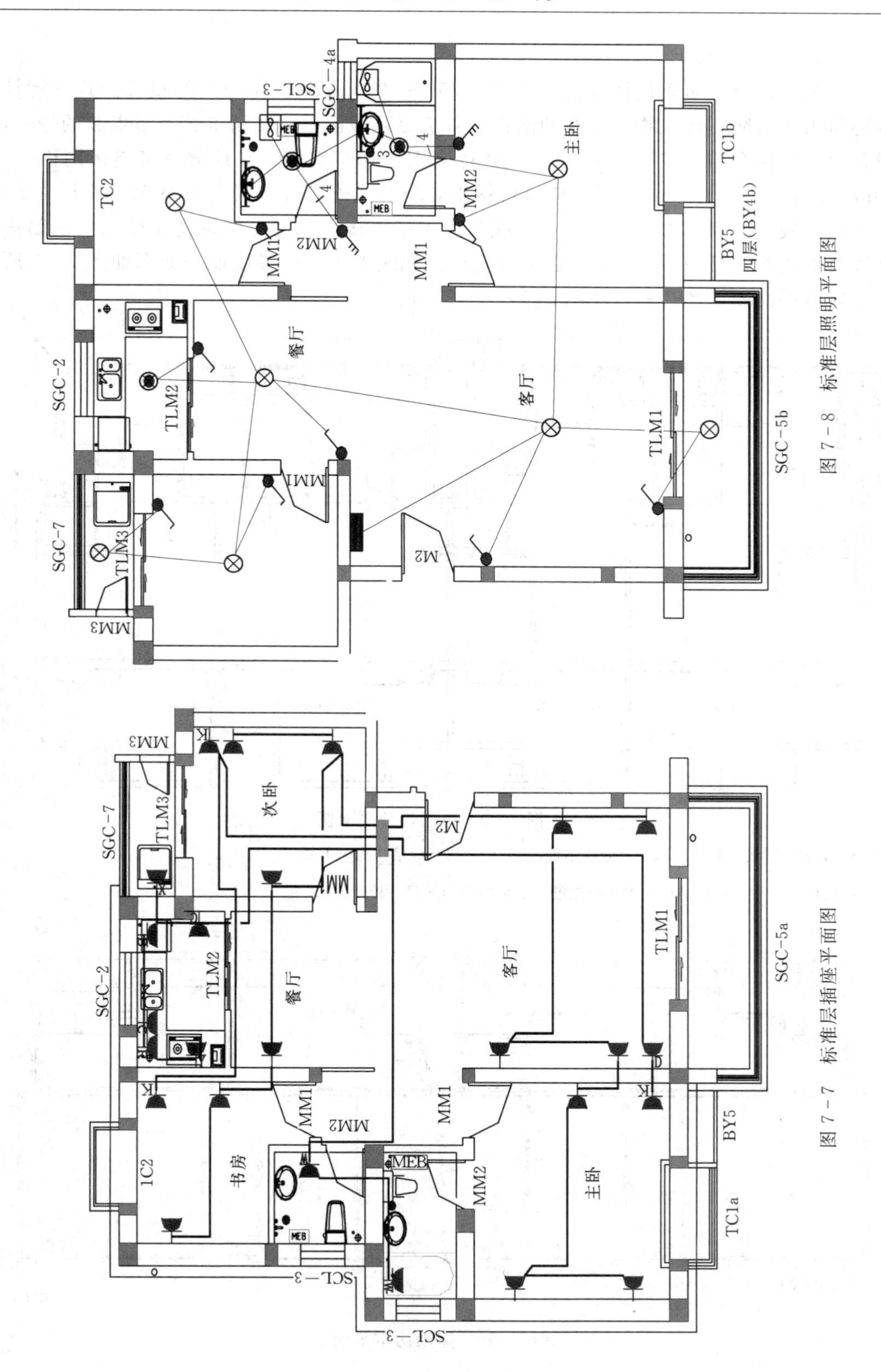

图 7-8 标准层照明平面图

图 7-7 标准层插座平面图

（三）防雷与接地

根据《建筑物防雷设计规范》（GB 50057 — 94）（2000 年版）的相关公式进行计算，本建筑为三类防雷建筑物。建筑的防雷装置满足防直击雷、防雷电感及雷电波的侵入，并设置总等电位联结。在屋顶采用 $\phi 8$ 热镀锌圆钢作为避雷带，屋顶避雷带连接网格不大于 20m×20m 或 24m×16m。利用建筑物钢筋混凝土柱子或剪力墙内四根 $\phi 10$ 以上主筋焊接作为引下线，间距不大于 25m，引下线与避雷带焊接，下端与建筑物基础底板主筋焊接，外墙引下线在室外地坪下 1m 处引出与室外接地线焊接。一层接地平面图如图 7 - 9 所示，屋面防雷平面图如图 7 - 10 所示。

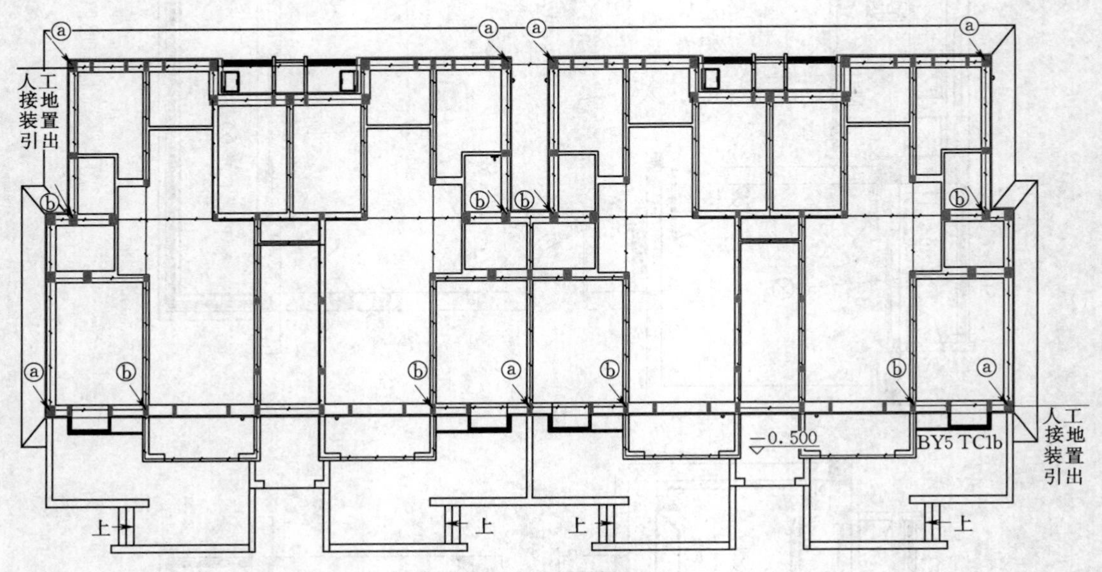

图 7 - 9　一层接地平面图

注　防雷引下线：利用结构柱内四根钢筋（≥$\phi 10$）相互焊接作为引下线。

接地引下线：利用结构柱内四根钢筋（≥$\phi 10$）相互焊接引至接地装置。

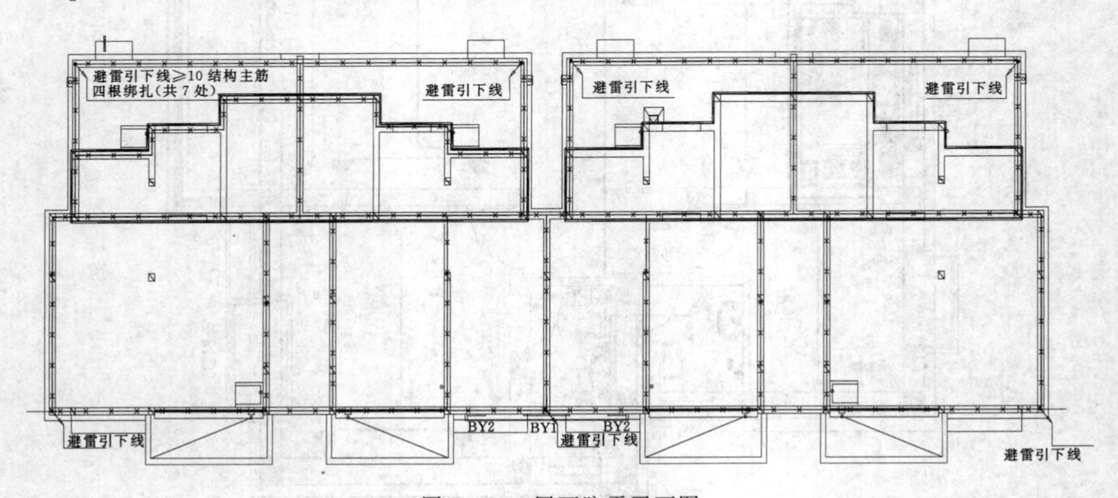

图 7 - 10　屋面防雷平面图

第八章　课程设计指导及应用

本章介绍了课程设计、设计步骤、室内照明和室外照明应用以及课程设计题目。

第一节　课程设计指导

一、概述

建筑电气课程设计在学生学完本课程后进行，需要14天。其目的是：在教师的指导下，通过对选定的某一个具体的建筑电气工程的设计，使学生了解建筑电气的设计过程、设计要求、施工要求、设计内容和设计方法；达到巩固所学知识，加强分析问题，进一步拓宽专业知识面和多方面能力的培养与提高的目的（即在建筑工程方面的独立工作能力和创造力）；综合运用专业和基础知识，解决实际建筑工程中技术问题的能力；查阅有关国家规范、标准、设计和产品手册，以及图书资料和各种工具书的能力；建筑电气工程绘图能力；书写技术说明书和编制技术资料的能力。

二、课程设计要求

在课程设计中，指导教师应侧重于从工作方法、设计方法、思维方法等方面对学生的指导。

具体要求为：

(1) 在接受设计任务（即设计项目选定）后，应根据设计要求和设计内容，拟订设计任务书和工作进度计划，科学安排时间，确定各阶段应完成的工作量。

(2) 在进行设计方案论证中，应广开思路，积极探索，开展讨论，多提问题，以求得指导老师的帮助。

(3) 所有电气施工图纸的绘制必须符合国家有关最新标准的规定，包括线条、图形符号、文字符号、项目代号、技术要求、标题栏、元器件明细表，以及图纸的折叠和装订等。

(4) 说明书要求文字通顺、简练、字迹端正、整洁、目录清楚。

(5) 在设计过程中，有条件时可深入到类似工程的实际工地进行调查，了解施工对设计的要求，使设计能尽量符合实际，使得电气设计与建筑设计及其他各专业设计配合好，从而能较好地指导施工。

(6) 应在规定的时间内完成所有的设计任务。

(7) 在进行电气设计时，可采用手工绘图和CAD绘图相结合的办法。

三、课程设计任务书

课程设计任务书与工程设计书有所区别，工程设计书主要分为：设计内容和要求、设计标准、具体设计项目、工程控制造价等内容。课程设计任务书主要有以下几方面：

（1）设计工程名称与来源。

（2）参与本建筑项目电气设计的人数及其要求。

（3）设计内容可分为2大部分：

1）强电部分的项目有：供配电系统、电梯、空调、照明、设备自动控制和调节、防雷接地等。

2）弱电部分的项目有：有线通信、有线广播、火灾自动报警、CATV系统（有线电视）、保安监控及综合布线等。

（4）设计资料收集。

（5）各部分设计内容和设计要求的建议，主要内容为：采用的设计标准、要求、设计方案、设计的质量指标要求、建筑材料的选用要求（指电气元器件）、供电负荷等级、照度标准及照明质量、供配电系统、照明系统、电梯、空调、自动控制、消防、安保、防雷接地及弱电系统。设计过程中应与整个建筑结构相配合，最终设计出电气系统布置图和安装接线图。

（6）图纸质量和数量要求。

（7）文件编制的要求。

（8）设计进度和时间安排。

（9）设计说明书要求反映设计方案的论证和计算过程、结果。

另外，设计任务书的封面上一般应标有学校名称、项目名称、设计者姓名、指导老师、教研室、任务书发放日期等。

四、设计方法

（1）根据设计任务书，对设计要求进行分析，并从强电和弱电两方面分别考虑进行设计。

（2）收集各有关设计资料。

（3）进行方案论证，确定设计方案。确定的主要内容有：照明方式，照度标准、负荷等级、供配电系统结构、强电系统和弱电系统的结构和内容等。

（4）进行施工图设计，主要是设计计算与编制施工图设计文件。

（5）绘制建筑电气干线图、系统图和平面布置图。

（6）编写设计说明书、图纸目录等。

五、课程设计说明书的撰写

1. 课程设计说明书的要求

课程设计说明书是课程设计的一个重要方面，是说明设计的书面材料，也是设计质量的反映。所以要求设计者必须独立认真完成。具体要求为：

（1）文字简练、通畅、条理清楚、说明透彻、逻辑性强、书写工整。

（2）论据充分、计算准确，使用公式正确。

（3）详略得当。

（4）说明书的内容应包括主要的计算和必要的图纸，并且对图纸上未能表示清楚的内容加以说明。说明书采用A4纸。设备材料表和设计图纸可附在后面，也可独立装订成册。

（5）图面要清晰、图样要规范化、标准化，统一格式、统一封面，装订成册。

2. 设计说明书的结构形式

设计说明书的完整内容应由以下几部分构成。

（1）目录。

（2）标题。

（3）概述：主要简述本设计项目的概况、设计和指导原则、主要内容和摘要（约200字左右）。

（4）方案论证。

（5）施工图设计：建筑电气（强、弱电）干线图、系统图、建筑电气（强、弱电）平面图设计，负荷计算、照明计算、其他参数确定及计算、设备选择、图纸施工要求说明。

（6）结论：对本设计的客观评价，设计特点，存在的问题和改进意见以及致谢等。

（7）参考文献。

课程设计编写格式见附录十四。

第二节 设计资料收集

在进行课程设计之前，应进行调查研究，广泛收集必需的设计基础资料（如国家的有关法律、法规、规范、规程、标准、图集，以及地方标准、规定等）。主要内容有：

（1）全面了解建筑规模、生产工艺、建筑构造和总平面布置情况。

（2）向建筑物所在地供电部门了解电力系统的情况，了解本工程供电电源的供电方式，供电电压等级、电源回路数，对功率因数的要求，计费办法及计费电表的设置等。

（3）向其他专业了解工艺对电气设计的要求及用电负荷资料；了解电力设计的控制方式是就地操作还是远程遥控，是手动还是机械电动；有无电气信号和自动控制系统的要求，是直接起动还是降压起动；各生产设备之间的相互制约情况、机间连锁装置要求等。

（4）向建筑专业索取建筑物的平、剖面图纸，向结构专业索取基础平面图。了解建筑物在该地区的方位，邻近建筑物的概况；建筑层高；楼板厚度，地面、楼面、墙身做法；主次梁、构造柱、过梁的结构布置及所在轴线位置；有无出屋顶女儿墙、挑檐；屋顶有无设备间、水箱等。

（5）向建设单位及其他专业了解工艺设备布置图及室内布置图。了解生产车间工艺设备的确切位置；办公室内的办公桌布置形式；商店里栏柜、货架布设方位，橱窗内展出的内容及要求；宾馆内客房里设备布置、卫生间要求；住宅建筑中的洗衣机、电风扇、空调的选择位置等。

（6）向建设单位了解建设标准。各房间灯具标准要求。各房间使用功能要求；建筑物是否设置节日彩灯，是否安装广告、泛光灯；电话，闭路电视和空调的设置要求；电气消防、保安监控的设置要求等。

（7）进户电源的进线方位，对进户标高的要求，进户装置的形式要求。

（8）电气设备的工作状况，产品类型，负荷性质与特点的了解。

（9）工作场所对光源的要求，视觉功能要求，照明灯具显色性要求。

(10) 向工程建设地点的气象台（站）及有关部门了解气象、地质资料、建筑物周围土壤类别和自然环境、防雷、接地装置有无障碍等。

第三节　设　计　步　骤

一、照明设计步骤

(1) 确定设计照度。按各房间视觉工作的要求和室内环境的清洁状况，根据《建筑照明设计标准》(GB 50034—2004) 及有关规程，确定各房间的最低照度和照度补偿系数。

(2) 照明方式的选择。根据工艺要求和生产性质，房间的照度规定，选择合理的照明方式。

(3) 灯具的选择。按照房间的装修色彩，对光色的要求标准、环境条件等来决定光源和灯具的选择。

(4) 合理布置灯具。按照照明光线的投射方向、工作面上的照度、照度均匀性和眩光限制，以及建设投资状况、维护方便与安全等因素来综合考虑。

(5) 进行照度计算。通过对各功能用房的照度计算，决定安装灯具的数量和光源容量。

(6) 进行供电系统方案对比，决定配电方式。

(7) 进行各支线负荷的平衡分配，线路走向的确定，配电范围和配电箱位置的选择。

(8) 计算电流和导线选择。计算各支线与干线的工作电流，选择导线截面、型号、敷设方式、穿管管径、进行导线电流的验算、电压损失值的验算。

(9) 电器设备选择。通过计算电流、选择自动空气开关、漏电保护开关型号规格以及电度表、电压表、电流表、电流互感器、电压互感器型号规格等。根据设计要求确定配电箱型号与规格。

(10) 进行管网综合。在设计过程中与给排水工程、暖通工程、燃气工程的设计进行管道汇总，将预留孔洞和预埋件的设置资料提交土建工程。

(11) 绘制电气施工图。先绘制各层电气平面图、防雷接地平面图；再绘制配电干线图、配电系统图，以及弱电干线系统图；最后编写设计总说明，列出主要设备材料表。

二、电力设计步骤

(1) 根据工艺、土建、给排水、暖通、燃气、弱电等工程提供的用电设备情况进行总负荷计算，并考虑无功功率的补偿，进行变配电所及变压器容量和数量的选择。

(2) 与供电部门商洽，决定供电方式及要求。

(3) 根据负荷对供电的要求和电源条件，选择符合国家有关建筑方针和政策，以及技术、经济上最合理的供电方案与供配电系统。

(4) 根据供电部门的规定，决定电能计量的方法，确定用电设备的供电电压。

(5) 进行负荷电流计算，选择配电设备、配电线路等。

(6) 进行防雷和接地装置设计。

(7) 提出对其他土建类专业设计的工艺要求。例如：变配电所或配电室房间与设备布置的平、剖面图，设备支架或基础、电缆沟等各部尺寸，防火防爆要求，预留孔洞及预埋件部位和要求，与给排水和暖通、燃气管网、设备的综合布置要求等。

(8) 进行各子项施工图的绘制，以及标准图、大样图的选择。

(9) 编写设计说明，列出主要设备材料表。

三、防雷接地系统设计

(1) 根据 GB 50057—94/2000 版、GB 50343—2004 规定，确定建筑物防雷等级，并确定具体防雷措施。

(2) 选择满足要求的防雷装置（即接闪器、引下线、接地装置）。

(3) 施工图（防雷和接地平面图）绘制。防雷平面图是在建筑物屋顶平面图的基础上绘制的，图上应标出避雷针或避雷带（网）的安装位置；引下线、接地装置的安装位置，并说明接闪器、引下线选用的材料规格和对施工方法的要求等。接地平面图是在建筑物的基础平面图上绘制的，图上应标出接地装置的位置，接地电阻检测点位置、接地干线的位置，以及它们的材料规格和施工工艺等。

四、电话设计步骤

(1) 调查了解当地电信部门对新增用户的要求和有关规定，与电信部门商洽装机容量，确定设计施工界限。

(2) 根据工程建设地点和市话电缆的方位，确定电话电缆进户的位置，设计进户方案，决定上升线路的路径。

(3) 提出电话设计对其他设计专业的工艺要求，核对电话管线与其他管线的最小间距是否符合有关规范规定。

(4) 在建筑平面图的基础上绘制电话施工图（包括配线干线示意图和平面布置图），选择大样图与标明工程做法。

(5) 编制设计说明，列出主要设备材料表。

五、共用天线电视系统设计步骤

(1) 了解建筑物建设地点的场强，用户电视机台数等资料。

(2) 确定接收天线位置。

(3) 天线输出电平值估算。

(4) 前端设备及分配系统确定。

(5) 分配系统各点电平值计算。

(6) 前端计算。

(7) 施工图绘制。在建筑平面图的基础上绘制 CATV 系统的施工图，包括：电平分配系统图（同时将计算出的各用户电平逐点标在图纸上），各楼层平面布置图（用于指导管线敷设、设备位置的确定），首张图（标写出工程施工工艺、总设计说明、主要设备材料表以及电器设备的生产厂家及订货方法等）。

第四节 室内照明应用

一、居住建筑照明（住宅照明）

（一）照度标准

住宅建筑照明的照度标准，参见表 6-22。

（二）照明器的选择

（1）光源宜选用稀土节能荧光灯为主要的照明光源。

（2）照明器在室内起着重要的装饰性作用，在选择照明器时应注意与室内空间的用途和格调，与室内空间的面积和形状相协调。一般建筑层高一般在 3m 以下时，不宜采用吊灯，适宜采用吸顶灯、暗槽灯等灯具。

（三）起居室照明

（1）谈话是起居室内主要的活动之一，采用一对落地灯或台灯，或带有大漫射罩的吊灯，可以为谈话者提供一种和谐的照明效果。如果采用调光器，还能对一般照明的照度水平进行调节，以获得要求的气氛。

（2）阅读要求有比较高的照度，一般来说，对于看书和看杂志，照度应在 300lx 以上，沙发近旁的落地灯可以提供良好的阅读照明，部分上射光能够形成良好的环境照明。这种照明器采用卤钨灯或紧凑型荧光灯作为光源。

（3）书写要求有良好的局部照明，提供局部照明的照明器应该比较大，这样它产生的阴影比较小，轮廓也比较淡。光源可以采用白炽灯或紧凑型荧光灯。

（4）看电视也是人们在起居室内的主要活动，在黑暗中看电视会使眼睛非常疲劳，在电视机上部或靠近电视机的地方安装照明器，或者采用小照明器照明附近的墙面，减少电视机与环境之间的亮度对比反差。

起居室内主要的环境照明由房中央安装的吸顶式照明器来提供，也可采用暗装时的间接照明。为了扩大房间的空间感，还可在周围采用一些照明器来照明墙壁。

（四）卧室照明

（1）卧室是休息的场所，需要安静柔和的照明。在顶棚上安装乳白色半透明的照明器构成一般照明，也可以使用间接照明造成柔和、明亮的顶棚。

（2）在床头和梳妆台需加上局部照明以利于阅读和梳妆。在梳妆台两侧垂直安装显色性好的低亮度的带状光源，或在梳妆台上部安装带状照明器，以显出自然的肤色。在床头两边安装能独立地调节和开关中等光束角的壁灯，以满足个人的需要。也可在床头安装台灯。如果房间较宽敞，有写字台或沙发可在其上放置台灯或在旁边安装落地灯。

（五）厨房照明

（1）厨房的照明要求没有阴影，不管是在水平面或垂直面上都有一定的照度，以方便工作和在橱柜内寻找东西。如果只有一般照明则会造成阴影，此时需加上局部照明已消除工作面上的阴影。

（2）厨房的照明器要选用易于清洁的类型，如玻璃或搪瓷制品灯罩配以防潮灯口。宜与餐厅（或方厅）用的照明光源显色性相一致或近似。

（3）一般照明和局部照明要选用高显色指数的光源（$R_a \geqslant 80$），为了节能，大多采用荧光灯。

（六）餐厅照明

（1）没有单独餐厅的家庭，用餐的区域是起居室的一部分，对这种情况的照明设计和对餐厅的照明设计要求一样。

（2）在餐厅中，主要活动是围绕餐桌进行的，将灯光集中在餐桌上，用餐者的面部能得到良好的照明，能形成一种亲密无间的气氛。通常采用一个悬挂于餐桌上方的照明器来进行照明。当餐桌较大时，可用2个或3个小一点的照明器提供照明。餐桌上方悬挂的照明器一般应高出桌面800mm，但最好能够调节高度，若照明器能进行调光则更好，这样可以根据不同的情况将照明调节到合适的水平。

餐厅还需要一般照明，使整个房间有一定的照明，避免有突兀之感。一般照明可采用吸顶式荧光照明器，或嵌入式间接照明。

（七）盥洗室照明

（1）盥洗室既要求有良好的一般照明，以保证能透过淋浴间的帘子或玻璃屏。通常采用吸顶照明器来提供一般照明。

（2）盥洗室也要求良好的局部照明，可在盥洗室内镜子的两边垂直安装两个照明器，也可以在镜子的上方使用面光源，提供局部照明。为了再现人的肤色，要求采用显色性好的光源，尤其光谱中必须有丰富的红色成分。

（3）盥洗室的照明器位置应避免安装在坐便器或浴缸的上面及背后，照明器必须是密闭的，能防止水汽凝聚。开关如为翘板式时，宜设于卫生间门外，否则应采用防潮防水型面板或使用绝缘绳操作的拉线开关。

（八）门厅、走廊与楼梯照明

1. 门厅

门厅是联系卧室、厨房、盥洗室和起居室的过渡空间，是家庭的门面。门厅的一般照明可采用吸顶荧光灯或简练的吊灯，也可以在墙壁上安装造型别致的壁灯，保证门厅有较高的亮度。

2. 走廊和楼梯间照明

照明器应安装在易于维护的地方，对于宽度不大的走廊和楼梯间，应采用吸顶灯，安装在顶棚上，如采用壁灯照明，则应安装在楼梯的侧墙上，利用墙面反射光照亮楼梯水平面及垂直面。

（九）其他设计要求

（1）可分隔式住宅（公寓）单元，灯位布置与电源插座设置，应该适应轻墙任意分隔时的变化。可在顶棚上设置悬挂式插座，采用装饰性多功能线槽，或将照明器、电气装置与家具墙体相结合。

（2）高级住宅（公寓）中的方厅、通道和卫生间等。宜采用带有指示灯的翘板式开关。

（3）为防范而设有监视器时，其功能宜与单元内通道照明灯和警铃联动。

（4）应该将公寓的楼梯灯与楼层层数显示相结合，公共照明灯可在管理室集中控制。高层住宅楼梯灯如选用定时开关时，应有限流功能，并在事故情况下强制转换至点亮状态。

（5）有关住宅（公寓）室内插座的设置，应该符合规范的规定。

（6）每户内的一般照明与插座宜分开配线，冰球在每户的分支回路上除应装有过载、短路保护外并应在插座回路中装设漏电保护和有过电压、欠电压保护功能的保护装置。

（7）单身宿舍照明光源宜选用荧光灯，灯位与外墙垂直。室内插座不应少于两组。条件允许时可采用限电器控制室用电负荷或采取其他限电措施。在公共活动室亦应设有插座。

二、学校照明

（一）照度标准

学校照明的照度标准，参见表6-29。

（二）照明器的选择

1. 光源

学校的照明光源一般采用荧光灯和高强度气体放电灯等。根据学校的不同场合选择不同的光源。

（1）荧光灯具有效率高、寿命长、扩散性光质、辉度低、显色性能好等优点，故在教室、教研室、走廊、展览橱窗、美术教室等要求照度和显色性比较高的场所得到广泛使用。选择使用色温在4500～6000K之间的冷白色和日光色荧光灯，可使周围的气氛明亮而温暖。同时，荧光灯宜采用电子镇流器，以减少频闪带来的眼疲劳。

（2）礼堂等高天棚的室内照明宜用金属卤化物灯，室内运动场也宜采用金属卤化物灯。

2. 照明器

学校教室通常选用盒式（如筒式荧光灯YGI系列）、控照式照明器（如吸顶荧光灯YG6系列、嵌入式荧光灯YG15系列等），此类照明器的眩光指数较高，一般在20～24之间，接近于刚刚不舒服阶段。各种照明器的比较如下：

（1）控制式照明器的光效率较高，纵、横向排列时眩光指数均相同，眩光指数低于盒式照明器，照度均匀度不及盒式照明器，适用于桌面照度要求高的高空间安装使用。

（2）盒式照明器的照度和照度均匀度均高于控制式，纵向排列较横向排列的眩光可小一倍，较控照式的眩光指数高1.5倍，桌面照度不及控照式，可用于较低空间安装。

（3）蝙蝠翼宽型照明器的长轴方向与学生视线平行布置时（纵向排列），能有效地减少光幕反射；当照明器与下垂线成35°以上的角度时，发光强度锐减，有利于防止眩光；可以提高灯的排列间距；当蝙蝠翼宽型照明器的长轴方向与学生的视线垂直布置时（横向排列），眩光指数可能低于纵向排列。

（三）教室照明

教室照明宜采用蝙蝠翼式和非对称性配光照明器，并且布置灯位原则应采取与学生主视线相平行，安装在课桌间的通道上方，与课桌面的垂直距离不宜小于1.7m。教室照明的控制应平行外窗方向顺序设置开关（黑板照明开关应单独装设），走廊照明宜在上课后可关掉其中部分照明器。一般教室照明器的布置如图8-1所示。

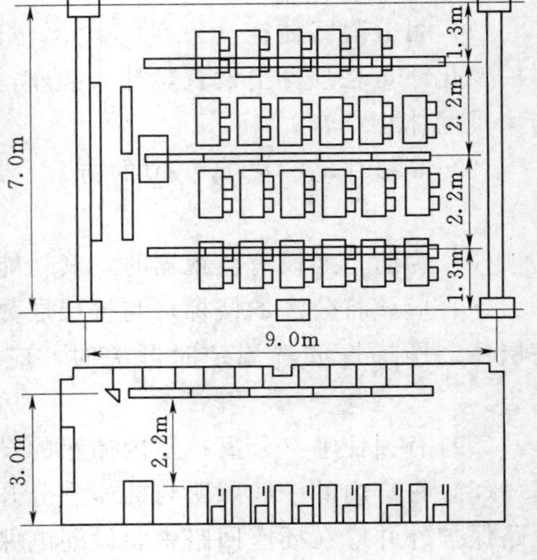

图8-1　一般教室照明器的布置

（四）黑板照明

教室黑板照明器的布置如图 8－2 所示，图 8－2（a）表示了黑板照明器与师生的相对位置。

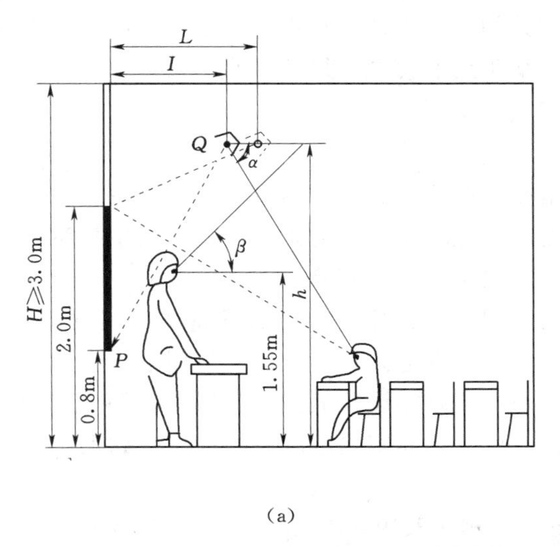

（a）

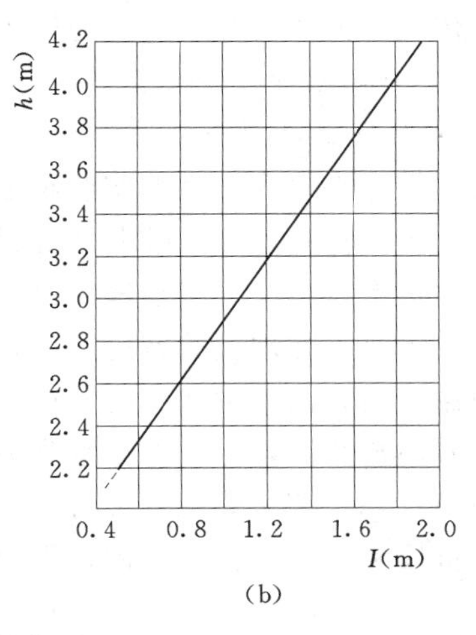

（b）

图 8－2　教室黑板照明器的布置

（a）黑板照明器与师生的相对位置；（b）h 与 l 之间的关系

安装黑板照明器时，应注意以下几点：

（1）为达到照度均匀、黑板垂直照度最大、教师和学生均无眩光刺眼这三项要求，黑板照明器的安装高度 h 与照明器到黑板的水平距离 l 的关系，如图 8－2b 所示。假若黑板照明器 Q 的位置有 l 变到 l 以上时，第一排的学生就会感到反射眩光。

（2）应使黑板照明器的反射光不致进入学生的眼睛，α 角要在 60°以上，最低不应小于 45°。

（3）为了避免在教室的讲稿上有刺眼的光线，光源的仰角 β 应不小于 45°，最小也应在 30°以上。

（4）为了在黑板面有较好的均匀度，黑板照明器投射位置最好在黑板下端 P。

（5）如果黑板前设置投影幕，黑板照明应分别控制，可以单独开启每一个灯具。

（6）如图 8－3 所示，阶梯教室通常采用平行于黑板的荧光灯带照明，以减少眩光。另外，因层高不等会造成照度不均匀，可采用不等距的布灯方式。

（五）电化教室的照明

（1）在电视教学的报告厅，大教室等场所，宜设置供记录笔记用的照明（如设置局部照明）和非电化教学时使用的一般照明，但一般照明宜采用调光方式。

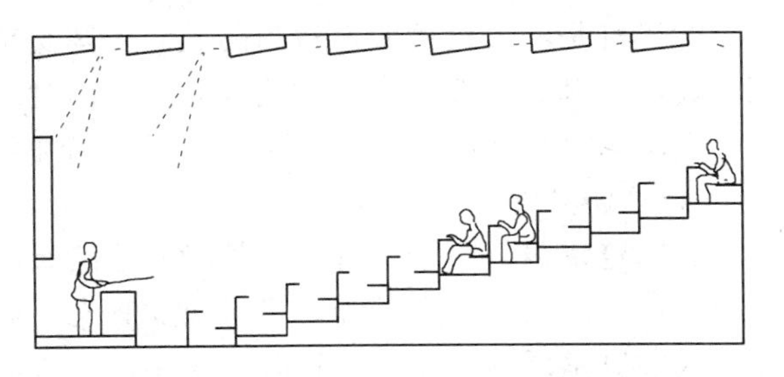

图 8－3　阶梯教室照明器的布置

（2）演播用照明的用电功率，初步设计时可按 0.6～0.8kW/m² 估算，当演播室的高度在 7m 及以下时，宜采用导轨式布置灯具，高于 7m 时，则采用固定式布置灯具。

演播室的面积超过 200m² 时，应设有应急照明。

(3) 电化教室的多媒体教学设备，应在讲台上安装控制台，以使老师能够完成教室的照明器的开启和关闭，必要时可以进行调光的控制以及自动投影系统的控制。视听室不宜采用气体放电光源。除设有电源开关外，视听桌上宜设有局部照明。

（六）电源插座

1. 实验室用电源插座

实验室宜在每个学生的实验桌上设单相三级插座和丁字两极电插座各一个，丁字形两极电插座单独分路，并在控制箱处设置连接其他试验电源的条件。化学及生物实验室宜在每个实验桌上设单相三极插座一个，物理、化学、生物实验室的讲台处，应设两组单相两极、三极插座。物理实验室讲台处，需设三相电源插座。各实验准备室，应设 1～2 个实验电源插座组合盘，生物和化学试验准备室，应设电冰箱、恒温箱等用电插座。

实验用电插座，宜按课桌纵列分路，每个支路需设开关控制与保护，每个实验室需设总控制箱。如设有实验准备室时，宜在其内设置切断实验室电源的开关。如无实验准备室时，可将控制箱设在教室内讲台侧。

实验用电插座单相一般用 250V/10A，三相一般用 50V/15A。在实验台上的线路应加金属管进行保护。

化学实验室需要装设排气扇。若有毒气柜，需设置相应的通风机、控制与信号装置。

实验室内，教学用电应该采用专用回路配电。对于电气类或非电气类专业实验室，电气设备的实验台的配电回路应采用漏电保护装置。

2. 一般教室和其他场所用电源插座

每个教室的前后，宜各设一个单相两极、三极插座。音乐教室、美术教室、教研室、阅览室、科技活动室等房间，宜在各墙面装设单相两极及三极插座。其他办公房间，一般至少设一个单相两极、三极插座。

每一照明分支回路，其配电范围不宜超过 3 个教室且插座宜单独回路配电。

一般用电的插座采用 250V/10A，明装的高度可为 1.4～1.8m，而暗装的高度可为 0.2～1.8m。设在教室内的低插座，其高度宜在 0.3～0.5m。两极插座宜采用扁圆插孔两用型。

医务室、厨房等场所的电热、电力用电设备的插座均应设专用开关控制与保护。

（七）图书馆照明

荧光灯是图书馆照明最适当的光源，其安装最好是采取吸顶和嵌入式安装，为了不使照明器与顶棚之间造成过分的亮度对比，同时防止光幕反射，宜采用漫射型照明器可使光线分布均匀。在借阅书籍的地方适当增加局部照明，主要是书架的垂直照度。

1. 阅览室照明

在阅览室内，由于读者需要长时间连续阅读报纸，为了减轻视觉疲劳，必须保证足够的照度值。照明光线宜柔和，尽量减少眩光，通常采用荧光灯照明。

大阅览室照明，当有吊顶时宜采用嵌入式荧光照明器。一般照明宜采用沿外窗平行方向控制或分区控制。提供长时间阅览的阅览室宜设置局部照明。阅览室最好采用半直接照明器（如上部半透光，下部采用格栅的荧光吊灯和筒形玻璃灯罩白炽灯等），使小部分光照到顶棚空间，改善室内亮度分布，还能把大部分光集中到工作面上，无局部照明时，阅览室一般照度值为300lx。

阅览室可设台灯照明。台灯的直射光照到阅读物表面，很容易出现有害的眩光，因此台灯的最佳位置是书偏左的正上方，如图8-4（a）所示，而不要装在书的前上方，如图8-4（b）所示。此时，阅览室一般照明的照度值大约只需提供原来照度的1/2～1/3。

在配备有供单人使用小型阅读机的专门阅览室内，最好使用荧光灯台灯，保证书面的照度值为500lx。大阅览室的插座宜按不少于阅览座位数的15%装设。

(a)

(b)

图8-4　阅览室台灯位置
(a) 正确位置；(b) 错误位置

2. 书库照明

书库内书架的照明要求有垂直照度，由于图书馆是开架借阅，书库照明的照度值与阅览室一样按300lx设计。在布置灯位时，要注意顶棚上的灯光不能直接照入人眼，以防止眩光。

书库照明宜采用窄配光或其他配光适当的照明器。通常，将照明器装在狭窄通道中央的上方（或将照明器直接安装在书架上，可随书架一起移动），如图8-5（a）所示；也可选用带反光板照明器伙特殊设计的遮光罩，如图8-5（b）所示。固定式书库可采用反射型灯泡，从吊灯内或吸顶安装斜射到书架上面，如图8-5（c）所示。

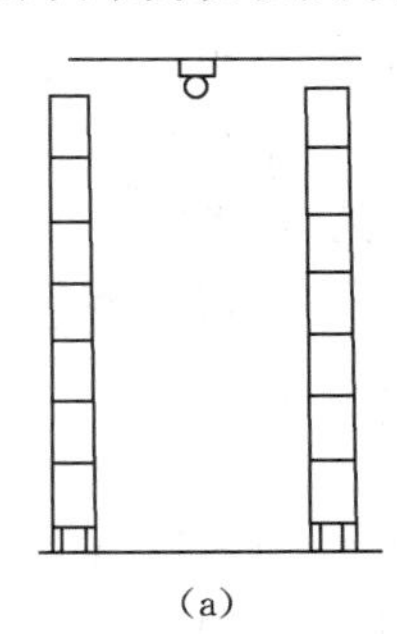
(a)

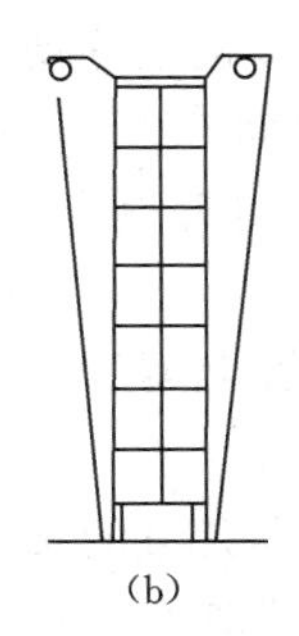
(b)

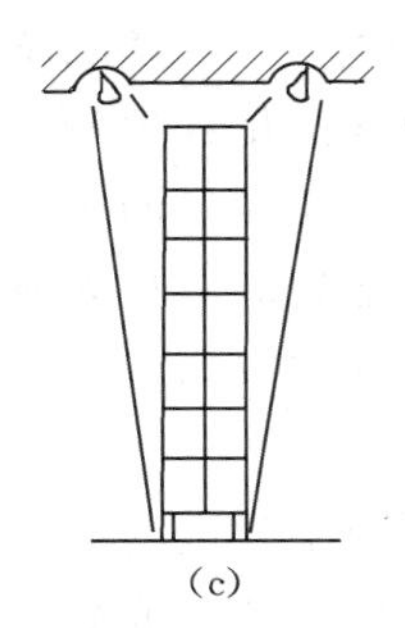
(c)

图8-5　书库照明布置
(a) 吸顶荧光灯；(b) 带反光板的架上荧光灯；(c) 嵌入（吸顶）反射灯

照明器与图书等易燃物的距离应大于0.5m。地面宜采用反射系数较高的建筑材料，以确保书架下层的必要照度。对于珍贵图书和文物书库应选用有过滤紫外线的照明器。

书库照明用电源配电箱应有电源指示灯并设于书库之外，书库通道照明应独立设置开关（在通道两端设置可两地控制的开关），书库照明的控制宜用可调整延时开关。

3. 特殊灯光设备

特殊灯光设置应有以下几种情形：

微缩胶片收藏制度是用摄影收录图书和参考文件，而用于保存和借阅的一种方法。原因是由于这些书籍和文件过于珍贵或者条件很坏已不适合于一般借阅。微缩胶片阅读器应放在光线较暗，便于阅读放映影像的特设房间中。此外应特别注意照明器的选用和部位问题，以保证屏幕不会出现其他光源的反光。

计算机检索是图书馆借助微电子技术将图书内容存入到存储器内，必要时利用微机检索，将所要求的内容显示在屏幕上，或者通过打印设备打印出来。为了便于检索，微机检索室照明要特别注意防止眩光，最好采用格栅型的荧光吸顶灯，其照度水平不应低于500lx。

图书馆中经常举行特别展览，这种展览的总体效果主要看视觉印象效果如何而定。

最好的办法是在展览区采用轨道灯装置，使用多盏聚光灯。这样布置特殊灯光既方便又安全。

重要图书馆应设应急照明、值班照明和警卫照明。

图书馆内的公共照明与工作（办公）区照明宜分开配电和控制。

每幢建筑在电源引入配电箱的位置，应设有电源总切断开关，各层应分设电源切断开关。

三、办公照明

办公楼建筑照明的照度标准，见表6-29。

1. 亮度和眩光

在办公室中，如果亮度差别太大，就会引起眩光；反之，如果亮度差别太小，整个环境就会显得呆板。整个现场中，各种视觉作业与其邻近背景之间的亮度比值应在3∶1～10∶1之间。

2. 照明器的选择

办公室、打字室、设计绘图室、计算机室等场合，宜采用荧光灯，室内饰面及地面材料的反射系数应该满足：顶棚70%；墙面50%；地面30%。若不能达到要求时，宜采用上半球光不少于总光通量的15%的荧光灯照明器。如顶棚的反射器很小，建议增大墙面发射比，采用宽配光灯具让光通过墙面产生更多的光。在难于确定工作位置时，可选用发光面积大、亮度低的双向蝙蝠翼式的配光照明器。

3. 照明器的布置

办公建筑不同于教室的地方主要是办公桌的布置不定型，因此适宜采用间接照明或半间接照明，办公房间的一般照明，应该设计在工作区的两侧，采用荧光灯时宜使照明器纵轴与水平视线相平行。不宜将照明器布置在工作位置的正前方，而对于大开间办公室的灯位布置，宜采用与外窗平行的形式。

4. 一般要求

有计算机终端设备的办公用房，应避免在屏幕上出现人和杂物（如照明器、家具、窗户等）的映像。

通常与照明器的垂直线成50°以上的空间亮度不大于200cd/m^2，其照度可在300（不需要阅读文件时）～500lx（需要阅读文件时）。

出租办公室的照明和插座，宜根据建筑的开间或根据智能大楼办公室基本单元进行布置，以不影响分割出租使用。

当计算机室设有电视监视设备，应设值班照明。

在会议室内放映幻灯或电影时，一般照明宜采用调光控制。会议室照明设计一般可采用荧光灯（组成光带或光檐）与稀土节能型荧光灯（组成下射灯）相结合的照明形式。

以集会为主的礼堂舞台区照明，可采用顶灯配以台前安装的辅助照明，其水平照度宜为200—300—500lx，并使平均垂直照度不小于300lx（指舞台台板上1.5m处）。同时在舞台上应设有电源插座，以供移动式照明设备使用。

多功能礼堂的疏散通道和疏散门，已设置疏散照明。

四、旅馆照明

旅馆照明在满足功能性要求的前提下，多以装饰性为主。四星级及以上旅馆为一级负荷，需三个电源供电，宜选用显色性较好的低压卤钨灯和稀土节能荧光灯光源。一至三星级旅馆照明可选用稀土节能荧光灯光源。旅馆照明的照明器应选用下射灯。

（一）照度标准

旅馆建筑照明的照度标准，见表6-32。

（二）门厅照明

门厅照明设计就是用照明器造型和光照来充分表现旅馆的格调，通常以宁静、典雅为基调，使人感到亲切和温暖。为了突出主厅的豪华气派，门厅照明可采用以下投式为主的不显眼照明手法，门厅照明的亮度要同户外的亮度相协调，最好能用调光设备或开关装置对门厅的照明亮度进行调节。用灯光突出服务台，使客人知道服务台的位置。

（三）公共场所照明

旅馆的公共大厅、门厅、休息厅、大楼梯厅、公共走道、客房层走道以及室外庭园等场所的照明，宜在服务台（总服务台或相应层服务台）处进行集中遥控，但客房层走道照明就地亦可控制。健身房照明宜在男女服务间分别设置遥控开关。

1. 主厅

主厅又称休息厅，是供客人休息的场所，厅内一般摆设沙发、台桌、工艺品和各种盆景，照明系统应与室内装修配合，当厅室高度超过4m时，宜使用建筑化照明（或下投式照明与立灯照明的组合照明），使主厅显得宽敞华丽。也可使用大型吊灯，显示豪华气派。

主厅照明应提高一垂直照度，并随室内照度（受天然光影响）的变化而调节灯光或采用分路控制方式。主厅照明应满足客人阅读报刊所需要的照度要求。

2. 餐厅

餐厅主要供客人在明亮的气氛下舒适就餐，因此，采取高效率的嵌入式照明器（或用吸顶灯）加壁灯照明。光源可以选择白纸灯或荧光灯作为背景照明，照度宜100lx，餐桌上的照度宜达到300～700lx。酒吧、咖啡厅、茶室等照明设计，宜采用低照度水平并可调光，在餐桌上可设置电烛形台灯，但在收款处应提高区域一般照明的照度水平。

3. 宴会厅

宴会厅要求装饰豪华，照明一般采用晶体发光玻璃珠帘照明器或大型、枝型吊灯，常采用建筑化照明手法，使厅内照明更具特色。有时对部分照明实行调光控制，提高照明的效果。宴会厅可以使用花灯、局部射灯、筒灯、荧光灯等不同照明器的组合，以适应不同场合功能的需要。大宴会厅照明应采用调光方式。同时宜设置小型演出用的可自由升降的灯光吊杆，灯光控制应在厅内和灯光控制室两地操作。

4. 商场

内部商场主要销售一般的生活用品、工艺品，因此需要对主要商品及陈列窗柜设置重点照明，利用光色表现商品所具有的特征和色彩，其亮度一般为一般照明的3～5倍。为了加强商品的立体感和质感，有时要使用方向性强的导轨灯配用反射灯泡投射到商品上。导轨灯可以根据商品陈列情况，随时移动照明灯位置，调整照明器投射角度，增加或减少照明器的数量，调配亮度、避免眩光现象。

5. 旅馆休息厅、餐厅、茶室、咖啡厅等处

宜设有地面插座及灯光广告用插座。

（四）多功能厅

多功能厅可适用于召开会议、举办舞会和文艺演出。为满足各种功能要求，照明设计的关键是选择照明器和控制系统。

多功能厅要求配备多种光源，以适应各种环境气氛的要求。设有红外无线同声传译系统的多功能厅照明，当采用热辐射光源时，其照度不宜大于50lx。

1. 照明器

常用的照明器主要有装饰灯，通常选用大型的组合花灯、吊灯或吸顶灯。为了烘托主要装饰灯，常采用辅助灯饰（称之为“底灯”），其作用是，与主要装饰灯相呼应形成明暗对比，并增加立体感。“底灯”宜选用吸顶式或嵌入式筒灯，可连续调光。变色灯也是一种辅助装饰灯，它使室内空间多姿多彩。光源可选用彩色荧光灯、白炽灯或霓虹灯。设有舞池的多功能厅，宜在舞池区内配置宇宙灯、旋转效果灯、频闪灯等现代舞用灯光及镜面反射球。旋转灯专供舞会使用，通过灯光的旋转和位移，给人一种活泼新奇的感觉。频闪灯的灯光应随着音乐节奏不断闪烁，产生明快的节奏感。

2. 控制方式

照明的控制方式是实现多功能照明的重要条件。手动控制将各种用途的照明器分成若干回路，然后根据使用场合的要求进行人工操作和调节。声控控制由声控器根据音乐节奏自动控制灯的通断和色彩的变换。程序控制把各种场面所需的照明形式存储在可编程自动调光器内，根据实际需要，自动执行预先存储的照明程序。舞池灯光宜采用计算机控制的声光控制系统，并可与任何调光器配套联机使用。

（五）走廊与电梯门厅

走廊与电梯门厅在建筑上是相连的，既要协调，又要有变化。电梯门厅的照度略高于走廊。由于底层电梯门厅与入口大厅相连，灯饰应选用较豪华的，其余各层电梯门厅的灯饰应与走廊的灯饰相协调。

通向会议室、餐厅、门厅、阅览室等公共场所的走廊，人流量较大，照明在75～150lx，照明器排列要均匀，间距在3～4m。通向客房的走廊，人流量较小，照度可小一些，照明应以客房门口为重点，可采用吸顶灯或壁灯，光源应采用白炽灯。客房层走廊应设清扫用插座。

楼梯间一般采用漫射式吸顶灯或壁灯，对于回转楼梯，可选回转式吸顶灯或壁灯。旅馆的疏散楼梯间照明应与楼层层数的标志灯结合设计，宜采用应急照明灯。

（六）舞厅

舞厅是一种公共娱乐场所，应该使得环境优雅，气氛热烈。在舞厅内，一般采用筒形嵌入式照明器点式布置，作为咖啡座的低调照明和舞池的背景照明。舞池的顶棚上，设置各种颜色的小型射灯、导轨式射灯、和旋转式射灯，通常中间还设有旋转反光球，接受颜色变换器的直接照射而不断地变换颜色，或者设置直射式旋转变色光球。导轨式和固定式各种颜色的射灯实行单独控制，并随着舞曲的音调起伏与节奏变化而不断闪烁。

（七）客房照明

客房一般有起居室和卫生间构成，为了给旅客提供舒适、安全的住宿条件，照明设计必须在满足实用的基础上，突出照明器的装饰作用，点缀室内气氛。

1. 房间照明

等级标准高的客房床头照明宜采用调光方式，客房的通道上宜设有备用照明。客房照明应防止不舒适眩光和光幕反射，设置在写字台上的照明器亮度应不大于 510cd/m^2，也不宜低于 170cd/m^2。

客房的进门处，宜设有除冰柜、通道灯以外的切断电源开关（面板上宜带有指示灯），或采用节能控制器。

客房照明一般可以选用顶棚灯，在房间的中央，采用吸顶式或吊装式安装，在房间的入口处和床头处实行双控。壁灯安装在靠茶几沙发的墙壁上，供看书阅读使用。在客房的每个床位要设置床头照明，双人客房的床头照明要选用光线互不干扰的照明器，并在伸手范围内能进行控制。当床侧放置床头柜时，可在该处设置地脚灯做通宵照明。

客房设有床头控制板时，在控制板上可设有电视机电源开关、音响选频开关、音量调节开关、风机盘管风速高低控制开关、客房灯、通道灯开关（可两地控制）、床头照明灯调光开关、夜间照明灯开关等。有条件时尚可设置写字台台灯、沙发落地灯等开关。等级标准高的客房的夜间照明灯用开关只选用可调光方式。

一般来说，客房各种插座与床头控制板常用接线盒装在墙上，当隔音条件要求高且条件允许时，可安装在地面上。客房内插座宜选用两空和三孔安全型双联面板。除额定电压为 220V 以外的各种插座，应在插座面板上标刻电压等级或采用不同的插孔形式。

2. 卫生间照明

需要明亮柔和的光线。卫生间的照明一般使用防潮、易于清洗的壁灯、吸顶灯，同时避免安装在有蒸汽直接笼罩的浴缸上部。光源可以采用节能灯，安装在坐便器的前上方。客房穿衣镜和卫生间内化妆镜的照明，其照明器应安装在视野立体角 60°以外（即以水平视线与镜面相交一点为中心，半径大于 300mm），照明器亮度不宜大于 2100cd/m^2。当用照度计的光检测器贴靠在照明器上测量，其照度不宜大于 6500lx。邻近化妆镜的墙面反射系数不宜低于 50%。卫生间照明的控制宜设在卫生间外。

当卫生间内设有 220/110V 电动剃须刀插座时，插座内的 220V 电源侧，应设有安全隔离变压器，或采用其他保证人身安全的措施。卫生间内，如需要设置红外或远红外设备时，其功率不宜大于 300W，并应配置 0～30min 定时开关。

高级客房内用电设备的配电回路，应装有过电压、欠电压保护功能的漏电保护器。

（八）其他场所

（1）旅馆的潮湿房间如厨房、开水房、洗衣间等处，应采用防潮性照明器。机房照明可采用荧光灯，布置灯位时应避免与管道安装矛盾。

（2）地球（保龄球）室照明应避免眩光。宜采用反射性白炽灯或卤钨灯所组成的光檐照明。光檐照明应垂直于球体滚动通道方向布置。每道光檐照明的间距宜在3.5～4m。

（3）高尔夫球模拟室可采用荧光灯组成的光檐照明并在房间四周设置。

（4）室外网球场或游泳池，宜设有正常照明，同时应设置杀虫灯（或杀虫器）。

（5）地下车库出入口应设有适应区照明。

（6）旅馆内建筑艺术装饰品的照度选择可根据下述原则：装饰材料的反射比大于80％时为300lx；反射比在50％～80％时为300～750lx。

（7）屋顶旋转厅的照度，在观景时不宜低于0.5lx。

五、商场照明

商场照明的目的是突出商店的商品特征，吸引顾客的注意，引起顾客的购买兴趣与欲望。在表现商品特征的同时，达到烘托店堂的气氛，给顾客以视觉导向作用，使顾客易于找到自己所需要购买的商品。商业照明应该与商店总体营销策略一致，并且随着商品和季节的变化具有一定的可变性。商场照明应选用显色性高、光速温度低、寿命长的光源，如荧光灯、高显色钠灯、金属卤化物灯、低压卤钨灯等，同时宜采用可吸收光源辐射热的照明器。

（一）商店的分类

商店的分类及光源要求，如图8-1所示。

表8-1　　商店的分类与光源要求

分类	Ⅰ	Ⅱ	Ⅲ	Ⅳ
价位	便宜	低	高	昂贵
商店形象	大型超市	物有所值型	质量型	精细选购
商店范围	宽	商品有限	高品质商品，范围广	高档品独特
销售方式	无需服务	需要服务	要求服务	需要个人服务
布置特点	老少皆宜	物有所值	布置较为精细	布置独特，环境优雅
顾客人群	顾客来源广泛	社区服务	注重质量的顾客	顾客群较小
表现形式	自助式	陈列简单	购物是一种乐趣	高档个人服务
光源	荧光灯	荧光灯	荧光灯、卤钨灯	卤钨灯、金属卤化物灯
光色	自然白色光源	自然白色光源	暖白色光源	极暖白色光源
显色性	较好	较好	好	杰出
重点照明系数	<5	<5	15	>30
照明方式	一般照明	一般照明居多，有重点照明	一般照明与重点照明结合	一般照明，重点照明居多

（二）照度标准

商业建筑照明的照度标准，见表6-25。

（三）营业厅照明

营业厅照明包括一般照明、重点照明（功能性照明）和装饰照明等三种。

1. 一般照明

在营业厅照明设计中，一般照明可按水平照度设计，但对布匹、服装以及货架上的商品，应考虑垂直面上的照度。对于营业厅上的光环境设计，应充分使照明起到功能作用。

在天然光下显示使用的商品时，以采用高显色性（$R_a>80$）光源、高照度水平为宜；而在室内照明下显示使用的商品时，可采用荧光灯、白炽灯或其混光照明。商店采用的照明器布置方式如图 8-6 所示。

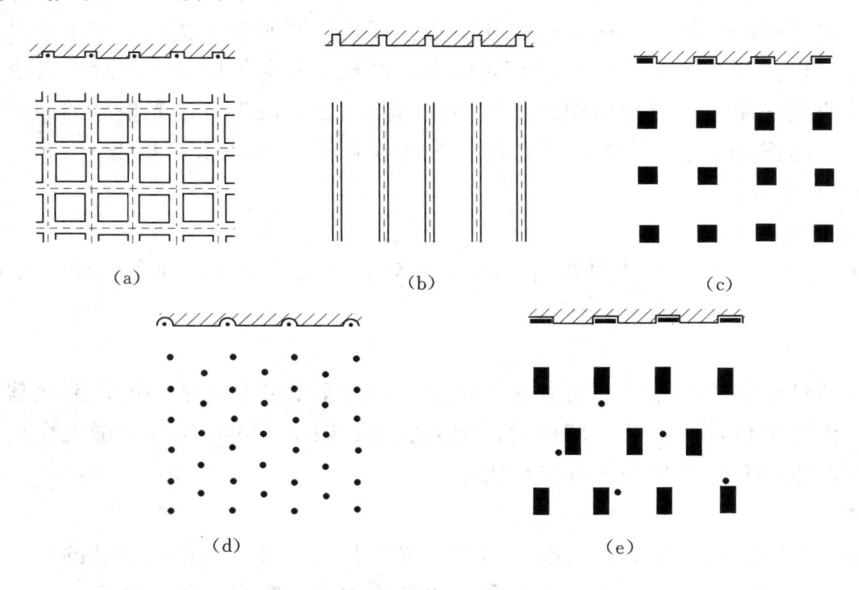

图 8-6 商店常用的灯具布置方式

(a) 单管荧光灯方阵；(b) 单管荧光灯列阵；(c) 多管荧光灯方阵；(d) 卤钨灯或节能灯组合；(e) 荧光灯、卤钨灯或节能灯组合

2. 重点照明

重点照明是指对主要场所和对象进行重点投光，目的在于增强顾客对商品的注意力。其亮度是根据商品种类、形状、大小、展览方式以及与周围店堂空间的基本照明相配。

一般使用强光来加强商品表面的光泽，强调商品形象。其亮度是基本照明的 3～5 倍。为了加强商品的立体感和质感，常使用方向性强的控光照明器和利用色光以强调特定的部分。

重点照明经常采用的光源是卤钨灯、金属卤化物灯和白色高压钠灯。照明设计宜采用非对称性配光照明器，并应适应陈列柜台布局的变动。可选用配线槽与照明器相组合并配以导轨灯或小功率聚光灯的设计方案。对于导轨灯的容量确定在无确切资料时，每延长 1m 按 100W 计算。

3. 装饰照明

装饰照明可对室内进行装饰，增强空间层次，制造环境气氛。装饰照明通常使用装饰吊灯、壁灯、挂灯等图案形式统一的一系列照明器，使室内繁华而不杂乱，渲染了室内环境气氛，更好的表现具有强烈个性的空间艺术。

对珠宝、首饰等贵重物品的营业厅应设值班照明和备用照明；营业厅的每层面积超过 1500m² 时应设有应急照明；灯光疏散指示标志宜设置在疏散通道的顶棚下和疏散出入口的上方；商业建筑的楼梯间照明宜按应急照明要求设计并与楼层层数显示结合。

大营业厅照明应采用分组、分区或集中控制方式。

（四）橱窗照明

橱窗照明的作用是为了吸引在店前通行的顾客注意，应使商品或展出的意图尽可能的引人注目。橱窗照明是依靠强光使商品突出，同时强调商品的立体感、光泽感材料质感和色彩等，利用不同的灯饰引人注目，或利用彩色灯光使照明状态变化，突出商品个性。橱窗照明设计应根据商品种类、陈列空间的构成，以及所要求的照明效果综合考虑。

橱窗照明宜采用带有遮光格栅或漫射型照明器。当采用带有遮光格栅的照明器安装在橱窗顶部距地高度 3m 时，照明器的遮光角不宜小于 30°；如安装高度低于 3m，则照明器遮光角为 45°以上。

1. 基本照明

为了保证橱窗内基本照度的照明。由于白天会出现镜面反光现象，所以要提高照度水平。

2. 聚光照明

采用强烈灯光突出商品的照明方式。要使橱窗内全部商品都明亮时，照明器应采取平埋型配光；而为了重点突出某一部分时，则采取重点照明方式，选择能随意变换照射方向的照明器，以适应商店陈列的各种变化需求。

3. 强调照明

以装饰用照明器或利用灯光变换，达到一定的艺术效果，来衬托商品的照明方式。在选择装饰用照明器时，应注意造型、色彩、图案等方面和陈列商品协调配合。

4. 特殊照明

根据不同商品的特点，使之更为有效的表现出商品特征的照明方式。表现手法有：从下方照射，属于突出商品飘动感的脚光照明；从背面照射，属于突出玻璃制品透明感的后光照明；采用柔和的灯光包容起来的撑墙支架照明方式。特殊照明器的安装应注意隐蔽性。

室外橱窗照明的设置应避免出现镜像，陈列品的亮度应大于室外景物亮度的 10%。展览橱窗的照度宜为营业厅照度的 2～4 倍。用亮度高的光源照射商品时，要注意避免反射眩光，避免发生不舒服的感觉。

（五）陈列照明

1. 陈列架照明

为了使全部陈列商品亮度均匀，照明器设置在陈列架的上部或中段。光源可采用荧光灯，也可采用聚光灯照明，磨砂玻璃透光可以给商品以轻快的感觉。重点商品采用逆光照明时，必须有足够的亮度，通常使用定点照明灯，使商品更加引人注目。

2. 陈列柜照明

对于玻璃器皿、宝石、贵金属等类陈列柜台，应采用高亮度光源；对于布匹、服装、化妆品等柜台宜采用高显色性光源。柜台内照明的照度宜为一般照明照度的2～3倍。但有一般照明和局部照明所产生的照度不宜低于500lx。对于肉类、海鲜、苹果等柜台，则宜采用红色光谱较多的白炽灯。为了强调商品的光泽感而需要强光时，可利用定点照明或吊灯照明方式。照明灯光要求能照射到陈列柜的下部。对于较高的陈列柜，有时下部照度不够，可以在柜的中部装设荧光灯或聚光灯。

商品陈列柜的基本照明手法有以下4种：

1）柜脚的照明。在柜内拐角外安装照明器时，为了避免灯光直接照射顾客，灯罩的大小尺寸要选配适当。

2）底灯式照明。对于贵重工艺品和高级化妆品，在陈列柜的底部装设荧光灯管，利用穿透光线有效的表现商品颜色和形状，假若同时使用定点照明，更可增加照明效果，显示商品的价值。

3）混合式照明。当陈列柜较高时，在柜子的上部使用荧光灯照明，下部需要增加聚光灯照明，这样可以使灯光直接照射陈列柜底部。

4）下投式照明。当陈列柜不适合装设照明器时，可以在天棚上装设定点照射的下投式照明装置，下投式照明器的安装高度和照射方式相应结合陈列柜的高度、天棚高度和顾客站立的位置决定。

（六）广告照明

广告照明要求显示广告本身，达到宣传和引人注目等特殊效果。在广告照明中，常用的光源有白炽灯，卤钨灯，荧光灯、氖灯等。其中氖灯应用最广。

1. 光电式广告牌

利用白炽灯组成各种文字或图形，通过开关电路的变换方式使文字或图形发生变化。在白天用红色的15～25W灯泡，在夜晚多使用红、蓝、绿色，后面布置抛物线反光镜，这样可以使广告更加醒目。

2. 内照式广告牌

采用乳白色丙烯树脂板建造的箱式广告牌，里面装设荧光灯。由于丙烯树脂的实际耐温为80℃，在设计内照式广告牌时，应考虑温度变化，不能使温度超过此值。为了保护电气线路避免出现短路故障，应注意防止雨水浸入灯箱。

3. 氖灯广告

氖灯又称霓虹灯。在广告照明中所使用的氖灯管有透明管、荧光管、着色管和着色荧光管四种。广告效果是通过可编程序控制器按一定顺序接通氖灯管制成各种图案来达到的。氖灯广告控制箱内一般设有电源开关、定时开光和控制接触器。电源开光采用塑壳断路器，定时开关有电子式及钟表机构式两种。

氖灯管所用的高压电源由单向霓虹灯变压器提供。低压输入220V交流电，高压输出功率为15kW，容量为450V·A。变压器高压侧额定电流为0.03A，低压侧额定电流为2.05A，可供直径为12mm、长度为10m或直径为6～10mm、长度为8m的灯管使用。霓虹灯变压器应靠近广告牌安装，一般隐蔽地放在广告牌后面。当霓虹灯的供电容量超过4kV·A时，应采用三相供电方式。

氖灯广告控制箱一般装设在与氖灯广告牌毗邻的房间内。为了防止检修广告牌时触及高压电，在氖灯广告牌现场应加装电源隔离开关。在检修时，先断开控制箱开关，然后再断开现场隔离开关，避免合闸时氖灯管带电。

第五节 室外照明应用

一、体育场照明

体育场地照明光源宜选用金属卤化物灯、高显色高压钠灯。同时，场地用直接配光的照明器应带有栅格，并附有照明器安装角度的指示器。

比赛场地照明应满足使用的多样性。室内场地的布灯采用高效光、宽光束与狭光束配光的照明器相结合方式或选用非对称性配光照明器；室外足球场地应采用狭光束配光（1/10 峰值光强与峰值光强的夹角不宜大于 12°）泛光照明器，同时应有效控制眩光、阴影和频闪效应。

（一）照度标准

体育运动场所照明的照度标准，见表 6－38、表 6－39。

（二）照明器的布置方式与安装高度

室外运动场地的照明在决定灯位布置和安装高度时，首先考虑的是，在运动方向和运动员正常视线方向上，尽量减少光源对运动员所产生眩光干扰。

通常照明器的布置方式和安装高度可分为 4 类，如表 8－2 所示。

表 8－2　照明器的布置方式和用途

方式	布置地点	布置图	照明器安装高度	计算公式	用途
侧面照明	比赛场地的两侧布置照明器	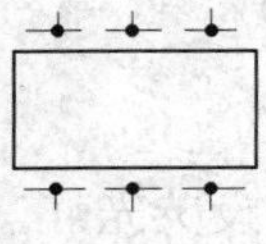	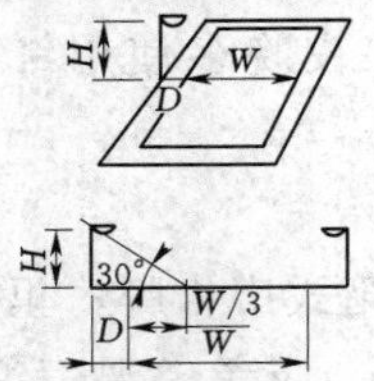 H, W, D, 30°, W/3	$H\geqslant(D+W/3)\tan30°$	田径比赛、足球场、橄榄球场、网球场等
四角照明	比赛场地的四角处布置照明器	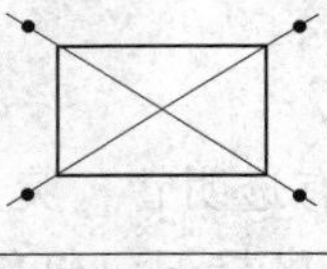	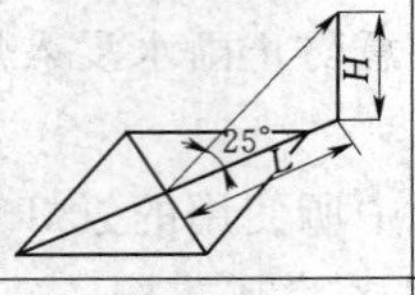 H, 25°, L	$H\geqslant L\tan25°$	足球场、橄榄球场等
周边照明	比赛场地的周围布置照明器	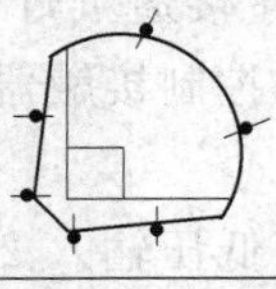		根据目标个别确定	棒球场、田径比赛场等
四角与侧面并用照明	比赛场地的四角和电视摄影机一侧布置照明器	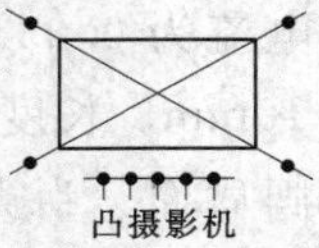 凸摄影机		上述两个公式并用	进行彩色电视摄像的足球场、橄榄球场等

无论采用哪一种照明器布置方式，在选择安装高度时，都不能使光线射入运动员正常视

线的 30°角上下的方向内。此外，对于主要利用低空间的运动项目，如田径、游泳、射箭、滑雪等，其运动范围大部分在距离地面 3m 的高度内进行，照明器安装高度不得低于 6m。对于主要利用高空间运动的项目，如足球、棒球、网球、高尔夫球、橄榄球等球体的运动，运动范围除地面外，还在距离地面 10～30m 的空间进行，照明器安装高度不得低于 9m。

（三）照明器瞄准点的确定

1. 瞄准点原则

根据以下原则确定瞄准点：

(1) 瞄准点必须使照明器射出的光通量绝大部分能投射到运动场地和预设的被照面上。为了增加背景亮度，投射到观众席的光通量应小于投射到场地中的光通量的 25%。

(2) 保证整个运动场地有足够的水平照度和垂直照度，并且在该场地上空一定高度范围内（足球项目一般取 15m）有足够的亮度，而且不可产生暗区。

(3) 每个瞄准点要有几个不同照明器投射光束的叠加，一旦某个光源有故障后，不会对被照场地的照度均匀度有太大的影响。照明器的布置方式如图 8-7 所示。

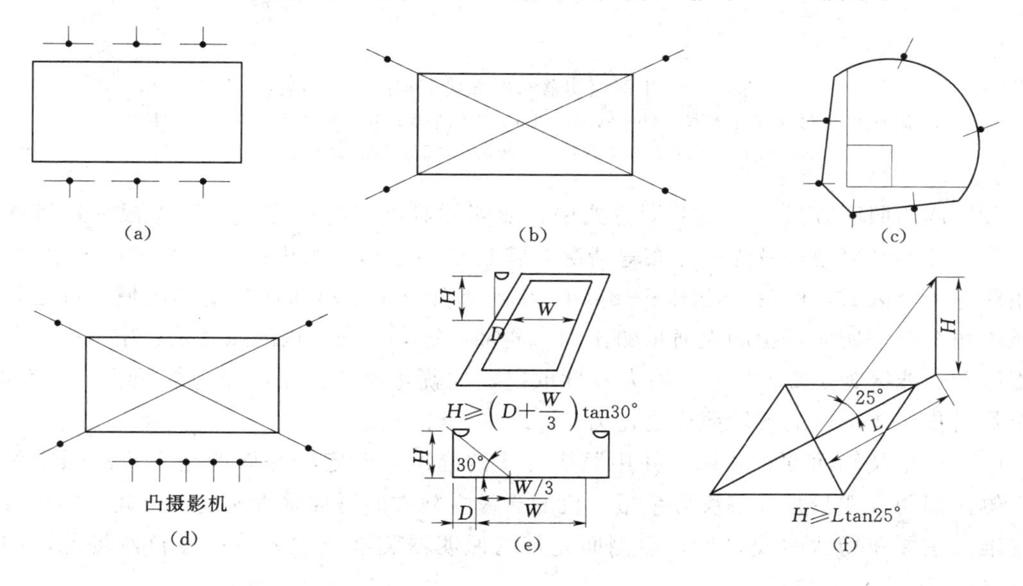

图 8-7 照明器的布置方式

(a) 侧面照明；(b) 四角照明；(c) 周边照明；(d) 四角与周边并用照明；(e) 侧面方式；(f) 四角方式

(4) 瞄准点的设定必须做到在运动员和观众视野范围内有最小的眩光干扰。

(5) 瞄准点的设置要简便，一般将俯角都设定为规格化，而对方位角进行调整。

2. 不同的灯位布置方式

通常采用以下几种照明方式：

(1) 侧面照明方式。对于训练场地，照明器仅向半场投射，瞄准点距边线以 25m 左右为宜，如图 8-8 (a) 所示；如为大型比赛及进行彩色电视摄像场地，需加强垂直照度，应把照明器一部分光束投向对面半场内，瞄准点离自测边线 50m 为宜，如图 8-8 (b) 所示；为了提高场地两端的垂直照度及避免对足球运动守门员的眩光干扰，场地两端的照明器应尽量向外移，照明器向场内投射，如图 8-8 (c) 所示。

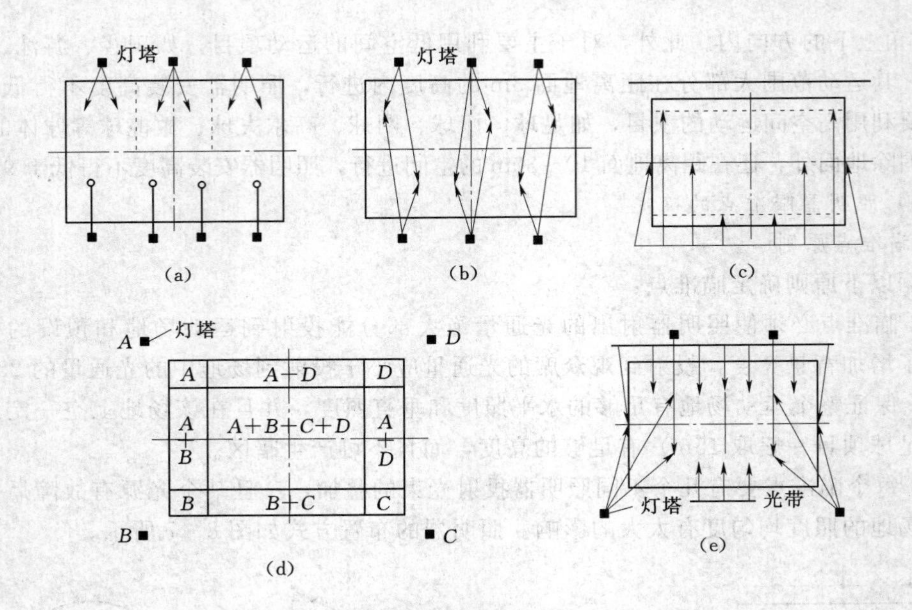

图 8-8 不同照明器布置方式下瞄准点的布置

a）侧面照明方式中自侧半场；(b) 侧面照明方式中侧半场；(c) 侧面照明方式的照明器外移；(d) 四角照明方式；(e) 四角及侧面照明方式并用

(2) 四角照明方式。四角照明方式中，照明器瞄准点的确定，一般先根据灯塔的高度、照明器的光束角以及光强分布等情况，将运动场地划分为中央区、两端区、边线区、四角区等 4 个区域，然后，按图 8-8 (d) 中所划分每个灯塔所应投射的区域，确定每个区域内每个灯塔所应承担的光通量的比例。通常，每个灯塔承担的照度是：中央区为1/4；两端区和边线区为 1/2，四角区均为各自承担，也就是说，为保证场地的照明均匀性好，每个灯塔投至 4 个区的实际照度之比为 1∶2∶2∶4。

(3) 四角及侧面方式并用。并用照明方式的瞄准点确定，是以四角方式的照明为主体，侧面照明方式只是为解决彩色摄像机的摄像主轴方向增加垂直照度。因此，四角灯塔的瞄准点主要在场地中线以外，而侧面光带的照明器瞄准点主要分布在自测场地，如图 8-8 (e) 所示。

（四）综合性体育场

综合性大型体育场宜采用光带式或与塔式组成的混合式布置灯位的形式。

1. 侧光带式布置灯位

在罩棚（或灯桥）布置灯位的长度 L 应该超过球门线（底线）10m 以上。如果还有田径比赛场地，两侧灯位布置总长度应该不少于 160m 或采取环绕式分组布置灯位，泛光灯的最大光强射线至场地中线与场地水平面的夹角应为 25°，至场地最近边线（足球场地）与场地水平面夹角应在 45°～70°之间。

2. 四角塔式布置灯位的灯塔位置

应选在球门的中线与场地底线成 15°，半场中心线与边线成 5°的两线相交后，两条延长线所包括的范围之内，并将灯塔安置在场地的对角线上。灯塔最低一排灯组至场地中心与场地水平面的夹角宜在20°～30°之间。

在比赛场地内的主要摄像方向上，场地水平照度最小值与最大值之比不宜小于0.5；垂直照度最小值与最大值之比不宜小于0.4；平均垂直照度与平均水平照度之比不宜小于0.25。体育馆（场）观众席的垂直照度不宜小于场地垂直照度的0.25。

对于训练场地的水平照度均匀度，水平照度最小值与平均值之比不宜大于1：2（手球、速滑、田径场地照明可不大于1：3）。

足球与田径比赛相结合的室外场地，应同时满足足球比赛和田径场地的照明要求。场地照明的光源色温宜为4000～6000K。光源的一般显色指数应不低于65。

（五）足球场

足球运动项目是典型的利用空间的运动，要求场地上部空间有较强的光线。

室外足球训练场地可采用两侧灯杆（4、6或8灯杆）塔式布置灯位，灯杆的高度不宜低于12m。泛光灯的最大光强射线至场地中线与场地水平面的夹角不宜小于25°，灯具应加隔栅，减少直接眩光。至场地最近边线与场地水平面的夹角可在45°～75°（采用6灯杆式时夹角可在45°～60°之间，采用8灯杆式夹角可在60°～75°之间）。灯杆在场地两侧应均匀布置。

因照明范围大（运动场地的面积在700m²以上），要求照明质量比较高，必须采用远距离投射（窄光束）的照明器为主。为减少光源对运动员的眩光的影响，足球场要有相当高的垂直照度，照明器的安装高度要高，应将照明塔布置在场地的转角处，与球门边线中心点的连线与底线成15°，并与以场地纵向中心点与边线成5°的两直线相交点处，如图8-9所示。根据足球运动的特点，在球门附近区域的照度比其他部分要高些。

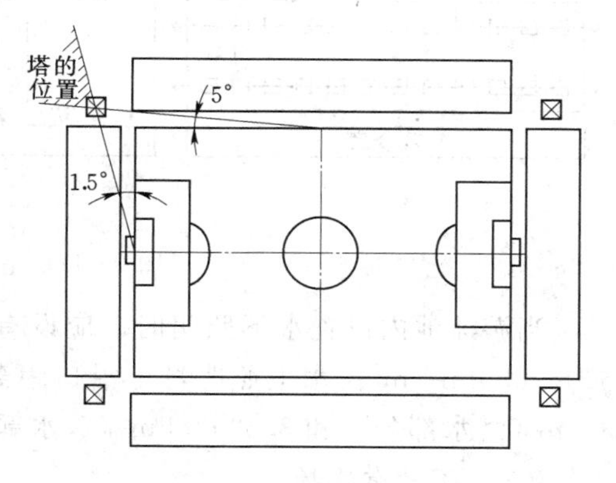

图8-9　足球场照明塔的布置

（六）网球场

网球场照明器的基本布置，如图8-10所示。

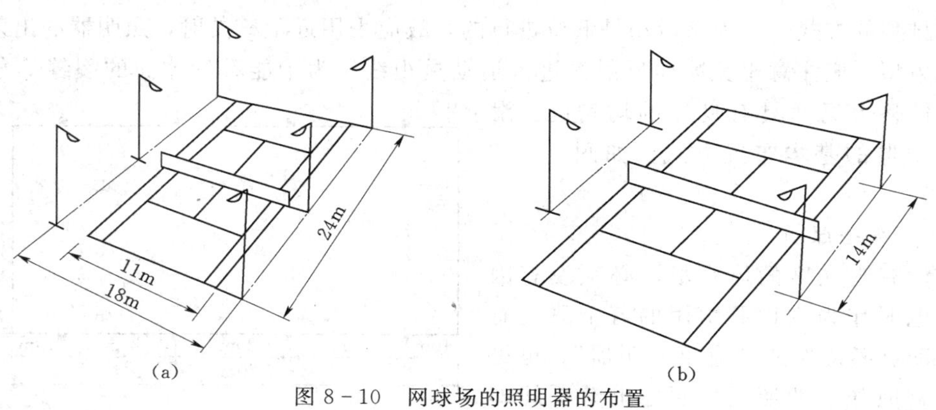

图8-10　网球场的照明器的布置

(a) 重大比赛场；(b) 练习场

由于网球场地较窄，相应的照明范围也比较窄，因此要求的投射距离比较近，一般采用中光束400W以下投射配光的照明器。为了避免运动员和网球产生强烈的阴影，照明器应采用两侧对称排列，并且要求在运动员的视线方向上不出现强光。为了满足场地上部空间有充足的照度，照明器安装高度不可低于10m。根据网球运动特点，满足运动员、裁判员和观众的视觉条件，在球网附近要特别提高照度。

（七）室外游泳池

室外游泳池白天自然采光，晚间则采用人工照明。室外游泳池照明器的布置，如图8-11所示。一般照明是采用宽光束照明器作近距离投射，照明器安装在泳池四周侧面照明，应使光源的最大光强的射线至最远池边，并与池水面的夹角在50°～60°。确定瞄准点应尽量做到减少光线进入运动员视线的频率，以泳池水面的反射光不进入运动员、观众视线为依据，确定照明器的安装高度。为了保证运动员、游泳者的安全和管理的需要，水面及池边的照度值不宜低于100lx。有观众台的游泳池要考虑灯具光源在水面上的反射产生对观众的眩光。

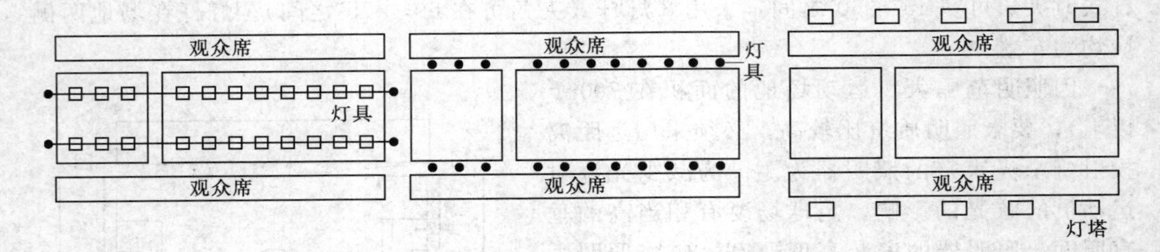

图8-11 室外游泳池灯具的布置

当游泳池内设置水下照明时，应设有安全接地等保护措施。水下照明指标水池面为600～650lm/m²。水下照明灯上沿口距离水面宜在0.3～0.5m；照明器间距应为2.5～3.0m（潜水部分）和3.5～4.5m（深水部分）。

（八）室外滑冰场

室外滑冰场的规格一般为80m×50m，该运动项目是低位运动，所以需要照明的均匀度比较高，而且不能出现强烈的阴影。为不致使对滑行者产生强烈阴影，宜采用照明器两侧对称排列的方式。因为该运动是低位进行的，故应采用近距离投射，照明器的出射配光为宽光束型。应注意避免冰面反射光进入运动员视线。为了能看清冰面的裂缝等危险之处，应使整个场面具有良好的均匀度。滑冰场照明器的基本布置方式，如图8-12所示。

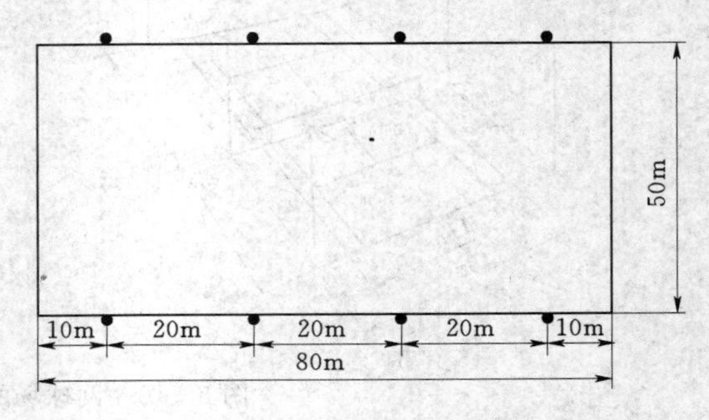

图8-12 室外滑冰场照明器的布置

（九）安全照明

在设有观众席的体育场，必须设有因故障停电时作为维护照明用的若干只具有瞬间启动点燃特性的“应急照明器”。也可设置正常时作一般照明，而停电时瞬间即可切换电源（第二路电源或直流电源）的照明做安全照明。

二、道路照明

照明良好的公路、街道和广场，会给人带来舒适、安逸和轻松的感觉。有利于交通质量的改善，减少交通事故，从而提高了交通的安全性。同时，良好的照明消除了暗角，减小了交通参与者与居民的恐惧感，有助于维护公共秩序。

为了满足人们对和谐气氛的追求和突出建筑总体形象的需要，公路照明不论在白天或夜晚的灯光效应都要与周围的环境浑然成一体。

（一）质量评价指标

1. 路面平均亮度$\overline{L}$

人的视觉在黑暗中对颜色的感知力是通过辨别物质之间的颜色差异来实现的，物体与背景之间的亮度差异可以用亮度对比度来表示

$$C=\frac{L_0-\overline{L}}{\overline{L}} \tag{8-1}$$

式中 L_0——物体自身亮度，cd/m²；

$\overline{L}$——背景亮度，cd/m²。此处为路面平均亮度。

（1）当$L_0>\overline{L}$时，将呈现出较亮的物体轮廓，路面较暗，此时两者呈现正对比。

（2）当$L_0<\overline{L}$时，物体可以显示出轮廓，此时是负对比。在道路照明中主要使用负对比。

2. 路面亮度分布的均匀度U_0

亮度均匀度是指路面的最小亮度L_{min}与平均亮度$\overline{L}$的比值，即

$$U_0=\frac{L_{min}}{\overline{L}} \tag{8-2}$$

在车道轴线上路面的最小亮度L_{min}与最大亮度L_{max}之比定义为纵向均匀度，即

$$U_1=\frac{L_{min}}{L_{max}} \tag{8-3}$$

如果在路面上连续、反复出现亮带与暗带，就会出现“斑马效应”。纵向均匀度可用来描述“斑马效应”的严重程度。

路灯照明的照度均匀度（最小照度与最大照度之比）宜在1：10～1：15之间。

3. 眩光程度TI

相对阈值增量（TI）是以路面平均亮度$\overline{L}$为背景亮度L_b，当满足$0.05\text{cd/m}^2<L_b<5\text{cd/m}^2$条件时，$TI$的计算公式可近似表示为

$$TI\approx\frac{65L_V}{0.8L}=81.25\frac{L_V}{\overline{L}} \tag{8-4}$$

式中 L_V—等效光幕亮度，cd/m²。此处为眩光产生。

4. 道路周围环境指数SR

环境因素SR定义为路边外侧5m宽的区域中的平均亮度与道路内侧的5m宽（路边起算）区域内的平均亮度之比。若路宽小于10m，则取道路的一半宽度进行计算。一般取SR为0.5。

5. 路灯排列的视觉诱导性

在路灯照明中，合理的照明器布置可以产生好的视觉引导，并将前方道路走向、交叉

情况传给汽车驾驶员，这样可以减少交通事故的发生，保证交通安全。

6. 适应性

道路照明的开始和结束对交通安全运行有着非常特别重要的意义。在人的视野内，眼睛要适应亮度变化需要有一定的时间，因此，在下列情况需要设置适应路段：

允许行驶速度 $V \geqslant 50km/h$，照明是在有建筑的区段之外或周围黑暗，且主路段的亮度 $L \geqslant 1cd/m^2$。

不同亮度的路段相互衔接处亮度的适应时间需要有 10s，在适应路段行驶时，照明器的光通量应逐步减小或变化。

（二）照度标准

各种道路照明的照度标准如表 8－3、表 8－4 所示。道路照明的照度要求在 5～30lx。

表 8－3　　机动车交通道路照明标准值

级别	道路类型	路面亮度			路面照度		眩光限制阈值增量（最大初始值）TI（%）	环境比（最小值）SR
		平均亮度 L_{av}（$cd \cdot m^{-2}$）	总均匀度（最小值）U_0	纵向均匀度（最小值）U_L	平均照度（维持值）E_{av}（lx）	均匀度（最小值）U_E		
Ⅰ	快速路、主干路（含迎宾路、通向政府机关和大型公共建筑的主要道路，位于市中心或商业中心的道路）	1.5/2.0	0.4	0.7	20/30	0.4	10	0.5
Ⅱ	次干路	0.75/1.0	0.4	0.5	10/15	0.35	10	0.5
Ⅲ	支路	0.5/0.75	0.4	—	8/10	0.3	15	—

注　1. 表中所列的平均照度仅适用于沥青路面。若系水泥混凝土路面，其平均照度值可相应降低约 30%。根据 CJJ45—2006 标准附录 A 给出的平均亮度系数可求出相同的路面平均亮度、沥青路面和水泥混凝土路面分别需要的平均照度。

2. 计算路面的维持平均亮度或维持平均照度时应根据光源种类、灯具防护等级和擦拭周期，按照 CJJ45—2006 标准附录 B 确定维护系数。

3. 表中各项数值仅适用于干燥路面。

4. 表中对每一级道路的平均亮度和平均照度给出了两档标准值，“/”的左侧为低档值，右侧为高档值。

表 8－4　　人行道路照明标准值

夜间行人流量	区域	路面平均照度（维持值）E_{av}（lx）	路面最小照度（维持值）E_{min}（lx）	最小垂直照度（维持值）E_{vmin}（lx）
流量大的道路	商业区	20	7.5	4
	居住区	10	3	2
流量中的道路	商业区	15	5	3
	居住区	7.5	1.5	1.5
流量小的道路	商业区	10	3	2
	居住区	5	1	1

注　最小垂直照度为道路中心线上距路面 1.5m 高度处，垂直于路轴的平面的两个方向上的最小照度。

（三）光源的选择

路灯照明光源宜采用高压钠灯和金属卤化物灯等。路灯伸出路沿边长宜为 0.6～1.0m，路灯水平线上仰角宜为 5°，路面亮度不宜低于 1cd/m²。交通照明主要采用低压钠灯、荧光高压汞灯，城市内街道照明主要采用高压钠灯、金属卤化物灯。

（四）照明方式

1. 灯杆照明

灯杆照明高度在 15m 以下，照明器安装在灯杆顶端，沿道路延伸布置灯杆，可以充分利用照明器的光通量，视觉导向性好。这种照明方式适用于一般的道路、桥梁、街心花园、停车场等。

（1）灯杆布置与道路的关系，如图 8－13 所示。照明器安装在灯杆顶端，沿人行道路布置灯杆，灯杆的高度在 10～15m，悬挑长度小于 1.0m；安装高度在 10m，悬挑长度在 1.0～1.5m；安装高度在 12m，一般安装角度控制在 15°，照明器布置在人行道边远的正上方。

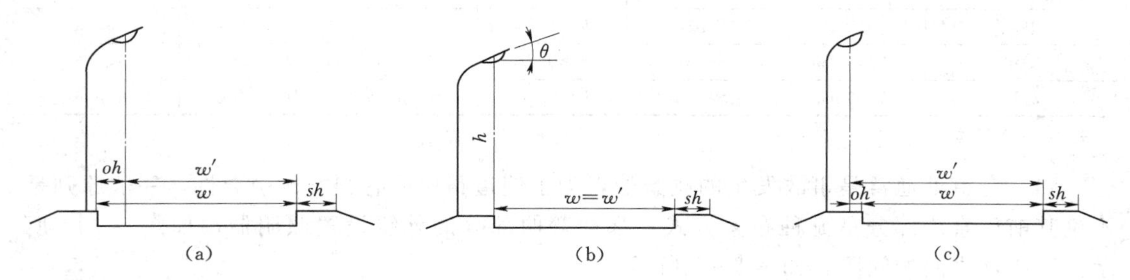

图 8－13　照明灯杆的位置与道路关系

(a) 外伸为正；(b) 外伸为零；(c) 外伸为负

w—车道关系；w'—光源中心至车道位置；sh—人行道宽度；h—照明器安装高度；

oh—光源中心外伸部分；θ—倾斜角度

（2）照明器的布置可以采用单侧、对称、交错、中央布置灯位。中央布置灯位方式用于有中央隔离带的道路，可根据道路的宽度、结构来决定。基本布置灯位的方式，如表 8－5所示。

表 8－5　　灯杆照明的布置方式

路灯布置方式	俯　视　图	道路宽度（m）
单侧	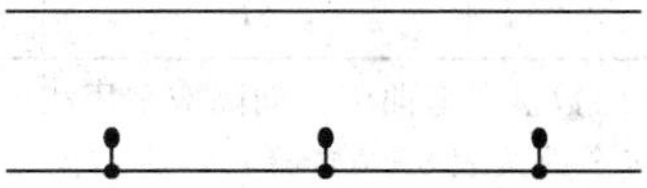	<12
交错	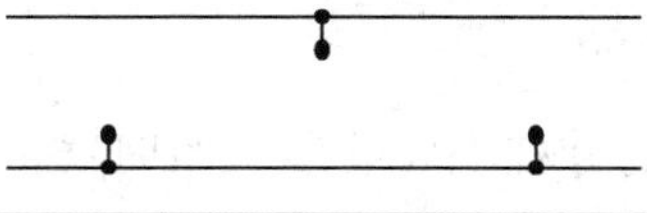	<24
对称	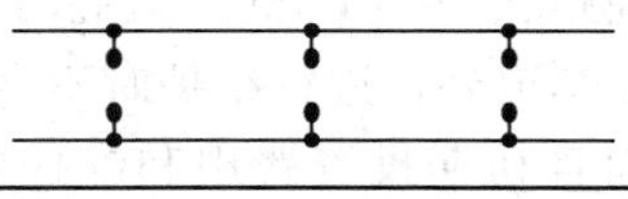	<48

续表

路灯布置方式	俯视图	道路宽度（m）
中央隔离带		<24
中央隔离带双条与对称		<90

（3）在道路照明中应根据使用的场所和周围的条件来选择有适当配光特性的照明器，常使用截止型、半截止型、非截止型等。各种照明器的安装高度和灯杆间距，如表 8－6 所示。

表 8－6　各种照明器的安装高度与灯杆间距　　单位：m

排列方式	配光为截止型		配光为半截止型		配光为非截止型	
	安装高度 h	安装间距 S	安装高度 h	安装间距 S	安装高度 h	安装间距 S
单侧	$h\geqslant\omega$	$S\leqslant3h$	$h\geqslant1.2\omega$	$S\leqslant3.5h$	$h\geqslant1.2\omega$	$S\leqslant4h$
交错	$h\geqslant0.7\omega$	$S\leqslant3h$	$h\geqslant0.8\omega$	$S\leqslant3.5h$	$h\geqslant0.8\omega$	$S\leqslant4h$
对称	$h\geqslant0.5\omega$	$S\leqslant3h$	$h\geqslant0.6\omega$	$S\leqslant3.5h$	$h\geqslant0.6\omega$	$S\leqslant4h$

注　ω 为车道宽。

（4）弯道处通常是事故发生的频繁处，为了使道路照明有很好的引导性，一般原则是不论其前后直线部分是哪种布置方式，都在弯曲部分的外线设置照明器，如图 8－14 所示。照明器之间的间距，如表 8－7 所示。

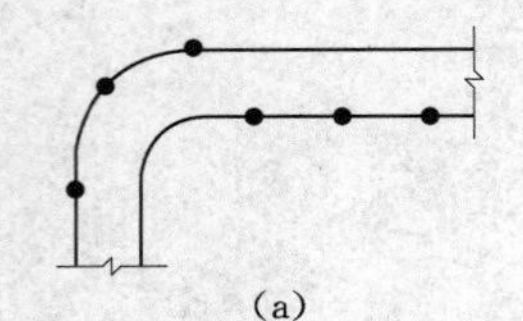
(a)

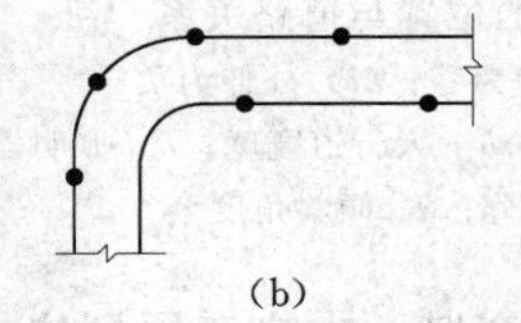
(b)

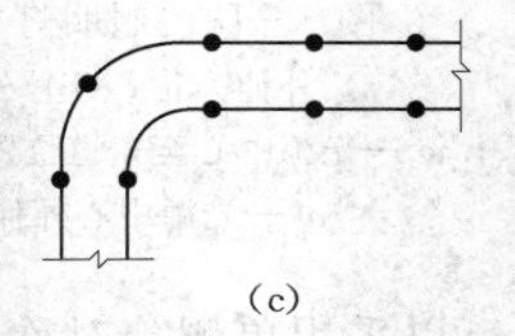
(c)

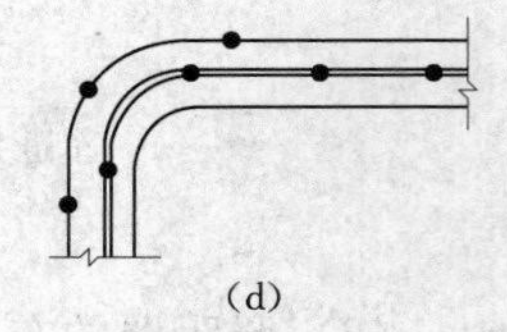
(d)

图 8－14　道路弯曲处照明器的配置

(a) 直线段单侧布置；(b) 直线段交错布置；(c) 直线段对称布置；(d) 直线段中央隔离带布置

表 8－7　弯曲处照明器布置间距

道路弯曲半径	300 以上	250 以上	200 以上	200 以下
照明布置间距	35	30	25	20

注　1. 直线部分间隔小于表 8－7 中的数值，弯曲部分间隔应采用相同值。
　　2. 弯曲半径在 500m 以下时，应全部按表 8－7 选择；弯曲半径在 500～1000m，应尽量按表 8－7 选择；弯曲半径在 1000m 以上时，可按直线部分选择。

2. 高杆照明

高杆照明是指一根很高的灯杆上安装多个照明器，进行大面积的照明。一般来说，高杆照明的高度为 20～35m（间距在 90～100m）最高可达 40～70m。这种照明方式非常简洁，眩光少，由于高杆安装在车道外，进行维护时不会影响交通。其缺点是投射到域外的光线多，导致利用率较低，而且初期投资费用和维护费用昂贵，适用于复杂道路的枢纽点，高速公路的立体交叉处，大型广场。

高杆照明的光源选用多个高功率和高效率光源组装成为轴对称配光的照明器，也可采用升降式的灯盘。照明器安装高度 H 可根据下面公式确定

$$H \geqslant 0.5R \tag{8-5}$$

式中　R——被照范围的半径，m。

3. 悬索照明

如图 8-15 所示，悬索照明是在道路中央隔离带上立杆，立杆之间用钢索做拉线，照明器悬挂在钢索上，这种方式适用于有中央隔离带的道路。一般立杆高度为 15～20m，立杆间距为 50～80m，照明器的安装间距一般为高度为 1～2 倍。

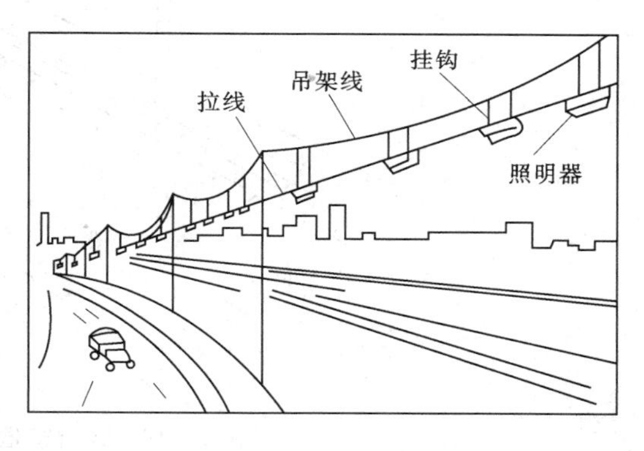

图 8-15　悬索照明

悬索照明的照明器配光是沿着道路横向扩张，眩光少，路面的亮度均匀度、视觉导向性好，湿路面与干路面相比，亮度变化不大，雾天形成的光幕效应也较少。这种照明多适用于潮湿多雾的地区。

4. 栏杆照明

栏杆照明是指沿着道路走向，在两侧约 1m 高的地方安装照明器。栏杆照明不用灯杆，适用于飞机场附近，可以避免障碍问题。由于照明器的安装高度很低，易受污染，维护费用高，照明距离小，有车辆通过时，在车辆的另一侧面会产生强烈的阴影。这种方式仅适用与车道较窄时，而且在坡度较大的地方和弯道处，应特别注意眩光的控制。

三、人行横道照明

当人行横道前后 50m 以内，连续设有 30lx 以上的道路照明时，人行横道可不必另设照明灯，否则，必须设置人行横道照明。特别是对有斜坡路和转弯道路，应加强这部分的照明设施。

1. 照度标准

我国对人行横道的照度尚无明确的规定，国外对人行横道的照度，规定在横道宽度的中心线 1m 的地方的照度，如表 8-8 所示。如果人行横道附近另有其他照明设置可以满足表中数值，可以不再设置人行横道照明。

表 8-8　　人行横道照度标准参考值

横道 0.6w 的范围		人行横道
平均	最小	最小
40lx 以上	25lx 以上	40lx 以上

2. 照明器的布置

人行横道范围部分照明器可以采用荧光水银钉、钠灯、荧光灯及碘钨灯等光源。人行横道与其邻近道路照明的照明器配置，应相互适应协调一致。人行横道照明的照明器位

置，如图 8-16 所示。

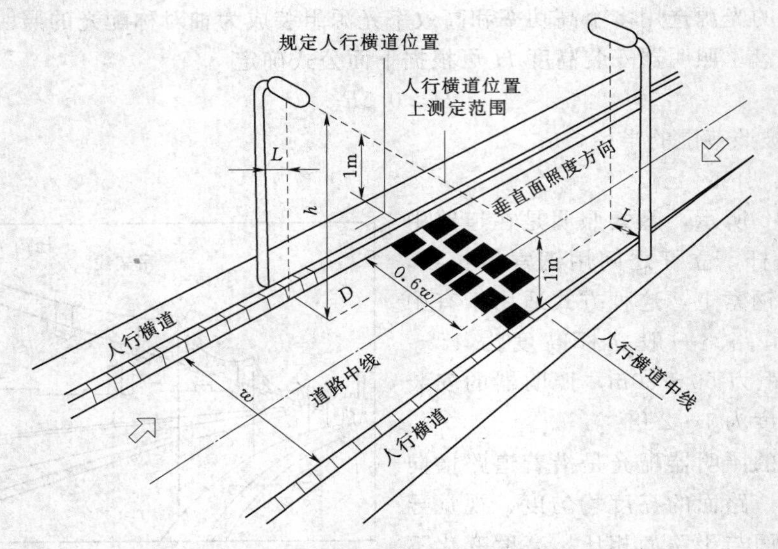

图 8-16　人行横道照明的照明器位置

若光源的高度为 h，人行横道中心线到光源的垂直距离为 D，光源延伸幅度为 L，则应满足以下条件：当 $h \geqslant 5$m、$L \geqslant 1.5$m 时，则距离 D 与光源延伸幅度 L 之比为 $D/L=0.7 \sim 1.3$，一般而言，两侧交错布置如图 8-17（a）所示；而两侧对称布置如图 8-17（b）所示，它适用于较宽的道路。在不太繁华和人流不多的人行横道，可采用反射形灯泡集中照射。

图 8-17　人行横道的照明布置

（a）两则交错布置；（b）两侧对称布置

第六节　课程设计题目

一、题目 A

1. 题目：某小学教学楼的电气照明设计

2. 本次课程设计（论文）应达到的目的

在教师的指导下，通过对选定的某一个具体的民用建筑电气工程的设计，使学生了解建筑照明的设计过程，设计要求，设计内容和方法；达到巩固所学知识，加强分析问题，进一步拓宽专业知识方面和多方面能力的培养与提高的目的；综合运用专业和基础知识，解决实际工程中技术问题的能力；查阅有关国家规范、标准、设计和产品手册，以及图书资料和各种工具书的能力；工程绘图能力；书写技术说明书的能力。

3. 本次课程设计（论文）任务的主要内容和要求（包括原始数据、技术参数、设计要求等）

内容：

某小学教学楼的电气照明设计，该工程为框架结构，主体3层，层高3.5m。

（1）确定照明方式和种类，确定照度标准。

（2）确定合适的光源，选择灯具的形式，并确定型号。

（3）合理布置灯具，进行照度计算，并确定光源的安装功率。

（4）进行照明负荷计算，选择照明线路的导线，开关及保护装置等。

（5）配电系统设计（包括导线，插座，断路器型号的选择等）。

要求：

（1）该建筑用电负荷为三级。

（2）采用TN—S系统，三相五线制。

（3）照明系统中的每一单相回路，不宜超过16A，灯具数量不宜超过25个，每一单相插座回路的插座数量不宜超过10个。

（4）选用铜芯导线穿管暗敷设。

设计结果要求：

（1）说明书（16K，20页以上，手写）。

（2）配电系统图（A1图纸1张，手绘）。

（3）标准层电气平面图（A1图纸1或2张，手绘）。

4. 图纸

建筑平面图见图8-18。

二、题目B

1. 题目：某多层住宅的电气照明设计

2. 本次课程设计（论文）应达到的目的

在教师的指导下，通过对选定的某一个具体的民用建筑电气工程的设计，使学生了解建筑照明的设计过程，设计要求，设计内容和方法；达到巩固所学知识，加强分析问题，进一步拓宽专业知识方面和多方面能力的培养与提高的目的；综合运用专业和基础知识，解决实际工程中技术问题的能力；查阅有关国家规范、标准、设计和产品手册，以及图书资料和各种工具书的能力；工程绘图能力；书写技术说明书的能力。

3. 本次课程设计（论文）任务的主要内容和要求（包括原始数据、技术参数、设计要求等）

内容：

某多层住宅的电气照明设计，该工程为砖混结构，主体六层，层高3.0m，四个单元，单元内每层均两户，户型均为两室一厅。

（1）确定照明方式和种类，确定照度标准。

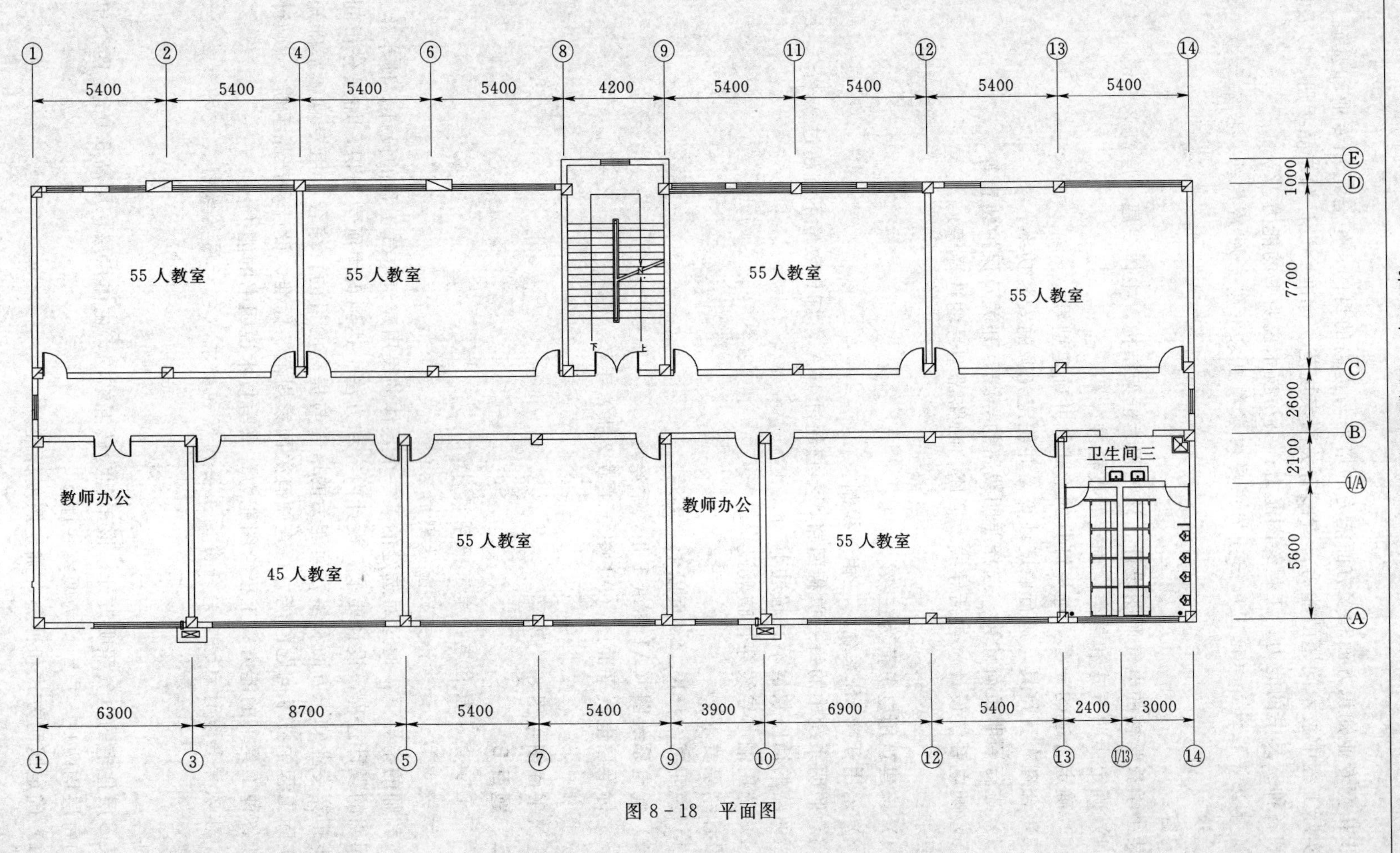
5400
5400
5400
5400
4200
5400
5400
5400
5400
55人教室
55人教室
55人教室
55人教室
教师办公
45人教室
55人教室
教师办公
55人教室
卫生间三
1000
7700
2600
2100
5600
6300
8700
5400
5400
3900
6900
5400
2400
3000

图 8-18　平面图

(2) 确定合适的光源，选择灯具的形式，并确定型号。

(3) 合理布置灯具，进行照度计算，并确定光源的安装功率。

(4) 进行照明负荷计算，选择照明线路的导线，开关及保护装置等。

(5) 配电系统设计（包括导线，插座，电度表型号，断路器型号的选择等）。

要求：

(1) 该住宅用电负荷为三级。

(2) 采用TN－S系统，三相五线制。

(3) 每户住宅进户线截面不小于10mm²，分支回路截面不小于2.5mm²，全部选用铜芯导线穿管暗敷设。

(4) 每单元每层设单元配电箱，每户设户内配电箱。

(5) 每套住宅照明、一般电源插座，厨房电源插座，卫生间电源插座、空调电源插座，应设置独立回路供电（回路数量也可根据房型做适当调整）

设计结果要求：

(1) 说明书（16K，20页以上，手写）。

(2) 配电系统图（A1图纸1张，手绘）。

(3) 标准层照明平面图（A1图纸1或2张，手绘）。

4. 图纸

建筑平面图见图8-19。

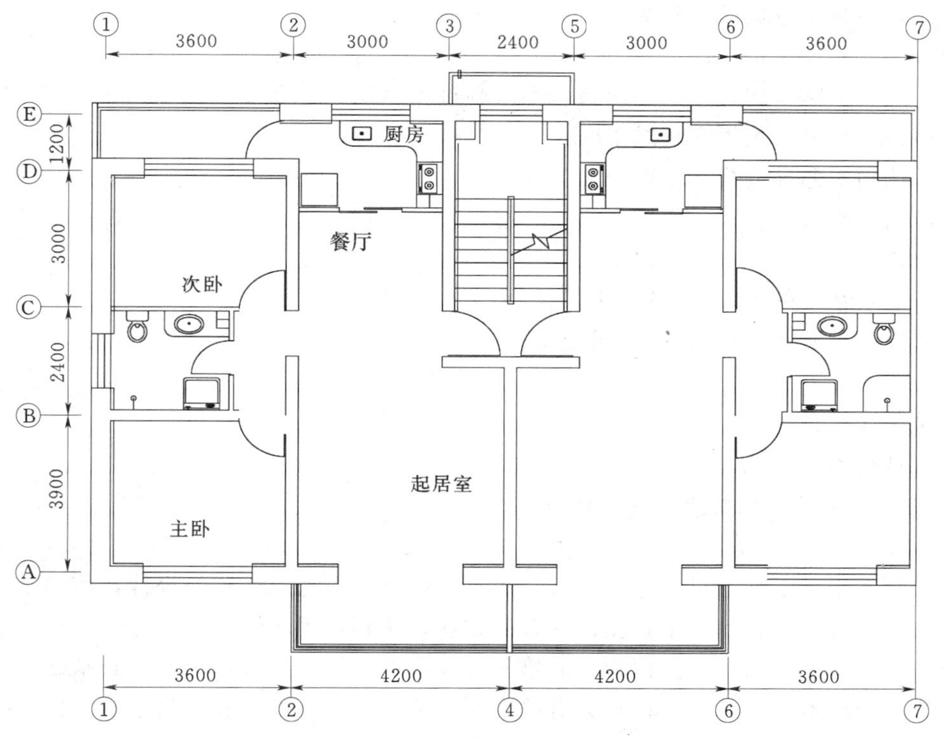

单元标准层平面图 1：50

图8-19 平面图

三、题目C

1. 题目：某办公楼的电气照明设计

2. 本次课程设计（论文）应达到的目的

在教师的指导下，通过对选定的某一个具体的民用建筑电气工程的设计，使学生了解建筑照明的设计过程，设计要求，设计内容和方法；达到巩固所学知识，加强分析问题，进一步拓宽专业知识方面和多方面能力的培养与提高的目的；综合运用专业和基础知识，解决实际工程中技术问题的能力；查阅有关国家规范、标准、设计和产品手册，以及图书资料和各种工具书的能力；工程绘图能力；书写技术说明书的能力。

3. 本次课程设计（论文）任务的主要内容和要求（包括原始数据、技术参数、设计要求等）

内容：

某办公楼的电气照明设计，该工程为框架结构，主体3层，层高3.8m。

（1）确定照明方式和种类，确定照度标准。

（2）确定合适的光源，选择灯具的形式，并确定型号。

（3）合理布置灯具，进行照度计算，并确定光源的安装功率。

（4）进行照明负荷计算，选择照明线路的导线，开关及保护装置等。

（5）配电系统设计（包括导线，插座，电度表型号，断路器型号的选择等）。

要求：

（1）该建筑用电负荷为三级。

（2）采用TN－S系统，三相五线制。

（3）照明系统中的每一单相回路，不宜超过16A，灯具数量不宜超过25个，每一单相插座回路的插座数量不宜超过10个。

（4）选用铜芯导线穿管暗敷设。

设计结果要求：

（1）说明书（16K，20页以上，手写）。

（2）配电系统图（A1图纸1张，手绘）。

（3）标准层照明平面图（A1图纸1或2张，手绘）。

4. 图纸

建筑平面图见图8－20。

四、题目D

1. 题目：某商住楼的电气照明设计

2. 本次课程设计（论文）应达到的目的

在教师的指导下，通过对选定的某一个具体的商住楼电气工程的设计，使学生了解建筑照明的设计过程，设计要求，设计内容和方法；达到巩固所学知识，加强分析问题，进一步拓宽专业知识方面和多方面能力的培养与提高的目的；综合运用专业和基础知识，解决实际工程中技术问题的能力；查阅有关国家规范、标准、设计和产品手册，以及图书资料和各种工具书的能力；工程绘图能力；书写技术说明书的能力。

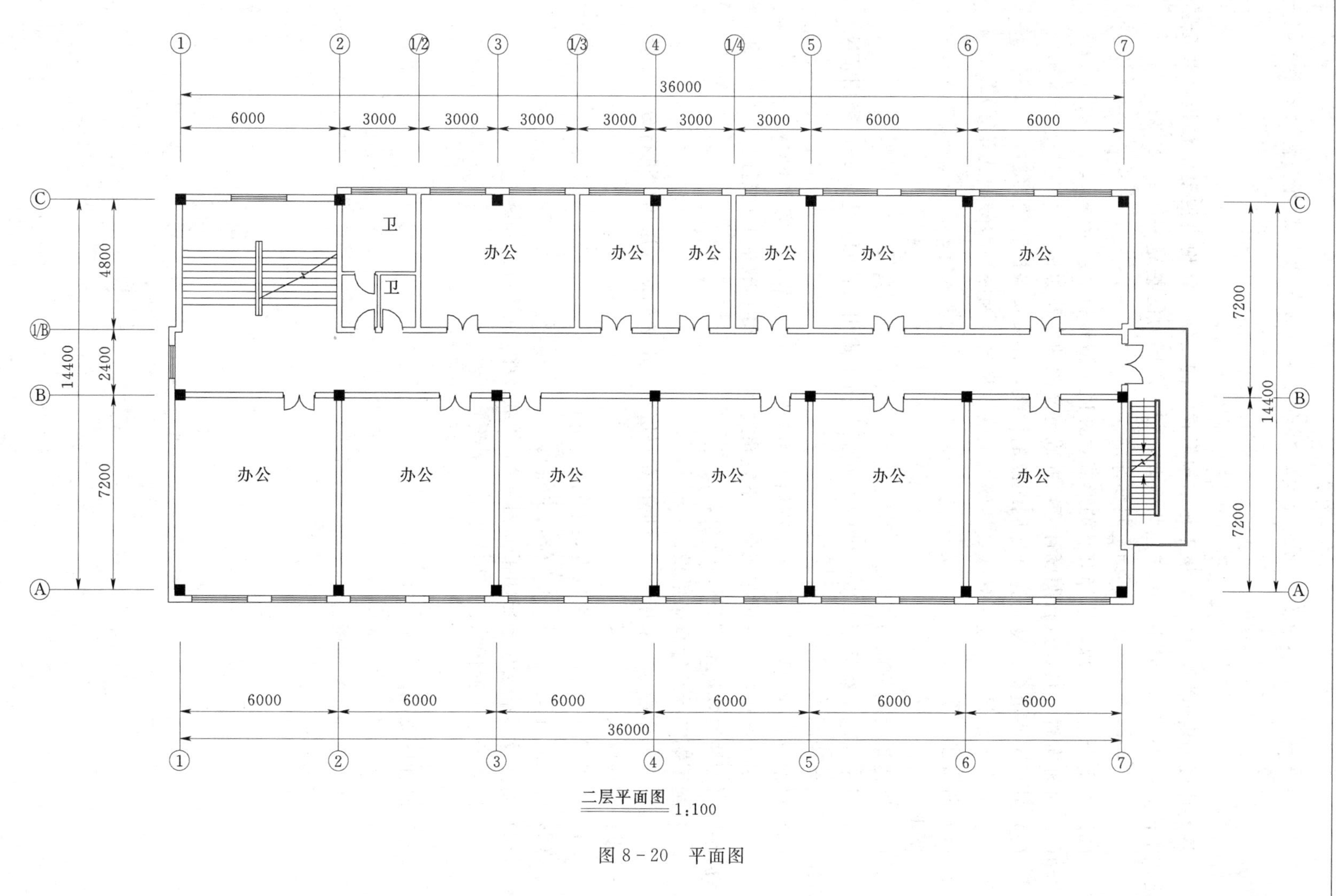

二层平面图 1:100

图 8-20　平面图

3. 本次课程设计（论文）任务的主要内容和要求（包括原始数据、技术参数、设计要求等）

内容：

某商住楼的电气照明设计，该工程结构形式为砖混结构，现浇混凝土楼板，共6层，建筑主体高度19.7m，其中一、二层为商业，三～六层为住宅。

（1）确定照明方式和种类，确定照度标准。

（2）确定合适的光源，选择灯具的形式，并确定型号。

（3）合理布置灯具，进行照度计算，并确定光源的安装功率。

（4）进行照明负荷计算，选择照明线路的导线，开关及保护装置等。

（5）配电系统设计（包括导线，插座，电度表型号，断路器型号的选择等）。

（6）防雷接地系统设计。

要求：

（1）该建筑用电负荷为三级。

（2）低压配电系统采用220～380V放射式与树干式相结合的供电方式，采用TN－S系统，三相五线制。

（3）根据设计规范及要求，本工程商业用电标准为40kW，住宅为6kW。

（4）照明系统中的每一单相回路，不宜超过16A，灯具数量不宜超过25个，每一单相插座回路的插座数量不宜超过10个。

（5）选用铜芯导线穿管暗敷设。

（6）本工程计量方式采用分散计量，在每层装设电表箱对本层用户进行分户计量。

设计结果要求：

（1）说明书（16K，20页以上，手写）。

（2）配电系统图（A1图纸1张，手绘）。

（3）商业及标准层住宅照明平面图（A1图纸2张，手绘）。

（4）防雷接地平面图（A1图纸2张，手绘）

4. 图纸

建筑平面图见图8-21～图8-24。

（1）一、二层商业平面图。

（2）住宅标准层平面图。

（3）屋顶平面图。

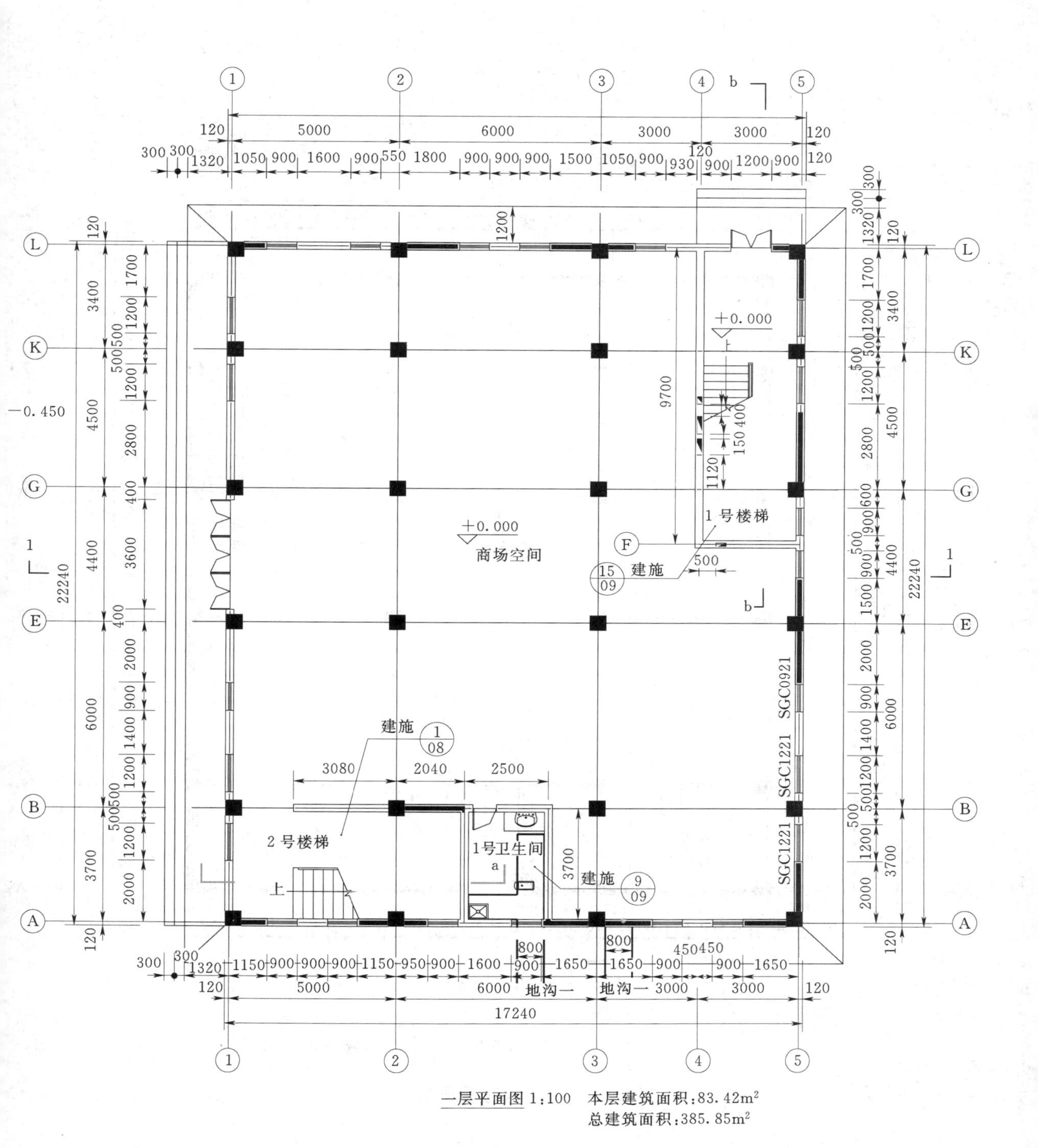

一层平面图 1:100
本层建筑面积:83.42m²
总建筑面积:385.85m²
商场空间
+0.000
1 号楼梯
2 号楼梯
1号卫生间
建施
地沟一
SGC0921
SGC1221
17240
22240
-0.450

图 8-21　平面图

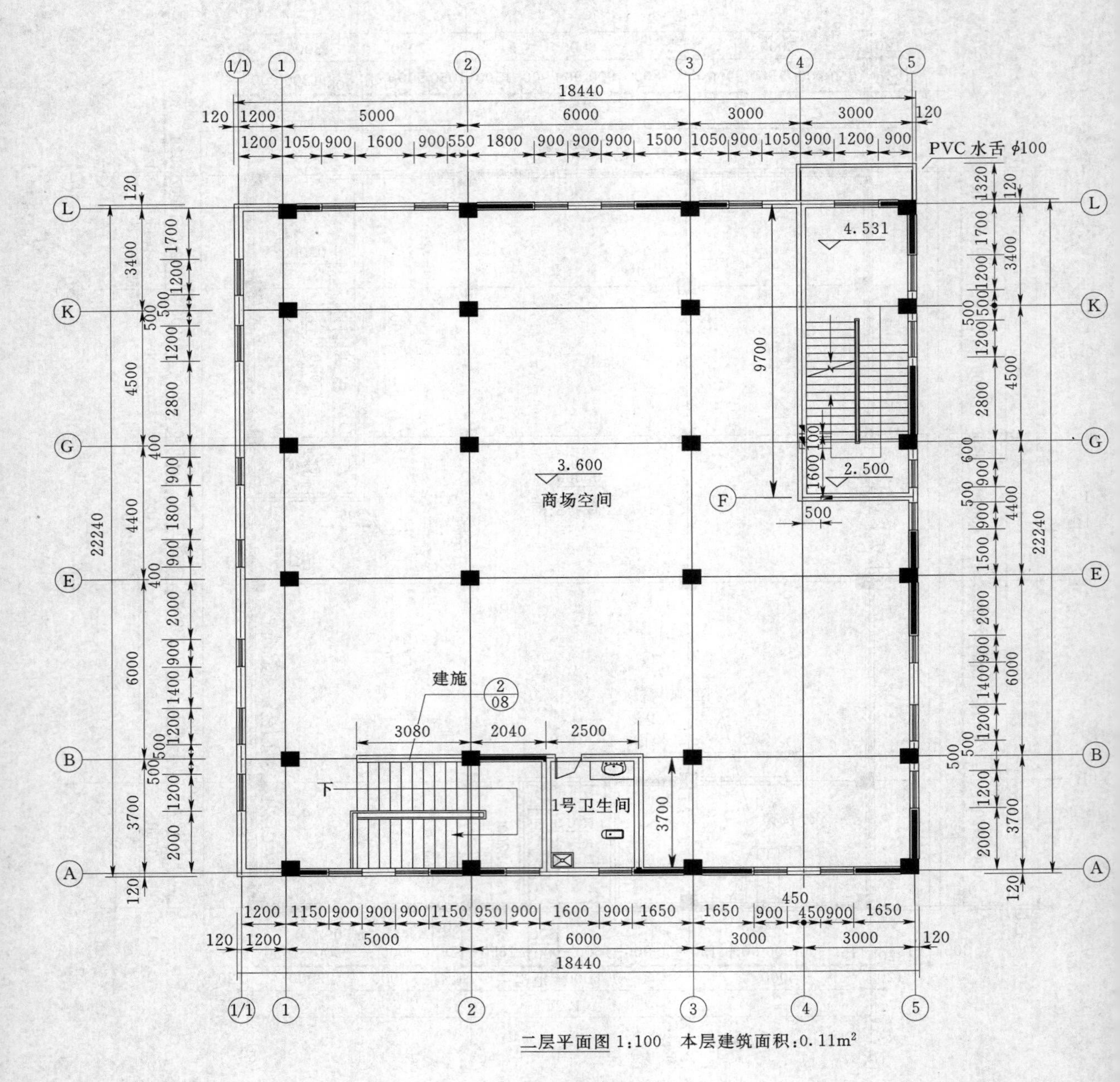

18440
PVC 水舌 φ100
4.531
9700
3.600
商场空间
2.500
建施
2
08
3080
2040
2500
下
1号卫生间
3700
22240
二层平面图 1:100 本层建筑面积:0.11m²

图 8-22 平面图

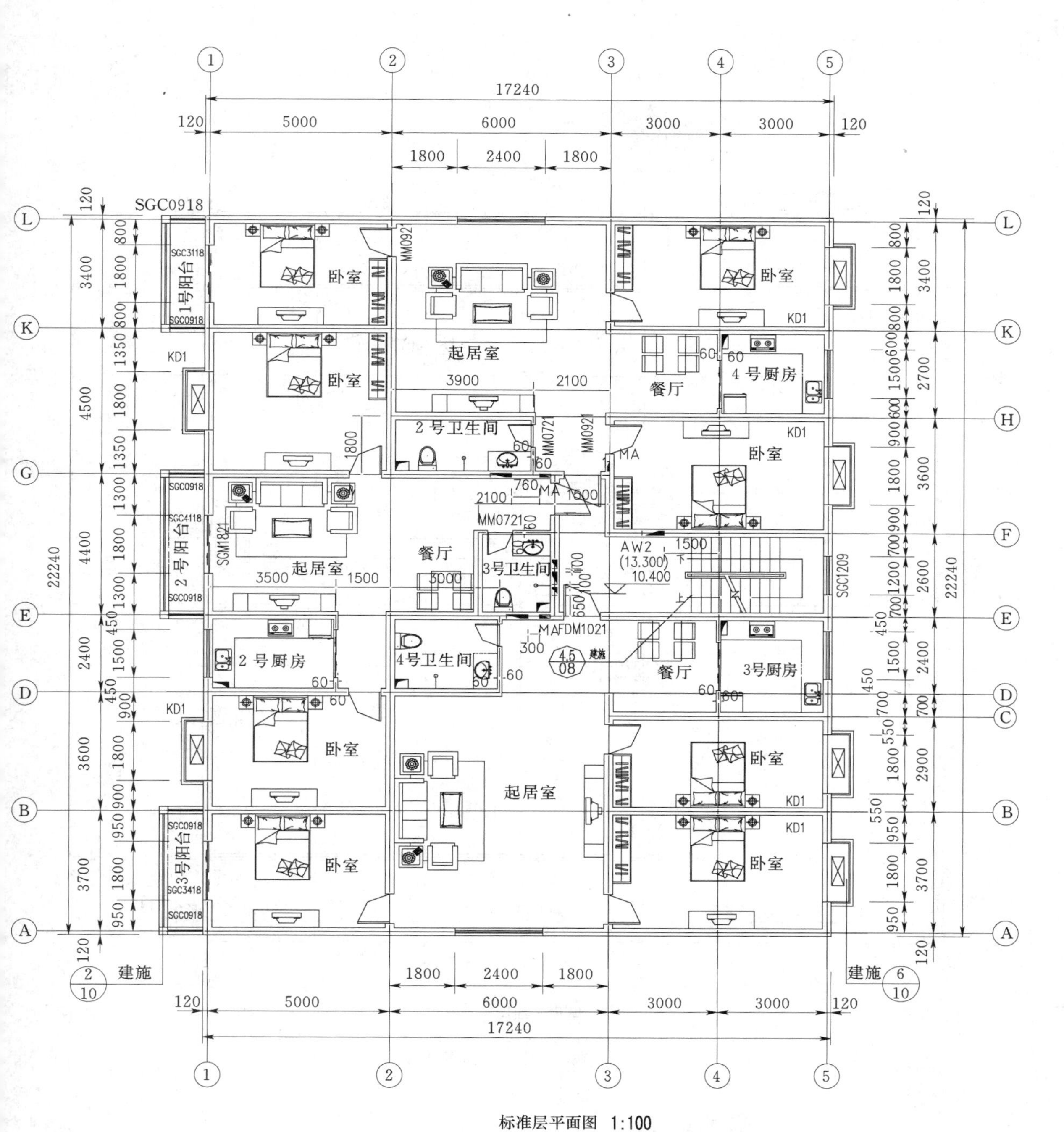

标准层平面图 1:100

图 8-23 平面图

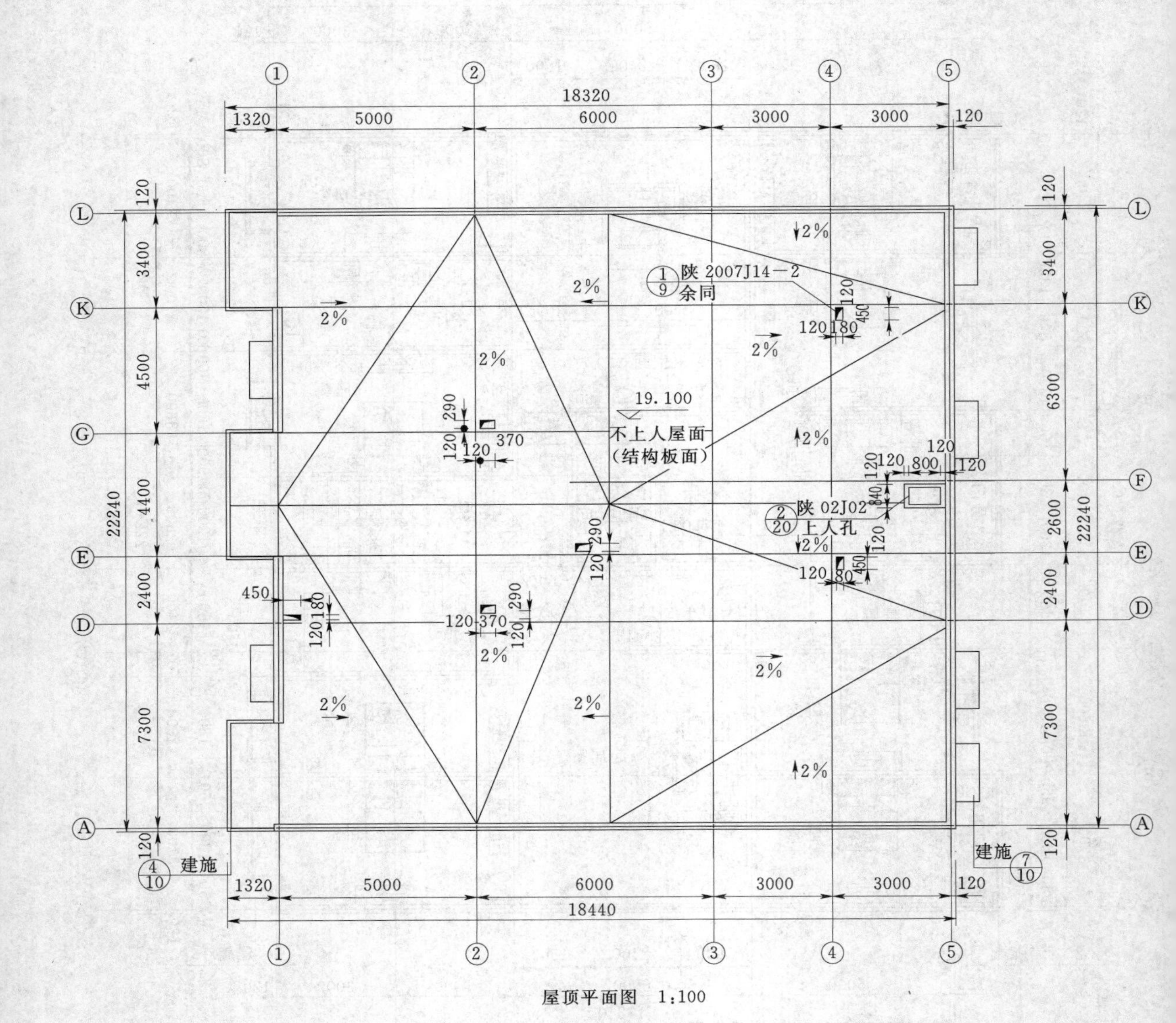

屋顶平面图 1:100

图 8-24 平面图

附录一　常用电气符号

附表 1－1　　电气设备常用基本文字符号

项目种类	设备、装置和元器件名称		基本文字符号	
	中文名称	英文名称	单字母	双字母
组件/部件	分离元件放大器	Amplifier using discrete components	A	
	激光器	Laser		
	调节器	Regulator		
	电桥	Bridge		AB
	晶体管放大器	Transistor amplifier		AD
	集成电路放大器	Integrated circuit amplifier		AJ
	磁放大器	Magnetic amplifier		AM
	电子管放大器	Valve amplifier		AV
	印制电路板	Printed circuit board		AP
	抽屉柜	Drawer		AT
	支架盘	Rack		AR
	天线放大器	Antenna amplifier		AA
	频道放大器	Channel amplifier		AC
	控制屏（台）	Control panel（desk）		AC
	电容器屏	Capacitor panel		AC
	应急配电箱	Emergency distribution box		AE
	高压开关柜	High voltage switch gear		AH
	前端设备	Headed equipment（Head end）		AH
	刀开关箱	Knife switch board		AK
	低压配电屏	Low voltage distribution panel		AL
	照明配电箱	Illumination distribution board		AL
	线路放大器	Line amplifier		AL
	自动重合闸装置	Automatic recloser		AR
	仪表柜	Instrument cubicle		AS
	模拟信号板	Map（Mimic）board		AS
	信号箱	Signal box（board）		AS
	稳压器	Stabilizer		AS
	同步装置	Synchronizer		AS
	接线箱	Connecting box		AW
	插座箱	Socket box		AX
	动力配电箱	Power distribution board		AP

续表

项目种类	设备、装置和元器件名称		基本文字符号	
	中文名称	英文名称	单字母	双字母
非电量到电量变换器或电量到非电量变换器	热电传感器	Thermoelectric sensor	B	
	热电池	Thermo－cell		
	光电池	Photoelectric－cell		
	测功计	Dynamometer		
	晶体换能器	Crystal transducer		
	送话器	Microphone		
	拾音器	Pick up		
	扬声器	Loudspeaker		
	耳机	Earphone		
	自整角机	Synchro		
	旋转变压器	Resolver		
	模拟和多级数字变换器或传感器（用作指示和测量）	Analogue and multiple－step digital transducers or sensors（as used indicating measuring purposes）		
	压力变换器	Pressure transducer		BP
	位置变换器	Position transducer		BQ
	旋转变换器（测速发电机）	Rotation transducer（tachogenerator）		BR
	温度变换器	Temperature transducer		BT
	速度变换器	Velocity transducer		BV
电容器	电容器	Capacitor	C	
	电力电容器	Power capacitor		CP
二进制元件 延迟器件 存储器件	数字集成电路和器件	Digital integrated circuits and devices	D	
	延迟线	Delay line		
	双稳态元件	Bistable element		
	单稳态元件	Monostable element		
	磁芯存储器	Core storage		
	寄存器	Register		
	磁带记录机	Magnetic tape recorder		
	盘式记录机	Disk recorder		
其他元器件	发热器件	Heating device	E	EH
	照明灯	Lamp for lighting		EL
	空气调节器	Ventilator		EV
	静电除尘器	Electrostatic precipitator		EP

续表

项目种类	设备、装置和元器件名称		基本文字符号	
	中文名称	英文名称	单字母	双字母
保护器件	过电压放电器件避雷器	Over voltage discharge device Arrester	F	
	具有瞬时动作的限流保护器件	Current threshold protective device with instantaneous action		FA
	具有延时动作的限流保护器件	Current threshold protective device with time - lag action		FR
	具有延时和瞬时动作的限流保护器件	Current threshold protective device with instantaneous and time - lag action		FS
	熔断器	Fuse		FU
	限压保护器件	Voltage threshold protective device		FV
	跌落式熔断器	Dropping fuse		FD
	避雷针	Lightning rod		FL
	快速熔断器	Quick melting fuse		FQ
发生器 发电机 电源	旋转发电机	Rotating generator	G	
	振荡器	Oscillator		
	发电机（发生器）	Generator		GS
	同步发电机	Synchronous generator		
	异步发电机	Asynchronous generator		GA
	蓄电池	Battery		GB
	柴油发电机	Diesel generator		GD
	旋转式或固定式变频机	Rotating or static frequency converter		GF
	稳压装置	Constant voltage equipment		GV
信号器件	声响指示器	Acoustical indicator	H	HA
	蓝色指示灯	Indicate lamp with blue colour		HB
	电铃	Electrical bell		HE
	电喇叭	Electrical horn		HH
	光指示器	Optical indicator		HL
	指示灯	Indicator lamp		HL
	红色指示灯	Indicate lamp with red colour		HR
	绿色指示灯	Indicate lamp with green colour		HG
	黄色指示灯	Indicate lamp with yellow colour		HY
	电笛	Electrical whistle		HS
	蜂鸣器	Buzzer		HZ

续表

项目种类	设备、装置和元器件名称		基本文字符号	
	中文名称	英文名称	单字母	双字母
继电器 接触器	继电器	Relay	K	
	瞬时接触继电器	Instantaneous contactor relay		KA
	交流继电器	Alternating relay		KA
	电流继电器	Current relay		KC
	差动继电器	Differential relay		KD
	接地故障继电器	Earth－fault relay		KE
	瓦斯继电器	Gas relay		KG
	热继电器	Thermo relay		KH
	双稳态继电器	Bistable relay		KL
	接触器	Contactor		KM
	极化继电器	Polarized relay		KP
	干簧继电器	Dry reed relay		KR
	逆流继电器	Reverse current relay		KR
	信号继电器	Signal relay		KS
	时间继电器	Time relay		KT
	温度继电器	Temperature relay		KT
	电压继电器	Voltage relay		KV
	零序电流继电器	Zero sequence current relay		KZ
电感器 电抗器	感应线圈	Induction coil	L	
	线路陷波器	Line trap		
	电抗器（并联和串联）	Reactors（shunt and series）		
电动机	电动机	Motor	M	
	同步电动机	Synchronous motor		MS
	可做发电机或电动机用的电机	Machine capable of use as a generator or motor		MG
	力矩电动机	Torque motor		MT
模拟元件	运算放大器	Operational amplifier	N	
	混合模拟/数字器件	Hybrid analogue/digital device		
测量设备 试验设备	指示器件	Indicating devices	P	
	记录器件	Recording devices		
	积算测量器件	Integrating measuring devices		
	信号发生器	Signal generator		
	电流表	Ammeter		PA
	（脉冲）计数器	(Pulse) Counter		PC

续表

项目种类	设备、装置和元器件名称		基本文字符号	
	中文名称	英文名称	单字母	双字母
测量设备 试验设备	电度表	Watt hour meter	P	PJ
	记录仪器	Recording instrument		PS
	时钟、操作时间表	Clock, Operating time meter		PT
	电压表	Voltmeter		PV
	功率因数表	Power factor meter		PF
	频率表	Frequency meter (Hz)		PH
	无功电度表	Var—hour meter		PR
	温度计	Thermometer		PH
	功率表	Watt meter		PW
电力开路 的开关器件	断路器	Circuit—breaker	Q	QF
	电动机保护开关	Motor protection switch		QM
	隔离开关	Disconnector (isolator)		QS
	刀开关	Knife switch		QK
	负荷开关	Load switch		QL
	漏电保护器	Residual current		QR
	启动器	Starter		QT
	转换(组合)开关	Transfer switch		QT
电阻器	电阻器	Resistor	R	
	变阻器	Rheostat		
	电位器	Potentiometer		RP
	测量分路表	Measuring shunt		RS
	热敏电阻器	Resistor with inherent variability dependent on the temperature		RT
	压敏电阻器	Resistor with inherent variability dependent on the voltage		RV
控制、记忆、 信号电路的 开关器件 选择	拨号接触器	Dial contact	S	
	连接级	Connecting stage		
	控制开关	Control switch		SA
	选择开关	Selector switch		SA
	按钮	Push—button		SB
	机电式有或无传感器(单级数字传感器)	All - or - nothing sensors of mechanicaland electronic nature (one - step digital sensors)		
	液体标高传感器	Liquid level sensor		SL
	压力传感器	Pressure sensor		SP

续表

项目种类	设备、装置和元器件名称		基本文字符号	
	中文名称	英文名称	单字母	双字母
控制、记忆、信号电路的开关器件选择	位置传感器（包括接近传感器）	Position sensor（including proximity - sensor）	S	SQ
	转数传感器	Rotation sensor		SR
	温度传感器	Temperature sensor		ST
	急停按钮	Emergency button		SE
	正转按钮	Forward button		SF
	浮子开关	Floating switch		SF
	火警按钮	Fire alarm button		SF
	主令开关	Master switch		SM
	反转按钮	（Reserve） Backward button		SR
	停止按钮	Stop button		SS
	烟感探测器	Smoke detector		SS
	温感探测器	Temperature detector		ST
变压器	电流互感器	Current transformer	T	TA
	控制电路电源用变压器	Transformer for control circuit supply		TC
	电力变压器	Power transformer		TM
	磁稳压器	Magnetic stabilizer		TS
	电压互感器	Voltage transformer		TV
	局部照明用变压器	Transformer for local lighting		TL
调制器变换器	解调器	Demodulator	U	
	变频器	Frequency changer		
	编码器	Coder		
	变流器	Converter		
	逆变器	Inverter		
	整流器	Rectifier		
	电报译码器	Telegraph translator		
电子管晶体管	气体放电管	Gas－discharge tube	V	
	二极管	Diode		
	晶体管	Transistor		VT
	晶闸管	Thyristor		VR
	电子管	Electronic tube		VE
	控制电路用电源的整流器	Rectifier for control circuit supply		VC

续表

项目种类	设备、装置和元器件名称		基本文字符号	
	中文名称	英文名称	单字母	双字母
传输通道 波导 天线	导线	Conductor	W	
	电缆	Cable		
	母线	Busbar		WB
	波导	Waveguide		
	波导定向耦合器	Waveguide directional coupler		
	偶极天线	Dipole		
	抛物天线	Parabolic aerial		WP
	控制母线	Control bus		WC
	控制电缆	Control cable		WC
	合闸母线	Closing bus		WC
	事故信号母线	Emergency signal bus		WE
	掉牌未复归母线	Forgot to reset bus		WR
	信号母线	Signal bus		WS
	滑触线	Trolley wire		WT
	电压母线	Voltage bus		WV
端子 插头 插座	连接插头和插座	Connecting plug and socket	X	
	接线柱	Clip		
	电缆封端和接头	Cable sealing end and joint		
	焊接端子板	Soldering terminal strip		
	连接片	Link		XB
	测试插孔	Test jack		XJ
	插头	Plug		XP
	插座	Socket		XS
	端子板	Terminal board		XT
电气操作的 机械器件	气阀	Pneumatic valve	Y	
	电磁铁	Electromagnet		YA
	电磁制动器	Electromagnetically operated brake		YB
	电磁离合器	Electromagnetically operated clutch		YC
	电磁吸盘	Magnetic chuck		YH
	电动阀	Motor operated valve		YM
	电磁阀	Electromagnetically operated valve		YV
	合闸电磁体（线圈）	Closing Electromagnet（coil）		YC
	跳闸电磁体（线圈）	Tripping Electromagnet（coil）		YT
终端设备 混合变压器 滤波器 均衡器 限幅器	电缆平衡网络	Cable balancing network	Z	
	压缩扩展器	Compandor		
	晶体滤波器	Crystal filter		
	均衡器	Equalizer		ZQ
	分配器	Splitter		ZS
	网络	Network		

附表 1-2　　物理量下角标的文字符号

文字符号	中文含义	文字符号	中文含义
a	有功；附加	OL	过负荷
al	允许	op	动作
av	平均	OR	过流脱扣器
C	电容；电容器	*p*	有功功率
c	计算	p	周期性的；保护
cab	电缆	pk	尖峰
cr	临界	*q*	无功功率
d	需要；基准；差动	qb	速断
dsq	不平衡	QF	断路器
E	接地	r	无功
e	设备；有效的	re	返回；实际
ec	经济的	rel	可靠
eq	等效的	S	系统
FE	熔体	s	整定
FU	熔断器	saf	安全
h	谐波	sh	冲击
i	电流	st	启动
ima	假想的	step	跨步
k	短路	T	变压器
K	继电器	*t*	时间
L	电感	TA	电流互感器
L	负荷；负载	tou	接触
l	线	TV	电压互感器
M	电动机	*u*	电压
m	幅值；最大	u	利用
man	人工	w	接线；工作
max	最大的	WB	母线
min	最小的	WL	线路
N	标称，额定（系统）	θ	温度
n	额定（元器件）	Σ	总合
np	非周期性的	φ	相位
oc	断路	O	中性线
oh	架空	o	周围（环境）

附表 1-3　　电气简图用图形符号（节选自 GB/T 4728—1998）

序号	图形符号	说明
1	基本符号	
1.1	⎓	直流，右边可示出电压
1.2	∿	交流，右边可示出频率
1.3	+	正极性
1.4	−	负极性
1.5	N	中性线
1.6		接地，地，一般符号
1.7		保护接地
1.8		等电位
2	导体和连接件	
2.1		连线（导线、电线、电缆）
2.2	形式 1 /// 形式 2 3 /	三根导线
2.3	●	连接，连接点
2.4	○	端子
2.5	形式 1 形式 2	T 型连接
2.6	形式 1 形式 2	导线的双重连接
2.7		插头和插座
2.8		接通的连接片
2.9		断开的连接片
2.10		电缆密封终端，表示带有一根三芯电缆
2.11	3 3 3	电缆连接盒，表示带 T 型连接的三根导线
3	基本无源元件	
3.1		电阻器，一般符号
3.2	U	压敏电阻器
3.3		分路器，带分流和分压端子的电阻器
3.4		电容器，一般符号
3.5		电感器，线圈，绕组
4	半导体元件	
4.1		半导体二极管
4.2		无指定形式的三级晶闸管
5	电能的发生与转换	
5.1	*	电机的一般符号，符号内的星号用下述字母之一代替： G—发电机 M—电动机
5.2	M 3~	三相笼形感应电动机
5.3	形式 1 形式 2	双绕组变压器
5.4	形式 1 形式 2	三绕组变压器

续表

序号	图形符号	说明
5.5		电抗器
5.6	形式 1 形式 2	电流互感器
5.7	形式 1 形式 2	电压互感器
5.8		具有两个铁芯，每个铁芯有一个次级绕组的电流互感器
5.9		整流器
5.10		逆变器
5.11		蓄电池
6	开关、控制和保护器件	
6.1		动合（常开）触点 本符号也可用作开关的一般符号
6.2		动断（常闭）触点
6.3		当操作器件被吸合时延时闭合的动合触点
6.4		当操作器件被释放时延时闭合的动断触点
6.5		具有动合触点且自动复位的按钮开关
6.6		具有动合触点但无自动复位的旋转开关
6.7		位置开关，动合触点
6.8		位置开关，动断触点
6.9		接触器 接触器的主动合触点
6.10		断路器
6.11		隔离开关
6.12		负荷开关
6.13		操作器件一般符号
6.14		热继电器的驱动器件
6.15	I>	过流继电器
6.16	U<	欠压继电器
6.17	I>	具有反时限特性的过流继电器
6.18		气体（瓦斯）继电器

续表

序号	图形符号	说明
6.19		熔断器一般符号
6.20		带机械连杆的熔断器（撞击式熔断器）
6.21		熔断器式隔离开关
6.22		熔断器式负荷开关
6.23		避雷器
7	测量仪表、灯和信号器件	
7.1	*	指示仪表，符号内的星号用下述字母之一代替： A—电流表 V—电压表 W—功率表 cosφ—功率因数表
7.2	*	积算仪表，如电能表，符号内的星号用下述字母之一代替： Wh—电能表 varh—无功电能表
7.3	Wh	负费率电能表
7.4		灯，一般符号 信号灯，一般符号
7.5		电喇叭
7.6		电铃

序号	图形符号	说明
8	电器平面布置	
8.1		规划（设计）的发电站
8.2		运行的发电站
8.3		规划（设计）的变电所、配电所
8.4		运行的变电所、配电所
8.5		地下线路
8.6		管道线路
8.7		架空线路
8.8		具有埋入地下连接点的线路
8.9		中性线
8.10		保护线
8.11		保护线和中性线公用线
8.12		具有中性线和保护线的三相线路
8.13		配电中心，示出五路馈线

附录二　企业供配电系统常用电气设备型号的表示和含义

一、开关电器

1．高压断路器

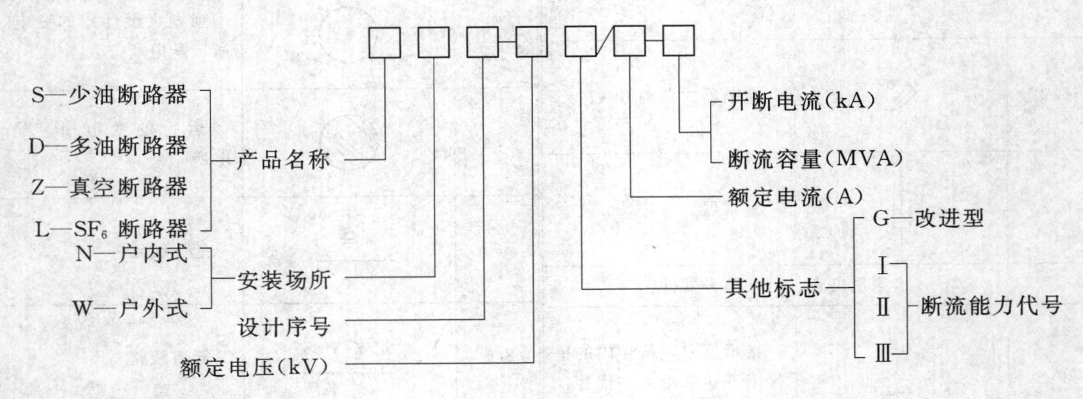

2．低压断路器

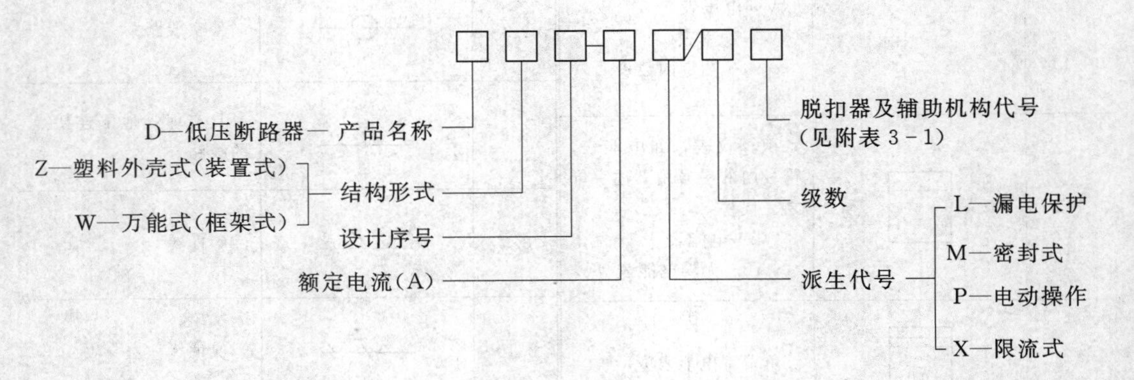

附表 2-1　　脱扣器型式及辅助机构代号

代号 附件种类 / 脱扣器类别	不带附件	分励	辅助触头	欠电压	分励辅助触头	分励欠电压	二组辅助触头	欠电压辅助触头
无脱扣器	00		02				06	
热脱扣器	10	11	12	13	14	15	16	17
电磁脱扣器	20	21	22	23	24	25	26	27
复式脱扣器	30	31	32	33	34	35	36	37

3. 高压负荷开关

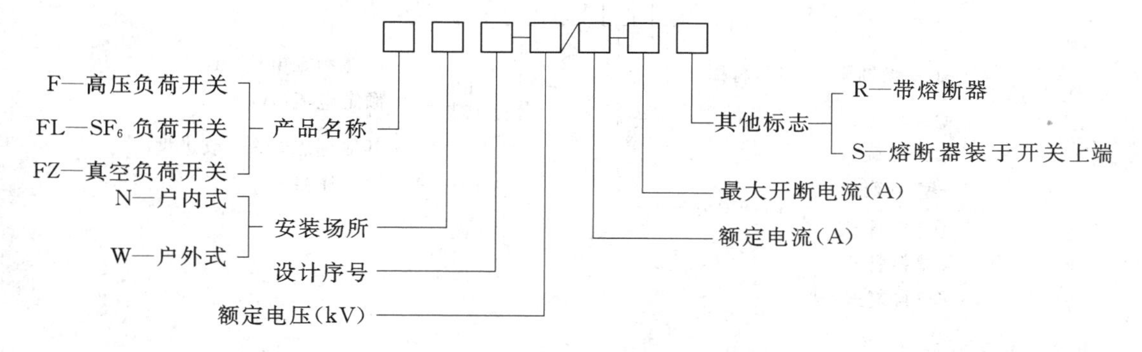

4. 低压负荷开关

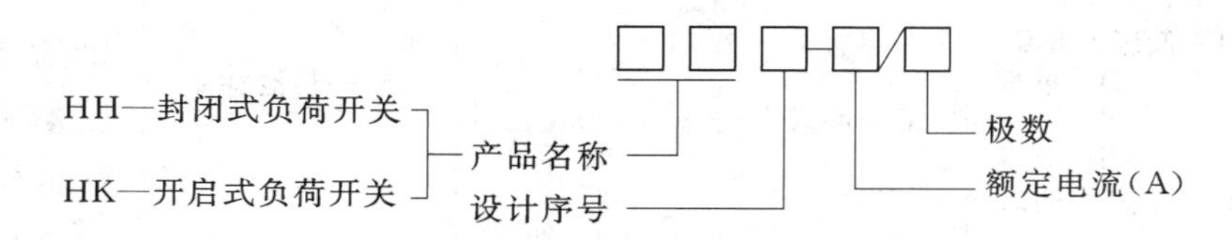

5. 高压隔离开关

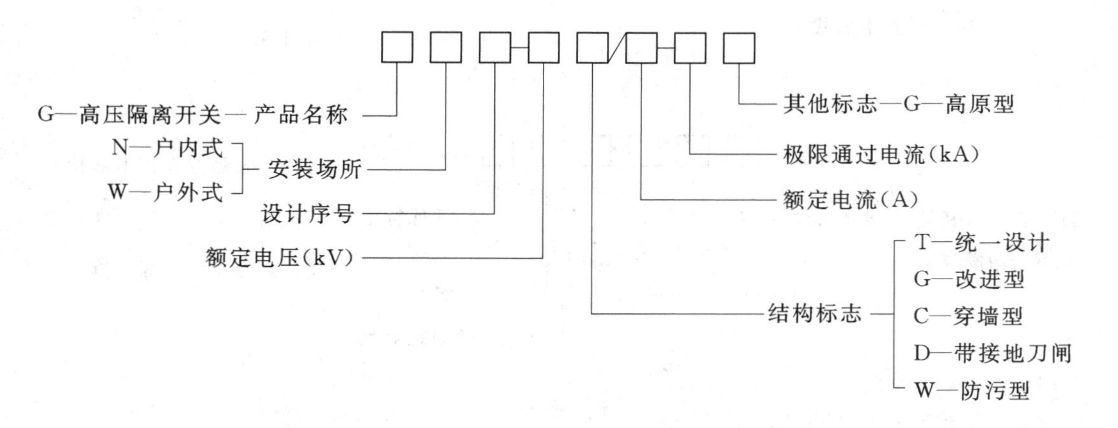

6. 高压熔断器

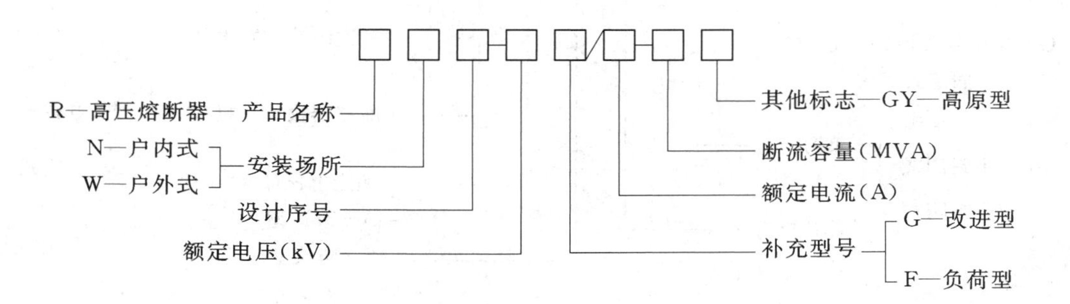

7. 低压熔断器

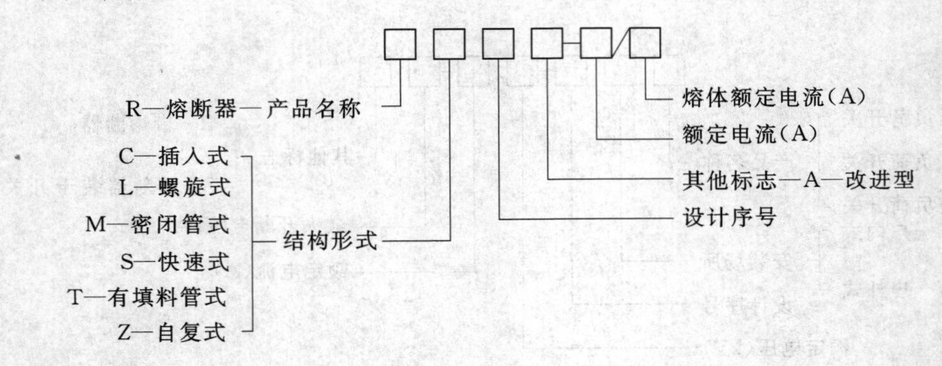

8. 低压刀开关

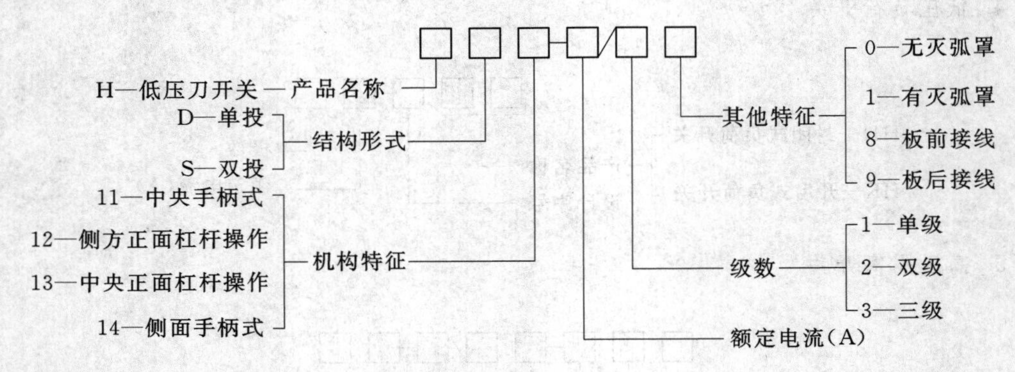

9. 低压刀熔开关

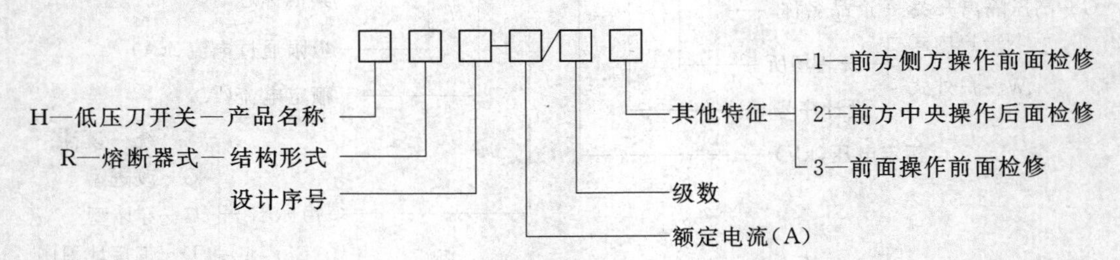

10. 高压开关柜

(1) 老系列高压开关柜。

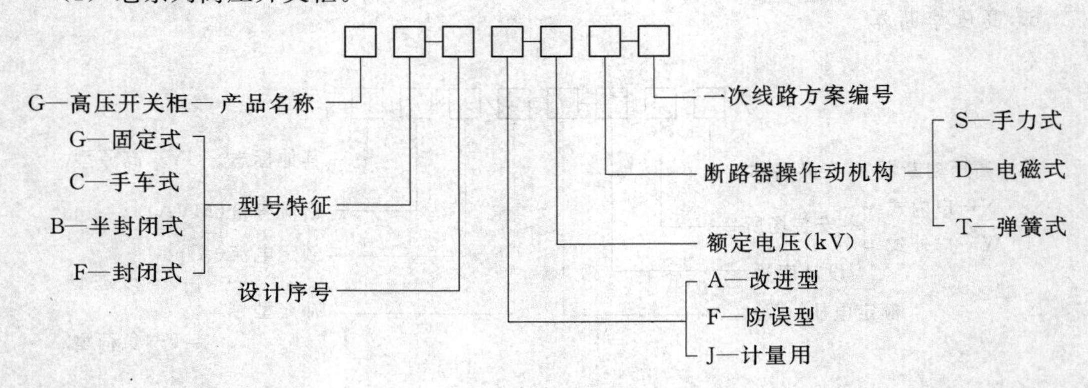

（2）新系列高压开关柜。

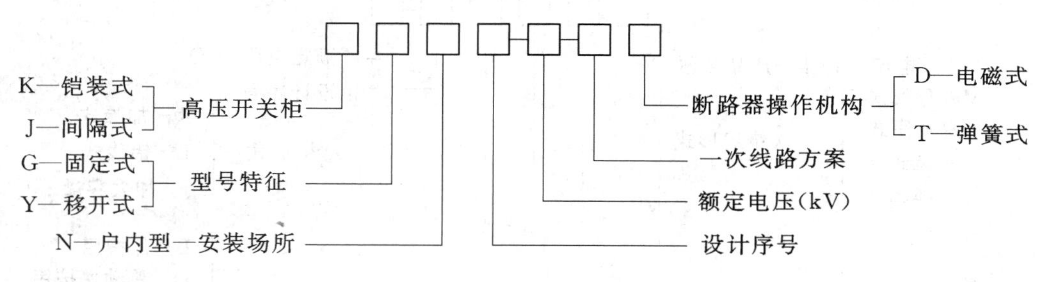

11. 低压配电屏

（1）老系列低压配电屏。

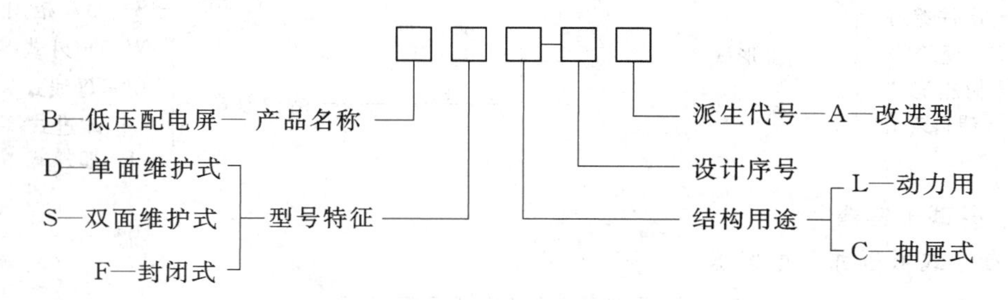

（2）新系列低压配电屏。

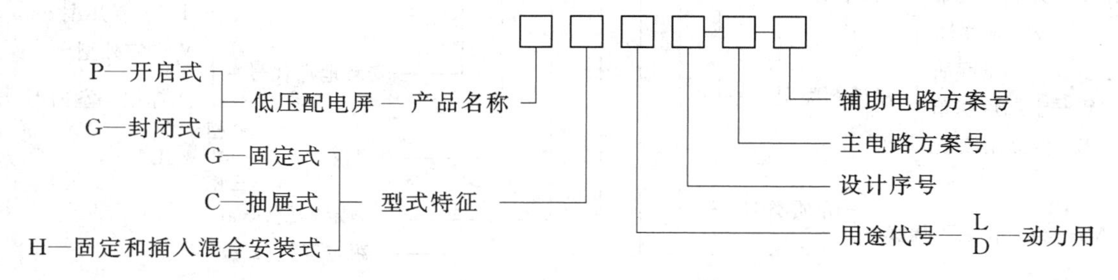

二、互感器

1. 电压互感器

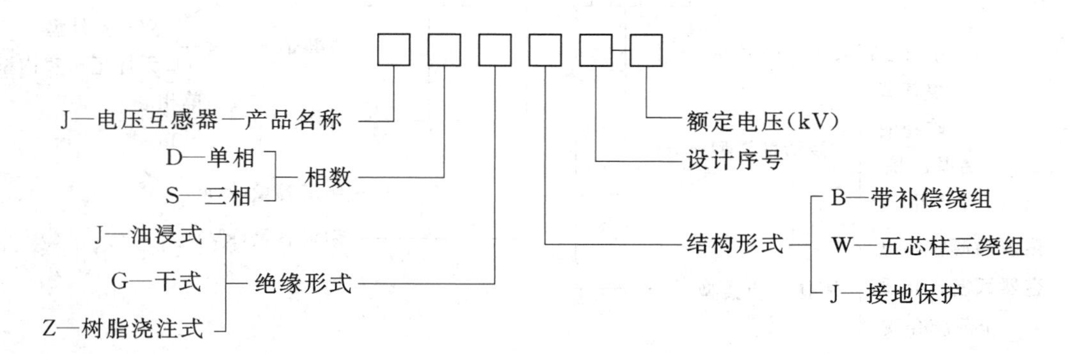

2. 电流互感器

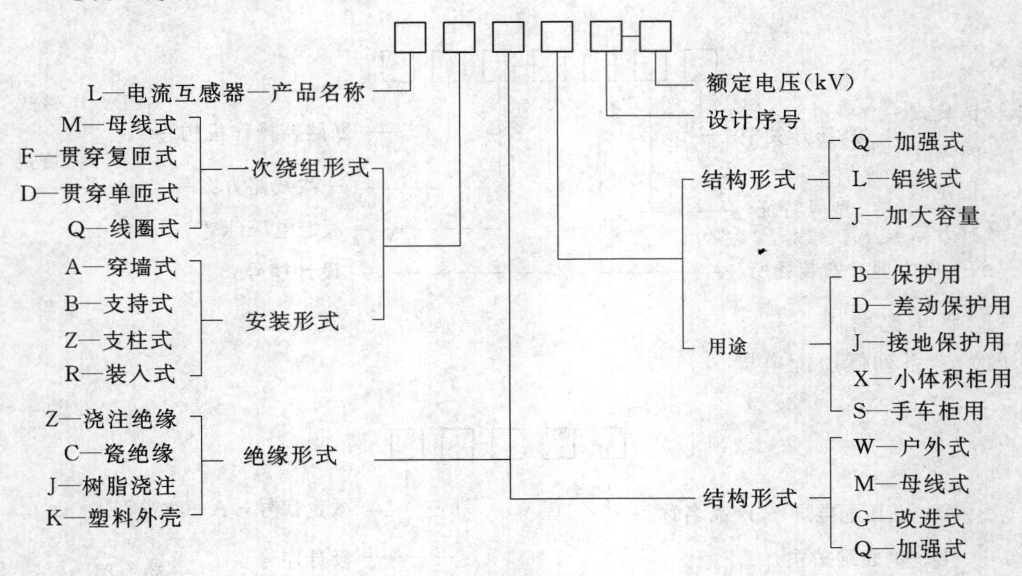

三、并联电容器

1. 自愈式低压并联电容器

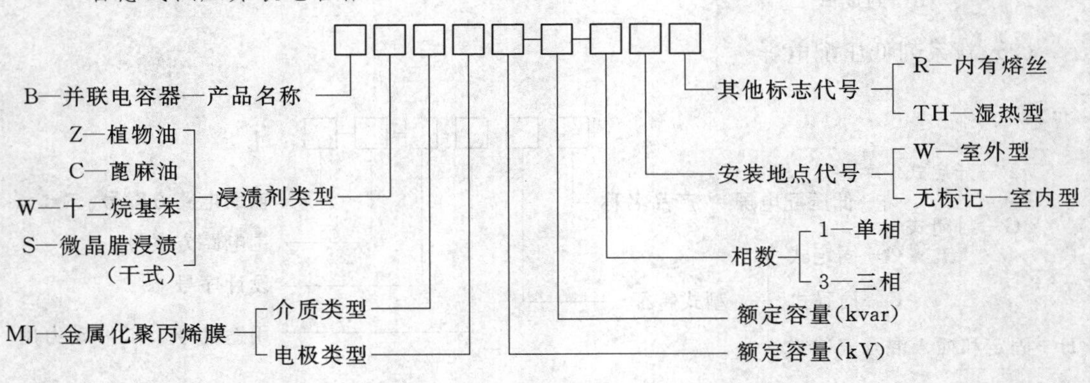

2. 普通型并联电容器

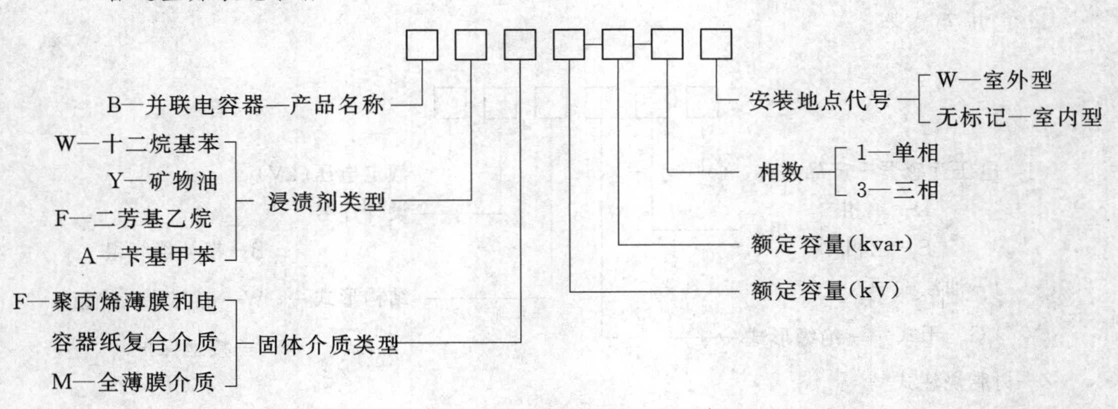

四、电力变压器

1．普通铁芯型式变压器

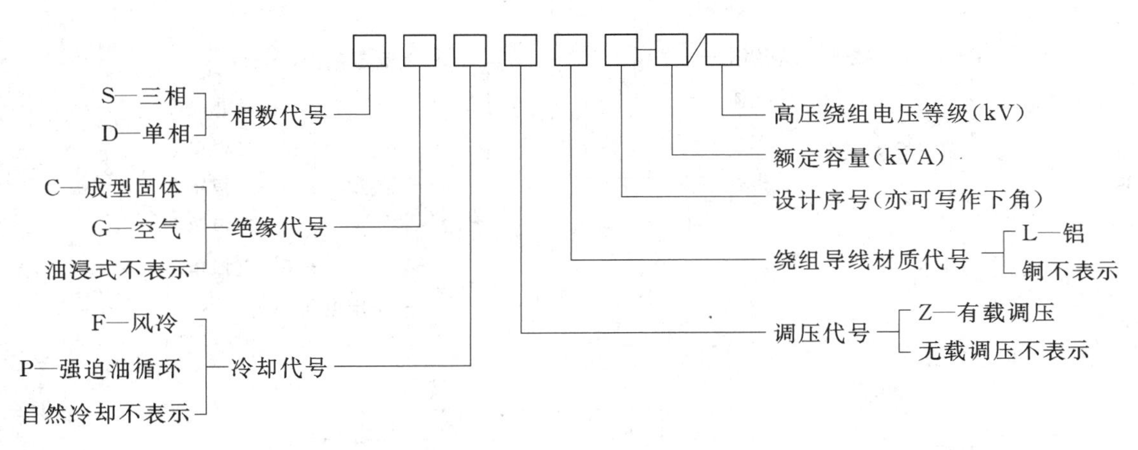

2．卷铁芯全密封变压器

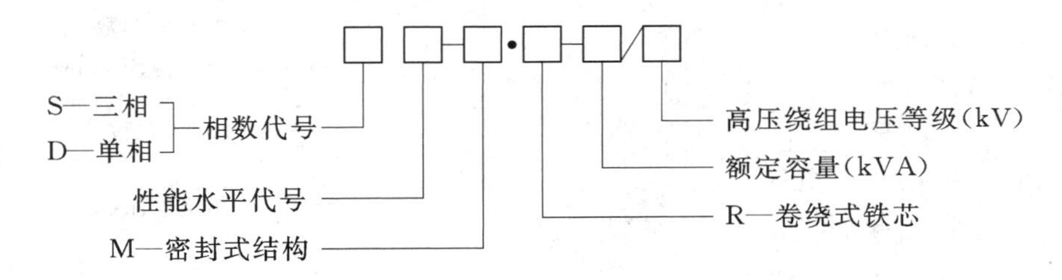

3．非晶合金铁芯密封变压器

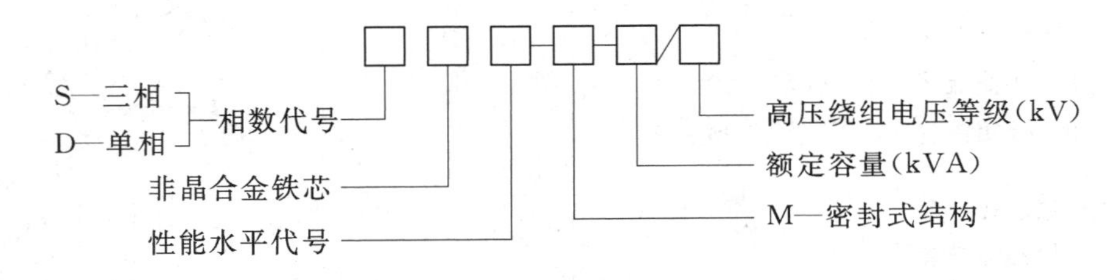

五、电力线路

1．裸导线

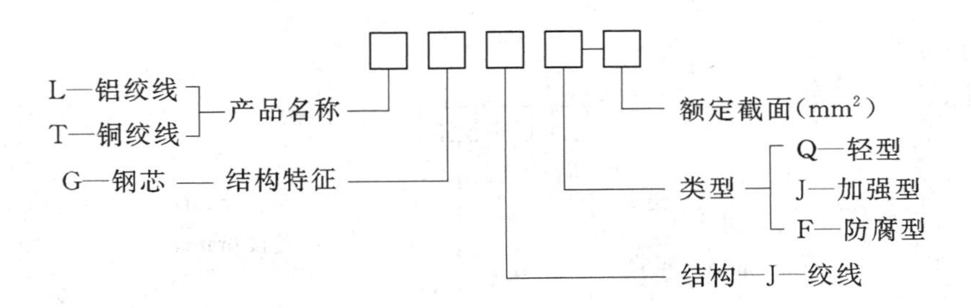

2. 绝缘导线

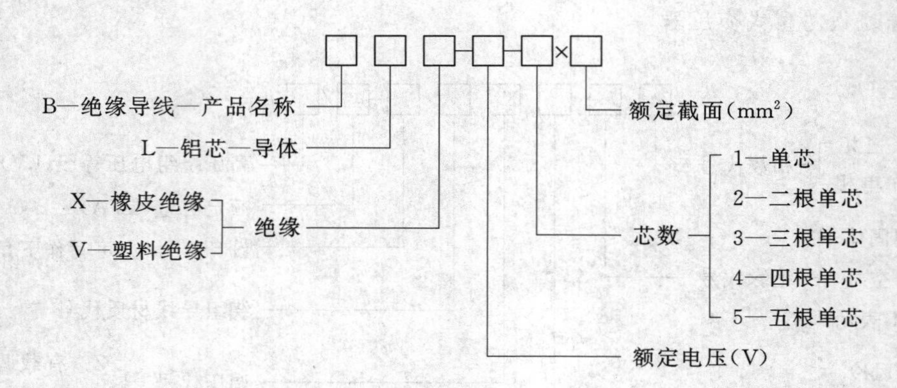

3. 电力电缆

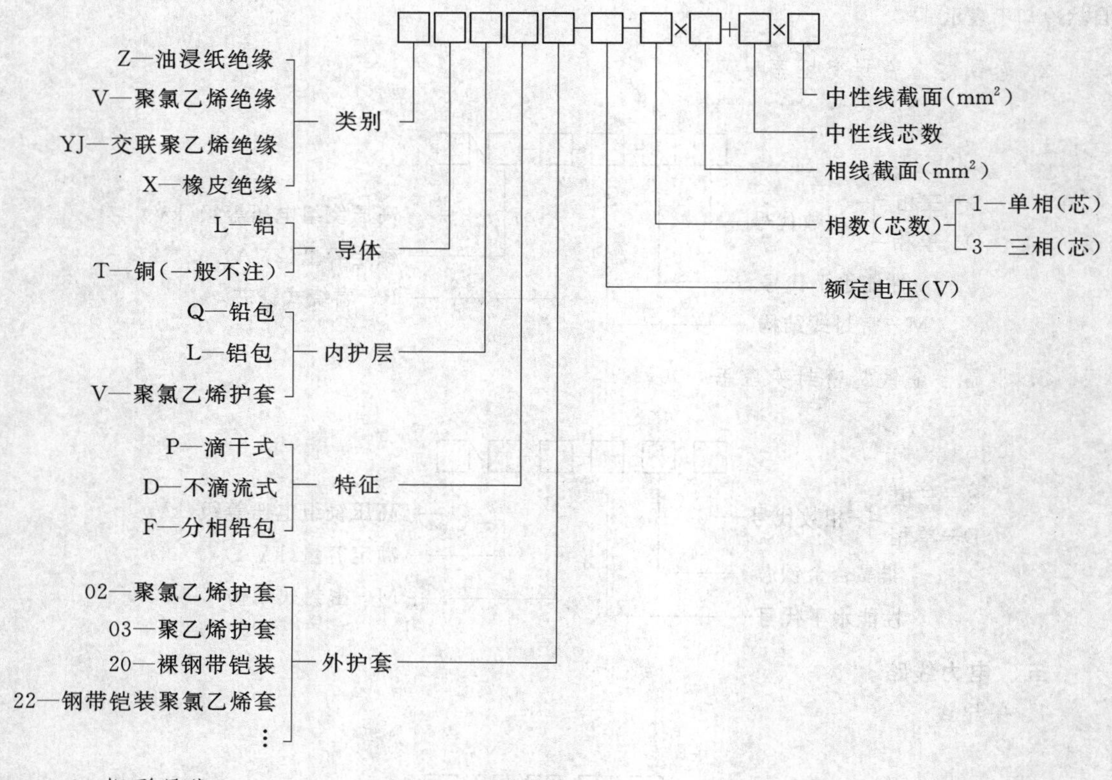

4. 矩形母线

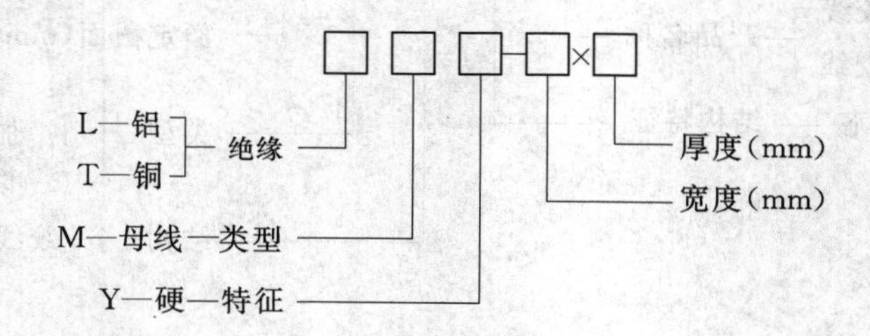

六、避雷器

1．阀式避雷器

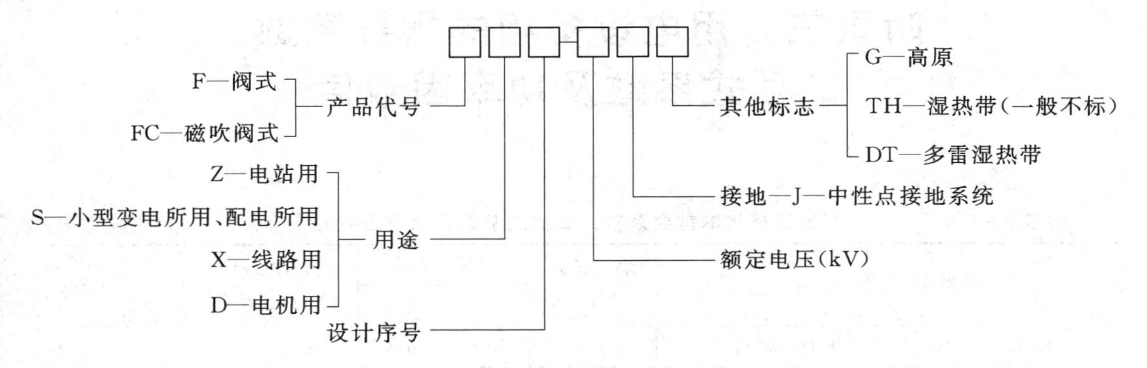

2．排气式避雷器

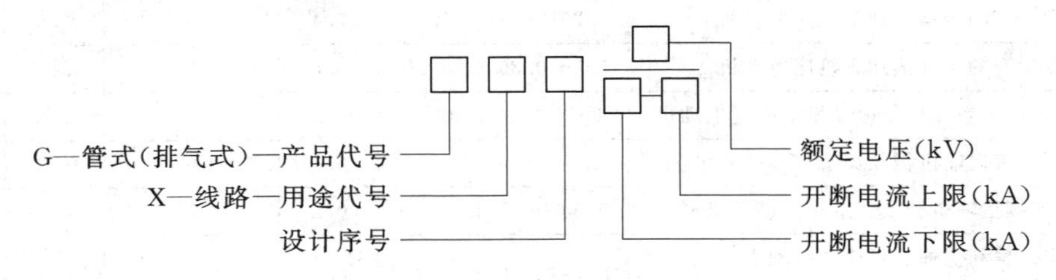

3．合成绝缘金属氧化物避雷器

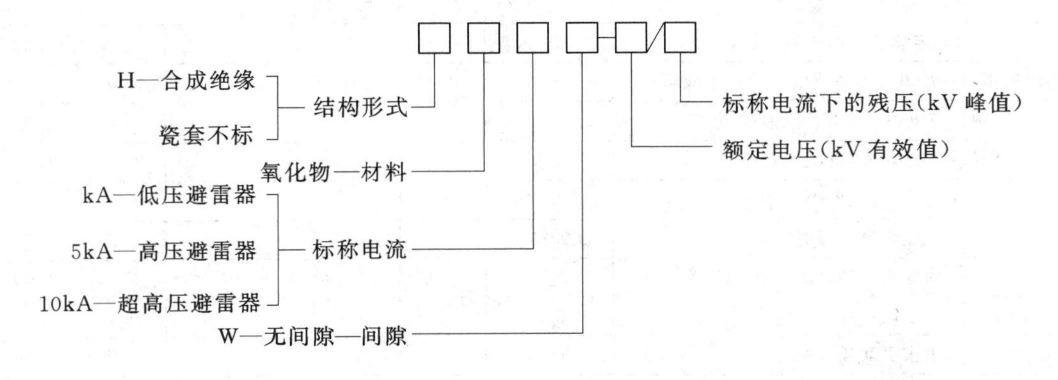

附录三　用电设备组的需要系数、二项式系数及功率因数值

附表 3-1　　　　用电设备组的需要系数、二次式系数及功率因数值

用电设备组名称	需要系数 K_d	二项式系数		最大容量设备台数 x①	$\cos\varphi$	$\tan\varphi$
		b	c			
小批生产的金属冷加工机床电动机	0.16～0.2	0.14	0.4	5	0.5	1.73
大批生产的金属冷加工机床电动机	0.18～0.25	0.14	0.5	5	0.5	1.73
小批生产的金属热加工机床电动机	0.25～0.3	0.24	0.4	5	0.6	1.33
大批生产的金属热加工机床电动机	0.3～0.35	0.26	0.5	5	0.65	1.17
通风机、水泵、空压机及电动发电机组电动机	0.7～0.8	0.65	0.25	5	0.8	0.75
非联锁的连续运输机械及铸造车间整砂机械	0.5～0.6	0.4	0.4	5	0.75	0.88
联锁的连续运输机械及铸造车间整砂机械	0.65～0.7	0.6	0.2	5	0.75	0.88
锅炉房和机加、机修、装配等类车间的吊车（ε=25%）	0.1～0.15	0..06	0.2	3	0.5	1.73
铸造车间的吊车（ε=25%）	0.15～0.25	0.09	0.3	3	0.5	1.73
自动连续装料的电阻炉设备	0.75～0.8	0.7	0.3	2	0.95	0.33
实验室用的小型电热设备（电阻炉、干燥箱等）	0.7	0.7	0	—	1.0	0
工频感应电炉（未带无功补偿设备）	0.8	—	—	—	0.35	2.68
高频感应电炉（未带无功补偿设备）	0.8	—	—	—	0.6	1.33
电弧熔炉	0.9	—	—	—	0.87	0.57
点焊机、缝焊机	0.35	—	—	—	0.6	1.33
对焊机、铆钉加热机	0.35	—	—	—	0.7	1.02
自动弧焊变压器	0.5	—	—	—	0.4	2.29
单头手动弧焊变压器	0.35	—	—	—	0.35	2.68
多头手动弧焊变压器	0.4	—	—	—	0.35	2.68
单头弧焊电动发电机组	0.35	—	—	—	0.6	1.33
多头弧焊电动发电机组	0.7	—	—	—	0.75	0.88
生产厂房及办公室、阅览室、实验室照明②	0.8～1	—	—	—	1.0	0
变配电所、仓库照明②	0.5～0.7	—	—	—	1.0	0
宿舍（生活区）照明②	0.6～0.8	—	—	—	1.0	0
室外照明、事故照明②	1	—	—	—	1.0	0

① 如果用电设备组的设备总台数 $n<2x$ 时，则取 $x=n/2$，且按"四舍五入"的修约规则取其整数。

② 这里的 $\cos\varphi$ 和 $\tan\varphi$ 值均为白炽灯照明的数值。如为荧光灯照明，则取 $\cos\varphi=0.9$，$\tan\varphi=0.48$；如为高压汞灯或钠灯，则取 $\cos\varphi=0.5$，$\tan\varphi=1.73$。

附录四 用电设备组的附加系数 K_a

附表 4-1　　　　用电设备组的附加系数

n_{eq} \ K_u	0.1	0.15	0.2	0.3	0.4	0.5	0.6	0.7	0.8	0.9
4	3.43	3.11	2.64	2.14	1.87	1.65	1.46	1.29	1.14	1.05
5	3.23	2.87	2.42	2.00	1.76	1.57	1.41	1.26	1.12	1.04
6	3.04	2.64	2.24	1.88	1.66	1.51	1.37	1.23	1.10	1.04
7	2.88	2.48	2.10	1.80	1.58	1.45	1.33	1.21	1.09	1.04
8	2.72	2.31	1.99	1.72	1.52	1.40	1.30	1.20	1.08	1.04
9	2.56	2.20	1.90	1.65	1.47	1.37	1.28	1.18	1.08	1.03
10	2.42	2.10	1.84	1.60	1.43	1.34	1.26	1.16	1.07	1.03
12	2.24	1.96	1.75	1.52	1.36	1.28	1.23	1.15	1.07	1.03
14	2.10	1.85	1.67	1.45	1.32	1.25	1.20	1.13	1.07	1.03
16	1.99	1.77	1.61	1.41	1.28	1.23	1.18	1.12	1.07	1.03
18	1.91	1.70	1.55	1.37	1.26	1.21	1.16	1.11	1.06	1.03
20	1.84	1.65	1.50	1.34	1.24	1.20	1.15	1.11	1.06	1.03
25	1.71	1.55	1.40	1.28	1.21	1.17	1.14	1.10	1.06	1.03
30	1.62	1.46	1.34	1.24	1.19	1.16	1.13	1.10	1.05	1.03
35	1.56	1.41	1.30	1.21	1.17	1.15	1.12	1.09	1.05	1.02
40	1.50	1.37	1.27	1.19	1.15	1.13	1.12	1.09	1.05	1.02
45	1.45	1.33	1.25	1.17	1.14	1.12	1.11	1.08	1.04	1.02
50	1.40	1.30	1.23	1.16	1.14	1.11	1.10	1.08	1.04	1.02
60	1.32	1.25	1.19	1.14	1.12	1.11	1.09	1.07	1.03	1.02
70	1.27	1.22	1.17	1.12	1.10	1.10	1.09	1.06	1.03	1.02
80	1.25	1.20	1.15	1.11	1.10	1.10	1.08	1.06	1.03	1.02
90	1.23	1.18	1.13	1.10	1.09	1.09	1.08	1.05	1.02	1.02
100	1.21	1.17	1.12	1.10	1.08	1.08	1.07	1.05	1.02	1.02
120	1.19	1.16	1.12	1.09	1.07	1.07	1.07	1.05	1.02	1.02
160	1.16	1.13	1.10	1.08	1.05	1.05	1.05	1.04	1.02	1.02
200	1.15	1.12	1.09	1.07	1.05	1.05	1.05	1.04	1.01	1.01
240	1.14	1.11	1.08	1.07	1.05	1.05	1.05	1.03	1.01	1.01

附录五　各类建筑物的负荷密度（用电指标）

附表 5-1　　各类建筑物的负荷密度（用电指标）

建筑类别	用电指标 (W/m^2)	建筑类别	用电指标 (W/m^2)
公寓	30～50	医院	40～70
旅馆	40～70	高等学校	20～40
办公	30～70	中小学校	12～20
商业	一般：40～80	展览馆	50～80
	大中型：60～120		
体育	40～70	演播室	250～500
剧场	50～80	汽车库	8～15

附录六　并联电容器技术数据

1. 自愈式电容器

附表 6-1　　BZMJ 型低压自愈式并联电容器的主要技术数据

型　　号	额定电压 (kV)	额定容量 (kvar)	额定电流 (A)	额定电容 (μF)	外形尺寸 (mm)				重量 (kg)
					长	宽	高 H	总高 F	
BZMJ0.4—5—1	0.4	5	12.5	99.5	173	70	150	180	2
BZMJ0.4—5—3	0.4	5	7.2	99.5	173	70	150	180	2
BZMJ0.525—5—1	0.525	5	9.5	58	173	70	150	180	2
BZMJ0.525—5—3	0.525	5	5.5	58	173	70	150	180	2
BZMJ0.69—5—3	0.69	5	7.2	34.4	173	70	150	180	2
BZMJ0.4—8—1	0.4	8	19.9	159	173	70	170	200	2.3
BZMJ0.4—8—3	0.4	8	11.5	159	173	70	170	200	2.3
BZMJ0.525—8—1	0.525	8	15.2	92	173	70	170	200	2.3
BZMJ0.525—8—3	0.525	8	8.8	92	173	70	170	200	2.3
BZMJ0.69—8—3	0.69	8	11.5	54	173	70	170	200	2.3
BZMJ0.4—10—1	0.4	10	25	199	173	70	210	240	2.8
BZMJ0.4—10—3	0.4	10	14.4	199	173	70	210	240	2.8
BZMJ0.525—10—1	0.525	10	19	115.5	173	70	210	240	2.8
BZMJ0.525—10—3	0.525	10	10.9	115.5	173	70	210	240	2.8
BZMJ0.69—10—3	0.69	10	14.4	67	173	70	210	240	2.8
BZMJ0.4—12—1	0.4	12	30	239	173	70	230	260	3.1
BZMJ0.4—12—3	0.4	12	17.3	239	173	70	230	260	3.1
BZMJ0.525—12—1	0.525	12	22.9	139	173	70	230	260	3.1
BZMJ0.525—12—3	0.525	12	13.2	139	173	70	230	260	3.1
BZMJ0.69—12—3	0.69	12	17.3	80.3	173	70	230	260	3.1
BZMJ0.4—14—1	0.4	14	35	279	173	70	270	300	3.6
BZMJ0.4—14—3	0.4	14	20.2	279	173	70	270	300	3.6
BZMJ0.525—14—1	0.525	14	26.7	162	173	70	270	300	3.6
BZMJ0.525—14—3	0.525	14	15.4	162	173	70	270	300	3.6
BZMJ0.69—14—3	0.69	14	20.2	93.6	173	70	270	300	3.6
BZMJ0.4—15—1	0.4	15	37.5	299	173	70	270	300	3.7
BZMJ0.4—15—3	0.4	15	21.7	299	173	70	270	300	3.7

续表

型号	额定电压(kV)	额定容量(kvar)	额定电流(A)	额定电容(μF)	外形尺寸(mm)				重量(kg)
					长	宽	高 H	总高 F	
BZMJ0.525—15—1	0.525	15	28.6	173.3	173	70	270	300	3.7
BZMJ0.525—15—3	0.525	15	16.5	173.3	173	70	270	300	3.7
BZMJ0.69—15—3	0.69	15	21.7	100.3	173	70	270	300	3.7
BZMJ0.4—16—1	0.4	16	40	318	173	70	270	300	3.8
BZMJ0.4—16—3	0.4	16	23.1	318	173	70	270	300	3.8
BZMJ0.525—16—1	0.525	16	30.5	185	173	70	270	300	3.8
BZMJ0.525—16—3	0.525	16	17.6	185	173	70	270	300	3.8
BZMJ0.69—16—3	0.69	16	23.1	107	173	70	270	300	3.8
BZMJ0.4—20—1	0.4	20	50	398	345	100	180	265	9.7
BZMJ0.4—20—3	0.4	20	28.9	398	345	100	180	265	9.7
BZMJ0.525—20—1	0.525	20	38	231	345	100	180	265	9.7
BZMJ0.525—20—3	0.525	20	22	231	345	100	180	265	9.7
BZMJ0.69—20—3	0.69	20	28.9	133.8	345	100	180	265	9.7
BZMJ0.4—25—1	0.4	25	62.5	498	345	100	210	295	10.7
BZMJ0.4—25—3	0.4	25	36.1	498	345	100	210	295	10.7
BZMJ0.525—25—1	0.525	25	47.6	289	345	100	210	295	10.7
BZMJ0.525—25—3	0.525	25	27.5	289	345	100	210	295	10.7
BZMJ0.69—25—3	0.69	25	36.1	167	345	100	210	295	10.7
BZMJ0.4—30—1	0.4	30	75	597	345	100	230	315	12.2
BZMJ0.4—30—3	0.4	30	43.3	597	345	100	230	315	12.2
BZMJ0.525—30—1	0.525	30	57.1	347	345	100	230	315	12.2
BZMJ0.525—30—3	0.525	30	33	347	345	100	230	315	12.2
BZMJ0.69—30—3	0.69	30	43.3	201	345	100	230	315	12.2
BZMJ0.4—40—1	0.4	40	100	796	345	100	270	355	14.2
BZMJ0.4—40—3	0.4	40	57.5	796	345	100	270	355	14.2
BZMJ0.525—40—1	0.525	40	76.2	462	345	100	270	355	14.2
BZMJ0.525—40—3	0.525	40	44	462	345	100	270	355	14.2
BZMJ0.69—40—3	0.69	40	50.7	234	345	100	270	355	14.2
BZMJ0.4—50—1	0.4	50	125	995	345	100	310	395	16.2
BZMJ0.4—50—3	0.4	50	72.2	995	345	100	310	395	16.2
BZMJ0.525—50—1	0.525	50	95.2	578	345	100	310	395	16.2
BZMJ0.525—50—3	0.525	50	55	578	345	100	310	395	16.2
BZMJ0.69—50—3	0.69	50	72.2	334	345	100	310	395	16.2

附表 6-2　　BCMJ 型低压自愈式并联电容器的主要技术数据

型　　号	额定电压 (kV)	额定容量 (kvar)	额定电流 (A)	组合数	尺寸 L (mm)	尺寸 H (mm)	重量 (kg)
BCMJ0.23—5—3	0.23	5	13	2	92	300	4.4
BCMJ0.23—10—3	0.23	10	26	4	184	300	8.8
BCMJ0.23—15—3	0.23	15	39	6	276	300	13.2
BCMJ0.23—20—3	0.23	20	52	8	318	300	17.6
BCMJ0.23—25—3	0.23	25	65	10	460	300	22
BCMJ0.4—1—3	0.4	1	1.44	1	46	180	1.2
BCMJ0.4—2—3	0.4	2	2.88	1	46	180	1.4
BCMJ0.4—3—3	0.4	3	4.4	1	46	295	2.2
BCMJ0.4—4—3	0.4	4	5.7	1	46	295	2.2
BCMJ0.4—5—3	0.4	5	7.2	1	46	300	2.2
BCMJ0.4—8—3	0.4	8	12	2	92	4.5	295
BCMJ0.4—10—3	0.4	10	14	2	92	4.5	300
BCMJ0.4—12—3	0.4	12	18	3	138	6.6	295
BCMJ0.4—15—3	0.4	15	21	3	138	6.6	300
BCMJ0.4—16—3	0.4	16	24	4	184	9	295
BCMJ0.4—20—3	0.4	20	28	4	184	9	300
BCMJ0.4—24—3	0.4	24	36	6	276	14	295
BCMJ0.4—30—3	0.4	30	42	6	276	14	300
BCMJ0.4—32—3	0.4	32	48	8	368	18	295
BCMJ0.4—40—3	0.4	40	60	10	460	23	295
BCMJ0.4—40—3	0.4	40	56	8	368	18	300
BCMJ0.4—50—3	0.4	50	70	10	460	23	300
BCMJ0.525—1—3	0.525	1	1.1	1	46	180	1.2
BCMJ0.525—2—3	0.525	2	2.2	1	46	180	1.4
BCMJ0.525—3—3	0.525	3	3.3	1	46	295	2.2
BCMJ0.525—4—3	0.525	4	4.4	1	46	2.2	295
BCMJ0.525—5—3	0.525	5	5.5	1	46	2.2	300
BCMJ0.525—8—3	0.525	8	8.8	2	92	4.5	295
BCMJ0.525—10—3	0.525	10	11	2	92	4.5	300
BCMJ0.525—12—3	0.525	12	13.2	3	138	6.6	295
BCMJ0.525—15—3	0.525	15	16.5	3	138	6.6	300
BCMJ0.525—16—3	0.525	16	7.6	4	184	9	295
BCMJ0.525—20—3	0.525	20	22	4	184	9	300
BCMJ0.525—24—3	0.525	24	26.4	6	276	14	295
BCMJ0.525—30—3	0.525	30	33	6	276	14	300
BCMJ0.525—32—3	0.525	32	35.2	8	368	18	295
BCMJ0.525—40—3	0.525	40	44	10	460	23	295
BCMJ0.525—40—3	0.525	40	44	8	368	18	300
BCMJ0.525—50—3	0.525	50	55	10	460	23	300

2. 并联电容器

附表 6-3　　BW 型并联电容器的主要技术数据

型　号	额定容量 (kvar)	额定电容 (μF)	型号	额定容量 (kvar)	额定电容 (μF)
BW0.4—12—1	12	240	BWF6.3—30—1W	30	2.4
BW0.4—12—3	12	240	BWF6.3—40—1W	40	3.2
BW0.4—13—1	13	259	BWF6.3—50—1W	50	4.0
BW0.4—13—3	13	259	BWF6.3—100—1W	100	8.0
BW0.4—14—1	14	280	BWF6.3—120—1W	120	9.63
BW0.4—14—3	14	280	BWF10.5—22—1W	22	0.64
BW6.3—12—1TH	12	0.964	BWF10.5—25—1W	25	0.72
BW6.3—12—1W	12	0.96	BWF10.5—30—1W	30	0.87
BW6.3—16—1W	16	1.28	BWF10.5—40—1W	40	1.15
BW10.5—12—1W	12	0.35	BWF10.5—50—1W	50	1.44
BW10.5—16—1W	16	0.46	BWF10.5—100—1W	100	2.89
BWF6.3—22—1W	22	1.76	BWF10.5—120—1W	120	3.47
BWF6.3—25—1W	25	2.0			

附录七 电力变压器技术数据

附表 7-1 S9型电力变压器技术数据表

型号	额定容量(kVA)	电压组合		连接组标号	空载损耗(kW)	负载损耗(kW)	空载电流(%)	阻抗电压(%)	外形尺寸(mm)			重量(kg)			轨距(mm)
		高压(kV)	低压(kV)						长	宽	高	总重	油	器身	
S9—30/10	30	6;6.3;10 ±5%	0.4	Yyn0	0.13	0.60	2.1	4	990	650	1140	340	90	201	400
S9—50/10	50				0.17	0.87	2.0	4	1070	600	1190	455	100	300	400
S9—63/10	63				0.20	1.04	1.9	4	1090	710	1210	505	115	320	550
S9—80/10	80				0.24	1.25	1.8	4	1210	700	1370	590	130	390	550
S9—100/10	100				0.29	1.50	1.6	4	1220	800	1400	650	140	430	550
S9—125/10	125				0.34	1.80	1.5	4	1310	850	1430	790	175	430	550
S9—160/10	160				0.40	2.20	1.4	4	1340	870	1460	930	196	580	550
S9—200/10	200				0.48	2.60	1.3	4	1390	888	1420	1000	214	620	550
S9—250/10	250				0.56	3.05	1.2	4	1490	996	1450	1245	255	730	660
S9—315/10	315				0.67	2.65	1.1	4	1540	1010	1510	1440	280	910	660
S9—400/10	400				0.80	4.30	1.0	4	1400	1230	1630	1635	325	1015	660
S9—500/10	500				0.96	5.10	1.0	4.5	1570	1250	1610	1880	360	1160	660
S9—630/10	630				1.20	6.20	0.9	4.5	1590	1530	1956	2820	505	1820	820
S9—800/10	800				1.40	7.50	0.8	4.5	2200	1550	2320	2115	680	1965	820
S9—1000/10	1000				1.70	10.30	0.7	4.5	2280	1560	2468	8960	870	2345	820
S9—1250/10	1250				1.95	12.00	0.6	4.5	2395	1400	2547	4645	980	2795	820
S9—1600/10	1600				2.40	14.50	0.6	4.5	2370	1498	2720	5210	1115	3170	1070

附表 7-2 新S9型电力变压器技术数据表

型号	额定容量(kVA)	电压组合			连接组标号	空载损耗(W)	负载损耗(W)	空载电流(%)	短路阻抗(%)	重量(kg)			轨距(mm)	外形尺寸(mm)
		高压(kV)	调压范围	低压(kV)						器身吊重	油重	总重	纵向(*M*)×横向	长×宽×高(*L*×*W*×*H*)
S9—10/6—11	10	6 6.3 10 10.5 11	±5%	0.4	Yyn0	70	330	2.3	4	110	60	195	400×400	915×450×990
S9—20/6—11	20					100	465	2.2	4	150	60	240	400×400	915×585×1040
S9—30/6—11	30					130	600	2.1	4	185	70	295	400×400	1060×730×1130
S9—50/6—11	50					170	870	2.0	4	250	85	390	400×450	1105×740×1180
S9—63/6—11	63					200	1040	1.9	4	285	95	450	400×450	1120×745×1220

续表

型　号	额定容量(kVA)	电压组合			连接组标号	空载损耗(W)	负载损耗(W)	空载电流(%)	短路阻抗(%)	重　量(kg)			轨　距(mm)	外形尺寸(mm)
		高压(kV)	调压范围	低压(kV)						器身吊重	油重	总重	纵向(*M*)×横向	长×宽×高(*L*×*W*×*H*)
S9—80/6—11	80	6 6.3 10 10.5 11	±5%	0.4	Yyn0	250	1250	1.8	4	335	100	510	400×450	1125×755×1320
S9—100/6—11	100					290	1500	1.7	4	360	110	550	400×450	1130×815×1320
S9—125/6—11	125					340	1800	1.6	4	440	125	660	400×550	1200×825×1380
S9—160/6—11	160					400	2200	1.5	4	505	140	760	550×550	1230×840×1420
S9—200/6—11	200					480	2600	1.4	4	585	160	900	550×550	1355×855×1450
S9—250/6—11	250					560	3050	1.2	4	705	195	1090	550×650	1410×915×1510
S9—315/6—11	315					670	3650	1.1	4	820	215	1235	550×650	1425×1050×1530
S9—400/6—11	400					800	4300	1.0	4	980	280	1510	550×750	1540×1115×1610
S9—500/6—11	500					960	5100	1.0	4	1155	305	1740	660×750	1595×1280×1670
S9—630/6—11	630					1200	6200	0.9	4.5	1390	460	2215	820×820	1905×1390×1830
S9—800/6—11	800					1400	7500	0.8	4.5	1670	525	2645	820×820	1975×1395×1900
S9—1000/6—11	1000					1700	10300	0.7	4.5	1815	595	2980	820×820	2000×1410×1930
S9—1250/6—11	1250					1950	12000	0.6	4.5	2195	685	3550	820×820	2065×1420×2000
S9—1600/6—11	1600					2400	14500	0.6	4.5	2650	820	4275	820×820	2140×1470×2050

附表 7-3　　SH11 系列非晶合金铁芯变压器技术数据表

额定容量(kVA)	高压电压(kV)	高压分解范围(%)	低压电压(kV)	连接组标号	空载损耗(W)	负载损耗(W)	空载电流(%)	阻抗电压(%)
50	10	±2×2.5 或 $^{+3}_{-1}$×2.5	0.4	Dyn11	34	870	1.5	4.0
80					50	1250	1.2	
100					60	1500	1.1	
160					80	2200	0.9	
200					100	2600	0.9	
250					120	3050	0.8	
315					140	3650	0.8	
400					170	4300	0.7	
500					200	5100	0.6	
630					240	6200	0.6	4.5
800					300	7600	0.5	
1000					340	10300	0.5	
1250					400	12000	0.5	
1600					500	14500	0.5	
2000					600	18000	0.5	
2500					700	21500	0.5	

附录八　电力线路技术数据

1. 绞线的电阻和感抗

附表 8-1　　LJ 型铝绞线的电阻和感抗

额定截面（mm²）	16	25	35	50	70	95	120	150	185	240
50℃的电阻 R_0（Ω/km）	2.07	1.33	0.96	0.66	0.48	0.36	0.28	0.23	0.18	0.11
线间几何均距（mm）	线路电抗 X_0（Ω/km）									
600	0.36	0.35	0.34	0.33	0.32	0.31	0.30	0.29	0.28	0.28
800	0.38	0.37	0.36	0.35	0.34	0.33	0.32	0.31	0.30	0.30
1000	0.40	0.38	0.37	0.36	0.35	0.34	0.33	0.32	0.31	0.31
1250	0.41	0.40	0.39	0.37	0.36	0.35	0.34	0.34	0.33	0.33
1500	0.42	0.41	0.40	0.38	0.37	0.36	0.35	0.35	0.34	0.33
2000	0.44	0.43	0.41	0.40	0.40	0.39	0.37	0.37	0.36	0.35

附表 8-2　　LGJ 型钢芯铝绞线的电阻和感抗

导线型号	LGJ—16	LGJ—25	LGJ—35	LGJ—50	LGJ—70	LGJ—95	LGJ—120	LGJ—150	LGJ—185	LGJ—240	LGJ—300	LGJ—400
电阻 R_0（Ω/km）	2.040	1.380	0.850	0.650	0.460	0.330	0.270	0.210	0.170	0.132	0.107	0.082
线间几何均距（mm）	线路电抗 X_0（Ω/km）											
1000	0.387	0.374	0.359	0.351	—	—	—	—	—	—	—	—
1250	0.401	0.388	0.373	0.365	—	—	—	—	—	—	—	—
1500	0.412	0.400	0.385	0.376	0.365	0.354	0.347	0.340	—	—	—	—
2000	0.430	0.418	0.403	0.394	0.383	0.372	0.365	0.358	—	—	—	—
2500	0.444	0.432	0.417	0.408	0.397	0.386	0.379	0.372	0.365	0.357	—	—
3000	0.456	0.443	0.428	0.420	0.409	0.398	0.391	0.384	0.377	0.369	—	—
3500	0.466	0.453	0.438	0.429	0.418	0.406	0.400	0.394	0.386	0.378	0.371	0.362

注　线间几何均距 $D_{av}=\sqrt[3]{d_{ab}d_{bc}d_{ca}}$，式中 d_{ab}，d_{bc}，d_{ca}为三相导线之间的距离。

附表 8-3　　TJ、LJ、LGJ 的允许载流量　　单位：A

额定截面（mm²）	TJ				LJ				LGJ			
	环境温度				环境温度				环境温度			
	25℃	30℃	35℃	40℃	25℃	30℃	35℃	40℃	25℃	30℃	35℃	40℃
4	50	47	44	41	—	—	—	—	—	—	—	—
6	70	66	62	57	—	—	—	—	—	—	—	—

续表

额定截面（mm²）	TJ				LJ				LGJ			
	环境温度				环境温度				环境温度			
	25℃	30℃	35℃	40℃	25℃	30℃	35℃	40℃	25℃	30℃	35℃	40℃
10	95	89	84	77	75	70	66	61	—	—	—	—
16	130	122	114	105	105	99	92	85	105	98	92	85
25	180	169	158	146	135	127	119	109	135	127	119	109
35	220	207	194	178	170	160	150	138	170	159	149	137
50	270	254	238	219	215	202	189	174	220	207	193	178
70	340	320	300	276	265	249	233	215	275	259	228	222
95	415	390	365	336	325	305	286	247	335	315	295	272
120	485	456	426	393	375	352	330	304	380	357	335	307
150	570	536	501	461	440	414	387	356	445	418	391	360
185	645	606	567	522	500	470	440	405	515	484	453	416
240	770	724	678	624	610	574	536	494	610	574	536	494
300	890	835	783	720	680	640	597	550	700	658	615	566

注 1. 本表载流量按导线正常工作温度70℃计。

2. 本表载流量按室外架设考虑，无日照，海拔1000m及以下。如果海拔不同、环境温度不同时，载流量应按附表8-4进行校正。

2. 裸导体载流量的综合校正系数

附表8-4　裸导体载流量在不同海拔及环境温度下的综合校正系数

导体最高允许温度	适应范围	海拔高度（m）	实际环境温度						
			+20℃	+25℃	+30℃	+35℃	+40℃	+45℃	+50℃
+70℃	室内矩形、槽形、管形导体和不计日照的室外软导线		1.05	1.00	0.94	0.88	0.81	0.74	0.67
+80℃	计及日照时室外软导线	≤1000	1.05	1.00	0.95	0.89	0.83	0.76	0.69
		2000	1.01	0.96	0.91	0.85	0.79	—	—
		3000	0.97	0.92	0.87	0.81	0.75	—	—
		4000	0.95	0.89	0.84	0.77	0.71	—	—
	计及日照时室外管形导体	≤1000	1.05	1.00	0.94	0.87	0.80	0.72	0.63
		2000	1.00	0.94	0.88	0.81	0.74	—	—
		3000	0.96	0.90	0.84	0.76	0.69	—	—
		4000	0.91	0.86	0.80	0.72	0.65	—	—

注 本表适用于基准环境温度为+25℃和导体最高允许温度为+70℃或+80℃裸导体载流量表的校正。

3. 铝芯绝缘线的允许载流量

附表 8-5　BLX 型和 BLV 型铝芯绝缘线穿硬塑料管时的允许载流量
（导线正常最高允许温度为 65℃）

单位：A

导线型号	线芯截面（mm²）	2 根单芯线				2 根穿管管径（mm）	3 根单芯线				3 根穿管管径（mm）	4～5 根单芯线				4 根穿管管径（mm）	5 根穿管管径（mm）
		环境温度					环境温度					环境温度					
		25℃	30℃	35℃	40℃		25℃	30℃	35℃	40℃		25℃	30℃	35℃	40℃		
BLX	2.5	19	17	16	15	15	17	15	14	13	15	15	14	12	11	20	25
	4	25	23	21	19	20	23	21	19	18	20	20	18	17	15	20	25
	6	33	30	28	26	20	29	27	25	22	20	26	24	22	20	25	32
	10	44	41	38	34	25	40	37	34	31	25	35	32	30	27	32	32
	16	58	54	50	45	32	52	48	44	41	32	46	43	39	36	32	40
	25	77	71	66	60	32	68	63	58	53	32	60	56	51	47	40	40
	35	95	88	82	75	40	84	78	72	66	40	74	69	64	58	40	50
	50	120	112	103	94	40	108	100	93	85	50	95	88	82	75	50	50
	70	153	143	132	121	50	135	126	116	106	50	120	112	103	94	50	65
	95	184	172	159	145	50	165	154	142	130	65	150	140	129	118	65	80
	120	210	196	181	166	65	190	177	164	150	65	170	158	147	134	80	80
	150	250	233	216	197	65	227	212	196	179	75	205	191	177	162	80	90
	185	282	263	243	223	80	255	238	220	201	80	232	216	200	183	100	100
BLV	2.5	18	16	15	14	15	16	14	13	12	15	14	13	12	11	20	25
	4	24	22	20	18	20	22	20	19	17	20	19	17	16	15	20	25
	6	31	28	26	24	20	27	25	23	21	20	25	23	21	19	25	32
	10	42	39	36	33	25	38	35	32	30	25	33	30	28	26	32	32
	16	55	51	47	43	32	49	45	42	38	32	44	41	38	34	32	40
	25	73	68	63	57	32	65	60	56	51	40	57	53	49	45	40	50
	35	90	84	77	71	40	80	74	69	63	40	70	65	60	55	50	65
	50	114	106	98	90	50	102	95	88	80	50	90	84	77	71	63	65
	70	145	135	125	114	50	130	121	112	102	50	115	107	99	90	63	75
	95	175	163	151	138	65	158	147	136	124	65	140	130	121	110	75	75
	120	206	187	173	158	65	180	168	155	142	65	180	149	138	126	75	80
	150	230	215	198	181	75	207	193	179	163	75	185	172	160	146	80	90
	185	265	247	229	209	75	235	219	203	185	75	212	198	183	167	90	100

附表 8-6　　BLX 型和 BLV 型铝芯绝缘线明敷时的允许载流量

（导线正常最高允许温度为 65℃）

单位：A

线芯截面 (mm^2)	BLX 型铝芯橡皮线				BLV 型铝芯塑料线			
	环境温度							
	25℃	30℃	35℃	40℃	25℃	30℃	35℃	40℃
2.5	27	25	23	21	25	23	21	19
4	35	32	30	27	32	29	27	25
6	45	42	38	35	42	39	36	33
10	65	60	56	51	59	55	51	46
16	85	79	73	67	80	74	69	63
25	110	102	95	87	105	98	90	83
35	138	129	119	100	130	121	112	102
50	175	163	151	178	165	154	142	130
70	220	206	190	174	205	191	177	162
95	265	247	229	209	250	233	216	197
120	310	280	268	245	283	266	246	225
150	360	336	311	384	325	303	281	257
185	420	392	363	332	380	355	328	300
240	510	476	441	403	—	—	—	—

附表 8-7　　BLX 型和 BLV 型铝芯绝缘线穿钢管时的允许载流量

（导线正常最高允许温度为 65℃）

单位：A

导线型号	线芯截面 (mm^2)	2 根单芯线 环境温度				2 根穿管管径 (mm)		3 根单芯线 环境温度				3 根穿管管径 (mm)		4～5 根单芯线 环境温度				4 根穿管管径 (mm)		5 根穿管管径 (mm)	
		25℃	30℃	35℃	40℃	G	DG	25℃	30℃	35℃	40℃	G	DG	25℃	30℃	35℃	40℃	G	DG	G	DG
BLX	2.5	21	19	18	16	15	20	19	17	16	15	15	20	16	14	13	12	20	25	20	25
	4	28	26	24	22	20	25	25	23	21	19	20	25	23	21	19	18	20	25	20	25
	6	37	34	32	29	20	25	34	31	29	26	20	25	30	28	25	23	20	25	25	32
	10	52	48	44	41	25	32	46	43	39	36	25	32	40	37	34	31	25	32	32	40
	16	66	61	57	52	25	32	59	55	51	46	32	32	52	48	44	41	32	40	40	(50)
	25	86	80	74	68	32	40	76	71	65	60	32	40	68	63	58	53	40	(50)	40	
	35	106	99	91	89	32	40	94	87	81	74	32	(50)	83	77	71	65	40	(50)	50	
	50	133	124	115	105	40	(50)	118	110	102	93	50	(50)	105	98	90	83	50		70	
	70	164	154	142	130	50	(50)	150	140	129	118	50	(50)	133	124	115	105	70		70	
	95	200	187	173	158	70		180	168	155	142	70		160	149	138	126	70		80	
	120	230	215	198	181	70		210	196	181	166	70		190	177	164	150	70		80	
	150	260	243	224	205	70		240	224	207	189	70		220	205	190	174	80		100	
	185	295	275	255	233	80		270	252	233	213	80		250	233	216	197	80		100	

续表

导线型号	线芯截面 (mm²)	2根单芯线 环境温度				2根穿管管径 (mm)		3根单芯线 环境温度				3根穿管管径 (mm)		4～5根单芯线 环境温度				4根穿管管径 (mm)		5根穿管管径 (mm)	
		25℃	30℃	35℃	40℃	G	DG	25℃	30℃	35℃	40℃	G	DG	25℃	30℃	35℃	40℃	G	DG	G	DG
	2.5	20	18	17	15	15	15	18	16	15	14	15	15	15	14	12	11	15	15	15	20
	4	27	25	23	21	15	15	24	22	20	18	15	15	22	20	19	17	15	20	20	20
	6	35	32	30	27	15	20	32	29	27	25	15	20	28	26	24	22	20	25	25	25
	10	49	45	42	38	20	25	44	41	38	34	20	25	38	35	32	30	25	25	25	32
	16	63	58	54	49	25	25	56	52	48	44	25	32	50	46	43	39	25	32	32	40
	25	80	74	69	63	25	32	70	65	60	55	32	32	65	60	50	51	32	40	32	(50)
BLV	35	100	93	86	79	32	40	90	84	77	71	32	40	80	74	69	63	40	(50)	40	
	50	125	116	108	98	40	50	110	102	95	87	40	(50)	100	93	86	79	50	(50)	50	
	70	155	145	134	122	50	50	143	133	123	113	40	(50)	127	118	109	100	50		70	
	95	190	177	164	149	50	(50)	170	158	147	134	50		152	142	131	120	70		70	
	120	219	203	188	170	50	(50)	195	182	168	154	50		172	160	148	106	70		80	
	150	246	233	216	197	70	(50)	225	210	194	177	70		200	187	173	158	70		80	
	185	285	266	246	225	70		255	238	220	201	70		230	215	198	181	80		100	

注　1. BX型和BV型铜芯绝缘线的允许载流量约为同截面的BLX和BLV型铝芯绝缘线的允许载流量的1.3倍。

2. 表中的钢管G—焊接钢管，管径按内径计；DG—电线管，管径按外径计。

3. 表中4～5根单芯线穿管的载流量，是指三相四线制的TN—C系统、TN—S系统及TN—C—S系统中的相线载流量，其中性线（N）或保护中性线（PEN）可有不平衡电流通过。如果是供电给三相平衡负荷，另一导线为单纯的保护线（PE线），则虽有4根线穿管，但其载流量应按3根线穿管的载流量考虑，而管径则仍按4根线穿管确定。

4. 管径的国标单位制（SI制）与英制的近似对照见下表：

SI制（mm）	15	20	25	32	40	50	65	70	80	90	100
英制（in）	$\frac{1}{2}$	$\frac{3}{4}$	1	$1\frac{1}{4}$	$1\frac{1}{2}$	2	$2\frac{1}{2}$	$2\frac{3}{4}$	3	$3\frac{1}{2}$	4

4. 电缆的阻抗

附表 8-8　　1000V三芯铜（铝）芯纸绝缘电缆的阻抗

阻抗 / 芯线截面 (mm×mm)	铜芯 (mΩ/m) 电阻		铜芯 (mΩ/m) 电抗		铝芯 (mΩ/m) 电阻		铝芯 (mΩ/m) 电抗	
	正序及负序	零序	正序及负序	零序	正序及负序	零序	正序及负序	零序
3×2.5	0.05	30.0	0.098	0.160	15.4	36.7	0.098	0.160
3×4	5.65	24.7	0.092	0.148	9.6	28.7	0.092	0.148
3×6	3.77	20.9	0.087	0.139	6.4	23.5	0.087	0.139
3×10	2.26	17.2	0.082	0.128	3.84	18.6	0.082	0.128
3×16	1.41	3.29	0.078	0.946	2.39	4.27	0.078	0.946

续表

阻抗 / 芯线截面 (mm×mm)	钢　芯 (mΩ/m)				铝　芯 (mΩ/m)			
	电阻		电抗		电阻		电抗	
	正序及负序	零序	正序及负序	零序	正序及负序	零序	正序及负序	零序
3×25	0.005	2.76	0.067	0.896	1.54	3.4	0.067	0.896
3×35	0.647	2.45	0.064	0.835	1.10	2.9	0.064	0.835
3×50	0.452	2.21	0.062	0.291	0.768	2.53	0.062	0.791
3×70	0.323	2.01	0.06	0.722	0.548	2.24	0.06	0.722
3×95	0.238	1.83	0.058	0.639	0.404	2.0	0.058	0.639
3×120	0.188	1.73	0.058	0.594	0.319	1.86	0.058	0.594
3×150	0.151	1.61	0.057	0.530	0.256	1.76	0.057	0.53
3×185	0.122		0.057		0.208	1.6	0.057	0.47
2（3×70）	0.101		0.030		0.274		0.030	
2（3×95）	0.119		0.029		0.202		0.029	
2（3×120）	0.094		0.029		0.159		0.029	
2（3×150）	0.075		0.028		0.128		0.028	

5. 导线的电阻和电抗

附表 8-9　　室内明敷及穿钢管的铝、铜芯绝缘导线的电阻和电抗

导线截面 (mm^2)	铝 (Ω/km)			铜 (Ω/km)		
	电阻 R_0 (65℃)	电抗 X_0		电阻 R_0 (65℃)	电抗 X_0	
		明线间距 100mm	穿管		明线间距 100mm	穿管
1.5	24.39	0.342	0.14	14.48	0.342	0.14
2.5	14.63	0.327	0.13	8.69	0.327	0.13
4	9.15	0.312	0.12	5.43	0.312	0.12
6	6.10	0.300	0.11	3.62	0.300	0.11
10	3.66	0.280	0.11	2.19	0.280	0.11
16	2.29	0.265	0.10	1.37	0.265	0.10
25	1.48	0.251	0.10	0.88	0.251	0.10
35	1.06	0.241	0.10	0.63	0.241	0.10
50	0.75	0.229	0.09	0.44	0.229	0.09
70	0.53	0.219	0.09	0.32	0.219	0.09
95	0.39	0.206	0.09	0.23	0.206	0.09
120	0.31	0.199	0.08	0.19	0.199	0.08
150	0.25	0.191	0.08	0.15	0.191	0.08
185	0.20	0.184	0.07	0.13	0.184	0.07

附表 8-10　　架空裸导线的最小截面

导线种类	最小允许截面（mm²）	
	高压（至10kV）	低压
铝及铝合金线	35	16①
钢芯铝线	25	16

① 与铁路交叉跨越时应为 35mm²。

注 对更高电压等级的线路，规程未作规定，一般不小于 35mm²。

附表 8-11　　绝缘导线线芯的最小截面

导线用途		线芯最小截面（mm²）	
		铜芯	铝芯
照明用灯头引下线		1.0	2.5
室内敷设在绝缘支持件上的绝缘导线，其支持点间距 $L \leqslant 2$m		1.0	2.5
室外敷设在绝缘支持件上的绝缘导线，其支持点间距 L	$L \leqslant 2$m	1.5	2.5
	2m$< L \leqslant$6m	2.5	4
	6m$< L \leqslant$15m	4	6
	15m$< L \leqslant$25m	6	10
穿管敷设、槽板、护套线扎头明敷、线槽		1.0	2.5
PE 线和 PEN 线	有机械保护时	1.5	2.5
	无机械保护时	2.5	4

6. 架空绝缘电线长期允许载流量及其校正系数

附表 8-12　　低压单根架空绝缘电线在空气温度为 30℃ 时的长期允许载流量

导体标称截面（mm²）	铜导体（A）		铝导体（A）		铝合金导体（A）	
	聚氯乙烯绝缘	聚乙烯绝缘	聚氯乙烯绝缘	聚乙烯绝缘	聚氯乙烯绝缘	聚乙烯绝缘
16	102	104	79	81	73	75
25	138	142	107	111	99	102
35	170	175	132	136	122	125
50	209	216	162	168	149	154
70	266	275	207	214	191	198
95	332	344	257	267	238	247
120	384	400	299	311	276	287
150	442	459	342	356	320	329
185	515	536	399	416	369	384
240	615	641	476	497	440	459

注 低压集束架空绝缘电线的长期允许载流量为同截面同材料单根架空绝缘电线长期允许载流量的 0.7 倍。

附表 8-13　10kV XLPE 绝缘架空绝缘电线（绝缘厚度 3.4mm）在空气温度为 30℃时的长期允许载流量

导体标称截面 (mm^2)	铜导体 (A)	铝导体 (A)	铝合金导体 (A)	导体标称截面 (mm^2)	铜导体 (A)	铝导体 (A)	铝合金导体 (A)
25	174	134	124	120	454	352	326
35	211	164	153	150	520	403	374
50	255	198	183	185	600	465	432
70	320	249	225	240	712	553	513
95	393	304	282	300	824	639	608

注　1. 10kV XLPE 绝缘薄绝缘架空绝缘电线（绝缘厚度 2.5mm）在空气温度为 30℃时的长期允许载流量参照绝缘厚度 3.4mm，10kV XLPE 绝缘架空绝缘电线长期允许载流量。

2. 10kV 集束架空绝缘电线的长期允许载流量为同截面同材料单根架空绝缘电线长期允许载流量的 0.7 倍。

3. 当空气温度不是 30℃时，应将附表 11-12、附表 11-13 中架空绝缘电线的长期允许载流量乘以校正系数 K_1 或 K_2，其值可查附表 11-14。

附表 8-14　架空绝缘电线长期允许载流量的温度校正系数

t_0 (℃)	−40	−35	−30	−25	−20	−15	−10	−5	0	+5	+10	+15	+20	+30	+35	+40	+50
K_1	1.66	1.62	1.58	1.54	1.50	1.46	1.41	1.37	1.32	1.27	1.22	1.17	1.12	1.00	0.94	0.87	0.71
K_2	1.47	1.44	1.41	1.38	1.35	1.32	1.29	1.26	1.22	1.19	1.15	1.12	1.08	1.00	0.96	0.91	0.82

注　1. t_0 为实际空气温度，℃。

2. K_1 为聚乙烯绝缘、聚氯乙烯绝缘的架空绝缘电线载流量的温度校正系数。

3. K_2 为 XLPE 绝缘的架空绝缘电线载流量的温度校正系数。

4. 电线长期允许工作温度，PE、PVC 绝缘为 70℃，XLPE 绝缘为 90℃。

附表 8-15　导体在正常和短路时的最高允许温度及热稳定系数

导体种类和材料			最高允许温度（℃）		热稳定系数 C ($A\cdot s^{\frac{1}{2}}/mm^2$)
			正常负荷时	短路时	
母线	铜		70	300	171
	铜（接触面有锡层时）		85	200	164
	铝		70	200	87
油浸纸绝缘电缆	铜芯	1～3kV	80	250	148
		6kV	65 (80)	250	150
		10kV	60 (65)	250	153
		35kV	50 (65)	175	—
	铝芯	1～3kV	80	200	84
		6kV	65 (80)	200	87
		10kV	60 (65)	200	88
		35kV	50 (65)	175	
橡皮绝缘导线和电缆		铜芯	65	150	131
		铝芯	65	150	87
聚氯乙烯绝缘导线和电缆		铜芯	70	160	115
		铝芯	70	160	760
交联聚乙烯绝缘电缆		铜芯	90 (80)	250	137
		铝芯	90 (80)	200	77
有中间接头的电缆（不包括聚氯乙烯绝缘电缆）		铜芯		160	
		铝芯		160	

注　加括号的数，对油浸纸绝缘电缆，适用于"不滴流纸绝缘电缆"；对交联聚乙烯绝缘电缆，适用于 10kV 以上电压。

7. 矩形母线的电阻和感抗

附表 8－16　　矩形母线的电阻和感抗

母线尺寸（mm×mm）	阻　抗（mΩ/m）					
	65℃时的电阻		当相间几何均距 D_{av}（mm）时的感抗（铜及铝）			
	铜	铝	100	150	200	300
25×3	0.268	0.475	0.179	0.200	0.295	0.244
30×3	0.223	0.394	0.163	0.189	0.206	0.235
30×4	0.167	0.296	0.163	0.189	0.206	0.235
40×4	0.125	0.222	0.145	0.170	0.189	0.214
40×5	0.100	0.177	0.145	0.170	0.189	0.214
50×5	0.08	0.142	0.137	0.1565	0.18	0.200
50×6	0.067	0.118	0.137	0.1565	0.18	0.200
60×6	0.0558	0.099	0.1195	0.145	0.163	0.189
60×8	0.0418	0.074	0.1195	0.145	0.163	0.189
80×8	0.0313	0.055	0.102	0.126	0.145	0.170
80×10	0.025	0.0445	0.102	0.126	0.145	0.170
100×10	0.02	0.0355	0.09	0.1127	0.133	0.157
2（60×8）	0.0209	0.037	0.12	0.145	0.163	0.189
2（80×8）	0.0157	0.0277	—	0.126	0.145	0.170
2（80×10）	0.0125	0.0222	—	0.126	0.145	0.170
2（100×10）	0.01	0.0178	—	—	0.133	0.157

附表 8－17　　矩形母线的允许载流量　　单位：A

每相母线数		单　条		双　条		三　条		四　条	
母线放置方式		平放	竖放	平放	竖放	平放	竖放	平放	竖放
母线尺寸 宽×厚（mm×mm）	40×4	480	503	—	—	—	—	—	—
	40×5	452	562	—	—	—	—	—	—
	50×4	586	613	—	—	—	—	—	—
	50×5	661	692	—	—	—	—	—	—
	63×6.3	910	952	1409	1547	1866	2111	—	—
	68×8	1038	1085	1623	1777	2113	2379	—	—
	63×10	1168	1221	1825	1994	2381	2665	—	—
	80×6.3	1228	1178	1724	1892	2211	2505	2558	3411
	80×8	1274	1330	1946	2131	2491	2809	2863	3817
	80×10	1427	1490	2175	2373	2774	3114	3167	4222
	100×6.3	1371	1430	2054	2253	2633	2985	3032	4043
	100×8	1542	1609	2298	2516	2933	3311	3359	4479
	100×10	1728	1803	2558	2796	3181	3578	3622	4829
	125×6.3	1674	1744	2446	2680	2079	3490	3525	4700
	125×8	1876	1955	2725	2982	3375	3813	3847	5129
	125×10	2089	2177	3005	3282	3725	4194	4225	5633

注　1. 表中载流量按导体最高允许工作温度 70℃、环境温度 25℃、无风、无日照条件计算而得。不同温度下的综合温度校正系数见附表 11－4。

2. 当母线为四条时，平放、竖放时第二片、第三片间距均为 50mm。

附录九　防雷与接地

附表 9-1　FS系列普通阀式避雷器的电气特性（配电及电缆头用）

型号	额定电压（kV，有效值）	灭弧电压（kV，有效值）	工频放电电压（kV，有效值）		预放电时间1.5～20μs的冲击放电压（kV）	5kA冲击电流（波形10/20μs）下的残压（kV）
			不小于	不大于	不大于	不大于
FS—2	2	2.5	5	7	15	11
FS—3	3	3.8	9	11	21	17
FS—6	6	7.6	16	19	35	30
FS—10	10	12.7	26	31	50	50

附表 9-2　低压阀式避雷器的电气特性

额定电压（kV，有效值）	灭弧电压（kV，有效值）	工频放电电压（kV，有效值）		预放电时间1.5～10μs的冲击放电电压（kV）	3kA冲击电流（波形10/20μs）下的残压（kV）
		不小于	不大于	不大于	不大于
0.22	0.25	0.6	1.0	2.0	1.3
0.38	0.50	1.1	1.6	2.7	2.6

附表 9-3　FZ系列普通阀式避雷器的电气特性（发电厂、变电所用）

型号	组合方式	额定电压（kV，有效值）	灭弧电压（kV，有效值）	工频放电电压（kV，有效值）		预放电时间1.5～20μs的冲击放电电压（kV）	5、10kA冲击电流（波形10/20μs）下的残压（kV）	
				不小于	不大于	不大于	5kA下不大于	10kA下不大于
FZ—3	单独元件	3	3.3	9	11	20	14.5	(16)
FZ—6	单独元件	6	7.6	16	19	30	27	(30)
FZ—10	单独元件	10	12.7	26	31	45	45	(50)
FZ—15	单独元件	15	20.5	42	52	78	67	(74)
FZ—20	单独元件	20	25	49	60.5	85	80	(88)
FZ—30J	组合用元件	—	25	56	67	110	83	(91)
FZ—30	单独元件	30	38	80	91	116	121	(134)
FZ—35	2×FZ—15	35	41	84	104	134	134	(148)

注　括号内的残压为参考值。

附表 9-4　电站和配电型金属氧化物避雷器的电气性能　单位：kV

避雷器额定电压	系统额定电压	避雷器持续运行电压	陡波冲击电流下残压不大于	雷电冲击电流下残压不大于	操作冲击电流下残压不大于	直流 1mA 参考电压不小于
有效值			峰值			
3.8	3	2.0	19.6/15.5	17/13.5	14.5/11.5	7.5/7.2
7.6	6	4.0	34.5/31.0	30.0/27.0	25.5/23.0	15.0/14.4
12.7	10	6.6	57.5/51.8	50.0/45.0	42.5/38.3	25.0/24.0
42	35	23.4	—/154	—/134	—/114	—/73
69	63	40	—/258	—/224	—/190	—/122

注　1. 标称放电电流为 5kA。
2. 分子为配电型，分母为电站型。

附表 9-5　低压金属氧化物避雷器的电气性能　单位：kV

避雷器额定电压	系统额定电压	避雷器持续运行电压	雷电冲击电流残压峰值	直流 1mA 参考电压
有效值			不大于	不小于
0.28	0.22	0.24	1.3	0.6
0.50	0.38	0.42	2.6	1.2

注　标称放电电流为 1.5kA。

附表 9-6　避雷针规格表

针长	材料	规格
<1m	圆钢	直径 12mm
	钢管	直径 20mm
1～2m	圆钢	直径 16mm
	钢管	直径 25mm
烟囱顶上的针	圆钢	直径 20mm

附表 9-7　避雷带、避雷网规格表

材料	规格
圆钢	直径 8mm
扁钢	截面 48mm^2（厚度 4mm）

附表 9-8　烟囱顶上避雷环规格表

材料	规格
圆钢	直径 12mm
扁钢	截面 100mm^2（厚度 4mm）

附表 9-9　金属屋面做接闪器条件

条件	材料	规格	
金属屋面下无易燃物时	钢板	厚度不应小于 0.5mm	搭接长度不应小于 100mm
金属屋面下有易燃物时	钢板	厚度不应小于 5mm	
	铜板	厚度不应小于 5mm	
	铝板	厚度不应小于 7mm	

注　当金属屋面不符合上述规格时，应在金属屋面上做避雷网保护，金属屋面上可刷油漆或 0.5mm 以下聚氯乙烯保护层，作为防锈蚀之用。

附表 9-10　　接闪器的布置要求

建筑物防雷类别	滚球半径	避雷网网格尺寸（m）
一类防雷建筑物	30	≤5×5 或≤6×4
二类防雷建筑物	45	≤10×10 或≤12×8
三类防雷建筑物	60	≤20×20 或≤24×16

附表 9-11　　部分电力装置要求的工作接地电阻值

序号	电力装置名称	接地的电力装置特点	接地电阻
1	1kV 以上大电流接地系统	仅用于该系统的接地装置	$R_e \leqslant \frac{2000}{I_k^{(1)}}\Omega$ 当 $I_k^{(1)}>4000$A 时，$R_e \leqslant 0.5\Omega$
2	1kV 以上小电流接地系统	仅用于该系统的接地装置	$R_e \leqslant \frac{250}{I_e}\Omega$ 且 $R_e \leqslant 10\Omega$
3		与 1kV 以下系统共用的接地装置	$R_e \leqslant \frac{120}{I_e}\Omega$ 且 $R_e \leqslant 10\Omega$
4	1kV 以下系统	与总容量在 100kVA 以上的发电机或变压器相连的接地装置	$R_e \leqslant 4\Omega$
5		上述（序号 4）装置的重发接地	$R_e \leqslant 10\Omega$
6		与总容量在 100kVA 及以下的发电机或变压器相连的接地装置	$R_e \leqslant 10\Omega$
7		上述（序号 6）装置的重复接地	$R_e \leqslant 30\Omega$
8	建筑物防雷装置	第一类防雷建筑物（防感应雷）	$R_i \leqslant 10\Omega$
9		第一类防雷建筑物（防直击雷及雷电波侵入）	$R_i \leqslant 10\Omega$
10		第二类防雷建筑物（防直击雷感应雷及雷电波侵入公用）	$R_i \leqslant 10\Omega$
11 12		第三类防雷建筑物（防直击雷）	$R_i \leqslant 30\Omega$
13	供电系统防雷装置	保护变电所的独立避雷针	$R_e \leqslant 10\Omega$
14		杆上避雷器或保护间隙（在电气上与旋转电机无联系者）	$R_e \leqslant 10\Omega$
15		杆上避雷器或保护间隙（但与旋转电机有电气联系者）	$R_e \leqslant 5\Omega$

注　R_e—工频接地电阻；R_i—冲击接地电阻；$I_k^{(1)}$—流经接地装置的单相短路电流，A；I_e—单相接地故障电流，A。

附表 9-12　　土壤和水的电阻率参考值　　单位：Ω·m

类别	名称	电阻率近似值	不同情况下电阻率的变化范围		
			较湿时（一般地区、多雨区）	较干时（少雨区、沙漠区）	地下水含盐碱时
土	陶黏土	10	5～20	10～100	3～10
	泥炭、泥灰岩、沼泽地	20	10～30	50～300	3～30
	捣碎的木炭	40	—	—	—
	黑土、园田土、陶土	50			
	白垩土、黏土	60	30～100	50～300	10～30
	砂质黏土	100	30～300	80～1000	10～80

续表

类别	名　　称	电阻率近似值	不同情况下电阻率的变化范围		
			较湿时（一般地区、多雨区）	较干时（少雨区、沙漠区）	地下水含盐碱时
土	黄土	200	100～200	250	30
	含砂黏土、砂土	300	100～1000	1000以上	30～100
	河滩中的砂	—	300	—	—
	煤	—	350	—	—
	多石土壤	400	—	—	—
	上层红色风化黏土　下层红色页岩	500（30%湿度）	—	—	—
	表层土夹石、下层砾石	600（15%湿度）	—	—	—
砂	砂、砂砾	1000	250～1000	1000～2500	—
	砂层深度大于10m、地下水较深的草原，地面黏土深度不大于1.5m、底层多岩石	1000	—	—	—
岩石	砾石、碎石	5000	—	—	—
	多岩山地	5000	—	—	—
	花岗岩	200000	—	—	—
混凝土	在水中	40～55	—	—	—
	在湿土中	100～200	—	—	—
	在干土中	500～1300	—	—	—
	在干燥的大气中	12000～18000	—	—	—
矿	金属矿石	0.01～1	—	—	—

附表9-13　　接地装置导体的最小尺寸

种　类	规　格	地　　上		地　　下
		屋内	屋外	
圆钢	直径(mm)	6	8	8/10
扁钢	截面(mm^2)	24	48	48
	厚度(mm)	3	4	4
角钢	厚度(mm)	2	2.5	4
钢管	管壁厚度(mm)	2.5	2.5	3.5/2.5

注　1. 地下部分圆钢的直径，其分子、分母数据分别对应于架空线路和发电厂、变电所的接地装置。
2. 地下部分钢管的壁厚，其分子、分母数据分别对应于埋于土壤和埋于室内素混凝土地坪中。
3. 架空线路杆塔的接地极引出线，其截面不应小于$50mm^2$，并应热镀锌。

附表9-14　　雷电保护接地装置的季节系数

埋　　深(m)	ψ　值	
	水平接地极	2～3m的垂直接地极
0.5	1.4～1.8	1.2～1.4
0.8～1.0	1.25～1.45	1.15～1.3
2.5～3.0（深埋接地极）	1.0～1.1	1.0～1.1

注　测定土壤电阻率时，如土壤比较干燥，则应采用表中的较小值；如比较潮湿，则应采用较大值。

附表 9-15　　**接地极的冲击利用系数 η_i**

接地极型式	接地导体的根数	冲击利用系数	备　注
n 根水平射线 （每极长 10～80m）	2	0.83～1.00	较小值用于较短的射线
	3	0.75～0.90	
	4～6	0.65～0.80	
以水平接地极连接的垂直接地极	2	0.80～0.85	$\frac{D\text{（垂直接地极间距）}}{l\text{（垂直接地极长度）}}=2\sim3$ 较小值用于$\frac{D}{l}=2$时
	3	0.70～0.80	
	4	0.70～0.75	
	6	0.65～0.70	
自然接地极	接线棒与接线盘间	0.6	
	铁塔的各基础间	0.4～0.5	
	门型、各种拉线杆塔的各基础间	0.7	

附表 9-16　　**建筑物的防雷分类**

类别	内容
第一类 防雷建筑物	1. 凡制造、使用或贮存炸药、火药、起爆药、火工品等大量爆炸物质的建筑物，因电火花而引起爆炸，会造成巨大破坏和人身伤亡者。 2. 具有 0 区或 10 区爆炸危险环境的建筑物。 3. 具有 1 区爆炸危险环境的建筑物，因电火花而引起爆炸，或造成巨大破坏和人身伤亡者
第二类 防雷建筑物	1. 国家级重点文物保护的建筑物。 2. 国家级的会堂、办公建筑物，大型展览和博览建筑物、大型火车站、国宾馆、国家级档案馆、大型城市的重要给水水泵房等特别重要的建筑物。 3. 国家级计算中心、国际通信枢纽等对国民经济有重要意义且装有大量电子设备的建筑物。 4. 制造、使用或贮存爆炸物质的建筑物，且电火花不易引起爆炸或不致造成巨大破坏和人身伤亡者。 5. 具有 1 区爆炸危险环境的建筑物，且电火花不易引起爆炸或不致造成巨大破坏和人身伤亡者。 6. 具有 2 区或 11 区爆炸危险环境的建筑物。 7. 工业企业内有爆炸危险的露天钢质封闭气罐。 8. 预计雷击次数大于 0.06 次/α 的部、省级办公建筑物及其他重要或人员密集的公共建筑物。 9. 预计雷击次数大于 0.3 次/α 的住宅、办公楼等一般性民用建筑物
第三类 防雷建筑物	1. 省级重点文物保护的建筑物及省级档案馆。 2. 预计雷击次数大于或等于 0.012 次/α，且小于或等于 0.06 次/α 的部、省级办公建筑物及其他重要或人员密集的公共建筑物。 3. 预计雷击次数大于或等于 0.06 次/α，且小于或等于 0.3 次/α 的住宅、办公楼等一般性民用建筑物。 4. 预计雷击次数大于或等于 0.06 次/α 的一般性工业建筑物。 5. 根据雷击后对工业生产的影响及产生的后果，并结合当地气象、地形、地质及周围环境等因素，确定需要防雷的 21 区、22 区、23 区火灾危险环境。 6. 在平均雷暴日大于 15d/α 的地区，高度在 15m 及以上的烟囱、水塔等孤立的高耸建筑物；在平均雷暴日小于或等于 15d/α 的地区，高度在 20m 及以上的烟囱、水塔等孤立的高耸建筑物

附表 9-17 避雷引下线选择

<table>
<tr><th>类别</th><th>材料</th><th>规格</th><th>备注</th></tr>
<tr><td rowspan="2">暗敷</td><td>圆钢</td><td>直径≥8mm</td><td rowspan="2">1. 明设接地引下线及室内接地干线的支持件间距应均匀，水平直线部分宜为 0.5～1.5m；垂直直线部分宜为 1.5～3m，弯曲部分为 0.3～0.5m
2. 明装防雷引下线上的保护管宜采用硬绝缘管，也可用镀锌角铁扣在墙面上，不宜将引下线穿入钢管内</td></tr>
<tr><td>扁钢</td><td>截面≥48mm²（厚度≥4mm）</td></tr>
<tr><td rowspan="2">明敷</td><td>圆钢</td><td>直径≥10mm</td><td></td></tr>
<tr><td>扁钢</td><td>截面≥80mm²（厚度≥4mm）</td><td></td></tr>
<tr><td rowspan="2">烟囱避雷引下线</td><td>圆钢</td><td>直径≥12mm</td><td rowspan="2">高度不超过 40m 的烟囱，可设一根引下线。超过 40m 的烟囱，应设两根引下线</td></tr>
<tr><td>扁钢</td><td>截面≥100mm²（厚度≥4mm）</td></tr>
</table>

附表 9-18 避雷引下线的数量及间距选择

<table>
<tr><th>建筑物防雷分类</th><th>避雷引下线间距</th><th>避雷引下线数量</th><th>备注</th></tr>
<tr><td>一类防雷建筑物</td><td>12m</td><td>大于 2 根</td><td rowspan="3">40m 以下建筑除外</td></tr>
<tr><td>二类防雷建筑物</td><td>18m</td><td>大于 2 根</td></tr>
<tr><td>三类防雷建筑物</td><td>25m</td><td>大于 2 根</td></tr>
</table>

附录十　几种参数值

附表 10－1　　各类建筑物的用电指标

建筑类别	用电指标（W/m^2）	建筑类别	用电指标（W/m^2）
公寓	30～50	医院	40～70
旅馆	40～70	高等学校	20～40
办公	30～70	中小学	12～20
商业	一般：40～80	展览馆	50～80
	大中型：60～120		
体育	40～70	演播室	250～500
剧场	50～80	汽车库	8～15

附表 10－2　　居住建筑每户照明功率密度值

<table>
<tr><th rowspan="2">场所名称</th><th colspan="2">照明功率密度</th><th rowspan="2">对应照度值（lx）</th></tr>
<tr><th>现行值</th><th>目标值</th></tr>
<tr><td>起居室</td><td rowspan="5">7</td><td rowspan="5">6</td><td>100</td></tr>
<tr><td>卧室</td><td>75</td></tr>
<tr><td>餐厅</td><td>150</td></tr>
<tr><td>厨房</td><td>100</td></tr>
<tr><td>卫生间</td><td>100</td></tr>
</table>

附表 10－3　　需要系数及自然功率因数表

<table>
<tr><th>负荷名称</th><th>规模（台数）</th><th>需要系数 K_X</th><th>功率因数 $\cos\varphi$</th><th>备　注</th></tr>
<tr><td rowspan="5">照明</td><td>面积＜$500m^2$</td><td>1～0.9</td><td>0.9～1</td><td rowspan="5">含插座容量，荧光灯就地补偿或采用电子镇流器</td></tr>
<tr><td>500～3000 m^2</td><td>0.9～0.7</td><td rowspan="4">0.9</td></tr>
<tr><td>3000～15000 m^2</td><td>0.75～0.55</td></tr>
<tr><td>＞15000 m^2</td><td>0.6～0.4</td></tr>
<tr><td>商场照明</td><td>0.9～0.7</td></tr>
<tr><td rowspan="2">冷冻机房锅炉房</td><td>1～3 台</td><td>0.9～0.7</td><td rowspan="2">0.8～0.85</td><td rowspan="2"></td></tr>
<tr><td>＞3 台</td><td>0.7～0.6</td></tr>
<tr><td rowspan="2">热力站、水泵房、通风机</td><td>1～5 台</td><td>0.75～0.8</td><td rowspan="2">0.8～0.85</td><td rowspan="2"></td></tr>
<tr><td>＞5 台</td><td>0.8～0.6</td></tr>
</table>

续表

负荷名称	规模（台数）	需要系数 K_X	功率因数 $\cos\varphi$	备　　注
电梯		0.18～0.22	0.5～0.6（交流梯） 0.8（直流梯）	
洗衣机房 厨房	≤100kW	0.4～0.5	0.8～0.9	
	>100kW	0.3～0.4		
窗式空调	4～10 台	0.8～0.6	0.8	
	10～50 台	0.6～0.4		
	50 台以上	0.4～0.3		
舞台照明	<200kW	1～0.6	0.9～1	
	>200kW	0.6～0.4		

附表 10-4　　**住宅用电负荷需要系数选择表**

按单相配电计算时所连接的基本户数	按三相配电计算时所连接的基本户数	需 用 系 数	
		通　用　值	推　荐　值
3	9	1	1
4	12	0.95	0.95
6	18	0.75	0.80
8	24	0.66	0.70
10	30	0.58	0.65
12	36	0.50	0.60
14	42	0.48	0.55
16	48	0.47	0.55
18	54	0.45	0.50
21	63	0.43	0.50
24	72	0.41	0.45
25～100	75～300	0.40	0.45
125～200	375～600	0.33	0.35
260～300	780～900	0.26	0.30

注　1. 表中通用值系目前采用的住宅需用系数值，推荐值是为计算方便提出，仅供参考。

2. 住宅的公用照明及公用电力负荷需要系数，一般可按 0.8 选取。

附录十一　持续载流量

附表 11－1　　BV 绝缘电线敷设在明敷导管内的持续载流量（A）

型号	BV															
额定电压（kV）	0.45//0.75															
导体工作温度（℃）	70															
环境温度（℃）	25				30				35				40			
标称截面（mm²）	电线根数															
	2	3	4	5、6	2	3	4	5、6	2	3	4	5、6	2	3	4	5、6
1.5	18	15	13	11	17	15	13	11	15	14	12	10	14	13	11	9
2.5	25	22	20	16	24	21	19	16	22	19	17	15	20	18	16	13
4	33	29	26	23	32	28	25	22	30	26	23	20	27	24	21	19
6	43	38	33	29	41	36	32	28	38	33	30	26	35	31	27	24
10	60	53	47	41	57	50	45	39	53	47	42	36	49	43	39	33
16	80	72	63	56	76	68	60	53	71	63	56	49	66	59	52	46
25	107	94	84	74	101	89	80	70	94	83	75	65	87	77	69	60
35	132	116	106	92	125	110	100	87	117	103	94	81	108	95	87	75
50	160	142	127	111	151	134	120	105	141	125	112	98	131	116	104	91
70	203	181	162	142	192	171	153	134	180	160	143	125	167	148	133	116
95	245	219	196	171	232	207	185	162	218	194	173	152	201	180	160	140
120	285	253	227	199	269	239	215	188	252	224	202	176	234	207	187	163

注　导线根数系指带负荷导线根数。

附表 11－2　　BV 绝缘电线敷设在隔热墙中导管内的持续载流量（A）

型号	BV															
额定电压（kV）	0.45//0.75															
导体工作温度（℃）	70															
环境温度（℃）	25				30				35				40			
标称截面（mm²）	电线根数															
	2	3	4	5、6	2	3	4	5、6	2	3	4	5、6	2	3	4	5、6
1.5	14	13	11	9	14	13	11	9	13	12	10	8	12	11	9	8
2.5	20	19	15	13	19	18	15	13	17	16	14	12	16	15	13	11
4	27	25	21	19	26	24	20	18	24	22	18	16	22	20	17	15
6	36	32	28	24	34	31	27	23	31	29	25	21	29	26	23	20
10	48	44	38	33	46	42	36	32	43	39	33	30	40	36	31	27
16	64	59	50	44	61	56	48	42	57	52	45	39	53	48	41	36
25	84	77	67	59	80	73	64	56	75	68	60	52	69	63	55	48
35	104	94	83	73	99	89	79	69	93	83	74	64	86	77	68	60
50	126	114	100	87	119	108	95	83	111	101	89	78	103	93	82	72

续表

型号	BV															
额定电压(kV)	0.45//0.75															
导体工作温度(℃)	70															
环境温度(℃)	25				30				35				40			
标称截面(mm²)	电线根数															
	2	3	4	5、6	2	3	4	5、6	2	3	4	5、6	2	3	4	5、6
70	160	144	127	111	151	136	120	105	141	127	112	98	131	118	104	91
95	192	173	153	134	182	164	145	127	171	154	136	119	158	142	126	110
120	222	199	178	155	210	188	168	147	197	176	157	138	182	163	146	127
150	254	228	203	178	240	216	192	168	225	203	180	157	208	187	167	146
185	289	259	231	202	273	245	221	191	256	230	204	179	237	213	189	166
240	340	303	271	237	321	286	256	224	301	268	240	210	279	248	222	194
300	389	347	310	271	367	328	293	256	344	308	275	240	319	285	254	222

附表 11-3　YJV、YJLV 三芯电力电缆持续载流量（A）

型号	YJV、YJLV																							
额定电压(kV)	0.6/1																							
导体工作温度(℃)	90																							
敷设方式	敷设在隔热墙中的导管内								敷设在明敷的导管内								敷设在埋地的管道内							
土壤热阻系数(K·m/W)																	1		1.5		2		2.5	
环境温度(℃)	25		30		35		40		25		30		35		40		20							
标称截面(mm²)	铜芯	铝芯	铜芯	铝芯	铜芯	铝芯	铜芯	铝芯	铜芯	铝芯	铜芯	铝芯	铜芯	铝芯	铜芯	铝芯	铜芯	铝芯	铜芯	铝芯	铜芯	铝芯	铜芯	铝芯
1.5	16		16		15		14		19		19		18		17		25		24		23		22	
2.5	22	18	22	18	21	17	20	16	27	21	26	21	24	20	23	19	34	25	31	24	30	23	29	22
4	31	24	30	24	28	23	27	21	36	29	35	28	33	26	31	25	43	34	40	31	38	30	37	29
6	39	32	38	31	36	29	34	28	45	36	44	35	42	33	40	31	54	42	50	39	48	37	46	36
10	53	42	51	41	48	39	46	37	62	49	60	48	57	46	54	43	71	55	67	52	64	49	61	47
16	70	57	68	55	65	52	61	50	83	66	80	64	76	61	72	58	93	71	86	67	82	64	79	61
25	92	73	89	71	85	68	80	64	109	87	105	84	100	80	95	76	119	92	111	85	106	81	101	78
35	113	90	109	87	104	83		79	133	107	128	103	122	98	116	93	143	110	134	103	128	98	122	94
50	135	108	130	104	124	99		94	160	128	154	124	147	119	140	112	169	132	158	123	151	117	144	112
70	170	136	164	131	157	125		119	201	162	194	156	186	149	176	141	210	162	195	151	186	144	178	138
95	204	163	197	157	189	150		142	242	195	233	188	223	180	212	171	248	193	232	180	221	172	211	164
120	236	187	227	180	217	172		163	278	224	268	216	257	207	243	196	283	219	264	204	252	195	240	186
150	269	214	259	206	248	197		187									319	247	298	231	284	220	271	210
185	306	242	295	233	283	223		212									358	278	334	490	319	247	304	236
240	359	283	346	273	332	262		248									414	320	386	299	368	285	351	272
300	411	325	396	313	380	300		284									467	363	435	338	415	323	396	308

附录十二　最 小 穿 管 管 径

附表 12-1　　电线穿低压流体输送用焊接钢管最小管径

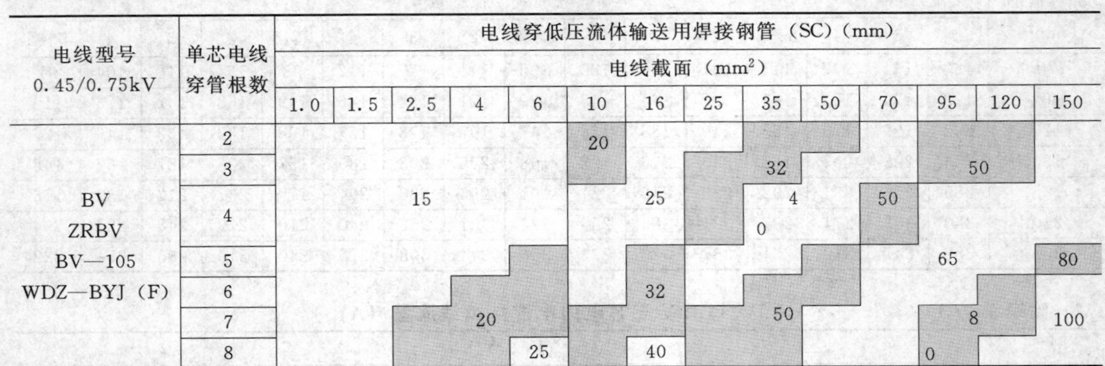

电线型号 0.45/0.75kV	单芯电线穿管根数	电线穿低压流体输送用焊接钢管（SC）（mm） 电线截面（mm^2）													
		1.0	1.5	2.5	4	6	10	16	25	35	50	70	95	120	150
BV ZRBV BV—105 WDZ—BYJ（F）	2						20								
	3									32				50	
	4			15				25		4 0		50			
	5												65		80
	6							32							
	7				20					50			8		100
	8					25		40					0		

附表 12-2　　电线穿普通碳素钢电线套管最小管径

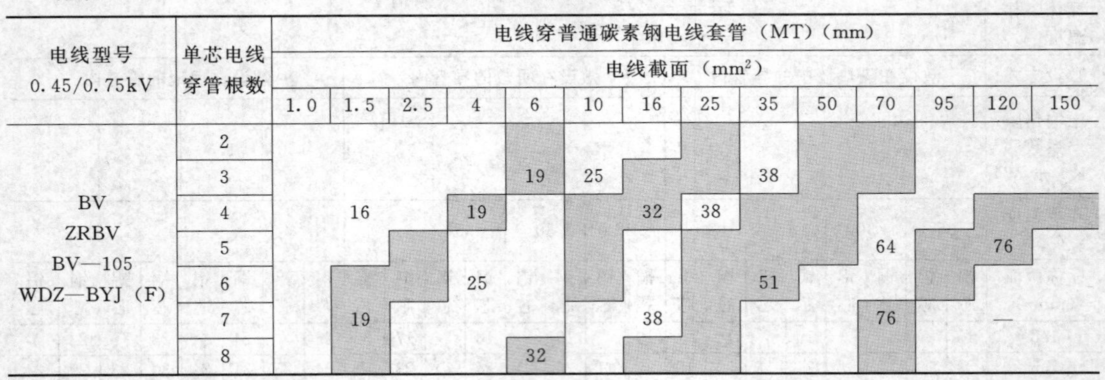

电线型号 0.45/0.75kV	单芯电线穿管根数	电线穿普通碳素钢电线套管（MT）（mm） 电线截面（mm^2）													
		1.0	1.5	2.5	4	6	10	16	25	35	50	70	95	120	150
BV ZRBV BV—105 WDZ—BYJ（F）	2														
	3					19	25			38					
	4		16		19			32	38						
	5											64		76	
	6				25					51					
	7		19					38				76		—	
	8					32									

附表 12-3　　电线穿套接扣压式薄壁钢管或套接紧定式钢管最小管径

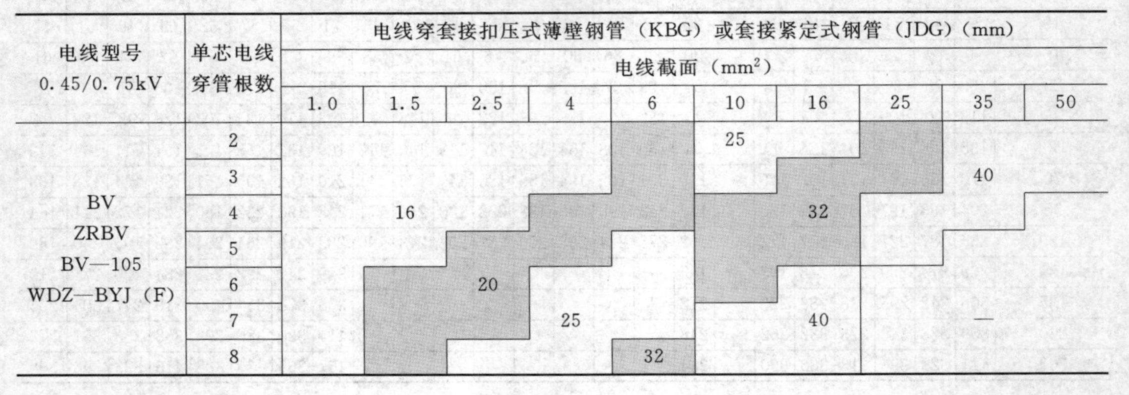

电线型号 0.45/0.75kV	单芯电线穿管根数	电线穿套接扣压式薄壁钢管（KBG）或套接紧定式钢管（JDG）（mm） 电线截面（mm^2）									
		1.0	1.5	2.5	4	6	10	16	25	35	50
BV ZRBV BV—105 WDZ—BYJ（F）	2						25				
	3									40	
	4		16					32			
	5										
	6			20							
	7				25			40		—	
	8					32					

附表 12-4　　电线穿聚氯乙烯硬质电线管或聚氯乙烯半硬质电线管最小管径

电线型号 0.45/0.75kV	单芯电线穿管根数	电线聚氯乙烯硬质电线管（PC）或聚氯乙烯半硬质电线管（FPC）（mm）												
		电线截面（mm²）												
		1.0	1.5	2.5	4	6	10	16	25	35	50	70	95	120
BV ZRBV BV—105 WDZ—BYJ（F）	2						25							
	3		16						40					
	4							32						
	5			20						50	63			
	6												—	
	7				25	32	40							
	8							50						

附表 12-5　　电力电缆穿低压流体输送用焊接钢管最小管径

电缆型号 0.6/1kV	电缆截面（mm²）		2.5	4	6	10	16	25	35	50	70	95	120	150	185	240
	低压流体输送用焊接钢管（SC）		最小管径（mm）													
YJV YJLV	电缆穿管长度在30m及以下	直通	20	25		32		40	50		65		80	100		
		一个弯曲时	25	32		40	50		65		80	100		125		150
		二个弯曲时	32	40		50	65		80	100		125		150		—
W VLV		直通	25		32		40	50		65		80		100		
		一个弯曲时	32	40		50		65		80	100			125		150
		二个弯曲时	40	50		65		80	100			125		150		—
YJV_{22} $YJLV_{22}$		直通	25	32			40	50		65		80	100			125
		一个弯曲时	32	40		50		65	80		100		125		150	
		二个弯曲时	50			65		80	100		125		150		—	
W_{22} VLV_{22}		直通	—	32		40	50		65		80		100			125
		一个弯曲时	—	50			65	80		100			125		150	
		二个弯曲时	—	65			80	100			125		150		—	

附表 12-6　　电力电缆穿聚氯乙烯硬质电线管最小管径

电缆型号 0.6/1kV	电缆截面（mm²）		2.5	4	6	10	16	25	35	50
	聚氯乙烯硬质电线管（PC）		最小管径（mm）							
YJV YJLV	电缆穿管长度在30m及以下	直通	25	32		40		50		63
		一个弯曲时	40			50	63		—	
		二个弯曲时		50						
W VLV		直通	32	40			50	63		
		一个弯曲时	40	50		63			—	
		二个弯曲时	50	63						

附录十三　居住建筑照明标准值

<table>
<tr><th colspan="2">房间或场所</th><th>参考平面及其高度</th><th>照度标准值（lx）</th><th>R_a</th></tr>
<tr><td rowspan="2">起居室</td><td>一般活动</td><td rowspan="2">0.75m 水平面</td><td>100</td><td rowspan="2">80</td></tr>
<tr><td>书写、阅读</td><td>300*</td></tr>
<tr><td rowspan="2">卧室</td><td>一般活动</td><td rowspan="2">0.75m 水平面</td><td>75</td><td rowspan="2">80</td></tr>
<tr><td>床头、阅读</td><td>150*</td></tr>
<tr><td colspan="2">餐厅</td><td>0.75m 餐桌台</td><td>150</td><td>80</td></tr>
<tr><td rowspan="2">厨房</td><td>一般活动</td><td>0.75m 水平面</td><td>100</td><td rowspan="2">80</td></tr>
<tr><td>操作台</td><td>台面</td><td>150*</td></tr>
<tr><td colspan="2">卫生间</td><td>0.75m 水平面</td><td>100</td><td>80</td></tr>
</table>

*　宜用混合照明。

附录十四　课程设计（论文）编写格式示例

（1）第1页

（小四号，空一行）

摘　　要（三号，黑体，居中，段后空0.5行）

近几年来，随着人们生活水平的提高和环保意识的增强，环保节能的轻型木结构房屋引起了人们的关注，它在我国有着较为广泛的应用前景。木结构房屋的优势在于设计风格独特，在国外大规模建造木结构房屋，其所有结构及连接件都是现代化标准化生产，施工便捷，工期短。（小四号，宋体，单倍行距，两端对齐）

（小四号，空一行）

关键词：（小四号，黑体）轻型木结构，齿板，轻型框架木桁架，规格材（小四号，宋体，单倍行距）

（2）另起页

（小四号，空一行）

目　　录（三号，黑体，居中，段后空0.5行）

（3）另起页，正文开始

（小四号，空一行）

1　绪　　论（三号，黑体，居中，段后空0.5行）

1.1　轻型木结构简介（四号，黑体，段前，段后各空0.5行）

1.1.1　概述（四号，宋体，段前空0.5行）

轻型木结构是由锚固在条形基础上，用规格材作墙骨，木基结构板材作面板的框架墙承重，支承规格材组合梁或层板胶合梁作主梁或屋脊梁，……（小四号，宋体，单倍行距，两端对齐）

……

1.2　型木结构研究现状

1.2.1　中国古代木建筑

1. 远古时期的木建筑

远古时期人们对居住环境并不讲究。据记载：昔先王未有宫室，夏居木曾巢，冬居地窟。人类……

2. 秦汉时期的木建筑

秦汉时期的木建筑主要讲究以下几点：

1）……

2）……

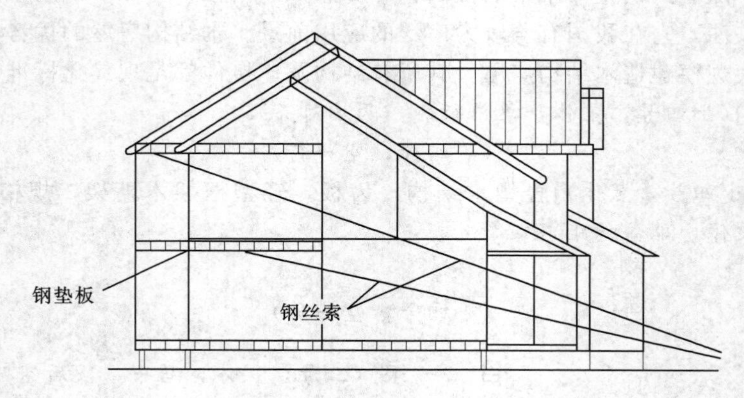

图1-1　张拉加载示意图（小四号，黑体，居中）
（引用图应在图题右上角标出文献来源）

……

3.2.3　外门窗

门窗通常在建筑物中起一定作用，日光、视野、自然通风以及消防安全通道都受到所选用的门窗的影响。

……

表3-1　　齿板受剪破坏试验结果（120°T、150°T）（小四号，黑体，居中）

加载情况	试件编号	齿板宽（mm）	齿板长（mm）	极限剪力（N）	剪切面长度（mm）	计算的抗剪极限承载力（N/mm）	取两较小值的平均值（修正后）	抗剪极限承载力设计值（N/mm）
120°T	1	152	76	65000	152	106.908	106.067	60.610
	2	153	50	46500	100	116.25		
	3	152	49	41000	98	104.592		
150°T	1	152	73	46000	84315	136.393	128.327	73.330
	2	152	73	42500	84315	126.016		
	3	153	77	46200	88935	129.870		

（若有需要说明的细节，可用脚注列于表下，脚注序号用（1）、（2）、…标于相关词右上方）

4.2.4 板齿抗滑移承载力

……

当荷载既不平行于板轴又不垂直于板轴，齿抗滑移承载力应在 n_x 和 n'_x 之间用线性插值法确定。设此时的齿抗滑移承载力为 $n_{x\theta}$

$$n_{x\theta}=\frac{\theta}{90}(n'_x-n_x)+n_x \tag{4-1}$$

（小四号，宋体，公式居中，公式编号右对齐）

……

（4）另起页

（小四号，空一行）

参　考　文　献（三号，黑体，居中，段后空 0.5 行）

[1] 作者 1，作者 2. 文章题目 . 期刊名，期（卷），年：起始-终结页码 .（五号，宋体，单倍行距）
[2] 作者 1，作者 2. 文章题目 . 见：论文集名称 . 出版地：出版者，出版年份：起始-终结页码 .
[3] 作者 1，作者 2. 著作名称 . 出版地：出版者，出版年份 .
[4] 作者 1. 学位论文题目 [学位论文] . 学位授予单位地点：学位授予单位名称，学位授予年份 .
[5] 国家标准 . 木结构设计规范 GB 50005—2003，2003.
……

参 考 文 献

[1] 陆地．电气工程生产实习．北京：中国水利水电出版社，2010.
[2] 陆地．电气工程专业用语．北京：中国水利水电出版社，2010.
[3] 关光福．建筑电气．重庆：重庆大学出版社，2007.
[4] 肖辉．电气照明技术．第2版．北京：机械工业出版社，2009.
[5] 刘木清，等．照明自动控制技术．北京：机械工业出版社，2008.
[6] 刘介才．工厂供电．第5版．北京：机械工业出版社，2011.